装备科技译著出版基金

U0414038

大规模 MIMO 网络的频谱、能量和硬件效率

Massive MIMO Networks: Spectral, Energy, and Hardware Efficiency

[瑞典] Emil Björnson
[芬兰] Jakob Hoydis 著
[意大利] Luca Sanguinetti
张文彬 郭欣宇 译

国防工業出版社
·北京·

著作权合同登记　图字：军 -2019-013 号

图书在版编目(CIP)数据

大规模 MIMO 网络的频谱、能量和硬件效率/(瑞)埃米尔·比约尔森(Emil Björnson),(芬)雅各布·豪迪斯(Jakob Hoydis),(意)卢卡·桑吉内蒂(Luca Sanguinetti)著;张文彬,郭欣宇译.—北京:国防工业出版社,2022.3

书名原文:Massive MIMO Networks:Spectral, Energy,and Hardware Efficiency

ISBN 978-7-118-12377-7

Ⅰ.①大… Ⅱ.①埃… ②雅… ③卢… ④张… ⑤郭… Ⅲ.①移动通信-通信系统-研究 Ⅳ.①TN929.5

中国版本图书馆 CIP 数据核字(2021)第 187802 号

Authorized translation of the English language edition, entitled "Massive MIMO Networks: Spectral, Energy, and Hardware Efficiency" by Emil Björnson, Jakob Hoydis and Luca Sanguinetti, ISBN: 978-1-68083-985-2, Now Publishers Inc.

© Emil Björnson, Jakob Hoydis and Luca Sanguinetti 2017.

© National Defense Industry Press. This edition is published and sold by permission of Now Publishers, Inc., the owner of all rights to publish and sell the same.

本书简体中文版由 Now Publishers,Inc. 授权国防工业出版社独家出版发行。

版权所有,侵权必究。

※

国防工业出版社出版发行

(北京市海淀区紫竹院南路 23 号　邮政编码 100048)

三河市腾飞印务有限公司印刷

新华书店经售

*

开本 710×1000　1/16　**印张** 21¾　**字数** 425 千字

2022 年 3 月第 1 版第 1 次印刷　**印数** 1—1500 册　**定价** 158.00 元

(本书如有印装错误,我社负责调换)

国防书店:(010)88540777　书店传真:(010)88540776

发行业务:(010)88540717　发行传真:(010)88540762

译 者 序

随着社会的发展,人们对通信速率的要求日益增加,与此同时,空闲的通信频带却在日益减少,二者之间的矛盾是目前和未来各种通信系统必须考虑的首要问题。大规模多输入多输出(MIMO)是一项被公认解决这个矛盾的重要技术,利用该技术,带限通信系统能够充分发掘可用的空间资源,通过接收合并、发射预编码等方式提高系统的频谱效率,降低系统的误码率。

本书详细阐述了大规模 MIMO 领域中的信道估计、接收合并、发射预编码三个重要环节。信道估计是基础,它对后面两个环节起到了驱动作用。本书遵循循序渐进的原则,从大规模 MIMO 的基本概念入手,分别详细阐述了各种环境下系统的频谱效率、能量效率、硬件效率。最后以一个通信实例对全书内容进行总结。值得一提的是,本书的附录为全书定理、推论的详细证明过程,有助于加深对这些理论的理解。

与目前市场上有关大规模 MIMO 技术的书籍相比,本书具有三大特色:第一,对此领域中的基本概念进行了系统、准确的描述,对涉及的信号处理细节进行了深刻的剖析,发现了一些大规模 MIMO 系统所具有的新特征,例如,作者指出导频污染不会对大规模 MIMO 系统产生太大的影响。第二,考虑了大规模 MIMO 系统在实际应用中面临的各种问题,例如,硬件效率、双极化等,针对这些问题,给出了很多有益的结论和建议。第三,书中为全部定理和推论提供了详细的证明过程,这些证明由简单到复杂,环环相扣,易于读者理解。

本书的翻译得到了很多人的帮助,感谢詹姆斯库克大学的向维教授和浙江大学的余官定教授给予的支持。在翻译初期,谢英泽、黄金伟、朱秋玥三位同学翻译了部分章节,感谢这三位同学。本人承担本书第 4 ~ 7 章以及附录的翻译工作。郭欣宇教授承担本书第 1 ~ 3 章的翻译工作。

原著内容虽然属于本人的研究领域,但限于水平,译著中难免存在疏漏,敬请读者批评指正,也希望本书能为国内大规模 MIMO 领域的研究做出贡献。

张文彬

2021 年 3 月于哈尔滨工业大学

前　　言

为什么要写这本专著?

大规模多输入多输出(MIMO)是蜂窝网络演变过程中的流行词,但是不同研究者对它有不同的理解。一些研究者认为它来自 Thomas Marzetta 在 2010 年所写的一篇重要论文,但是这篇文章中没有出现这个术语。一些研究者认为它是空分多址(SDMA)的化身,只是比 20 世纪 90 年代野外试验所用天线的数目多一些而已。还有一些研究者认为采用 64 根天线以上的无线通信技术就是大规模 MIMO。在本专著里,我们阐述了自己对大规模 MIMO 的理解,同时解释了过去几十年的研究工作如何产生了可扩展的多天线技术,在实际条件下,这项技术已产生了较大的吞吐量和较高的能量效率。我们每位作者都在多用户 MIMO 领域进行了 10 多年的研究,因此决定通过这本专著来分享研究中获得的感悟和专业知识。本书在两个方面上不同于其他同领域的书籍:一个是考虑了空间信道的相关性;另一个是在相关的空间信道条件下进行了细致的信号处理设计。通过分析,我们揭示了一些大规模 MIMO 的基本特征,而重理论轻实践的模型和处理方案往往忽视这些特征。在对大规模 MIMO 进行清晰阐述过程中,我们考虑了很多其他同类文献没有提及的技术细节,这些细节对深入理解大规模 MIMO 技术是非常重要的。

本专著的篇幅要比“基础与趋势”系列图书中其他专著的篇幅长,但是我们没有根据专著的篇幅选择出版商,而是根据出版商的品质和开放度进行选择。我们希望通过纸质版的书籍和电子版的书籍两种渠道来获得更多读者。我们编制了可在线获得的仿真代码来鼓励复现和进一步研究。本专著的定位是对大规模 MIMO 的频谱效率、能量效率、硬件效率、信道估计及实际应用感兴趣的研究生、研究人员、高校教师,本专著有助于上述人员掌握大规模 MIMO 的基本概念和分析方法。另外,我们还简单介绍了一些相关的主题及最新的发展趋势,重点是对不随时间变化的原理的阐述,不涉及当前研究相关的内容。读懂本专著需要读者具备基本的线性代数、概率论、估计理论、信息论等方面的知识。附录里包含了一些分析结果的详细证明过程。为了保证全书内容的完整性,也对基本理论进行了总结。

专著的结构

第 1 章介绍定义和设计大规模 MIMO 所涉及的基本概念。第 2 章提供大规模

MIMO 的严谨定义，同时介绍专著后续章节需要用到的系统和信道模型。第 3 章阐述基于上行链路导频的信道估计中涉及的信号处理技术。第 4 章描述接收合并和发射预编码，并且推导出上行链路和下行链路中频谱效率的表达式，给出了作者的见解和例证。第 5 章阐述大规模 MIMO 在设计高能效蜂窝网络中起到的关键作用。第 6 章分析收发信机的硬件缺陷对频谱效率的影响，并指出大规模 MIMO 能够更充分地利用硬件资源，这为采用低分辨率器件（例如更少的量化比特）节约能耗和成本敞开了一扇门。第 7 章介绍影响大规模 MIMO 技术实用化的重要因素，例如空间资源分配、信道模型、阵列部署、异构网络中大规模 MIMO 所起的作用等。

如何阅读这本专著

想深入研究大规模 MIMO 技术的研究者（例如，为了开展独立的研究）基本上可从头至尾地进行阅读，但是我们强调，第 5、6、7 章这 3 章可根据个人喜好以任意顺序进行阅读。

每一章的最后都对本章关键点进行了小结。在 MIMO 领域具有广博知识的教师可以通过阅读这些小结来熟悉相关的内容，并决定详细阅读哪些内容。

研究生课程可讲授第 1 ~4 章的全部内容或部分内容，也可根据学生的背景和兴趣来选择其他章节的部分内容作为授课内容。采用这本专著作教材的教师可以得到 PPT 素材和课后作业等相关资料。

作者

2017 年 10 月

目　录

第1章 介绍和写作动机

无线通信技术已经彻底地改变了我们的通信方式。有线连接且只能在预定地点使用的电话、计算机、互联网时代已经成为历史。得益于蜂窝网络(基于全球移动通信系统(GSM)、通用移动通信系统(UMTS)和长期演进(LTE)标准)、局域网(基于IEEE802.11WiFi标准的不同版本)和卫星通信的发展,现在几乎能在地球上的任何地方以无线方式获得通信服务。无线连接已经成为社会的一个基本组成部分,它具有与电同样重要的地位。进一步讲,这项技术本身就能激发新的应用和服务,我们已经目睹了音乐和视频领域中通过网络按需传输的流媒体革命。增强显示(AR)、联网的家庭和汽车、机器 - 机器(M2M)通信,是迈向全网络化社会的第一步。在未来15年,我们将会发现目前无法预测的、新的、创新性的无线服务。

几十年来,无线语音和数据通信的数量以指数级的形式迅速增长。这种趋势称为库帕定律,它来自无线电研究人员马丁库帕[91]在20世纪90年代发现的一个现象:自从古列尔莫·马可尼在1895年第一次采用无线电传输信号以来,每两年半语音和数据通信的业务数量就会翻一番,这相当于32%的年增长率。展望未来,爱立信移动报告预测:从2016年到2022年之间,移动数据业务的复合年均增长率为42%[109],这里的增长速率甚至比库珀定律中描述的更快。在可预见的未来,人们对无线数据连接的需求一定会持续增加。例如,我们正在步入一个所有电子设备都要连接到互联网的网络化的社会,视频的保真度在不断增长,新的必备服务有可能出现。一个重要的问题是:如何发展当前的无线通信技术以满足不断增长的业务需求,从而避免即将出现的数据流量危机。另一个同样重要的问题是:如何满足人们对服务质量日益增长的要求。正如客户希望电网是稳健的并且持续可用的一样,他们也希望在任何时间、任何地点都能享用高质量的无线通信服务。为了跟上按指数级增长的流量速度、提供无处不在的连接,需要工业和学术研究人员竭尽全力设计新的、革命性的无线网络技术。这篇著作解释了什么是大规模多输入多输出(MIMO)技术,解释了它是一种能够提供比现有技术多出几个数量级①的无线数据流量、更有前途的解决方案。

1.1节中定义了无线通信网络中的蜂窝概念,同时探讨了如何通过改进现有的网络技术来获得更多流量的问题。1.2节定义了频谱效率(SE)的概念,并且提

① 在通信领域,10倍关系称为1个数量级,100倍关系称为2个数量级,依此类推。

供了基本的信息论结论,它们是后文分析过程的基础。1.3 节对提高频谱效率的各种方法进行了比较,它激励了大规模 MIMO 的设计。1.4 节对本章的关键点进行了总结。

1.1 蜂窝网络

无线通信是基于无线电的,即通过电磁(EM)波将信息从发射机传输到一个或多个接收机。因为发射机发出的电磁波传向所有方向,信号能量向所有方向扩散,所以随着距离的增加,到达接收机的能量会减少。为了使接收机能在更广阔的区域内接收到足够强的信号,贝尔实验室(Bell LABS)的研究人员在 1947 年提出了蜂窝网络拓扑结构[277]。根据这个思想,将覆盖区域分为多个蜂窝,每个蜂窝通过固定位置的基站独立工作,基站是一种网络设备,通过它,终端设备和网络之间能够进行无线通信。随后的几十年里,蜂窝概念又得到了进一步的发展,并得到了实际应用[291,116,204,364]。毫无疑问,在过去的 40 年里(自从 20 世纪 80 年代第一代移动电话系统出现以来),蜂窝的概念是一个重大突破,同时也是无线服务的主要驱动力。关于蜂窝网络,本书给出了如下的定义。

定义 1.1(蜂窝网络)　蜂窝网络由一组基站(BS)和一组用户设备(UE)①组成,每个用户设备都与一个为其提供服务的基站相连。下行链路(DL)是指信息从基站发送到其所管辖的各个用户设备,而上行链路(UL)是指信息从用户设备发送到其所属的基站②。

虽然这个定义具体说明了我们所要研究的通信体制,但是它没有涵盖蜂窝网络的全部内容,例如,为了实现蜂窝之间的高效切换,一个用户设备在短期内会同时连接到多个基站。

图 1.1 是一个蜂窝网络的示意图。本书主要研究基站与用户设备之间的无线通信连接,假设条件是:其余的网络基础设施(前传、回程、核心网络等)都处于理想的工作状态。目前使用的无线技术包含几个分支,例如,用于 WiFi 无线局域网的 IEEE 802.11 系列(WLANs),具有 GSM / UMTS / LTE 移动通信标准的第三代移动通信伙伴项目(3GPP)系列[128],具有 IS-95 / CDMA2000 / EV-DO 移动通信标准的 3GPP2 系列。这些系列中的一些标准是通过互相演变形成的,是针对同一种应用场景的优化。而另一些标准是针对不同的应用场景设计的。将这些分支

① 基站(BS)和用户设备(UE)分别来自 GSM 和 LTE 标准,但在本书中使用这两个术语时,没有指定任何特定的标准。

② 在一个网络 MIMO[126] 或者无小区系统[240] 的全协作蜂窝网络中,所有的基站都连接到一个中央处理单元,所有的基站同时为网络中的全部用户设备提供服务。在这种情况下,下行链路指信号从全部的基站传到每个用户设备,上行链路指信号从每个用户设备传到全部的基站。本书没有特别关注这种类型的蜂窝网络,但在 7.4.3 节对无小区系统进行了简单的描述。

合在一起,就构成了如下的双层异构网络(heterogeneous network)。

(1) 覆盖层:由户外蜂窝基站组成,提供广域覆盖,支持移动性,并在许多用户设备之间进行共享。

(2) 热点层:主要由室内基站组成,在小地理范围内为少数用户设备提供高吞吐量的传输服务。

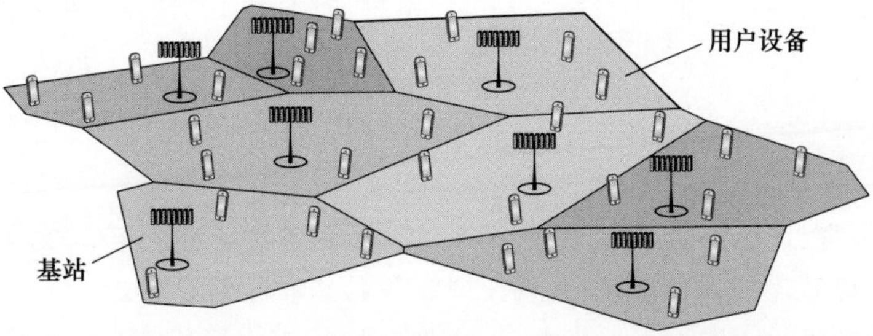

图 1.1 一个基本的蜂窝网络,每个基站覆盖一个不同的地理区域,并为其中的所有用户设备提供服务。一个区域叫作一个蜂窝,图中用不同的灰度对它们进行标识。利用蜂窝,几乎能够覆盖所有地理位置,基站所在位置能够保证基站为本蜂窝内的用户设备提供最强的下行链路信号

"异构"这个词意味着这两层共存于同一区域,特别地,如图 1.2 所示,部署热点基站以便在蜂窝基站的覆盖区域内创建小蜂窝(SC)。两层可以使用相同

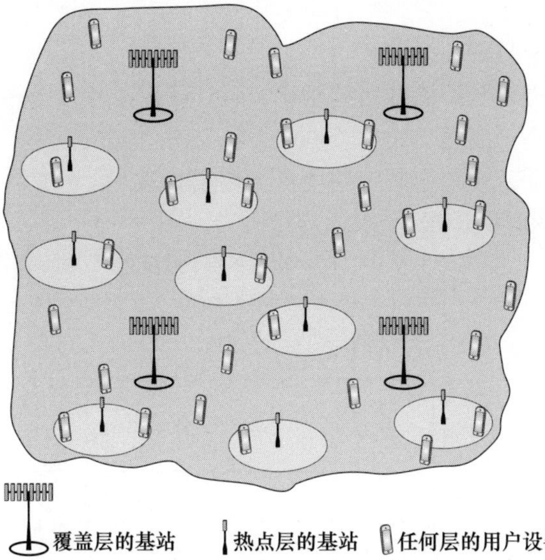

图 1.2 为了对覆盖层的业务进行分流,部署了一些小型基站,所以当前的无线网络是异构的。图中不同的符号分别表示覆盖层和热点层中的基站。蜂窝稠密化和采用更高频率下的附加带宽会降低对移动性的支持并且减小覆盖范围,因此为了提高覆盖层的区域吞吐量,增加频谱效率是非常重要的

的频谱,但是实际上常使用不同的频谱来避免层间的协调。例如,覆盖层可能使用工作在 2.1GHz 频段的 LTE 标准,而热点层可能采用工作在 5GHz 频段的 WiFi。

蜂窝网络最初用于无线语音通信,但现在主要用于无线数据传输[109]。视频点播占据了无线网络中的大部分流量,并且也是未来流量需求增长的主要驱动力[86]。因此,区域吞吐量是一项现在和未来蜂窝网络都高度关注的性能度量,它的单位是bit/(s · km²),可以使用以下的公式对其进行建模:

$$\text{区域吞吐量}(\mathrm{bit/(s\cdot km^2)}) = B(\mathrm{Hz})\cdot D(\mathrm{cell/km^2})\cdot \mathrm{SE}(\mathrm{bit/(s\cdot Hz\cdot cell)}) \quad (1.1)$$

式中,B 为带宽,D 为平均小区密度,SE 为每个小区的频谱效率。SE 表示在 1Hz 带宽内每秒可传输的信息量,稍后将在 1.2 节对其进行详细定义。

区域吞吐量主要取决于这三个量,增加它们的值才能使未来的蜂窝网络具有更高的区域吞吐量。此原则适用于覆盖层和热点层。根据式(1.1),可以将区域吞吐量看成是边长分别为 B、D 和 SE 的矩形盒子的体积。如图 1.3 所示,从频带和小区密度的选择会影响传播条件这个角度看,这三个量之间存在内在的依赖性。例如,发射机和接收机之间、小区外部干扰源和接收机之间都具有视距(LoS)信道的概率,平均传播损耗等。然而,为了能对这三个量有个初步了解,可以通过一阶近似将这三个量视为互相独立的。因此,有三种主要的方法可用来提高蜂窝网络的区域吞吐量:

(1) 分配更多的带宽;

(2) 通过部署更多基站使网络稠密化;

(3) 提高每个小区的频谱效率。

本章的主要目标是介绍如何大幅度提高频谱效率,第 2 章将利用这些结论定义大规模 MIMO 技术。

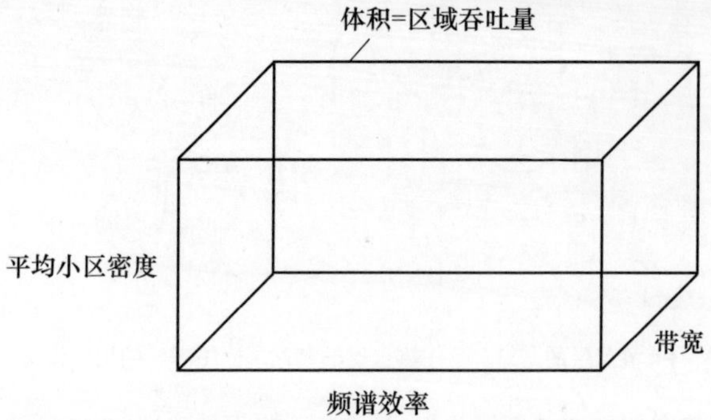

图 1.3　可以根据式(1.1)将区域吞吐量视为长方体的体积进行计算,其中带宽、平均小区密度和频谱效率分别是各个边的长度

1.1.1 改进蜂窝网络以获得更高的区域吞吐量

假设我们希望设计一种新的蜂窝网络，它能将现有网络的区域吞吐量提高1000倍，也就是说解决了高通公司提出的“1000×数据挑战[271]”。值得注意的是，如果年流量增长率继续保持在41%～59%的范围内，未来15～20年内的无线数据流量将增长3个数量级，那么如何根据式(1.1)处理如此巨大的流量增长呢？

一种潜在的解决方案是使带宽B增加1000倍。当前的蜂窝网络在6GHz频段以下所用带宽超过1GHz。例如，瑞典的电信运营商被授权使用超过1GHz的频谱[65]，而美国的授权频谱约为650MHz[30]。额外的500MHz的频谱可供WiFi使用[65]。这意味着在未来，如果想在流量方面得到1000倍的增加，就要使用超过1THz的带宽。但从物理角度讲，这是不切实际的，因为一方面频谱是在不同服务之间共享的全球资源，另一方面是牵扯到使用比以往更高的频带，在物理上限制了通信的范围和服务的可靠性。然而，在毫米波频带中存在相当大的带宽(30～300GHz)，可应用于短距离通信。毫米波频带在热点层具有很大的优势，但在覆盖层中则不然，因为这些频率的信号很容易被物体和人体阻挡，所以无法提供稳定的通信覆盖。

另一种潜在的解决方案是通过每平方千米部署1000倍数量的基站来增加蜂窝网络的密度。目前在城市地区，覆盖层中的基站间距离是几百米，并且基站部署在高处，以避免被大型物体和建筑物遮挡。这限制了部署在覆盖层中的基站可选择位置的数量。如果不将基站部署在更靠近用户设备的地方，就很难实现稠密化，因为这会增加深度阴影的风险，从而降低覆盖范围。部署更多的热点是一个更可行的解决方案，虽然WiFi在城市地区几乎无处不在，但未来热点层的平均基站间距离肯定会缩小到几十米。在这些小蜂窝中，重用覆盖层中的频谱或者使用毫米波频带都能显著地提高区域吞吐量[197]。然而，这种解决方案会导致高部署成本、小区间干扰[19]，并且不适于经常切换基站的移动用户设备。请注意，即使在热点层极度稠密化的情况下，仍然需要覆盖层来支持移动性和避免覆盖漏洞。

更高的小区密度和更大的带宽曾经主导了覆盖层的演变，它说明我们正在接近一个饱和点，在此处的进一步改进所需的过程越来越复杂，所耗费的代价越来越高。但是，有可能显著地改善未来蜂窝网络的频谱效率，这对于覆盖层中的基站(BS)来说尤为重要。如上所述，既不能通过使用毫米波频带也不能通过依赖网络稠密化来提高区域吞吐量，只能利用新的调制方式和多路方式来提高现有基站和带宽的频谱效率。主要目标是选择一个如图1.4所示的矩形盒子，其中每条边分别表示B、D或SE中的乘性增量。如图1.4所示，为了达到1000倍的区域吞吐量，可以采用不同的方法。一种务实的方法是：首先调查在向1000倍目标前进的过程中,SE 最高能提高多少倍,然后同时增加 B 和 D 来满足剩余倍数的要求。第 4 章中解释了为什么说大规模 MIMO 被认为是未来蜂窝网络中最有希望提升频谱效率的技术。

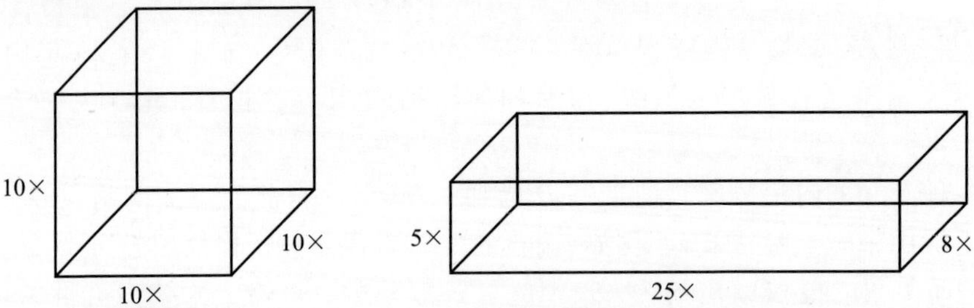

(a) 等幅提高　　(b) 某些因子的增加倍数高于其他因子

图 1.4　实现 1000 倍区域吞吐量的不同方法的示例。矩形盒子的每一边代表式(1.1)中 B,D 或 SE 中的改进因子,并且它们的乘积(即体积)等于 1000

评述 1.1(毫米波频段下的大规模 MIMO 和小蜂窝)　覆盖层提供泛在的覆盖、支持移动性、在每个小区内提供统一的服务质量,所以在未来网络中,覆盖层的研究最具挑战性,这也正是本书专注于研究覆盖层的原因。因为大量采用网络稠密化技术和毫米波频段将不可避免地导致不完整的覆盖,所以覆盖层的上述功能无法单纯地依靠网络稠密化和毫米波频段得以实现。这就是需要大幅提升频谱效率的原因。我们将证明大规模 MIMO 可以大幅地提升频谱效率。相比之下,热点层的主要目的是:通过分担低移动性用户设备的大部分流量来减少覆盖层所承受的压力。由于只支持短距离、尽力而为的通信模式,因此可以直接通过小区稠密化和采用毫米波频段的大带宽来增强热点层。7.5 节将讨论毫米波频段的大规模 MIMO,而 7.6 节将讨论大规模 MIMO 和小蜂窝(SC)的结合。

1.2　频谱效率的定义

我们现在为带宽为 B(Hz)的通信信道提供频谱效率的定义。奈奎斯特·香农采样定理表明:通过该信道发送的带限通信信号完全由每秒 $2B$ 个实数等间隔采样值确定[298]。在考虑信号的复基带表示时,通常为每秒 B 个复数采样值[314]。这 B 个采样值是可用于设计通信信号的自由度。频谱效率表示每个复数采样值能够可靠传输的信息量。

定义 1.2(频谱效率)　编码/解码方案的频谱效率是指能够在所考虑的信道上可靠传输的、由每个复数采样值携带的平均信息比特数。

该定义清楚地反映出:频谱效率是一个确定的数,可以通过每个复数采样值携带的比特来测量。由于每秒有 B 个采样值,因此频谱效率的等效单位是 bit/(s·

Hz)。对于随时间变化的衰落信道,可将频谱效率看作衰落实现中的平均数,下面将对其进行定义。在本书中,我们经常考虑用户设备和基站之间的信道的频谱效率,为简单起见,我们将其称为"用户设备的频谱效率"。一个相关的度量是信息速率(bit/s),定义为频谱效率和带宽 B 的乘积。另外,我们通常考虑从小区中的所有用户设备到其所属基站之间的信道的频谱效率的总和,以 bit/(s · Hz)来衡量。

在给定位置处的发射机和接收机之间的信道可以支持许多不同的频谱效率(取决于所选择的编码/解码方案),但是在设计通信系统时,可实现的最大频谱效率是至关重要的。最大频谱效率由信道容量决定,它是由 Claude Shannon 在 1948 年的开创性论文[297]中定义的。以下定理提供了图 1.5 所示信道的容量。

图 1.5　输入为 x、输出为 y 的通用离散无记忆信道

定理 1.1(信道容量)　考虑输入为 x 和输出为 y 的离散无记忆信道,x 和 y 是两个随机变量。任何小于或等于信道容量的频谱效率都可以以任意低的错误概率实现,而超出信道容量的频谱效率的错误概率无法控制。

$$C = \sup_{f(x)} \left(\mathcal{H}(y) - \mathcal{H}(y \mid x) \right) \tag{1.2}$$

上确界是针对所有可行输入分布 $f(x)$ 而言的,$\mathcal{H}(y)$ 为输出的差分熵,$\mathcal{H}(y \mid x)$ 为输入条件下的输出差分熵。

附录 B.5 给出了离散无记忆信道和熵的定义。我们参考文献[297]和诸如文献[94]的信息论教材对定理 1.1 进行了证明。可行输入分布的集合取决于实际应用,但通常考虑满足输入功率约束的所有分布。在无线通信中,我们特别感兴趣的信道是:接收信号是期望信号的一个乘性缩放与加性高斯噪声的叠加。这些信道通常称为加性高斯白噪声(AWGN)信道。根据文献[298],可以在如图 1.6 所示的典型范例中,求出定理 1.1 中的信道容量的闭式解。

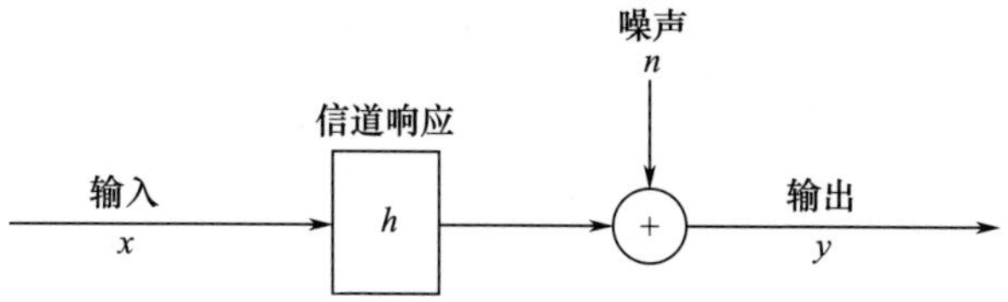

图 1.6　输入为 x、输出为 $y = hx + n$ 的离散无记忆信道,h 为信道响应,n 为独立的高斯噪声

推论 1.1　考虑一个输入为 $x \in \mathbb{C}$,输出为 $y \in \mathbb{C}$ 的离散无记忆信道:

$$y = hx + n \tag{1.3}$$

其中，$n \sim \mathcal{N}_{\mathbb{C}}(0,\sigma^2)$为独立的高斯噪声。输入分布满足功率限制$\mathbb{E}\{|x|^2\} \leqslant p$，并且输出端已知信道响应$h \in \mathbb{C}$。

如果h是确定的，当输入分布为$x \sim \mathcal{N}_{\mathbb{C}}(0,p)$时，信道容量为

$$C = \log_2\left(1 + \frac{p\,|h|^2}{\sigma^2}\right) \tag{1.4}$$

如果h是独立于信号和噪声的随机变量$\mathbb{H}$的实现，那么遍历①信道容量为

$$C = \mathbb{E}\left\{\log_2\left(1 + \frac{p\,|h|^2}{\sigma^2}\right)\right\} \tag{1.5}$$

其中，期望是针对h进行计算的。这称为衰落信道，其容量通过输入分布$x \sim \mathcal{N}_{\mathbb{C}}(0,p)$来实现。

证明：证明见附录C.1.1。

在推论1.1中考虑的信道中，发送一个输入信号会产生一个输出信号，因此称其为单输入单输出(SISO)信道。推论1.1中假定平均功率受限，这个假设条件适用于全书，但是在实际情况下也存在其他限制条件。关于限制条件的进一步讨论参见评述7.1。推论1.1中信道容量的实际意义为：由一个遍历的随机过程产生的、含有N个标量输入的信息序列在离散无记忆信道上传输。如果标量输入的频谱效率小于或等于信道容量，则可以通过对信息序列进行编码，使得接收机随着$N \to \infty$能够以任意低的错误概率对其进行解码。换句话说，需要无限的译码延迟才能达到信道容量。针对有限长度的信息序列，文献[267]中的开创性工作定量地给出了对信道容量的逼近程度。当传输包含数千比特的数据块时，频谱效率通常是一个很好的性能指标[50]。

式(1.4)和式(1.5)中的容量表达式具有典型的通信形式：对1加信噪比(SNR)的和计算以2为底的对数，其中信噪比表达式如下：

$$\frac{\overbrace{p\,|h|^2}^{\text{接收到的信号功率}}}{\underbrace{\sigma^2}_{\text{噪声功率}}} \tag{1.6}$$

当h为确定性的信道响应时，式(1.6)是实际可测的信噪比；当h为随机变量时，式(1.6)是一次给定的信道实现下的瞬时信噪比。由于后一种情况下的信噪比是波动的，因此在描述通信信道的质量时，考虑平均信噪比更为方便。我们定义平均信噪比为

$$\mathrm{SNR} = \frac{p\,\mathbb{E}\{|h|^2\}}{\sigma^2} \tag{1.7}$$

---

① 衰落信道的容量要求传输渐进地遍历描述信道随机变量的很多个实现，这称为遍历容量。原因是：只有在平稳的、各态历经的随机衰落过程中，才能从单个信道实现序列中推出信道的统计特性。每个信道实现用于预先确定的、有限数量的输入信号，然后从随机过程中获取新的信道实现。

其中，期望是针对信道实现进行计算的。因为对信号功率 p 而言，$\mathbb{E}\{|h|^2\}$ 是由信道产生的平均伸缩因子，所以我们把 $\mathbb{E}\{|h|^2\}$ 称为平均信道增益。

蜂窝网络中的无线传输通常会受到小区内和小区间干扰。在图 1.6 所示的信道中加入这种干扰，得到如图 1.7 所示的离散无记忆干扰信道。干扰不一定独立于输入 x 和信道 h。通常无法获知干扰信道的准确的信道容量，但很容易得到其下界。受文献[36,214]的启发，下面的推论提供了信道容量的下界，本书将反复使用这个下界。

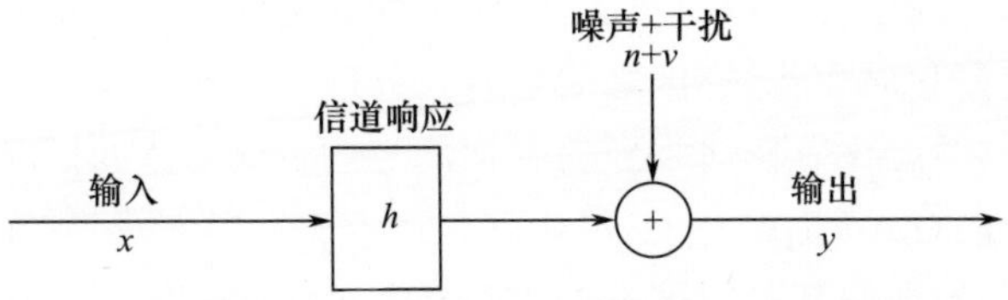

图 1.7　一个输入为 x、输出为 $y = hx + v + n$ 的离散无记忆干扰信道，其中 h 为信道响应，n 为独立的高斯噪声，v 为与输入和信道无关的干扰

推论 1.2　考虑一个输入为 $x \in \mathbb{C}$，输出为 $y \in \mathbb{C}$ 的离散无记忆干扰信道：

$$y = hx + v + n \tag{1.8}$$

其中，$n \sim \mathcal{N}_{\mathbb{C}}(0, \sigma^2)$ 为独立的高斯噪声，输出端已知信道响应 h，$h \in \mathbb{C}$，$v \in \mathbb{C}$ 为随机干扰。输入信号的功率限制为 $\mathbb{E}\{|x|^2\} \leqslant p$。

如果 h 是确定的，干扰 v 具有零均值、方差 $p_v \in \mathbb{R}_+$ 是已知的且与输入不相关（也就是说 $\mathbb{E}\{x^* v\} = 0$），那么信道容量 C 的下界为

$$C \geqslant \log_2\left(1 + \frac{p|h|^2}{p_v + \sigma^2}\right) \tag{1.9}$$

当输入分布为 $x \sim \mathcal{N}_{\mathbb{C}}(0, p)$ 时得到信道容量的下界。

假设 $h \in \mathbb{C}$ 是随机变量 $\mathbb{H}$ 的一个实现，$\mathbb{U}$ 是一个随机变量，它的实现 u 影响干扰的方差，输出端已知这些随机变量的实现。如果在给定 h 和 u 的条件下，噪声 n 条件独立于 v。如果干扰 v 的条件均值为 0（即 $\mathbb{E}\{v | h, u\} = 0$），那么条件方差为 $p_v(h, u) = \mathbb{E}\{|v|^2 | h, u\}$；如果干扰与输入条件不相关（即 $\mathbb{E}\{x^* v | h, u\} = 0$）。遍历①信道容量 C 的下界为

$$C \geqslant \mathbb{E}\left\{\log_2\left(1 + \frac{p|h|^2}{p_v(h, u) + \sigma^2}\right)\right\} \tag{1.10}$$

其中，期望是针对 h 和 u 进行计算的，通过输入分布 $x \sim \mathcal{N}_{\mathbb{C}}(0, p)$ 得到这个下界。

---

① 当一个信息序列通过衰落信道进行传输时，$\mathbb{H}$ 和 $\mathbb{U}$ 的实现序列被创建，从而形成平稳的、遍历的随机过程。每一组实现 (h, u) 用于预先确定的、有限数量的输入信号，然后从随机过程中获取一组新的实现。

证明:证明见附录 C.1.2。

注意在推论 1.2 中,我们用简化符号$\mathbb{E}\{v|h,u\}$来表示条件期望$\mathbb{E}\{v|\mathbb{H}=h,\mathbb{U}=u\}$。为了简化标注,从现在起,对于类似的表达式,我们仅写出随机变量的实现。

推论 1.2 中信道容量的下界是通过将干扰作为译码器中的附加噪声源而得到的,从信息论的角度来看,这可能不是最优的。例如,如果干扰信号非常强,那么在对有用信号实施解码之前,可以先对干扰进行解码,然后再从接收信号中减去干扰。这种解码方法在原理上很简单,但在实际的蜂窝网络中很难实现,因为干扰信号会随着时间的变化而变化,小区之间没有充分进行协作。实际上,在一个设计良好的蜂窝网络中,不应该有任何强烈的干扰信号。在低干扰的情况下,将干扰视为附加噪声是最佳的方式(也就是说,可达到信道容量)[230,296,20,21,295]。

在本书中,从始至终都采用推论 1.2 中频谱效率的表达式,同时强调这些表达式中的频谱效率可能不是最高可达到的频谱效率,但是通过将干扰视为噪声,可以通过接收机中低复杂度的信号处理来实现这些频谱效率。式(1.9)和式(1.10)中的频谱效率表达式具有典型的无线通信的形式:对 1 加上如下表达式的和计算以 2 为底的对数。

$$\mathrm{SINR} = \frac{\overbrace{p\,|h|^2}^{\text{接收到的信号功率}}}{\underbrace{p_v}_{\text{干扰功率}} + \underbrace{\sigma^2}_{\text{噪声功率}}} \tag{1.11}$$

这可以解释为信号与干扰噪声比(SINR,简称信干噪比)。严格来讲,这是当 h 和 p_v 都为确定值时的信干噪比,否则表达式是随机的。为了简单起见,我们将出现在频谱效率表达式$\mathbb{E}\{\log_2(1+a)\}$中的 a 记为瞬时信干噪比(这种称谓不十分严密)。

本章中给出的频谱效率表达式是后面章节所介绍理论的基础。离散无记忆信道下得出的有关信道容量的结论不同于实际的连续无线信道下的结论。然而,带宽 B 可以分成窄带的子信道(即采用正交频分复用(OFDM)),如果符号时间比传播环境下的延时扩展长得多,那么这些子信道基本上是无记忆的[314]。

1.3 提高频谱效率的方法

在蜂窝网络中,可以采取不同的方法来提高单个小区的频谱效率。本章中将对不同的方法进行对比以确定哪些方法是最有前途的。为了简单起见,这里考虑一个如图 1.8 所示的双小区网络,每个小区中用户设备和基站之间的平均信道增益是相同的。由于系统参数较少,这是一种研究蜂窝通信基本特性的易于处理的模型。它是维纳(Wyner)模型的一个实例,此模型由 Aaron Wyner 在文献[353]中最先提出,并用于研究衰落信道[304]。这个模型广泛地用于研究蜂窝网络的基本的信息论性质,可参见文献[303]及其参考文献。在后面的章节中,将考虑更现实但不易处理的网络模型。

在图1.8所示的上行链路场景中,小区0中的用户设备向其所属的基站发送信息,而来自小区1中的用户设备的上行链路信号作为干扰泄漏到小区0中。小区0中的用户设备与其所属的基站之间的平均信道增益为β_0^0,而小区1中的用户设备产生的干扰信号所具有的平均信道增益为β_1^0。同样地,小区1中的用户设备与其所属基站之间的平均信道增益为β_1^1,而小区0中的用户设备产生的干扰信号所具有的平均信道增益为β_0^1。注意,上标表示接收信号的基站对应的小区,下标表示发送信号的用户设备所在的小区。平均信道增益是正的无量纲的量,由于信号能量随传播距离的增加而迅速衰减,因此这个增益通常很小。在所属小区中的平均信道增益一般在 -120 ~ -70dB,而干扰信号的值似乎更小。随后将会看到:在计算频谱效率时,最重要的不是绝对值,而是相对于期望信号的相对干扰强度。为了简单起见,这里假设小区内的信道增益是相等的(即$\beta_0^0=\beta_1^1$),小区间的信道增益也是相等的(即$\beta_1^0=\beta_0^1$),这些是维纳模型的一般性假定。然后可以定义小区间和小区内的信道增益之比$\bar{\beta}$为

$$\bar{\beta}=\frac{\beta_1^0}{\beta_0^0}=\frac{\beta_0^1}{\beta_0^0}=\frac{\beta_1^0}{\beta_1^1}=\frac{\beta_0^1}{\beta_1^1} \tag{1.12}$$

这个比值将用于上行链路和下行链路的分析。通常$0\leqslant\bar{\beta}\leqslant 1$,$\bar{\beta}\approx 0$对应于极微弱的小区间干扰,$\bar{\beta}\approx 1$意味着小区间的干扰和期望信号一样强(当用户设备位于小区边缘时,这种情况可能会出现)。第1章的其余部分中将会使用这个模型,并且讨论改善每个小区频谱效率的不同方法。

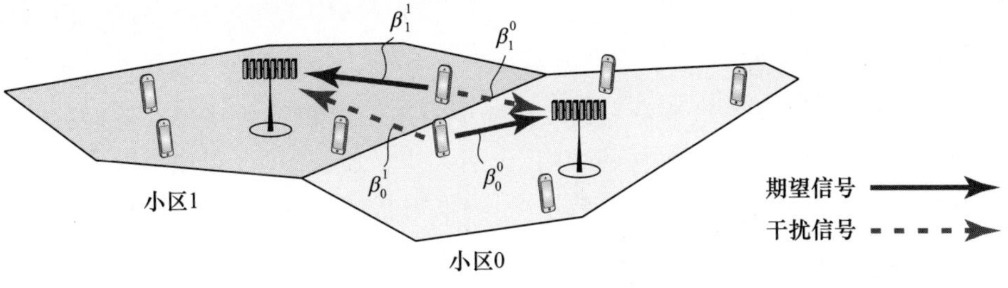

图1.8　一个双小区网络中的期望信号和上行链路干扰信号。在维纳模型中,小区0中的每个用户设备与小区0的基站之间的平均信道增益都等于β_0^0,小区0中的每个用户设备与小区1的基站之间的平均信道增益都等于β_0^1,同样地,小区1中的每个用户设备具有相同的平均信道增益β_1^0和β_1^1

1.3.1 增加发射功率

观察式(1.7)可发现:频谱效率取决于通过平均信噪比的形式表示的接收到的期望信号的强度。使用上面描述的维纳模型,小区 0 中用户设备的平均信噪比为

$$\mathrm{SNR}_0 = \frac{p}{\sigma^2}\beta_0^0 \tag{1.13}$$

其中,p 表示用户设备的发射功率,σ^2 表示噪声功率,它通过每个时间间隔内所消耗的焦耳数进行度量。只要信号和噪声采用相同的时间间隔,任何类型的时间间隔都可以使用,但通常选择“一秒”或“一个样本”。在本章中,参数SNR_0 在许多表达式的计算过程中都发挥了关键作用。

假设每个小区存在一个激活的用户设备,并且每个基站和用户设备都配备单根天线。注意,对于“天线”,这里指的是尺寸小于波长的组件(如一根微带天线),而不是传统蜂窝网络中基站使用的大型高增益的天线类型。在 7.4 节将对天线和天线阵列进行进一步的讨论。

对于平坦衰落①的无线信道来说,小区 0 的基站接收到的基于采样符号的复基带信号为

$$y_0 = \underbrace{h_0^0 s_0}_{\text{期望信号}} + \underbrace{h_1^0 s_1}_{\text{干扰信号}} + \underbrace{n_0}_{\text{噪声}} \tag{1.14}$$

其中,加性接收机噪声建模为 $n_0 \sim \mathcal{N}_{\mathbb{C}}(0,\sigma^2)$,标量 $s_0, s_1 \sim \mathcal{N}_{\mathbb{C}}(0,p)$ 分别表示期望用户设备和干扰用户设备发送的信息信号②。而且,它们的信道响应分别表示为 $h_0^0 \in \mathbb{C}$ 和 $h_1^0 \in \mathbb{C}$,这些信道响应的特性取决于传播环境。本章中将考虑一种视距(LoS)传播模型和一种非视距(NLoS)传播模型。在单天线视距传播中,h_0^0 和 h_1^0 为信道增益(平均)的平方根对应的确定性标量:

$$h_i^0 = \sqrt{\beta_i^0},\ i = 0,1 \tag{1.15}$$

通常,信道响应也会有一个相位旋转,但由于它不影响频谱效率,因此在本书中被忽略了。信道增益 β_i^0可以解释为视距传播中由与距离相关的路径损耗引起的宏观大尺度衰落。收/发信机硬件的影响,包括天线增益,都包含在该参数中。当发射机和接收机静止不动时,这个参数不变;当发射机或接收机移动时,这个参数会发生变化。微观运动(移动距离与波长可比拟)可以建模为 h_i^0 的相位旋转,而大

---

① 在平坦衰落信道中,信道的相干带宽大于信号带宽[314]。因此,信号的所有频率分量都会经历相同的衰落幅度,最终产生一个标量信道响应。

② 假设信息信号是服从复高斯分布的,原因是:在这种分布下信号的差分熵最大(见附录中引理 B.20),并且在无干扰的情况下实现了信道容量(见推论 1.1)。但在实际的通信系统中,经常采用星座点数目有限的正交幅度调制(QAM)方案,与高斯分布产生的无穷多个星座点相比,QAM 具有较小的成型损失。

的运动(以米为单位)则会导致 β_i^0 发生巨大的变化。为了在确定性信道下应用推论 1.2 中的频谱效率表达式,这里假定 h_i^0 为一个固定值。

在非视距(NLoS)传播环境中,信道响应该是随时间和频率变化的随机变量。如果在用户设备和基站之间存在足够多的散射体,那么 h_0^0 和 h_1^0 可以很好地建模为

$$h_i^0 \sim \mathcal{N}_{\mathbb{C}}(0,\beta_i^0), i=0,1 \tag{1.16}$$

文献[337,177,83,365]中的信道测量验证了这个信道模型的有效性。发射信号通过许多不同的路径到达接收机,叠加在一起的各个接收信号之间既可能相互增强,也可能相互抵消。当路径数量很大时,根据中心极限定理可采用高斯分布对接收信号进行描述。这种现象称为小尺度衰落,它是由传播环境中的微小变化(例如发射机、接收机或其他物体的运动)引起的微观效应。相反,方差 β_i^0 解释为宏观大尺度衰落,它包括取决于距离的路径损耗、阴影、天线增益和非视距传播中的穿透损耗。因为式(1.16)中的幅度 $|h_i^0|$ 是服从瑞利分布的随机变量,因此这个公式称为"瑞利衰落下的信道模型"。

值得注意的是:为了便于对视距和非视距两种传播情况进行对比,假定平均信道增益是 $\mathbb{E}\{|h_i^0|^2\}=\beta_i^0$,其中 $i=0,1$。实际的信道是同时包含确定性的视距分量和随机的非视距分量的混合信道,但是通过研究这两种极端情况之间的差异,可以预测混合信道的情况。下面的引理分别为视距(LoS)和非视距(NLoS)两种情况提供了频谱效率的闭合表达式。

引理 1.1 假设小区 0 中的基站已知信道响应,在视距情况下,对于期望的用户设备,上行链路的可实现的①频谱效率为

$$\mathrm{SE}_0^{\mathrm{LoS}} = \log_2\left(1+\frac{1}{\bar{\beta}+\frac{1}{\mathrm{SNR}_0}}\right) \tag{1.17}$$

其中,$\bar{\beta}$ 和 SNR_0 分别由式(1.12)和式(1.13)给出。在非视距(NLoS)情况下($\bar{\beta}\neq 1$),上行链路的可实现频谱效率为

$$\mathrm{SE}_0^{\mathrm{NLoS}} = \mathbb{E}\left\{\log_2\left(1+\frac{p\,|h_0^0|^2}{p\,|h_1^0|^2+\sigma^2}\right)\right\} = \frac{\mathrm{e}^{\frac{1}{\mathrm{SNR}_0}}E_1\left(\frac{1}{\mathrm{SNR}_0}\right)-\mathrm{e}^{\frac{1}{\mathrm{SNR}_0\bar{\beta}}}E_1\left(\frac{1}{\mathrm{SNR}_0\,\bar{\beta}}\right)}{\ln 2(1-\bar{\beta})} \tag{1.18}$$

① 回想一下"可实现的"频谱效率的含义:如果存在一个码序列,当 $N\to\infty$ 时,任何长度为 N 的消息在传输过程中出错的最大概率都收敛为 0,那么频谱效率是可以实现的[94]。相应地,任何小于或等于信道容量的频谱效率都是"可实现的"。

其中，$E_1(x)=\int_1^{\infty}\frac{e^{-xu}}{u}du$ 表示指数积分，ln(·)表示自然对数。

证明：证明见附录 C.1.3。

这个引理表明，频谱效率可完全由期望信号的信噪比SNR_0和小区间干扰 $\bar{\beta}$ 的相对强度进行表征。需要注意的是，式(1.18)中的非视距闭合表达式只适用于 $\bar{\beta}\neq 1$ 的情况。考虑到 $\bar{\beta}$ 的典型范围为 $0\leqslant\bar{\beta}\leqslant 1$，$\bar{\beta}=1$ 这个特殊的取值表示小区边缘的场景，此场景下的期望信号和干扰信号同样强。当 $\bar{\beta}=1$ 时，可以使用与引理 1.1 相同的证明方法得到另一种表达式，但是由于这种表达式没有提供任何进一步的启示，因此省略了。

从式(1.17)中的视距表达式容易看出，频谱效率是信噪比的递增函数，频谱效率为下列信干噪比表达式的对数：

$$\frac{1}{\bar{\beta}+\frac{1}{SNR_0}}=\frac{\overbrace{p\beta_0^0}^{\text{信号功率}}}{\underbrace{p\beta_1^0}_{\text{干扰功率}}+\underbrace{\sigma^2}_{\text{噪声功率}}} \tag{1.19}$$

提高发射功率 p 可以提高频谱效率，但随着功率 p 的增大，频谱效率不会无限提高。在视距的情况下，这里有

$$SE_0^{LoS}\to\log_2\left(1+\frac{1}{\bar{\beta}}\right),p\to\infty \tag{1.20}$$

其中，极限完全由干扰的强度决定，这是因为期望用户设备和产生干扰的用户设备都增加了它们各自的发射功率。这是一个有趣的蜂窝网络实例，因为在所有的小区中都应该保证良好的服务质量。在非视距的情况下，相应的极限为

$$SE_0^{NLoS}\to\frac{1}{1-\bar{\beta}}\log_2\left(\frac{1}{\bar{\beta}}\right),p\to\infty \tag{1.21}$$

利用文献[3]中的等式(5.1.11)展开式(1.18)中的指数积分，然后求极限$p\to\infty$就可证明式(1.21)。

举例说明，图 1.9 表示频谱效率是信噪比的函数，其中信噪比的增加可解释为发射功率 p 的增加。考虑两种不同强度的小区间干扰：$\bar{\beta}=-10$dB 和 $\bar{\beta}=-30$dB。在 $\bar{\beta}=-10$dB 的情况下，视距的频谱效率迅速收敛到极限$\log_2(1+1/\bar{\beta})\approx 3.46$bit/(s·Hz)，非视距的频谱效率收敛到$\log_2(1/\bar{\beta})/(1-\bar{\beta})\approx$ 3.69bit/(s·Hz)，原因是干扰信号仅比期望信号弱 10dB。在 $\bar{\beta}=-30$dB 的情况下，在所考虑的信噪比范围内，视距和非视距的最大值分别为 9.97bit/(s·Hz)和 9.98bit/(s·Hz)，但无法看到二者的极限值，原因是干扰更弱了，对数函数使得

频谱效率增长缓慢。但是这里注意到,从$SNR_0 = 10dB$ 到$SNR_0 = 30dB$ 仅使频谱效率增加1 倍,但却多消耗了100 倍的发射功率。由于信道的平方幅度$|h_0^0|^2$ 的随机波动,在大多数信噪比条件下,非视距下的频谱效率略低于视距下的频谱效率。然而,在高信噪比的条件下,对于非视距的某些信道实现来说,干扰可能比信号弱得多,此时,随机性转变为一个小的优势,使得非视距下的频谱效率极限值略高于视距下的频谱效率。在图1.9 中的 $\bar{\beta} = -10dB$ 可以看到这种情况,而在较高的信噪比和 $\bar{\beta} = -30dB$情况下,此现象不会发生。

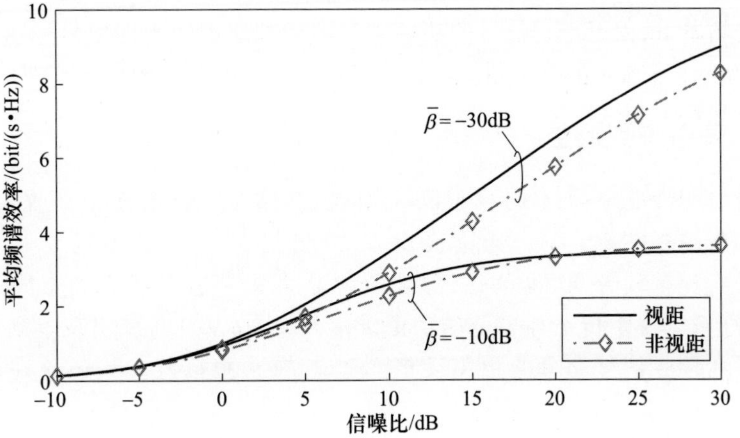

图1.9　对于不同的小区间干扰强度情况,平均上行链路频谱效率是信噪比的函数,此图反映了不同的信道模型下 $\bar{\beta} \in \{-10, -30\}$ dB 的情况

总的来说,通过增加发射功率能够提高信噪比,从而可以提高频谱效率,但是这种做法会迅速将网络推入一个干扰受限的状态,不可能获得非常高的频谱效率。造成上述局面的根本原因是:基站缺少自由度,无法通过单次观测将期望信号和干扰信号分开①。这种干扰受限的状态出现在当前网络的覆盖层中,而热点层中的情况则取决于基站的部署方式。例如,墙壁和其他物体会造成毫米波频率信号的大幅衰减,毫米波下的小蜂窝通常只覆盖一个非常有限的区域。但另一方面,来自其他房间的小蜂窝的干扰信号也会被墙壁衰减,所以小蜂窝是噪声受限的。图1.9中的频谱效率与当前蜂窝网络的频谱效率相当(在LTE 中为0 ~5bit/(s · Hz)[144])。因此,在蜂窝网络中,简单地通过功率伸缩对实现更高的频谱效率没有太大的帮助。

评述1.2(增加小区密度)　另一种提高信噪比的方法是:固定发射功率,增加

① 本例中考虑的传输方案不是最优的。用户设备可以轮流进行传输,从而无边界限制地提高频谱效率,但是如果每个用户设备在50% 的时间内处于激活状态,那么其频谱效率公式中的对数前面要多一个1/2的因子。更一般地讲,可采用干扰对齐方法来处理干扰[70]。

小区密度 D。在信道建模的过程中，通常假设平均信道增益在某个固定的“路径损失”指数下随传播距离成反比。在这样一个基本的传播模型下，当 D 增大时，因为用户设备到期望基站和干扰基站的距离都减小了，所以接收到的期望信号的功率增加速度与小区间干扰的增加速度大致相同。这意味着当 D 增加时，频谱效率的极限值仍然是干扰受限的。在覆盖层中，D 不能增加太多，小区稠密化是一种适用于热点层的方法[198]。只要基本传播模型成立，式(1.1)中的区域吞吐量随 D 线性增长。然而在某些情况下，这个模型将变得无效，因为路径损失指数也会随着距离的减少而减小，并且接近于自由空间传播下指数为 2 的情况[19]。在这种极端的短距离通信场景下，由于干扰信号的功率之和的增长速度快于期望信号功率的增长速度，因此不再需要小区稠密化。

1.3.2 获得阵列增益

与增加上行链路的(UL)发射功率不同，基站可以部署多根接收天线，从电磁波中收集更多能量。这一概念至少在 20 世纪 30 年代就出现了[257,117]，当时的重点是实现空间分集，也就是说，通过部署多根接收天线观测不同的衰落实现，从而克服非视距传播环境下的信道衰落。早在 1919 年就出现了利用多根发射天线提高接收信号功率的相关设想[10]。拥有多根接收天线还允许接收机通过空间滤波/处理来区分不同空间方向上的信号[324]。这些方法的实现称为“自适应”或“智能”天线[16,350]。通常，与用户设备相比，在基站上安装多根天线更为方便，因为前者通常是由电池供电的小型商用用户终端产品，它们是由低成本组件构成的。

假设小区 0 中的基站具有包含 M 根天线的阵列。期望用户设备和干扰用户设备的信道响应分别用向量$\boldsymbol{h}_0^0 \in \mathbb{C}^M$ 和$\boldsymbol{h}_1^0 \in \mathbb{C}^M$ 表示。每个向量的第 m 个元素是在第 m 根基站天线上观测到的信道响应，并且 $m=1,\cdots,M$。将式(1.14)中接收到的上行链路标量信号扩展到接收向量$\boldsymbol{y}_0 \in \mathbb{C}^M$，得到

$$\boldsymbol{y}_0 = \underbrace{\boldsymbol{h}_0^0 s_0}_{\text{期望信号}} + \underbrace{\boldsymbol{h}_1^0 s_1}_{\text{干扰信号}} + \underbrace{\boldsymbol{n}_0}_{\text{噪声}} \tag{1.22}$$

其中，$\boldsymbol{n}_0 \sim \mathcal{N}_{\mathbb{C}}(\boldsymbol{0}_M, \sigma^2 \boldsymbol{I}_M)$ 是基站阵列上的接收机噪声，发射信号 s_0、s_1 与式(1.14)中的定义相同。

为了分析带有小区间干扰的上行链路(UL)单输入多输出(SIMO)信道的频谱效率，这里需要将传播模型扩展到多根天线的情况。在视距的情况下，这里考虑一个天线间距为 $d_{\mathrm{H}} \in (0,0.5]$的水平均匀线阵(ULA)，天线间距是通过相邻天线之间的距离所包含的波长个数来测量的。因此，如果 λ 表示载波的波长，那么天线间距为 λd_{H}(m)。7.3 节中讨论了其他几何形状的阵列的信道模型。这里进一步假设这些用户设备位于基站阵列远场的固定位置上，这样就得到了如下的确定性信道响应[254]：

$$\boldsymbol{h}_i^0 = \sqrt{\beta_i^0}\,[\,1\,\mathrm{e}^{2\pi \mathrm{j} d_{\mathrm{H}} \sin(\varphi_i^0)} \cdots\ \mathrm{e}^{2\pi \mathrm{j} d_{\mathrm{H}} (M-1)\sin(\varphi_i^0)}\,]^{\mathrm{T}}, i=0,1 \tag{1.23}$$

其中,$\varphi_i^0 \in [0,2\pi)$是到用户设备的方位角,即相对于小区 0 中基站的阵列的视轴的角度。β_i^0描述宏观大尺度衰落。式(1.23)中的信道响应各分量也可以具有一个共同的相位旋转,但是因为它不影响频谱效率,这里将其忽略。在如图 1.10 所示的视距传播模型中,平面波沿着方位角 φ 到达阵列。对两根相邻天线进行比较,会发现一根天线上观察到的信号的传播距离要比另一根天线上的信号的传播距离长 $d_{\mathrm{H}}\sin\varphi$。这使得在式(1.23)的阵列响应中,各分量的相位旋转都为 $d_{\mathrm{H}}\sin\varphi$ 的倍数。

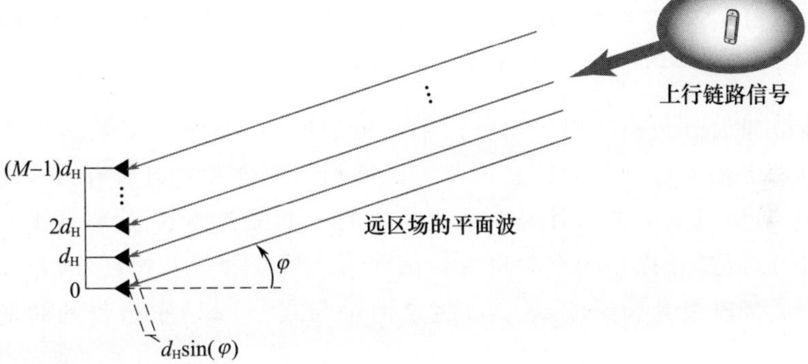

图 1.10　带有单天线的用户设备和基站包含 M 根天线的均匀线阵之间的视距传播。天线间距为 d_{H} 波长,阵列与用户设备之间的方位角为 φ,用户设备位于阵列的远场,因此到达阵列的电磁波为平面波

在非视距情况下,假设信道响应在整个阵列上是空间不相关的。得到

$$\boldsymbol{h}_i^0 \sim \mathcal{N}_{\mathbb{C}}(\boldsymbol{0}_M, \beta_i^0 \boldsymbol{I}_M), i=0,1 \tag{1.24}$$

其中,β_i^0描述宏观大尺度衰落,而随机性和高斯分布描述了小尺度衰落。由于$\boldsymbol{h}_i^0$中的元素是不相关的(也是独立的),并且其幅值服从瑞利分布,因此该信道模型称为不相关的瑞利衰落或独立同分布(i. i. d)的瑞利衰落。与基站阵列所包含的天线数目相比,如果基站阵列附近有很多个散射体,那么不相关的瑞利衰落是一种很容易处理的模型。本章后续的讨论都是基于这个模型的,而在 2.2 节中将介绍一种更通用和更符合实际的信道模型,并将在本书的其余部分中使用它。在 7.3 节中将进一步讨论信道建模。图 1.11 给出了非视距传播环境下的不相关瑞利衰落模型。为了简单起见,假设所有基站天线的平均信道增益 β_i^0都是相同的。当基站和用户设备之间的距离远大于基站天线之间的距离时,这是一个合理的近似。然而,在实际应用中,天线之间可能存在几分贝的信道增益差异[122]。本章忽略这种差异,但是当 M 较大时,这种差异对频谱效率产生较大的影响,在 4.4 节将对这些影响进行更详细的阐述。

图 1.11　用户设备与基站之间的不相关瑞利衰落下的非视距传播,其中用户设备具有单根发射天线,基站具有包含 M 根天线的均匀线性阵列。如果视距路径被阻塞,信号能通过散射体找到多条其他路径。基站四周分布着许多散射体,因此用户设备的位置不会对基站接收到的信号的空间方向性产生影响

当基站知道所期望的用户设备的信道响应时,在基站上安装多根天线的好处就会显现出来。这种先验信息使基站能够相关地合并来自所有天线的接收信号。因此,对信道响应的估计是多天线系统的一个关键环节,这将在 1.3.5 节中进一步进行讨论,并在第 3 章中进行详细分析。现在假设基站已知信道响应,可以选择一个接收组合向量$\boldsymbol{v}_0 \in \mathbb{C}^M$。将该向量与式(1.22)中接收到的信号相乘得到:

$$\boldsymbol{v}_0^{\mathrm{H}} \boldsymbol{y}_0 = \underbrace{\boldsymbol{v}_0^{\mathrm{H}} \boldsymbol{h}_0^0 s_0}_{\text{期望信号}} + \underbrace{\boldsymbol{v}_0^{\mathrm{H}} \boldsymbol{h}_1^0 s_1}_{\text{干扰信号}} + \underbrace{\boldsymbol{v}_0^{\mathrm{H}} \boldsymbol{n}_0}_{\text{噪声}} \tag{1.25}$$

接收合并是一个线性投影,它将 SIMO 信道转换成一种有效的 SISO 信道,如果选择合适的合并向量,该有效信道可以获得比单天线信道更高的频谱效率。有许多种不同的合并方案,但最简单和最流行的是最大比(MR)合并,其定义为

$$\boldsymbol{v}_0 = \boldsymbol{h}_0^0 \tag{1.26}$$

这是一个使期望信号的功率与合并向量的平方范数之比 $|\boldsymbol{v}_0^{\mathrm{H}} \boldsymbol{h}_0^0|^2 / \|\boldsymbol{v}_0\|^2$ 最大化的向量[172,68]①。下面引理给出了最大比合并下的频谱效率的闭合表达式。

引理 1.2　假设小区 0 中的基站已知信道响应,并将最大比合并应用于式(1.22)中的接收信号。在视距情况下,一个用户设备的可实现的上行链路频谱效率是

$$\mathrm{SE}_0^{\mathrm{LoS}} = \log_2\left(1 + \frac{M}{\bar{\beta}\, g(\varphi_0^0, \varphi_1^0) + \frac{1}{\mathrm{SNR}_0}}\right) \tag{1.27}$$

其中,函数 $g(\varphi,\psi)$ 定义如下:

① 根据柯西·施瓦兹不等式可以证明,当 $\boldsymbol{v}_0 = \boldsymbol{h}_0^0$ 时,比值 $|\boldsymbol{v}_0^{\mathrm{H}} \boldsymbol{h}_0^0|^2 / \|\boldsymbol{v}_0\|^2$ 最大化。

$$g(\varphi,\psi)=\begin{cases}\dfrac{\sin^2[\pi d_{\mathrm{H}}M(\sin\varphi-\sin\psi)]}{M\sin^2[\pi d_{\mathrm{H}}(\sin\varphi-\sin\psi)]}, & \sin\varphi\neq\sin\psi\\ M, & \sin\varphi=\sin\psi\end{cases}\tag{1.28}$$

类似地，在非视距情况下（$\bar{\beta}\neq 1$），用户设备的可实现的上行链路频谱效率为

$$\mathrm{SE}_0^{\mathrm{NLoS}}=\left(\frac{1}{\left(1-\frac{1}{\bar{\beta}}\right)^M}-1\right)\frac{\mathrm{e}^{\frac{1}{\mathrm{SNR}_0\bar{\beta}}}E_1\left(\frac{1}{\mathrm{SNR}_0\bar{\beta}}\right)}{\ln 2}$$
$$+\sum_{m=1}^{M}\sum_{l=0}^{M-m}\frac{(-1)^{M-m-l+1}}{\left(1-\frac{1}{\bar{\beta}}\right)^m}\frac{\left(\mathrm{e}^{\frac{1}{\mathrm{SNR}_0}}E_1\left(\frac{1}{\mathrm{SNR}_0}\right)+\sum_{n=1}^{l}\frac{1}{n}\sum_{j=0}^{n-1}\frac{1}{j!\mathrm{SNR}_0^j}\right)}{(M-m-l)!\mathrm{SNR}_0^{M-m-l}\bar{\beta}\ln 2}\tag{1.29}$$

其中，$n!$ 为阶乘函数，$E_1(x)=\int_1^{\infty}\frac{\mathrm{e}^{-xu}}{u}\mathrm{d}u$ 为指数积分。

证明：证明见附录 C.1.4。

这个引理表明，频谱效率取决于期望信号的信噪比SNR_0、小区间干扰的强度$\bar{\beta}$、基站天线的数量 M。注意，通过 M 根接收天线，阵列可以从期望信号、干扰信号以及噪声中收集到 M 倍的能量。在式(1.27)中的视距情况下，期望信号的增益为 M，天线数量的线性缩放称为阵列增益。由于合并向量与期望用户设备的信道响应相匹配，因此最大比合并能将所有天线上接收到的期望信号的能量进行相干合并。相比之下，由于$\boldsymbol{v}_0$ 独立于$\boldsymbol{h}_1^0$ 和$\boldsymbol{n}_0$，因此最大比合并将噪声和干扰信号分量在阵列上非相干地合并在一起。结果，式(1.27)中的干扰功率 $\bar{\beta}g(\varphi_0^0,\varphi_1^0)$ 的上界为

$$\bar{\beta}g(\varphi_0^0,\varphi_1^0)\leqslant\bar{\beta}\frac{1}{M\sin^2[\pi d_{\mathrm{H}}(\sin\varphi_0^0-\sin\varphi_1^0)]}\tag{1.30}$$

当 $\sin\varphi_0^0\neq\sin\varphi_1^0$ 时，随着接收天线数目的增加，该上界以 $1/M$ 的速度减小。最大比合并能抑制干扰信号的基本原因是：M 根天线为基站提供了 M 个空间自由度，可用于分离期望信号与干扰信号。特别地，随着 M 的增加，视距信道响应$\boldsymbol{h}_0^0$ 和$\boldsymbol{h}_1^0$ 的方向逐渐变为正交。这个性质称为（渐近）有利传播[245]，因为具有正交信道的用户设备可以同时与基站进行通信，而不会相互干扰。在 1.3.3 节和 2.5.2 节中将进一步讨论这个特性。

等式 $\sin\varphi_0^0=\sin\varphi_1^0$ 有两个特殊解：$\varphi_0^0=\varphi_1^0$ 和其镜面反射 $\varphi_0^0=\pi-\varphi_1^0$。因此，均匀线阵只能在区间$[-\pi/2,\pi/2]$或阵列另一侧的区间$[\pi/2,3\pi/2]$中唯一地解析角度。上一段的讨论不适用于 $\sin\varphi_0^0=\sin\varphi_1^0$ 的情况，因为此时 $g(\varphi_0^0,\varphi_1^0)=M$。在

这种情况下,期望信号和干扰信号都与 M 成线性比例是很自然的,因为这两个信号从完全相同的角度(或其镜面反射)到达。这种情况在实际中很可能永远不会发生,但是这里可以从式(1.28)中推断,当两个用户设备的角度彼此接近时,干扰信号更强。例如,利用当 $|z|<0.2$ 时,$\sin(\pi z)\approx\pi z$ 这个近似条件,当 $d_{\mathrm{H}}M|\sin\varphi-\sin\psi|<0.2$ 时,得到

$$g(\varphi,\psi)=\frac{\sin^2[\pi d_{\mathrm{H}}M(\sin\varphi-\sin\psi)]}{M\sin^2[\pi d_{\mathrm{H}}(\sin\varphi-\sin\psi)]}\approx\frac{[\pi d_{\mathrm{H}}M(\sin\varphi-\sin\psi)]^2}{M[\pi d_{\mathrm{H}}(\sin\varphi-\sin\psi)]^2}=M \tag{1.31}$$

虽然随着均匀线阵(ULA)的孔径 $d_{\mathrm{H}}M$ 的增加,$d_{\mathrm{H}}M|\sin\varphi-\sin\psi|<0.2$ 对应的角度间隔变小,但是任何有限尺寸的阵列都存在这种角度间隔。因为是由 $d_{\mathrm{H}}M$ 决定的角度分辨率,所以能够通过增加天线的数量 M 和/或采用更大的天线间距 d_{H} 来减少干扰。信号项情况与干扰情况不同,信号项只与天线的数量成比例。因此,对于给定的阵列孔径,要采用更多根天线而不是增加天线间距才会带来好处。注意,这一章中只考虑了一个二维的视距模型,在不同用户设备之间只存在方位角上的差异。在实际中,用户设备与基站之间也存在不同的俯仰角,这些角度也可以用于区分不同的用户设备。7.4.2 节将详细讨论这些内容。

为了说明上述内容,在图 1.12 中画出了函数 $g(\varphi_0^0,\varphi_1^0)$,其中期望用户设备位于固定角度 $\varphi_0^0=30°$,干扰用户设备所在角度在 $-180°$和$180°$之间变化。天线间距为 $d_{\mathrm{H}}=1/2$。在单天线的情况下,不需要考虑角度,此时 $g(\varphi_0^0,\varphi_1^0)=1$,这与引理 1.1 相符。当基站有多根天线时,$g(\varphi_0^0,\varphi_1^0)$ 主要取决于各用户设备的角度。当两个用户设备的角度相同(即 $\varphi_1^0=30°$)时,以及当两个角度互为镜像(即 $\varphi_1^0=180°-30°=150°$)时,产生干扰峰值。在这些峰值处,干扰信号是通过最大比合并形成的(正如期望信号一样),所以函数等于 M。当均匀线阵能够分辨出各用户设备时,干扰电平会迅速减小(注意纵轴坐标为对数坐标),并且一般随着 M 的增大而减小。在这些情况下,干扰电平随着干扰用户角度的变化呈现振荡状态,但大约是单天线情况下的 $1/M$。因此,只要用户设备角度间存在足够的差异,基站的多天线就有助于抑制干扰。

式(1.29)中的闭合表达式含有几个求和项和特殊函数,其结构比较复杂。因此很难对非视距情况下的频谱效率进行解释。幸运的是,我们可以方便地获得频谱效率的下界,当 $M\gg1$ 时,这个下界非常紧(参见图 1.14)。

推论 1.3 在非视距信道下,式(1.29)中上行链路频谱效率的下界为

$$\mathrm{SE}_0^{\mathrm{NLoS}}=\mathbb{E}\left\{\log_2\left(1+\frac{p\|\boldsymbol{h}_0^0\|^2}{p\frac{|(\boldsymbol{h}_0^0)^H\boldsymbol{h}_1^0|^2}{\|\boldsymbol{h}_0^0\|^2}+\sigma^2}\right)\right\}\geqslant\log_2\left(1+\frac{M-1}{\bar{\beta}+\frac{1}{\mathrm{SNR}_0}}\right) \tag{1.32}$$

证明:证明见附录 C.1.5。

对上述频谱效率表达式的解释类似于式(1.27)中的视距频谱效率表达式。

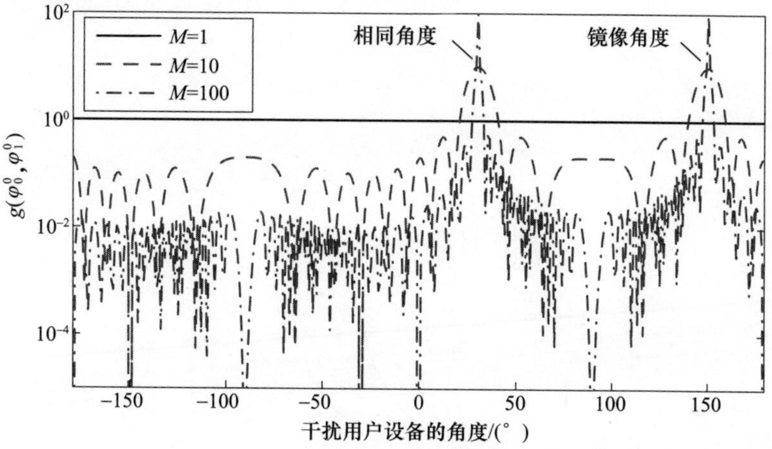

图 1.12　在视距场景下,式(1.28)中的函数 $g(\varphi_0^0,\varphi_1^0)$ 确定了干扰级别。当期望用户设备在 $\varphi_0^0=30°$这个固定角度上时,干扰用户设备的角度在 $\varphi_1^0\in[-180°,180°]$内变化

它是1加上信干噪比表达式的对数,其中信号功率增加为$(M-1)$,由此得到了视距和非视距信道的线性阵列增益。由于推论1.3中采用了下界技术,使得期望信号的阵列增益为$(M-1)$,而不是通过最大比合并获得的阵列增益M。然而,当M很大时,二者之间的差异可以忽略不计。式(1.32)中的干扰功率与M无关,而式(1.27)所表示的视距情况下的干扰功率却与M相关,随着天线数M的增加,以$1/M$速率减少。上述非视距和视距下干扰功率的对比表明:与视距信道相比,非视距信道下的电波传播条件较差,但实际情况会更加复杂。为了举例说明这一点,图1.13给出了相对干扰增益的累积分布函数(CDF):

$$\frac{1}{\beta_1^0}\frac{|(\boldsymbol{h}_0^0)^{\mathrm{H}}\boldsymbol{h}_1^0|^2}{\|\boldsymbol{h}_0^0\|^2} \tag{1.33}$$

这个量用于衡量最大比合并抑制干扰的效果。

对于非视距信道,式(1.33)可以表示为Exp(1)分布,它与M无关。相反,对于视距信道,式(1.33)等于式(1.30)中的$g(\varphi_0^0,\varphi_1^0)$,它是$M$和用户设备角度的函数。图1.13分析了$M=10$和$M=100$时的视距情况,给出0和$2\pi$之间($d_{\mathrm{H}}=1/2$)不同均匀分布用户设备角度上的CDF,另外,此图也给出了非视距信道下小尺度衰落的CDF。图1.13表明:视距信道的干扰增益通常比非视距信道的干扰增益低几个数量级,这个结论适用于随机角度实现中的大部分情况。视距的干扰增益大于非视距的干扰增益的概率很小,在$M=10$和$M=100$的情况下分别为18%和4%。这与$\sin\varphi_0^0\approx\sin\varphi_1^0$相对应,此时,阵列无法分辨和分离用户设备的角度。如前所述,当$d_{\mathrm{H}}M|\sin\varphi_0^0-\sin\varphi_1^0|<0.2$时,这种事件就有可能发生。随着$M$的增加(固定$d_{\mathrm{H}}$),上述事件在随机角度下发生的概率会降低,原因是:增加阵列孔径能

够获得更好的空间分辨率。然而,对于任何有限的 M,在 φ_0^0 附近都存在一个小的角度间隔,此间隔内的干扰信号就像期望信号一样被放大。由于阵列无法分辨角度差异如此小的用户设备,可能需要采用时频调度来分离用户设备,关于调度方案,参见 7.2.2 节。

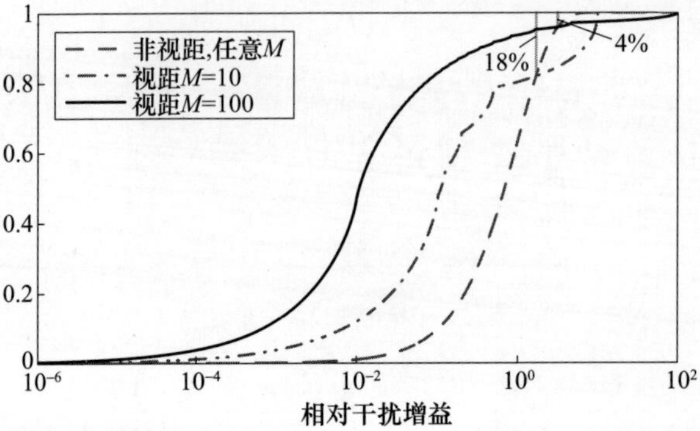

图 1.13 式(1.33)中的相对干扰增益的 CDF,在横轴上使用对数刻度。非视距情况下的随机性是由瑞利衰落产生的,而视距情况下的随机性是由随机的用户设备角度产生的。当视距的干扰增益高于非视距的干扰增益时,给出了实现的百分比

采用"有利传播"这个概念来量化多天线基站分离用户设备信道的能力是一种较好的方式[245]。信道$\boldsymbol{h}_i^0$ 和$\boldsymbol{h}_k^0$ 在满足下式的情况下,被认为提供了渐近的"有利传播"。

$$\frac{(\boldsymbol{h}_i^0)^{\mathrm{H}}\boldsymbol{h}_k^0}{\sqrt{\mathbb{E}\{\|\boldsymbol{h}_i^0\|^2\}\mathbb{E}\{\|\boldsymbol{h}_k^0\|^2\}}}\to 0, M\to\infty \tag{1.34}$$

对于衰落信道,在式(1.34)中可以考虑不同类型的收敛。这里考虑"几乎必然收敛",也称为以概率 1 收敛,但是文献[245]也包含了建立在较弱收敛类型(如依概率收敛)上的定义。式(1.34)的解释是$\boldsymbol{h}_i^0/\sqrt{\mathbb{E}\{\|\boldsymbol{h}_i^0\|^2\}}$ 和$\boldsymbol{h}_k^0/\sqrt{\mathbb{E}\{\|\boldsymbol{h}_k^0\|^2\}}$ 两个信道方向渐近正交。视距信道和具有不相关瑞利衰落的非视距信道都满足式(1.34)[245]。也能够看出视距和非视距的叠加也满足式(1.34)。对基站大规模阵列实施的信道测量也证实了随着加入更多的天线,用户设备信道逐渐变得不相关了[120,150]。有关信道测量的细节,请参阅 7.3.4 节。值得注意的是,式(1.34)并不意味着信道响应在$(\boldsymbol{h}_i^0)^{\mathrm{H}}\boldsymbol{h}_k^0\to 0$ 的意义上是正交的。稍后会在 2.5.2 节给出渐进"有利传播"的一般性定义。

当期望用户设备的信噪比固定为$\mathrm{SNR}_0=0$,小区间干扰的强度为 $\bar{\beta}=-10\mathrm{dB}$ 时,图 1.14 给出了以基站天线数量为自变量、以平均频谱效率为函数的曲线。视距曲线对应于:采用 $d_{\mathrm{H}}=1/2$ 的均匀线阵,所有的用户设备角度都服从 0 到 2π 之间的均匀分布,在不同的独立的用户设备角度上对结果取平均得到的。尽管信噪比和干扰条件较差,但从图 1.14 可以看出,天线数量从 $M=1$ 到 $M=10$,频谱效率

可以从 0.8bit/(s · Hz)提高到 3.3bit/(s · Hz)。这要归功于最大比合并提供的阵列增益。注意：推论 1.3 中非视距传播下的频谱效率的下界在 $M>10$ 情况下是非常紧的。频谱效率是天线数 M 的单调递增函数，并且随着 $M\to\infty$将无限制地增长，这与 1.3.1 节中分析的功率缩放情况正相反，后者的频谱效率在高信噪比条件下会达到饱和。这也要归功于最大比合并，因为它选择性地从阵列中收集更多的信号能量，而没有收集更多的干扰能量。在图 1.14 中，随着天线数量的增加，信道衰落对发射机和接收机之间互信息量的影响逐渐减小，因此视距和非视距之间的差异可以忽略不计[142]。这归因于多根接收天线所具有的空间分集，它能保证不同的天线观察到相互独立的衰落实现，这些实现几乎不可能同时为 0，这种现象早已为人所知。实际上，关于多天线接收的早期文献[257,117]中主要关注的就是如何对抗信道衰落。在文献[142]中，用术语“信道硬化”来描述一种特殊的衰落信道，特殊体现在：空间分集使衰落信道的行为几乎是确定性的。

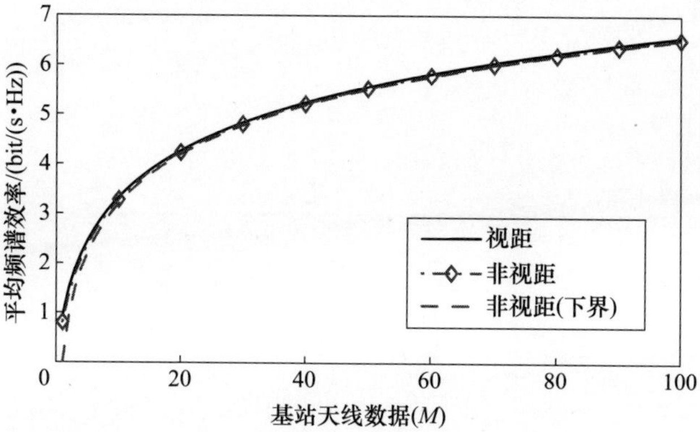

图 1.14 不同的信道模型下，基站天线的数目作为自变量，平均上行链路(UL)频谱效率(SE)作为函数。此时，信噪比$\mathrm{SNR}_0=0\mathrm{dB}$，小区间干扰强度 $\bar{\beta}=-10\mathrm{dB}$

在大规模 MIMO 文献[243]中，如果下式在 $M\to\infty$时成立，则认为信道$\boldsymbol{h}_i^0$ 提供了渐近的信道硬化：

$$\frac{\|\boldsymbol{h}_i^0\|^2}{\mathbb{E}\{\|\boldsymbol{h}_i^0\|^2\}}\to 1 \tag{1.35}$$

这个结论的本质是：随着天线数量的增加，归一化的瞬时信道增益收敛到确定性的平均信道增益，这使得信道的变化逐渐减小。显然，确定性的视距信道具有“信道硬化”的性质。更重要的是，在非视距传播环境下，随着 $M\to\infty$，下式几乎必然成立：

$$\frac{\|\boldsymbol{h}_i^0\|^2}{\mathbb{E}\{\|\boldsymbol{h}_i^0\|^2\}}=\frac{\|\boldsymbol{h}_i^0\|^2}{M\beta_i^0}\to 1 \tag{1.36}$$

这是强大数定律的一个例子(见附录中的引理 B.12),可以解释为:随着天线数量的增加,$\|\boldsymbol{h}_i^0\|^2/M$ 的变化越来越集中在它的均值$\mathbb{E}\{\|\boldsymbol{h}_i^0\|^2\}/M=\beta_i^0$附近。这并不意味着 $\|\boldsymbol{h}_i^0\|^2$ 是确定的,实际上,它的标准差随着$\sqrt{M}$的增大而增大,而 $\|\boldsymbol{h}_i^0\|^2/M$ 的标准差以 $1/\sqrt{M}$的形式逐渐趋于 0。渐近"信道硬化"也适用于其他类型的信道分布,在 2.5.1 节中将对其进行进一步的讨论。

图 1.15 说明了 M 维信道 $\boldsymbol{h}\sim\mathcal{N}_{\mathbb{C}}(\boldsymbol{0}_M,\boldsymbol{I}_M)$的"信道硬化"效应。在不同的天线数量下,此图分别给出了归一化瞬时信道增益 $\|\boldsymbol{h}\|^2/\mathbb{E}\{\|\boldsymbol{h}\|^2\}$ 的平均值和全体实现的 10%、90% 对应的平均值,另外还给出了一个随机实现。正如预期的一样,当 M 很大时,得到 $\|\boldsymbol{h}\|^2/\mathbb{E}\{\|\boldsymbol{h}\|^2\}\approx 1$。这个极限的收敛是渐进的,但是当 $M\geqslant$ 50 时,这个近似是非常紧的。

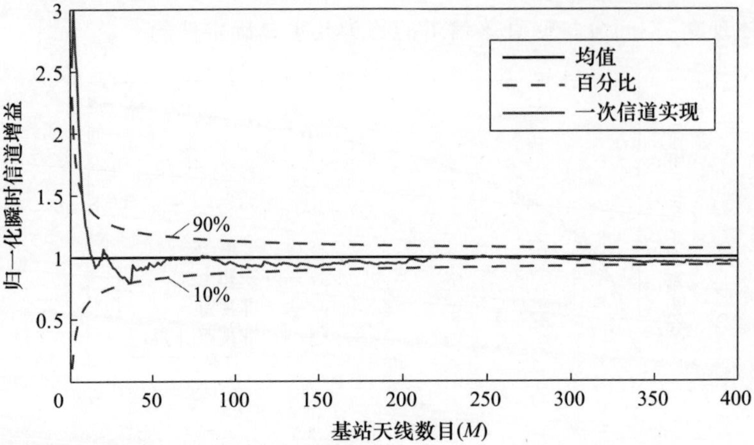

图 1.15　M 维信道 $\boldsymbol{h}\sim\mathcal{N}_{\mathbb{C}}(\boldsymbol{0}_M,\boldsymbol{I}_M)$的信道硬化现象的说明。随着 $1/\sqrt{M}$的减小,归一化瞬时信道增益 $\|\boldsymbol{h}\|^2/\mathbb{E}\{\|\boldsymbol{h}\|^2\}$ 接近于平均值 1,标准差逐渐减小

综上所述,增加基站天线的数量可以改善频谱效率,当 $M\to\infty$时,频谱效率甚至可以无限制的增长。这是因为基站可以通过阵列对接收到的信号进行处理,在不收集更多干扰的情况下有选择地增加信号增益。相反,增加发射功率会使信号和干扰同时增大,并会得到一个频谱效率的上限。然而,频谱效率仅随天线数量成对数增长,如$\log_2 M$,它无法提供足够大的可扩展性以满足未来蜂窝网络中按照数量级方式增加的对频谱效率的需求。

评述 1.3(大阵列的物理限制)　上述渐进性分析得出的扩展行为已经在实验中得到了验证[120,150]。但是,需要强调的是,因为传播环境被有限的体积包围,所以根据物理学理论,阵列的尺寸不可能随 $M\to\infty$无限的增加[281]。理想情况下,可以用天线覆盖上述体积的表面,忽略任何吸收,就能搜集到全部的信号能量,但是收集的能量永远不会超过发射的能量。在处理数百或数千根天线时,根本不需要考虑接收端是否能搜集到全部的信号能量,因为蜂窝通信中 -60dB 的“大”信道增益意味着:我们需要一百万根天线才能搜集到全部的发射能量。总之,极限 $M\to\infty$ 在物理上是不可实现的,但渐近分析仍然适用于研究实际大天线数量情况下的系统行为。然而,除了不相关的瑞利衰落以外,还需要在其他的信道分布下得到可靠的结果。2.2 节和 7.3 节将对这些内容进行进一步的介绍。

1.3.3 上行链路空分多址

如前所述,增加发射功率或使用多根基站天线只能给上行链路频谱效率带来适度的改进。原因是:这些方法只改善了频谱效率表达式的对数函数中的信干噪比,因此频谱效率增长缓慢。这里想找到一种方法通过改善对数外的部分来改善频谱效率。由于引理 1.1 和 1.2 中的对数表达式描述了一个特定的用户设备与其所属基站之间信道的频谱效率,可以在一个小区内同时为多个用户设备提供服务,如 K 个用户设备,进而计算这 K 个用户设备的频谱效率之和。这种用户设备的多路复用存在一个明显的瓶颈:在每个小区内,用户间干扰随着 K 的增加而增加。小区内干扰可能比小区间干扰强得多,如果要实现频谱效率的 K 倍增长,就需要抑制小区内干扰。

空分多址(SDMA)出现于 20 世纪 80 年代末和 90 年代初[349,308,17,280,125,373],它利用基站上多根天线的空间处理来克服一个小区内的用户间干扰。20 世纪 90 年代进行了多次现场试验,使用了多达 10 根天线[15,96,16]。对这些系统的信息论容量①的研究始于 21 世纪初,在单小区系统中对它们进行了描述[74,129,335,342,366,127],这些文献中使用了术语“多用户 MIMO”。注意,K 个用户设备是多个输入,而基站的 M 根天线是多个输出,因此,无论每个用户配备多少根天线,都称为 MIMO②。文献[276,33,294,46,126,208]对多用户 MIMO 向蜂窝网络的扩展进行了调查和研究,但是在蜂窝网络中很难获得准确的容量。

同前面的图 1.8 一样,假定每个小区中有 K 个激活的用户设备,现在来分析一个在上行链路中使用 SDMA 传输的蜂窝网络。小区 0 中第 K 个期望用户设备与其所属基站之间的信道响应用 $\boldsymbol{h}_{0k}^{0}\in\mathbb{C}^{M}$ 表示,其中 $k=1,\cdots,K$。而小区 1 中干扰用户设备与小区 0 中基站之间的信道响应用 $\boldsymbol{h}_{1i}^{0}\in\mathbb{C}^{M}$ 表示,其中 $i=1,\cdots,K$。注意,下标仍然是用户设备的标识,而上标是接收基站的索引。然后将式(1.22)中接收到的多天线上行链路信号推广为

---

① 当网络中存在 K 个用户设备时,传统的一维容量概念推广到 K 维容量区域,该区域表示 K 个用户设备可以同时达到的容量集合。K 个用户设备的容量之和表示该区域的一个点,因为它是描述网络聚合容量的一维度量,因此备受关注。详细内容参见 7.1 节。

② “多用户 SIMO”这一术语在 20 世纪 90 年代用于单天线用户设备的 SDMA[254],但如今多用户 MIMO 这个信息论术语占主导地位,因此在本书中采用它。

$$\mathbf{y}_0 = \underbrace{\sum_{k=1}^{K} \mathbf{h}_{0k}^0 s_{0k}}_{\text{期望信号}} + \underbrace{\sum_{k=1}^{K} \mathbf{h}_{1k}^0 s_{1k}}_{\text{干扰信号}} + \underbrace{\mathbf{n}_0}_{\text{噪声}} \tag{1.37}$$

其中，$s_{jk} \sim \mathcal{N}_{\mathbb{C}}(0,p)$是小区$j$中第$k$个用户的发射信号，接收机噪声$\mathbf{n}_0 \sim \mathcal{N}_{\mathbb{C}}(\mathbf{0}_M, \sigma^2 \mathbf{I}_M)$与之前定义相同。

这里考虑之前介绍的视距和非视距传播模型。更准确地说，小区j中第k个用户设备的视距信道响应为

$$\mathbf{h}_{jk}^0 = \sqrt{\beta_j^0}\left[1 \, \mathrm{e}^{2\pi \mathrm{j} d_{\mathrm{H}} \sin(\varphi_{jk}^0)} \cdots \mathrm{e}^{2\pi \mathrm{j} d_{\mathrm{H}}(M-1)\sin(\varphi_{jk}^0)}\right]^{\mathrm{T}} \tag{1.38}$$

其中，$\varphi_{jk}^0 \in [0,2\pi)$是相对于小区0中基站阵列视轴的方位角。在非视距情况下，小区j中第k个用户设备与小区0中的基站之间的信道响应为

$$\mathbf{h}_{jk}^0 \sim \mathcal{N}_{\mathbb{C}}(\mathbf{0}_M, \beta_j^0 \mathbf{I}_M) \tag{1.39}$$

假设各用户设备之间是统计独立的。回忆一下维纳模型，在这个模型中，为了简单起见，假设小区j中所有用户设备的平均信道增益都为β_j^0。

由于小区0中的基站接收到的信号是K个期望用户设备发射信号的叠加，因而需要通过对式(1.37)中的接收信号进行处理以达到在空域中分离各用户设备的目的，简单地说，就是将阵列的接收波束分别指向各期望用户设备的位置。与传统的时频多址相比，SDMA更需要对用户设备进行分离，因为它要求基站获取信道响应[127]。例如，小区0中的基站可以使用第k个用户设备的信道响应以获得适用于此用户设备信道的接收合并向量$\mathbf{v}_{0k} \in \mathbb{C}^M$。将该向量与式(1.37)中的接收信号相乘后得到

$$\mathbf{v}_{0k}^{\mathrm{H}} \mathbf{y}_0 = \underbrace{\mathbf{v}_{0k}^{\mathrm{H}} \mathbf{h}_{0k}^0 s_{0k}}_{\text{期望信号}} + \underbrace{\sum_{\substack{i=1 \\ i \neq k}}^{K} \mathbf{v}_{0k}^{\mathrm{H}} \mathbf{h}_{0i}^0 s_{0i}}_{\text{小区内干扰}} + \underbrace{\sum_{i=1}^{K} \mathbf{v}_{0k}^{\mathrm{H}} \mathbf{h}_{1i}^0 s_{1i}}_{\text{小区间干扰}} + \underbrace{\mathbf{v}_{0k}^{\mathrm{H}} \mathbf{n}_0}_{\text{噪声}} \tag{1.40}$$

接收合并的目的是要使期望信号比干扰信号与噪声的总和强得多。采用下式的最大比合并

$$\mathbf{v}_{0k} = \mathbf{h}_{0k}^0 \tag{1.41}$$

是一个被普遍接受的次优选择，因为它能够最大化期望信号的相对功率$|\mathbf{v}_{0k}^{\mathrm{H}} \mathbf{h}_{0k}^0|^2 / \|\mathbf{v}_{0k}\|^2$，但当存在干扰信号时，它不是最优选择[28,348,349]。多用户MIMO的接收合并设计的分析过程类似于码分多址（CDMA）中的多用户检测[202,205,106]，并且这些关键的方法几乎是在同一时期发展起来的。4.1节将证明使蜂窝网络中上行链路的频谱效率最大化的接收合并向量是式(1.42)中的多小区最小均方误差(M-MMSE)合并向量

$$\mathbf{v}_{0k} = p\left(p\sum_{i=1}^{K} \mathbf{h}_{0i}^0 (\mathbf{h}_{0i}^0)^{\mathrm{H}} + p\sum_{i=1}^{K} \mathbf{h}_{1i}^0 (\mathbf{h}_{1i}^0)^{\mathrm{H}} + \sigma^2 \mathbf{I}_M\right)^{-1} \mathbf{h}_{0k}^0 \tag{1.42}$$

这种合并方案之所以得此名，是因为它还使期望信号 s_{0k} 与接收合并信号 $\boldsymbol{v}_{0k}^{\mathrm{H}}\boldsymbol{y}_0$ 之间的均方误差（MSE）$\mathbb{E}\{|s_{0k}-\boldsymbol{v}_{0k}^{\mathrm{H}}\boldsymbol{y}_0|^2\}$ 最小化，其中的期望是关于发射信号的（而信道被认为是确定性的）。在多小区最小均方误差合并中考虑了所有小区中的干扰信号，式（1.42）中的矩阵求逆起到了类似于经典信号处理中白化滤波器的作用[175]。通过在空间域内找到放大期望信号和抑制干扰之间的最佳平衡，多小区最小均方误差使信干噪比最大化。要付出的代价是：求逆矩阵导致计算复杂度增加，同时需要已知式（1.42）中待求逆的矩阵。

下面的引理给出了最大比合并下的频谱效率闭合表达式，这里将通过仿真的方式研究多小区最小均方误差合并。

引理 1.3 如果小区 0 中的基站已知所有用户设备的信道响应，并且应用最大比合并来检测 K 个期望用户设备的信号，则在视距情况下可实现的上行链路频谱效率之和（bit/(s · Hz · cell)）为

$$\mathrm{SE}_0^{\mathrm{LoS}} = \sum_{k=1}^{K} \log_2\left(1+\frac{M}{\sum\limits_{\substack{i=1\\i\neq k}}^{K} g(\varphi_{0k}^0,\varphi_{0i}^0)+\bar{\beta}\sum\limits_{i=1}^{K} g(\varphi_{0k}^0,\varphi_{1i}^0)+\frac{1}{\mathrm{SNR}_0}}\right) \tag{1.43}$$

其中，$g(\cdot,\cdot)$ 是在式（1.28）中进行定义的。

对于非视距信道，可实现的上行链路频谱效率之和（bit/(s · Hz · cell)）以及一个闭合形式的下界为

$$\begin{aligned}\mathrm{SE}_0^{\mathrm{NLoS}} &= \sum_{k=1}^{K} \mathbb{E}\left\{\log_2\left(1+\frac{p\,\|\boldsymbol{h}_{0k}^0\|^2}{\sum\limits_{\substack{i=1\\i\neq k}}^{K} p\frac{|(\boldsymbol{h}_{0k}^0)^{\mathrm{H}}\boldsymbol{h}_{0i}^0|^2}{\|\boldsymbol{h}_{0k}^0\|^2}+\sum\limits_{i=1}^{K} p\frac{|(\boldsymbol{h}_{0k}^0)^{\mathrm{H}}\boldsymbol{h}_{1i}^0|^2}{\|\boldsymbol{h}_{0k}^0\|^2}+\sigma^2}\right)\right\}\\ &\geqslant K\log_2\left(1+\frac{M-1}{(K-1)+K\bar{\beta}+\frac{1}{\mathrm{SNR}_0}}\right)\end{aligned} \tag{1.44}$$

证明：证明见附录 C. 1. 6。

引理 1. 3 中频谱效率之和的表达式与引理 1. 2 和推论 1. 3 中频谱效率之和的表达式的形式相似，但由于加入了小区内干扰和小区间干扰，使得计算频谱效率之和的表达式更加复杂。在视距情况下，SDMA 对 K 个期望用户设备的频谱效率进行求和。对数内的期望信号增益随 M 线性增加，因此在使用最大比合并的情况下，每个用户设备都能获得完整的阵列增益。SDMA 的缺点体现在分母中，因为分母中包含了来自 $(K-1)$ 个小区内用户设备和 K 个小区间用户设备的干扰。每个干扰项的形式都与引理 1. 2 中单用户情况下的形式相同，因此可以预期，当用户设备之间存在容易分离的角度时（为了避免图 1. 12 所示的最坏情况），干扰最小。回想式（1. 28）中的函数 $g(\varphi,\psi)$ 在任意 $\sin\varphi\neq\sin\psi$ 的条件下都以 $1/M$ 的形式减

小。结合期望信号的阵列增益，如果 M 以 $\sqrt{K}$ 的倍数形式增加以抵消增加的干扰①，那么可以在给多个用户设备提供服务的同时，使每个用户设备的信干噪比与单个用户设备下的信干噪比相同。

引理 1.3 中非视距情况的下界是推论 1.3 中非视距情况的下界在 $K \geqslant 1$ 条件下的推广，当 $M \gg 1$ 时，这个下界是紧的。也可以获得类似于式(1.29)的精确的闭合表达式，但它包含许多求和项，因为它不具有任何额外的意义，所以被省略了。从式(1.44)中可以很容易地看出 SDMA 带来的好处，对数前面有一个因子 K，它表明频谱效率之和与用户设备的数量成比例地增加。这个乘性因子称为"复用增益"，如何实现这个增益是 SDMA 关注的重点。在对数中，期望信号的功率随 M 线性增长，而小区内干扰功率 $(K-1)$ 和小区间干扰功率 $K\bar{\beta}$ 却是随 K 线性增加的。这意味着，随着用户设备的增加，可以通过额外地增加一定比例的基站天线来抵消不断增加的干扰。更准确地讲，可以同时增加 M 和 K 来保持天线数目和用户设备数目的比值 M/K 不变，从而使每个用户设备大致保持相同的信干噪比。有趣的是，这意味着与视距情况相比，非视距情况下需要利用最大比合并合成更多的天线来抑制干扰，而在视距情况下，M 只是 $\sqrt{K}$ 的倍数。对这句话的解释是在非视距情况下，每个干扰用户设备都会引起较大的干扰；而在视距情况下，只有那些与期望用户角度相似的干扰用户设备才会造成较大的干扰（随着 M 的逐渐增加，两个相似角度之间的角度间隔逐渐减小）。

为了举例说明这些特性，图 1.16 分别画出了 $M=10$ 或 $M=100$ 条件下，作为函数的每个小区的平均频谱效率之和与作为自变量的小区内用户设备数目之间的函数曲线。根据引理 1.3 的解析公式，图 1.16(a)画出了最大比合并下的频谱效率之和，而图 1.16(b)画出了多小区最小均方误差合并下的蒙特卡罗仿真结果。在这两种情况下，信噪比固定为 $\mathrm{SNR}_0=0\mathrm{dB}$，小区间干扰的强度 $\bar{\beta}=-10\mathrm{dB}$。在视距情况下，天线间距 $d_{\mathrm{H}}=1/2$，在不同的、独立的用户设备角度上取平均得到结果，这些角度服从 $0\sim2\pi$ 之间的均匀分布。

从图 1.16 可以看出，在 $M=10$ 的情况下，频谱效率之和是一个随 K 缓慢增长的函数，原因是：基站没有足够的空间自由度用来分离用户设备——无论是用最大比合并还是多小区最小均方误差合并。当 $M=100$ 时，所得结果完全不同，原因是：每个用户设备的信道响应是一个 100 维的向量，但是每个小区内最多有 20 个用户设备，因此用户设备信道只占据了基站可以分辨的空间维度的一小部分，这使得频谱效率之和几乎随用户数量呈线性增长。在每个小区内包含 K 个用户设备的情况下，频谱效率之和的增长率是单用户场景下频谱效率增长率的

---

① 为了得到这种伸缩特性，我们注意到，由于式(1.30)中的界限，期望信号的功率随着 M 的增大而增大，而干扰功率是与 K/M 成比例的。信号干扰比变为 M^2/K，因此，当 K 增长时，M 是 $\sqrt{K}$ 的倍数就足以实现恒定的信号干扰比。

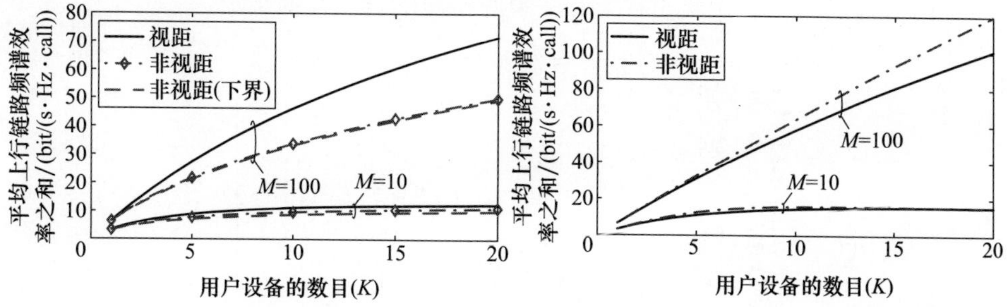

(a) 最大比合并

(b) 多小区最小均方误差合并

图 1.16 不同的合并方案,不同的信道模型,基站天线数 $M=10$ 或 $M=100$ 条件下,平均上行链路频谱效率之和是每个小区内用户设备数量的函数。信噪比 $\mathrm{SNR}_0=0\mathrm{dB}$,小区间干扰的强度是 $\bar{\beta}=-10\mathrm{dB}$。当 M/K 很大时,频谱效率之和随 K 线性增长。与最大比合并相比,多小区最小均方误差合并能更有效地抑制干扰

K 倍。例如,这里通过使用最大比合并/多小区最小均方误差合并的组合,以及 $(M,K)=(10,1)$ 实现了 3.3bit/(s·Hz·cell) 的频谱效率,而当 $(M,K)=(100,20)$ 时,最大比合并可以使频谱效率增加到 71.6bit/(s·Hz·cell),多小区最小均方误差可以使频谱效率增加到 101bit/(s·Hz·cell)。这分别是单用户情况下频谱效率的 21 倍和 31 倍。这些数字是从视距曲线中获得的,而在非视距情况下,会出现一些值得进一步讨论的有趣特性。当使用最大比合并时,非视距情况下的频谱效率之和明显低于视距下的频谱效率之和,而使用多小区最小均方误差合并时情况正好相反。原因是:在非视距情况下,每个用户设备都会受到多个用户设备的干扰,而在视距情况下,只有几个角度相似的用户设备才会产生强干扰。如果忽略干扰,例如最大比合并,由于干扰功率之和较大,因而非视距情况下的频谱效率较低。然而,在视距情况下,存在一些平行于期望用户信道的干扰用户信道,这使得与视距相比,多小区最小均方误差合并更容易抑制非视距中的干扰。这就解释了"使用多小区最小均方误差合并时,非视距中的频谱效率会更高"这种现象。

随着 K 的增加,用户间干扰加剧,使 M 随 K 成比例增加以便抑制这种干扰。在这种情况下,比例常数 M/K 称为天线-用户比率。图 1.17 给出了不同天线-用户比率下。作为 K 的函数的多小区最小均方误差合并下的频谱效率之和:$M/K\in\{1,2,4,8\}$。与引理 1.3 的内容一致,四种情况下的频谱效率几乎都随 K 线性增长。因为当 $M\gg K$ 时,抑制干扰变得更加容易,所以曲线的陡度随着 M/K 的增大而增大。在 $K=10$ 的非视距情况下,第一次使天线数量加倍(从 $M/K=1$ 到 $M/K=2$)在频谱效率方面获得 94% 的提升,第二次加倍获得 51% 的提升,第三次加倍获得 29% 的提升。由于相对提升量在不断减少,这里认为 $M/K\geq4$ 是多用户

MIMO的首选区间①,再次给出视距和非视距情况下对比性的结论。

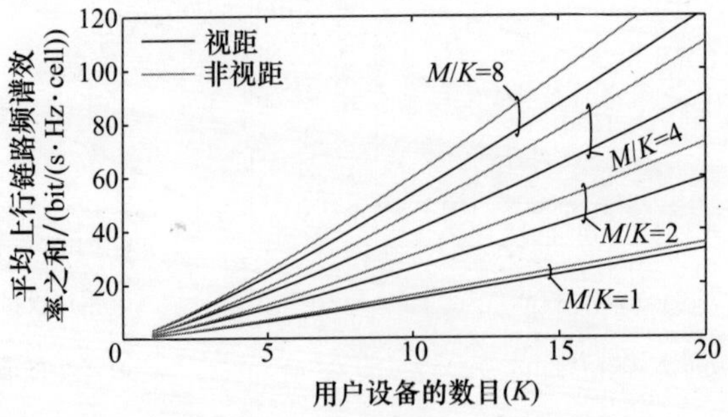

图 1.17　在不同的天线-用户比率 M/K 的情况下,当天线数量随着 K 的增加而增加时,在多小区最小均方误差合并下,上行链路的平均频谱效率之和是每个小区内用户设备数量的函数。信噪比 $SNR_0=0dB$,小区间干扰强度是 $\bar{\beta}=-10dB$。频谱效率之和随着 M/K 的增加而增加

多小区最小均方误差合并是最大化频谱效率的线性接收合并方案。线性方案的基本特征是将干扰视为空间有色噪声。从信道容量的角度来看,只有当每对用户设备之间的干扰足够小时,这种方案才是最优的[230,296,20,21,295]。干扰信道的信息论表明:在对期望信号进行译码前,应该采用非线性接收处理方案来消除强干扰源,例如连续干扰消除(successive interference cancelation,SIC)[314]。然而,这些非线性消除方案是相当不切实际的,原因在于:需要存储大量接收到的信号,然后按顺序对用户数据进行译码,这将导致高复杂度、大内存需求和延迟问题。如果限定为线性接收处理方案,有多大的性能损失?

图 1.18 对线性接收机处理相对于非线性接收机处理所造成的性能损失进行了量化,图中曲线是用户设备数量的函数。在图中,对小区内的信号依次进行译码,而将小区间干扰视为噪声[314],图中曲线是上行链路下采用多小区最小均方误差合并的平均频谱效率之和与采用串行干扰消除的频谱效率之和的比值。图中的仿真设置与上一幅图相同,但是为了简单起见,这里只考虑非视距传播。当 $M/K=1$ 时,非线性方案的性能要好得多,此时多小区最小均方误差合并的频谱效率之和只达到其频谱效率之和的 70% ~80%。随着 M/K 的增加,二者之间的性能差异迅速减小。对于 $M/K=4$ 和 $M/K=8$,即使有多达 20 个用户设备,与非线性方案相比,多小区最小均方误差合并的频谱效率之和也仅损失了几个百分点。其解释是:基站的多根天线使得每对用户之间的干扰足够小,这种情况下的线性接收处理方案与最优方案接近。当激活多个用户设备时,对某个用户设备产生的总干扰确实很大,但由于每对用户设备之间的干扰很小,因此线性接收处理方案的效果很好。

① 在 7.2.2 节中将对调度进行重新讨论。通过考虑信道估计开销,将证明对于给定的 M,有一个特定的 K 可以使频谱效率之和最大化。

一些综述文章中也给出了相似的结论[50,209,210]。

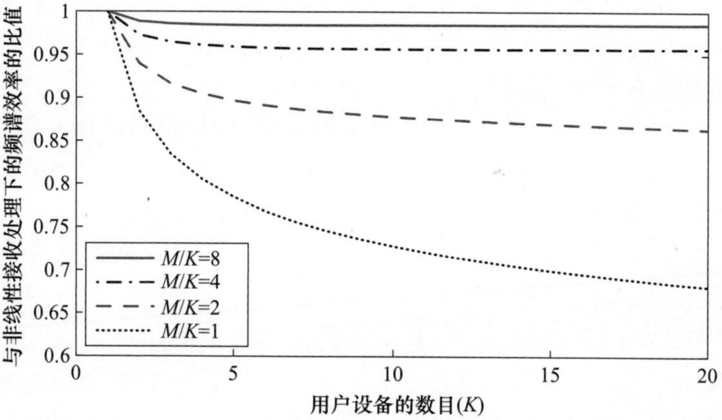

图 1.18 上行链路中,多小区最小均方误差合并下的频谱效率之和与非线性接收处理下的频谱效率之和的比值,它是每个小区用户设备数量的函数。对于不同的天线-用户比率 $M/K\in\{1,2,4,8\}$,天线数 M 随着 K 的增加而增加。信噪比SNR_0 = 0dB,小区间干扰强度 $\bar{\beta}=-10\mathrm{dB}$

综上所述,上行链路的 SDMA 传输可使每个小区的频谱效率之和增加一个数量级以上。实现途径是:同时为 K 个用户设备提供服务,增加基站天线的数量以获得抵消增加的干扰的阵列增益。频谱效率之和的提高要求天线-用户比率 $M/K\geqslant c$,对于某些较大的合适的 c 值,在频谱效率之和方面可获得 K 倍的增益。在未来蜂窝网络的覆盖层中,需要利用这种具有高度扩展能力的频谱效率改进措施来传递更高的数据量。注意每个用户设备的频谱效率没有发生显著变化,因此使用更多的频谱仍然是提高每个用户设备吞吐量的关键。在视距和非视距信道中,通过采用最大比合并使阵列增益最大化或者采用多小区最小均方误差合并来抑制干扰,都能够为频谱效率之和带来增益。只有在更好的工作环境下,非线性处理方案才能带来较小的性能改进,因此本书的其余部分没有考虑它。

评述 1.4(多天线用户设备) 由上文可知,大量的单天线用户与具有大量天线的基站之间的 SDMA 传输可以获得较高的频谱效率之和。如果用户设备也配备了多根天线,会发生什么呢?每个用户设备的成本、大小和复杂度肯定会增加。其积极的效果是:配置了 N_{UE}根天线的用户最多能将 N_{UE}条同步数据流发送到其所属的基站。从基站的角度来看,每一条数据流都可以看成是一个独立的"虚拟"用户设备的信号,只有当它具有不同于其他信号的空间方向性时,才能将它与其他数据流区分开。这意味着,从基站到特定用户设备的第 n 根天线的信道响应向量应该与用户设备其他天线的信道响应向量近似正交($n=1,\cdots,N_{\mathrm{UE}}$)。在非视距传播中,当用户设备天线上观测到的随机信道实现几乎不相关时,或者具有足够大的天线间距的阵列处于丰富的散射环境下时,才能实现上述信道响应向量之间的近似正交。在视距传播环境下很难实现信道正交性,原因是:在远场中,基站和用户设备所有天线之间的角度都是大致相同的。回忆式(1.28)能够看出,只要 $\varphi \approx \psi$,具有角度 φ 和 ψ 的视距信道响应之间的内积 $g(\varphi,\psi)$ 就很大。因此,在视距路径占主导地位的传播环境中,无法同时发送多路数据信号。然而,如果用户设备已知信道响应,那么通过相干地合并 N_{UE} 根天线上的信号,用户设备能够获得与 N_{UE} 成比例的附加阵列增益。虽然本书聚焦于单天线的用户设备,但是所得结论可以很容易地应用到配置 N_{UE} 根天线的用户设备上,此时,将用户设备上的 N_{UE} 根天线所发送的 N_{UE} 条数据流看成是 N_{UE} 个虚拟用户设备发送的 N_{UE} 路独立的信号。文献[194]考虑了配置多根天线的用户设备,表明:当每个小区接收/发射特定数量的数据流时,实现频谱效率的最大化(进一步讨论见 7.2.2 节)。假设数据流的数量是 K_{stream}^{*},分配给每个用户设备的数据流数与它的天线数相同。文献[194]的分析表明:每个用户设备配置 N_{UE} 根天线的 K 个用户设备,与 $N_{\mathrm{UE}}K$ 个单天线用户设备进行对比,二者的频谱效率之和大致相同。拥有多根天线的用户设备的显著优势体现在:在用户负荷较低的情况下,即 $K < K_{\mathrm{stream}}^{*}$,给每个用户设备分配多个数据流是实现同时传送 K_{stream}^{*} 条数据流的唯一方法。

1.3.4 下行链路空分多址

之前主要关注上行链路,并且指出 SDMA 是一种将频谱效率提高一个或更多数量级的合适的方法。现在将描述如何在下行链路中使用 SDMA。这里继续使用如图 1.19 所示的维纳模型。与图 1.8 中上行链路的主要区别是:信号是从基站而不是用户设备发出的。每个小区中有 K 个激活的用户设备,它们所属的基站通过采用线性发射预编码从包含 M 根天线的阵列中向各用户设备发送独立的信号。预编码是指每个数据信号都是通过全部天线发送的,但不同天线上的信号具有不同的幅值和相位,利用这些幅度和相位对信号进行空间定向。预编码的过程也称为波束成形,但这里避免使用这个术语,因为它容易产生误导,即信号波束总是通过使用模拟移相器,在一个特定的角度方向形成的。相比之下,预编码是指每个天线的发射信号是在数字基带中单独产生的,这使得信号的产生具有充分的灵活性①。角度域波束成形是一种特殊的预编码,它适用于视距传播环境,但对于非视距传播环境,发射信号虽然没有明显的角度域方向性,但仍然可以进行预编码,通过这种预编码,用户设备能够相关地接收多径分量。

与上行链路相似,小区 0 中的基站与其第 k 个期望用户设备之间的下行链路信道响应表示为$(\boldsymbol{h}_{0k}^{0})^{\mathrm{H}}$,其中 $k=1,\cdots,K$。小区 1 中的基站与小区 0 中的第 k 个用户设备之间的下行链路信道响应为$(\boldsymbol{h}_{0k}^{1})^{\mathrm{H}}$。转置代表了这样一个事实,即现在是从相反的方向看信道,为了便于表示,添加了复共轭。在实际中没有这样的共轭,

① 预编码动画可以在网址 Https://youtu.be/XBb481RNqGw 中找到。

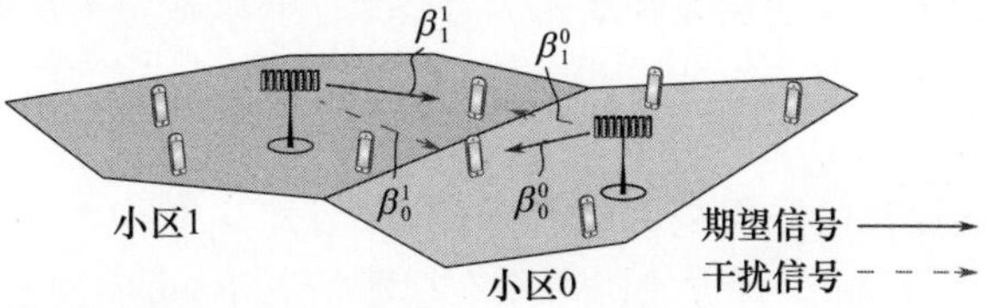

图 1.19　在两个小区的网络中,期望下行链路信号和干扰下行链路信号的说明。在 Wyner 模型中,小区 0 中用户设备的平均信道增益 $\beta_0^0=\beta_1^0$,小区 1 中用户设备的平均信道增益 $\beta_1^1=\beta_0^1$

但是它简化了符号,并且不影响频谱效率的计算。

小区 0 中用户设备 k 处接收到的下行链路信号 $z_{0k}\in\mathbb{C}$ 建模为

$$z_{0k}=\underbrace{(\boldsymbol{h}_{0k}^{0})^{\mathrm{H}}\boldsymbol{w}_{0k}\varsigma_{0k}}_{\text{期望信号}}+\underbrace{\sum_{\substack{i=1\\i\neq k}}^{K}(\boldsymbol{h}_{0k}^{0})^{\mathrm{H}}\boldsymbol{w}_{0i}\varsigma_{0i}}_{\text{小区内干扰信号}}+\underbrace{\sum_{i=1}^{K}(\boldsymbol{h}_{0k}^{1})^{\mathrm{H}}\boldsymbol{w}_{1i}\varsigma_{1i}}_{\text{小区间干扰信号}}+\underbrace{n_{0k}}_{\text{噪声}}\tag{1.45}$$

其中,$\varsigma_{jk}\sim\mathcal{N}_{\mathbb{C}}(0,p)$是小区 j 中的基站向其第 k 个用户设备发射的信号,$\boldsymbol{w}_{jk}\in\mathbb{C}^{M}$ 是相应的单位范数预编码向量(也就是 $\|\boldsymbol{w}_{jk}\|=1$),它决定了信号的空间方向性。该用户设备的接收机噪声为 $n_{0k}\sim\mathcal{N}_{\mathbb{C}}(0,\sigma^2)$。

这里考虑之前提到的视距和非视距传播模型。在视距情况下,小区 j 中的用户 k 和小区 l 中基站之间的多输入单输出(MISO)信道响应为

$$\boldsymbol{h}_{jk}^{l}=\sqrt{\beta_j^l}\left[1\ \mathrm{e}^{2\pi\mathrm{j}d_{\mathrm{H}}\sin(\varphi_{jk}^{l})}\cdots\mathrm{e}^{2\pi\mathrm{j}d_{\mathrm{H}}(M-1)\sin(\varphi_{jk}^{l})}\right]^{\mathrm{T}}\tag{1.46}$$

其中,$\varphi_{jk}^{l}\in[0,2\pi)$是相对于发射基站阵列视轴的方位角。在非视距情况下,对应的信道响应为

$$\boldsymbol{h}_{jk}^{l}\sim\mathcal{N}_{\mathbb{C}}(\boldsymbol{0}_M,\beta_j^l\boldsymbol{I}_M)\tag{1.47}$$

并且假设各用户设备之间的信道相互独立。回忆式(1.12),对于下行链路中小区间干扰的相对强度,这里使用了与上行链路中相同的符号 $\bar{\beta}=\beta_0^1/\beta_0^0$。

可以通过多种方式选择预编码向量$\boldsymbol{w}_{jk}$,其中 $k=1,\cdots,K,j=0,1$。从式(1.45)中接收到的信号可以看出,每个用户设备都受到所有预编码向量的影响。自身预编码向量与来自所属基站的信道响应相乘,而其他引起干扰的预编码向量与其对应的基站和所关注的用户设备之间的信道响应相乘。因此,在下行链路中,应该根据信道响应谨慎地选择预编码向量。在 4.3 节将对这些内容进行进一步的研究,但是现在考虑使用如下的最大比预编码:

$$\boldsymbol{w}_{jk}=\frac{\boldsymbol{h}_{jk}^{j}}{\|\boldsymbol{h}_{jk}^{j}\|}\tag{1.48}$$

与上行链路中的最大比合并相似,在下行链路中,这个预编码向量对下行期望用户设备的信号进行聚焦以获得最大的阵列增益。注意到 $\|\boldsymbol{w}_{jk}\|^2=1$,这意味着基站

的总发射功率是恒定的，与天线数量无关。因此，每根基站天线上的发射功率大约降低到总功率的 $1/M$。以下引理给出了采用最大比预编码的频谱效率表达式。

引理 1.4　假设基站采用最大比预编码，并且小区 0 中的用户设备已知各自的有效信道$(\boldsymbol{h}_{0k}^{0})^{\mathrm{H}}\boldsymbol{w}_{0k}$和干扰方差。那么在视距情况下，可实现的下行链路频谱效率之和[bit/(s · Hz · cell)]为

$$\mathrm{SE}_0^{\mathrm{LoS}} = \sum_{k=1}^{K} \log_2\left(1 + \frac{M}{\sum\limits_{\substack{i=1\\ i\neq k}}^{K} g(\varphi_{0i}^{0},\varphi_{0k}^{0}) + \bar{\beta}\sum\limits_{i=1}^{K} g(\varphi_{1i}^{1},\varphi_{0k}^{1}) + \frac{1}{\mathrm{SNR}_0}}\right) \tag{1.49}$$

对于非视距情况，下行链路的频谱效率之和[bit/(s · Hz · cell)]及其闭合形式的下界为

$$\begin{aligned}\mathrm{SE}_0^{\mathrm{NLoS}} &= \sum_{k=1}^{K} \mathbb{E}\left\{\log_2\left(1 + \frac{p\,\|\boldsymbol{h}_{0k}^{0}\|^2}{\sum\limits_{\substack{i=1\\ i\neq k}}^{K} p\frac{|(\boldsymbol{h}_{0k}^{0})^{\mathrm{H}}\boldsymbol{h}_{0i}^{0}|^2}{\|\boldsymbol{h}_{0i}^{0}\|^2} + \sum\limits_{i=1}^{K} p\frac{|(\boldsymbol{h}_{0k}^{1})^{\mathrm{H}}\boldsymbol{h}_{1i}^{1}|^2}{\|\boldsymbol{h}_{1i}^{1}\|^2} + \sigma^2}\right)\right\}\\ &\geqslant K\log_2\left(1 + \frac{M-1}{(K-1)\frac{M-1}{M} + K\bar{\beta} + \frac{1}{\mathrm{SNR}_0}}\right)\end{aligned} \tag{1.50}$$

证明：证明见附录 C.1.7。

该引理中的下行链路频谱效率之和与引理 1.3 中的上行链路频谱效率之和非常相似。非视距情况下的差异仅在于式(1.50)的分母多了一个额外的乘数项 $\frac{M-1}{M}$，当 M 很大时，两个公式几乎相同。视距情况下的差异在于每个表达式中的角度不同，在上行链路中，所有角度都是从用户设备到小区 0 中基站的，而在下行链路中，这些角度的一部分是从期望用户设备到全部发射基站的，另外一部分是从全部发射基站到它们所管辖的激活的用户设备的（表示每个下行信号的方向）。由于这里假设上行链路和下行链路中小区间干扰具有相同的强度（也就是 $\beta_0^1 = \beta_1^0$），因此一些相似性是由维纳模型引起的。一般来说，如 4.3.2 节中所述，平均信道增益也存在差异。尽管如此，当使用维纳模型时，图 1.16 和图 1.17 中的上行链路仿真结果也代表了下行链路的性能——不需要额外的仿真来揭示下行链路的基本特性。

上行链路和下行链路都通过采用最大比处理来获得阵列增益 M，但得到的过程不同。在上行链路中，基站通过 M 根接收天线对期望信号进行 M 次观测，每次观测都含有一个独立的噪声项。通过相干地合并 M 个信号分量，使得信号功率与 M 成比例地增长，而噪声实现是不相干地叠加在一起，因而噪声方差不变。在下行链路中，M 根发射天线对接收用户设备产生了 M 条不同的信道。由于总发射功

率是固定的，因此每根天线上的发射信号功率减小为原功率的 $1/M$，信号幅值减小为原幅值的 $1/\sqrt{M}$。通过预编码使 M 个发射信号分量在用户设备处相干叠加，接收信号的幅值随 $M/\sqrt{M}=\sqrt{M}$ 增大，接收信号的功率随 M 增大。

1.3.5 获取信道的状态信息

基站 j 利用信道响应 $\boldsymbol{h}_{jk}^{j}$ 来处理上行链路和下行链路信号。到目前为止，假设信道响应是已知的，但是在实际应用中需要定期估计这些向量。更准确地说，信道响应通常只在几毫秒时间和几百 kHz 的带宽内保持不变。通常用随机分布对信道变化进行建模。当前信道响应实现的集合称为信道状态，基站所具有的关于这些实现的知识称为信道状态信息（CSI）。假设在网络中的任何地方，都可以得到关于随机变量分布①的充分统计 CSI，但是需要通过与信道变化同步的方式才能获得与当前信道实现相关的瞬时 CSI。获得 CSI 的主要方法是利用导频信号，即通过天线发射预先设定好的导频信号。如图 1.20 所示，除了发射信号的天线以外，网络中的任何其他天线都可以同时接收到发射天线所发射的信号，并与已知的导频信号进行比较，从而估计发射天线对应的信道。如果需要估计两根发射天线的信道响应，通常需要两个正交的导频信号来分离两根天线上所发射的信号[182,195,38]。正交性是通过传输两个样本来实现的，详见 3.1 节。正交导频信号的数量与发射天线的数量成比例，而任意数量的接收天线都可以同时“收听”到这些导频信号，并估计出各接收天线与各发射天线之间的信道。

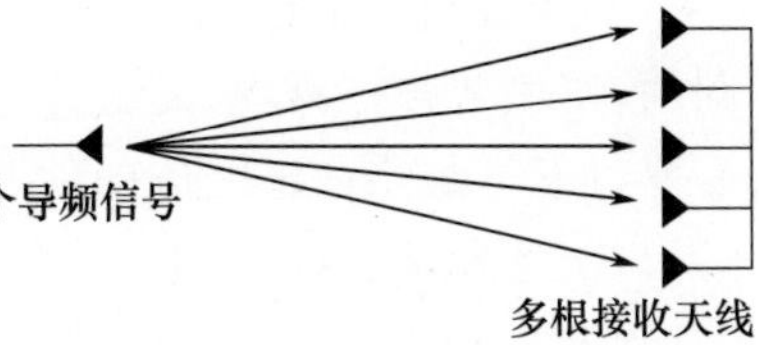

图 1.20　当天线发射导频信号时，任意数量的接收天线都能够同时接收到导频信号，并利用这个导频信号来估计各接收天线与发射机天线之间的信道

发射的每个导频信号都可能是携带有效数据（payload）信号的替代，因此希望由导频信号引起的开销降到最低。在 SDMA 中，上行链路和下行链路在信道获取的开销方面存在较大差异。每个小区有 K 个单天线用户，因此需要 K 个导频信号来估计上行链路中的信道。同样的，基站处有 M 根天线，因此需要 M 个导频信号来估计下行链路中的信道。由于在 SDMA 中，天线－用户比率 $M/K \geqslant 4$ 是更合适的工作环境，因此发送下行链路导频的开销通常比上行链路导频的开销大得多。只有当已知信道响应时，基站天线才有用，这限制了在实践中可以利用的基站天线

① 在很多情况下，已知随机变量的一阶矩和二阶矩就足够，但为了简单起见，这里假设已知完整分布。

的数量,除非能找到一种变通的方法。

如图 1.21 所示,可以在时间或频率上分离上行链路和下行链路。如果使用时分双工(TDD)协议在时间上分离上行链路和下行链路,那么信道响应是互易的[254]①,这意味着两个方向上的信道响应是相同的,基站可以仅使用 K 个上行链路导频进行估计。只有小区 j 中的基站需要已知第 k 个用户设备完整的信道响应 $\boldsymbol{h}_{jk}^{j}$,而对应的用户设备 k 只需要知道预编码后得到的有效标量信道 $g_{jk}=(\boldsymbol{h}_{jk}^{j})^{\mathrm{H}}\boldsymbol{w}_{jk}$。只要信道是恒定的,$g_{jk}$的值就是恒定的,所以无论信道为哪种分布,都可以从下行链路有效数据信号中估计出 g_{jk}的值[243]②。例如,基站可以利用其 CSI 来调整 $\boldsymbol{w}_{jk}$的相位,以使 g_{jk} 的相位变成(几乎变成)确定的,因此只需估计 $|g_{jk}|$ 的大小。由于 $|g_{jk}|/\mathbb{E}\{|g_{jk}|\}$ 的相对变化变小,"信道硬化"提高了估计质量。因此,TDD 协议只需要 K 个导频,与基站天线的数量 M 无关。

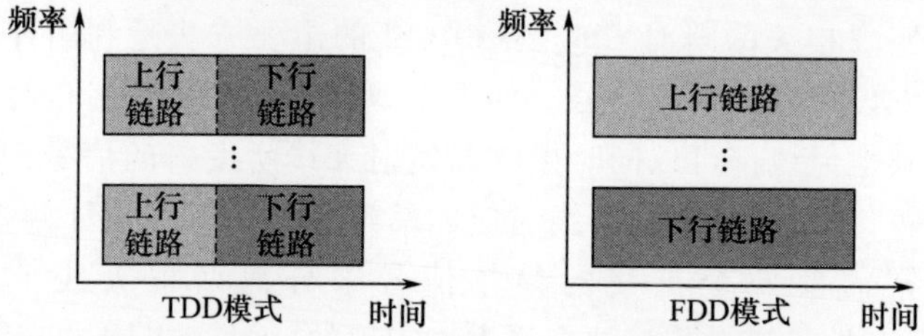

图 1.21　解释在上行链路和下行链路之间划分时间/频率资源块的两种方法。每个实心盒代表一个时频块,其中的信道响应是恒定的,需要进行估计

如果在频率上分开上行链路和下行链路,那么使用频分双工(FDD)协议时上/下行链路信道总是不同的,不能依赖互易性。因此,这里需要在上/下行链路中都发送导频信号。此外,需要将下行链路信道响应的估计反馈给基站,用于下行链路的预编码计算。反馈开销与额外发送 $\max(M,K)$ 个上行链路导频信号的开销相同③。如上面的 TDD 所述,可以从下行链路信号中估计出预编码后的信道 $g_{jk}=(\boldsymbol{h}_{jk}^{j})^{\mathrm{H}}\boldsymbol{w}_{jk}$。因此,FDD 协议有一个导频/反馈开销,相当于在上行链路中发送[$\max(M,K)+K$]个导频,在下行链路中发送 M 个导频。为了与 TDD 进行比较,假设 FDD 中的频率资源在上行链路和下行链路之间是平均分配的。那么 FDD 协议的

---

① 物理传播信道是互易的,但收/发信机链路通常不是完全互易的。本书 6.4.4 节将进一步讨论与此相关的内容。

② 下行链路导频信号可以用来提高估计质量,但相应的也增加了信道估计的开销,所以这么做不一定能提高频谱效率[243]。

③ 这种近似假设采用模拟的 CSI 反馈,其中第 k 个用户设备将 $\boldsymbol{h}_{jk}^{j}$ 中每个元素的值作为实值数据符号进行发送,该反馈使用 SDMA 进行复用。更准确地说,在复用增益为 $\min(M,K)$ 的 SDMA 条件下,需要传输 $\max(M,K)$ 个符号来反馈 MK 个信道系数。另一种反馈方案是采用量化的数字 CSI 反馈,在反馈准确性相同的条件下,模拟和数字 CSI 反馈二者具有大致相同的开销[73]。

平均导频开销是$\frac{M+K+\max(M,K)}{2}$。

现在将说明 TDD 和 FDD 在导频维数上的重要区别。考虑一个可以承载 τ_p 个导频信号的 SDMA 系统,这个值决定了可以支持的 M 和 K 的组合。TDD 协议支持 $K=\tau_p$ 个用户设备和任意的 M。只要满足$\frac{M+K+\max(M,K)}{2}\leqslant\tau_p$,FDD 协议能够支持任意的 M 和 K。图 1.22 给出了两种协议在 $\tau_p=20$ 时的工作点,阴影区域表示 $M\geqslant 4K$,这是 1.3.3 节中讨论的 SDMA 的合适工作点(请参见图 1.17 中的结果)。FDD 协议使得基站天线数与用户设备数之间存在折中,这种折中使得与阴影区域的交集非常有限。相比之下,TDD 协议中的 M 是完全可扩展的,导频信号的数量只限制了所能支持的用户数量。因此 TDD 协议可以使用任意数量的天线,但是最好在位于阴影区域中的多个工作点中选择一个。

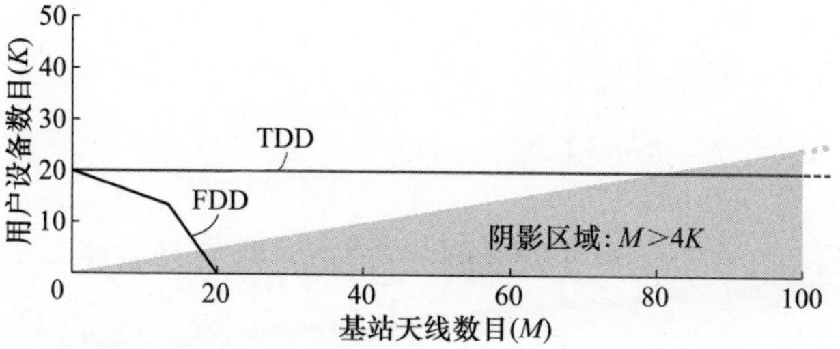

图 1.22　对于 TDD 协议和 FDD 协议,$\tau_p=20$ 个导频信号所支持的工作点(M,K)的解释。阴影区域对应于 SDMA 系统的最佳工作点。TDD 协议在基站天线的数量上是可扩展的,TDD 协议支持的用户设备数量仅受 τ_p 的限制

总之,通过利用上/下行链路信道之间的互易性,SDMA 系统与 TDD 结合是理想的。这是因为在 TDD 中所需的信道获取开销是 K,而在 FDD 中是$\frac{M+K+\max(M,K)}{2}$。当 $M\approx K$ 时,FDD 开销要大 50% 左右,而当 $M\gg K$ 时,FDD 开销要大得多,另外,$M\gg K$ 才是 SDMA 更适宜的工作模式。注意,对于 TDD 和 FDD 来说,二者下行链路预编码所需要的信道获取是不同的,而二者在上行链路中的处理过程基本上是相同的。

评述 1.5(信道参数化)　在某些传播场景中,可以使用远小于 M 个参数来参数化 M 维信道响应集合。一个主要的例子是视距传播,在式(1.38)中使用的视距模型主要取决于基站和用户设备之间的角度 φ_{jk}^0。在视距情况下,可以在 $0\sim\pi$ 之间选择一组等距的角度,只在这些方向上发送预编码后的下行链路导频信号,而不是发送 M 个下行链路导频信号。如果这些角度的数目远远小于 M,那么该方法在降低 FDD 信道估计中导频开销的同时,仍然能够给出较好的估计质量[50]。然而,视距信道参数化需要预先定义阵列的几何形状,并且要求天线是相位校准的,相位

校准指的是:由射频(RF)硬件引起的相位漂移是已知的,并且可以进行补偿。需要特别说明的是,式(1.38)中的模型仅适用于相位校准的均匀直线阵。构建一个严格依赖于信道参数化的系统有两个缺点。一个缺点是,即使某些用户设备的信道可以被有效地参数化,也不存在一个适用于所有信道的低维参数化模型——小区的一部分区域所具有的近似不相关的瑞利衰落就足以阻止使用信道参数化来简化下行链路估计。另一个缺点是,实际的信道不一定遵循特定的信道模型。非视距信道由来自不同角度和不同相位旋转的各种多径分量组成,而实际的视距信道除了具有确定性的视距路径外,还包含随机反射和散射。TDD 协议通常是首选,因为这里想要设计如下的网络:它可以在任何类型的传播环境中高效的工作,它具有任意的阵列几何形状,并且不需要天线之间的相位校准。然而,TDD 也面临特定的挑战:①由于功率放大器只在部分时间打开,因此其信噪比略低于 FDD;②天线的发射机和接收机硬件必须经过校准以保持信道的互易性(6.4.4 节对此有进一步的讨论)。

1.4 小　　结

• 未来网络中的用户将在任何时间、任何地点要求具有统一服务质量的无线连接。

• 在未来的蜂窝网络中,随着数据流量需求的迅速增长,对区域吞吐量的要求也越来越高。这可以通过小区稠密化,分配更多的频谱,和/或改进频谱效率(bit/(s · Hz · cell))来实现。

• 当前和未来的网络基础设施包括两个关键部分:覆盖层和热点层。两层的区域吞吐量都需要提高。

• 覆盖层负责覆盖、移动和保证最低服务质量。为了增加这一层的区域吞吐量,最好的措施是增加频谱效率,因为小区稠密化或在更高频率上使用频谱会降低移动性支持和覆盖。

• 热点层从覆盖层分担流量,例如低移动性的室内用户设备。小区稠密化和在更高频率上使用新的频谱是增加这一层的区域吞吐量的具有吸引力的方法,但是频谱效率也可以通过阵列增益得到改善。

• 单个用户设备的频谱效率是以信干噪比为自变量的缓慢增长的对数函数。通过增加信噪比,只能获得少量的频谱效率增益(例如使用更高的发射功率或在基站部署多根天线)。

• 通过使用 SDMA,在相同的时间/频率资源上,每个小区同时为 K 个用户设备提供服务,可以获得 K 倍的频谱效率增益。基站天线的数量最好随着 K 的增加而增加,以便得到用于补偿增加的干扰的阵列增益。

• 与用户设备的数量相比,每个基站应该拥有更多的天线数 M,以使得天线 -

用户比率 $M/K>1$。因为在这种天线-用户比率下，每个干扰用户设备产生的干扰相对较小，使得在上行链路中采用线性接收合并和在下行链路中采用线性预编码是近似最优的。

• 当基站天线的数目较大时，虽然信道响应是随机的，但经过合并/预编码后，基站与期望用户设备之间的有效信道几乎是确定的。这种现象称为“信道硬化”。

• 在上/下行链路中，基站使用 CSI 在空间上分离各用户设备。TDD 协议利用了信道的互易性，或者只需要上行导频信号，不需要反馈，因此利用 TDD 协议能够最有效地估计信道。

第 2 章 大规模 MIMO 网络

本节定义许多与大规模 MIMO 相关的基本概念，后面的章节中将使用这些概念。2.1 节给出大规模 MIMO 网络的正式定义，并对所考虑的相关块结构进行了描述。2.2 节中引入空间信道的相关性，并定义相关的瑞利衰落信道模型。2.3 节中给出上行链路和下行链路的系统模型，在本书的剩余章节中将使用它们。在 2.4节中，举例说明空间信道的相关性是如何影响系统性能的。在 2.5 节中，给出“信道硬化”的性质，定义有利传播环境，并在空间相关信道下对上述性质和传播环境进行分析。2.6 节引入局部散射信道模型，后文中将使用这个模型对空间信道相关性的影响进行定性分析。2.7 节对本章关键知识进行小结。

2.1 大规模 MIMO 的定义

根据第 1 章的讨论，蜂窝网络中高频谱效率的覆盖层应具有如下特征：

• 采用 SDMA，通过在相同的时频资源上为多个用户设备提供服务来获得多路复用增益。

• 每个小区的基站天线数目要比小区内的用户设备数目多，以实现有效的干扰抑制。如果小区中预期的用户设备数量增加，那么应对基站进行升级，使基站天线的数量成比例的增加。

• 由于采用多天线而不是依赖于可参数化的信道模型，网络工作于 TDD 模式，因此可以降低采集 CSI 所花费的开销。

文献[208,212]中的大规模 MIMO 技术采纳了这些设计准则，使其成为提高未来无线网络覆盖层频谱效率的有效方法。在以往的文献中，很难找到大规模 MIMO 的简明定义，但以下是本书所考虑的定义。

定义 2.1(经典的大规模 MIMO 网络) 大规模 MIMO 网络是一种具有 L 个小区的多载波蜂窝网络，它按照同步 TDD 协议①运行。基站 j 配备 $M_j \gg 1$ 根天线来实现“信道硬化”。基站 j 在每个时间/频率样本上与 K_j 个单天线用户设备同时通信，此时的天线 - 用户比率 $M_j/K_j > 1$。每个基站独立运行，并使用线性接收合并

① 同步 TDD 协议是指不同小区中的上/下行链路传输协议是同步的。正如文献[208]中讨论过的，从小区间干扰的角度来看，这是最坏的情况。在 4.2.4 节中，将简要讨论异步导频传输的潜在影响。

和线性发射预编码来处理其信号。

这是大规模 MIMO 的经典形式,因为它具有上述高频谱效率蜂窝网络的特征,并且与 Marzetta 的开创性工作相符。它还代表了在实时大规模 MIMO 测试平台中演示的技术[329,139]。然而,有一些重要的研究工作偏离了这个经典形式(或者试图拓宽它)。特别地,为大规模 MIMO 寻找一种有效的 FDD 协议是非常有价值的,因为有大量的频谱已经预留给 FDD 了。在移动场景中,FDD 协议的估计/反馈开销是令人望而却步的,除非采取措施减少它,降低开销可采取的主要方法是对信道进行参数化(如评述 1.5 所述),然后利用参数化方法降低信道估计和反馈开销。在 20 世纪 90 年代的小规模 MIMO 场景,对这种原理进行了分析[125,254],而关于大规模 MIMO 下的 FDD 的一些早期结果可以在文献[7,84,273,77]中找到。这些工作首先假定信道能够以特定的方式进行参数化,然后利用该假设实现更有效的估计和反馈过程。然而,因为潜在的假设还没有得到实验的证实,所以说这方面的研究还处于起步阶段。这就是本书不考虑 FDD 的原因,但这里强调,在 FDD 协议下,设计和演示有效的大规模 MIMO 是一项需要解决的且具有巨大挑战性的任务[50]。

两个偏离经典形式的大规模 MIMO 的技术分别是配置多天线的用户设备[32,194,31]和单载波传输[264]。在评述 1.4 中讨论过前者,而定义 2.1 中的多载波假设需要进一步解释。

传播信道随时间和频率变化。带宽 B 等于每秒钟内描述信号的复值样本的数量。因此,两个样本之间的时间间隔随着带宽的增加而减小。无线信道是弥散的,这意味着,在给定的时间间隔内传输的信号能量会散开,并在更长的时间间隔内被接收。在弥散信道中,如果接收机的采样间隔较小,那么所接收的两个相邻样本之间会有大量的重叠。因此信道就有了记忆,这使得信道估计、处理发射和接收信号以对抗样本间干扰变得更加困难。一个经典的解决方案是:将带宽分成许多子载波,每个子载波的带宽都足够窄,因此样本之间的有效时间间隔要比信道弥散长得多。子载波信道基本上是无记忆的,这里可以将 1.2 节中描述的信息论结果应用到每个子载波上。有多种多样的多载波调制方案,在大规模 MIMO 的背景下,传统的 OFDM[357]和滤波器组多载波(FBMC)调制[111]都曾被分析过。

从大规模 MIMO 的角度来看,重要的不是采用哪种多载波调制方案,而是将频率资源划分为平坦衰落的子载波。相干带宽 B_c 描述了信道响应近似恒定的频率间隔。一个或多个子载波位于相干带宽内,因此在相邻子载波上观察到的信道是近似相等的,或者在确定的变换下是紧密相关的。因此,通常不需要估计每个子载波上的信道。类似地,相邻样本之间的信道随时间变化很小,相干时间 T_c 描述了一个时间间隔,在此间隔内的信道响应是近似恒定的。

定义 2.2(相关块) 相关块由若干子载波和时间样本组成,在这些子载波和时间样本上,信道响应可以近似为常数和平坦衰落的。如果相干带宽为 B_c,相干时间为 T_c,那么每个相关块包含 $\tau_c = B_c T_c$ 个复值样本。

每个相关块的实际有用样本的数量可以小于 $B_c T_c$。例如，如果 OFDM 的循环前缀使 OFDM 符号时间增加了 5%，那么有用样本的数量就是 $B_c T_c/1.05$。

多载波调制和相关块的概念如图 2.1 所示。无论是在时间上还是频率上对随机信道响应进行分割，一个相关块中的随机信道响应与任何其他相关块中的随机信道响应具有相同的统计特性。因此，信道衰落被描述为一个平稳的遍历的随机过程。可通过研究单个的具有统计代表性的相关块来分析系统的性能。这里假设任何一对块之间的信道实现都是相互独立的，这种假设称为块衰落①。

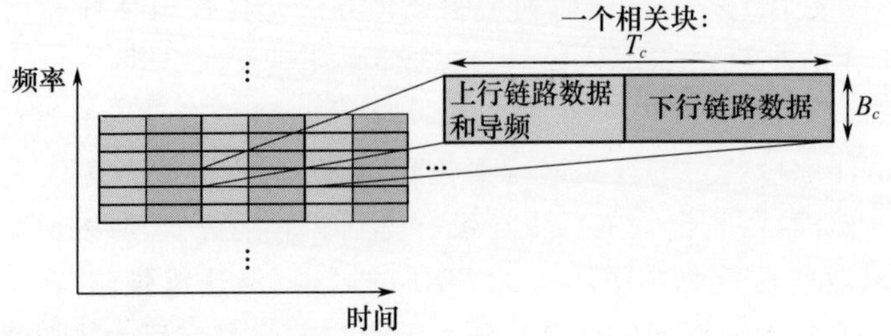

图 2.1 典型大规模 MIMO 网络的 TDD 多载波调制方案。将时频平面分为多个相关块，每个相关块内的信道是时不变的，并且是频率平坦的

每个相关块工作在 TDD 模式下，图 2.2 给出了 τ_c 个样本在时频平面上的位置。这些样本用于三种不同的情况：τ_p 上行链路导频信号，τ_u 上行链路数据信号，τ_d 下行链路数据信号，很明显，要保证 $\tau_p + \tau_u + \tau_d = \tau_c$。根据网络流量特征选择上行链路和下行链路数据的比例，每个相关块的导频数量是设计参数。许多用户应用程序（例如视频流和网页浏览）主要生成下行链路流量，可通过选择 $\tau_d > \tau_u$ 进行处理。

相关块的大小取决于传播环境、用户设备移动性和载波频率。每个用户设备都有各自的相干带宽和相干时间，但是由于相同的协议应该适用于所有用户，因此很难使网络动态地适应这些值。一种实用的解决方案是：根据网络应该支持的最坏传播场景确定相关块的维度。如果用户设备具有更大的相干时间/带宽，那么它不必在每个块中都发送导频②。

评述 2.1（信道相关的经验法则） 由于相关块依赖于许多物理因素，因此很难给出它的精确维数，但有一个通用的经验法则[314]。相干时间是指一段时间间隔，在此间隔内由用户设备移动所引起的信道相位和信道振幅的变化可以被忽略。

---

① 因为这里考虑的是遍历的频谱效率，在通信过程中要对所有可能的信道实现进行观察，所以相互独立的假设并不是绝对必要的。因此，不同块中的信道实现之间可能存在某种相关性，但这里的假设没有利用这种相关性，只利用长期统计特性和当前块的测量对发射机和接收机中的信号进行处理。

② 更精确地说，假设一个特定用户设备的相干带宽为 $\breve{B}_c \geqslant B_c$，相干时间为 $\breve{T}_c \geqslant T_c$。让 $k_1 = \lfloor \breve{B}_c / B_c \rfloor$，$k_2 = \lfloor \breve{T}_c / T_c \rfloor$。那么用户设备只需要在频率维上的每 k_1 个相关块和时间维上的每 k_2 个相关块中发送导频。

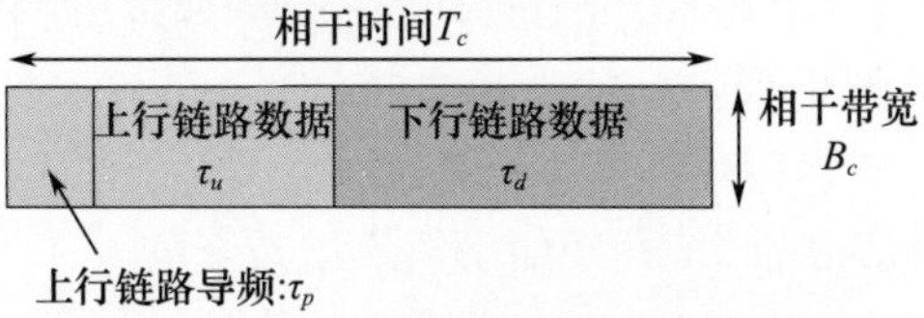

(a) 上行链路导频，上行链路数据和下行链路数据的样本

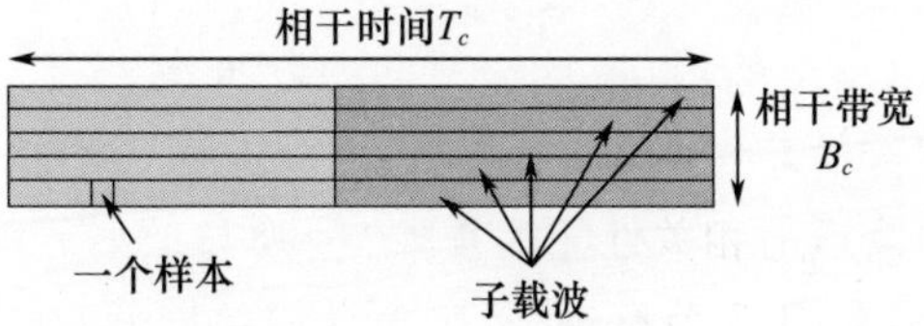

(b) 样本可以属于不同的子载波

图 2.2　每个相关块包含 $\tau_c = B_c T_c$ 个复值样本

这段间隔可以近似为用户设备移动了 λ 的一部分所对应的距离所需要的时间,例如 1/4 波长:$T_c = \lambda/(4v)$,其中 v 表示用户设备速度。因此,相干时间与载波频率成反比,并且与位于 30 ~ 300GHz 的毫米波频率范围相比,在 1 ~ 6GHz 的常规蜂窝频率范围内的信道估计频次更低①。相干带宽由多径传播中的相位差决定,可以近似为 $B_c = 1/(2T_d)$,其中 T_d 为延迟扩展(即最短路径和最长路径的时间差)。为了给出定量数字,假设载频为 2GHz,波长为 $\lambda = 15\text{cm}$。在 $T_c = 1\text{ms}$ 和 $B_c = 200\text{kHz}$ 的户外场景中,可以支持移动速度为 $v = 37.5\text{m/s} = 135\text{km/h}$,时延扩展为 2.5μs(也就是 750m 的路径差异)。这个场景中的相关块包含了 $\tau_c = 200$ 个样本,支持高移动性和高信道色散。在 $T_c = 50\text{ms}$ 和 $B_c = 1\text{MHz}$ 的室内场景中,可以支持的移动速度为 $v = 0.75\text{m/s} = 2.7\text{km/h}$,延迟扩展为 0.5μs(或 150m 路径差异)。相关块在这种低移动性和低信道色散的情况下包含了 $\tau_c = 50000$ 个样本。

2.2　相关瑞利衰落

小区 l 中的用户设备 k 与小区 j 中基站之间的信道响应记为 $\boldsymbol{h}_{lk}^{j} \in \mathbb{C}^{M_j}$,其中每个元素对应于从用户设备到基站 M_j 根天线中的一根天线之间的信道响应。注意,$\boldsymbol{h}_{lk}^{j}$ 的上标是基站索引,下标表示小区和用户设备的索引。相关块的上行链路和下行链路信道响应是相同的。为了简化标注,上行链路信道使用 $\boldsymbol{h}_{lk}^{j}$,下行链路信道使用 $(\boldsymbol{h}_{lk}^{j})^{\mathrm{H}}$,但实际信道中只有转置,没有任何复共轭。这里附加的共轭不改变频谱效率或任何其他性能指标。

① 天线的方向图也会影响(有效)相干时间,可能会根据天线的设计和载波频率来改变方向图[321]。

由于信道响应是一个向量,可通过向量空间中的范数和方向进行刻画。在衰落信道下,两者都是随机变量。信道模型描述了它们各自的分布和统计独立/不独立。

定义 2.3(空间信道相关性)　如果信道增益 $\|\boldsymbol{h}\|^2$ 和信道方向 $\boldsymbol{h}/\|\boldsymbol{h}\|$ 都是独立的随机变量,并且信道方向在单位球$\mathbb{C}^M$内均匀分布,那么衰落信道 $\boldsymbol{h}\in\mathbb{C}^M$ 是空间不相关的。否则,是空间相关的。

空间不相关的信道模型的例子是定义在式(1.24)中的不相关瑞利衰落。实际的信道通常是空间相关的,也被称为空间选择性衰落[254],原因是,天线具有非均匀的方向图,物理传播环境使得某些空间方向有更大的概率传输强信号。对于大型阵列来说,空间信道的相关性尤为重要,因为与散射簇的数量相比,大型阵列具有优良的空间分辨率(7.3 节有进一步的介绍)。因此,在本书的其余部分,将聚焦于相关的瑞利衰落信道:

$$\boldsymbol{h}_{lk}^{j}\sim\mathcal{N}_{\mathbb{C}}(\boldsymbol{0}_{M_j},\boldsymbol{R}_{lk}^{j})\tag{2.1}$$

其中,$\boldsymbol{R}_{lk}^{j}\in\mathbb{C}^{M_j\times M_j}$是半正定①空间相关矩阵(由于均值为 0,它也是协方差矩阵)。假设基站已知这个矩阵(在 3.3.3 节中将讨论如何对这些矩阵进行估计)。采用高斯分布对小尺度衰落变化进行建模,信道响应是一个平稳的遍历的随机过程,每个相关块内的信道响应是一个来自高斯分布的新的独立实现。另一方面,空间相关矩阵描述了包括发射机和接收机的天线增益、方向图在内的宏观传播效应。对空间相关矩阵的迹进行归一化,得到

$$\beta_{lk}^{j}=\frac{1}{M_j}\mathrm{tr}(\boldsymbol{R}_{lk}^{j})\tag{2.2}$$

它确定了小区 l 中用户设备 k 与基站 j 的一根天线之间的平均信道增益。不相关的瑞利衰落$\boldsymbol{R}_{lk}^{j}=\beta_{lk}^{j}\boldsymbol{I}_{M_j}$是该模型的特例,但空间相关矩阵一般不是对角的。也把参数 β_{lk}^{j}称为大尺度衰落系数,常用分贝对其进行建模:

$$\beta_{lk}^{j}=\gamma-10\alpha\,\lg\left(\frac{d_{lk}^{j}}{1\mathrm{km}}\right)+F_{lk}^{j}\tag{2.3}$$

其中,d_{lk}^{j}(km)是发射机与接收机之间的距离,路径损耗指数 α 决定了信号功率随距离衰减的快慢,γ 决定了 1km 参考距离处的信道增益中值。在理论研究中,可以根据已经建立好的多种传播模型中的一种来计算参数 γ 和 α,如文献[287]。这些参数是载波频率、天线增益、天线垂直高度的函数,是通过将式(2.3)与实际测量值进行拟合得到的。式(2.3)中唯一的不确定项是 $F_{lk}^{j}\sim\mathcal{N}(0,\sigma_{\mathrm{sf}}^2)$,这一项称为阴影衰落,并在标称值 $\gamma-10\alpha\,\lg(d_{lk}^{j}(\mathrm{km})/(1\mathrm{km}))$[dB]附近产生对数正态随机变化。阴影衰落既可以看成是大障碍物物理遮挡的模型,也可以简单地看成是随机

① 当且仅当厄米特矩阵的所有特征值分别为正或非负时,厄米特矩阵是正定或半正定的。

修正项，它使模型能够更好地拟合实际信道的测量结果。阴影衰落的方差 σ_{sf}^2 决定了随机变化的大小，通常用标准差 σ_{sf} 来表示这种随机变化。在这里认为标准差是一个常数，但它也可以依赖于小区索引和其他参数。

$\boldsymbol{R}_{lk}^{j}$ 的特征结构决定了信道 $\boldsymbol{h}_{lk}^{j}$ 的空间信道相关性，也就是说，在统计上哪些空间方向比其他方向更有可能包含强信号成分，强空间相关下的特征值变化大。2.6 节提供了一个如何生成 $\boldsymbol{R}_{lk}^{j}$ 的示例，7.3 节详细阐述了建模过程。

评述 2.2（信道向量的生成模型） 这里产生一个如下的随机信道向量 $\boldsymbol{h} \sim \mathcal{N}_{\mathbb{C}}(\boldsymbol{0}_M, \boldsymbol{R})$。$\boldsymbol{R} \in \mathbb{C}^{M \times M}$ 的特征值分解为 $\boldsymbol{R} = \boldsymbol{U}\boldsymbol{D}\boldsymbol{U}^{\mathrm{H}}$，其中 $\boldsymbol{D} \in \mathbb{R}^{r \times r}$ 是一个对角矩阵，包含 $r = \mathrm{rank}(\boldsymbol{R})$ 个 $\boldsymbol{R}$ 的正的非零特征值，$\boldsymbol{U} \in \mathbb{C}^{M \times r}$ 由相关的特征向量组成，它使得 $\boldsymbol{U}^{\mathrm{H}}\boldsymbol{U} = \boldsymbol{I}_r$。所以 $\boldsymbol{h}$ 可通过下式产生：

$$\boldsymbol{h} = \boldsymbol{R}^{\frac{1}{2}} \breve{\boldsymbol{e}} = \boldsymbol{U}\boldsymbol{D}^{\frac{1}{2}}\boldsymbol{U}^{\mathrm{H}} \breve{\boldsymbol{e}} \sim \boldsymbol{U}\boldsymbol{D}^{\frac{1}{2}} \boldsymbol{e} \tag{2.4}$$

其中，$\breve{\boldsymbol{e}} \sim N_{\mathbb{C}}(\boldsymbol{0}_M, \boldsymbol{I}_M)$，$\boldsymbol{e} \sim \mathcal{N}_{\mathbb{C}}(\boldsymbol{0}_r, \boldsymbol{I}_r)$，并且最后一步意味着 $\boldsymbol{h}$ 和 $\boldsymbol{U}\boldsymbol{D}^{\frac{1}{2}}\boldsymbol{e}$ 是同分布的。可以简单证明 $\boldsymbol{h}$ 是一个均值为 0、空间相关矩阵为 $\mathbb{E}\{\boldsymbol{h}\boldsymbol{h}^{H}\} = \boldsymbol{R}$ 的复高斯向量。此外，可以清楚地看到生成模型是由具有 $r \leqslant M$ 个自由度的随机向量驱动的。在 2.4 节中将进一步讨论空间信道相关性的这种看似消极的影响。式(2.4)中的表达式也称为 $\boldsymbol{h}$ 的 Karhunen - Loeve 展开。

通过研究相关瑞利衰落信道，可以捕捉到实际大规模 MIMO 信道的一些重要特征，并通过一种简单的方式分析其性能。这个模型的限制性假设是什么？首先，模型假设均值为 0。假设一个特定的信道响应服从非零均值 $\bar{\boldsymbol{h}}_{lk}^{j}$ 的高斯分布 $\boldsymbol{h}_{lk}^{j} \sim \mathcal{N}_{\mathbb{C}}(\bar{\boldsymbol{h}}_{lk}^{j}, \boldsymbol{R}_{lk}^{j})$。在相同的空间相关矩阵下（此时，零均值高斯分布向量的空间相关矩阵为 $\boldsymbol{R}_{lk}^{j} + \bar{\boldsymbol{h}}_{lk}^{j}(\bar{\boldsymbol{h}}_{lk}^{j})^{\mathrm{H}}$），这种非零均值信道下的通信性能通常优于零均值信道下的通信性能，原因是：两种信道下的平均功率 $\mathbb{E}\{\|\boldsymbol{h}_{lk}^{j}\|^2\}$ 是相同的，但是在零均值的情况下具有更多的随机性。因此，考虑零均值信道是一种悲观的假设。其次，该模型假设信道是高斯分布的，这在实际中并不完全正确。但是，如后面 2.5 节所述，信道硬化和良好传播条件使得通信性能几乎独立于小尺度衰落的实现。通信性能主要依赖于信道的一阶矩和二阶矩，它们表示大尺度衰落。因此，本书的大部分结果也适用于其他信道分布（只要满足高阶矩上的一些技术条件）。

评述 2.3（移动性） 信道衰落模型描述了随机变化，这种变化是由影响多径传播的微观运动引起的。然而，空间相关矩阵描述的是路径损失、阴影和空间信道相关等宏观效应。在容量分析中，假设平稳、遍历的衰落信道具有固定的统计数据，这种情况仅限于微观移动①。在宏观移动中（例如，正在移动的汽车中的用户

---

① 如果用户设备的移动路径是已知的先验信息，那么可以定义其长期统计量，并用于遍历容量的分析。然而，如果用户设备的移动是随机的，那么遍历方法将要求用户设备在信号被解码之前访问所有可能的位置，这使方法在实际应用中会出现问题。

设备),可以通过将时间轴划分为各时间段,每段内的信道统计量近似固定,分别计算各段内的遍历的频谱效率。如果在大规模 MIMO 中使用较大的通信带宽,采用上述分段的方法是具有实际意义的,使得我们能通过传送足够长的码字来接近短时间段内的遍历容量。由于多天线系统中的衰落变化比单天线系统中的衰落变化小,信道硬化也有助于收敛到遍历的容量(或频谱效率)。在极高的移动性或短数据包传输下,采用其他性能指标,如误比特率(BER)和中断容量会更合适[314]。

2.3 上行链路和下行链路的系统模型

定义了大规模 MIMO 之后,现在定义在本书后续部分将会用到的上行链路和下行链路的系统模型。

2.3.1 上行链路

大规模 MIMO 的上行链路传输如图 2.3 所示。基站 j 接收到的上行链路信号 $\boldsymbol{y}_j \in \mathbb{C}^{M_j}$ 建模为

$$\begin{aligned}\boldsymbol{y}_j &= \sum_{l=1}^{L}\sum_{k=1}^{K_l}\boldsymbol{h}_{lk}^{j}s_{lk} + \boldsymbol{n}_j \\ &= \underbrace{\sum_{k=1}^{K_j}\boldsymbol{h}_{jk}^{j}s_{jk}}_{\text{期望信号}} + \underbrace{\sum_{\substack{l=1\\l\neq j}}^{L}\sum_{i=1}^{K_l}\boldsymbol{h}_{li}^{j}s_{li}}_{\text{小区间干扰}} + \underbrace{\boldsymbol{n}_j}_{\text{噪声}}\end{aligned} \tag{2.5}$$

其中,$\boldsymbol{n}_j \sim \mathcal{N}_{\mathbb{C}}(\boldsymbol{0}_{M_j}, \sigma_{\mathrm{UL}}^2\boldsymbol{I}_{M_j})$ 是零均值、协方差矩阵为 $\sigma_{\mathrm{UL}}^2\boldsymbol{I}_{M_j}$ 的独立加性接收机噪声向量。来自小区 l 中用户 k 的上行链路信号表示为 $s_{lk} \in \mathbb{C}$,功率为 $p_{lk} = \mathbb{E}\{|s_{lk}|^2\}$,这个信号既可能是一个随机的信息载荷内的数据信号 $s_{lk} \sim \mathcal{N}_{\mathbb{C}}(0, p_{lk})$,也可能是一个确定的满足 $p_{lk} = |s_{lk}|^2$ 的导频信号。在一个相关块内信道是恒定的,而在每个采样点上信号和噪声都对应一个新的实现。在数据传输过程中,小区 j 中的基站选择接收合并向量 $\boldsymbol{v}_{jk} \in \mathbb{C}^{M_j}$,将第 k 个期望用户设备的信号与其他干扰信号分开:

$$\boldsymbol{v}_{jk}^{\mathrm{H}}\boldsymbol{y}_j = \underbrace{\boldsymbol{v}_{jk}^{\mathrm{H}}\boldsymbol{h}_{jk}^{j}s_{jk}}_{\text{期望信号}} + \underbrace{\sum_{\substack{i=1\\i\neq k}}^{K_j}\boldsymbol{v}_{jk}^{\mathrm{H}}\boldsymbol{h}_{ji}^{j}s_{ji}}_{\text{小区内干扰}} + \underbrace{\sum_{\substack{l=1\\l\neq j}}^{L}\sum_{i=1}^{K_l}\boldsymbol{v}_{jk}^{\mathrm{H}}\boldsymbol{h}_{li}^{j}s_{li}}_{\text{小区间干扰}} + \underbrace{\boldsymbol{v}_{jk}^{\mathrm{H}}\boldsymbol{n}_j}_{\text{噪声}} \tag{2.6}$$

根据估计出的信道选择合并向量,以及相应上行链路的频谱效率将在 4.1 节进行研究。注意,接收合并是一种线性处理方案,也称为线性检测。回忆图 1.18 可知,当天线 - 用户比率较大时,线性方案下的系统性能几乎与非线性方案下的系统性能相同。

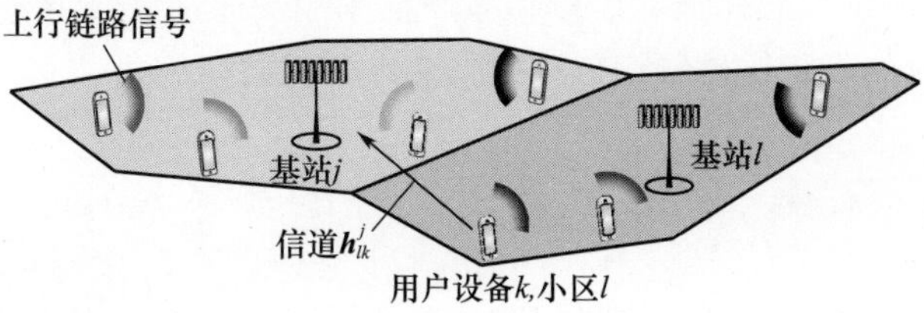

图 2.3　在大规模 MIMO 中,小区 j 和小区 l 中的上行链路传输示意图。基站 j 与小区 l 中用户设备 k 之间的信道向量为$\boldsymbol{h}_{lk}^{j}$

2.3.2　下行链路

大规模 MIMO 中的下行链路传输如图 2.4 所示。小区 l 中的基站发射的下行链路信号为

$$\boldsymbol{x}_l = \sum_{i=1}^{K_l} \boldsymbol{w}_{li} \varsigma_{li} \tag{2.7}$$

其中,$\varsigma_{lk} \sim \mathcal{N}_{\mathbb{C}}(0,\rho_{lk})$是小区中用户设备 k 的下行链路数据信号,ρ_{lk}是信号功率。该信号被分配给一个发射预编码向量$\boldsymbol{w}_{lk} \in \mathbb{C}^{M_l}$,该向量决定了传输的空间方向性。预编码向量满足$\mathbb{E}\{\|\boldsymbol{w}_{lk}\|^2\}=1$,$\mathbb{E}\{\|\boldsymbol{w}_{lk}\varsigma_{lk}\|^2\}=\rho_{lk}$为分配给该用户的发射功率。

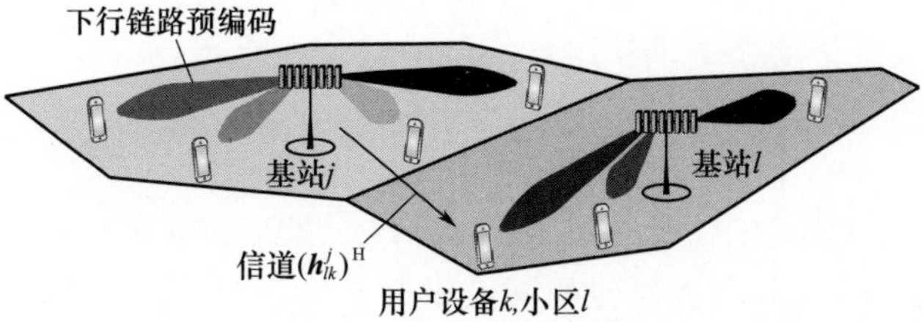

图 2.4　小区 j 和小区 l 中下行链路大规模 MIMO 传输图示。$\boldsymbol{h}_{lk}^{j}$为基站 j 与小区 l 中用户设备 k 之间的信道向量

小区 j 中用户设备 k 接收到的信号 $y_{jk} \in \mathbb{C}$ 建模为

$$\begin{aligned} y_{jk} &= \sum_{l=1}^{L} (\boldsymbol{h}_{jk}^{l})^{\mathrm{H}} \boldsymbol{x}_l + n_{jk} \\ &= \sum_{l=1}^{L} \sum_{i=1}^{K_l} (\boldsymbol{h}_{jk}^{l})^{\mathrm{H}} \boldsymbol{w}_{li} \varsigma_{li} + n_{jk} \\ &= \underbrace{(\boldsymbol{h}_{jk}^{j})^{\mathrm{H}} \boldsymbol{w}_{jk} \varsigma_{jk}}_{\text{期望信号}} + \underbrace{\sum_{\substack{i=1 \\ i \neq k}}^{K_j} (\boldsymbol{h}_{jk}^{j})^{\mathrm{H}} \boldsymbol{w}_{ji} \varsigma_{ji}}_{\text{小区内干扰}} + \underbrace{\sum_{\substack{l=1 \\ l \neq j}}^{L} \sum_{i=1}^{K_l} (\boldsymbol{h}_{jk}^{l})^{\mathrm{H}} \boldsymbol{w}_{li} \varsigma_{li}}_{\text{小区间干扰}} + \underbrace{n_{jk}}_{\text{噪声}} \end{aligned} \tag{2.8}$$

其中,$n_{jk} \sim \mathcal{N}_{\mathbb{C}}(0,\sigma_{\mathrm{DL}}^2)$是方差为 σ_{DL}^2的独立加性接收机噪声。在一个相关块内信

道是恒定的，而在每个采样点上信号和噪声都采用一个新的实现。发射预编码向量的选择和相应的下行链路频谱效率将在4.3节进行研究。

2.4 空间信道相关性的基本影响

人们普遍认为空间信道相关性对MIMO通信是不利的。在发射机和接收机都配置了多根天线的单用户点对点MIMO信道下，确实如此[168,234]。然而，对于由配置单天线的用户设备参与的多用户通信来说，情况发生改变，原因是：网络性能是由用户设备的空间相关矩阵的集合决定的。用户设备之间通常相距多个波长，因此它们的信道建模为统计不相关的。此外，虽然每个用户设备的信道在基站处可以表现出高度的空间相关性，但是不同用户设备的空间相关矩阵存在很大差异。上述两个方面使得单天线用户设备参与的多用户通信信道不同于单用户点对点MIMO信道，在点对点MIMO信道中，从发射机和接收机都可以看到空间信道相关性，发射天线到每根接收天线的空间相关性几乎相同（反之亦然）。

为了更好地理解空间信道相关性对多用户MIMO的影响，考虑单小区场景的上行链路，并假设信道完全已知。用户设备的信道分布为$\boldsymbol{h}_k \sim \mathcal{N}_{\mathbb{C}}(\mathbf{0}_M, \boldsymbol{R}_k)$，其中$k=1,\cdots,K$。这里人为地假设：

$$\boldsymbol{R}_k = K\boldsymbol{U}_k\boldsymbol{U}_k^{\mathrm{H}} \tag{2.9}$$

其中，$\boldsymbol{U}_k \in \mathbb{C}^{M\times M/K}$是瘦高的酉矩阵（即$\boldsymbol{U}_k^{\mathrm{H}}\boldsymbol{U}_k = \boldsymbol{I}_{M/K}$），假设对于所有的$k \neq j$都有$\boldsymbol{U}_k^{\mathrm{H}}\boldsymbol{U}_j = \mathbf{0}_{M/K\times M/K}$。式(2.9)中的因子$K$用于对平均信道增益进行归一化以使得$\beta_k = \frac{1}{M}\mathrm{tr}(\boldsymbol{R}_k) = 1$。式(2.9)所描述的信道模型表明：每个用户设备仅具有一个M/K而非M个自由度的强空间相关信道，即自由度等于相关矩阵的非零特征值的个数。然而，各相关矩阵的特征空间都是正交的，也就是说，虽然用户设备的信道是随机的，但是它们共存于相互正交的子空间中。从式(2.4)信道的Karhunen-Loeve展开式可以更容易地看出这一点：

$$\boldsymbol{h}_k = \sqrt{K}\boldsymbol{U}_k\boldsymbol{e}_k \tag{2.10}$$

其中，$\boldsymbol{e}_k \sim \mathcal{N}_{\mathbb{C}}(\mathbf{0}_{M/K}, \boldsymbol{I}_{M/K})$。为了理解空间信道相关性的影响，这里考虑基站接收到的上行链路信号$\boldsymbol{y} \in \mathbb{C}^M$的表达式

$$\boldsymbol{y} = \sum_{i=1}^{K} \boldsymbol{h}_i s_i + \boldsymbol{n} \tag{2.11}$$

其中，$s_i \in \mathbb{C}$，$i=0,\cdots,K$，是功率为p_i的上行链路信号，并且$\boldsymbol{n} \sim \mathcal{N}_{\mathbb{C}}(\mathbf{0}_M, \sigma_{\mathrm{UL}}^2\boldsymbol{I}_M)$为接收机噪声。将用户设备$k$的相关特征空间$\boldsymbol{U}_k$与$\boldsymbol{y}$相乘，得到

$$\boldsymbol{U}_k^{\mathrm{H}}\boldsymbol{y} = \boldsymbol{U}_k^{\mathrm{H}}\left(\sum_{i=1}^{K} \boldsymbol{h}_i s_i + \boldsymbol{n}\right)$$

$$
\begin{aligned}
&= \sum_{i=1}^{K}\sqrt{K}\boldsymbol{U}_k^{\mathrm{H}}\boldsymbol{U}_i\boldsymbol{e}_i s_i + \boldsymbol{U}_k^{\mathrm{H}}\boldsymbol{n} \\
&= \sqrt{K}\,\boldsymbol{e}_k s_k + \breve{\boldsymbol{n}}_k
\end{aligned} \tag{2.12}
$$

其中,$\breve{\boldsymbol{n}}_k = \boldsymbol{U}_k^{\mathrm{H}}\boldsymbol{n} \sim \mathcal{N}_{\mathbb{C}}(\boldsymbol{0}_{M/K}, \sigma_{\mathrm{UL}}^2\boldsymbol{I}_{M/K})$。空间相关矩阵所具有的结构,使得多用户信道被划分为 K 个正交的单用户信道,每个单用户信道具有 M/K 根有效天线,各单用户信道具有互不干扰的优点。根据式(2.12),用户设备 k 的平均 SNR 或者 SINR(各用户设备之间无干扰,SINR 与 SNR 相等)为

$$
\mathbb{E}\{\mathrm{SNR}_k\} = \mathbb{E}\left\{\frac{Kp_k\,\|\boldsymbol{e}_k\|^2}{\sigma_{\mathrm{UL}}^2}\right\} = \frac{Mp_k}{\sigma_{\mathrm{UL}}^2} \tag{2.13}
$$

表示每个用户设备得到了全阵列增益 M。解释这个结果的一种方法是:虽然天线阵列捕获的总能量相同,但这些能量聚集在空间方向或自由度的一个子集上(基站每根天线为 1 个自由度,每个单用户拥有 M/K 根有效天线,所以位于全部天线 M 的一个子集上)。

将上面的场景与所有用户设备共享相同相关矩阵 $\boldsymbol{R} = K\boldsymbol{U}\boldsymbol{U}^{\mathrm{H}}$ 的情况进行比较,其中 $\boldsymbol{U} \in \mathbb{C}^{M\times M/K}$ 是瘦高的酉矩阵,因此当 $k = 1,\cdots,K$ 时,$\boldsymbol{h}_k \sim \mathcal{N}_{\mathbb{C}}(\boldsymbol{0}_M, \boldsymbol{R})$。当将接收到的上行链路信号 $\boldsymbol{y}$ 与相关特征空间 $\boldsymbol{U}$ 相乘时,一般相关矩阵的不利影响是显而易见的:

$$
\begin{aligned}
\boldsymbol{U}^{\mathrm{H}}\boldsymbol{y} &= \sum_{i=1}^{K}\sqrt{K}\boldsymbol{U}^{\mathrm{H}}\boldsymbol{U}\boldsymbol{e}_i s_i + \boldsymbol{U}^{\mathrm{H}}\boldsymbol{n} \\
&= \sum_{i=1}^{K}\sqrt{K}\boldsymbol{e}_i s_i + \breve{\boldsymbol{n}}
\end{aligned} \tag{2.14}
$$

其中,$\breve{\boldsymbol{n}} = \boldsymbol{U}^{\mathrm{H}}\boldsymbol{n}$。与式(2.12)进行对比,发现这不是单用户信道,而是具有 M/K 根有效不相关天线的 K 用户信道。各用户拥有相同的空间相关矩阵,在本质上减少了所有用户共享的自由度。在这种情况下,空间信道相关性具有明显的负面影响。

综上所述,表现系统行为的不是单个空间相关矩阵,而是所有用户设备的相关矩阵的集合。在大规模 MIMO 中,如果用户设备之间的空间相关矩阵存在很大差异,那么空间信道相关是非常有益的。这也适用于小规模多用户 MIMO 系统,如文献[373,97,87,340,52]所述。在实际环境中,完全正交的相关矩阵的情况几乎不会发生,这里只是将它作为一个极端例子来解释空间信道相关性对多用户通信产生的基本影响。

2.5 信道硬化和有利传播

第 1 章揭示了多天线信道的两个重要性质:信道硬化和有利传播。现在将提供这些特性的正式定义,并利用 2.2 节中介绍的相关衰落模型来解释它们。

2.5.1 信道硬化

信道硬化使衰落信道具有确定性,这种特性缓解了对抗小尺度衰落所面临的压力(例如通过调整发射功率),并且改善了下行链路信道增益的估计。在第 4 章中,还将展示可以使用信道硬化来获得更简单、更直观的频谱效率表达式。

定义 2.4(信道硬化) 一个传播信道$\boldsymbol{h}_{jk}^{j}$,如果满足当 $M_j\to\infty$时下式几乎必然成立:

$$\frac{\|\boldsymbol{h}_{jk}^{j}\|^2}{\mathbb{E}\{\|\boldsymbol{h}_{jk}^{j}\|^2\}}\to 1 \tag{2.15}$$

那么$\boldsymbol{h}_{jk}^{j}$提供了渐进的信道硬化。

这个定义表明,在天线数目较多的情况下,任意衰落信道$\boldsymbol{h}_{jk}^{j}$的增益$\|\boldsymbol{h}_{jk}^{j}\|^2$接近于其均值。可解释为衰落信道的$\|\boldsymbol{h}_{jk}^{j}\|^2$与平均信道增益$\mathbb{E}\{\|\boldsymbol{h}_{jk}^{j}\|^2\}=\mathrm{tr}(\boldsymbol{R}_{jk}^{j})$之间的相对偏差渐近地消失了。这并不意味着$\|\boldsymbol{h}_{jk}^{j}\|^2\to\mathrm{tr}(\boldsymbol{R}_{jk}^{j})$,因为当 $M_j\to\infty$时,二者通常不相同,但是这里可以把结果解释为:当 $M_j\to\infty$时,下式几乎必然成立:

$$\frac{1}{M_j}\|\boldsymbol{h}_{jk}^{j}\|^2-\frac{1}{M_j}\mathrm{tr}(\boldsymbol{R}_{jk}^{j})\to 0 \tag{2.16}$$

在相关瑞利衰落$\boldsymbol{h}_{jk}^{j}\sim\mathcal{N}_{\mathbb{C}}(\boldsymbol{0}_M,\boldsymbol{R}_{jk}^{j})$下,渐近信道硬化的一个充分条件①是,空间相关矩阵的谱范数$\|\boldsymbol{R}_{jk}^{j}\|_2$是有界的,并且当 $M_j\to\infty$时,$\beta_{jk}^{j}=\frac{1}{M_j}\mathrm{tr}(\boldsymbol{R}_{jk}^{j})$一直为正数。这些渐近性质的解释将在 4.4 节进行进一步的讨论。

在实际应用中,重要的不是渐近结果,而是实际天线数目下的结果与渐近信道硬化有多接近。可以根据下式来量化接近的程度:

$$\mathbb{V}\left\{\frac{\|\boldsymbol{h}_{jk}^{j}\|^2}{\mathbb{E}\{\|\boldsymbol{h}_{jk}^{j}\|^2\}}\right\}=\frac{\mathbb{V}\{\|\boldsymbol{h}_{jk}^{j}\|^2\}}{(\mathbb{E}\{\|\boldsymbol{h}_{jk}^{j}\|^2\})^2}\overset{(a)}{=}\frac{\mathrm{tr}((\boldsymbol{R}_{jk}^{j})^2)}{(\mathrm{tr}(\boldsymbol{R}_{jk}^{j}))^2}=\frac{\mathrm{tr}((\boldsymbol{R}_{jk}^{j})^2)}{(M_j\beta_{jk}^{j})^2} \tag{2.17}$$

其中,(a)来源于附录里的引理 B.14。这是式(2.15)表达式的方差,如果要观察到信道硬化,它应该接近于 0②。注意,式(2.17)的分子是$\boldsymbol{R}_{jk}^{j}$的平方特征值的和,而分母上的 $M_j\beta_{jk}^{j}$是特征值的和。在不相关衰落的特殊情况下,有$\boldsymbol{R}_{jk}^{j}=\beta_{jk}^{j}\boldsymbol{I}_{M_j}$,因此式(2.17)变为 $1/M_j$。在这种特殊情况下,$M_j=100$ 通常就足以从信道硬化中获益。因此,注意到式(2.17)应该在10^{-2}数量级或更小的数量级上来获取硬化。

式(2.17)的分子 $\mathrm{tr}((\boldsymbol{R}_{jk}^{j})^2)$是所谓的特征值的 Schur-凸函数[166, 例 2.5]。对于给定的 M_j 和平均特征值β_{jk}^{j},这意味着当一个特征值为 $M_j\beta_{jk}^{j}$,其余特征值为 0 时方

---

① 将 $\beta_{jk}^{j}=\mathrm{tr}(\boldsymbol{R}_{jk}^{j})/M_j$ 代入式(2.16)的左边,然后应用附录中的引理 B.13,就可以证明它。

② 信道硬化的一个必要非充分条件是方差趋于 0。这个条件意味着式(2.15)依概率收敛,但不是几乎处处收敛的。

差最大，当所有特征值都等于β_{jk}^{j}时方差最小。这表明，通过$\boldsymbol{R}_{jk}^{j}$的特征值变化刻画的空间信道相关性使式(2.17)增加了，从而降低了给定天线数目下的信道硬化程度。另一种观点是，与不相关衰落相比，空间相关衰落下想达到式(2.17)中的某个值需要更多的天线。

2.5.2 有利传播

有利传播使得两个用户设备信道的方向渐近正交。这个特性使得基站更容易去除掉用户之间的干扰，因此通常会改善频谱效率，并使得采用线性合并和线性预编码就足够用了。

定义 2.5(有利传播) 两个到基站的信道$\boldsymbol{h}_{li}^{j}$和$\boldsymbol{h}_{jk}^{j}$，如果满足当$M_j \to \infty$时下式几乎必然成立：

$$\frac{(\boldsymbol{h}_{li}^{j})^{\mathrm{H}}\boldsymbol{h}_{jk}^{j}}{\sqrt{\mathbb{E}\{\|\boldsymbol{h}_{li}^{j}\|^{2}\}\mathbb{E}\{\|\boldsymbol{h}_{jk}^{j}\|^{2}\}}} \to 0 \tag{2.18}$$

那么$\boldsymbol{h}_{li}^{j}$和$\boldsymbol{h}_{jk}^{j}$提供了渐近有利传播。

这个定义说明，归一化的信道$\boldsymbol{h}_{li}^{j}/\sqrt{\mathbb{E}\{\|\boldsymbol{h}_{li}^{j}\|^{2}\}}$和$\boldsymbol{h}_{jk}^{j}/\sqrt{\mathbb{E}\{\|\boldsymbol{h}_{jk}^{j}\|^{2}\}}$的内积渐近地趋近于0。由于信道范数随$M_j$的增大而增大，有利传播并不意味着$\boldsymbol{h}_{li}^{j}$和$\boldsymbol{h}_{jk}^{j}$的内积趋近于0，也就是说，信道方向正交，但信道响应不正交。对于相关瑞利衰落信道，式(2.18)的充分条件是空间相关矩阵$\boldsymbol{R}_{li}^{j}$和$\boldsymbol{R}_{jk}^{j}$具有有界的谱范数，并且当$M_j \to \infty$时，平均信道增益$\beta_{li}^{j} = \frac{1}{M_j}\mathrm{tr}(\boldsymbol{R}_{li}^{j})$与$\beta_{jk}^{j} = \frac{1}{M_j}\mathrm{tr}(\boldsymbol{R}_{jk}^{j})$一直为正数。注意，在这种情况下，两个信道也会表现出渐近信道硬化。

有一种方法可以量化实际天线数量下的结果与渐近有利传播的接近程度，那就是考虑：

$$\mathbb{V}\left\{\frac{(\boldsymbol{h}_{li}^{j})^{\mathrm{H}}\boldsymbol{h}_{jk}^{j}}{\sqrt{\mathbb{E}\{\|\boldsymbol{h}_{li}^{j}\|^{2}\}\mathbb{E}\{\|\boldsymbol{h}_{jk}^{j}\|^{2}\}}}\right\} = \frac{\mathrm{tr}(\boldsymbol{R}_{li}^{j}\boldsymbol{R}_{jk}^{j})}{\mathrm{tr}(\boldsymbol{R}_{li}^{j})\,\mathrm{tr}(\boldsymbol{R}_{jk}^{j})} = \frac{\mathrm{tr}(\boldsymbol{R}_{li}^{j}\boldsymbol{R}_{jk}^{j})}{M_j^{2}\beta_{li}^{j}\beta_{jk}^{j}} \tag{2.19}$$

也就是式(2.18)中表达式的方差。这是一个衡量信道方向正交程度的指标，它决定了用户设备相互之间的干扰程度。当使用最大比合并/预编码时，式(2.19)与干扰之间的联系尤为密切，此时，信道之间的内积直接出现在接收到的信号中(见式(1.40)和式(1.45))。理想情况下，式(2.19)的方差应该为0①。在实际应用中，方差是非零的，因此可以使用合并/预编码方案来减少用户之间的干扰。如果两个信道都是不相关衰落信道，那么方差为$1/M_j$，并且随着天线数量的增加而减小。一般来说，式(2.19)中的方差取决于空间信道相关性。当用户设备具有正交

---

① 有利传播的必要非充分条件是方差趋于0。这个条件意味着式(2.18)依概率收敛，但不是几乎处处收敛。

的相关特征空间时，方差为0，而当用户设备具有相同的特征空间且只有少数的强特征值时，会出现最坏情况。这一结果与2.4节中的结果相同。

注意，信道硬化和有利传播二者相关，但性质不同。这里已经描述了二者同时成立的一个充分条件，但它不是一个必要条件。一般来说，信道模型可以同时具备信道硬化和有利传播，也可能只有一个或一个都没有。锁孔(keyhole)信道提供了有利传播，但没有信道硬化[243]。相反地，两个具有相同方位角的视距信道(例如式(1.23)的类型)提供了信道硬化，但不是有利传播。

最后，这里强调大规模MIMO不必依赖于信道硬化和有利传播，但是当具有这两个性质时，任何多用户MIMO系统的性能都会更好。

2.6 局部散射空间的相关模型

由于空间信道相关是多用户MIMO的一个重要性质，现在将建立一个空间相关模型，后续章节的数值示例中将使用该模型。与随后在7.3节中描述的最先进的信道模型相比，该模型相当简单，但它捕获了一些关键特征，并且具有直观的结构。相关矩阵的子空间将通过用户设备的方位角被参数化，通过比较两个用户设备各自的角度，很容易确定两个用户设备在空间上是否可分离。

我们的目标是为用户设备和配备有均匀线阵的基站之间的非视距信道建立空间相关矩阵 $\boldsymbol{R} \in \mathbb{C}^{M \times M}$ 的模型。为了简单起见，去除了用户和基站的索引。基站处接收到的信号是 N_{path} 条多径分量的叠加，其中 N_{path} 是一个很大的数。假设散射体集中于用户设备的周围，而基站的位置较高，基站的近场中没有散射体。因此，每个多径分量产生一个平面波，该平面波从一个特定的角度 $\bar{\varphi}_n$ 到达阵列，并给出一个类似于式(1.23)中视距情况的阵列响应 $\boldsymbol{a}_n \in \mathbb{C}^M$：

$$\boldsymbol{a}_n = g_n \left[1 \mathrm{e}^{2\pi \mathrm{j} d_{\mathrm{H}} \sin \bar{\varphi}_n} \cdots \mathrm{e}^{2\pi \mathrm{j} d_{\mathrm{H}} (M-1) \sin \bar{\varphi}_n} \right]^{\mathrm{T}} \tag{2.20}$$

其中，$g_n \in \mathbb{C}$ 表示这条路径的增益和相位旋转，d_{H} 表示阵列中的天线间距(用波长数来衡量)。信道响应 $\boldsymbol{h}$ 是 N_{path} 条路径所对应的阵列响应的叠加：

$$\boldsymbol{h} = \sum_{n=1}^{N_{\text{path}}} \boldsymbol{a}_n \tag{2.21}$$

假设角度 $\bar{\varphi}_n$ 是独立同分布的随机变量，其角度域的概率密度函数(PDF)为 $f(\bar{\varphi})$，g_n 是零均值、方差为 $\mathbb{E}\{|g_n|^2\}$ 的独立同分布随机变量。方差表示第 n 条路径的平均增益，多径分量的总平均增益表示为 $\beta = \sum_{n=1}^{N_{\text{path}}} \mathbb{E}\{|g_n|^2\}$。多维中心极限定理表明：

$$\boldsymbol{h} \to \mathcal{N}_{\mathbb{C}}(\boldsymbol{0}_M, \boldsymbol{R}), \quad N_{\text{path}} \to \infty \tag{2.22}$$

其中的收敛是指分布的收敛，相关矩阵为 $\boldsymbol{R} = \mathbb{E}\{\sum_n \boldsymbol{a}_n \boldsymbol{a}_n^{\mathrm{H}}\}$ 。这就是相关瑞利衰落模型的背景。注意，在特殊假设下，$\boldsymbol{R}$ 的第(l,m)个元素是

$$[\boldsymbol{R}]_{l,m} = \sum_{n=1}^{N_{\text{path}}} \mathbb{E}\{|g_n|^2\} \mathbb{E}\{\mathrm{e}^{2\pi \mathrm{j} d_{\mathrm{H}}(l-1)\sin\bar{\varphi}_n} \mathrm{e}^{-2\pi \mathrm{j} d_{\mathrm{H}}(m-1)\sin\bar{\varphi}_n}\}$$
$$= \beta \int \mathrm{e}^{2\pi \mathrm{j} d_{\mathrm{H}}(l-m)\sin\bar{\varphi}} f(\bar{\varphi}) \mathrm{d}\bar{\varphi} \tag{2.23}$$

这里采用β的定义，并且让 $\bar{\varphi}$ 表示任意多径分量的角度。可以在任意角度分布下，对式(2.23)中的积分表达式进行数值计算。由于取决于$(l-m)$这个差值，而不是关于 l 和 m 本身的值，因此 $\boldsymbol{R}$ 是 Toeplitz 矩阵。由于假设在基站附近没有散射，因此所有多径分量都来自用户设备周围的散射簇的假设是合理的，即 $\bar{\varphi} = \varphi + \delta$，其中 φ 是一个确定的标称角，δ 是偏离标称角度且以 σ_φ 为标准差的随机偏差。我们称这个模型为局部散射模型，注意在文献中可以找到高斯分布的偏差 $\delta \sim \mathcal{N}_{\mathbb{C}}(0,\sigma_\varphi^2)$[4,313,363,373]，拉普拉斯分布偏差 $\delta \sim \mathrm{Lap}(0,\sigma_\varphi/\sqrt{2})$ [225,7.4.2节],[161,256]，以及均匀分布的偏差 $\delta \sim U[-\sqrt{3}\sigma_\varphi,\sqrt{3}\sigma_\varphi]$[7,284,301,363]①。后一种情况也称为单圈模型，因为所有散射体都假定位于以用户设备为中心的圆上。这个设置如图 2.5 所示。这里强调相关衰落是由位于用户设备附近的散射体所引起的，而图 1.11 所示的不相关的衰落情况是指在基站附近也包含丰富的散射体。

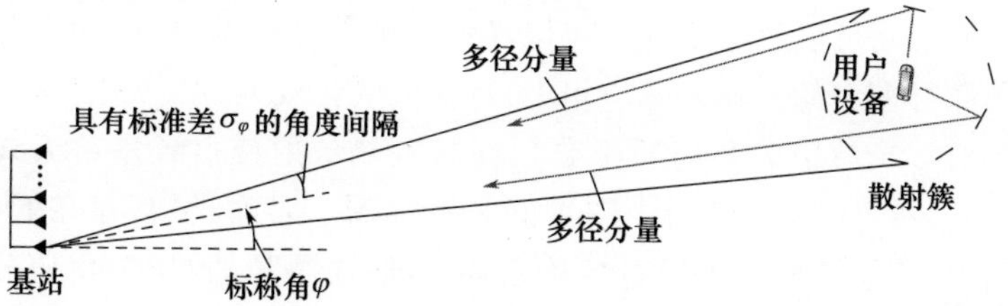

图 2.5　说明非视距在局部散射模型下的传播，其中散射是在用户设备附近产生的。该图画出了多径分量中的两条路径。标称角 φ 和多径分量的角度标准偏差(ASD)σ_φ 是空间相关矩阵建模的关键参数

以弧度为单位的标准差 σ_φ 称为角度标准偏差(ASD)，它确定了与标称角之间的偏差。在城市蜂窝网络中，σ_φ 的一个合理值为$10°$[256]，而在平坦的农村地区，σ_φ 取值较小，在丘陵地区，σ_φ 取值较大[254]。

为了说明空间信道相关性的影响，采用局部散射模型，在 $M=100$ 根天线、标称角 $\varphi=30°$、ASD$\sigma_\varphi=10°$的条件下，图 2.6 将 $\boldsymbol{R}$ 的特征值降序排列。相关矩阵被

---

① 只有 $\varphi \in [-\pi,\pi]$ 在角域中才是有意义的，高斯分布和拉普拉斯分布都可以截断到这个区间(并缩放以维持一个整体的概率密度函数)或直接应用，利用 $\sin\varphi$ 的周期性使分布处于感兴趣的区间内。

归一化使得 $\mathrm{tr}(\boldsymbol{R})=M$。将上述三种角度偏差分布与不相关衰落的参考情况($\boldsymbol{R}=\boldsymbol{I}_M$)进行对比。从图中可以看出:空间信道相关性使得 100 个特征值中有 30 个特征值比不相关情况下的特征值大,而其余的特征值要比不相关情况下的特征值小得多。事实上,角域的均匀分布使得 68% 的特征值比不相关衰落下的特征值小 30dB,对于高斯分布,这个数值是 40%,对于拉普拉斯分布,这个数值是 19%。如果 M 增加,这些百分比大致保持不变。

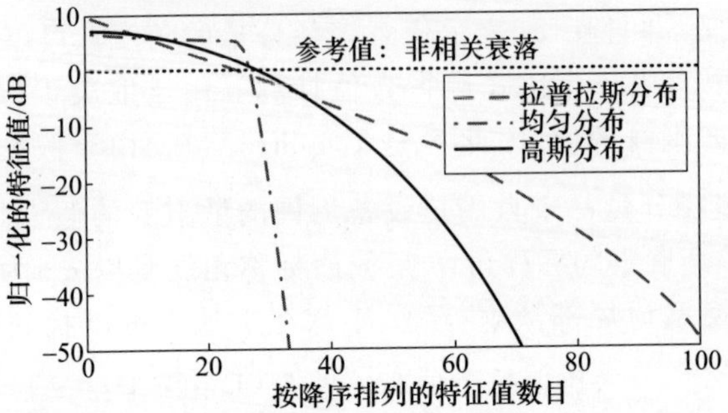

图 2.6 采用局部散射模型,$M=100$,标称角 $\varphi=30°$,拉普拉斯分布、均匀分布,或高斯分布的角度标准偏差都为 $\sigma_\varphi=10°$的条件下,空间相关矩阵 $\boldsymbol{R}$ 的特征值。将非相关衰落作为参考标准

显然,10°的 ASD 导致了低秩相关矩阵的空间信道高度相关性,这个相关矩阵的许多特征值小到可以忽略不计。应该谨慎地解释这个结果,因为它是基于相当简单的局部散射模型的。在实际应用中,特征值变化较大,但角域分布可能不太平滑(例如,具有多个峰值的非高斯函数),而且近场散射使得各基站天线的角域分布也各不相同,参见文献[121]中图 4 的测试实例。因此,尽管存在低秩性质,但在实际应用中,不应该期望可通过标称角和高斯/拉普拉斯/均匀角域分布对空间相关矩阵进行参数化。

空间信道相关性随着 σ_φ 的增加而降低。由于角度都位于角度域中,当 $\sigma_\varphi\to\infty$时,散射体渐近地变为 $-\pi$ 和 π 之间的均匀分布(上述三个分布中的任何一个都是如此)。然而,这并不会导致完全不相关的衰落,因为均匀线阵在某些角度方向上的分辨率要比其他角度方向上的分辨率高。在 $\sin\delta\sim U[-1,1]$的病态情况下,由式(2.23)可得到完全不相关的衰落情况。

2.6.1 信道硬化和有利传播的影响

除了影响空间相关矩阵的秩外,标称角和 ASD 也会影响到接近渐近信道硬化和有利传播时所需天线的数量。

回顾 2.5.1 节,如果当 $M\to\infty$时有 $\|\boldsymbol{h}\|^2/\mathbb{E}\{\|\boldsymbol{h}\|^2\}\to 1$,那么信道 $\boldsymbol{h}$ 发生硬化。针对不同的天线数,图 2.7 给出了式(2.17)中定义的信道硬化"方差"。方差

越小,信道越硬。在 $\varphi=30°$,且采用 $\sigma_\varphi \in \{10°,30°\}$ 的高斯角域分布下,这里将不相关的瑞利衰落与局部散射模型进行了比较。不相关衰落情况下的方差最小,而空间信道相关基本上是将曲线向右平移。当 $\sigma_\varphi=30°$时,表示中等程度的空间相关,与不相关衰落的差异较小。但是当 $\sigma_\varphi=10°$时,表示强空间相关,此时在信道硬化方面损失较大。例如,$M=200$,$\sigma_\varphi=10°$的方差与 $M=53$ 的不相关衰落情况下的方差相同。

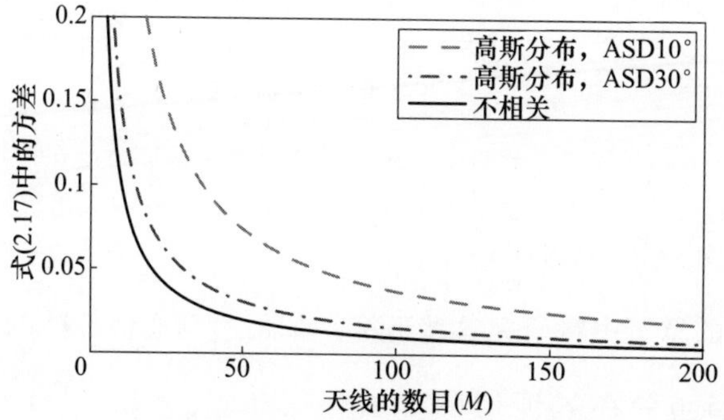

图 2.7　式(2.17)定义的信道硬化的方差,它是天线数目的函数。对采用 $\varphi=30°$ 和 $\varphi=10°$的高斯角域分布下的局部散射模型与不相关衰落模型进行了对比

$M=100$ 时,式(2.19)定义的有利传播的"方差"如图 2.8 所示。这里考虑一个具有30°固定标称角的期望用户设备和一个具有在 $-180°\sim180°$之间变化的标称角度的干扰用户设备。较小的方差意味着用户设备的信道方向更接近于正交。这里再次采用 $\sigma_\varphi \in \{10°,30°\}$ 高斯角域分布的局部散射模型与不相关衰落模型进行比较。在不相关衰落的情况下,正如所料,方差与用户设备的角度无关。与此相反,在空间信道相关的情况下,方差在很大程度上取决于用户设备角度。当干扰用户设备与期望用户设备具有相同的标称角时(或者接近于镜面反射的角度$180°-30°=150°$),方差明显大于不相关衰落的方差。这表示用户设备具有相似的空间相关矩阵。当 ASD 较小时,在30°和150°处有明显的峰值。随着 ASD 的增加,这些峰值会变宽,最终合并成一个单一的峰值,这种情况与 $\sigma_\varphi=30°$的情况一样。在 $\sigma_\varphi=30°$的情况下,最大方差位置处对应的两个用户设备的角度不同。当用户设备具有良好的分离角时,方差明显小于不相关衰落时的方差。这与 2.4 节中举例说明的基本特征相同:如果用户设备的相关特征空间差异较大,空间信道相关性是有利的;如果用户设备具有相似的相关特征空间,空间信道相关性是不利的。现在计算干扰用户设备在不同角度上的平均方差,它在不相关衰落下为 0.01,当 $\sigma_\varphi=10°$时,为 0.0076,当 $\sigma_\varphi=30°$时,为 0.012。这说明,一般地,与弱空间信道相关性相比,在强空间信道相关性下,可以观察到稍微有利的传播。

综上所述,在给定天线数量的条件下,空间信道相关性使可观测到的信道硬化程度降低了。如果用户设备具有不同的空间特征,空间相关性也可以提高有利传

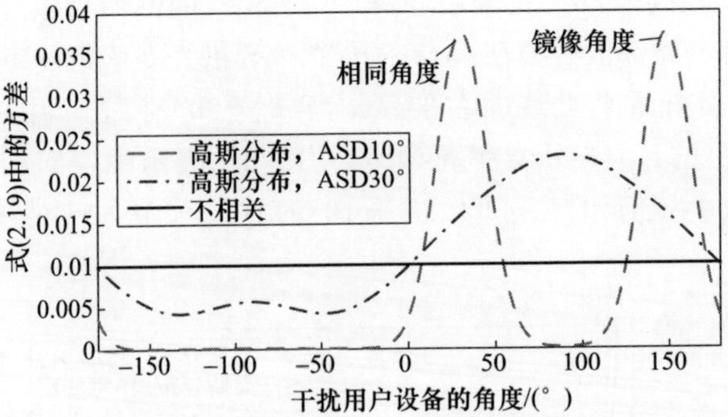

图 2.8 $M=100$,期望用户标称角度为30°,干扰用户的标称角度在 -180° ~ 180°之间变化的条件下,式(2.19)定义的有利传播的方差。将不相关衰落模型与服从高斯角度分布的局部散射模型做对比

播的程度。后面的章节中将研究这些特征是如何影响通信性能的。

2.6.2 高斯角域分布的近似表达式

在 $\delta \sim \mathcal{N}(0,\sigma_{\varphi}^2)$ 的情况下,当 ASD 很小时(例如低于15°,此时 $\sin\delta\approx\delta$,$\cos\delta\approx 1$),这里可以计算 $\boldsymbol{R}$ 的近似闭合表达式。式(2.23)近似为

$$\begin{aligned}[\boldsymbol{R}]_{l,m} &= \beta\int_{-\infty}^{\infty} \mathrm{e}^{2\pi \mathrm{j} d_{\mathrm{H}}(l-m)\sin(\varphi+\delta)} \frac{1}{\sqrt{2\pi}\sigma_{\varphi}} \mathrm{e}^{-\frac{\delta^2}{2\sigma_{\varphi}^2}} \mathrm{d}\delta \\ &\approx \beta\int_{-\infty}^{\infty} \mathrm{e}^{2\pi \mathrm{j} d_{\mathrm{H}}(l-m)\sin\varphi} \mathrm{e}^{2\pi \mathrm{j} d_{\mathrm{H}}(l-m)\delta\cos\varphi} \frac{1}{\sqrt{2\pi}\sigma_{\varphi}} \mathrm{e}^{-\frac{\delta^2}{2\sigma_{\varphi}^2}} \mathrm{d}\delta \\ &= \beta \mathrm{e}^{2\pi \mathrm{j} d_{\mathrm{H}}(l-m)\sin\varphi} \mathrm{e}^{-\frac{\sigma_{\varphi}^2}{2}[2\pi d_{\mathrm{H}}(l-m)\cos\varphi]^2} \cdot \underbrace{\frac{1}{\sqrt{2\pi}\sigma_{\varphi}} \int_{-\infty}^{\infty} \mathrm{e}^{-\frac{[\delta-2\pi \mathrm{j}\sigma_{\varphi}^2 d_{\mathrm{H}}(l-m)\cos\varphi]^2}{2\sigma_{\varphi}^2}} \mathrm{d}\delta}_{1} \\ &= \beta \mathrm{e}^{2\pi \mathrm{j} d_{\mathrm{H}}(l-m)\sin\varphi} \mathrm{e}^{-\frac{\sigma_{\varphi}^2}{2}[2\pi d_{\mathrm{H}}(l-m)\cos\varphi]^2} \end{aligned} \tag{2.24}$$

该近似式基于 $\sin(\varphi+\delta)=\sin\varphi\cos\delta+\cos\varphi\sin\delta\approx\sin\varphi+\cos\varphi\delta$。最后一个等式是高斯分布在整个概率密度函数定义区间上的积分(等于1)。

利用式(2.24)中的近似闭合表达式可以降低仿真计算的复杂度。该表达式还反映了相关矩阵结构的一些特征。注意,当 $\sigma_{\varphi}=0$ 时,$[\boldsymbol{R}]_{l,m}=\beta\mathrm{e}^{2\pi \mathrm{j} d_{\mathrm{H}}(l-m)\sin\varphi}$。在这种极端情况下,所有的多径分量都是从角度 φ 到达的,并给出秩为 1 的相关矩阵为

$$\boldsymbol{R}=\beta\left[\mathrm{e}^{2\pi \mathrm{j} d_{\mathrm{H}}\sin\varphi}\cdots\mathrm{e}^{2\pi \mathrm{j} d_{\mathrm{H}}(M-1)\sin\varphi}\right]^{\mathrm{T}}\cdot\left[\mathrm{e}^{-2\pi \mathrm{j} d_{\mathrm{H}}\sin\varphi}\cdots\mathrm{e}^{-2\pi \mathrm{j} d_{\mathrm{H}}(M-1)\sin\varphi}\right] \tag{2.25}$$

该矩阵由式(1.23)中均匀线阵的阵列响应向量构成。对于 $\sigma_{\varphi}>0$,对角元素相同,但非对角元素会随着 $\mathrm{e}^{-\frac{\sigma_{\varphi}^2}{2}[2\pi d_{\mathrm{H}}(l-m)\cos\varphi]^2}$ 衰减,随着 σ_{φ} 的增大会趋于0。当非对角元素减少时,矩阵的秩增加。当 σ_{φ} 较大时,虽然小角度的近似不成立,但衰减表明:

当 ASD 较大时，相关矩阵与缩放后的单位矩阵越来越相似。

在本书的其余部分，将利用具有高斯角分布的局部散射模型来说明空间相关信道的特征，并与不相关信道进行对比。但是，应该记住，局部散射模型可以追溯到 20 世纪 90 年代，在当时，基站经常部署在较高的桅杆上，基站上的天线数目较少。实际的大规模 MIMO 信道可能涉及基站近场中的散射，多个散射簇以及阵列上的阴影[121-122]，这是局部散射模型未曾考虑的三个关键因素。在 7.3 节将会再次讨论信道建模。

2.7 小　结

- 在数十年研究如何设计高效 SDMA 系统的基础上诞生了大规模 MIMO。
- 一个经典的大规模 MIMO 网络使用多载波 TDD 协议。基站 j 配置 M_j 根天线，在每个信道相关块内，为 K_j 个单天线用户设备提供服务。
- 当天线—用户比率满足 $M_j/K_j>1$，并且 M_j 很大时，用户设备的信道方向几乎是正交的，在这种有利的传播条件下，基站能够获利，也就是说，在大规模 MIMO 中，基站使用线性接收合并和线性发射预编码就足够了。
- 如果 $M_j \gg 1$，基站还受益于信道硬化，也就是说，信道硬化使得合并/预编码后的有效信道几乎不受小尺度衰落的影响。
- 传播信道和天线阵列产生空间信道相关性，它对信道硬化和有利传播产生了不可忽视的影响。这就是在分析中必须采用相关瑞利衰落模型的原因，其相关性由空间相关矩阵表示。
- 局部散射相关模型从标称角和 ASD 两个方面刻画了空间信道相关的基本特征。在后面的章节中，这个模型将用作实例来说明空间信道相关的影响。

第 3 章　信道估计

本章讲述基站如何利用上行链路导频传输进行信道估计。3.1 节给出导频传输的系统模型以及一般导频序列的设计。3.2 节推导并分析最小均方误差(MMSE)估计子。3.3 节解释空间信道相关性以及导频污染带来的影响。3.4.1 节对计算复杂度进行量化,也对两种低复杂度的信道估计子进行了对比。3.5 节简要介绍数据辅助的信道估计。3.6 节对本章关键点进行总结。

3.1　上行链路的导频传输

为了高效地利用大规模天线,在每个相关块内,每个基站需要估计全部被激活的用户设备的信道响应。尤为重要的是,基站 j 要对小区 j 内的用户设备进行信道估计。对其他小区中的干扰用户设备进行信道估计也是有用的,因为在数据传输期间,这些信道估计信息可以用于执行干扰抑制。回顾 2.1 节,在每个相关块内,会有 τ_p 个样本用于上行链路导频。每个用户设备发送的导频序列持续 τ_p 个样本。小区 j 中的用户设备 k 的导频序列表示为 $\boldsymbol{\phi}_{jk} \in \mathbb{C}^{\tau_p}$。假设导频序列中每个元素保持单位幅度,以保持功率恒定,这意味着 $\|\boldsymbol{\phi}_{jk}\|^2 = \boldsymbol{\phi}_{jk}^{\mathrm{H}}\boldsymbol{\phi}_{jk} = \tau_p$。$\boldsymbol{\phi}_{jk}$ 的每个元素的上行链路发射功率伸缩了 $\sqrt{p_{jk}}$ 倍,然后作为式(2.5)中的信号 s_{jk} 发射出去,这个信号包含 τ_p 个上行链路样本。基站 j 接收到的上行链路信号为 $\boldsymbol{Y}_j^p \in \mathbb{C}^{M_j \times \tau_p}$。这个信号可以表示为

$$\boldsymbol{Y}_j^p = \underbrace{\sum_{k=1}^{K_j} \sqrt{p_{jk}}\, \boldsymbol{h}_{jk}^j \boldsymbol{\phi}_{jk}^{\mathrm{T}}}_{\text{目标导频}} + \underbrace{\sum_{\substack{l=1 \\ l \neq j}}^{L} \sum_{i=1}^{K_l} \sqrt{p_{li}}\, \boldsymbol{h}_{li}^j \boldsymbol{\phi}_{li}^{\mathrm{T}}}_{\text{小区间导频}} + \underbrace{\boldsymbol{N}_j^p}_{\text{噪声}} \tag{3.1}$$

其中,$\boldsymbol{N}_j^p \in \mathbb{C}^{M_j \times \tau_p}$ 是加性接收机噪声,其元素是独立同分布的,分布为 $\mathcal{N}_{\mathbb{C}}(0, \sigma_{\mathrm{UL}}^2)$。$\boldsymbol{Y}_j^p$ 是基站 j 用于估计信道响应的信号。为了估计某一个用户设备的信道,基站需要知道该用户设备所发射的导频序列是哪一个。所以,导频序列应该是已知的,并且在用户设备与基站连接时,导频序列就分配好了,例如,随机接入过程。7.2.1 节将对导频分配与随机接入进行深入的探讨。

为了方便讨论,现在进行如下假设:基站 j 想要估计任意小区 l 中的用户设备 i 的信道 $\boldsymbol{h}_{li}^j$。基站可以采用 $\boldsymbol{Y}_j^p$ 相乘/相关该用户设备的导频 ϕ_{li},得到处理后的接收

导频信号$\boldsymbol{y}_{jli}^{p} \in \mathbb{C}^{M_j}$,表达式如下:

$$\boldsymbol{y}_{jli}^{p} = \boldsymbol{Y}_{j}^{p}\boldsymbol{\phi}_{li}^{*} = \sum_{l'=1}^{L}\sum_{i'=1}^{K_{l'}}\sqrt{p_{l'i'}}\,\boldsymbol{h}_{l'i'}^{j}\boldsymbol{\phi}_{l'i'}^{\mathrm{T}}\boldsymbol{\phi}_{li}^{*} + \boldsymbol{N}_{j}^{p}\boldsymbol{\phi}_{li}^{*} \tag{3.2}$$

它与$\boldsymbol{h}_{li}^{j}$有着相同的维度。对于基站 j 自己小区的第 k 个用户设备,式(3.2)可以表示为

$$\begin{aligned}\boldsymbol{y}_{jjk}^{p} &= \boldsymbol{Y}_{j}^{p}\boldsymbol{\phi}_{jk}^{*}\\ &= \underbrace{\sqrt{p_{jk}}\,\boldsymbol{h}_{jk}^{j}\boldsymbol{\phi}_{jk}^{\mathrm{T}}\boldsymbol{\phi}_{jk}^{*}}_{\text{目标导频}} + \underbrace{\sum_{\substack{i=1\\ i\neq k}}^{K_j}\sqrt{p_{ji}}\,\boldsymbol{h}_{ji}^{j}\boldsymbol{\phi}_{ji}^{\mathrm{T}}\boldsymbol{\phi}_{jk}^{*}}_{\text{小区内导频}} + \underbrace{\sum_{\substack{l=1\\ l\neq j}}^{L}\sum_{i=1}^{K_l}\sqrt{p_{li}}\,\boldsymbol{h}_{li}^{j}\boldsymbol{\phi}_{li}^{\mathrm{T}}\boldsymbol{\phi}_{jk}^{*}}_{\text{小区间导频}} + \underbrace{\boldsymbol{N}_{j}^{p}\boldsymbol{\phi}_{jk}^{*}}_{\text{噪声}}\end{aligned} \tag{3.3}$$

其中,第二项与第三项为干扰,干扰项中的 $\boldsymbol{\phi}_{li}^{\mathrm{T}}\boldsymbol{\phi}_{jk}^{*}$ 为目标用户设备的导频与小区 l 中用户设备 i 的导频之间的内积。如果两个用户设备的导频序列相互正交(例如,$\boldsymbol{\phi}_{li}^{\mathrm{T}}\boldsymbol{\phi}_{jk}^{*}=0$),式(3.3)中的对应干扰就会消失,也就不会影响最终的信道估计。理想情况下,希望所有的导频序列彼此正交,但是因为导频序列是一个 τ_p 维的向量,对于给定的 τ_p,正交导频组内的序列数目最多为 τ_p。有限长度的相关块必须满足 $\tau_p \leqslant \tau_c$ 这个约束条件,它使得分配给所有用户设备的导频之间很难实现正交。因为更长的导频序列需要以更少的数据传输作为代价,所以优化导频长度并不是一件简单的事情。然而,经验结论是:τ_p 应该小于 $\tau_c/2$[49]。

假设一个网络采用 τ_p 个互相正交的导频序列。这些导频序列可以表示为一个上行链路导频码本 $\boldsymbol{\Phi} \in \mathbb{C}^{\tau_p \times \tau_p}$的列,满足 $\boldsymbol{\Phi}^{\mathrm{H}}\boldsymbol{\Phi} = \tau_p \boldsymbol{I}_{\tau_p}$。推荐使用 $\tau_p \geqslant \max_l K_l$ 个导频序列,它使得每个基站可以给自己的每个用户设备分配不同的上行链路导频序列,但这并不是强制性的。做出这种推荐的原因是:最强的干扰通常来自自己的小区内。对跨小区的导频分配进行协调也是非常重要的,在 7.2.1 节中将进一步讨论这种协调问题。定义集合:

$$\mathcal{P}_{jk} = \{(l,i):\boldsymbol{\phi}_{li} = \boldsymbol{\phi}_{jk},\ l=1,\cdots,L,i=1,\cdots,K_l\} \tag{3.4}$$

集合中的所有用户设备与小区 j 中的用户设备 k 使用相同的导频序列。于是,$(l,i) \in \mathcal{P}_{jk}$表示小区 l 中的用户设备 i 与小区 j 中的用户设备 k 使用相同的导频序列。根据定义,$(j,k) \in \mathcal{P}_{jk}$。

使用式(3.4)中的表示,式(3.3)可以简化为

$$\boldsymbol{y}_{jjk}^{p} = \underbrace{\sqrt{p_{jk}}\,\tau_p\,\boldsymbol{h}_{jk}^{j}}_{\text{目标导频}} + \underbrace{\sum_{(l,i)\in\mathcal{P}_{jk}\setminus(j,k)}\sqrt{p_{li}}\,\tau_p\,\boldsymbol{h}_{li}^{j}}_{\text{干扰导频}} + \underbrace{\boldsymbol{N}_{j}^{p}\boldsymbol{\phi}_{jk}^{*}}_{\text{噪声}} \tag{3.5}$$

注意,因为$(l,i) \in \mathcal{P}_{jk}$内的用户设备使用相同的导频,所以对于所有$(l,i) \in \mathcal{P}_{jk}$,$\boldsymbol{y}_{jjk}^{p} = \boldsymbol{y}_{jli}^{p}$,并且,因为导频序列已知且 $\|\boldsymbol{\phi}_{jk}\|^2 = \tau_p$,所以$\boldsymbol{N}_{j}^{p}\boldsymbol{\phi}_{jk}^{*} \sim \mathcal{N}_{\mathbb{C}}(\boldsymbol{0}_{M_j}, \sigma_{\mathrm{UL}}^{2}\tau_p \boldsymbol{I}_{M_j})$。式(3.5)中处理后的接收信号$\boldsymbol{y}_{jjk}^{p}$是个充分统计计量,可以用来估计$\boldsymbol{h}_{jk}^{j}$,因为与原始接收信号$\boldsymbol{Y}_{j}^{p}$ 对比,有用信号并没有丢失[175]。进一步解释为:$\boldsymbol{Y}_{j}^{p}$ 中的

目标元素$\boldsymbol{h}_{jk}^{j}\boldsymbol{\phi}_{jk}^{\mathrm{T}}$可以通过$\boldsymbol{y}_{jjk}^{p}$右乘$\boldsymbol{\phi}_{jk}^{\mathrm{T}}$得到，干扰部分可以被置0或者以同样的方式得到。类似的，$\boldsymbol{y}_{jli}^{p}$也是估计$\boldsymbol{h}_{li}^{j}$的充分统计量。在3.2节将采用处理后的接收信号进行信道估计。

3.1.1 相互正交的导频序列的设计

导频码本$\boldsymbol{\Phi}$的设计原则是，所有元素均具有单位幅度（例如：$|[\boldsymbol{\Phi}]_{i_1,i_2}|=1$，$i_1=1,\cdots,\tau_p,i_2=1,\cdots,\tau_p$），所有列相互正交（例如：$\boldsymbol{\Phi}^{\mathrm{H}}\boldsymbol{\Phi}=\tau_p\boldsymbol{I}_{\tau_p}$）。所有满足这些限制的导频码本具有相同的信道估计性能，但是码本的选择会影响实际应用。事实上，只有相互正交性与范数$\|\boldsymbol{\phi}_{jk}\|$决定了估计的准确性，单位幅度的假设是为了使每个样本的能量保持恒定。这里将会给出两种设计导频码本的具体方法。

一个Walsh - Hadamard矩阵$\boldsymbol{\Phi}=\boldsymbol{A}_{\tau_p}$是一个$\tau_p\times\tau_p$矩阵，作为一个导频码来说，它满足上述两个条件，并且其元素是1或者 -1。因为每个元素都是一个二相移相键控（BPSK）星座点，所以这些导频序列可以简单地应用在支持BPSK调制的数据传输系统中。只存在某些维度的Walsh - Hadamard矩阵[339]，例如，矩阵维度是2的非负整数次幂：$\tau_p=2^n,n=0,1,\cdots$。可以通过递归的方式生成这些矩阵[29]：

$$\boldsymbol{A}_1=1 \tag{3.6}$$

$$\boldsymbol{A}_{2^n}=\begin{bmatrix}\boldsymbol{A}_{2^{n-1}} & \boldsymbol{A}_{2^{n-1}}\\ \boldsymbol{A}_{2^{n-1}} & -\boldsymbol{A}_{2^{n-1}}\end{bmatrix},\quad n=1,2,\cdots \tag{3.7}$$

为了生成任意维度的导频码本（不是2的非负整数次幂），可以利用离散傅里叶变换（DFT）矩阵[37]

$$\boldsymbol{\Phi}=\begin{bmatrix}1 & 1 & 1 & \cdots & 1\\ 1 & \omega_{\tau_p} & \omega_{\tau_p}^{2} & \cdots & \omega_{\tau_p}^{\tau_p-1}\\ \vdots & \vdots & \vdots & & \vdots\\ 1 & \omega_{\tau_p}^{\tau_p-1} & \omega_{\tau_p}^{2(\tau_p-1)} & \cdots & \omega_{\tau_p}^{(\tau_p-1)(\tau_p-1)}\end{bmatrix} \tag{3.8}$$

其中，$\omega_{\tau_p}=\mathrm{e}^{-\mathrm{j}2\pi/\tau_p}$是1的第$\tau_p$个本原根。注意，式（3.8）中的元素均匀分布在单位圆的τ_p个位置，因此它们相当于是τ_p元相移键控（PSK）星座图。

这两种序列在UMTS[2]以及LTE[199]系统中是作为扩频码使用的。LTE中的上行链路导频（称为参考信号）是基于Zadoff - Chu序列族的，该序列族中的每个序列具有单位范数，并且每个序列是另一个序列的循环移位[309]。循环移位的性质特别适用于减轻单载波传输中的符号间干扰。生成Zadoff - Chu序列族的算法可参见文献[309]。

3.2 最小均方误差信道估计

现在将根据式(3.1)中接收到的导频信号$\boldsymbol{Y}_j^p$和具有正交序列的导频码本对信道响应$\boldsymbol{h}_{li}^j$进行估计。信道是一个随机变量的实现,因此可选择贝叶斯估计子,因为它们考虑了变量的统计分布,附录B.4介绍了估计理论。贝叶斯估计子要求分布是已知的,回顾式(2.1)中的$\boldsymbol{h}_{li}^j \sim \mathcal{N}_{\mathbb{C}}(\boldsymbol{0}_{M_j}, \boldsymbol{R}_{li}^j)$,$\boldsymbol{h}_{li}^j$的最小均方误差估计子$\hat{\boldsymbol{h}}_{li}^j$是最小化$\mathbb{E}\{\|\boldsymbol{h}_{li}^j - \hat{\boldsymbol{h}}_{li}^j\|^2\}$的向量。下面的定理给出了这个估计子。

定理 3.1 使用具有相互正交序列的导频码本,基于式(3.1)中的观测$\boldsymbol{Y}_j^p$的信道$\boldsymbol{h}_{li}^j$的最小均方误差估计是

$$\hat{\boldsymbol{h}}_{li}^j = \sqrt{p_{li}}\boldsymbol{R}_{li}^j \boldsymbol{\psi}_{li}^j \boldsymbol{y}_{jli}^p \tag{3.9}$$

其中

$$\boldsymbol{\psi}_{li}^j = \left(\sum_{(l',i') \in \mathcal{P}_{li}} p_{l'i'}\tau_p \boldsymbol{R}_{l'i'}^j + \sigma_{\text{UL}}^2 \boldsymbol{I}_{M_j} \right)^{-1} \tag{3.10}$$

估计误差$\tilde{\boldsymbol{h}}_{li}^j = \boldsymbol{h}_{li}^j - \hat{\boldsymbol{h}}_{li}^j$的相关矩阵是$\boldsymbol{C}_{li}^j = \mathbb{E}\{\tilde{\boldsymbol{h}}_{li}^j(\tilde{\boldsymbol{h}}_{li}^j)^{\text{H}}\}$,由下式给出:

$$\boldsymbol{C}_{li}^j = \boldsymbol{R}_{li}^j - p_{li}\tau_p \boldsymbol{R}_{li}^j \boldsymbol{\psi}_{li}^j \boldsymbol{R}_{li}^j \tag{3.11}$$

证明:证明见附录C.2.1。

这个定理给出了一种计算信道的最小均方误差估计的机制,通过它可以估计网络中的任何用户设备到基站j的信道。估计质量由均方误差表示,即$\mathbb{E}\{\|\boldsymbol{h}_{li}^j - \hat{\boldsymbol{h}}_{li}^j\|^2\} = \text{tr}(\boldsymbol{C}_{li}^j)$表示。均方误差较小表示估计的质量较高。

为了根据式(3.9)来估计$\boldsymbol{h}_{li}^j$,基站应该将接收的导频信号与小区l中的用户设备i使用的导频序列进行相关运算$\boldsymbol{y}_{jli}^p = \boldsymbol{Y}_j^p \boldsymbol{\phi}_{li}^*$,然后将这个观测值与两个矩阵$\boldsymbol{\psi}_{li}^j$和$\boldsymbol{R}_{li}^j$相乘。其中,$\boldsymbol{\psi}_{li}^j$是归一化的相关矩阵$\mathbb{E}\{\boldsymbol{y}_{jli}^p(\boldsymbol{y}_{jli}^p)^{\text{H}}\}/\tau_p$的逆,而$\boldsymbol{R}_{li}^j$是待估计信道的空间相关矩阵。如果干扰和噪声的二阶统计量不同于$\boldsymbol{h}_{li}^j$的二阶统计量,那么这些乘法对这些干扰和噪声起到了抑制作用。注意,式(3.9)中的最小均方误差估计子是线性的,也就是说,$\hat{\boldsymbol{h}}_{li}^j$是通过将处理后的接收信号$\boldsymbol{y}_{jli}^p$与矩阵相乘而形成的。因此,定理3.1中的估计子有时称为线性最小均方误差(LMMSE)估计。然而,这里更倾向于使用最小均方误差的概念来清楚地表明:不能通过使用非线性估计子来进一步减少均方误差。

为了便于说明,这里定义

$$\hat{\boldsymbol{H}}_l^j = [\hat{\boldsymbol{h}}_{l1}^j, \cdots, \hat{\boldsymbol{h}}_{lK_l}^j] \tag{3.12}$$

作为$M_j \times K_l$矩阵,它是小区l中全部用户设备到基站j的所有信道的信道估计。

注意，在式(3.11)中，发射功率仅出现在估计误差相关矩阵中，它是以与导频长度的乘积形式出现的，即 $p_{li}\tau_p$。在导频信号从小区 j 中的用户设备 k 传送到基站 j 的过程中，定义有效 SNR 为

$$\mathrm{SNR}_{jk}^{p} = \frac{p_{jk}\tau_p\beta_{jk}^{j}}{\sigma_{\mathrm{UL}}^{2}} \tag{3.13}$$

其中，$\beta_{jk}^{j} = \frac{1}{M_j}\mathrm{tr}(\boldsymbol{R}_{jk}^{j})$ 在式(2.2)中被定义为基站阵列天线的平均信道增益。术语"有效 SNR"意味着信噪比中包含导频处理增益 τ_p，处理增益是根据导频序列跨越 τ_p 个样本的事实得出的。如果导频序列的长度为 10 个样本，那么有效 SNR 比单个样本的标称信噪比大 10dB。这个增益既有利于得到好的估计质量，又有利于具有有限发射功率和/或弱信道条件的用户设备。

如果考虑任意相关块内最小均方误差信道估计的随机实现和相应的估计误差，那么以下统计特性成立。

推论 3.1　最小均方误差估计 $\hat{\boldsymbol{h}}_{li}^{j}$ 和估计误差 $\tilde{\boldsymbol{h}}_{li}^{j}$ 是独立的随机变量，分布如下：

$$\hat{\boldsymbol{h}}_{li}^{j} \sim \mathcal{N}_{\mathbb{C}}(\boldsymbol{0}_{M_j}, \boldsymbol{R}_{li}^{j} - \boldsymbol{C}_{li}^{j}) \tag{3.14}$$

$$\tilde{\boldsymbol{h}}_{li}^{j} \sim \mathcal{N}_{\mathbb{C}}(\boldsymbol{0}_{M_j}, \boldsymbol{C}_{li}^{j}) \tag{3.15}$$

证明：证明见附录 C.2.1。

当稍后计算每个用户设备的频谱效率时，在推论 3.1 中陈述的统计分布是非常有用的。这里还可以观察到，信道估计的平均平方范数 $\mathbb{E}\{\|\hat{\boldsymbol{h}}_{li}^{j}\|^2\} = \mathrm{tr}(\boldsymbol{R}_{li}^{j}) - \mathrm{tr}(\boldsymbol{C}_{li}^{j})$ 小于真实信道的平均平方范数，但是当均方估计误差 $\mathrm{tr}(\boldsymbol{C}_{li}^{j})$ 减小时，信道估计的平均平方范数就增加。在 $\mathrm{tr}(\boldsymbol{C}_{li}^{j}) = 0$ 的特殊情况下，这里有 $\mathbb{E}\{\|\hat{\boldsymbol{h}}_{li}^{j}\|^2\} = \mathbb{E}\{\|\boldsymbol{h}_{li}^{j}\|^2\} = \mathrm{tr}(\boldsymbol{R}_{li}^{j})$，此时估计是完美的。

实际应用中，定理 3.1 对于小区内信道估计是非常重要的。然而，也可以估计从整个网络中的任何用户设备到基站 j 的小区间信道。当小区 j 中的用户设备 k 和另一个小区 l 中的用户设备 i 使用相同的导频序列时(也就是说，$(l,i) \in \mathcal{P}_{jk}$，这意味着 $\boldsymbol{\phi}_{li} = \boldsymbol{\phi}_{jk}, \mathcal{P}_{li} = \mathcal{P}_{jk}$)，利用式(3.9)对 $\hat{\boldsymbol{h}}_{jk}^{j}$ 和 $\hat{\boldsymbol{h}}_{li}^{j}$ 进行最小均方误差估计，可以得到一个重要的结论。也就是说，有 $\boldsymbol{\psi}_{jk}^{j} = \boldsymbol{\psi}_{li}^{j}$ 和 $\boldsymbol{y}_{jjk}^{p} = \boldsymbol{y}_{jli}^{p}$，因此是相同的矩阵逆乘以相同处理后的接收信号。只有式(3.9)中的标量和第一个矩阵是不同的。如果 $\boldsymbol{R}_{jk}^{j}$ 是可逆的，那么可以把两个信道估计之间的关系写为

$$\hat{\boldsymbol{h}}_{li}^{j} = \frac{\sqrt{p_{li}}}{\sqrt{p_{jk}}}\boldsymbol{R}_{li}^{j}(\boldsymbol{R}_{jk}^{j})^{-1}\hat{\boldsymbol{h}}_{jk}^{j} \tag{3.16}$$

这意味着这两个信道估计是强相关的，但是通常向量是线性独立的(即非平

行的)，因为除非$\boldsymbol{R}_{li}^{j}$和$\boldsymbol{R}_{jk}^{j}$差一个比例因子，否则不能将$\hat{\boldsymbol{h}}_{li}^{j}$写成一个标量乘以$\hat{\boldsymbol{h}}_{jk}^{j}$的形式。在$\boldsymbol{R}_{li}^{j}=\beta_{li}^{j}\boldsymbol{I}_{M_j}$和$\boldsymbol{R}_{jk}^{j}=\beta_{jk}^{j}\boldsymbol{I}_{M_j}$的空间不相关信道的特定情况下，两个信道估计是平行向量，二者之间只差一个标量幅度。这是一种不好的性质，因为基站j不能分离已经发送相同导频序列并且具有相同空间特性的用户设备，这种情况如图3.1所示。下面的推论重点说明了碰撞的导频传输所造成的影响。

推论 3.2 考虑小区j中的用户设备k与小区l中的用户设备i。基站j中各信道估计的相关矩阵是

$$\mathbb{E}\{\hat{\boldsymbol{h}}_{jk}^{j}(\hat{\boldsymbol{h}}_{li}^{j})^{\mathrm{H}}\}=\begin{cases}\sqrt{p_{li}p_{jk}}\,\tau_p\,\boldsymbol{R}_{jk}^{j}\boldsymbol{\psi}_{li}^{j}\boldsymbol{R}_{li}^{j}, & (l,i)\in\mathcal{P}_{jk}\\ \boldsymbol{0}_{M_j\times M_j}, & (l,i)\notin\mathcal{P}_{jk}\end{cases}\tag{3.17}$$

尽管$\mathbb{E}\{(\boldsymbol{h}_{li}^{j})^{\mathrm{H}}\boldsymbol{h}_{jk}^{j}\}=0$对所有满足$(l,i)\neq(j,k)$的用户设备都成立，但天线平均相关系数是

$$\frac{\mathbb{E}\{(\hat{\boldsymbol{h}}_{li}^{j})^{\mathrm{H}}(\hat{\boldsymbol{h}}_{jk}^{j})\}}{\sqrt{\mathbb{E}\{\|\hat{\boldsymbol{h}}_{jk}^{j}\|^2\}\mathbb{E}\{\|\hat{\boldsymbol{h}}_{li}^{j}\|^2\}}}=\begin{cases}\dfrac{\mathrm{tr}(\boldsymbol{R}_{li}^{j}\boldsymbol{R}_{jk}^{j}\boldsymbol{\psi}_{li}^{j})}{\sqrt{\mathrm{tr}(\boldsymbol{R}_{jk}^{j}\boldsymbol{R}_{jk}^{j}\boldsymbol{\psi}_{li}^{j})\,\mathrm{tr}(\boldsymbol{R}_{li}^{j}\boldsymbol{R}_{li}^{j}\boldsymbol{\psi}_{li}^{j})}} & (l,i)\in\mathcal{P}_{jk}\\ 0 & (l,i)\notin\mathcal{P}_{jk}\end{cases}\tag{3.18}$$

证明：从式(3.9)中取出用于用户设备信道估计的表达式，然后计算这些表达式外积的期望，就能得到式(3.17)。如果$(l,i)\in\mathcal{P}_{jk}$，有$\boldsymbol{y}_{jjk}^{p}=\boldsymbol{y}_{jli}^{p}$，然后利用$\mathbb{E}\{\boldsymbol{y}_{jli}^{p}(\boldsymbol{y}_{jli}^{p})^{\mathrm{H}}\}=\tau_{\mathrm{p}}(\boldsymbol{\psi}_{li}^{j})^{-1}$直接计算得到非零期望。如果$(l,i)\notin\mathcal{P}_{jk}$，$\boldsymbol{y}_{jjk}^{p}$和$\boldsymbol{y}_{jli}^{p}$会包含不同的信道和独立的噪声变量，所以二者是相互独立的，此时的期望为0。最后，从式(3.17)出发，利用$(\hat{\boldsymbol{h}}_{li}^{j})^{\mathrm{H}}\hat{\boldsymbol{h}}_{jk}^{j}=\mathrm{tr}(\hat{\boldsymbol{h}}_{jk}^{j}(\hat{\boldsymbol{h}}_{li}^{j})^{\mathrm{H}})$这一事实，再利用任意矩阵$\boldsymbol{A}$和矩阵$\boldsymbol{B}^{\mathrm{T}}$在具有相同维数下成立的$\mathrm{tr}(\boldsymbol{AB})=\mathrm{tr}(\boldsymbol{BA})$对表达式进行简化，就可得到式(3.18)。

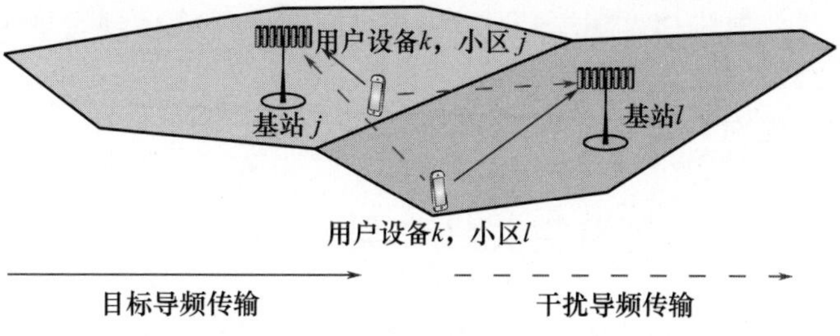

图3.1 当两个用户设备发送相同的导频序列时，它们各自的基站接收到它们信号的叠加——它们污染彼此的导频传输。由于基站很难分开用户设备，因此它们各自的信道估计将是相关的

这个推论描述了导频污染现象的一个关键特性：发射相同导频序列的用户设备污染彼此的信道估计。干扰不仅降低了估计质量(即增加了均方误差)，而且使得信道估计在统计上是相互依赖的(尽管真实信道在统计上是独立的)。导频污

染除了影响信道估计之外，还具有另一个重要的影响：因为污染使得基站难以减轻使用相同导频的用户设备之间的干扰，导频污染经常被称为大规模 MIMO 的主要特征和限制因素。这是一些早期文献[208,131,169]的重要研究焦点，但这种现象并不是大规模 MIMO 所独有的，它存在于大多数蜂窝网络中，因为在小区之间重用时频资源是实际的需要。然而，与传统网络相比，导频污染对大规模 MIMO 产生了更大的影响。一部分原因是，大量的用户设备要求导频序列在空间中能够更频繁地被重用；另一部分原因是，对于使用正交导频的用户设备来说，大规模 MIMO 中的信号处理非常好地抑制了这些用户设备之间的干扰。在 3.3.2 节以及第 4 章的频谱效率分析中将再次研究导频污染。

回想最小化信道估计均方误差的最小均方误差估计子，其定义为

$$\mathbb{E}\{\|\boldsymbol{h}_{li}^{j}-\hat{\boldsymbol{h}}_{li}^{j}\|^{2}\}=\mathbb{E}\{\|\tilde{\boldsymbol{h}}_{li}^{j}\|^{2}\}=\mathbb{E}\{\mathrm{tr}(\tilde{\boldsymbol{h}}_{li}^{j}(\tilde{\boldsymbol{h}}_{li}^{j})^{\mathrm{H}})\}=\mathrm{tr}(\boldsymbol{C}_{li}^{j}) \tag{3.19}$$

为了对不同场景下利用不同估计方案获得的估计质量进行比较，将归一化均方误差(NMSE)定义为

$$\mathrm{NMSE}_{li}^{j}=\frac{\mathrm{tr}(\boldsymbol{C}_{li}^{j})}{\mathrm{tr}(\boldsymbol{R}_{li}^{j})} \tag{3.20}$$

这是一个合适的度量，因为它对每根天线的相对估计误差进行了测量。这是一个介于0(完美估计)和1(通过使用变量的平均值$\mathbb{E}\{\boldsymbol{h}_{li}^{j}\}$作为估计来实现的，这个平均值为全0的向量)之间的值。

评述 3.1(其他信道分布)　定理 3.1 中的最小均方误差估计子利用了信道的矩(即零均值和相关矩阵)以及信道是复高斯分布的事实。在实际应用中，均值和相关矩阵比较容易估计，但是很难验证信道分布是否接近高斯分布。幸运的是，这并不是什么大问题，因为式(3.9)中的估计子也是具有零均值和相同相关矩阵的非高斯信道的线性最小均方误差估计子(参见附录 B.4)。因此，这个估计表达式可以用于其他类型的信道，但是在这种情况下，估计和估计误差只是不相关的(不是相互独立的)，这对性能分析将产生影响。

3.3　空间相关性和导频污染的影响

为了理解最小均方误差估计子的基本性质，这里将举例说明空间信道相关性和导频污染如何影响其性能。还将讲述如何在实践中获取信道统计信息。

3.3.1　空间相关性对信道估计的影响

考虑某个具有唯一导频序列的用户设备的信道响应的估计，可以清楚地说明信道估计的基本性质。此时估计仅受噪声影响，而不受干扰影响。考虑一个任意的信道 $\boldsymbol{h}\sim\mathcal{N}_{\mathbb{C}}(\boldsymbol{0}_M,\boldsymbol{R})$，这里为了简洁，不用基站和用户设备的序号。设 $\boldsymbol{R}=\boldsymbol{U}\boldsymbol{\Lambda}\boldsymbol{U}^{\mathrm{H}}$

表示相关矩阵的特征值分解，其中酉矩阵 $\boldsymbol{U}\in\mathbb{C}^{M\times M}$ 包含特征向量，又称为特征方向，对角矩阵 $\boldsymbol{\Lambda}=\mathrm{diag}(\lambda_1,\cdots,\lambda_M)$ 包含相应的特征值。式(3.11)中的估计误差的相关矩阵变为

$$\begin{aligned}\boldsymbol{C}&=\boldsymbol{R}-p\tau_p\boldsymbol{R}\left(p\tau_p\boldsymbol{R}+\sigma_{\mathrm{UL}}^2\boldsymbol{I}_M\right)^{-1}\boldsymbol{R}\\&=\boldsymbol{U}\left(\boldsymbol{\Lambda}-p\tau_p\boldsymbol{\Lambda}\left(p\tau_p\boldsymbol{\Lambda}+\sigma_{\mathrm{UL}}^2\boldsymbol{I}_M\right)^{-1}\boldsymbol{\Lambda}\right)\boldsymbol{U}^{\mathrm{H}}\\&=\boldsymbol{U}\mathrm{diag}\left(\lambda_1-\frac{p\tau_p\lambda_1^2}{p\tau_p\lambda_1+\sigma_{\mathrm{UL}}^2},\cdots,\lambda_M-\frac{p\tau_p\lambda_M^2}{p\tau_p\lambda_M+\sigma_{\mathrm{UL}}^2}\right)\boldsymbol{U}^{\mathrm{H}}\end{aligned}\tag{3.21}$$

其中，第二个等式是利用 $\boldsymbol{I}_M=\boldsymbol{U}\boldsymbol{U}^{\mathrm{H}}$ 和 $\boldsymbol{U}^{-1}\boldsymbol{U}=\boldsymbol{I}_M$ 得到的，最后一个表达式可以认为是特征值分解，其特征向量组成 $\boldsymbol{U}$，$\boldsymbol{C}$ 的第 m 个特征值为

$$\lambda_m-\frac{p\tau_p\lambda_m^2}{p\tau_p\lambda_m+\sigma_{\mathrm{UL}}^2}=\frac{\sigma_{\mathrm{UL}}^2\lambda_m}{p\tau_p\lambda_m+\sigma_{\mathrm{UL}}^2}=\frac{\lambda_m}{\mathrm{SNR}^p\dfrac{\lambda_m}{\beta}+1}\tag{3.22}$$

其中，SNR^p 是定义在式(3.13)中的有效信噪比，$\beta=\frac{1}{M}\sum_{n=1}^{M}\lambda_n$。因此，估计误差的相关矩阵 $\boldsymbol{C}$ 与空间相关矩阵 $\boldsymbol{R}$ 具有相同的特征向量，但由于式(3.22)中的减法，二者的特征值不同，并且前者的特征值通常较小。式(3.22)中 $\boldsymbol{C}$ 的特征值表示每个特征方向上的估计误差方差。随着有效信噪比的增加，如信噪比 $\mathrm{SNR}^p\to\infty$，所有这些误差方差都逐渐减小并接近于 0，从而表明：在这种渐近情况下，可能实现无误差估计。根据式(3.22)得出的另一个重要结论是：较大特征值 λ_m 对应的 $\boldsymbol{R}$ 的特征方向比较小特征值对应的 $\boldsymbol{R}$ 的特征方向具有更小的归一化误差方差。

$$\frac{\dfrac{\lambda_m}{\mathrm{SNR}^p\dfrac{\lambda_m}{\beta}+1}}{\lambda_m}=\frac{1}{\mathrm{SNR}^p\dfrac{\lambda_m}{\beta}+1}\tag{3.23}$$

这可以直观地理解为：各特征方向是被独立地估计出来的，强特征方向具有更高的信噪比，因此它更容易被估计出来。

根据式(2.23)定义的采用高斯角域分布的局部散射模型，产生空间相关矩阵，通过图 3.2 对这些矩阵的上述性质进行了数值说明。图 3.2 显示了式(3.20)中定义的归一化均方误差，它是 $M=1$，$M=10$ 或 $M=100$ 根天线的 SNR^p（有效 SNR）的函数。ASD$\sigma_\varphi=10°$，是通过对位于 0°～360°之间的、服从均匀分布的标称角的不同采样值取平均得到的。图 3.2 表明：归一化均方误差随有效 SNR 的增加单调递减，与式(3.22)预测的一致。在 20dB 的有效信噪比下，归一化均方误差约为 10^{-2}，这意味着估计误差的方差仅为信道原始方差的 1%。注意，可以通过具有 10dB 的标准 SNR（去掉式(3.13)分子中的 τ_p 后得到的信噪比）和具有 $\tau_p=10$ 的导频序列来实现这种有效 SNR，因此这种有效 SNR 不是特别高。

有趣的是，图 3.2 中的归一化均方误差也随着天线的增加而减少。产生这一特性的原因是空间信道相关性，通过 $\boldsymbol{R}=\beta\boldsymbol{I}$ 的空间不相关信道给出独立于 M 的归一化均方误差 $1/(\mathrm{SNR}^p+1)$ 可看出这个原因。因此，由于空间相关信道所具有的统计结构，使得估计这些信道变得更加容易。这也意味着，估计信道的平均增益 $\mathbb{E}\{\|\hat{\boldsymbol{h}}\|^2\}=\mathrm{tr}(\boldsymbol{R}-\boldsymbol{C})$ 在空间相关条件下较大。

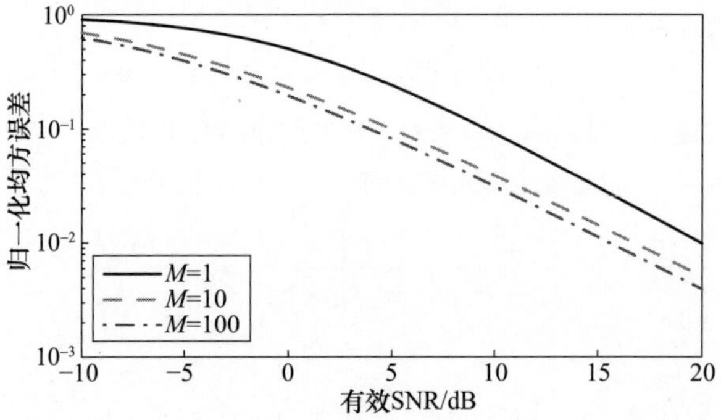

图 3.2　在高斯角域分布、ASD$\sigma_\varphi=10°$的局部散射模型下，对空间相关信道进行最小均方误差估计所产生的归一化均方误差，在不同的用户设备标称角度上取平均得到图中曲线

图 3.3 进一步研究了空间信道相关性的影响，其中将归一化均方误差表示为 ASDσ_φ 的函数。有效信噪比为 10dB，$M=100$。图 3.3 表示当 ASD 较小（即具有高空间相关性）时，误差较小。这可以解释为，当 σ_φ 较小时，信道方差的大部分仅取决于几个特征值（参见图 2.6）。从式（3.23）的结论来看，与弱特征方向上的估计相比，强特征方向上的估计会更加容易。图 3.3 给出了空间不相关信道的归一化均方误差作为参考。与空间不相关信道相比，强空间相关信道的估计误差要小两

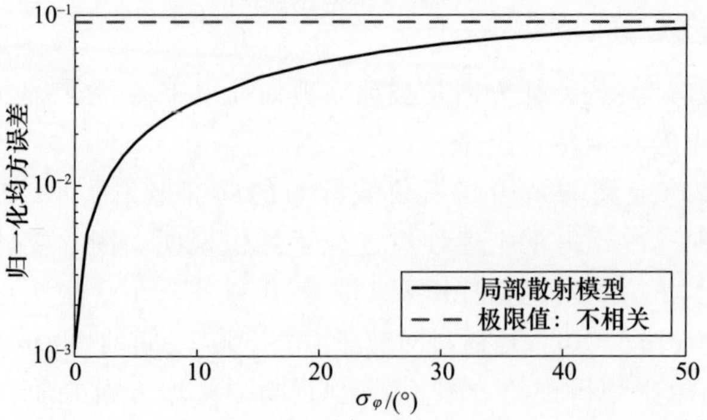

图 3.3　在有效信噪比为 10dB 和 $M=100$ 的条件下，采用式（2.23）中定义的服从高斯角域分布的局部散射模型，将空间相关信道估计的归一化均方误差作为模型中 ASD 参数的函数

个数量级，但是当 σ_φ 接近40°时，这种估计优势基本消失。

3.3.2 导频污染对信道估计的影响

构建一个包含使用同一个导频序列的两个用户设备的通信场景，这里将通过此场景来说明导频污染的基本情况。基站 j 估计位于其小区内的用户设备 k 的信道，与此同时，小区 l 中的用户设备 i 发送相同的导频。在导频的传输过程中，这些用户设备之间的相互干扰产生两个主要结果：信道估计变得相关，估计质量下降。先看第一个结果，在来自期望用户设备的有效信噪比为 10dB、干扰信号比有效信噪比低 10dB 的条件下，根据式(3.18)的定义，图 3.4 显示了信道估计之间天线平均相关系数。两个相关矩阵都是利用服从高斯角分布、ASD$\sigma_\varphi = 10°$的局部散射模型产生的，但是基站 j 使用不同的标称角。期望用户设备具有 30°的固定角度(图 2.5中描述的测量结果)，而干扰用户设备的角度在 −180° ~ 180°之间变化。

图 3.4 反映了第一个结果，当基站配备多根天线时，用户设备的角度起到了重要作用。如果用户设备具有相同的角度，相关系数为 1，这意味着估计是相同的(最多相差一个比例因子)。如果用户设备的角度相差较大，那么相关系数接近于 0。这表明：决定导频污染影响大小的因素不仅包括平均信道增益，还包括空间相关矩阵的特征结构。这不同于单天线的情况(以及不相关衰落下的多天线情况)，在单天线情况下，不管用户设备的角度如何变化，相关系数始终等于 1。结论是，空间信道相关性可以减轻导频污染的影响，期望在其他类型的空间相关信道模型下也能得出这个结论。在多天线情况下，阵列的几何形状使得某一个角度对呈现出谐振的行为。由于在本仿真中考虑的是水平均匀线阵，因此阵列不能将来自30°角的信号和来自其镜面反射180° − 30° = 150°角的信号分开。

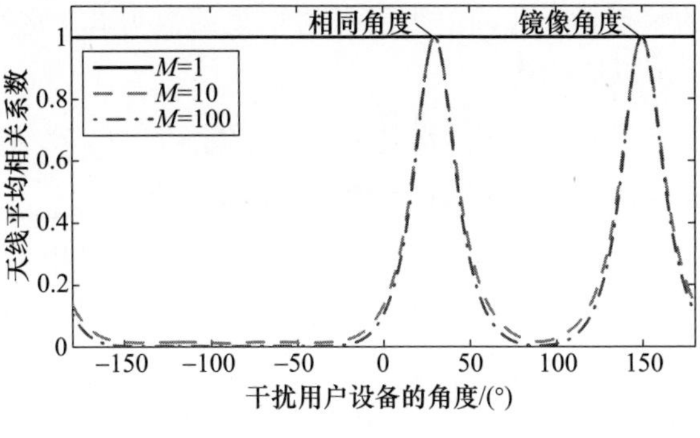

图 3.4 期望用户设备和干扰用户设备使用相同导频情况下的信道估计，根据式(3.18)计算的天线平均相关系数的绝对值。使用高斯角域分布的局部散射模型，期望用户设备具有30°的标称角，而干扰用户设备的角度在 −180° ~ 180°之间变化

导频污染的第二个结果是降低了估计质量。这里将在与结果一相同的场景中研究这个结果。图 3.5 显示了 $M = 100$、不相关衰落或具有 ASD$\sigma_\varphi = 10°$的局部散

射模型下的目标信道估计的归一化均方误差。期望用户设备的有效信噪比为10dB,分别采用三种强度的干扰信号:与期望信号同样强,弱10dB,或弱20dB。在空间相关的情况下,当用户设备之间的角度被很好地分开时,不管干扰导频信号有多强,归一化均方误差约为0.04。这意味着,当用户设备具有近似正交的相关特征空间时,导频污染对估计质量的影响可以忽略不计。当用户设备具有相似的角度时,特别是当干扰用户设备与基站之间的信道较强时,归一化均方误差增加。相反地,如果用户设备的信道呈现出不相关的衰落,那么其归一化均方误差始终大于空间相关情况下的归一化均方误差,并且与角度无关。因此,在实际应用中,空间信道相关性有助于提高导频污染下的信道估计质量。

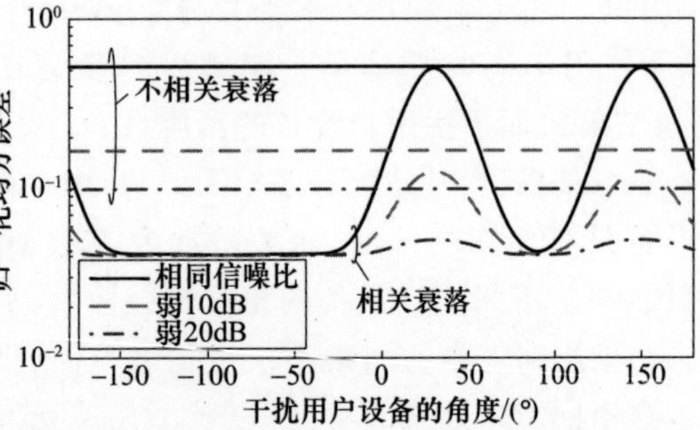

图3.5 当干扰用户设备使用相同的导频时,估计期望用户设备信道的归一化均方误差。有 $M=100$ 根天线。使用局部散射模型、高斯角分布、期望用户设备的标称角度为30°,干扰用户设备的角度在 −180°~180°之间变化。不相关衰落的归一化均方误差作为参考

在$\boldsymbol{R}_{jk}^{j}\boldsymbol{R}_{li}^{j}=\boldsymbol{0}_{M_j\times M_j}$的极端情况下,用户设备信道具有正交的相关特征空间。式(3.18)中定义的信道估计之间的天线平均相关系数为0。此外,式(3.11)中的估计误差相关矩阵可以简化为

$$\begin{aligned}\boldsymbol{C}_{jk}^{j}&=\boldsymbol{R}_{jk}^{j}-p_{jk}\tau_p\boldsymbol{R}_{jk}^{j}(p_{jk}\tau_p\boldsymbol{R}_{jk}^{j}+p_{li}\tau_p\boldsymbol{R}_{li}^{j}+\sigma_{\mathrm{UL}}^{2}\boldsymbol{I}_{M_j})^{-1}\boldsymbol{R}_{jk}^{j}\\&=\boldsymbol{R}_{jk}^{j}-p_{jk}\tau_p\boldsymbol{R}_{jk}^{j}(p_{jk}\tau_p\boldsymbol{R}_{jk}^{j}+\sigma_{\mathrm{UL}}^{2}\boldsymbol{I}_{M_j})^{-1}\boldsymbol{R}_{jk}^{j}\end{aligned}\tag{3.24}$$

它不依赖于干扰用户设备。利用附录中引理B.6很容易证明该性质。因此,如果两个用户设备的空间相关矩阵满足正交性条件$\boldsymbol{R}_{jk}^{j}\boldsymbol{R}_{li}^{j}=\boldsymbol{0}_{M_j\times M_j}$,那么在理论上允许这两个用户设备共享导频序列而不会造成导频污染。从理论上讲,这种情况在强空间信道相关性下会发生,但在空间不相关信道下却不会发生。然而,当干扰用户设备具有非常弱的信道时,$\boldsymbol{R}_{jk}^{j}\boldsymbol{R}_{li}^{j}\approx\boldsymbol{0}_{M_j\times M_j}$可以发生。文献[154,363]已经利用这些结论及其他结论指导大规模MIMO下的导频分配和用户设备调度。

3.3.3 不完美的统计信息

最小均方误差估计子需要利用信道的统计信息。例如,如果基站j想要对小

区 j 中用户设备 i 的信道进行估计，在与这个用户设备具有相同导频序列的用户设备的相关矩阵$\boldsymbol{R}_{li}^{j}$、多个相关矩阵的和、$(\boldsymbol{\psi}_{li}^{j})^{-1}$已知的条件下，只能应用定理 3.1 中的估计子进行信道估计。这里将举例说明基站 j 如何估计信道$\boldsymbol{h}_{li}^{j}\sim\mathcal{N}_{\mathbb{C}}(\mathbf{0}_{M_j},\boldsymbol{R}_{li}^{j})$的相关矩阵$\boldsymbol{R}_{li}^{j}$。然后将介绍如何通过类似的方式获得$(\boldsymbol{\psi}_{li}^{j})^{-1}$。为了简单起见，省去基站和用户设备的序号。

通常，在不同的时频相关块内，基站能观察到 $\boldsymbol{h}=[h_1,\cdots,h_M]^{\mathrm{T}}$ 的多个实现。假设基站已经进行了 N 次独立观测 $\boldsymbol{h}[1],\cdots,\boldsymbol{h}[N]$，$\boldsymbol{h}[n]=[h_1[n],\cdots,h_M[n]]^{\mathrm{T}}$ 代表第 n 次观测。对于特定的天线序号 m，大数定律（参见附录中的引理 B.12）表明，当 $N\to\infty$时，样本方差 $\sum_{n=1}^{N}\frac{1}{N}|h_m[n]|^2$（几乎确定地）收敛于真实方差 $\mathbb{E}\{|h_m|^2\}$。样本方差的标准差以 $1/\sqrt{N}$形式进行衰减[175]，因此，少量观测足以得到良好的方差估计。估计 $M\times M$ 相关矩阵 $\boldsymbol{R}$ 的方法是形成样本相关矩阵：

$$\hat{\boldsymbol{R}}_{\text{sample}}=\frac{1}{N}\sum_{n=1}^{N}\boldsymbol{h}[n]\,(\boldsymbol{h}[n])^{\mathrm{H}} \tag{3.25}$$

如上所述，$\hat{\boldsymbol{R}}_{\text{sample}}$的每个元素都会收敛到 $\boldsymbol{R}$ 中的对应元素。然而，因为$\hat{\boldsymbol{R}}_{\text{sample}}$的 M^2 个元素的估计误差都会对特征结构产生影响，所以要使样本相关矩阵的特征值和特征向量与 $\boldsymbol{R}$ 的特征值和特征向量非常相似是一件更富有挑战性的任务。在信道估计过程中，最小均方误差估计子利用 $\boldsymbol{R}$ 的特征结构来获得更好的估计，因此样本相关矩阵的特征结构非常重要。幸运的是，针对大规模 MIMO 的信道估计，一些技术能够保证信道估计在不完美的空间相关矩阵信息下具有稳健性[57,189,299]。注意，$\boldsymbol{R}$ 的非对角元素描述了未知变量之间的相关性，$\boldsymbol{R}$ 的对角元素描述了未知变量的方差，因此对贝叶斯估计来说，只有 $\boldsymbol{R}$ 的对角元素才是必不可少的。因此，这里也可以忽略掉 $\boldsymbol{h}$ 中各元素之间的相关性，采用下式形成对角化的样本相关矩阵。

$$\hat{\boldsymbol{R}}_{\text{diagonal}}=\begin{bmatrix}\frac{1}{N}\sum_{n=1}^{N}|h_1[n]|^2 & & \\ & \ddots & \\ & & \frac{1}{N}\sum_{n=1}^{N}|h_M[n]|^2\end{bmatrix} \tag{3.26}$$

如果用$\hat{\boldsymbol{R}}_{\text{diagonal}}$替代 $\boldsymbol{R}$ 进行信道估计，就能对 $\boldsymbol{h}$ 中的每个元素 h_m 进行高效的、独立的估计，如同只有一根基站天线。换句话说，这里没有利用空间信道相关性。

文献[299]提出将空间相关矩阵估计表示为传统的样本相关矩阵和对角化的样本相关矩阵的凸组合。

$$\hat{\boldsymbol{R}}(c)=c\,\hat{\boldsymbol{R}}_{\text{sample}}+(1-c)\hat{\boldsymbol{R}}_{\text{diagonal}} \tag{3.27}$$

$\hat{\boldsymbol{R}}(c)$的对角元素与$\hat{\boldsymbol{R}}_{\text{diagonal}}$的对角元素相同，而其非对角元素与 $c\in[0,1]$成比例。

较小的 c 值使非对角线元素减小了,可以利用它有意地低估信道系数之间的相关性。这种做法称为 $\hat{\boldsymbol{R}}_{\text{sample}}$ 的正则化。在不完美的相关矩阵信息(例如,N 为有限值)下,可以通过实验来优化参数 c,以实现鲁棒估计。在一个单用户的示例中,可以采用如下公式计算任何线性估计子 $\hat{\boldsymbol{h}}=\boldsymbol{A}\boldsymbol{Y}^{p}\boldsymbol{\phi}^{*}$ 的归一化均方误差(NMSE):

$$\text{NMSE}(\boldsymbol{A})=1-\frac{2\sqrt{p}\tau_{p}\Re(\text{tr}(\boldsymbol{RA}))-\tau_{p}\text{tr}(\boldsymbol{A}(p\tau_{p}\boldsymbol{R}+\sigma_{\text{UL}}^{2}\boldsymbol{I}_{M})\boldsymbol{A}^{\text{H}})}{\text{tr}(\boldsymbol{R})} \tag{3.28}$$

其中,矩阵 $\boldsymbol{A}$ 指定使用哪个线性估计子。定理 3.1 中的真正的最小均方误差估计子由 $\boldsymbol{A}=\sqrt{p}\boldsymbol{R}(p\tau_{p}\boldsymbol{R}+\sigma_{\text{UL}}^{2}\boldsymbol{I}_{M})^{-1}$ 给出,而式(3.27)中估计的相关矩阵可用于选择 $\boldsymbol{A}(c)=\sqrt{p}\hat{\boldsymbol{R}}(c)(p\tau_{p}\hat{\boldsymbol{R}}(c)+\sigma_{\text{UL}}^{2}\boldsymbol{I}_{M})^{-1}$。这是一个启发式估计子,但可以通过优化 c 以获得一个具有较小 $\text{NMSE}(\boldsymbol{A}(c))$。

图 3.6 给出了不完美相关矩阵信息条件下的平均归一化均方误差。这里考虑高斯角域分布、ASD$\sigma_{\varphi}=10°$、$M=100$、有效信噪比为 10dB 的局部散射模型。对不同标称角度(0°~360°)和不同的样本实现下的归一化均方误差取平均得到平均归一化均方误差,在每 N 个样本中,对 c 进行数值优化,以获得低的平均归一化均方误差。图 3.6 显示了平均归一化均方误差与样本数量的关系。为了获得对 $\hat{\boldsymbol{R}}_{\text{diagonal}}$ 的合理估计,前几个样本是必不可少的。只需 $N=10$ 个样本,就可以利用一定程度的空间信道相关性获得小于不相关信道(相关矩阵为已知的对角阵,且对角线上元素等于 $\boldsymbol{R}$ 的主对角上元素)下的平均归一化均方误差。平均归一化均方误差随 N 的增加而减小,且渐近地接近下界,这个下界对应于 $\boldsymbol{R}$ 完全已知的情况。有趣的是,实现接近下限的归一化均方误差所需要的样本数不超过 200。这个样本数等于 $2M$,这表明,信道估计对不完美的信道统计很不敏感。

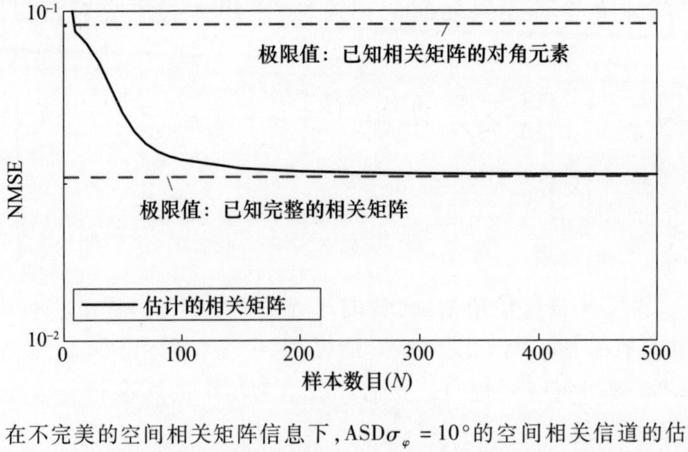

图 3.6 在不完美的空间相关矩阵信息下,ASD$\sigma_{\varphi}=10°$的空间相关信道的估计的平均归一化均方误差。图中选择用于计算相关矩阵的样本数目作为自变量,选择平均归一化均方误差作为函数

可以采用与上面描述类似的方法来估计$\boldsymbol{\psi}_{li}^{j}$[57]。该矩阵由$\boldsymbol{\psi}_{li}^{j}=\tau_p(\mathbb{E}\{\boldsymbol{y}_{jli}^{p}(\boldsymbol{y}_{jli}^{p})^{\mathrm{H}}\})^{-1}$给出，因为可以采用现有导频传输的接收信号形成样本相关矩阵（采用上面叙述的方法对其进行正则化），所以此矩阵特别容易估计。另一种估计$\boldsymbol{\psi}_{li}^{j}$的方法是采用式(3.10)，在估计各信道的相关矩阵时，需要专门为各信道的相关矩阵设计导频信号。两种方法的对比参见文献[57]。

在实际应用中，移动性导致了大尺度衰落中的变化，因此空间相关矩阵随时间演变，有必要跟踪这些变化，这可以通过在包含N个样本的滑动时间窗口上计算样本相关矩阵来实现。需要选择一定数量的样本以实现足够准确的估计，同时可以根据用户设备的移动性来选择样本间的时频间隔。文献[332]中的测量表明：在比相关块长约100倍的时间间隔内，大尺度衰落是恒定的。因此如果需要，可以采用获得的数百个样本用于估计相关矩阵。文献[57]对移动条件下的相关矩阵的估计开销进行了量化。

评述3.2（利用少量样本估计相关矩阵） 除了上述的正则化方法之外，还存在一些根据相对少量的样本N估计相关矩阵的替代方法。当固定M且$N\to\infty$时，传统样本相关矩阵是一致估计子，它是一个极限值。当M很大时，很难接近这个极限值。如果N与M相当，那么可以改用G估计方法[217,93]，当M、$N\to\infty$且二者具有固定比率时，此方法可以提供一致估计。此外，文献[211]考虑了$N<M$的情况，其中$\hat{\boldsymbol{R}}_{\text{sample}}$是非满秩的，并且生成了保留$\hat{\boldsymbol{R}}_{\text{sample}}$特征向量的满秩相关估计（上面正则化方法改变了特征向量）。如果信道的特殊结构作为先验知识是已知的，那么可以进一步改善相关估计的性能。例如，文献[137]给出了估计信道相关矩阵的算法，这里的信道具有如下特性：具有有限的角度延迟，并且用户设备之间的角度延迟是可分离的。还有一些方法可以用于跟踪$\boldsymbol{R}$中的低秩子空间随时间演变的过程[105]。

3.4 计算复杂度与低复杂度的估计子

采用大规模天线的缺点是在数字基带中需要处理大量观测信号。在附录B.1.1中描述的方法中，只计算复数乘法和除法的数量，现在将使用这种方法评估最小均方误差估计的计算复杂度。在每个相关块内，基站j为小区j内的K_j个用户设备执行一次最小均方误差信道估计。小区间信道估计是可选的，但如果在预编码/合并中需要用到它们，也需要在每个相关块内对它们执行一次信道估计。在式(3.9)中，将基站j处理后的接收导频信号与两个$M_j\times M_j$矩阵相乘。由于这些矩阵仅取决于空间相关矩阵，因此矩阵乘积可以被预先计算，并且仅在信道统计发生较大变化时才需要更新（例如，由于用户设备的移动或新用户设备的调度决策）。注意，所有子载波上的信道统计通常是相同的，因此每个用户设备仅需预先计算一个矩阵。对于每个用户设备,预先计算通常需要$(4M_j^3 - M_j)/3$次复数乘法和M_j次复数除法(详见附录中的引理 B. 2)。如果对使用相同导频序列的多个用户设备进行信道估计,只需要计算$\boldsymbol{\psi}$矩阵一次,因此每个附加的用户设备仅花费M_j^3次乘法(第一个用户设备除外)。

与预先计算的三次复杂度相反,每个相关块中的估计仅需要将接收信号矩阵与导频序列进行相关运算$\boldsymbol{y}_{jli}^p = \boldsymbol{Y}_j^p \boldsymbol{\phi}_{li}^*$,然后将其与预先计算的统计矩阵$\sqrt{p_{li}}\boldsymbol{R}_{li}^j \boldsymbol{\psi}_{li}^j$相乘。这些操作要求每个用户设备进行$(M_j\tau_p + M_j^2)$次复数乘法(参见附录中的引理 B. 1),并且可以通过分别为M_j中的每根天线计算$(\tau_p + M_j)$次复数乘法实现并行处理。因此,基于预先计算的统计矩阵,以及一个在固定间隔内更新预先计算矩阵的较省时间的外部过程,可以在每个相关块中获得非常高效的硬件实现。如果需要估计使用相同导频的另一个用户设备的信道,因为$\boldsymbol{y}_{jli}^p$是已知的,那么额外成本仅为M_j^2次乘法。

评述 3. 3(多项式矩阵扩展)　如果硬件实现不能满足精确的最小均方误差估计对计算复杂度提出的要求,那么可以求助于近似。例如,针对最小均方误差估计的表达式,文献[299]提出了一种将此表达式中的矩阵逆重写为等效多项式矩阵扩展的方法,由于低阶多项式项对估计具有最显著的影响,因此可以对等效多项式矩阵扩展进行截短。可以采用类似的方法进行接收合并和发射预编码,详细内容参见评述 4. 2,这个评述中还概述了此方法的主要原理。该方法的复杂度与M_j的平方、截断多项式中使用的项数成比例。另一种选择是,采用一开始就不需要矩阵乘法或大维矩阵求逆的估计。接下来介绍一些可选方案。

3. 4. 1　其他信道估计方案

如果基站j不能控制最小均方误差信道估计的计算复杂度,可选用一些替代的估计方案。基于式(3. 2)中$\boldsymbol{y}_{jli}^p$的关于$\boldsymbol{h}_{li}^j$的任意线性估计可以写成$\boldsymbol{A}_{li}^j \boldsymbol{y}_{jli}^p$的形式,其中$\boldsymbol{A}_{li}^j \in \mathbb{C}^{M_j \times M_j}$是某一种确定的矩阵,它决定了估计方案。均方误差$\mathbb{E}\{\|\boldsymbol{h}_{li}^j - \boldsymbol{A}_{li}^j \boldsymbol{y}_{jli}^p\|^2\}$可通过下式进行计算:

$$\mathrm{MSE}(\boldsymbol{A}_{li}^j) = \mathrm{tr}(\boldsymbol{R}_{li}^j) - 2\sqrt{p_{li}}\tau_p \Re(\mathrm{tr}(\boldsymbol{R}_{li}^j \boldsymbol{A}_{li}^j)) + \tau_p \mathrm{tr}(\boldsymbol{A}_{li}^j (\boldsymbol{\psi}_{li}^j)^{-1} (\boldsymbol{A}_{li}^j)^{\mathrm{H}}) \tag{3.29}$$

其中,$\boldsymbol{\psi}_{li}^j$由式(3. 10)给出。当$\boldsymbol{A}_{li}^j = \sqrt{p_{li}}\boldsymbol{R}_{li}^j \boldsymbol{\psi}_{li}^j$时,就得到了最小均方误差估计子,但也可以通过选择$\boldsymbol{A}_{li}^j$来使估计更易于计算。当$\boldsymbol{A}_{li}^j$为一个对角阵时,$\boldsymbol{y}_{jli}^p$的每个元素只需要乘以一个标量而不是$M_j$个非零标量,所以将$\boldsymbol{A}_{li}^j$选为对角阵特别有利于降低计算复杂度。对于任何确定性的$\boldsymbol{A}_{li}^j$,估计$\boldsymbol{A}_{li}^j \boldsymbol{y}_{jli}^p$和估计误差$\tilde{\boldsymbol{h}}_{li}^j = \boldsymbol{h}_{li}^j - \boldsymbol{A}_{li}^j \boldsymbol{y}_{jli}^p$是高斯分布的,但它们通常是相关的随机变量——与最小均方误差估计子的重要区别。特别地有

$$\mathbb{E}\{\hat{\boldsymbol{h}}_{li}^{j}(\tilde{\boldsymbol{h}}_{li}^{j})^{\mathrm{H}}\} = \sqrt{p_{li}}\tau_p \boldsymbol{A}_{li}^{j}\boldsymbol{R}_{li}^{j} - \tau_p \boldsymbol{A}_{li}^{j}(\boldsymbol{\psi}_{li}^{j})^{-1}(\boldsymbol{A}_{li}^{j})^{\mathrm{H}} \tag{3.30}$$

现在将给出两个用于选择矩阵$\boldsymbol{A}_{li}^{j}$的例子。

1. 逐元素最小均方误差(EW - MMSE)信道估计子

基于3.3.3节中的讨论,一个明显的替代方案是分别估计$\boldsymbol{h}_{li}^{j}$的每个元素,从而忽略元素之间的相关性。更准确地说,可以在式(3.2)中观察处理后的接收信号,并且一次只考虑 M_j 个元素中的一个元素。以下推论提供了逐元素最小均方误差(EW - MMSE)估计子。

推论3.3 根据$[\boldsymbol{y}_{jli}^{p}]_m$,基站 j 可以计算来自小区 l 中的用户设备 i 的信道中的第 m 个元素$[\boldsymbol{h}_{li}^{j}]_m$ 的最小均方误差估计。

$$[\hat{\boldsymbol{h}}_{li}^{j}]_m = \frac{\sqrt{p_{li}}\,[\boldsymbol{R}_{li}^{j}]_{mm}}{\sum\limits_{(l',i')\in\mathcal{P}_{li}} p_{l'i'}\tau_p[\boldsymbol{R}_{l'i'}^{j}]_{mm} + \sigma_{\mathrm{UL}}^2}[\boldsymbol{y}_{jli}^{p}]_m \tag{3.31}$$

该元素的估计误差的方差为

$$[\boldsymbol{R}_{li}^{j}]_{mm} - \frac{p_{li}\tau_p([\boldsymbol{R}_{li}^{j}]_{mm})^2}{\sum\limits_{(l',i')\in\mathcal{P}_{li}} p_{l'i'}\tau_p[\boldsymbol{R}_{l'i'}^{j}]_{mm} + \sigma_{\mathrm{UL}}^2} \tag{3.32}$$

证明:除了只考虑$\hat{\boldsymbol{h}}_{li}^{j}$中的一个元素和$\boldsymbol{y}_{jli}^{p}$中的对应元素以外。其余的证明过程与定理3.1的证明过程相同。

逐元素最小均方误差(EW - MMSE)估计子中的$\boldsymbol{A}_{li}^{j}$为对角矩阵,其中

$$[\boldsymbol{A}_{li}^{j}]_{mm} = \frac{\sqrt{p_{li}}\,[\boldsymbol{R}_{li}^{j}]_{mm}}{\sum\limits_{(l',i')\in\mathcal{P}_{li}} p_{l'i'}\tau_p[\boldsymbol{R}_{l'i'}^{j}]_{mm} + \sigma_{\mathrm{UL}}^2},\quad m = 1,\cdots,M \tag{3.33}$$

每个用户设备的预先计算包括:预先计算式(3.31)中的分数表达式(在大尺度衰落发生变化的慢时间尺度上),在每个相关块内将这个分数表达式的计算结果与处理过的接收导频信号做一次乘法。所以每个用户设备的计算复杂度与 M_j 成比例。这个计算过程使得逐元素最小均方误差的复杂度大大低于原始最小均方误差估计子的复杂度,但是需要指出的是,对于原始的最小均方误差估计子来说,在所有空间相关矩阵都是对角矩阵的特殊情况下,可以分别估计每个信道元素而不会造成性能损失,这种情况下原始的最小均方误差就等同于逐元素的最小均方误差。注意,导致复杂度降低的主要原因是$\boldsymbol{A}_{li}^{j}$为对角矩阵。

通过对式(3.32)中估计误差的方差进行求和,就可得到逐元素最小均方误差估计子的均方误差(MSE),它可表示为

$$\mathrm{MSE} = \mathrm{tr}(\boldsymbol{R}_{li}^{j}) - \sum_{m=1}^{M} \frac{p_{li}\tau_p([\boldsymbol{R}_{li}^{j}]_{mm})^2}{\sum_{(l',i')\in\mathcal{P}_{li}} p_{l'i'}\tau_p[\boldsymbol{R}_{l'i'}^{j}]_{mm} + \sigma_{\mathrm{UL}}^2} \tag{3.34}$$

尽管使用最小均方误差原理来估计每个元素，但是逐元素最小均方误差估计子是通过将式(3.33)代入式(3.30)中实现的，所以估计的向量和估计误差的向量之间是相关的。

2. 最小二乘(LS)信道估计

逐元素最小均方误差估计子没有利用完整的空间相关矩阵，仅利用了其主对角线上的元素(可以利用式(3.26)估计这些主对角线上的元素)。在这些部分统计信息未知或不可靠的情况下(例如，由于其他小区中的用户设备调度的快速变化)，有必要考虑不需要先验统计信息的估计子。从空分多址(SDMA)概念出现以来，最小二乘(LS)估计子一直用于这个目的[125,37]。在研究的信道估计问题中，式(3.2)中的观测信号$\boldsymbol{y}_{jli}^{p}$包含$\sqrt{p_{li}}\tau_p\boldsymbol{h}_{li}^{j}$形式的期望信道。$\boldsymbol{h}_{li}^{j}$的最小二乘估计被定义为最小化方差$\|\boldsymbol{y}_{jli}^{p} - \sqrt{p_{li}}\tau_p\hat{\boldsymbol{h}}_{li}^{j}\|^2$的向量$\hat{\boldsymbol{h}}_{li}^{j}$。令最小值为0，得到下式：

$$\hat{\boldsymbol{h}}_{li}^{j} = \frac{1}{\sqrt{p_{li}}\tau_p}\boldsymbol{y}_{jli}^{p} \tag{3.35}$$

这是一个线性估计子，其对应的$\boldsymbol{A}_{li}^{j}$为

$$\boldsymbol{A}_{li}^{j} = \frac{1}{\sqrt{p_{li}}\tau_p}\boldsymbol{I}_{M_j} \tag{3.36}$$

由于矩阵是对角的，因此每个相关块内的计算复杂度与M_j成比例。矩阵$\boldsymbol{A}_{li}^{j}$不直接依赖于信道统计信息，但它依赖于用户设备的发射功率，而当信道统计信息发生变化时，这个发射功率可能也会随之改变。

除非信道统计信息确实已知，否则无法计算式(3.35)中最小二乘估计子的均方误差，但可以通过将$\boldsymbol{A}_{li}^{j} = \frac{1}{\sqrt{p_{li}}\tau_p}\boldsymbol{I}_{M_j}$代入式(3.29)，并进行简化来计算均方误差

$$\mathrm{MSE} = \mathrm{tr}\left(\sum_{(l',i')\in\mathcal{P}_{li}\setminus(l,i)} \frac{p_{l'i'}}{p_{li}}\boldsymbol{R}_{l'i'}^{j} + \frac{\sigma_{UL}^2}{p_{li}\tau_p}\boldsymbol{I}_{M_j}\right) \tag{3.37}$$

注意，由于最小二乘估计子是次优的，因此估计值和估计误差是相关的：

$$\mathbb{E}\{\hat{\boldsymbol{h}}_{li}^{j}(\tilde{\boldsymbol{h}}_{li}^{j})^{\mathrm{H}}\} = \boldsymbol{R}_{li}^{j} - \frac{1}{p_{li}\tau_p}(\boldsymbol{\psi}_{li}^{j})^{-1} \tag{3.38}$$

3.4.2 对各种估计子的复杂度和估计质量进行对比

以归一化均方误差作为比较准则，最小均方误差、逐元素最小均方误差和最小

二乘三种估计子的估计质量对比结果如图 3.7 所示。现在考虑如下场景:基站 j 打算估计位于小区 j 内的用户设备 k 的信道,而另一个小区中的一个用户设备也发送相同的导频序列。期望用户设备的有效 SNR 在 -10 ~ 20dB 之间变化,假设干扰信号总是比期望信号弱 10dB。考虑高斯角域分布和 ASD$\sigma_\varphi = 10°$的局部散射模型,对 0° ~ 360°之间不同标称角度上的结果取平均值得到图 3.7 中的曲线,图 3.7显示出三个估计子的归一化均方误差相差较大。最小均方误差估计子充分利用了空间信道相关性,因此从整体上来看,最小均方误差估计子是最佳估计子。逐元素最小均方误差估计子提供了不错的估计性能(相当于不相关信道下的最小均方误差估计),但与最小均方误差估计子相比,仍存在相当大的差距——即使在高 SNR 条件下,二者的差距(由导频污染引起的)都很大。在低 SNR 时,最小二乘估计子的性能非常差,其归一化均方误差高于 1,而此时的全零估计$\hat{\boldsymbol{h}}_{jk}^{j} = \boldsymbol{0}_{M_j}$给出的归一化均方误差才为 1。在更高的 SNR 下,最小二乘估计子与逐元素最小均方误差估计子的性能相当,但不同 SNR 下的误差幅度仍然不同(如果有导频污染)。最小二乘估计子可以很好地估计信道方向$\boldsymbol{h}_{jk}^{j} / \| \boldsymbol{h}_{jk}^{j} \|$,但是缺乏统计信息使得它难以获得信道范数$\| \boldsymbol{h}_{jk}^{j} \|$的正确伸缩值。

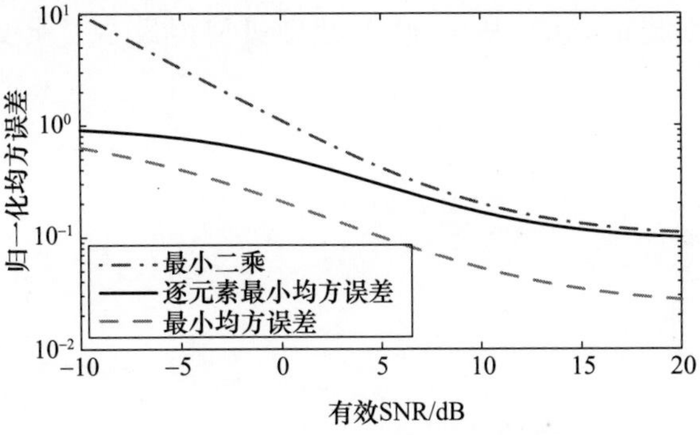

图 3.7　在不同的估计子、基于高斯角域分布的局部散射模型条件下,空间相关信道估计中的归一化均方误差。对不同标称角度和 $\sigma_\varphi = 10°$下的计算结果取平均得到了图中的曲线

以复数乘法的次数为比较准则,表 3.1 对最小均方误差、逐元素最小均方误差和最小二乘三种估计子的计算复杂度进行了对比。复杂度分为三个部分:将接收信号$\boldsymbol{Y}_j^p$ 与导频序列进行相关运算的复杂度,估计用户设备的信道的复杂度(在与其导频执行相关运算之后),以及预先计算统计系数的复杂度。3.4 节中给出了最小均方误差估计子复杂度的计算过程,采用类似的方法,附录 B.1.1 给出了逐元素最小均方误差和最小二乘两种估计子的复杂度的计算过程。不论是在估计信道的过程中,还是在预先计算统计系数的过程中,最小均方误差估计子都具有最高的复杂度。逐元素最小均方误差比最小二乘复杂,但是当比较前两列的总和时,二者

差异很小，因为对于实际的 τ_p 取值，$M_j\tau_p + M_j \approx M_j\tau_p$。

表 3.1 在信道估计过程中，每个相关块的计算复杂度。第一列是将接收信号与导频序列进行相关运算时所需的乘法次数，而第二列是估计使用该导频序列的用户设备信道所需的乘法次数。第三列是每个用户设备预先计算过程的复杂度

方案	与导频的相关运算	每个用户设备	预先计算
最小均方误差	$M_j\tau_p$	M_j^2	$\frac{4M_j^3 - M_j}{3}$
逐元素最小均方误差	$M_j\tau_p$	M_j	M_j
最小二乘	$M_j\tau_p$	—	—

在每个小区包含 $K = \tau_p = 10$ 个用户设备的场景下，图 3.8 给出了以基站天线数目为自变量、以每个相关块内的乘法次数为函数的曲线。考虑到在大量的相关块内，仅依赖于信道统计量的矩阵保持恒定，因此这里忽略了预先计算这些矩阵时所涉及的计算复杂度。最小均方误差具有最高的复杂度，其次是逐元素最小均方误差，由于在信道估计中，没有利用天线之间的相关性，所以与前者相比，后者的复杂度降低到前者的 45% ~90% 。用最小二乘代替逐元素最小均方误差后，复杂度的降低量是微不足道的：对于 $M = 100$，这里通过使用最小二乘仅节省了 1% 的复杂度。

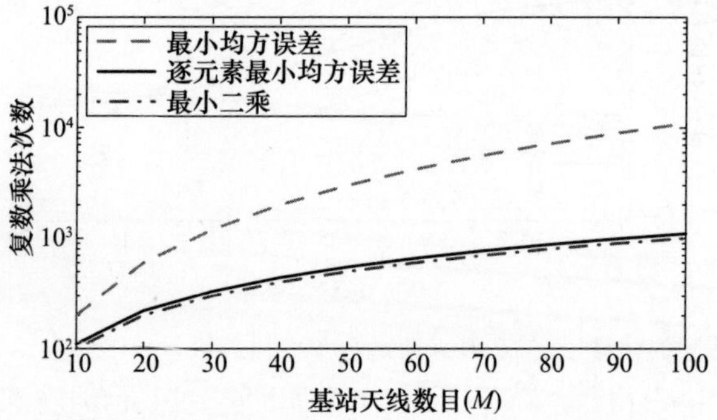

图 3.8 当使用不同的信道估计方案时，具有 10 个用户设备的每个相关块内所需要的复数乘法的数目。没有考虑预先计算统计矩阵的复杂度

3.5 数据辅助的信道估计与导频净化

在导频污染严重的情况下，定理 3.1 中基于导频的最小均方误差估计可能不足以获得良好的估计质量。可以通过增加 τ_p 来降低每个导频序列在空间上的重复使用率，从而减少导频污染，但这么做的代价是，每个相关块内传输的数据样本减少了。另一种减轻导频污染的方法是，将上行链路的数据序列用于信道估计，这

样就可以通过长度为$(\tau_p+\tau_u)$而不是τ_p的发射序列来区分不同的用户设备信道了。基站事先不知道数据序列,但这些数据序列可用于数据辅助的估计,这就是经典的半盲估计[75],最近它被叫作导频净化[232]。

一系列与大规模 MIMO 有关的文献已经采用了这种方法[242,232,362,203,238,152,333,334]。主要原理是:在一个相关块内将所接收到的上行链路信号块组成一个$M_j \times M_j$的样本相关矩阵。由于信道是恒定的,当$\tau_p+\tau_u \to \infty$时,样本相关矩阵的每个最强特征值对应于一个用户设备,并且相应的特征向量是用户设备信道的估计(最多存在相位模糊)。基站j通常可以推断出,K_j个最强特征值对应于基站j的K_j个用户设备,而较弱特征值对应于其他小区中的干扰用户设备或接收机噪声。通过将接收信号投影到K_j个最强特征值对应的特征空间上,可以去除干扰和噪声。根据特征值,既可以通过盲执行(即不需导频序列)来分离信号和干扰子空间[232,238,334],也可以通过利用空间信道相关性来分离信号和干扰子空间[362]。但是对于后者,仍然需要在每个小区内发送正交的导频序列,用于识别哪个用户设备对应于哪个特征值,并且解决信道估计中的相位模糊问题[242,238]。由于极限$\tau_p+\tau_u \to \infty$要求信道相关块无限长,这在实际应用中不会发生,因此数据辅助信道估计不可能精确地分离信号和干扰子空间,并且将保留一些导频污染①。但是,由于在估计过程中数据辅助信道估计使用了更多的观测值,因此如果合理地执行数据辅助信道估计,其性能总是优于或者等同于仅使用导频的最小均方误差估计。当 SNR 较低时(因为通过子空间投影,噪声也减轻了)和存在强干扰源[333]时,能够获得最大的好处。数据辅助信道估计的缺点是计算复杂度增加了。

评述 3.4(备选导频结构) 这里已经考虑了图 2.2 中的相关块结构,在此结构中,所有用户设备同时发送它们的导频,然后同时发送上行链路数据,然后传输下行链路数据。还存在其他方法。一种方法是在小区之间对相关块进行时移,使得一些小区在其相邻小区发送上行链路导频时发送下行链路数据,反之亦然[114]。利用这种方法,仍然存在降低估计质量的小区间干扰,但是现在是相邻小区中的基站导致最大的污染,而不是相邻小区中的用户设备。因此,给定小区中的期望用户设备的信道估计与来自相邻基站的信道之间有了关联性,由于这些信道在数据传输阶段是不相关的,因此这种关联性并不重要。

另一种方法是在上行链路数据传输过程中叠加导频序列,使得$\tau_p=0$,但仍然有τ_u个相互正交的导频序列可供处理[320,328]。这种方法的好处是:可以在不牺牲数据传输样本数量的情况下,传输长导频序列(网络中偶尔会减少传输)。要付出的代价是:导频传输和数据传输之间存在额外的干扰。与本章介绍的导频设计相比,在这种信道估计过程中,小区内部的各用户设备之间也存在干扰,导频和数据

---

① 事实上,如果$\tau_p+\tau_u \to \infty$,导频污染不是问题,因为那时可以使$\tau_p = \sum_{j=1}^{L} K_j$,这样每个用户设备可以获得自己的正交导频,同时使得信道估计开销可忽略不计。

传输之间的干扰可能相当大。因此,为导频和数据合理地分配发射功率是非常重要的。在一种混合导频解决方案中,一些用户使用叠加的导频而另一些用户使用传统导频,其效果既优于叠加导频方案又优于传统导频方案[319]。

3.6 小 结

- 基站端的信道估计是发挥大规模 MIMO 潜力的关键。通常使用上行链路导频传输来实现信道估计。
- 最小均方误差估计子利用统计特征来获得良好的估计。空间相关使得估计大型天线阵列的信道变得更加容易。即使统计信息不完美,估计子仍然是鲁棒的。
- 最小均方误差估计子的计算复杂度与天线数量的平方成比例。另外,通过忽略天线之间的空间相关性,逐元素最小均方误差估计子的复杂度大大降低了。如果信道统计信息未知,那么可以使用最小二乘估计子。
- 由于信道相关块的大小有限,因此跨小区复用导频序列是必要的。小区间干扰增加了估计误差,并且还使得采用相同导频的两个用户设备的信道估计变得相关,这种现象称为导频污染。与期望用户设备的信道增益相比,当干扰用户设备的信道增益较弱时,或者当相关矩阵的差异较大时,相关性比较小。

第4章 频谱效率

基于第3章获得的信道估计架构，本章分析可实现的上/下行频谱效率。4.1节推出上行链路频谱效率的表达式。4.2节对不同接收合并方案进行评估，并对空间信道相关性和导频污染的影响进行回顾。4.3节给出不同下行链路信道估计方案下的下行链路频谱效率表达式，描述上/下行链路频谱效率表达式之间的差异和相似点，并对不同的预编码方案的性能进行评估。4.4节给出当基站天线的数量趋于无穷大时，频谱效率的渐进行为。4.5节对本章关键点进行总结。

4.1 上行链路频谱效率与接收合并

针对上行链路有效载荷数据的传输，现在研究不同接收合并方案下的频谱效率。每个基站通过使用线性接收合并来检测期望信号。基站 j 中的用户设备 k 发送随机数据信号 $s_{jk} \sim \mathcal{N}_{\mathbb{C}}(0, p_{jk})$，其中 $j=1,\cdots,L$，$k=1,\cdots,K_j$。方差 p_{jk} 是发射功率（即每个样本的平均能量）。

接收基站 j 为其第 k 个用户设备选择合并向量 $\boldsymbol{v}_{jk} \in \mathbb{C}^{M_j}$，此向量是信道估计的函数，其中信道估计是通过导频传输得到的。为了将 M_j 根天线上接收到的期望信号分量相干地合并起来，合并向量应该依赖于 $\hat{\boldsymbol{h}}_{jk}^{j}$。但是，如果基站希望抑制干扰（来自本小区和/或其他小区的），合并向量还依赖其他信道的估计。在数据传输期间，基站 j 将来自式(2.5)的接收信号 $\boldsymbol{y}_j$ 与合并向量做相关运算，得到

$$\begin{aligned}\boldsymbol{v}_{jk}^{\mathrm{H}}\boldsymbol{y}_j = & \underbrace{\boldsymbol{v}_{jk}^{\mathrm{H}}\hat{\boldsymbol{h}}_{jk}^{j}s_{jk}}_{\text{估计信道下的期望信号}} + \underbrace{\boldsymbol{v}_{jk}^{\mathrm{H}}\tilde{\boldsymbol{h}}_{jk}^{j}s_{jk}}_{\text{未知信道下的期望信号}} \\ & + \underbrace{\sum_{\substack{i=1\\ i\neq k}}^{K_j}\boldsymbol{v}_{jk}^{\mathrm{H}}\boldsymbol{h}_{ji}^{j}s_{ji}}_{\text{小区内干扰}} + \underbrace{\sum_{\substack{l=1\\ l\neq j}}^{L}\sum_{i=1}^{K_l}\boldsymbol{v}_{jk}^{\mathrm{H}}\boldsymbol{h}_{li}^{j}s_{li}}_{\text{小区间干扰}} + \underbrace{\boldsymbol{v}_{jk}^{\mathrm{H}}\boldsymbol{n}_j}_{\text{噪声}}\end{aligned} \tag{4.1}$$

式(2.6)中给出了类似的表达，但是与式(4.1)相比，关键差异体现在，式(4.1)中的期望信号被分成两部分：一部分是通过小区内用户设备 k 的已知的估计信道 $\hat{\boldsymbol{h}}_{jk}^{j}$ 接收的；另一部分是通过未知的信道估计误差 $\tilde{\boldsymbol{h}}_{jk}^{j}$ 接收的。前一部分可以直接用于信号检测，而后一部分的用处不大，因为只知道估计误差的分布（参见推论3.1）。

通过推论 1.2 可知，在大规模 MIMO 的频谱效率计算过程中，通常将后一部分视为信号检测中的附加干扰。采用这种做法，获得了以下结论。

定理 4.1 如果使用最小均方误差信道估计，那么小区 j 中的用户设备 k 的上行链路遍历信道容量下界由 $\mathrm{SE}_{jk}^{\mathrm{UL}}$ [bit/(s · Hz)] 给出：

$$\mathrm{SE}_{jk}^{\mathrm{UL}} = \frac{\tau_u}{\tau_c}\mathbb{E}\{\log_2(1+\mathrm{SINR}_{jk}^{\mathrm{UL}})\} \tag{4.2}$$

其中

$$\mathrm{SINR}_{jk}^{\mathrm{UL}} = \frac{p_{jk}|\boldsymbol{v}_{jk}^{\mathrm{H}}\hat{\boldsymbol{h}}_{jk}^{j}|^2}{\sum\limits_{l=1}^{L}\sum\limits_{\substack{i=1\\(l,i)\neq(j,k)}}^{K_l} p_{li}|\boldsymbol{v}_{jk}^{\mathrm{H}}\hat{\boldsymbol{h}}_{li}^{j}|^2 + \boldsymbol{v}_{jk}^{\mathrm{H}}\left(\sum\limits_{l=1}^{L}\sum\limits_{i=1}^{K_l} p_{li}\boldsymbol{C}_{li}^{j} + \sigma_{\mathrm{UL}}^2\boldsymbol{I}_{M_j}\right)\boldsymbol{v}_{jk}} \tag{4.3}$$

并且期望是针对信道估计进行计算的。

证明：证明见附录 C.3.1。

定理 4.1 中的容量下界表示上行链路可实现的频谱效率。在本章的后续部分，将给出另一个下界，它不如这个下界紧，但因为它是一个闭合表达式，所以经常用于研究论文中。由于 $\mathrm{SINR}_{jk}^{\mathrm{UL}}$ 以 $\frac{\tau_u}{\tau_c}\mathbb{E}\{\log_2(1+\mathrm{SINR}_{jk}^{\mathrm{UL}})\}$ 的形式出现在频谱效率表达式中，因此将式(4.3)中的 $\mathrm{SINR}_{jk}^{\mathrm{UL}}$ 称为上行链路瞬时信干噪比。然而，它不是传统意义上的信干噪比，因为它既涉及瞬时信道估计，又涉及信道估计误差的平均值，这意味着在给定的相关块内无法测量 $\mathrm{SINR}_{jk}^{\mathrm{UL}}$。注意，$\mathrm{SINR}_{jk}^{\mathrm{UL}}$ 是随机变量，在每个相关块内都会有这个随机变量的一个新的独立的实现。式(4.2)中的对数前因子 $\frac{\tau_u}{\tau_c}$ 反映了每个相关块内，上行链路数据占总数据的比例。由于 $\tau_u=\tau_c-\tau_p-\tau_d$，如果缩短导频序列的长度 τ_p（即减少导频开销）和/或减少下行链路数据的样本数 τ_d，那么对数前的因子会增加。

在采用最小均方误差估计子进行信道估计的情况下，定理 4.1 中提供的频谱效率表达式适用于任意的接收合并向量。研究大规模 MIMO 的文献中经常提到的最大比合并 $\boldsymbol{v}_{jk}=\hat{\boldsymbol{h}}_{jk}^{j}$ 来源于渐进参数，因此这个合并仅适用于大量天线下的不相关瑞利衰落信道[208,49]。在 4.4 节中将说明最大比合并通常不是渐近最优的。出于这个原因，这里假设不使用最大比合并。相反地，将优化合并向量，并将结果与最大比合并以及其他替代方案进行对比。注意，$\mathrm{SINR}_{jk}^{\mathrm{UL}}$ 仅取决于 $\boldsymbol{v}_{jk}$，因此可以为每个用户设备定制它自己的合并向量，而不必考虑其他用户设备的频谱效率。为了使定理 4.1 中的频谱效率表达式最大化，利用以下推论找到"最优的"接收合并向量。

推论 4.1 针对式(4.3)，利用多小区最小均方误差（M－MMSE）合并向量来最大化小区 j 中用户设备 k 的瞬时上行链路信干噪比，这个合并向量为

$$\boldsymbol{v}_{jk} = p_{jk}\left(\sum_{l=1}^{L}\sum_{i=1}^{K_l} p_{li}(\hat{\boldsymbol{h}}_{li}^{j}(\hat{\boldsymbol{h}}_{li}^{j})^{\mathrm{H}} + \boldsymbol{C}_{li}^{j}) + \sigma_{\mathrm{UL}}^{2}\boldsymbol{I}_{M_j}\right)^{-1}\hat{\boldsymbol{h}}_{jk}^{j} \tag{4.4}$$

这会导致

$$\mathrm{SINR}_{jk}^{\mathrm{UL}} = p_{jk}(\hat{\boldsymbol{h}}_{jk}^{j})^{\mathrm{H}}\left(\sum_{l=1}^{L}\sum_{\substack{i=1\\(l,i)\neq(j,k)}}^{K_l} p_{li}\hat{\boldsymbol{h}}_{li}^{j}(\hat{\boldsymbol{h}}_{li}^{j})^{\mathrm{H}} + \sum_{l=1}^{L}\sum_{i=1}^{K_l} p_{li}\boldsymbol{C}_{li}^{j} + \sigma_{\mathrm{UL}}^{2}\boldsymbol{I}_{M_j}\right)^{-1}\hat{\boldsymbol{h}}_{jk}^{j} \tag{4.5}$$

证明:证明见附录 C. 3. 2。

虽然在式(1.42)中已经提到了多小区最小均方误差接收合并,但是只有当估计信道已知时,推论 4.1 才会得出实际情况下的合并器的表达式。因为式(4.4)不仅最大化了瞬时信干噪比(SINR),而且最小化了数据检测中的均方误差(或者说,期望信号和处理后的接收信号之间的平均平方距离),所以这种合并称为“多小区最小均方误差(M - MMSE)合并”。

推论 4.2　式(4.4)中的多小区最小均方误差合并向量$\boldsymbol{v}_{jk}$能够最小化如下的条件均方误差:

$$\mathbb{E}\{|s_{jk} - \boldsymbol{v}_{jk}^{\mathrm{H}}\boldsymbol{y}_j|^2 \mid \{\hat{\boldsymbol{h}}_{li}^{j}\}\} \tag{4.6}$$

其中的期望是以当前所有信道估计的实现的集合$\{\hat{\boldsymbol{h}}_{li}^{j}\}$($l=1,\cdots,L$ 和 $i=1,\cdots,K_l$)作为条件的。

证明:证明见附录 C. 3. 3。

注意,式(4.4)中的合并向量是唯一的最小化均方误差的向量,如果将$\boldsymbol{v}_{jk}$与任意非零标量相乘(即可以任意地对向量进行归一化),那么式(4.3)中的瞬时信干噪比不会改变。从互信息的定义(忽略掉对信息无损的信号处理过程)来看,非零标量不会减少信息内容,因此它可被看成是人工饰品。对于实际的离散信号星座,例如正交幅度调制(QAM),由于需要对接收的信号执行均衡以便与星座的给定判决区进行匹配,因此缩放在这种信号检测过程中起到了很重要的作用。用于大规模 MIMO 的多小区最小均方误差合并已在文献[246,134,193,43,239]中得到了研究。

多小区最小均方误差合并的结构非常直观。在给定当前信道估计的情况下,在式(4.4)中取逆的矩阵是式(4.1)中的接收信号的条件相关矩阵$\boldsymbol{C}_{\boldsymbol{y}_j} = \mathbb{E}\{\boldsymbol{y}_j\boldsymbol{y}_j^{\mathrm{H}} \mid \{\hat{\boldsymbol{h}}_{li}^{j}\}\}$。乘法$\boldsymbol{C}_{\boldsymbol{y}_j}^{-1/2}\boldsymbol{y}_j$对应于接收信号的白化,即$\mathbb{E}\{\boldsymbol{C}_{\boldsymbol{y}_j}^{-1/2}\boldsymbol{y}_j(\boldsymbol{C}_{\boldsymbol{y}_j}^{-1/2}\boldsymbol{y}_j)^{\mathrm{H}} \mid \{\hat{\boldsymbol{h}}_{li}^{j}\}\} = \boldsymbol{I}_M$。白化后的接收信号具有空间不相关的元素,这意味着总的接收功率平均分配到所有方向上。如果将白化后的合并向量表示为$\boldsymbol{u}_{jk}$,那么它与原始合并向量相关,为$\boldsymbol{v}_{jk} = (\boldsymbol{C}_{\boldsymbol{y}_j}^{-1/2})^{\mathrm{H}}\boldsymbol{u}_{jk}$。现在从空间方向$\boldsymbol{C}_{\boldsymbol{y}_j}^{-1/2}\hat{\boldsymbol{h}}_{jk}^{j}$接收到最高的期望信号功率,再考虑到白化使得总功率平均分配到所有方向上,因此$\boldsymbol{C}_{\boldsymbol{y}_j}^{-1/2}\hat{\boldsymbol{h}}_{jk}^{j}$方向上的干扰加噪声

功率最低。所以，可以选择白化后的最佳的合并向量为$\boldsymbol{u}_{jk}=\boldsymbol{C}_{\boldsymbol{y}_j}^{-1/2}\hat{\boldsymbol{h}}_{jk}^{j}$。这导致$\boldsymbol{v}_{jk}=(\boldsymbol{C}_{\boldsymbol{y}_j}^{-1/2})^{\mathrm{H}}\boldsymbol{u}_{jk}=\boldsymbol{C}_{\boldsymbol{y}_j}^{-1}\hat{\boldsymbol{h}}_{jk}^{j}$，它与式(4.4)之间最多相差一个标量因子。换句话说，先进行白化处理，然后采用最大比合并可获得多小区最小均方误差合并。白化过程如图4.1和图4.2所示，这里观察到，合并向量的选择明显影响了期望信号和干扰信

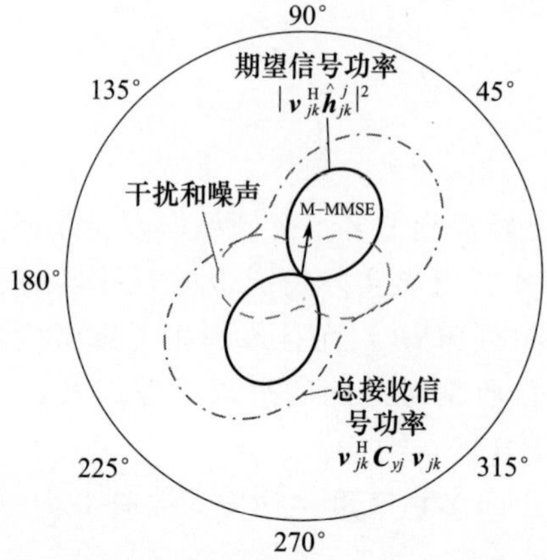

图4.1　总接收信号功率$\boldsymbol{v}_{jk}^{\mathrm{H}}\boldsymbol{C}_{\boldsymbol{y}_j}\boldsymbol{v}_{jk}$取决于合并向量$\boldsymbol{v}_{jk}$。在图中，假设$M=2$，并且所有向量都是实值，单位范数合并向量可以采取不同的角度，总接收信号可表示为在这些角度上与原点间的距离。将总接收功率分为期望信号功率$|\boldsymbol{v}_{jk}^{\mathrm{H}}\hat{\boldsymbol{h}}_{jk}^{j}|^2$和干扰加噪声功率$\boldsymbol{v}_{jk}^{\mathrm{H}}\boldsymbol{C}_{\boldsymbol{y}_j}\boldsymbol{v}_{jk}-|\boldsymbol{v}_{jk}^{\mathrm{H}}\hat{\boldsymbol{h}}_{jk}^{j}|^2$。在高信号功率和低干扰/噪声功率之间，多小区最小均方误差合并找到了有意义的折中，从而使瞬时信干噪比最大

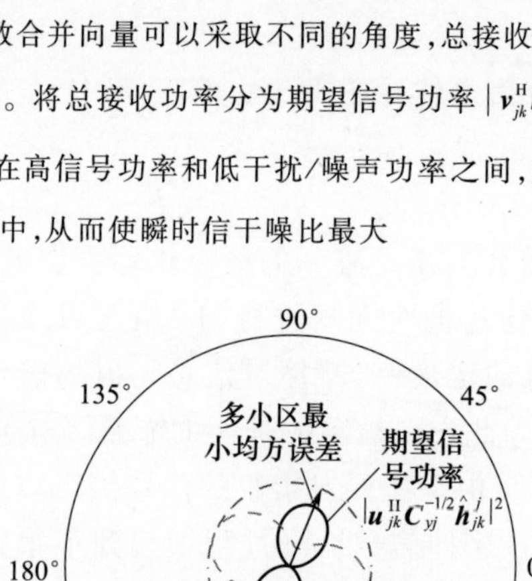

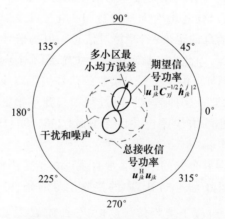

图4.2　用这个图片继续说明图4.1所示的例子。它显示出白化后信号的总接收功率$\boldsymbol{u}_{jk}^{\mathrm{H}}\boldsymbol{u}_{jk}$如何取决于合并向量$\boldsymbol{u}_{jk}=\boldsymbol{C}_{\boldsymbol{y}_j}^{1/2}\boldsymbol{v}_{jk}$。总接收功率被分成期望信号功率$|\boldsymbol{u}_{jk}^{\mathrm{H}}\boldsymbol{C}_{\boldsymbol{y}_j}^{-1/2}\hat{\boldsymbol{h}}_{jk}^{j}|^2$和干扰加噪声功率$\boldsymbol{u}_{jk}^{\mathrm{H}}\boldsymbol{u}_{jk}-|\boldsymbol{u}_{jk}^{\mathrm{H}}\boldsymbol{C}_{\boldsymbol{y}_j}^{-1/2}\hat{\boldsymbol{h}}_{jk}^{j}|^2$。多小区最小均方误差合并能在最大化期望信号功率的同时最小化白化信号中的干扰和噪声功率

号的功率。从白化信号中很容易识别多小区最小均方误差合并,但从原始信号中很难识别多小区最小均方误差合并。

在多小区最小均方误差合并中,“多小区”概念并不是十分必要的,但用它来区分式(4.4)中真正的最小均方误差合并与4.1.1节中描述的单小区下最小均方误差合并的变形。通过用一个对角阵$\boldsymbol{P}_j = \mathrm{diag}(p_{j1},\cdots,p_{jK_j}) \in \mathbb{R}^{K_j \times K_j}$来表示小区$j$中全部用户设备的发射功率,可以得到小区$j$中所有用户设备的多小区最小均方误差合并向量,其紧凑的矩阵形式为

$$\begin{aligned}\boldsymbol{V}_j^{\mathrm{M-MMSE}} &= [\boldsymbol{v}_{j1},\cdots,\boldsymbol{v}_{jK_j}] \\ &= \left(\sum_{l=1}^{L} \hat{\boldsymbol{H}}_l^j \boldsymbol{P}_l (\hat{\boldsymbol{H}}_l^j)^{\mathrm{H}} + \sum_{l=1}^{L}\sum_{i=1}^{K_l} p_{li} \boldsymbol{C}_{li}^j + \sigma_{\mathrm{UL}}^2 \boldsymbol{I}_{M_j}\right)^{-1} \hat{\boldsymbol{H}}_j^j \boldsymbol{P}_j \end{aligned} \tag{4.7}$$

其中矩阵$\hat{\boldsymbol{H}}_l^j$在式(3.12)中定义为,包含从小区l中的所有用户设备到基站j之间的信道估计。

4.1.1 其他接收合并方案

虽然多小区最小均方误差合并是最佳的,但存在如下的几个原因,使得它不经常用于研究文献。一个原因是:当M_j很大时,计算式(4.7)中的$M_j \times M_j$维矩阵的逆的计算复杂度较高,另外,估计信道和捕获全部用户设备的信道统计信息都会影响计算复杂度。另一个原因是:很难用数学方法分析多小区最小均方误差的性能,而有一些替代方案却可以提供更具洞察力的闭合的频谱效率表达式。第三个原因是:接收合并方案通常是针对单小区场景开发的,然后启发式地用于多小区的场景。

现在将介绍文献中最常见的其他的接收合并方案,并解释如何通过简化多小区最小均方误差合并来获得这些方案。实际应用环境通常不满足这些方案的最佳适用条件,所以这些替代方案通常是次优的。虽然替代方案提供的频谱效率较低,但它们却具有实用价值,因为它们可以降低运算复杂度,减少一定量的用于计算合并矩阵$\boldsymbol{V}_j$所需的信道估计和信道统计信息。

如果基站j仅估计来自本小区的用户设备的信道[148,135,184],那么获得单小区最小均方误差(S-MMSE)合并方案①

$$\boldsymbol{V}_j^{\mathrm{S-MMSE}} = \left(\hat{\boldsymbol{H}}_j^j \boldsymbol{P}_j (\hat{\boldsymbol{H}}_j^j)^{\mathrm{H}} + \sum_{i=1}^{K_j} p_{ji} \boldsymbol{C}_{ji}^j + \sum_{\substack{l=1 \\ l\neq j}}^{L}\sum_{i=1}^{K_l} p_{li} \boldsymbol{R}_{li}^j + \sigma_{\mathrm{UL}}^2 \boldsymbol{I}_{M_j}\right)^{-1} \hat{\boldsymbol{H}}_j^j \boldsymbol{P}_j \tag{4.8}$$

---

① 严格地说,如果没有导频污染,在仅给定小区内信道估计值$\{\hat{\boldsymbol{h}}_{ji}^j\}$集合的情况下,单小区最小均方误差合并能够最小化均方误差$\mathbb{E}\{|s_{jk} - \boldsymbol{v}_{jk}^{\mathrm{H}}\boldsymbol{y}_j|^2 \mid \{\hat{\boldsymbol{h}}_{ji}^j\}\}$。

根据推论 3.1,在式(4.7)中,用 $\mathbb{E}\{\hat{\boldsymbol{H}}_l^j \boldsymbol{P}_l (\hat{\boldsymbol{H}}_l^j)^{\mathrm{H}} + \sum_{i=1}^{K_l} p_{li} \boldsymbol{C}_{li}^j\} = \sum_{i=1}^{K_l} p_{li} \boldsymbol{R}_{li}^j$ 替换 $\hat{\boldsymbol{H}}_l^j \boldsymbol{P}_l (\hat{\boldsymbol{H}}_l^j)^{\mathrm{H}} + \sum_{i=1}^{K_l} p_{li} \boldsymbol{C}_{li}^j, l \neq j$,就得到了这个合并矩阵。当只存在一个孤立小区时,该方案与多小区最小均方误差合并一致。而在多小区情况下,这个方案抑制来自其他小区中的干扰用户设备的能力非常弱,所以这个方案通常不同于多小区最小均方误差合并方案。其他小区中一些较强的干扰用户设备可能位于小区边缘,它们会对本小区内的用户设备产生非常强的干扰,此时,这种方案抑制干扰能力弱的缺点就变得更加严重了。

如果信道条件良好且来自其他小区的干扰信号很弱,那么可以忽略式(4.8)中的所有相关矩阵并获得:

$$
\begin{aligned}
\boldsymbol{V}_j^{\mathrm{RZF}} &= (\hat{\boldsymbol{H}}_j^j \boldsymbol{P}_j (\hat{\boldsymbol{H}}_j^j)^{\mathrm{H}} + \sigma_{\mathrm{UL}}^2 \boldsymbol{I}_{M_j})^{-1} \hat{\boldsymbol{H}}_j^j \boldsymbol{P}_j \\
&= \hat{\boldsymbol{H}}_j^j \boldsymbol{P}_j^{\frac{1}{2}} (\boldsymbol{P}_j^{\frac{1}{2}} (\hat{\boldsymbol{H}}_j^j)^{\mathrm{H}} \hat{\boldsymbol{H}}_j^j \boldsymbol{P}_j^{\frac{1}{2}} + \sigma_{\mathrm{UL}}^2 \boldsymbol{I}_{K_j})^{-1} \boldsymbol{P}_j^{\frac{1}{2}} \\
&= \hat{\boldsymbol{H}}_j^j ((\hat{\boldsymbol{H}}_j^j)^{\mathrm{H}} \hat{\boldsymbol{H}}_j^j + \sigma_{\mathrm{UL}}^2 \boldsymbol{P}_j^{-1})^{-1}
\end{aligned}
\tag{4.9}
$$

其中,第二个等式来自附录中的引理 B.5 的第一个矩阵等式。这里将它称为正则化迫零(RZF)合并。与单小区最小均方误差(S-MMSE)合并相比,这种方案的主要优点是:在式(4.9)中对 $K_j \times K_j$ 矩阵求逆而不是对 $M_j \times M_j$ 矩阵求逆,对于大规模 MIMO 来说,通常 $M_j \gg K_j$,所以这种方案可以大大降低运算复杂度。一般情况下,所有用户设备不可能同时具有良好的信道条件,并且来自其他小区的干扰信号不可忽略,这使得正则化迫零合并方案的频谱效率会降低。正则化指的是:在对估计的信道矩阵 $\hat{\boldsymbol{H}}_j^j$ 取伪逆得到式(4.9)的过程中,进行求逆运算的矩阵被对角矩阵 $\sigma_{\mathrm{UL}}^2 \boldsymbol{P}_j^{-1}$ 正则化了。正则化是一种经典的信号处理技术,提高了求逆运算的数值稳定性。在例子中,它提供了干扰抑制(对于小的正则化项)和最大化期望信号(对于大的正则化项)之间的加权。

当 SNR 较高时,或者正则化项 $\sigma_{\mathrm{UL}}^2 \boldsymbol{P}_j^{-1} \to 0\, \boldsymbol{I}_{K_j}$ 时,式(4.9)中的合并表达式可以进一步取近似。相同的近似也可以应用于含有大量天线的情况,此时 $(\hat{\boldsymbol{H}}_j^j)^{\mathrm{H}} \hat{\boldsymbol{H}}_j^j + \sigma_{\mathrm{UL}}^2 \boldsymbol{P}_j^{-1} \approx (\hat{\boldsymbol{H}}_j^j)^{\mathrm{H}} \hat{\boldsymbol{H}}_j^j$,原因是,$(\hat{\boldsymbol{H}}_j^j)^{\mathrm{H}} \hat{\boldsymbol{H}}_j^j$ 的对角(元素)随 M_j 的增加而增加,而正则化项保持不变。在这两种情况下,可以忽略正则化项,并得到迫零(ZF)合并矩阵:

$$
\boldsymbol{V}_j^{\mathrm{ZF}} = \hat{\boldsymbol{H}}_j^j ((\hat{\boldsymbol{H}}_j^j)^{\mathrm{H}} \hat{\boldsymbol{H}}_j^j)^{-1} \tag{4.10}
$$

这是 $(\hat{\boldsymbol{H}}_j^j)^{\mathrm{H}}$ 的伪逆。如果计算任意合并方案的 $(\hat{\boldsymbol{H}}_j^j)^{\mathrm{H}} \boldsymbol{V}_j$,那么第 k 个对角元素是小区 j 中用户设备 k 的期望信号增益,并且第 (k,i) 个元素(对于 $k \neq i$)表示相同的小区内的用户设备 k 对用户设备 i 的干扰。因为 $(\hat{\boldsymbol{H}}_j^j)^{\mathrm{H}} \boldsymbol{V}_j^{\mathrm{ZF}} = (\hat{\boldsymbol{H}}_j^j)^{\mathrm{H}} \hat{\boldsymbol{H}}_j^j ((\hat{\boldsymbol{H}}_j^j)^{\mathrm{H}} \hat{\boldsymbol{H}}_j^j)^{-1} = \boldsymbol{I}_{K_j}$,所以式(4.10)中的合并向量称为 ZF,这意味着从平均的角度

看，所有来自本小区内用户设备的干扰都被消除了，而期望信号保持非零。由于真实的信道矩阵是$\boldsymbol{H}_j^j$而不是$\hat{\boldsymbol{H}}_j^j$，因此 ZF 也会产生残余干扰。注意，只有$K_j \times K_j$矩阵$(\hat{\boldsymbol{H}}_j^j)^{\mathrm{H}}\hat{\boldsymbol{H}}_j^j$满秩时，$\boldsymbol{V}_j^{\mathrm{ZF}}$才会存在，通常情况下$M_j \gg K_j$，所以满秩条件一般都能满足。由于在实际应用中，并非每个用户设备都具有高 SNR，因此一般来说，迫零合并的频谱效率低于正则化迫零合并的频谱效率。

与高 SNR 条件相反，在低 SNR 条件下，有$(\hat{\boldsymbol{H}}_j^j)^{\mathrm{H}}\hat{\boldsymbol{H}}_j^j + \sigma_{\mathrm{UL}}^2 \boldsymbol{P}_j^{-1} \approx \sigma_{\mathrm{UL}}^2 \boldsymbol{P}_j^{-1}$，以及式(4.9)中的正则化迫零合并近似等于$\frac{1}{\sigma_{\mathrm{UL}}^2}\hat{\boldsymbol{H}}_j^j\boldsymbol{P}_j$。如果进一步去除对角矩阵$\frac{1}{\sigma_{\mathrm{UL}}^2}\boldsymbol{P}_j$（回想：合并向量的归一化不影响瞬时上行链路的信干噪比），那么得到

$$\boldsymbol{V}_j^{\mathrm{MR}} = \hat{\boldsymbol{H}}_j^j \tag{4.11}$$

这就是最大比合并。该方案已在第 1 章中讨论过了，但这里用的是信道的估计值，而第 1 章中讨论最大比合并时用的是准确的信道（在实际条件下，准确的信道是未知的）。注意，与前面提到的方案相比，最大比合并不需要任何矩阵求逆。由于在实际应用中，并非每个用户设备都处于低 SNR 的状态，因此最大比合并的频谱效率也低于正则化迫零的频谱效率。

4.1.2 接收合并的计算复杂度

可以使用附录 B.1.1 中提供的框架详细评估上述接收合并方案的计算复杂度。信号接收的基础复杂度是：为小区中每个接收到的上行链路信号$\boldsymbol{y}_j$和每个用户设备计算$\boldsymbol{v}_{jk}^{\mathrm{H}}\boldsymbol{y}_j$。对于各种合并方案来说，这个复杂度是相同的。每个内积运算需要M_j次复数乘法，所以每个相关块内共需要$\tau_u M_j K_j$次复数乘法。

另外，需要考虑在每个相关块内计算一次合并矩阵$\boldsymbol{V}_j$的复杂度。式(4.7)～式(4.11)中的合并方案都是通过基本矩阵运算完成的，如矩阵－矩阵乘法和矩阵求逆。可以使用附录 B.1.1 中描述的框架计算复杂度，在这个框架中复数乘法和除法决定了复杂度，而加法和减法被忽略不计。利用引理 B.1 和 B.2，表 4.1 对每种合并方案的总复杂度进行了总结[①]。在这些计算中，已经假设基站j可以直接使用小区内的信道估计$\hat{\boldsymbol{H}}_j^j$和缩放的估计$\hat{\boldsymbol{H}}_j^j\boldsymbol{P}_l^{\frac{1}{2}}$，以及统计矩阵$\sum_{i=1}^{K_l} p_{li}\boldsymbol{C}_{li}^j$，$\sum_{l\neq j}\sum_{i=1}^{K_l} p_{li}\boldsymbol{R}_{li}^j$，$\sigma_{\mathrm{UL}}^2\boldsymbol{I}_{M_j}$，而不必考虑获得它们的过程所需的计算量。原因是：表 3.1 已经定量地分析了信道估计的复杂度。然而，由于多小区最小均方误差是唯一一个利用小

① 可直接通过信道估计给出式(4.11)中定义的最大比合并，而不需要任何额外的乘法或除法运算。然而，在实际应用时，通常对合并向量进行归一化，以使得期望信号s_{jk}前面的因子$\boldsymbol{v}_{jk}^{\mathrm{H}}\boldsymbol{h}_{jk}^j$接近于 1（或另一个常数）。表 4.1 中用$K_j$次复数除法表示这种归一化的计算复杂度。本章中考虑的其他合并方案自身就包括了这种归一化过程。

区间信道估计$\hat{\boldsymbol{H}}_l^j(l\neq j)$的方案，因此这里已经在表4.1中包括了计算这些估计的复杂度。这就是多小区最小均方误差合并的复杂度取决于所使用的信道估计方案的原因。

表4.1 在每个相关块内，不同接收合并方案的计算复杂度。只考虑复数乘法和复数除法，而忽略加法/减法。有关详细信息，请参阅附录B.1.1

合并方案	接收中的乘法次数	计算合并向量所需除法次数	除法次数
多小区最小均方误差（采用最小均方误差信道估计）	$\tau_u M_j K_j$	$\sum_{l=1}^{L}\frac{(3M_j^2+M_j)K_l}{2}+\frac{(M_j^3-M_j)}{3}+M_j\tau_p(\tau_p-K_j)$	M_j
多小区最小均方误差（采用逐元素最小均方误差信道估计）	$\tau_u M_j K_j$	$\sum_{l=1}^{L}\frac{(M_j^2+3M_j)K_l}{2}+(M_j^2-M_j)K_j+\frac{(M_j^3-M_j)}{3}+M_j\tau_p(\tau_p-K_j)$	M_j
单小区最小均方误差	$\tau_u M_j K_j$	$\frac{3M_j^2K_j}{2}+\frac{M_jK_j}{2}+\frac{M_j^3-M_j}{3}$	M_j
正则化迫零	$\tau_u M_j K_j$	$\frac{3K_j^2M_j}{2}+\frac{3K_jM_j}{2}+\frac{K_j^3-K_j}{3}$	K_j
迫零	$\tau_u M_j K_j$	$\frac{3K_j^2M_j}{2}+\frac{K_jM_j}{2}+\frac{K_j^3-K_j}{3}$	K_j
最大比	$\tau_u M_j K_j$	—	K_j

降低计算复杂度是使用另一种合并方案而不是“最佳的”多小区最小均方误差方案的主要原因。图4.3给出了每个相关块内复数乘法的次数，它是用户设备数量或者基站天线数量的函数。这里考虑$L=9$个小区和$\tau_u=200-K$个样本用于数据传输的场景。特别地，在图4.3(a)中，假设在每个小区中$K\in[1,40]$并且$M=100(K_j=K,M_j=M,j=1,\cdots,L)$。另一方面，在图4.3(b)中，考虑$K=10$并且让$M$从10到100变化。注意，纵轴使用对数标度。对于所有合并方案，复杂度随着用户设备的数量和基站天线的数量的增加而增加。显然，多小区最小均方误差具有最高的复杂度，其次是单小区最小均方误差。如图4.3(a)所示，由于在计算时单小区最小均方误差没有使用小区间信道估计，因此与多小区最小均方误差相比，单小区最小均方误差的复杂度比多小区最小均方误差的复杂度低10%～50%。如图4.3(b)所示，当$K=10$时，单小区最小均方误差的复杂度比多小区最小均方误差的复杂度低17%～37%。因为正则化迫零和迫零方案对一个相当小的$K_j\times K_j$矩阵进行求逆（与多小区最小均方误差和单小区最小均方误差的对$M_j\times M_j$矩阵求逆相比），所以这两种方案具有更低的运算复杂度。如图4.3(a)所示，与多小区最小均方误差相比，上述小维度矩阵的求逆过程使正则化迫零和迫零的

复杂度比多小区最小均方误差的复杂度低 72% ~95%。最后,最大比合并具有最低的计算复杂度,因为它没有涉及矩阵求逆,这也意味着所有计算都可以实现并行化处理(每根天线和每个用户设备可以使用一个单独的处理核)。与正则化迫零(RZF)合并和迫零(ZF)合并相比,在乘法次数方面,只有当用户设备的数量很大时,最大比合并的复杂度才会显著低于二者的复杂度。图 4.3(a)显示,当 $K=10$ 时,使用最大比合并替代正则化迫零(RZF)仅可以节省 8% 的运算复杂度。

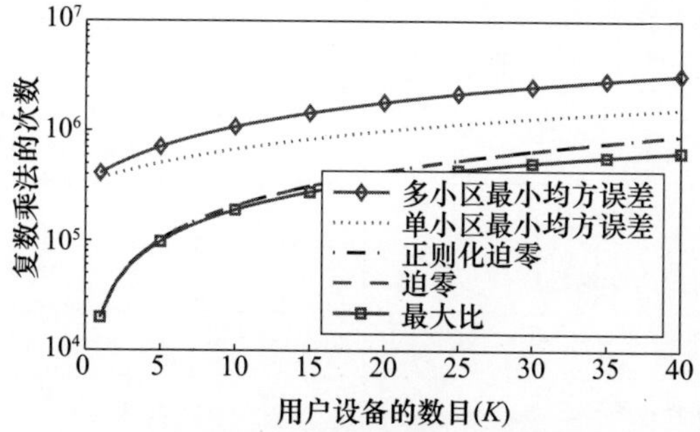

(a) M=100和不同K值下的复杂度

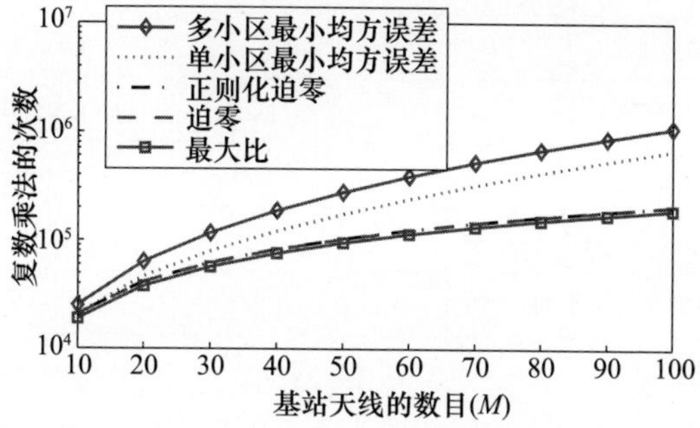

(b) K=10和不同M值下的复杂度

图 4.3　不同合并方案下每个相关块内的复数乘法次数。已经考虑了接收信号的合并矩阵和内积的计算

为了降低复杂度而付出的代价是频谱效率的减小。在说明性能-复杂度折中之前,这里定义一个将在整本书中重复使用的仿真场景。

4.1.3　实例的定义

为了在稍微实际的条件下举例说明大规模 MIMO 的性能,现在将定义一个包含 16 个小区的通信场景,在第 4 章的其余部分以及后面部分中将用它作为实例。关键参数见表 4.2,并在下面进行说明。仿真实例的目的是:定性地描述大规模 MIMO 的基本现象和特性,并能够直接比较不同的仿真结果。但是,大多数的仿真都是基于相当简单的信道模型和功率分配方案的,因此这里无法得出一般性的定量结论。第 7 章的 7.1 节考虑了功率分配的优化。7.7 节提供了一个使用真实信道模型和优化功率分配的案例。

表 4.2 运行实例的系统参数。每个小区的面积为 0.25km×0.25km，每个小区部署在一个 4×4 网格的格点上，使用如图 4.4 所示的环绕拓扑。用户设备均匀且独立地分布在每个小区中，每个用户设备和基站之间的距离都大于 35m

参数	值
网络布置	正方形（环绕拓扑）
小区数目	$L=16$
小区面积	0.25km×0.25km
每个基站的天线数目	M
每个小区中的用户设备数目	K
1 千米处的信道增益	$\Upsilon=-148.1$dB
路径损耗指数	$\alpha=3.76$
阴影衰落（标准差）	$\sigma_{sf}=10$
带宽	$B=20$MHz
接收机噪声功率	−94dBm
上行链路发射功率	20dBm
下行链路发射功率	20dBm
每个相关块中的样本数目	$\tau_c=200$
导频复用因子	$f=1,2,4$
上行链路导频序列数目	$\tau_p=fK$

在实例中，每个小区覆盖 0.25km×0.25km 的正方形，每个小区部署在 4×4 的正方形小区网格上①。环绕拓扑用于模拟所有基站从所有方向上接收等量的干扰，有关实例更详细的说明，请参见图 4.4。更确切地讲，对于用户设备和基站的每对组合，考虑了基站的八个备选位置，并确定哪个位置距用户设备最近。仅使用该位置计算用户设备和基站之间的大尺度衰落和标称角度。式(2.3)中的大尺度衰落模型中的参数如下：1km 处的中值信道增益为 $\Upsilon=-148.1$dB，路径损耗指数为 $\alpha=3.76$，阴影衰落的标准偏差为 $\sigma_{sf}=10$。这些传播参数的设置受到了 2GHz 载波下的非视距宏小区 3GPP 模型的启发，详细内容请参见文献[119, A.2.1.1.2−3]。每个小区内的用户设备都均匀且独立地分布在该小区内，用户

① 因为许多外部约束会影响部署，所以实际的基站没有按照这种规则模式进行部署，而是随机部署的[18,200]。但是，在研究网络的可实现的性能时，通常的做法是考虑易于重现的规则模式下的部署。

设备与基站之间的距离大于 35m[①]。

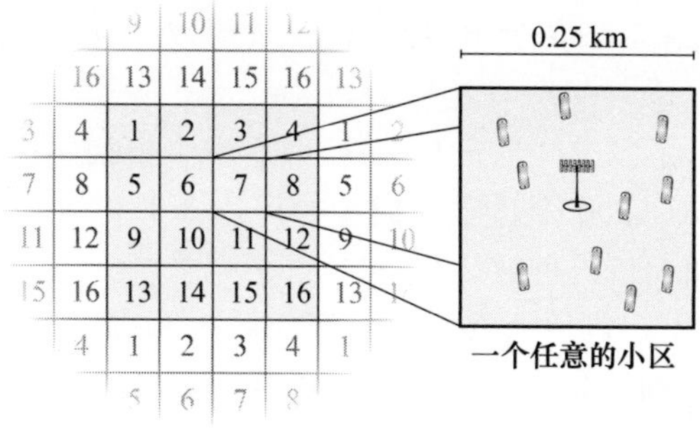

(a) 基本仿真设置

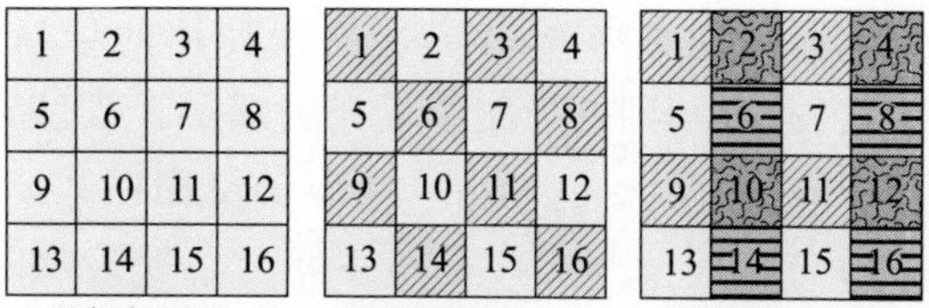

(b) 导频复用因子的例子

图 4.4 实例说明。16 个正方形的小区位于 4×4 的网格上。图(a)考虑环绕拓扑，其中每个小区具有多个位置，并且任意一个用户设备和基站对是所有 9 个组合中距离最短的组合(图(a)的中心区域四周有 8 个相同的区域)。从最短路径中提取角域特性。图(b)给出了 3 种不同的跨小区复用导频序列的方式，其中较大的导频复用因子意味着需要更多的正交导频序列

这里考虑通信带宽为 20MHz，总接收机噪声功率为 -94dBm(由热噪声和接收机硬件中的 7dB 噪声系数组成)。除非另有说明，否则考虑每个用户设备的上行链路发射功率为 20dBm，并且在需要时每个基站为每个用户设备分配 20dBm 的下行链路发射功率。利用这些参数，与其服务基站相距 35m 的用户设备的 SNR 中间值为 20.6dB，而在方形小区的任何角落中的用户设备的 SNR 中间值为 -5.8dB。注意，中间值消除了阴影衰落的影响，因此在仿真时获得了更大的 SNR 变化。

在运行实例中，还将采用两种具有不同空间特性的瑞利衰落信道模型。

• 具有 ASDσ_φ 的高斯局部散射：使用式(2.23)中定义的局部散射模型生成空间相关矩阵。标称角度是用户设备和基站之间的视距角度。标称角度周围的角

---

① 由于随机阴影衰落，可能会发生以下现象：一个用户设备与其他小区基站之间的信道优于与其所在小区基站之间的信道。在实际应用中，这样的用户设备可以利用这种宏分集来连接到信道条件较好的另一个基站。在运行实例中，忽略上述情况，仅考虑小区 j 中的用户设备 k 满足 $\beta_{jk}^{j} \geqslant \beta_{jk}^{l}, l=1,\cdots L$ 条件的阴影衰落的实现所构成的集合。这确保用户设备连接到其所在区块中的基站，同时自然满足宏分集的条件。

度分布是零均值和标准差为 σ_φ 的高斯分布，每次使用该模型时都会确定这个高斯变量的数值。

- 不相关的衰落：采用 $\boldsymbol{R}_{li}^{j} = \beta_{li}^{j}\boldsymbol{I}_{M_j}, l,j = 1,\cdots,L, i = 1,\cdots,K_l$ 生成空间相关矩阵。

前一个模型提供了强空间信道相关性，而后一个模型不提供空间信道相关性。

每个相关块由 $\tau_c = 200$ 个样本组成。如评述 2.1 所示。这种维度支持 2GHz 载波处的高移动性和大信道色散。

每个基站有 M 根天线，在大多数情况下，每个小区内含有的用户设备数都是 K。每次考虑运行实例时，M 和 K 的值将被更改并被指定。

如 7.2.1 节所述，τ_p 个导频序列既可以在同一个小区的用户设备之间进行分配，也可以以不同的方式跨越小区复用。除非另有说明，否则使用 $\tau_p = fK$ 个导频，整数 f 称为导频复用因子。这意味着，全部小区所使用的导频总数目是每个小区中用户设备数目的 f 倍，并且相同的导频子集在全部小区数目的 $1/f$ 个小区中得到重复使用。在运行实例时考虑 $f \in \{1,2,4\}$，相应的复用模式如图 4.4(b) 所示，使用相同导频的小区属于同一个导频组。在属于同一个导频组的两个小区中，为用户设备随机地分配导频，之后为得到相同导频的两个小区中的两个用户设备赋予相同的序号，例如，两个小区中的第 k 个用户设备具有相同的导频。表 4.2 对全部参数进行了总结。

评述 4.1（与 LTE 进行对比） 为了与现代蜂窝网络进行比较，这里考虑典型的 LTE 系统，系统中的每个小区配备 4 根天线并且小区覆盖面积为 $\frac{3\sqrt{3}}{2}0.25^2\text{km}^2$。推荐感兴趣的读者阅读文献[110]，以便了解有关 LTE 中小区配置的更多详细内容。小区的总下行发射功率为 46dBm，并且采用多用户 MIMO 为两个单天线的用户设备提供服务。对于 TDD 系统[112]，上行链路和下行链路的频谱效率分别为 2.8 和 3.2bit/(s · Hz · cell)。如果 20MHz 带宽全部用于上行链路或下行链路的通信业务，那么会得到 56Mbit/(s · cell) 的上行吞吐量或 64Mbit/(s · cell) 的下行吞吐量，分别等价于 344Mbit/(s · km^2) 和 394Mbit/(s · km^2) 的上/下行链路的区域吞吐量。

4.1.4 不同合并方案的频谱效率对比

现在将使用上面实例中定义的仿真环境来比较不同的接收合并方案。以下的蒙特卡罗方法用于生成仿真结果。

1）宏观传播效应

（1）在每个小区中随机地放置用户设备；

（2）计算距离 d_{lk}^{j} 和标称角度 φ_{lk}^{j}；

（3）生成随机阴影衰落系数 F_{lk}^{j}；

(4) 计算平均信道增益 β_{lk}^{j},空间相关矩阵$\boldsymbol{R}_{lk}^{j}$和估计误差相关矩阵$\boldsymbol{C}_{lk}^{j}$。

2) 微观传播效应

生成随机估计的信道向量$\hat{\boldsymbol{h}}_{lk}^{j}$。

3) 频谱效率的计算

(1) 计算接收合并向量$\boldsymbol{v}_{jk}$,随后产生$\mathrm{SINR}_{jk}^{\mathrm{UL}}$;

(2) 计算"瞬时"频谱效率,$\mathrm{SE}_{jk}^{\mathrm{UL,inst}} = \frac{\tau_u}{\tau_c}\log_2(1+\mathrm{SINR}_{jk}^{\mathrm{UL}})$;

(3) 通过估计的信道对$\mathrm{SE}_{jk}^{\mathrm{UL,inst}}$取平均,以便获得$\mathrm{SE}_{jk}^{\mathrm{UL}}$;

(4) 通过考虑所有用户设备在不同阴影衰落实现与不同用户设备位置下的频谱效率来得到仿真结果。

在这个仿真中,考虑每个小区有 $K=10$ 个用户设备和不同数量的基站天线。每个相关块中有fK个导频,剩余的 $\tau_c - fK$ 个样本用于上行链路的数据传输。这里使用 ASD$\sigma_\varphi = 10°$的高斯局部散射作为信道模型。

在通用导频复用($f=1$)的情况下,图 4.5 显示了以基站天线数目作为自变量,以上行链路的平均频谱效率之和作为函数的曲线。在图 4.5 中,多小区最小均方误差具有最大的频谱效率。每一次对多小区最小均方误差进行近似,就会得到一种比多小区最小均方误差复杂度低的方案,这个方案的频谱效率略微降低。单小区最小均方误差方案提供的频谱效率比多小区最小均方误差的频谱效率低,但是比正则化迫零和迫零的频谱效率高出 5% ~10% 。注意,$M \geqslant 20$ 是大规模 MIMO 主要关注的范围,在这个范围内,正则化迫零和迫零具有基本相同的频谱效率。但是,当 $M<20$ 时,迫零的频谱效率急剧恶化,原因是基站没有足够多的自由度来保证在消除干扰的同时不会消除期望信号的一大部分。因此,为了保证系统的稳健性,应该避免使用迫零。有趣的是,最大比合并的频谱效率只是其他方案频谱效率

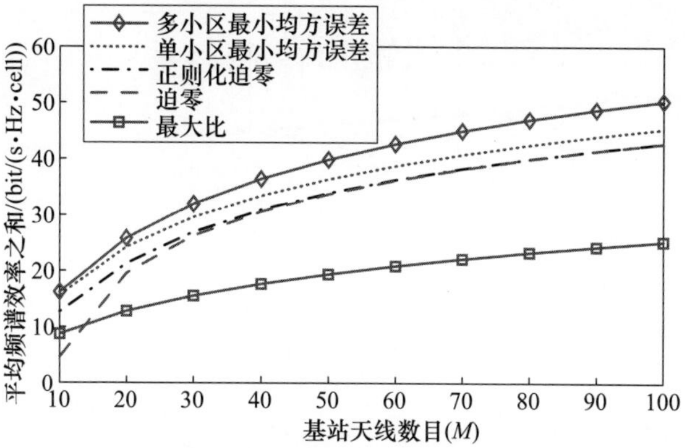

图 4.5 在不同的合并方案中,将上行链路的平均频谱效率之和看成基站天线数目的函数。每个小区中有 $K=10$ 个用户设备,每个小区重复使用相同的 K 个导频

的一半,但是观察图 4.3 可以发现,与正则化迫零相比,最大比合并的复杂度比正则化迫零的复杂度低 10% ,并且不需要对矩阵求逆。

图 4.6 显示了非通用导频复用 $f(f\neq 1)$ 情况下的平均频谱效率之和。特别地,根据图 4.4(b)所示的模式,考虑每个导频每次在第二个或第四个小区中重复使用的情况。这被称为具有 $f=2$ 或 $f=4$ 的导频复用因子。由于 $\tau_u=\tau_c-fK$,增加的导频数量减少了式(4.2)中的对数前因子,但因为获得了具有较少导频污染的更好的信道估计,增加的导频数量也增加了式(4.3)中的瞬时信干噪比。当 $f>1$ 时,如果周围小区中的干扰用户设备采用不同的导频,多小区最小均方误差会对这些干扰产生很好的抑制,因此当 $f>1$ 时,多小区最小均方误差的收益特别大。在复用因子为 4 的情况下,多小区最小均方误差具有最高的频谱效率。对于所有的 f,单小区最小均方误差,正则化迫零和迫零三者的频谱效率相互接近,当 $f=2$ 时,三种方案具有最高的频谱效率。考虑最大比合并方案,当增加 f 时,如果信道估计只是用于期望信号的相关合并,而不用于干扰消除,那么改进的信道估计质量不足以补偿对数前因子的减小量,这就使得最大比合并的频谱效率随着 f 的增加而减

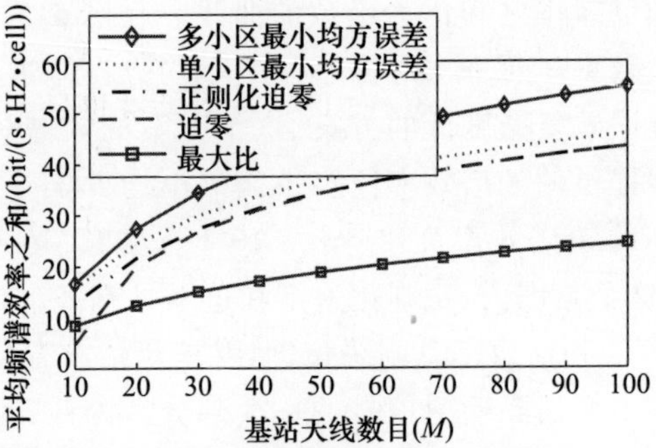

(a) 导频复用因子f=2

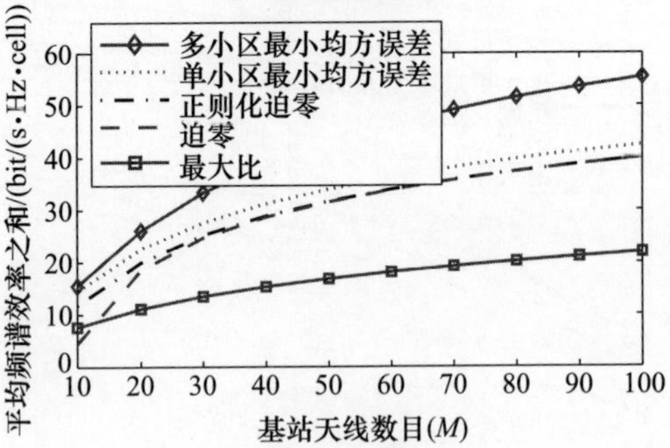

(b) 导频复用因子f=4

图 4.6 不同合并方案下,将基站天线数目看作自变量,将上行链路的平均频谱效率之和看作函数。根据图 4.4(b)中的模式,每个小区有 $K=10$ 个用户设备,在小区之间复用 $2K$ 或者 $4K$ 个导频

小。在 $M=100$ 和不同的 f 下，表 4.3 对各种方案的平均频谱效率之和进行了总结。这些数字可以与现代长期演进(LTE)系统实现的 2.8bit/(s · Hz · cell)的频谱效率进行比较(参见评述 4.1)。在所有导频复用因子下，多小区最小均方误差和正则化迫零为每个小区提供的频谱效率比 LTE 频谱效率高一个数量级。最大比合并的频谱效率是 LTE 频谱效率的 7 ~9 倍。

表 4.3 $M=100$、$K=10$、不同的导频复用因子 f 条件下的上行链路平均频谱效率之和(bit/(s · Hz · cell))。每种方案下的最大值用粗体表示，表中数据是对图 4.5 和图 4.6 中曲线的总结

方案	$f=1$	$f=2$	$f=4$
多小区最小均方误差	50.32	55.10	**55.41**
单小区最小均方误差	45.39	**45.83**	42.41
正则化迫零	42.83	**43.37**	39.99
迫零	42.80	**43.34**	39.97
最大比	**25.25**	24.41	21.95

总之，如果在实际环境中执行实例，那么基本上有三种合并方案可供选择。多小区最小均方误差具有最高的频谱效率，但运算复杂度也最高，应该采用非通用导频复用因子($f\neq1$)来实现这个方案。最大比合并具有最低的复杂度，但也只能提供最低的频谱效率。最后，正则化迫零在频谱效率和复杂度之间取得了比较好的折中，与最大比合并相比，正则化迫零可以使频谱效率加倍，而计算复杂度仅高出大约 10%。在实际应用中，正则化迫零总是比迫零更好的选择，原因是：正则化迫零具有相似或更高的频谱效率，并且当 $M\approx K$ 时，不会出现迫零存在的稳健性问题。然而，因为在空间不相关信道[244,357,210]的特殊情况下，迫零能够得到频谱效率的闭合表达式，所以迫零是文献中相当常见的方案。多小区最小均方误差。单小区最小均方误差和正则化迫零[148,193]三种方案下也可得到近似的频谱效率闭合表达式，利用频谱效率的闭合表达式可以对不同方案在实际应用中可实现的频谱效率进行预测，这对资源分配和优化来说，特别有用。

评述 4.2(多项式扩展) 最终设计的接收合并方案将具有与多小区最小均方误差或正则化迫零相同的频谱效率，但是其计算复杂度与最大比合并的计算复杂度相似。多小区最小均方误差和正则化迫零中的矩阵求逆需要消耗特别大的运算量，一种降低复杂度的方法是用矩阵多项式来近似求逆[229]。注意，对于一个实数标量 a，可以使用泰勒级数展开 $(1+a)^{-1}=\sum_{l=0}^{\infty}(-a)^l$，$|a|<1$。类似地，如果 $\boldsymbol{A}$ 是 $N\times N$ 厄米特矩阵，其特征值 $\lambda_1,\cdots,\lambda_N$ 都满足 $|\lambda_n|<1$，那么有 $(\boldsymbol{I}_N+\boldsymbol{A})^{-1}=\sum_{l=0}^{\infty}(-\boldsymbol{A})^l$。直观来看，$(\boldsymbol{I}_N+\boldsymbol{A})^{-1}$ 保持了 $\boldsymbol{I}_N+\boldsymbol{A}$ 的特征向量(与 $\boldsymbol{A}$ 的特征向量一致)，但是将所有特征值取逆为 $(1+\lambda_n)^{-1}$，因此这里将泰勒展开式分别应用到每个特征值的求逆过程中。通过对多项式展开式进行截短，只保留在泰勒级数中

起主导作用的前 L_p 项，可以获得不涉及任何矩阵求逆的有效近似。在过去的几十年中，该技术已用于各种多用户检测场景中[229,190,145,233,292,149]。采用标量权重 v_l 的加权截短 $\sum_{l=0}^{L_p} v_l \boldsymbol{A}^l$ 经常被看成是精细的近似。可以使用缩放属性[190,292,170]或渐近随机矩阵分析[233,149,302]来计算权重。多项式扩展技术的一个主要优点是它可以采用高效的多级/流水线硬件实现[229]。其计算复杂度与 L_pN^2 成比例，在多小区最小均方误差方案中，$N=M_j$；在正则化迫零方案中，$N=K_j$。注意，因为 N 个特征值中的每一个是分别近似的，所以 L_p 不需要用 N 进行缩放。相反地，可以选择 L_p 实现计算复杂度和通信性能之间的平衡。文献[149]中研究了上行链路中大规模 MIMO 的多项式扩展，其中 $L_p=1$ 对应于最大比合并，并且每个附加项都使频谱效率向正则化迫零的频谱效率靠拢。还有一个相关的概念叫“Neumann 级数展开”，它可用于近似矩阵求逆[352]。

4.1.5 空间信道相关性的影响

空间信道相关性对信道硬化、有利传播和信道估计质量有重要影响（见图 2.7、图 2.8 和图 3.3）。从积极的方面看：空间信道相关性下的估计质量得到了改善，并且具有不同空间特性的用户设备表现出更有利的传播。从消极方面看：在空间相关条件下，收敛到渐近信道硬化的速度较慢，对于具有相似空间特征的用户设备来说，它们的有利传播也变差。现在将通过继续使用 4.1.3 节中定义的实例来量化空间信道相关性对频谱效率的影响。这里使用具有不同 ASD 的高斯局部散射信道模型，并将结果与不相关衰落下的结果进行比较。基于上述频谱效率——复杂度折中分析的结论，仅考虑多小区最小均方误差、正则化迫零和最大比合并，它们代表三种截然不同的折中。这里考虑 $M=100$ 和 $K=10$，并且对于每个方案和 σ_φ，使用最大化频谱效率的导频复用因子。除了导频之外，每个相关块剩余部分的 $\tau_c - fK = 200 - 10f$ 个样本用于上行链路数据传输。使用定理 4.1 计算频谱效率。

图 4.7 显示了作为 ASD 函数的平均上行链路频谱效率之和。正如所料，多小区最小均方误差提供最高的频谱效率，然后是正则化迫零，最后是最大比合并。注意：对于全部的三种合并方案，频谱效率是 ASD 的减函数。这表明高空间信道相关性（即小 ASD）的主要影响是：对于空间相关矩阵存在较大差异的两个用户设备，这种相关性降低了二者之间的相互干扰。对于非常小的 ASD，该信道类似于视距场景，然后可以从 1.3.3 节中知道此时干扰较低，除非两个用户设备与基站之间的角度非常接近。

在前面介绍的实例中定义了不相关的瑞利衰落信道，图 4.7 给出了这种信道下能够实现的频谱效率，各种合并方案提供的频谱效率的排序与空间信道相关情况下的排序相同。对于大多数的 ASD，空间相关信道提供了更高的平均频谱效

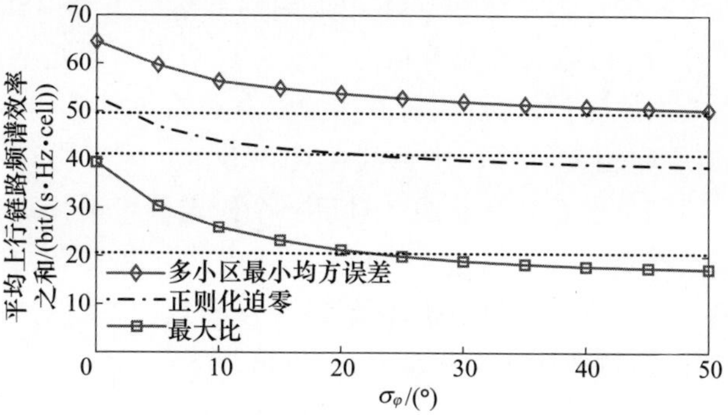

图 4.7 使用具有不同 ASD 的高斯局部散射信道模型的运行实例的平均上行链路频谱效率之和。这里考虑 $M=100$ 和 $K=10$。虚线表示利用不相关瑞利衰落信道获得的频谱效率,最大频谱效率由多小区最小均方误差合并获得,其次是正则化迫零合并,最后是最大比合并

率。例如,当 ASD 低于 50°时,多小区最小均方误差合并将从空间相关性中受益;而当 ASD 小于 20°时,最大比合并和正则化迫零合并的表现更好。但是,对于较大的 ASD,频谱效率略低于不相关衰落下的频谱效率。原因是:与近乎平行于阵列的用户角度相比,均匀线阵的几何形状使得阵列能够更好地处理靠近阵列视轴的用户设备角度①。

图 4.7 中的曲线表示平均的频谱效率之和,图 4.8 给出了网络中任意用户设备的频谱效率变化的累计分布函数(CDF)曲线。随机性是由用户设备的随机位置

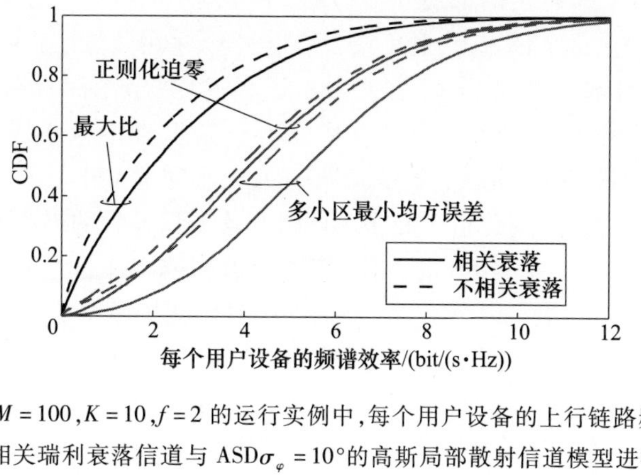

图 4.8 在 $M=100, K=10, f=2$ 的运行实例中,每个用户设备的上行链路频谱效率的 CDF。将不相关瑞利衰落信道与 ASD$\sigma_\varphi=10°$的高斯局部散射信道模型进行比较

① 如果散射体的随机角度 $\bar{\varphi}$ 的分布使得 $\sin\bar{\varphi}$ 均匀地分布在 $-1\sim+1$ 之间,那么均匀线阵将表现为不相关的瑞利衰落。对于采用任何角度分布的局部散射模型,当 σ_φ 较大时,$\bar{\varphi}$ 基本上服从 $-\pi\sim+\pi$ 之间的均匀分布。

和阴影衰落实现引起的。图中给出了不相关瑞利衰落信道和 ASD$\sigma_{\varphi}=10°$（表示强空间信道相关性）的高斯局部散射信道下的仿真结果。主要结论是：在空间相关性改善总频谱效率之和的情况下，所有用户设备将在统计上得到较高的频谱效率。原因是：具有空间相关性的 CDF 曲线在具有不相关衰落的 CDF 曲线的右侧。这并不意味着空间相关性总是有益的。对于一个给定位置的用户设备，其在不相关衰落下实现的频谱效率可能高于空间相关下实现的频谱效率，但是从 CDF 中无法看到这种现象。通过进一步研究仿真结果，注意到这种现象的发生率为 17% ~ 35% 。然而，当用户设备在网络中移动时，空间相关下实现一个特定的频谱效率的概率始终较高。

4.1.6 空间信道相关下的信道硬化

接收合并后的有效信道是$\boldsymbol{v}_{jk}^{\mathrm{H}}\boldsymbol{h}_{jk}^{j}$。类似于定义 2.4，可以说，如果对任何信道实现有$\boldsymbol{v}_{jk}^{\mathrm{H}}\boldsymbol{h}_{jk}^{j}/\mathbb{E}\{\boldsymbol{v}_{jk}^{\mathrm{H}}\boldsymbol{h}_{jk}^{j}\}\approx 1$，那么有效信道是硬化的。在某一个信道模型、接收合并方案、一定数量的天线下，为了量化与渐进信道硬化的接近程度，可以测量$\boldsymbol{v}_{jk}^{\mathrm{H}}\boldsymbol{h}_{jk}^{j}/\mathbb{E}\{\boldsymbol{v}_{jk}^{\mathrm{H}}\boldsymbol{h}_{jk}^{j}\}$的方差：

$$\frac{\mathbb{V}\{\boldsymbol{v}_{jk}^{\mathrm{H}}\boldsymbol{h}_{jk}^{j}\}}{(\mathbb{E}\{\boldsymbol{v}_{jk}^{\mathrm{H}}\boldsymbol{h}_{jk}^{j}\})^{2}} \tag{4.12}$$

这种方法类似于 2.5 节中的分析过程，这里注意到，在理想情况下，方差应该非常接近于 0。

图 4.9 显示了运行实例中式(4.12)的 CDF，其中的随机性是由用户设备的随机位置引起的。在每个位置上，利用许多信道实现，采用数值计算的方法获得方差。这里考虑 $M=100$，$K=10$ 和 $f=2$。结果显示了不相关的衰落和具有 10°ASD 的高斯局部散射模型下的 CDF 曲线。图 4.9 中还有三条垂直参考曲线，它们分别表示 $M\in\{1,30,100\}$ 下、采用最大比合并、不相关衰落和完美 CSI 下的信道硬化方差。

首先，注意，尽管正则化迫零和多小区最小均方误差中的干扰抑制会导致硬化的小幅减少，但接收合并方案（最大比、正则化迫零或多小区最小均方误差）的选择对结果几乎没有影响。其次，不完美的 CSI 对硬化影响极大。选择一定数量天线下的完美 CSI 的信道硬化作为参考，不相关的瑞利衰落下的一些用户设备实现了相同数量的信道硬化。这些用户设备位于小区中心，它们具有高 SNR 和高信道估计质量。然而，小区边缘的用户设备的信道估计误差较大，使得这些用户设备在信道硬化方面损失非常大。局部散射模型给出了相似的趋势，但是所有用户设备观测到的硬化都明显地减少了，如图 4.9 所示，这种情况基本等价于 $M=30$、具有不相关衰落的情况（图 4.9 中只给出了 $M=100$、不相关衰落下的 CDF 曲线，推测 $M=30$、不相关衰落的曲线应该在 $\sigma_{\varphi}=10°$ 曲线的附近）。这不是巧合，而是由于在空间相关矩阵中，只有大约 40% 的特征值是不可忽略的（参见图 2.6 和 2.5.1

节)。然而,与单天线系统相比,强空间相关下的信道硬化程度会更高。

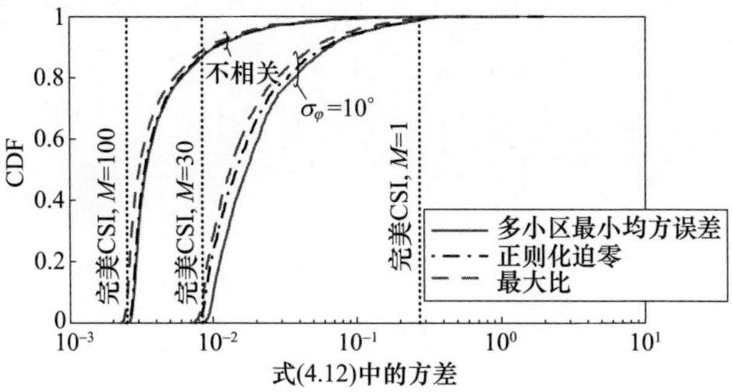

图 4.9 不同的接收合并方案和信道模型、接收合并$\mathbb{V}\{\boldsymbol{v}_{jk}^{\mathrm{H}}\boldsymbol{h}_{jk}^{j}\}/(\mathbb{E}\{\boldsymbol{v}_{jk}^{\mathrm{H}}\boldsymbol{h}_{jk}^{j}\})^2$下信道变化的 CDF 曲线。这里考虑 $M=100,f=2,K=10$。在 $M\in\{1,30,100\}$三种情况下,用垂直的参考曲线表示采用最大比合并下的不相关衰落和完美 CSI 下的信道增益变化。注意水平轴是对数标度

总之,在所考虑的场景中,由于空间信道相关性(以及估计误差)下接收合并之后的有效信道的变化更大,因此导致了非常大的信道硬化损失。相比之下,接收合并方案的选择对硬化的影响几乎可以忽略不计。

4.2 其他的上行链路频谱效率表达式及其主要性质

通过在式(4.3)中生成许多瞬时信干噪比的实现,可以利用蒙特卡罗仿真为任何合并方案计算定理 4.1 中的频谱效率表达式。有一个替代的频谱效率表达式可能会得到闭合的表达式,这种方法背后的关键思想是:仅将信道估计用于计算接收合并向量,而在信号检测中不利用该信道估计信息。当信道硬化的程度很高时,这种简化是有意义的,此时,$\boldsymbol{v}_{jk}^{\mathrm{H}}\boldsymbol{h}_{jk}^{j}/M_j\approx\mathbb{E}\{\boldsymbol{v}_{jk}^{\mathrm{H}}\boldsymbol{h}_{jk}^{j}\}/M_j$。更准确地说,通过添加和减去$\mathbb{E}\{\boldsymbol{v}_{jk}^{\mathrm{H}}\boldsymbol{h}_{jk}^{j}\}s_{jk}$,式(4.1)中的接收合并信号被重写为

$$\begin{aligned}\boldsymbol{v}_{jk}^{\mathrm{H}}\boldsymbol{y}_j = & \underbrace{\mathbb{E}\{\boldsymbol{v}_{jk}^{\mathrm{H}}\boldsymbol{h}_{jk}^{j}\}s_{jk}}_{\text{估计信道下的期望信号}} + \underbrace{(\boldsymbol{v}_{jk}^{\mathrm{H}}\boldsymbol{h}_{jk}^{j} - \mathbb{E}\{\boldsymbol{v}_{jk}^{\mathrm{H}}\boldsymbol{h}_{jk}^{j}\})s_{jk}}_{\text{未知信道下的期望信号}} \\ & + \underbrace{\sum_{\substack{i=1\\ i\neq k}}^{K_j}\boldsymbol{v}_{jk}^{\mathrm{H}}\boldsymbol{h}_{ji}^{j}s_{ji}}_{\text{小区内干扰}} + \underbrace{\sum_{\substack{l=1\\ l\neq j}}^{L}\sum_{i=1}^{K_l}\boldsymbol{v}_{jk}^{\mathrm{H}}\boldsymbol{h}_{li}^{j}s_{li}}_{\text{小区间干扰}} + \underbrace{\boldsymbol{v}_{jk}^{\mathrm{H}}\boldsymbol{n}_j}_{\text{噪声}}\end{aligned} \tag{4.13}$$

只有在平均预编码信道$\mathbb{E}\{\boldsymbol{v}_{jk}^{\mathrm{H}}\boldsymbol{h}_{jk}^{j}\}$上,接收到的期望信号的一部分才视为真正的期望信号。在与平均值的偏差$\boldsymbol{v}_{jk}^{\mathrm{H}}\boldsymbol{h}_{jk}^{j}-\mathbb{E}\{\boldsymbol{v}_{jk}^{\mathrm{H}}\boldsymbol{h}_{jk}^{j}\}$上接收到的一部分期望信号具有零均值,因此在检测时可以视为不相关的噪声信号。下面的定理提供了一个可替代的容量界限,称为用后即忘(UatF)界限,因为信道估计只用于合并,然后在信号检测之前信道估计被"忘记"了[210]。

定理 4.2 小区 j 中用户设备 k 的上行链路遍历信道容量的下限为 $\underline{\mathrm{SE}}_{jk}^{\mathrm{UL}}=\frac{\tau_u}{\tau_c}\log_2(1+\underline{\mathrm{SINR}}_{jk}^{\mathrm{UL}})$ [bit/(s · Hz)]。

$$\underline{\mathrm{SINR}}_{jk}^{\mathrm{UL}}=\frac{p_{jk}\left|\mathbb{E}\{\boldsymbol{v}_{jk}^{\mathrm{H}}\boldsymbol{h}_{jk}^{j}\}\right|^2}{\sum_{l=1}^{L}\sum_{i=1}^{K_l}p_{li}\,\mathbb{E}\{|\boldsymbol{v}_{jk}^{\mathrm{H}}\boldsymbol{h}_{li}^{j}|^2\}-p_{jk}\left|\mathbb{E}\{\boldsymbol{v}_{jk}^{\mathrm{H}}\boldsymbol{h}_{jk}^{j}\}\right|^2+\sigma_{\mathrm{UL}}^2\,\mathbb{E}\{\|\boldsymbol{v}_{jk}\|^2\}}\tag{4.14}$$

其中,期望是针对信道实现进行计算的。

证明:证明见附录 C.3.4。

因为在信号检测过程中没有使用信道估计信息,所以凭直觉,定理 4.2 提供的容量下界不如定理 4.1 中的容量下界紧。但是,它不需要使用最小均方误差信道估计,可以与任何信道估计子、任何合并方案一起使用。实际上,它可以用于任何信道分布,甚至是测量的信道。由于频谱效率采用 $\frac{\tau_u}{\tau_c}\log_2(1+\underline{\mathrm{SINR}}_{jk}^{\mathrm{UL}})$ 的形式,因此将 $\underline{\mathrm{SINR}}_{jk}^{\mathrm{UL}}$ 称为来自小区 j 中用户设备 k 的衰落信道的有效信干噪比。注意,$\underline{\mathrm{SINR}}_{jk}^{\mathrm{UL}}$ 是确定的,并且该表达式中包含儿个针对随机信道实现的期望。可以利用蒙特卡罗仿真分别计算式(4.14)中的每个期望。在最大比合并下,可以得到这些期望的闭合表达式。

推论 4.3 如果使用 $\boldsymbol{v}_{jk}=\hat{\boldsymbol{h}}_{jk}^{j}$ 的最大比合并(其中,$\hat{\boldsymbol{h}}_{jk}^{j}$ 是采用最小均方误差估计获得的),可得到:

$$\mathbb{E}\{\boldsymbol{v}_{jk}^{\mathrm{H}}\boldsymbol{h}_{jk}^{j}\}=p_{jk}\tau_p\mathrm{tr}(\boldsymbol{R}_{jk}^{j}\boldsymbol{\psi}_{jk}^{j}\boldsymbol{R}_{jk}^{j})\tag{4.15}$$

$$\mathbb{E}\{\|\boldsymbol{v}_{jk}^{\mathrm{H}}\|^2\}=p_{jk}\tau_p\mathrm{tr}(\boldsymbol{R}_{jk}^{j}\boldsymbol{\psi}_{jk}^{j}\boldsymbol{R}_{jk}^{j})\tag{4.16}$$

$$\mathbb{E}\{|\boldsymbol{v}_{jk}^{\mathrm{H}}\boldsymbol{h}_{li}^{j}|^2\}=p_{jk}\tau_p\mathrm{tr}(\boldsymbol{R}_{li}^{j}\boldsymbol{R}_{jk}^{j}\boldsymbol{\psi}_{jk}^{j}\boldsymbol{R}_{jk}^{j})+\begin{cases}p_{li}p_{jk}(\tau_p)^2\left|\mathrm{tr}(\boldsymbol{R}_{li}^{j}\boldsymbol{\psi}_{jk}^{j}\boldsymbol{R}_{jk}^{j})\right|^2, & (l,i)\in\mathcal{P}_{jk}\\ 0, & (l,i)\notin\mathcal{P}_{jk}\end{cases}\tag{4.17}$$

其中,$\boldsymbol{\psi}_{jk}^{j}$ 是在式(3.10)中定义的。定理 4.2 中的频谱效率表达式变为 $\underline{\mathrm{SE}}_{jk}^{\mathrm{UL}}=\frac{\tau_u}{\tau_c}\log_2(1+\underline{\mathrm{SINR}}_{jk}^{\mathrm{UL}})$,其中

$$\underline{\mathrm{SINR}}_{jk}^{\mathrm{UL}}=\frac{p_{jk}^2\tau_p\mathrm{tr}(\boldsymbol{R}_{jk}^{j}\boldsymbol{\psi}_{jk}^{j}\boldsymbol{R}_{jk}^{j})}{\underbrace{\sum_{l=1}^{L}\sum_{i=1}^{K_l}\frac{p_{li}\mathrm{tr}(\boldsymbol{R}_{li}^{j}\boldsymbol{R}_{jk}^{j}\boldsymbol{\psi}_{jk}^{j}\boldsymbol{R}_{jk}^{j})}{\mathrm{tr}(\boldsymbol{R}_{jk}^{j}\boldsymbol{\psi}_{jk}^{j}\boldsymbol{R}_{jk}^{j})}}_{\text{非相干干扰}}+\underbrace{\sum_{(l,i)\in\mathcal{P}_{jk}\setminus(j,k)}\frac{p_{li}^2\tau_p\left|\mathrm{tr}(\boldsymbol{R}_{li}^{j}\boldsymbol{\psi}_{jk}^{j}\boldsymbol{R}_{jk}^{j})\right|^2}{\mathrm{tr}(\boldsymbol{R}_{jk}^{j}\boldsymbol{\psi}_{jk}^{j}\boldsymbol{R}_{jk}^{j})}}_{\text{相干干扰}}+\sigma_{\mathrm{UL}}^2}\tag{4.18}$$

在空间不相关衰落的特殊情况下（即对于$\boldsymbol{R}_{li}^{j}=\beta_{li}^{j}\boldsymbol{I}_{M_j}, l=1,\cdots,L,\ i=1,\cdots,K_l$），式(4.18)简化为

$$\underline{\mathrm{SINR}}_{jk}^{\mathrm{UL}}=\frac{(p_{jk}\beta_{jk}^{j})^2\tau_p\psi_{jk}M_j}{\underbrace{\sum_{l=1}^{L}\sum_{i=1}^{K_l}p_{li}\beta_{li}^{j}}_{\text{非相干干扰}}+\underbrace{\sum_{(l,i)\in\mathcal{P}_{jk}\backslash(j,k)}(p_{li}\beta_{li}^{j})^2\tau_p\psi_{jk}M_j}_{\text{相干干扰}}+\sigma_{\mathrm{UL}}^2} \tag{4.19}$$

其中

$$\psi_{jk}=\left(\sum_{(l',i')\in\mathcal{P}_{jk}}p_{l'i'}\tau_p\beta_{l'i'}^{j}+\sigma_{\mathrm{UL}}^2\right)^{-1} \tag{4.20}$$

证明：证明见附录 C. 3. 5。

推论 4. 3 中的频谱效率闭合表达式深刻地揭示了大规模 MIMO 的基本行为。式(4.18)的分子中的信号项是

$$p_{jk}^2\tau_p\mathrm{tr}(\boldsymbol{R}_{jk}^{j}\boldsymbol{\psi}_{jk}^{j}\boldsymbol{R}_{jk}^{j})=p_{jk}\mathrm{tr}(\boldsymbol{R}_{jk}^{j}-\boldsymbol{C}_{jk}^{j}) \tag{4.21}$$

其中的等号来自式(3.11)。这是发射功率乘以信道估计的相关矩阵的迹（参见推论 3. 1）。因此，估计质量决定了信号强度，并且在导频污染情况下，信号强度降低了。由于迹是 M_j 个对角线元素的和，因此信号项随 M_j 线性增加，这证明了信号在 M_j 根天线上是相干合并的。在不相关衰落的特殊情况下，这个阵列增益是明确的：

$$p_{jk}^2\tau_p\mathrm{tr}(\boldsymbol{R}_{jk}^{j}\boldsymbol{\psi}_{jk}^{j}\boldsymbol{R}_{jk}^{j})=(p_{jk}\beta_{jk}^{j})^2\tau_p\psi_{jk}M_j \tag{4.22}$$

式(4.18)的分母包含三项。第一项是对所有小区中所有用户设备的求和，其中小区 l 中的用户设备 i 产生了干扰 $p_{li}\mathrm{tr}(\boldsymbol{R}_{li}^{j}\boldsymbol{R}_{jk}^{j}\boldsymbol{\psi}_{jk}^{j}\boldsymbol{R}_{jk}^{j})/\mathrm{tr}(\boldsymbol{R}_{jk}^{j}\boldsymbol{\psi}_{jk}^{j}\boldsymbol{R}_{jk}^{j})$。第一项称为“非相干干扰”，原因是：它不随 M_j 线性增加，这在不相关衰落的特殊情况下很容易看出来，此时，干扰项变为 $p_{li}\beta_{li}^{j}$，是发射功率和平均信道增益的乘积。通常，空间相关矩阵$\boldsymbol{R}_{li}^{j}$和$\boldsymbol{R}_{jk}^{j}$之间的关系确定了干扰项的大小，干扰的强度基本上由$\mathrm{tr}(\boldsymbol{R}_{li}^{j}\boldsymbol{R}_{jk}^{j})/\mathrm{tr}(\boldsymbol{R}_{jk}^{j})$决定。当干扰用户设备距离接收基站较远和/或空间信道相关特性差别较大时，$\mathrm{tr}(\boldsymbol{R}_{li}^{j}\boldsymbol{R}_{jk}^{j})/\mathrm{tr}(\boldsymbol{R}_{jk}^{j})$很小。空间信道相关特性差别较大可通过与图 3. 4 类似的方式表示出来，在图 3. 4 中，具有相似角度的用户设备彼此之间干扰严重，具有较大角度差异的用户设备彼此之间干扰较小。在$\boldsymbol{R}_{li}^{j}\boldsymbol{R}_{jk}^{j}=\boldsymbol{0}_{M_j\times M_j}$的极端情况下，两个用户设备之间没有干扰，因为它们的信道“存在”于不同的特征空间中。

式(4.18)分母中的第二项仅涉及 $\mathcal{P}_{jk}\backslash(j,k)$ 中的用户设备，即那些与期望用户设备使用相同导频的用户设备。这个干扰项包含一个迹项的平方除以一个单独的迹项。如上所述，每个迹项随着 M_j 线性增加，因此整个干扰项按 M_j 缩放。在不相关衰落的特殊情况下，这种缩放规律很明显，此时，这项变为$(p_{li}\beta_{li}^{j})^2\tau_p\psi_{jk}M_j$，它与信号项类似，但是涉及了干扰用户设备的功率和平均信道增益。因此这项称为相干干扰，它是导频污染的结果。回想一下，推论 3. 2 中已经证明了：使用相同导频

的用户设备,它们的信道估计是统计相关的。当基站使用这些统计相关的信道估计对来自其辖区内的用户设备信号执行相关合并时,它也对干扰信号执行了部分相关合并。与非相干干扰的情况类似,相干干扰的强度取决于期望用户设备和干扰用户设备的空间相关矩阵。

采用与图 3.4 相同的场景,图 4.10 说明了相干干扰功率除以式(4.18)分子中的期望信号功率的结果。也就是说,有一个期望的用户设备位于 30°的固定角度上(从接收此用户设备信号的基站角度看),干扰用户设备的角度在 −180° ~180°之间变化。使用具有高斯角分布和 ASDσ_φ = 10°的局部散射模型,来自期望用户设备的有效 SNR 为 10dB,干扰信号的强度比期望信号的强度弱 10dB。图 4.10 的结果反映出:当期望和干扰的用户设备具有相似的角度时,期望信号的功率和干扰信号的功率都与天线数目 M 成比例地增长,所以相干干扰功率与 M 无关。然而,当基站能够在空间上分离用户设备时,相干干扰减少了,并且干扰情况比单天线情况下的干扰情况要好得多。因此,即使采用简单的最大比合并,相干干扰也不会比单天线系统下的干扰大,并且可能比单天线系统低很多。这解释了 4.1.5 节中空间相关性改善频谱效率的仿真结果。式(4.18)的分母中的第三项是噪声方差。

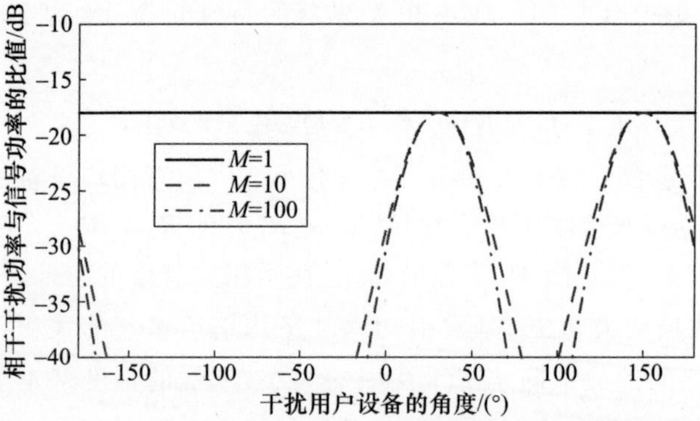

图 4.10　当使用最大比合并时,使用相同导频的干扰用户设备对期望用户设备产生的相干干扰功率(被信号功率归一化)。采用高斯角度分布的局部散射模型,期望用户设备的标称角为 30°,而干扰用户设备的角度在 −180° ~180°之间变化。期望用户设备的有效信噪比为 10dB,干扰信号强度比这个信噪比低 10dB

4.2.1 用后即忘(UatF)界的紧性

这里将继续利用前面的运行实例对定理 4.2 中的 UatF 界与定理 4.1 中的原始上行链路容量界进行比较。假设 $M=100$, $K=10$, $f=2$。因为使用 UatF 界可以得到推论 4.3 中最大比合并下的闭合的频谱效率表达式,所以这个仿真只考虑最大比合并。推论 4.3 考虑了式(4.11)中定义的最大比合并:$\boldsymbol{v}_{jk}=\hat{\boldsymbol{h}}_{jk}^{j}$。我们还将使用以下归一化的向量来评估最大比合并：

$$\boldsymbol{v}_{jk}=\hat{\boldsymbol{h}}_{jk}^{j}/\|\hat{\boldsymbol{h}}_{jk}^{j}\| \tag{4.23}$$

$$\boldsymbol{v}_{jk}=\hat{\boldsymbol{h}}_{jk}^{j}/\|\hat{\boldsymbol{h}}_{jk}^{j}\|^{2} \tag{4.24}$$

图 4.11 显示了作为 ASD 函数的平均频谱效率之和。顶部曲线是从定理 4.1 获得的，底部曲线是从推论 4.3 获得的。这些曲线之间存在很大差距，特别是对于较小的 ASD。原因在于：UatF 界依赖于信道硬化，当空间信道相关性很强时，信道硬化程度较低（参见 4.1.6 节）①。对于较大的 ASD，顶部和底部曲线之间的差距约为 30%。

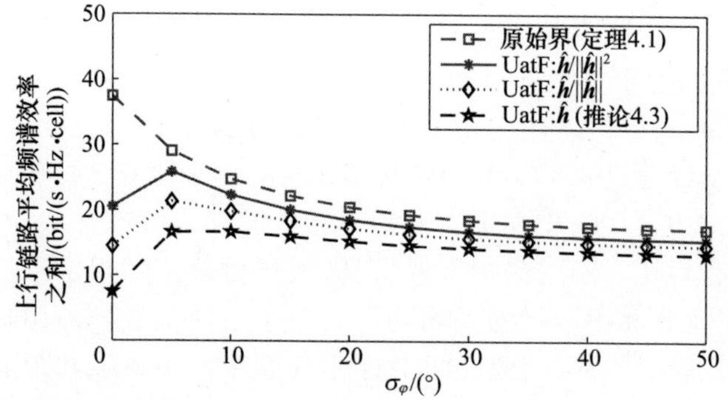

图 4.11　采用高斯角度分布的局部散射模型，将上行链路平均频谱效率之和作为 ASD 的函数。这里考虑 $M=100, K=10, f=2$。将最大比合并下的原始频谱效率表达式与采用三种不同归一化方式的最大比合并下的 UatF 表达式进行对比

因为接收信号的所有部分都由相同的已知变量缩放，所以频谱效率不应受合并向量归一化的影响。定理 4.1 中的频谱效率表达式满足这个基本属性，但归一化实际上可以影响 UatF 界的紧性。例如，只有当合并后的信道 $\boldsymbol{v}_{jk}^{\mathrm{H}}\boldsymbol{h}_{jk}^{j}$ 几乎完全硬化时，UatF 界才是紧的，一个随机的归一化因子提高（或降低）了信道的硬化程度。图 4.11 对来自定理 4.1 中最大比合并下的频谱效率与采用 $\boldsymbol{v}_{jk}=\hat{\boldsymbol{h}}_{jk}^{j}$ 或式（4.23）、式（4.24）进行归一化的最大比合并下的 UatF 界进行了对比。$\boldsymbol{v}_{jk}=\hat{\boldsymbol{h}}_{jk}^{j}$ 用于计算推论 4.3 中的闭合表达式，但是它在式（4.24）中被归一化，相应的频谱效率与上面的曲线（表示定理 4.1）最接近。对于小 ASD，归一化之间的差异特别大，原因是信道硬化的程度较低。归一化依赖性是 UatF 边界技术的特征，其在信号检测之前“忘记”合并向量。在使用 UatF 类型的边界（如在大规模 MIMO 文献中经常做的那样）时，重要的是要记住这个特征。归一化 $\hat{\boldsymbol{h}}_{jk}^{j}/\|\hat{\boldsymbol{h}}_{jk}^{j}\|^{2}$ 给出最高频谱效率的原

① 在空间相关矩阵具有秩 1（例如，$\sigma_\varphi=0$）的极端情况下，信道范数的平方 $\|\boldsymbol{h}\|^2$ 具有指数分布，而与天线的数量无关。在这种特殊情况下，不会发生信道硬化。

因非常直观:估计的信道的增益均衡为$\boldsymbol{v}_{jk}^{\mathrm{H}}\hat{\boldsymbol{h}}_{jk}^{j}=(\hat{\boldsymbol{h}}_{jk}^{j})^{\mathrm{H}}\hat{\boldsymbol{h}}_{jk}^{j}/\|\hat{\boldsymbol{h}}_{jk}^{j}\|^{2}=1$,理想情况下获得确定性信道。注意,本章中考虑的非最大比合并方案是通过将获取的信道估计$\hat{\boldsymbol{h}}_{jk}^{j}$乘以包含外积$\hat{\boldsymbol{h}}_{jk}^{j}(\hat{\boldsymbol{h}}_{jk}^{j})^{\mathrm{H}}$的矩阵的逆创建的。这得到类似于$\hat{\boldsymbol{h}}_{jk}^{j}/\|\hat{\boldsymbol{h}}_{jk}^{j}\|^{2}$的合并向量的归一化,从而无需更改归一化方案,就可以在 UatF 界中使用这些合并方案。总之,容量的 UatF 界可以方便地用于得到分析结果(特别是在使用最大比合并时),但是它们也可能会产生一些意想不到的结果,例如,全面低估了可实现的频谱效率。

4.2.2 导频污染与相干干扰

导频污染对上行链路产生两个影响。首先,它增加了信道估计的均方误差(参见 3.3.2 节),这削弱了选择能够同时提供强阵列增益和抵消非相干干扰的合并向量的能力。其次,它产生相干干扰,类似于期望信号,该干扰由阵列增益放大。现在将继续通过 4.1.3 节中定义的运行实例来研究这些效应的影响和相对重要性。考虑 $M=100$,$K=10$,并将对不相关的衰落信道与 $\sigma_{\varphi}=10°$的高斯局部散射信道进行对比。利用蒙特卡罗仿真,通过对衰落实现求平均来估计期望信号、非相干干扰和相干干扰的平均功率。由于不同位置处的用户设备在功率水平方面表现出较大差异,因此这里关注于任意小区中最强和最弱的用户设备的平均功率,将其定义为一个给定用户设备的最大和最小功率水平。非相干干扰来自所有用户设备,而相干干扰是由产生导频污染的用户设备引起的附加干扰。采用接收机噪声功率对信号功率进行归一化,0dB 意味着信号与噪声二者强度相同。

图 4.12 显示了在不相关衰落下的信号功率和干扰功率。水平轴表示不同的导频复用因子$f\in\{1,2,4,16\}$,其中 16 表示在每个小区中都具有不同的正交导频的极端情况(因此没有导频污染)。这里比较多小区最小均方误差,正则化迫零和最大比合并。图 4.12(a)考虑了任意小区中最强的用户设备,图 4.12(b)考虑了此小区中最弱的用户设备。对于最强的用户设备,在每个 f 值下,期望信号功率几乎都相同,这表明导频污染对信道估计的均方误差的影响较小。期望信号功率比非相干干扰高 20~30dB,最大比合并提供最高的信号功率——这是最大比合并的主要目的,而正则化迫零和多小区最小均方误差牺牲几分贝的信号功率来找到合并向量以便抑制 10dB 或更多的干扰。这解释了为什么在先前的仿真中,正则化迫零和多小区最小均方误差的频谱效率比最大比的频谱效率高得多。多小区最小均方误差从增加的导频复用因子中获益最多,原因是:它可以获得其他小区中用户设备的有用的信道估计,并利用这些信道估计来抑制相应的非相干干扰。在所有研究情况下,与非相干干扰相比,影响最强用户设备的相干干扰可忽略不计,原因是:干扰用户设备与接收基站之间的距离要比期望用户设备与接收基站之间的距离远得多。

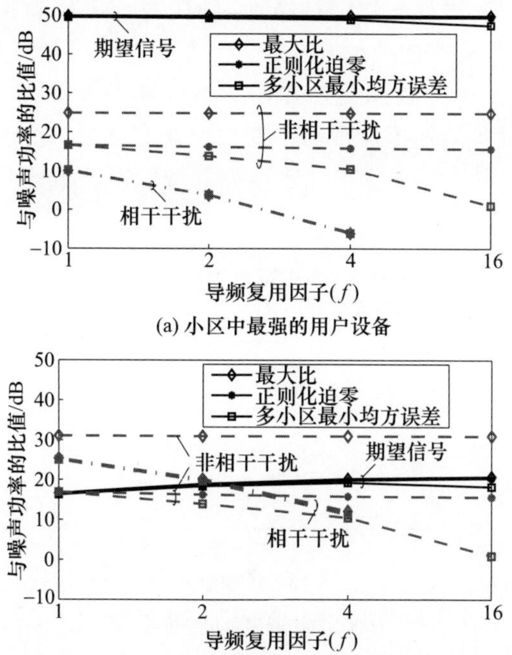

(a) 小区中最强的用户设备

(b) 小区中最弱的用户设备

图 4.12　期望信号的上行链路平均功率、非相干干扰和相干干扰。此时 $M = 100$，$K = 10$以及不相关的瑞利衰落。考虑了不同的合并方案和导频复用因子

对于小区中最弱的用户设备来说，情况是非常不同的。这个最弱的用户设备通常位于小区边缘，额外的路径损耗使得期望信号的接收功率比最强用户设备的最强接收信号功率低几十分贝。信道估计质量也较差，因此通过选取较大的 f 值可以显著增加接收合并之后的期望信号功率。采用最大比合并时，因为不抑制同小区内的干扰，非相干干扰功率比期望信号功率强大约 10dB。正则化迫零和多小区最小均方误差仍然可以通过牺牲几分贝的信号功率来找到能将非相干干扰抑制 10dB 或更多的合并向量。因此，当使用正则化迫零和多小区最小均方误差方案时，相干干扰是主要的干扰源。在不相关衰落下，所有方案下的相干干扰基本相同，并且相干干扰随着 f 的增加而减少。对于最强的用户设备，多小区最小均方误差从增加的 f 中获益最大，因为在抑制小区间干扰方面，与其他合并方案相比，多小区最小均方误差要好得多。

采用与图 4.12 相同的设置，图 4.13 给出高斯局部散射模型下的功率水平。许多关于不相关衰落的观测结果仍然适用，但也存在一些重要的差异。因为只有空间相关性匹配的共享导频的用户设备彼此之间才会形成强干扰，所以相干干扰大幅降低。实际上，与非相干干扰相比，即使是小区中最弱的用户设备，其所受到的相干干扰都可忽略，其他用户设备所受到的相干干扰更是理所当然地

可以忽略。有趣的是,当存在空间信道相关时,与最大比和正则化迫零相比,多小区最小均方误差具有非常低的相干干扰,因此它可以抵抗相干干扰。该性质将在4.4节的渐近分析中发挥关键作用。空间相关性的另一个结果是,随着 f 的增加,最弱用户设备的期望信号功率增加得相当缓慢,这表明是路径损耗对信道估计质量产生了主要影响,而不是导频污染,对于小区边缘用户设备也是如此。

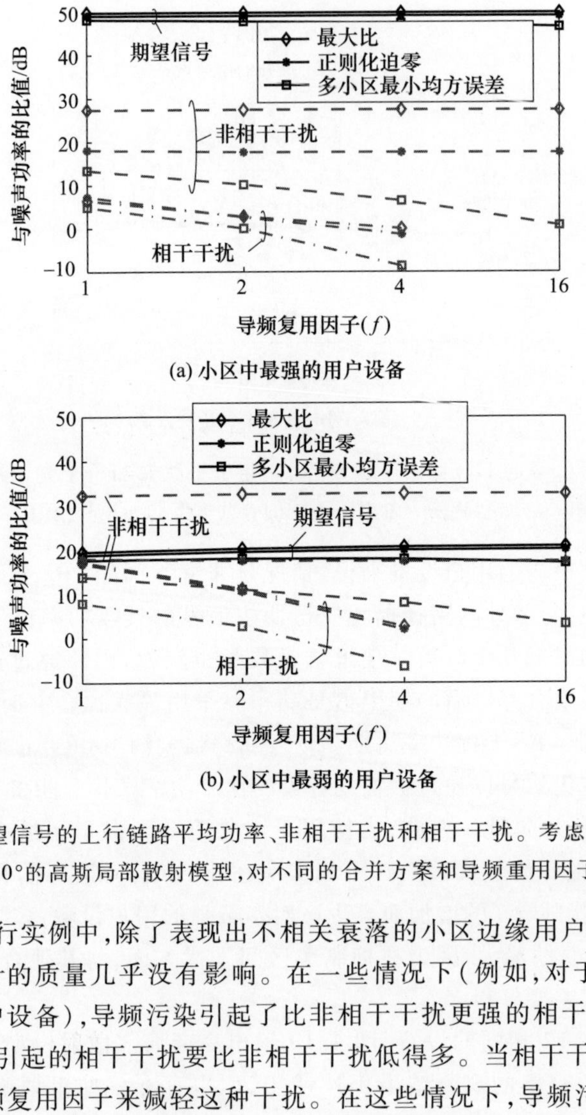

图4.13 期望信号的上行链路平均功率、非相干干扰和相干干扰。考虑 $M=100,K=10$,ASD$\sigma_\varphi=10°$的高斯局部散射模型,对不同的合并方案和导频重用因子进行了比较

总之,在运行实例中,除了表现出不相关衰落的小区边缘用户设备之外,导频污染对信道估计的质量几乎没有影响。在一些情况下(例如,对于不相关衰落下的小区边缘用户设备),导频污染引起了比非相干干扰更强的相干干扰,但一般情况下,导频污染引起的相干干扰要比非相干干扰低得多。当相干干扰较严重时,可以通过增加导频复用因子来减轻这种干扰。在这些情况下,导频污染产生的影响体现在频谱效率表达式中的对数前因子上,这个因子随着导频数量的增加而减小。回想一下在4.1.4节中,当使用多小区最小均方误差合并并且选择 $f=4$ 作为导频复用因子时,实现了最高的频谱效率。该方案使用 $f=4$ 来获得小区间信道的估

计,然后将其用于抑制相干和非相干的小区间干扰。在 $M = 100$,$K = 10$ 的情况下对其进行了仿真。仿真结果表明:添加更多的用户设备将增加非相干干扰,添加更多根天线将增加期望信号功率和相干干扰,同时添加更多根天线也增加了抑制相干干扰的能力。注意,在该仿真中使用等功率分配,而在功率控制下结果可能不同。特别地,可以通过降低小区中心用户设备的发射功率来减少影响小区边缘用户设备的小区内干扰。

4.2.3 使用非最小均方误差方案的频谱效率

到目前为止,本章中的频谱效率仿真都是基于最小均方误差信道估计的。回想一下,在3.4.1节中定义的逐元素最小均方误差估计子和最小二乘信道估计子,它们以降低估计质量为代价,降低了估计的运算复杂度。现在将对使用这些不同信道估计子所获得的频谱效率进行对比,以确定有多少估计质量损失转化成了频谱效率的损失。这里继续使用图4.5和图4.6中的实例,但是仅关注 $K = 10$ 个用户设备和 $M = 100$ 根基站天线的情况。每种合并方案都使用能最大化自身频谱效率的导频复用因子。这里将利用定理4.2中的UatF界,它可以与任何信道估计子一起使用。

图4.14显示了多小区最小均方误差、正则化迫零和最大比合并的平均频谱效率之和的条形图。正如预期的那样,在使用最小均方误差估计子时获得最高的频谱效率。如果使用逐元素最小均方误差估计子,那么频谱效率损失8%~12%,具体损失多少要取决于所采用的合并方案。当使用正则化迫零或最大比合并时,逐元素最小均方误差估计子和最小二乘估计子之间的频谱效率差异非常小,但采用最小二乘估计子的多小区最小均方误差合并方案表现不佳。原因是:在存在导频污染的情况下,最小二乘估计子不能给出信道估计的正确缩放值,而是充当了干扰信道总和的估计子。这导致来自其他小区中的用户设备的信道的范数被极大地高估,因此导致多小区最小均方误差合并将过分强调抑制小区间干扰的需要①。一般性的结果是:与低复杂度的最大比合并相比,使用正则化迫零或多小区最小均方误差合并仍然能获得非常大的频谱效率,这与使用哪种信道估计子无关。注意,因为单小区最小均方误差合并和迫零合并下的频谱效率与正则化迫零合并的频谱效率非常相似,所以在图中没有给出二者的结果。

上面的例子考虑了ASD$\sigma_{\varphi} = 10°$的空间相关场景。与逐元素最小均方误差估计相比,这种场景下最小均方误差估计子的复杂度相对较高,但是,这两种估计子在空间不相关的衰落的特殊情况下是一致的。总之,对于大多数合并方案,在强空

---

① 由于过分强调干扰抑制,多小区最小均方误差合并的行为与迫零合并类型的方案相似,它试图消除来自网络中全部用户设备的全部干扰。这种方案在文献[49]中称为全导频迫零,在文献[193]中称为多小区迫零。它的优点是只利用信道估计的方向,因此可以使用最小二乘估计。

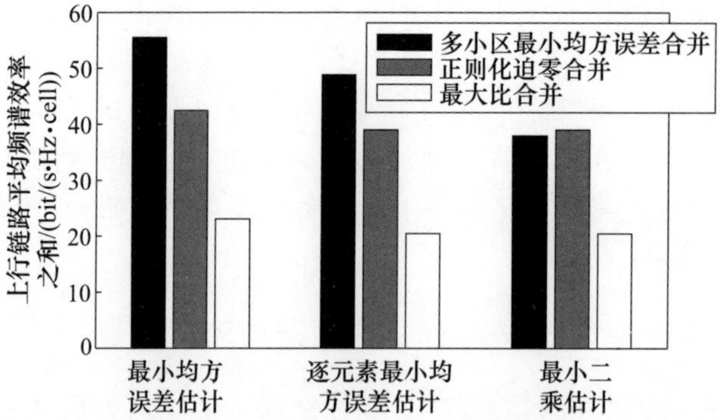

图 4.14　每个小区内有 $K=10$ 个用户设备，基站配置 $M=100$ 根天线的条件下，使用最小均方误差、逐元素最小均方误差或最小二乘信道估计子所得到的上行链路平均频谱效率之和。考虑了三种不同的合并方案

间信道相关条件下，使用次优信道估计子引起的频谱效率损失仅为 10%，这意味着在大规模 MIMO 中不需要高复杂度的信道估计方案。逐元素最小均方误差信道估计子适用于所有合并方案，不鼓励使用最小二乘估计和多小区最小均方误差合并的组合。

4.2.4　同步与异步导频传输

本书中的频谱效率分析都是基于同步导频传输这个假设的，这意味着所有小区中的所有用户设备同时发送来自同一个导频码书的导频序列。自开创性论文[208]发表以来，这个假设已成为大规模 MIMO 文献中的一般性假设，但有充分的理由质疑这个一般性假设。即使所有发射机都是时间同步的，由于不同的传播延迟，信号也将异步地到达每个接收机。相邻小区之间的时序失配通常可以忽略不计。例如，在 OFDM 系统中，循环前缀可以补偿几千米的传播路径差异。在数字音频广播(DAB)[143]中，循环前缀补偿了高达 74km 的路径差异，而 LTE 中的正常和扩展循环前缀分别补偿高达 1.6km 和 5km 的路径差异[165]。由于最强的干扰来自自身小区和相邻小区，因此来自远距离小区的时序失配的更详细模型几乎不会对通信性能产生影响，但这一点仍然缺乏严格的证明。精确的模型需要考虑符号间干扰[375,263]。

导频同步的主要优点是在导频传输期间可以控制小区间干扰，例如，通过使用 $f>1$ 的导频复用因子。但是，如果不采用这种设置，而是设置 $f=1$ 和 $\tau_p=K$，当所考虑的用户设备正在发送其导频时，无论相邻小区中的用户设备此时是在发送导频还是发送数据，干扰都大致相同。在每个干扰小区中含有 K 个用户设备的情况下，文献[244,48]对 $f=1$ 和 $\tau_p=K$ 的场景进行了研究。观察任意一个用户设备，在同步导频传输的情况下，每个干扰小区中的一个用户设备复用其导频，并且产生

与 M 成比例的相干干扰功率。在非同步导频传输的情况下，干扰小区中的 K 个用户设备发送随机数据序列。平均而言，与所考虑的用户设备的导频序列相互重叠的相同导频的发射功率仅为 $1/\tau_p = 1/K$，因此在非同步导频传输的情况下，每个干扰用户设备引起与 M/K 成比例的相干干扰，由于每个小区存在 K 个干扰用户设备，因此总相干干扰与 M 成比例。综上所述，同步和异步导频传输下的总相干干扰功率是相同的，这意味着两种情况下实现的频谱效率是相同的。总之，同步导频传输有助于减轻干扰，但如果放松同步条件，并让其他小区发送随机的干扰信号，从本质上看，它与同步导频传输也大致类似。

4.3 下行链路频谱效率与发送预编码

每个基站使用 2.3.2 节中定义的线性预编码将有效载荷数据发送到下行链路中的用户设备。回想一下，对小区 j 中的用户设备 $k, j=1,\cdots,L$ 和 $k=1,\cdots,K_j$，$\varsigma_{jk} \sim \mathcal{N}_{\mathbb{C}}(0,\rho_{jk})$ 表示小区 j 中基站打算发给用户设备 k 的随机数据信号。这个用户设备与预编码向量 $\boldsymbol{w}_{jk} \in \mathbb{C}^{M_j}$ 相关联，确定了传输的空间方向性。预编码向量满足 $\mathbb{E}\{\|\boldsymbol{w}_{jk}\|^2\}=1$，这使得信号功率 ρ_{jk} 也是分配给该用户设备的发射功率。实现预编码归一化的一种方式是在每个相关块中使 $\|\boldsymbol{w}_{jk}\|^2=1$，但是有时在许多相关块上执行平均归一化更易于处理。当信道硬化程度较高时，这些归一化方法之间的差异很小。

在一个相关块内，上行链路信道和下行链路信道是互逆的，这使得基站也能够使用上行链路信道估计来计算/选择预编码向量。小区 j 中用户设备 k 的期望信号在预编码处理后的信道 $g_{jk}=(\boldsymbol{h}_{jk}^j)^{\mathrm{H}}\boldsymbol{w}_{jk}$ 上传播。用户设备并不知道 g_{jk} 这个先验信息，但是可以用平均值 $\mathbb{E}\{g_{jk}\}=\mathbb{E}\{(\boldsymbol{h}_{jk}^j)^{\mathrm{H}}\boldsymbol{w}_{jk}\}$ 近似它或者用接收到的下行链路信号估计它。这里先考虑采用平均值 $\mathbb{E}\{g_{jk}\}=\mathbb{E}\{(\boldsymbol{h}_{jk}^j)^{\mathrm{H}}\boldsymbol{w}_{jk}\}$ 近似 g_{jk} 的方法，它一直是大规模 MIMO 文献中的主要方法[169,148]，而在 4.3.3 节中将考虑用接收到的下行链路信号估计 g_{jk} 的方法。式(2.8)中接收到的下行链路信号 y_{jk} 可以表示为

$$
\begin{aligned}
y_{jk} = & \underbrace{\mathbb{E}\{(\boldsymbol{h}_{jk}^j)^{\mathrm{H}}\boldsymbol{w}_{jk}\}\varsigma_{jk}}_{\text{平均信道下的期望信号}} + \underbrace{\left((\boldsymbol{h}_{jk}^j)^{\mathrm{H}}\boldsymbol{w}_{jk} - \mathbb{E}\{(\boldsymbol{h}_{jk}^j)^{\mathrm{H}}\boldsymbol{w}_{jk}\}\right)\varsigma_{jk}}_{\text{未知信道下的期望信号}} \\
& + \underbrace{\sum_{\substack{i=1 \\ i\neq k}}^{K_j}(\boldsymbol{h}_{jk}^j)^{\mathrm{H}}\boldsymbol{w}_{ji}\varsigma_{ji}}_{\text{小区内干扰}} + \underbrace{\sum_{\substack{l=1 \\ l\neq j}}^{L}\sum_{i=1}^{K_l}(\boldsymbol{h}_{jk}^l)^{\mathrm{H}}\boldsymbol{w}_{li}\varsigma_{li}}_{\text{小区间干扰}} + \underbrace{n_{jk}}_{\text{噪声}}
\end{aligned}
\tag{4.25}
$$

式(4.25)中的第一项是在确定性的平均预编码信道 $\mathbb{E}\{(\boldsymbol{h}_{jk}^j)^{\mathrm{H}}\boldsymbol{w}_{jk}\}$ 上接收到的期望信号，而其他项是用户设备未知的随机变量的实现。利用推论 1.2，可以通过将这些项视为信号检测中的干扰来计算可实现的频谱效率。然后我们获得以下容量

界，我们称之为硬化界。它适用于任何预编码向量和信道估计方案。

定理 4.3 小区 j 中用户设备 k 的下行链路遍历信道容量下界是 $\underline{\mathrm{SE}}_{jk}^{\mathrm{DL}}=\frac{\tau_d}{\tau_c}\times\log_2(1+\underline{\mathrm{SINR}}_{jk}^{\mathrm{DL}})$ (bit/(s · Hz))，其中

$$\underline{\mathrm{SINR}}_{jk}^{\mathrm{DL}}=\frac{\rho_{jk}\left|\mathbb{E}\{\boldsymbol{w}_{jk}^{\mathrm{H}}\boldsymbol{h}_{jk}^{j}\}\right|^2}{\sum_{l=1}^{L}\sum_{i=1}^{K_l}\rho_{li}\,\mathbb{E}\{|\boldsymbol{w}_{li}^{\mathrm{H}}\boldsymbol{h}_{jk}^{l}|^2\}-\rho_{jk}\left|\mathbb{E}\{\boldsymbol{w}_{jk}^{\mathrm{H}}\boldsymbol{h}_{jk}^{j}\}\right|^2+\sigma_{\mathrm{DL}}^2}\tag{4.26}$$

其中的期望是针对信道实现进行计算的。

证明：证明见附录 C.3.6。

定理 4.3 中的频谱效率具有 $\frac{\tau_d}{\tau_c}\log_2(1+\underline{\mathrm{SINR}}_{jk}^{\mathrm{DL}})$ 的形式，我们可以方便地将 $\underline{\mathrm{SINR}}_{jk}^{\mathrm{DL}}$ 称为小区 j 中用户设备 k 的下行链路衰落信道的有效 SINR。它是一个确定性的标量，该表达式包含了随机信道实现上的几个期望。$\underline{\mathrm{SINR}}_{jk}^{\mathrm{DL}}$ 的分子是预编码信道上接收到的期望信号的平均增益。分母中的第一项是小区 j 中用户设备 k 接收到的全部信号的功率，第二项是减去出现在分子中的期望信号部分（即对信号检测有用的部分），第三项是噪声方差。在任意信道模型和预编码方案下，都可以对频谱效率表达式进行数值计算。对数前因子 $\frac{\tau_d}{\tau_c}$ 是每个相关块中下行链路数据样本占总样本的比例。由于 $\tau_d=\tau_c-\tau_p-\tau_u$，如果缩短导频序列的长度 τ_p（即减少导频开销）和/或减少用于上行链路的数据样本数 τ_u，那么对数前因子增加。

小区 j 中用户设备 k 的下行链路的频谱效率取决于整个网络中所有用户设备的预编码向量，这与定理 4.1 中的上行链路的频谱效率情况相反，其仅取决于自己的合并向量 $\boldsymbol{v}_{jk}$。因此，理想情况下，应在全部小区范围内联合选择预编码向量，但这使得预编码优化在实践中变得更加困难[40]。稍后将在 4.3.2 节中描述一种启发式的选择预编码的方法。

一种简单且流行的预编码是最大比预编码，它基于小区 j 中用户设备 k 的信道估计 $\hat{\boldsymbol{h}}_{jk}^{j}$。最大比预编码的一种变形为

$$\boldsymbol{w}_{jk}=\hat{\boldsymbol{h}}_{jk}^{j}/\sqrt{\mathbb{E}\{\|\hat{\boldsymbol{h}}_{jk}^{j}\|^2\}}\tag{4.27}$$

上式中需要选择缩放因子，以满足预编码归一化约束的条件 $\mathbb{E}\{\|\boldsymbol{w}_{jk}\|^2\}=1$。在采用这种平均归一化的最大比预编码情况下，可以通过闭合表达式计算定理 4.3 中的频谱效率。

推论 4.4 如果使用平均归一化最大比预编码 $\boldsymbol{w}_{jk}=\hat{\boldsymbol{h}}_{jk}^{j}/\sqrt{\mathbb{E}\{\|\hat{\boldsymbol{h}}_{jk}^{j}\|^2\}}$，并且使用最小均方误差估计子估计信道，那么定理 4.3 中的频谱效率表达式变为 $\underline{\mathrm{SE}}_{jk}^{\mathrm{DL}}=\frac{\tau_d}{\tau_c}\log_2(1+\underline{\mathrm{SINR}}_{jk}^{\mathrm{DL}})$，其中

$$\underline{\mathrm{SINR}}_{jk}^{\mathrm{DL}} = \frac{\rho_{jk} p_{jk} \tau_p \mathrm{tr}(\boldsymbol{R}_{jk}^j \boldsymbol{\psi}_{jk}^j \boldsymbol{R}_{jk}^j)}{\underbrace{\sum_{l=1}^{L} \sum_{i=1}^{K_l} \frac{\rho_{li} \mathrm{tr}(\boldsymbol{R}_{jk}^l \boldsymbol{R}_{li}^l \boldsymbol{\psi}_{li}^l \boldsymbol{R}_{li}^l)}{\mathrm{tr}(\boldsymbol{R}_{li}^l \boldsymbol{\psi}_{li}^l \boldsymbol{R}_{li}^l)}}_{\text{非相干干扰}} + \underbrace{\sum_{(l,i) \in \mathcal{P}_{jk} \setminus (j,k)} \frac{\rho_{li} p_{jk} \tau_p \left| \mathrm{tr}(\boldsymbol{R}_{jk}^l \boldsymbol{\psi}_{li}^l \boldsymbol{R}_{li}^l) \right|^2}{\mathrm{tr}(\boldsymbol{R}_{li}^l \boldsymbol{\psi}_{li}^l \boldsymbol{R}_{li}^l)}}_{\text{相干干扰}} + \sigma_{\mathrm{DL}}^2} \tag{4.28}$$

$\boldsymbol{\psi}_{jk}^j$和$\boldsymbol{\psi}_{li}^l$是在式(3.10)中定义的。

在空间不相关衰落的特殊情况下(即对于所有 $l=1,\cdots,L$ 和 $i=1,\cdots,K_l$,$\boldsymbol{R}_{li}^j = \beta_{li}^j \boldsymbol{I}_{M_j}$),式(4.28)简化为

$$\underline{\mathrm{SINR}}_{jk}^{\mathrm{DL}} = \frac{\rho_{jk} p_{jk} (\beta_{jk}^j)^2 \tau_p \psi_{jk} M_j}{\underbrace{\sum_{l=1}^{L} \sum_{i=1}^{K_l} \rho_{li} \beta_{jk}^l}_{\text{非相干干扰}} + \underbrace{\sum_{(l,i) \in \mathcal{P}_{jk} \setminus (j,k)} \rho_{li} p_{jk} (\beta_{jk}^l)^2 \tau_p \psi_{li} M_l}_{\text{相干干扰}} + \sigma_{\mathrm{DL}}^2} \tag{4.29}$$

其中 ψ_{li}是在式(4.20)中定义的。

证明:证明见附录 C.3.7。

4.3.1 下行链路中的导频污染

推论 4.4 中的下行链路频谱效率闭合表达式具有类似于推论 4.3 中的下行链路频谱效率表达式的结构。除了 $p_{jk}\tau_p \mathrm{tr}(\boldsymbol{R}_{jk}^j \psi_{jk}^j \boldsymbol{R}_{jk}^j)$乘以下行链路功率 ρ_{jk} 而不是上行链路功率以外,分子中的信号项与上行链路中的相同。因为迹将 M_j 个信号分量相干地加在一起,所以分子中的信号项随 M_j 线性增加。这是预编码产生的阵列增益,在不相关衰落的特殊情况下,很容易看出信号项是对 M_j 的伸缩。注意到 $p_{jk}\tau_p \mathrm{tr}(\boldsymbol{R}_{jk}^j \boldsymbol{\psi}_{jk}^j \boldsymbol{R}_{jk}^j) = \mathrm{tr}(\boldsymbol{R}_{jk}^j - \boldsymbol{C}_{jk}^j)$,因此阵列增益与估计质量直接相关。分母中的第一项是来自所有用户设备的非相干干扰,干扰的强度取决于空间相关矩阵$\boldsymbol{R}_{li}^l$与$\boldsymbol{R}_{jk}^l$之间的相似程度,相似程度可根据 $\mathrm{tr}(\boldsymbol{R}_{li}^l \boldsymbol{R}_{jk}^l)/\mathrm{tr}(\boldsymbol{R}_{jk}^l)$的大小来判断。两个相关矩阵分别描述了从干扰基站 l 到小区 j 中用户设备 k 的信道,以及从干扰基站 l 到小区 l 中的一个用户设备 i 的信道。当干扰基站与小区 j 中用户设备 k 相距很远和/或两个用户设备的空间信道相关特性差异很大时,干扰很小。在$\boldsymbol{R}_{li}^l \boldsymbol{R}_{jk}^l = \boldsymbol{0}_{M_l \times M_l}$的极端情况下,两个用户设备之间没有干扰,因为它们的信道“存在”于不同的特征空间中。注意,在不相关的衰落中,非相干干扰项简化为 $\rho_{li}\beta_{jk}^l$,它与干扰用户设备的位置无关(除非针对位置实施了功率分配)。

分母中的第二项是附加的相干干扰,它随着 M_l 线性变化,它来源于共享导频的用户设备的信号,也就是说,导频污染也会影响下行链路。在这种情况下,基站使用预编码将信号引向期望的接收机,但是也将一部分信号引向了存在导频干扰的用户设备的接收机。图 4.15 说明了这种现象。注意,缩放因子 M_l 是下行链路

中干扰基站 l 配置的天线数。因此,使用具有大量天线的基站时必须注意,不要对使用较少基站天线的其他小区产生太大的干扰。分母中的第三项是噪声功率,由于上行链路和下行链路使用了不同的接收机硬件,因此上行链路和下行链路的噪声功率也可能不同。

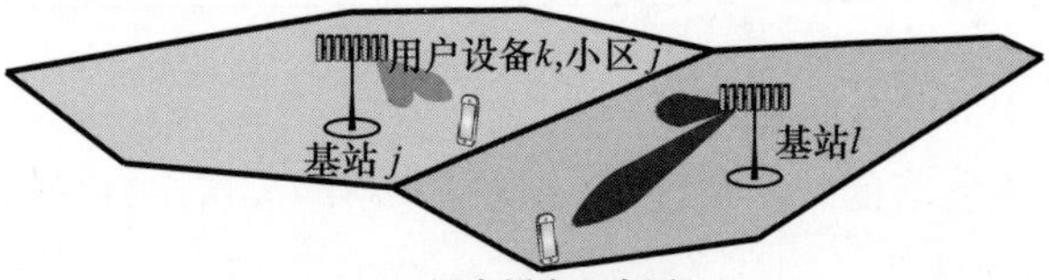

图 4.15　如图 3.1 所示,当两个用户设备采用相同的导频序列时,导频污染影响下行链路信号。当基站尝试使用最大比预编码将信号引导到自己的用户设备时,它也将部分信号引导到另一个小区中存在导频干扰的用户设备。每种灰色代表一个预编码的下行链路信号

4.3.2　预编码设计原则:上/下行链路的对偶性

预编码向量的选择并不简单,这是因为每个用户设备受到网络中所有预编码向量的影响,并且网络范围的预编码优化是非常不切实际的。显然,预编码必须在将信号指向期望用户设备与避免对其他用户设备造成干扰之间进行平衡[167]。困难在于:如何在这两个目标之间找到合适的平衡点,涉及大量用户设备时更是如此。因此,期望找到用于预编码的合理且易处理的设计原理。可以在文献中找到许多启发式的预编码设计原则,但是好的预编码设计原则通常非常相似,并且与上行链路-下行链路对偶的基本性质密切相关[46,40]。接下来描述这种对偶,并解释如何利用它进行预编码的设计。

定理 4.2 中上行链路的频谱效率表达式与定理 4.3 中下行链路的频谱效率表达式之间存在密切的联系。除了发射功率的不同表示方法之外,信号项是相同的。干扰项是相似的,只是对每个用户设备的索引 (j,k) 和 (l,i) 进行了互换:在上行链路中为 $p_{li}\mathbb{E}\{|\boldsymbol{v}_{jk}^{\mathrm{H}}\boldsymbol{h}_{li}^{j}|^2\}$,下行链路中为 $\rho_{li}\mathbb{E}\{|\boldsymbol{w}_{li}^{\mathrm{H}}\boldsymbol{h}_{jk}^{l}|^2\}$。这表示以下事实:来自小区 l 的上行链路干扰经过 K_l 个不同的用户设备信道(与基站 j 之间的)到达基站 j(并且使用单个合并向量进行处理),而来自小区 l 的所有下行链路干扰经过基站 l 的信道(与小区 j 中用户设备 k 之间的)到达小区 j 中用户设备 k(并且取决于 K_l 个预编码向量)。图 4.16 通过包含两个用户设备的网络说明了这个性质。在该实例中,基站 l 可以在空间上很好地分离用户设备,而基站 j 不能(在此表示为在用户设备之间具有较小的角度差)。导致了小区 j 中的用户设备受到来自上行链路中其他小区用户设备的强干扰的影响,而小区 l 中的用户设备接收到来自下行链路中基站 j 的强干扰。因此,用户设备在上行链路和下行链路中可能会表现出非常不同的干扰水平。

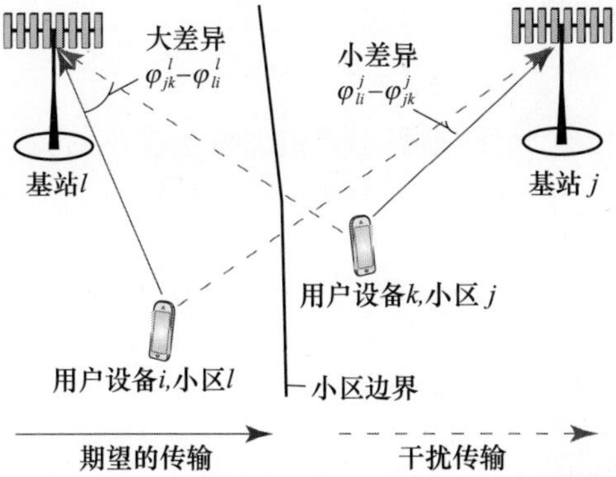

(a) 上行链路：小区j中的用户设备k受到小区l中用户设备i的强干扰

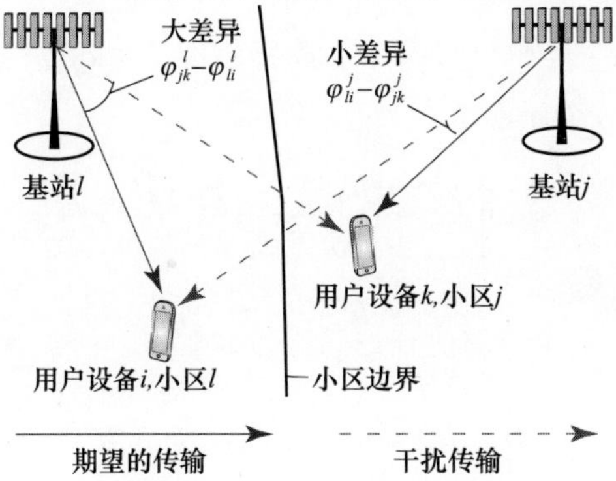

(b) 下行链路：小区l中的用户设备i受到来自基站 j的强干扰

图 4.16　说明干扰情况如何在上行链路和下行链路之间转变。上行链路干扰来自干扰用户设备,而下行链路干扰是由为干扰用户设备提供服务的基站引起的。在这种场景下,由于相似的空间信道相关(表示为小角度差),基站 j 不能分离两个用户设备,因此基站 j 所管辖的用户设备受到较强的上行链路干扰的影响,而其他小区中用户设备将受到较强的下行链路的干扰。相反,基站 l 可以很好地分离用户设备,这在上行链路和下行链路中只会产生极微小的干扰

尽管上/下行链路产生干扰的方式不同,但它们之间存在对称性,这种对称性在上行链路和下行链路的可实现频谱效率之间建立起了基本的关系,称它为上行链路—下行链路对偶。

定理 4.4　令 $\boldsymbol{p}=[\boldsymbol{p}_1^{\mathrm{T}},\cdots,\boldsymbol{p}_L^{\mathrm{T}}]^{\mathrm{T}}$,其中$\boldsymbol{p}_j=[p_{j1},\cdots,p_{jK_j}]^{\mathrm{T}}$,是包含了所有上行链路的发射功率的 $K_{\mathrm{tot}}\times 1$ 向量,其中 $K_{\mathrm{tot}}=\sum_{l=1}^{L}K_l$ 表示网络中用户设备的总数。

考虑式(4.14)中的上行链路$\underline{\mathrm{SINR}}_{jk}^{\mathrm{UL}}$和式(4.26)中的下行链路$\underline{\mathrm{SINR}}_{jk}^{\mathrm{DL}}$。对于任何给定的接收合并向量集合$\{\boldsymbol{v}_{li}\}$和给定$\boldsymbol{p}$,可以实现

$$\underline{\mathrm{SINR}}_{jk}^{\mathrm{DL}}=\underline{\mathrm{SINR}}_{jk}^{\mathrm{UL}}\quad j=1,\cdots,L,\ k=1,\cdots,K_j \tag{4.30}$$

如果选择的预编码向量为

$$\boldsymbol{w}_{jk} = \boldsymbol{v}_{jk} / \sqrt{\mathbb{E}\{ \| \boldsymbol{v}_{jk} \|^2 \}} \tag{4.31}$$

对于所有 j 和 k 成立。此外，根据上行链路发射功率，选择下行链路的发射功率向量 $\boldsymbol{\rho} = [\boldsymbol{\rho}_1^{\mathrm{T}}, \cdots, \boldsymbol{\rho}_L^{\mathrm{T}}]^{\mathrm{T}}$，其中 $\boldsymbol{\rho}_j = [\rho_{j1}, \cdots, \rho_{jK_j}]^{\mathrm{T}}$，以及

$$\boldsymbol{\rho} = \frac{\sigma_{\mathrm{DL}}^2}{\sigma_{\mathrm{UL}}^2} (\boldsymbol{D}^{-1} - \boldsymbol{B})^{-1} (\boldsymbol{D}^{-1} - \boldsymbol{B}^{\mathrm{T}}) \boldsymbol{p} \tag{4.32}$$

上行链路和下行链路中的总发射功率是相关的，表现为

$$\frac{\mathbf{1}_{K_{\mathrm{tot}}}^{\mathrm{T}} \boldsymbol{\rho}}{\sigma_{\mathrm{DL}}^2} = \frac{\mathbf{1}_{K_{\mathrm{tot}}}^{\mathrm{T}} \boldsymbol{p}}{\sigma_{\mathrm{UL}}^2} \tag{4.33}$$

在式(4.32)中，$\boldsymbol{B} \in \mathbb{R}^{K_{\mathrm{tot}} \times K_{\mathrm{tot}}}$是 $L \times L$ 的块矩阵。第(j,l)块由$\boldsymbol{B}_{jl}$表示，维度为 $K_j \times K_l$，并且其第(k,i)个元素是

$$[\boldsymbol{B}_{jl}]_{ki} = \begin{cases} \dfrac{\mathbb{E}\{ | \boldsymbol{v}_{jk}^{\mathrm{H}} \boldsymbol{h}_{jk}^{l} |^2 \} - | \mathbb{E}\{ \boldsymbol{v}_{jk}^{\mathrm{H}} \boldsymbol{h}_{jk}^{j} \} |^2}{\mathbb{E}\{ \| \boldsymbol{v}_{jk} \|^2 \}}, & k = i, j = l \\ \dfrac{\mathbb{E}\{ | \boldsymbol{v}_{li}^{\mathrm{H}} \boldsymbol{h}_{jk}^{l} |^2 \}}{\mathbb{E}\{ \| \boldsymbol{v}_{li} \|^2 \}}, & \text{其他} \end{cases} \tag{4.34}$$

最后，$\boldsymbol{D} = \mathrm{diag}(\boldsymbol{D}_1, \cdots, \boldsymbol{D}_L) \in \mathbb{R}^{K_{\mathrm{tot}} \times K_{\mathrm{tot}}}$是(块)对角矩阵。第 j 个对角线块由对角矩阵$\boldsymbol{D}_j$ 表示，并且第 k 个元素为

$$[\boldsymbol{D}_j]_{kk} = \underline{\mathrm{SINR}}_{jk}^{\mathrm{UL}} \frac{\mathbb{E}\{ \| \boldsymbol{v}_{jk} \|^2 \}}{| \mathbb{E}\{ \boldsymbol{v}_{jk}^{\mathrm{H}} \boldsymbol{h}_{jk}^{j} \} |^2} \tag{4.35}$$

证明：证明见附录 C.3.8。

该上行链路—下行链路对偶性定理表明，如果将上行链路合并向量用作下行链路预编码向量，并且根据式(4.32)分配下行链路的发射功率，那么也可以在下行链路中实现上行链路中实现的频谱效率。简单地说，每个基站应该通过将其“耳朵”指向特定的空间方向(选择这个方向以实现高信号功率和低干扰功率二者之间的平衡)以“监听”来自用户设备的信号。然后，基站在相同的空间方向上向用户设备发送信号。如果 $\sigma_{\mathrm{DL}}^2 = \sigma_{\mathrm{UL}}^2$，那么上行链路中的总发射功率和下行链路中的总发射功率相同，但是总功率在不同用户设备之间的分配方式通常是不同的。例如，考虑在小区边缘处和小区中心处分别有一个用户设备的场景。小区中心的用户设备具有更强的信道，并且应该使用低的上行链路功率，从而不会对具有较弱信道的小区边缘的用户设备产生太大的干扰。然而，在下行链路中，可以为小区中心的用户设备分配更高的下行链路功率(与上行链路相比)，因为下行链路中的期望信号和干扰信号具有相同的平均信道增益。另外，这也意味着与上行链路相比，小区边缘用户设备对下行链路中的小区内干扰不敏感。

对蜂窝网络中的上行链路—下行链路对偶的研究已经有几十年的历史了。一些值得注意的早期工作可参见文献[370,63,335,163]。针对多小区特性、功率约束、收发信机硬件缺陷,已经得出了各种对偶概念,例如文献[345,367,39,71]。将定理4.4中描述的大规模MIMO中的对偶性用于计算衰落信道的遍历频谱效率不同于早期文献中考虑的确定性信道,这一结果最早出现在文献[49]中。注意,上行链路的UatF容量界与下行链路的硬化界之间存在严格的对偶性。

根据上行链路-下行链路的对偶性,得出了一个简单的预编码设计原理:基于上行链路接收合并向量来选择下行链路预编码向量:

$$\boldsymbol{w}_{jk} = \frac{\boldsymbol{v}_{jk}}{\| \boldsymbol{v}_{jk} \|} \tag{4.36}$$

其中

$$[\boldsymbol{v}_{j1}, \cdots, \boldsymbol{v}_{jK_j}] = \begin{cases} \boldsymbol{V}_j^{\text{M-MMSE}}, & \text{多小区最小均方误差预编码} \\ \boldsymbol{V}_j^{\text{S-MMSE}}, & \text{单小区最小均方误差预编码} \\ \boldsymbol{V}_j^{\text{RZF}}, & \text{正则化迫零预编码} \\ \boldsymbol{V}_j^{\text{ZF}}, & \text{迫零预编码} \\ \boldsymbol{V}_j^{\text{MR}}, & \text{最大比预编码} \end{cases} \tag{4.37}$$

相应的合并矩阵在式(4.7)~式(4.11)中已定义。注意,这种设计原理并非大规模MIMO所独有,在过去的二十年间它就以不同的形式出现了。早期的研究间接地建立在上行链路-下行链路对偶[373,164,282]的基础上,而后来的研究则直接应用对偶[98,368,40]。式(4.36)中的预编码设计原则要求在每个相关块中$\| \boldsymbol{w}_{jk} \|^2 = 1$成立,其满足所需的预编码归一化的条件①。

式(4.37)中的五个预编码方案取决于导频信号传输期间所使用的上行链路发射功率,而它们都不依赖于下行链路的发射功率(然而,下行链路的发射功率出现在下行链路有效的SINR表达式中)。将接收合并向量用于发射预编码具有一个重要的优点:将计算预编码向量的运算复杂度降低到$M_j K_j$次复数乘法,它对应于为每个用户设备计算式(4.36)中的$\| \boldsymbol{v}_{jk} \|$②。在每个相关块中,在基站$j$处计算$\tau_d$时长的发射信号$\sum_{k=1}^{K_j} \boldsymbol{w}_{jk} \varsigma_{jk}$的复杂度为$\tau_d M_j K_j$次复数乘法,详情参见附录

---

① 上行链路-下行链路对偶意味着平均归一化预编码,其中$\boldsymbol{w}_{jk} = \boldsymbol{v}_{jk} / \sqrt{\mathbb{E}\{ \| \boldsymbol{v}_{jk} \|^2 \}}$,实际上应该使用更严格的预编码归一化$\boldsymbol{w}_{jk} = \boldsymbol{v}_{jk} / \| \boldsymbol{v}_{jk} \|$来减少预编码信道$(\boldsymbol{h}_{jk}^j)^{\text{H}} \boldsymbol{w}_{jk}$中的随机变化。这提供了更高的频谱效率,因为期望信号ς_{jk}将信息编码为相位和幅度的变化,有关使用瞬时归一化的重要性的说明,请参见图4.11。

② 归一化可以被吸收到标量信号ς_{jk}中,因此相应的复杂度可以忽略不计。

B. 1. 1。表 4. 4 对这些数字进行了总结，值得强调的是，因为使用了合并向量，所以预编码的复杂度与预编码方案的选择无关。

除了式(4. 37)中列出的方案之外，文献中还有其他预编码方案。例如，可以利用评述 4. 2 中描述的多项式扩展方法来降低正则化迫零预编码的计算复杂度。这已经在文献[173,231,372]中得到了研究。

表 4. 4　根据式(4. 36)中的合并方案选择预编码时，任意发射预编码方案在每个相关块中的计算复杂度。只考虑复数的乘法，而忽略加法和减法。有关详细信息，请参阅附录 B. 1. 1

方案	发射过程所需乘法次数	计算预编码向量所需乘法次数
任意	$\tau_d M_j K_j$	$M_j K_j$

4. 3. 3　下行链路信道估计下的频谱效率

定理 4. 4 中的频谱效率是在简化的假设下导出的，这里的假设是指接收用户设备只能获取它自己的预编码信道的均值。缺乏瞬时 CSI 下的信号接收，仅在预编码信道几乎是确定的、变化很小时才有意义。在信道硬化的情况下，结果也大致如此，但通常存在性能损失。损失随着信道变化的增大而增加，特别是对于那些硬化程度很低或没有硬化的特殊类型信道[243]。本章考虑用一种替代方法来估计用户设备处预编码信道的实现。由于预编码信道 g_{jk} 在相关块内是恒定的，因此小区 j 中的用户设备 k 可以从接收到的下行链路信号中对它进行盲估计，这里的盲估计是指不发送任何下行链路导频信号。可以在文献[243]中找到用于这种估计的显示算法，但是在这里，将导出下行链路容量的下界，它隐性地将预编码信道的获取考虑在内了。这里将文献[72]的边界技术推广到这里的多小区场景，并获得以下结果，称这些结果为估计界限。

定理 4. 5　如果每个基站仅使用自己的信道估计来计算其预编码向量：$\hat{\boldsymbol{h}}_{li}^{j}$(所有 l,i)，小区 j 中用户设备 k 的下行链路遍历信道容量的下界由 $\mathrm{SE}_{jk}^{\mathrm{DL}}$ (bit/(s · Hz))给出，$\mathrm{SE}_{jk}^{\mathrm{DL}}$ 的表达式如下：

$$\mathrm{SE}_{jk}^{\mathrm{DL}} = \frac{\tau_d}{\tau_c}\mathbb{E}\{\log_2(1+\mathrm{SINR}_{jk}^{\mathrm{DL}})\} - \sum_{i=1}^{K_j}\frac{1}{\tau_c}\log_2\left(1+\frac{\rho_{ji}\tau_d\,\mathbb{V}\{\boldsymbol{w}_{ji}^{\mathrm{H}}\boldsymbol{h}_{jk}^{j}\}}{\sigma_{\mathrm{DL}}^2}\right) \tag{4.38}$$

式(4. 38)中的期望/方差是针对所有信道 $\boldsymbol{h}_{li}^{j}$(所有 l,i)计算的，并且

$$\mathrm{SINR}_{jk}^{\mathrm{DL}} = \frac{\rho_{jk}|\boldsymbol{w}_{jk}^{\mathrm{H}}\boldsymbol{h}_{jk}^{j}|^2}{\sum\limits_{\substack{i=1\\i\neq k}}^{K_j}\rho_{ji}|\boldsymbol{w}_{ji}^{\mathrm{H}}\boldsymbol{h}_{jk}^{j}|^2 + \sum\limits_{\substack{l=1\\l\neq j}}^{L}\sum\limits_{i=1}^{K_l}\rho_{li}\,\mathbb{E}\{|\boldsymbol{w}_{li}^{\mathrm{H}}\boldsymbol{h}_{jk}^{l}|^2\} + \sigma_{\mathrm{DL}}^2} \tag{4.39}$$

式(4. 39)中的期望是针对 j 小区之外的信道进行计算的。

证明：证明见附录 C.3.9。

式(4.38)中给出的频谱效率是两个量的差，它具有直观的解释。第一项可以称为“具有完美的小区内 CSI 的频谱效率”，因为它表示在接收用户设备知道预编码的小区内信道$\boldsymbol{w}_{jk}^{\mathrm{H}}\boldsymbol{h}_{jk}^{j}, i=1,\cdots,K_j$ 的情况下，所能实现的频谱效率①。第二项可以称为“不确定性 CSI 损失”，因为它补偿了用户设备处的不完美的小区内 CSI。该项取决于 τ_d 和 τ_c，当 $\tau_c \to \infty$时，即使 τ_d 也增加(回想 $\tau_d \leqslant \tau_c$)，该值也趋向于 0。这表示若有较大的相关块用于下行链路的传输，则用户设备可以完美地估计预编码的信道(有效信道)[261]。由于容量未知，频谱效率最大值的下界就是最佳的性能指标。显然，当 τ_d 和 τ_c 足够大时，定理 4.5 中的估计界限将大于定理 4.3 中的硬化界限，但是难以解析地指出交叉点。这里将通过数值分析指出：当使用导致更少干扰的预编码方案时，将得到更大的估计界限。另一方面，在较小的信道相关块和(或)较大的小区内干扰情况下，式(4.38)中的第二项可能非常大，可能导致定理中的频谱效率为负值。这是一种来自边界技术的人为结果，因为在一些特殊的情况下，边界技术会在结果中忽略一个可以使频谱效率为正的正项(参见文献[72])。

现在继续通过 4.1.3 节中定义的实例来比较两个下行链路的频谱效率边界。这里考虑 $M=100$ 根天线，每个小区有 $K=10$ 个用户设备，以及下行链路中的每个用户设备采用 20dBm 的等功率分配。同时考虑具有 ASD$\sigma_{\varphi}=10°$的高斯局部散射模型和不相关的瑞利衰落，相关块 τ_c 的长度是变化的，并且 $\tau_d=\tau_c-\tau_p$ 个样本用于下行链路每个相关块内的数据传输。

在采用多小区最小均方误差、正则化迫零或最大比预编码的条件下，图 4.17 分别给出了定理 4.3 中的硬化界和定理 4.5 中的估计界下的频谱效率之和。横轴表示相关块长度，它采用对数标度以突出小 τ_c 值时的结果。对于每个 τ_c 的值，利用导频复用因子 $f \in \{1,2,4\}$ 使频谱效率最大化，这导致了曲线中的“凸起”。由于对数前因子$\dfrac{\tau_d}{\tau_c}=1-\dfrac{\tau_p}{\tau_c}$的增加，所有曲线随 τ_c 单调增加。从改进的下行链路信道估计的角度看，估计界也受益于增加的 τ_c，因此当相关块较大时，该界限是更好的选择。因为空间相关性增加了预编码的信道中的变化，并且预编码确定了通过预编码进行下行链路信道估计时的干扰水平，所以交叉点取决于空间信道相关性和预编码方案。在使用估计界时，多小区最小均方误差获益最大，特别是对于局部散射模型下的 $\tau_c>36$ 情况和不相关衰落下的 $\tau_c>120$ 情况。正则化迫零具有类似的结果，但在估计界变得有利(估计界大于硬化界)之前需要略大的 τ_c。最大比的结

---

① 也可以推导出另一种形式的频谱效率界限，此时，第一项表示用户设备知道来自全部基站的预编码后的信道。当 $\tau_c \to \infty$ 时，该界限给出更大的频谱效率，但注意到，对于实际的 τ_c 值，定理 4.5 中的界限给出了更大的值。

果却不同,除了非常大的相关块以外,其硬化界给出最高值。这是因为最大比导致了强干扰,使下行链路信道估计变得困难,导致式(4.38)中出现了较大的减去项。

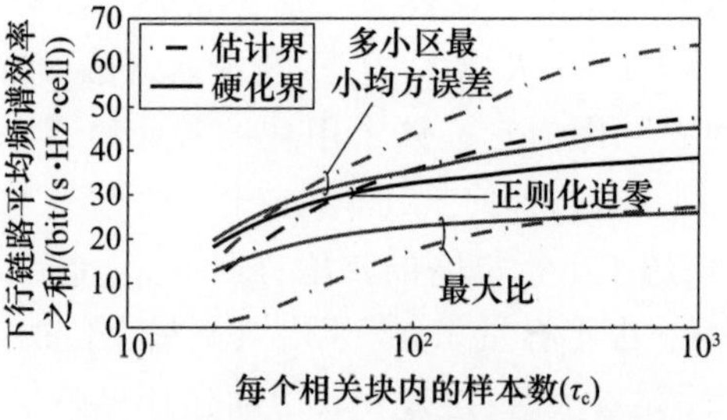

(a) ASDσ_φ=10° 的高斯局部散射模型

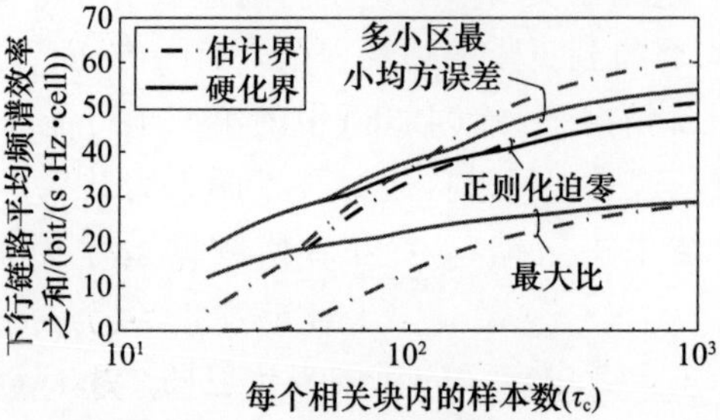

(b) 不相关衰落

图 4.17 基于定理 4.3 中的硬化界和定理 4.5 中的估计界的下行链路平均频谱效率之和,它是相关块长度 τ_c 的函数。此图对应的条件是:M = 100 根天线,k = 10 个用户设备,并且选择导频复用因子使频谱效率最大化

总之,下行链路信道容量的刻画比上行链路信道容量的刻画更难,原因是:下行链路有多个边界,并且每个边界都不是始终占优的。也就是说,每个边界都不会始终提供最大值。用户设备应该根据接收信号估计预编码信道的实现,因为很难量化给定估计方案下的准确的频谱效率,所以很难找到最佳的估计子。

4.3.4 预编码方案的对比

现在将继续通过 4.1.3 节中定义的实例对不同预编码方案所能实现的频谱效率进行比较。考虑与 4.1.4 节中的上行链路实例相同的场景,这意味着每个小区有 K = 10 个用户设备和不同数量的基站天线。假设在下行链路中,每个用户设备采用 20dBm 的等功率分配和 ASDσ_φ = 10°的高斯局部散射信道模型。每个相关块由 τ_c = 200 个样本组成,其中 $\tau_d = \tau_c - fK$ 个样本用于下行链路的数据传输,并且存在 $\tau_p = fK$ 个导频序列。对于每种方案和天线数量,采用下行链路容量界和能够获得最大频谱效率的导频复用因子 $f \in \{1,2,4\}$。

图 4.18 显示了 f=1 的下行链路平均频谱效率之和。我们考虑多小区最小均方误差、单小区最小均方误差、正则化迫零、迫零和最大比预编码。这些预编码方

案的结果与其对应的上行链路的结果相似。在任意数量的天线下,多小区最小均方误差提供最高的频谱效率。除了迫零在 $M<20$ 根天线时存在鲁棒性问题以外,单小区最小均方误差、正则化迫零和迫零提供几乎相同的频谱效率。最后,在所有方案中,最大比提供最低的频谱效率,并且它也是唯一一个硬化界高于估计界的方案。最大比仅能达到多小区最小均方误差频谱效率的 40% ~50% 和正则化迫零频谱效率的 50% ~60% 。

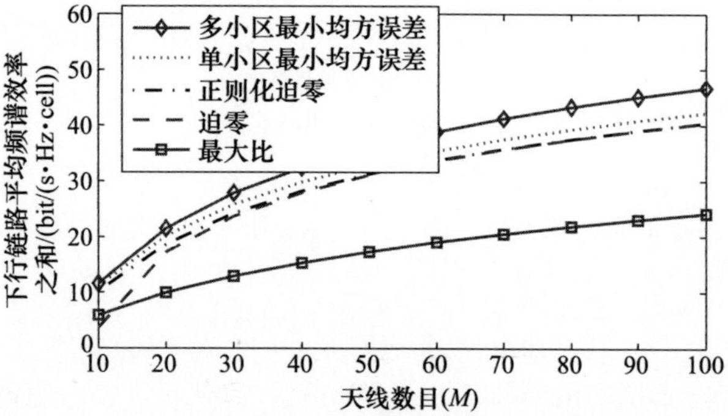

图 4.18 不同预编码方案下的下行链路平均频谱效率之和,它是基站天线数目的函数。每个小区有 $K=10$ 个用户设备,在每个小区中重复使用相同的 K 个导频

图 4.19 显示了分别用 $f=2$ 和 $f=4$ 作为导频复用因子时相应的频谱效率之和。在频谱效率方面,所得结果也与上行链路的结果相似,多小区最小均方误差在 $f=4$ 时具有最高性能,单小区均方误差、正则化迫零和迫零在 $f=2$ 时具有最高性能,而最大比在 $f=1$ 时频谱效率最高。表 4.5 中给出了这些观测结果,给出了 $M=100$条件下的不同预编码方案的频谱效率之和。与上行链路一样,提供更高频谱效率的预编码/合并方案的计算复杂度更高,这里可选择多小区最小均方误差、正则化迫零和最大比作为高频谱效率和低复杂度之间的三种不同的权衡,这些是实际应用中选择的方案。

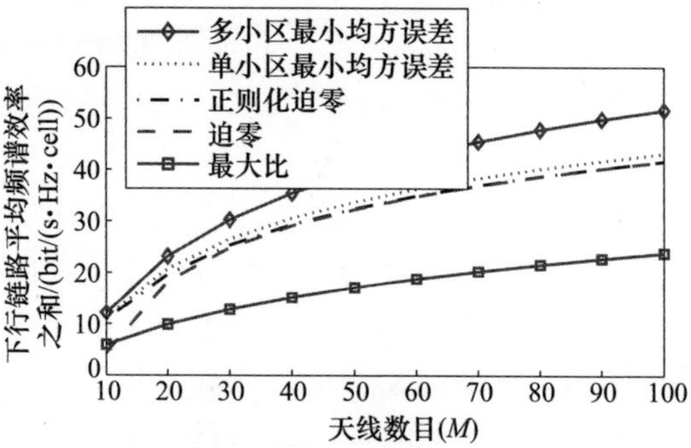

(a) 导频复用因子f=2

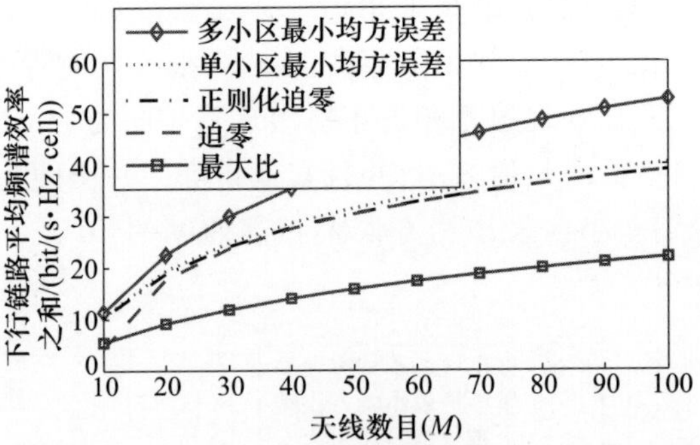

(b) 导频复用因子$f=4$

图 4.19　不同预编码方案下的下行链路平均频谱效率之和,它是基站天线数目的函数。根据图 4.4(b)中的模式,每个小区有 $K=10$ 个用户设备,$2K$ 或 $4K$ 个导频在小区之间重复使用

表 4.5　对于不同的导频复用因子 f,$M=100$,$K=10$ 条件下的下行链路平均频谱效率之和(bit/(s·Hz·cell))。每种方案的最大值是黑体数字,这些结果是根据图 4.18 和图 4.19 得到的

方案	$f=1$	$f=2$	$f=4$
多小区最小均方误差	46.67	51.57	**52.63**
单小区最小均方误差	42.24	**43.13**	40.32
正则化迫零	40.44	**41.63**	38.92
迫零	40.40	**41.60**	38.89
最大比	**24.12**	23.83	21.93

4.3.5　其他非最小均方误差信道估计方案的频谱效率

之前的下行链路的频谱效率仿真是基于最小均方误差信道估计的,现在将研究使用低复杂度的逐元素最小均方误差和最小二乘信道估计子对频谱效率产生的影响。这里继续关注图 4.18 和图 4.19 的实例,但是重点考虑 $K=10$ 个用户设备,$M=100$ 根基站天线的情况,并且对于每种预编码方案,我们都使用能够最大化频谱效率的导频复用因子。

图 4.20 显示了使用多小区最小均方误差、正则化迫零和最大比预编码的平均频谱效率之和的条形图。正如所料,使用最小均方误差估计能够获得最高的频谱效率。若使用逐元素最小均方误差估计子,则频谱效率损失 10% ~12% 。当使用正则化迫零或最大比预编码时,逐元素最小均方误差和最小二乘估计子之间的频谱效率差异非常小,而多小区最小均方误差预编码使用最小二乘估计子时性能较差。原因在于,如前面 4.2.3 节所述,在估计其他小区中用户设备的信道时,最小二乘估计子没有给出正确的缩放,导致了对减少小区间干扰的过度重视。在实际

应用中可以通过减小小区间信道估计的范数来解决该问题。

总之,在所考虑的情况下,使用次优信道估计子在下行链路中引起的频谱效率损失仅为10%(在4.2.3节的上行链路中也获得了类似的结果)。另外,与低复杂度最大比预编码相比,使用正则化迫零或多小区最小均方误差预编码仍然能够得到很大的频谱效率增益。只有在多小区最小均方误差预编码方案下,信道估计子的选择才会产生比较大的影响,原因是这种预编码方案需要抑制小区间干扰。

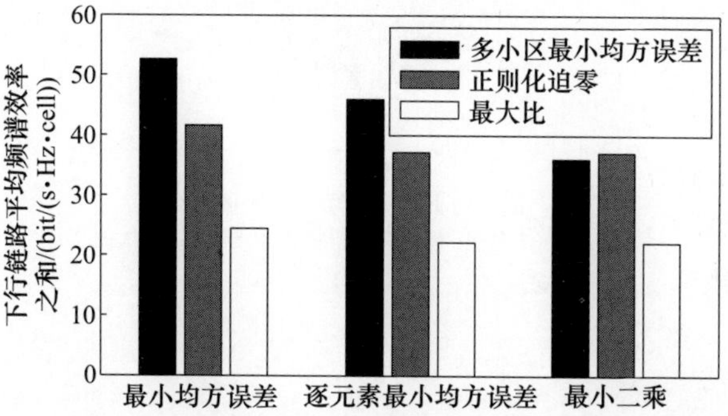

图4.20 在基站天线数目 $M=100$,每小区用户数 $K=10$ 的场景下,使用最小均方误差、逐元素最小均方误差或最小二乘信道估计子对应的下行链路平均频谱效率之和,这里考虑了三种不同的预编码方案。作为对比,图4.14中给出了上行链路的情况,并显示了类似的结果

4.3.6 上/下行链路之间干扰的差异

尽管存在上行链路—下行链路对偶,但上行链路和下行链路之间存在重要差异。这里将举例说明其中的一个关键差异,即影响用户设备的干扰是如何产生的。为此,继续考虑4.1.3节中定义的运行实例,测量平均期望信号功率和干扰功率的归一化值,这里的归一化是针对1600个随机的用户设备位置处的噪声功率进行的,这些位置对应于1600个阴影衰落的实现。在 $M=100$ 根天线、每个小区有 $K=10$ 个用户设备、$f=1$ 的条件下,比较最大比和多小区最小均方误差合并/预编码的性能。每个样例中的16个小区包括160个用户设备的位置。仿真显示了来自十个样例的1600个随机位置。

期望信号功率随着上行链路和下行链路中传播距离的增加而衰减,使得在小区中心处获得较大的值并且在小区边缘处获得较小的值。因为在上行链路中,期望信号和干扰信号都被同一个基站接收,所以用户设备的信号功率和干扰功率在上行链路中基本上是独立的。图4.21中的散点图说明了这一点,其中每个点代表一个用户设备的信号功率和干扰功率。考虑ASD$\sigma_{\varphi}=10°$的高斯局部散射模型,不相关的衰落将导致相同的行为(但存在很小的变化)。如图所示,无论信号功率如何,干扰功率都具有相同的扩展,从而使得点云类似于水平矩形。

最大比的干扰功率和信号功率在统计上高于多小区最小均方误差下的干扰功率和信号功率,原因在于多小区最小均方误差牺牲了一些信号功率来降低数十分贝的干扰功率。

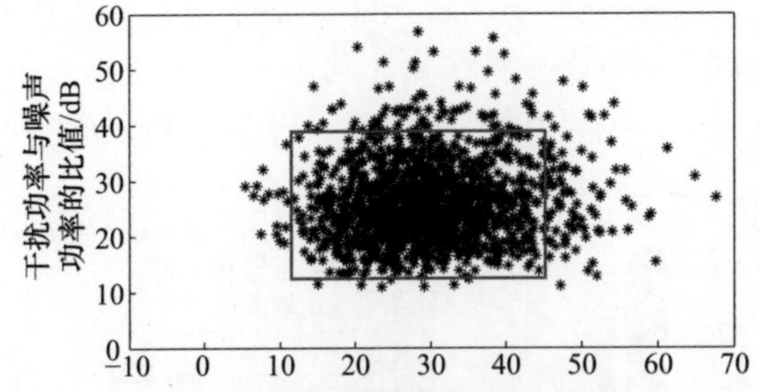

(a) 最大比合并（信号值和干扰值基本上相互独立）

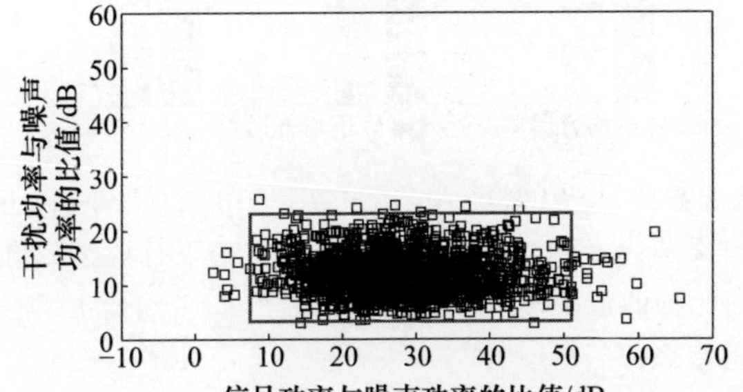

(b)多小区最小均方误差合并（信号值和干扰值基本上相互独立）

图 4.21　不同的用户设备位置接收到的上行链路平均信号功率和干扰功率的散点图。考虑了采用通用导频复用($f=1$)的多小区最小均方误差和最大比合并,采用 ASD$\sigma_{\varphi}=10°$的高斯局部散射模型,这些矩形表示点云的形状

相反地,期望信号功率和干扰功率在下行链路中耦合在一起,因为来自特定小区的所有期望和干扰信号是通过来自这个小区基站的相同信道接收的。具有强信道的用户设备更可能接收到强的小区内干扰,反之亦然。这可以通过图 4.22 中的散点来说明,这幅图与图 4.21 采用了相同的衰落模型。如图 4.22 所示,最大比预编码显示了预期的结果,其中点云类似于旋转 45°的矩形。有趣的是,多小区最小均方误差预编码抑制了期望信号功率和干扰功率之间的耦合,导致了类似于上行链路的情况。这是因为多小区最小均方误差识别并减轻了最强干扰源,使得小区中心处用户设备之间的干扰抑制比小区边缘处用户设备之间的干扰抑制更强烈。

总之,上行链路和下行链路中影响用户设备的干扰源之间存在明显差异。虽然使用多小区最小均方误差(以及类似的抑制干扰的方案)可以减少这些差异,但在设计功率分配(参见 7.1 节)和进行其他资源分配任务时,必须考虑这些差异。

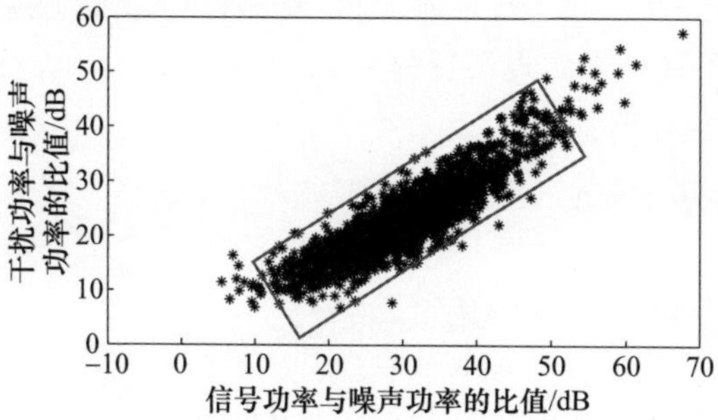

(a) 最大比预编码（信号值和干扰值是强耦合的）

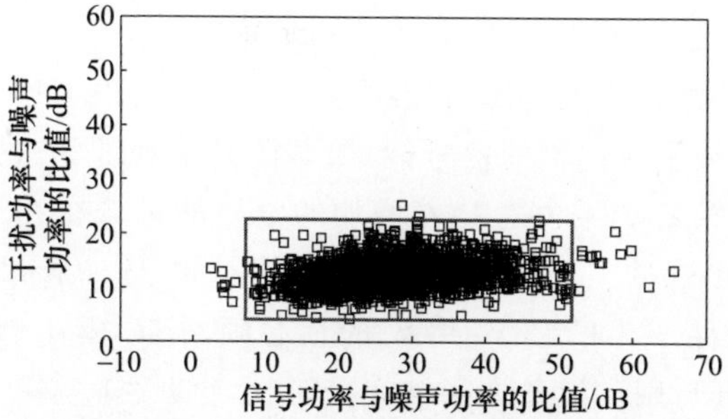

(b) 多小区最小均方误差预编码（信号值和干扰值基本上是独立的）

图 4.22　不同的用户设备位置处接收到的下行链路平均信号功率和下行链路平均干扰功率的散点图。考虑了具有通用导频复用($f=1$)的多小区最小均方误差预编码和最大比预编码。采用 ASD$\sigma_\varphi=10°$的高斯局部散射模型。这些矩形表示了点云的形状

4.4　渐近分析

在本节中，将分析当基站天线数量非常大时频谱效率的变化。分析这个过程的一种便捷方法是研究 $M_j\to\infty$的渐近机制，正如 Marzetta 关于大规模 MIMO 的开创性工作[208]所做的那样。类似的渐近分析在文献[169,244,281,43]和许多其他文献中都被研究过。还有一类文献研究另一种渐进机制，如文献[148,173,336]所述，这种机制中 M_j 和 K_j 都趋于无穷大，二者具有有限的非零比值。渐近分析的目的并不是说这些参数在实际应用时是接近于无穷大的(如评述 1.3 所述，这在物理上是不可实现的)，而是要理解缩放行为以及是否存在基本的频谱效率界限。

与文献[208]中的做法相同，在每个小区内用户设备的数量固定的条件下，令 $M_j\to\infty$。文献[208]关注于不相关的瑞利衰落和最大比合并/预编码，我们将分析空间信道相关性的影响，并对不同的合并/预编码方案进行比较。这将揭示：在渐近机制中，空间相关信道的行为与空间不相关信道的行为之间存在基本的不同之

处,这是一个较新的发现[44,43,239]。到目前为止,我们已经考虑了任意的空间相关矩阵,但是需要两个假设条件来实现渐近分析。

假设 1 空间相关矩阵$\boldsymbol{R}_{li}^{j}$满足:

条件 1:$\liminf_{M_j} \dfrac{1}{M_j}\mathrm{tr}(\boldsymbol{R}_{li}^{j}) > 0$。

条件 2:$\limsup_{M_j} \| \boldsymbol{R}_{li}^{j} \|_2 < \infty$。

对于所有的 $l=1,\cdots,L, i=1,\cdots,K_l$ 都成立。

运算符"lim inf"和"lim sup"是与传统的函数极限运算符对应的序列极限运算符。它们在序列的渐近尾部给出最小值和最大值(若序列振荡,则最小值和最大值不同)。随着 M_j 的增长,会产生不同维度的相关矩阵$\boldsymbol{R}_{li}^{j} \in \mathbb{C}^{M_j \times M_j}$,它们构成了一个序列,将上面提到的序列极限运算符用于这个序列。假设 1 中的第一个条件意味着阵列收集与天线数量成比例的信号能量,若阵列孔径随 M_j 的增长而增长,则这个条件显然成立。第二个条件意味着增加的信号能量分布在许多空间维度上,并不仅仅集中在几个强的方向上。也就是说,随着 M_j 的增长,$\boldsymbol{R}_{li}^{j}$的所有特征值都保持有界。这些条件产生的结果是:$\boldsymbol{R}_{li}^{j}$的秩必须与 M_j 成比例,但不需要满秩。例如,阵列的一部分与用户设备之间被完全阻挡。假设 1 实际上是渐近信道硬化和有利传播的充分条件(参见 2.5 节)。在$\boldsymbol{R}_{li}^{j}=\beta_{li}^{j}\boldsymbol{I}_{M_j}$的不相关衰落的情况下,有$\dfrac{1}{M_j}\mathrm{tr}(\boldsymbol{R}_{li}^{j})=\beta_{li}^{j}$, $\|\boldsymbol{R}_{li}^{j}\|_2=\beta_{li}^{j}$,因此假设 1 要求 β_{li}^{j}在这种情况下是严格正的,并且是有界的。

4.4.1 线性独立与正交的相关矩阵

渐近结果将取决于用户设备的空间相关矩阵的差异程度。衡量这种差异的两种标准起着关键的作用,第一种衡量标准是线性独立性。

1. 线性独立性

如果集合中的向量不能写成其他向量的线性组合,那么这组向量是线性独立的。在本节中,将这个概念应用于矩阵。

定义 4.1(线性独立的相关矩阵) 考虑相关矩阵 $\boldsymbol{R} \in \mathbb{C}^{M \times M}$,如果

$$\left\| \boldsymbol{R} - \sum_{i=1}^{N} c_i \boldsymbol{R}_i \right\|_F^2 > 0 \tag{4.40}$$

对于所有标量 $c_1,\cdots,c_N \in \mathbb{R}$ 都成立,那么该矩阵与相关矩阵$\boldsymbol{R}_1,\cdots,\boldsymbol{R}_N \in \mathbb{C}^{M \times M}$线性独立。进一步,如果

$$\liminf_{M} \frac{1}{M} \left\| \boldsymbol{R} - \sum_{i=1}^{N} c_i \boldsymbol{R}_i \right\|_F^2 > 0 \tag{4.41}$$

对于所有标量 $c_1,\cdots,c_N \in \mathbb{R}$ 成立,那么 $\boldsymbol{R}$ 渐近线性独立于$\boldsymbol{R}_1,\cdots,\boldsymbol{R}_N$。

注意，线性独立意味着相关矩阵 $\boldsymbol{R}$ 不能表示成$\boldsymbol{R}_1,\cdots,\boldsymbol{R}_N$ 的线性组合。这些矩阵可能都是满秩的，但是具有不同的特征值（以及不同的特征向量）。渐近线性独立条件是更严格的条件，因为它不仅要求线性独立，还要求不同矩阵所在的子空间具有一个至少随 M 线性增长的范数（例如，特征值之和）。这里将举两个渐近线性独立的例子来描述这个定义的含义。

2. 渐近线性独立的例子

首先，我们考虑相关矩阵

$$\boldsymbol{R}=\begin{bmatrix}2\boldsymbol{I}_{M'} & \boldsymbol{0}\\ \boldsymbol{0} & \boldsymbol{I}_{M-M'}\end{bmatrix},\quad \boldsymbol{R}_1=\begin{bmatrix}\boldsymbol{I}_{M'} & \boldsymbol{0}\\ \boldsymbol{0} & \boldsymbol{I}_{M-M'}\end{bmatrix} \tag{4.42}$$

其中，对于某个整数 $M'\geqslant 1$，两个矩阵的前 M'个对角元素是不同的。这些矩阵是线性独立的，因为它们都不能写为标量乘以另一个矩阵的形式，而且，这里有

$$\begin{aligned}\frac{1}{M}\|\boldsymbol{R}-c_1\boldsymbol{R}_1\|_F^2&=\frac{M'(2-c_1)^2+(M-M')(1-c_1)^2}{M}\\&\geqslant\frac{(M-M')M'}{M^2}\end{aligned} \tag{4.43}$$

其下限是通过最小化关于 c_1 的表达式得到的（最小值通过 $c_1=(M+M')/M$ 实现）。如果 $M'=aM$，对于某些满足 $0<a<1$ 的 a，那么式(4.43)变为

$$\frac{1}{M}\|\boldsymbol{R}-c_1\boldsymbol{R}_1\|_F^2\geqslant\frac{(M-M')M'}{M^2}=(1-a)a \tag{4.44}$$

此时对于所有 M，下界非零，因此式(4.41)成立，并且得出结论：$\boldsymbol{R}$ 和$\boldsymbol{R}_1$ 也是渐近线性独立的。如果 M'或$(M-M')$是常数，那么当 $M\to\infty$时，$\frac{(M-M')M'}{M^2}\to 0$，并且没有渐近线性独立性。换句话说，式(4.41)中的渐近定义要求与矩阵线性独立的子空间所具有的维度是与 M 成比例的。

3. 线性相关矩阵对扰动敏感

不相关衰落下的信道的相关矩阵是经过不同缩放的单位矩阵，是非线性独立矩阵的重要例子。然而，任何这样的实例对于矩阵元素中的微小变化都是不鲁棒的。例如，考虑以下矩阵

$$\boldsymbol{R}=\begin{bmatrix}\epsilon_1 & 0 & \cdots\\ 0 & \ddots & 0\\ \cdots & 0 & \epsilon_M\end{bmatrix},\quad \boldsymbol{R}_1=\boldsymbol{I}_M \tag{4.45}$$

其中，$\epsilon_1,\cdots,\epsilon_M$ 是独立同分布的随机变量。除了特殊情况 $\epsilon_1=,\cdots,=\epsilon_M$ 以外，这两个矩阵是线性独立的，若随机变量具有连续分布，则特殊情况 $\epsilon_1=,\cdots,=\epsilon_M$ 的概率为 0，而且，由大数定律得知（参见引理 B.12），当 $M\to\infty$时，有

$$\frac{1}{M}\|\boldsymbol{R}-c_1\boldsymbol{R}_1\|_F^2=\frac{1}{M}\sum_{m=1}^{M}(\epsilon_m-c_1)^2$$
$$\geqslant\frac{1}{M}\sum_{m=1}^{M}\left(\epsilon_m-\frac{1}{M}\sum_{n=1}^{M}\epsilon_n\right)^2\to\mathbb{E}\{(\epsilon_m-\mathbb{E}\{\epsilon_m\})^2\}\tag{4.46}$$

式(4.46)中的不等式来自设定 $c_1=\frac{1}{M}\sum_{n=1}^{M}\epsilon_n$,目的是使关于 c_1 的表达式最小化。式(4.46)中的最后一个表达式可以认为是任意元素 ϵ_m 的方差。任何随机变量的方差都不为0,因此 $\boldsymbol{R}$ 和$\boldsymbol{R}_1$ 也几乎必然是渐近线性独立的。

这个例子表明:小的随机扰动足以满足式(4.41)中的渐近定义。实际上,任意用户设备的相关矩阵都可以视为来自连续随机分布的实现。例如,在我们的仿真中,相关矩阵是由用户设备的位置以及信道模型随机产生的。在这种情况下,用户设备的相关矩阵几乎必然是线性独立的,获得线性相关矩阵的概率是0①。在空间相关的衰落中,两个相关矩阵是线性无关的,除非来自两个用户设备的接收信号具有相同的角度分布以及在各自角度上分配的功率也相等。

总之,得出结论:在实际应用中,所有相关矩阵的集合都是线性独立的。

4. 空间正交性

空间相关矩阵之间差异的另一个度量是空间正交性。

定义 4.2(正交的相关矩阵) 如果

$$\mathrm{tr}(\boldsymbol{R}_1\boldsymbol{R}_2)=0\tag{4.47}$$

那么这两个相关矩阵$\boldsymbol{R}_1,\boldsymbol{R}_2\in\mathbb{C}^{M\times M}$在空间上正交,这也意味着$\boldsymbol{R}_1\boldsymbol{R}_2=\boldsymbol{0}_{M\times M}$。如果

$$\frac{1}{M}\mathrm{tr}(\boldsymbol{R}_1\boldsymbol{R}_2)\to 0,\quad M\to\infty\tag{4.48}$$

那么$\boldsymbol{R}_1$ 和$\boldsymbol{R}_2$ 是渐近空间正交的。

式(4.48)中渐近空间正交矩阵的定义意味着矩阵的公共子空间具有恒定的维数和恒定的特征值,或者随 M 亚线性地增长。与式(4.47)中的空间正交矩阵的定义相比,这是一个限定较少的条件(式(4.47)要求不存在共同的子空间)。然而,两个空间正交条件都比线性独立条件强得多,因为它们隐含的条件是两个相关矩阵都是强秩亏的。例如,只有当 $\epsilon_1=,\cdots,=\epsilon_M=0$ 时,式(4.45)中的 $\boldsymbol{R}$ 和$\boldsymbol{R}_1$ 才是正交的,并且使得 $\boldsymbol{R}=\boldsymbol{0}_{M\times M}$成立。在空间相关的衰落中,文献[7,363]指出,如果基站配备了均匀线阵,并且来自两个用户设备的信道的角度分布具有非重叠的支撑集,那么两个相关矩阵变为渐近空间正交的。然而,文献[121]中的测量表

① 原理与生成 L 个 i. i. d 的随机向量 $\boldsymbol{x}_1,\cdots,\boldsymbol{x}_L\sim\mathcal{N}_{\mathbb{C}}(\boldsymbol{0}_N,\boldsymbol{I}_N)$ 的原理相同。当 $L<N$ 时,向量几乎肯定是线性独立的。

明:在实际应用中,至少在蜂窝网络的覆盖层中使用的频率中,不太可能发生这种“角度分离”事件。但是,角度的可分离性很可能成为毫米波频段的一个研究热点[275,8]。

4.4.2 渐近观点

通过考虑最大比合并和预编码开始进行渐近性分析,其中的闭合表达式分别由推论 4.3 和推论 4.4 给出。

定理 4.6(最大比合并) 在假设 1 下,如果使用 $\boldsymbol{v}_{jk}=\hat{\boldsymbol{h}}_{jk}^{j}$ 的最大比合并,$\boldsymbol{R}_{jk}^{j}$ 与 $\boldsymbol{R}_{li}^{j}$(所有 $(l,i)\in\mathcal{P}_{jk}\setminus(j,k)$)是渐近空间正交的,那么当 $M_j\to\infty$ 时,$\underline{\mathrm{SINR}}_{jk}^{\mathrm{UL}}\to\infty$。如果不是这种情况,那么当 $M_j\to\infty$ 时,满足

$$\underline{\mathrm{SINR}}_{jk}^{\mathrm{UL}}-\frac{p_{jk}^{2}\operatorname{tr}(\boldsymbol{R}_{jk}^{j}\boldsymbol{\psi}_{jk}^{j}\boldsymbol{R}_{jk}^{j})}{\underbrace{\sum_{(l,i)\in\mathcal{P}_{jk}\setminus(j,k)}p_{li}^{2}\frac{|\operatorname{tr}(\boldsymbol{R}_{li}^{j}\boldsymbol{\psi}_{jk}^{j}\boldsymbol{R}_{jk}^{j})|^{2}}{\operatorname{tr}(\boldsymbol{R}_{jk}^{j}\boldsymbol{\psi}_{jk}^{j}\boldsymbol{R}_{jk}^{j})}}_{\text{相干干扰}}}\to 0 \tag{4.49}$$

证明:证明见附录 C.3.10。

定理 4.7(最大比预编码) 在假设 1 下,如果对所有用户设备使用 $\boldsymbol{w}_{jk}=\hat{\boldsymbol{h}}_{jk}^{j}/\sqrt{\mathbb{E}\{\|\hat{\boldsymbol{h}}_{jk}^{j}\|^{2}\}}$ 的最大比预编码,若 $\boldsymbol{R}_{jk}^{l}$ 与 $\boldsymbol{R}_{li}^{l}$(所有 $(l,i)\in\mathcal{P}_{jk}\setminus(j,k)$)是渐近空间正交的,则当 $M_1=\cdots=M_L\to\infty$ 时,$\underline{\mathrm{SINR}}_{jk}^{\mathrm{DL}}\to\infty$。如果不是这种情况,那么当 $M_1=\cdots=M_L\to\infty$ 时,有

$$\underline{\mathrm{SINR}}_{jk}^{\mathrm{DL}}-\frac{\rho_{jk}\operatorname{tr}(\boldsymbol{R}_{jk}^{j}\boldsymbol{\psi}_{jk}^{j}\boldsymbol{R}_{jk}^{j})}{\underbrace{\sum_{(l,i)\in\mathcal{P}_{jk}\setminus(j,k)}\rho_{li}\frac{|\operatorname{tr}(\boldsymbol{R}_{jk}^{l}\boldsymbol{\psi}_{li}^{l}\boldsymbol{R}_{li}^{l})|^{2}}{\operatorname{tr}(\boldsymbol{R}_{li}^{l}\boldsymbol{\psi}_{li}^{l}\boldsymbol{R}_{li}^{l})}}_{\text{相干干扰}}}\to 0 \tag{4.50}$$

证明:证明见附录 C.3.10。

这些定理表明,由最大比实现的上行链路和下行链路的信干噪比分别渐近地逼近式(4.49)和式(4.50)中的简化表达式,这些表达式中不包含噪声和非相干干扰项。这并不意味着“丢失”项渐近地变为 0,但是与信号项和来自使用相同导频序列的用户设备的相干干扰相比,它们可被忽略,信号项与相干干扰项这两者都与 M 成比例地增长。这是导频污染的结果,它使得这些用户设备的信道估计与最大比向量相关。

在特殊情况下,期望用户设备的相关矩阵与产生导频污染的用户设备的相关矩阵是渐进空间正交的,此时的信干噪比将会无限制地增长。如上所述,这是一个非常强的条件,在蜂窝网络的覆盖层所使用的频率中,这个条件不太可能成立(回想图 1.2)[121]。但存在理论上的信道模型可以产生这种低秩效应[7,363],

因此应该小心谨慎地研究渐近行为。即使相关矩阵是满秩的，也能通过分配导频序列，使得导频共享的用户设备具有差别较大的支撑集，从而增加最大比下的渐进频谱效率界限。因此在给用户设备分配导频序列时，需要考虑这种情况[363,7,192]。

除了去除一些干扰/噪声项之外，渐近公式与之前的公式具有相同的特征。在不相关的衰落情况下，表达式特别简洁，其中式(4.49)和式(4.50)变为

$$\underline{\mathrm{SINR}}_{jk}^{\mathrm{UL}} \to \frac{(p_{jk}\beta_{jk}^{j})^2\tau_p\psi_{jk}}{\sum\limits_{(l,i)\in\mathcal{P}_{jk}\setminus(j,k)}(p_{li}\beta_{li}^{j})^2\tau_p\psi_{jk}} = \frac{(p_{jk}\beta_{jk}^{j})^2}{\sum\limits_{(l,i)\in\mathcal{P}_{jk}\setminus(j,k)}(p_{li}\beta_{li}^{j})^2} \tag{4.51}$$

$$\underline{\mathrm{SINR}}_{jk}^{\mathrm{DL}} \to \frac{\rho_{jk}p_{jk}\,(\beta_{jk}^{j})^2\tau_p\psi_{jk}}{\sum\limits_{(l,i)\in\mathcal{P}_{jk}\setminus(j,k)}\rho_{li}p_{jk}\,(\beta_{jk}^{l})^2\tau_p\psi_{li}} = \frac{\rho_{jk}\,(\beta_{jk}^{j})^2\psi_{jk}}{\sum\limits_{(l,i)\in\mathcal{P}_{jk}\setminus(j,k)}\rho_{li}\,(\beta_{jk}^{l})^2\psi_{li}} \tag{4.52}$$

这些渐近极限值取决于信号功率和干扰功率之间的比值，因为噪声项渐近地消失了，所以这些项的精确值并不重要。这里期望在上行链路中使 $\beta_{li}^{j}/\beta_{jk}^{j}$ 较小，这对应于干扰用户设备到基站 j 的信道相对较弱的情况。类似地，期望在下行链路中使 $\beta_{jk}^{l}/\beta_{jk}^{j}$ 较小，这对应于干扰基站到小区 j 中用户设备 k 的信道较弱的情况。注意，这些比值中的某一个可能很小，而另一个比较大。这些渐近分析结果可以作为启发式方法用于指导用户设备的导频分配。

基于最大比的渐近结果和仅由导频污染引起相干干扰这个事实，人们可能会想到：在存在导频污染的情况下，任何合并/预编码方案对应的频谱效率都具有有限的界限。为了研究这种想法是否成立，我们考虑“最优”合并方案，即多小区最小均方误差合并。

定理 4.8(多小区最小均方误差合并)　如果基站 j 使用多小区最小均方误差合并与最小均方误差信道估计，如果假设 1 成立，并且相关矩阵 $\boldsymbol{R}_{jk}^{j}$ 渐近地线性独立于相关矩阵 $\boldsymbol{R}_{li}^{j}$ 的集合，其中 $(l,i)\in\mathcal{P}_{jk}\setminus(j,k)$，那么当 $M_j\to\infty$ 时，小区 j 中用户设备 k 的上行链路的频谱效率将会无限制地增长。

证明：这个结果的严格证明是非常复杂的，因此这里仅用数值方法验证它。感兴趣的读者可以在文献[43]中找到证明。

该定理证明了当使用多小区最小均方误差合并，且 $M_j\to\infty$ 时，一个用户设备的上行链路的频谱效率将会无限制地增长，这与最大比合并的情况形成了鲜明的对比。正如所料，噪声和非相干干扰项渐近地消失了，最大比合并也是如此。如果空间相关矩阵是渐近线性独立的，那么相干干扰的影响消失了。这是一个宽泛的条件，在实际应用中通常是成立的(如前所述)，但是在文献[208]和许多后续文章中所研究的不相关瑞利衰落的情况下，这个条件是不成立的。不相关衰落下执行的渐近分析必然会产生过于保守的结果，因此应小心处理。

基站能够抑制由产生导频污染的用户设备引起的相干干扰的原因在于：尽管

最小均方误差估计的信道向量是相关的，但是当相关矩阵线性独立时，最小均方误差估计的信道向量是线性独立的。更准确地说，定理 3.1 给出了信道估计$\hat{\boldsymbol{h}}_{jk}^{j} = \sqrt{p_{jk}}\boldsymbol{R}_{jk}^{j}\boldsymbol{\Psi}_{jk}^{j}\boldsymbol{y}_{jjk}^{p}$和任意$(l,i) \in \mathcal{P}_{jk} \backslash (j,k)$下的信道估计$\hat{\boldsymbol{h}}_{li}^{j} = \sqrt{p_{li}}\boldsymbol{R}_{li}^{j}\boldsymbol{\Psi}_{jk}^{j}\boldsymbol{y}_{jjk}^{p}$。这意味着，如果$\boldsymbol{R}_{jk}^{j}$和$\boldsymbol{R}_{li}^{j}$线性相关，那么差

$$\hat{\boldsymbol{h}}_{jk}^{j} - c\hat{\boldsymbol{h}}_{li}^{j} = (\sqrt{p_{jk}}\boldsymbol{R}_{jk}^{j} - c\sqrt{p_{li}}\boldsymbol{R}_{li}^{j})\boldsymbol{\Psi}_{jk}^{j}\boldsymbol{y}_{jjk}^{p} \tag{4.53}$$

仅对于某些$c \in \mathbb{R}$为 0。图 4.23 以几何的形式对该原理进行了说明。得到的重要启示是：对于线性独立的信道估计，可以找到与产生导频污染的用户设备的信道估计正交的合并向量$\boldsymbol{v}_{jk}$的方向（即$\boldsymbol{v}_{jk}^{\mathrm{H}}\hat{\boldsymbol{h}}_{li}^{j} = 0$），这个方向与期望用户设备的信道估计之间的内积$\boldsymbol{v}_{jk}^{\mathrm{H}}\hat{\boldsymbol{h}}_{jk}^{j}$非零。通过使用这个（次优）合并向量或“最优”多小区最小均方误差合并，总能消除相干干扰。如果相关矩阵也是渐近线性独立的，那么合并向量还将提供一个能使信干噪比无限增长的阵列增益。这就是定理 4.8 要求渐近线性独立的相关矩阵的原因。

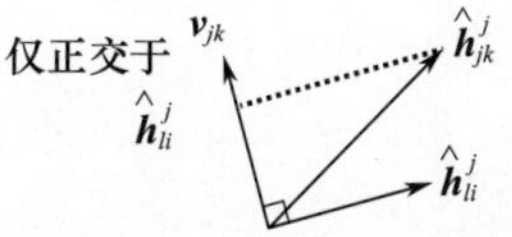

(a)两个受到导频污染的用户设备的信道估计，此时，它们的相关矩阵是线性独立的

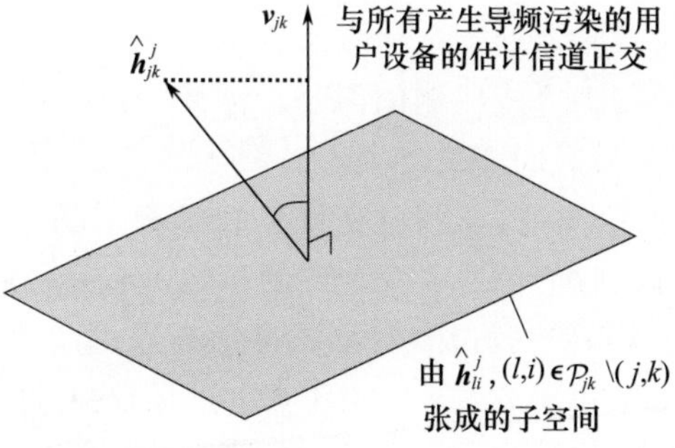

(b)多个受到导频污染的用户设备的信道估计，此时，它们的相关矩阵是线性独立的

图 4.23 复用相同的导频，同时具有相互线性独立的空间相关矩阵的用户设备的线性独立信道估计的几何说明。合并向量$\boldsymbol{v}_{jk}$抑制了沿干扰信道估计方向接收到的相干干扰，同时保留了期望信号的非零部分

由于上行链路与下行链路对偶，与上述过程相似的渐近分析过程也适用于采用多小区最小均方误差预编码的下行链路的频谱效率。

定理 4.9（多小区最小均方误差预编码） 如果所有基站使用基于最小均方误差信道估计的多小区最小均方误差预编码，如果假设 1 成立并且相关矩阵$\boldsymbol{R}_{li}^{j}$（$(l,i) \in \mathcal{P}_{jk}$）都是渐近线性独立的，那么当$M_1 = ,\cdots, = M_L \to \infty$时，小区$j$中用户设备$k$

的下行链路频谱效率将会无限制地增长。

证明:这个结果的严格证明是非常复杂的,因此这里只进行数值验证。感兴趣的读者可以在文献[43]中找到证明。

上面给出的渐近结果依赖于最小均方误差信道估计,这种信道估计需要知道基站处的空间相关矩阵。在前面的3.3.3节中已经讨论过估计相关矩阵的方法了。

下面分析逐元素最小均方误差信道估计和最小二乘信道估计的渐近频谱效率。

正如3.4.1节中所述,最小均方误差估计子的替代方案是推论3.3中的逐元素最小均方误差估计子,它不需要全部的空间相关矩阵信息。它仅利用$\boldsymbol{R}_{li}^{j}$的主对角线上的元素,如式(3.26)所示,通过使用不必随M_j变大的少量样本[57,299],就可有效地估计出$\boldsymbol{R}_{li}^{j}$。在文献[43]中,已经证明了当使用逐元素最小均方误差估计子时,频谱效率也可以随天线数量的增加而无限地增长。为了获得这个结果,需要已知相关矩阵$\boldsymbol{R}_{l'i'}^{j}$的对角元素,其中$(l',i')\in\mathcal{P}_{jk}$(共享导频的用户设备之间),同时要求对角元素之间是渐进线性独立的。如文献[122]中的测量所示,这个条件在实际应用中成立的可能性非常大。

如果空间相关矩阵$\boldsymbol{R}_{li}^{j}$的对角元素是未知的或不可靠的(例如,由于其他小区中用户设备调度的快速变化),那么有必要考虑式(3.35)中不需要任何先验统计信息的最小二乘估计子。在这种情况下,受到导频污染的用户设备的信道估计仅是长度不同的平行向量。在这种情况下抑制相干干扰似乎较难,但是总是可以通过让导频共享的用户设备轮流处于激活状态来消除导频污染,但这也使得在频谱效率的对数前乘了一个与$1/L$成比例的因子。因此,在配置了一定数量天线的实际的大型网络中,它不是最好的解决方案。

评述4.3(导频污染预编码)　假设允许基站以相干联合传输模式进行协作,也就是说每个用户设备接收的信号来自全部的基站。有一种称为导频污染预编码(或大尺度衰落预编码/解码)的方法,它可以抑制渐近机制中的相干干扰[23,191,6],并在导频污染下实现无界的频谱效率。由于在上述场景中,每个用户设备由多个空间上分离的基站提供服务,因此来自所有基站的联合信道的相关矩阵在空间上是强相关的。此外,导频共享的用户设备的相关矩阵可能是线性独立的,这也是保证这个方法能有效工作的充分条件[43]。因此,导频污染预编码依赖于与上面提供的渐近分析相同的基本性质。与多小区最小均方误差合并/预编码相比,导频污染预编码的缺点是所有基站都需要处理所有用户设备的数据信号,这使得此方法无法实用。

4.4.3　强干扰下的渐近结果

为了说明渐近结果,本例考虑了图4.24中特定的上行链路场景——其干扰特别强。有$L=2$个基站,每小区有$K=2$个用户设备。两个用户设备与为其服务的基站分别相距140m,并且从基站方向看,二者的角度差仅为3.6°。如图4.24所示，设置是对称的。有两个导频序列，每个导频序列在各小区中具有相同序号的用户设备之间进行复用。除了忽略了阴影衰落以外，发射功率和信道传播模型与 4.1.3 节中定义的实例相同。特别地，提供服务的基站（$l=j$）的平均信噪比 $p_{jk}\mathrm{tr}(\boldsymbol{R}_{jk}^{l})/(M_l\sigma_{\mathrm{UL}}^2)$ 为 -2dB，而另一个不提供服务的基站（$l\neq j$）的平均信噪比 $p_{jk}\mathrm{tr}(\boldsymbol{R}_{jk}^{l})/(M_l\sigma_{\mathrm{UL}}^2)$ 为 -2.3dB。

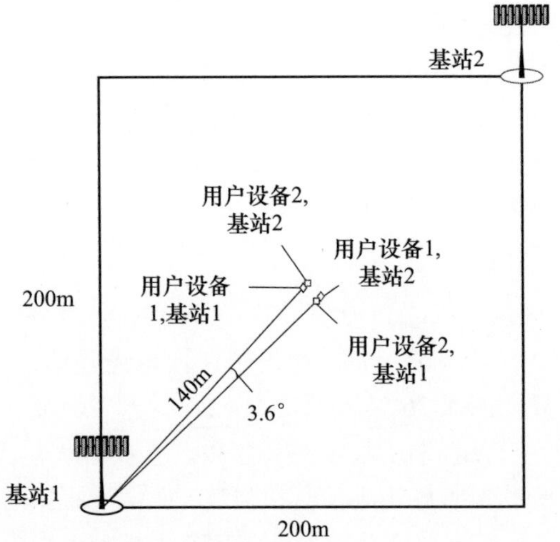

图 4.24　两个小区，每个小区有两个用户设备，用于说明大规模 MIMO 的渐近行为

这里首先考虑具有高斯角分布和 ASD$\sigma_{\varphi}=10°$的局部散射模型，ASD$\sigma_{\varphi}=10°$意味着它远大于用户设备之间的角度差。图 4.25 给出了每个小区的上行链路的频谱效率之和，其中水平轴使用对数标度给出基站天线的数量 $M=M_1=M_2$。这里考虑多小区最小均方误差、单小区最小均方误差、正则化迫零、迫零和最大比合并。当 $M=10$ 时，这些方案提供大致相同的频谱效率，但是当 M 值较大时，这些方案之间存在较大的差异。多小区最小均方误差的频谱效率无限制地增长，这与定理 4.8 一致。对于每个用户设备，曲线的斜率随 M 的增加而增加，并且接近于 $\tau_u/\tau_c\ \log_2 M$ 倍的伸缩。所有其他合并方案的频谱效率都有渐近极限值，因为它们不能抑制来自其他小区中产生导频污染的用户设备引起的相干干扰。正则化迫零、迫零和最大比似乎具有相同的极限值，而单小区最小均方误差具有略高的极限值，因为其考虑了估计误差相关矩阵。在这个例子中，当 $M=100$ 时，多小区最小均方误差和其他方案之间存在较大差异，而当相干干扰较弱时，只有在天线数量非常大的时候，各方案才会在频谱效率方面产生差异（和实例中的情况一样）。

合并方案的行为差异不限于强空间信道相关性的场景。为了说明这一事实，这里将信道模型改为不相关的瑞利衰落，这种衰落受到天线阵列上一些较小的大尺度衰落变化的扰动。也就是说，$\boldsymbol{R}_{li}^{j}=\beta_{li}^{j}\boldsymbol{D}_{li}^{j}$，其中 $\boldsymbol{D}_{li}^{j}$ 是对角矩阵，第 m 个对角线

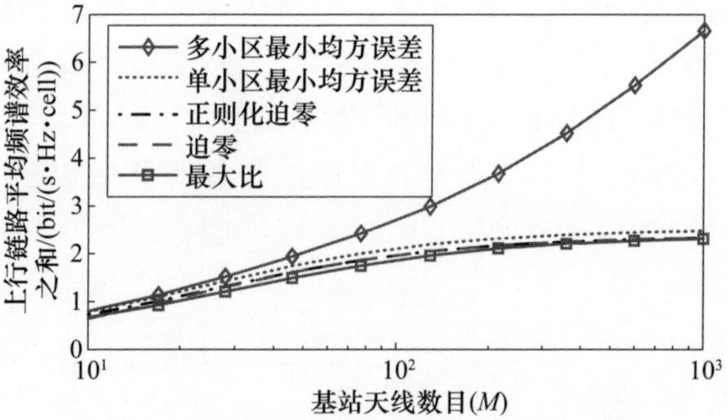

图 4.25　在图 4.24 中仿真参数的基础上,分析上行链路的平均频谱效率之和,它是基站天线数目的函数(天线数目采用对数坐标)。这里采用的是高斯角度分布和 ASDσ_{φ} = 10°的局部散射模型

元素$[\boldsymbol{D}_{li}^{j}]_{mm}$独立地服从 $10\log_{10}([\boldsymbol{D}_{li}^{j}]_{mm}) \sim \mathcal{N}(0,\sigma_{\text{variation}}^{2})$分布。这种大尺度衰落变化来自文献[122]中的非视距测量,这表明在均匀线阵中,天线之间的接收信号功率存在 4dB 的差异。图 4.26 显示了当 $M=200$ 根天线,变化的标准差 $\sigma_{\text{variation}} \in [0,4]$时每个小区的上行链路的频谱效率之和。当没有大尺度衰落变化时,多小区最小均方误差的频谱效率与其他方案相似,但差异随着标准差的增加而迅速增加。原因是当引入大尺度衰落变化时,相关矩阵是渐近线性独立的。矩阵差异越大,由执行多小区最小均方误差时产生的干扰抑制所导致的信号功率损失就越小,频谱效率就越大。当使用除多小区最小均方误差之外的其他方案时,由于相关矩阵中的随机变化使得信道在空间上更易于分离,因此频谱效率也会增加。无论使用哪种方案,这种空间相关都是有益的,但只有多小区最小均方误差利用它来抑制相干干扰。因此,对于 $M=200$ 而言,多小区最小均方误差与其他方案之间的性能差异较大,并且当 $M\to\infty$时此差异将继续增长,因为其他方案具有有限的渐近极限。

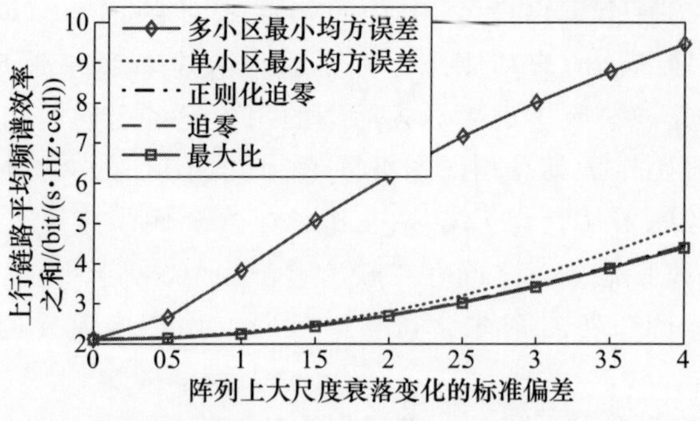

图 4.26　采用图 4.24 中的仿真设置,令 $M=200$ 根天线,分析每个小区中的上行链路频谱效率之和受到阵列上大尺度衰落变化的影响。标准偏差 $\sigma_{\text{variation}}$沿水平轴变化

4.5 小　　结

• 本节得出了上行链路和下行链路的频谱效率表达式，在任意信道模型下都可以通过数值方法计算这个表达式。空间信道相关性能对频谱效率产生积极的影响，因为此时大多数用户设备彼此之间所造成的干扰较少。然而，频谱效率中也存在较大的变化，因为碰巧具有相似空间相关矩阵的用户设备彼此间的干扰会更严重。

• 根据上行链路—下行链路对偶，基站应使用相同的向量进行上行链路接收合并和下行链路发送预编码。多小区最小均方误差方案提供最高的频谱效率并且需要最高的计算复杂度，而最大比方案具有最低的复杂度和频谱效率。正则化迫零方案提供了良好的频谱效率——复杂度折中。由低复杂度的逐元素最小均方误差估计子提供的信道估计足以保证这些方案很好地工作，因此不需要更复杂的信道估计子。

• 由于用户设备的信号功率和干扰功率之间的差距可能较大，因此上行链路和下行链路中需要不同的功率分配。这将在 7.1 节中进一步进行研究。

• 得益于相干信号的处理，接收信号功率随着基站天线 M 的数量线性增加。即使在导频污染的情况下，这种线性增加也是成立的。但是，导频污染会引起随 M 增长而增长的相干干扰，除非通过使用多小区最小均方误差合并/预编码来抑制该干扰。系统中既存在相干干扰，也存在不受 M 影响的传统的非相干干扰。如果不在每个小区中重复使用导频，导频污染的影响就可以忽略不计，但这么做，会增加导频开销，这是导频污染所产生的主要的实际影响。

• 信干噪比随导频长度 τ_p 的增加而增加，对数前因子随导频长度 τ_p 的增加而减少。因此，非常有必要找到能够最大化频谱效率的导频长度。

• 可在没有下行链路信道估计的情况下进行下行链路传输，此时仅利用信道硬化这个条件。但是，在通过接收到的下行链路数据传输得到预编码信道估计的情况下，除了最大比方案以外，所有的预编码方案的频谱效率都能获得较大的改善。

• 频谱效率总是随着基站天线数目的增加而增加的。虽然一般认为多小区最小均方误差的基本上限值是存在的，但出于实用化的考虑，采用多小区最小均方误差方案时，频谱效率的上限并不存在。对于最小均方误差信道估计或者逐元素最小均方误差信道估计来说，这种结论也成立，因为噪声和所有类型的干扰都被抑制了，它们的影响渐近地消失了。空间相关性使基站能够抑制相关干扰，其他方案（例如，正则化迫零和最大比）也存在由相关干扰决定的渐近频谱效率上限，因为噪声和非相关干扰项的影响消失了。

第5章 能量效率

本章根据一个实际的电路功率(CP)消耗模型,对大规模 MIMO 的能量效率(EE)进行分析。首先,在 5.1 节解释为什么说在未来的蜂窝网络中功率消耗(PC)是一个重点关注的问题。在 5.2 节中表明大规模 MIMO 在节省大量功率的同时能够潜在地提升区域吞吐量。除此之外,还研究了当基站天线的数量增加到无穷大时发射功率的渐近行为,并建立了功率缩放定律,该定律证明了随着天线数量的增加,在实现非零渐近频谱效率的同时,发射功率是如何迅速下降的。5.3 节正式介绍能量效率度量,并提供了得到能量效率－频谱效率折中的基本思路,即建立一个关于关键系统参数(例如基站天线数量和用户设备天线数量)的函数。5.4 节为大规模 MIMO 网络开发了一个易处理且符合实际情况的电路功率(CP)模型。5.5 节和 5.6 节分别使用该模型来检查大规模 MIMO 的能量效率－吞吐量折中以及设计能实现最大能量效率的蜂窝网络。最后,5.7 节对本章关键点进行总结。

5.1 动　　机

正如本书 1.1.1 节所述,如果蜂窝网络的年流量增长率继续保持在 41% ~ 59% 的范围内,那么未来 15 ~ 20 年的区域吞吐量将不得不增加 1000 倍[271]。如果不采取积极的对策,那么“1000 × 数据挑战”的解决方案将会显著地增加功率消耗。原因是:当前的网络是基于固定的中央基础设施的,它由电网供电,并且是以最大化每个小区可以处理的吞吐量和流量负荷为目标进行设计的。功率消耗主要取决于峰值吞吐量,并且几乎不随小区的实际吞吐量变化而发生改变。这种设计是有问题的,原因是:由于用户行为的改变和分组传输的突发性质,小区中被激活的用户设备的数量会快速地发生变化(更深入的讨论参见 7.2.3 节)。文献[27]中的测量结果表明:每日的最大网络负荷为每日最小网络负荷的 2 ~ 10 倍。因此,在非高峰时段,基站会浪费大量的能源。

为了增加用户设备的电池使用时间,已经投入了相当大的人力、物力来减少用户设备的功率消耗。最近,学术界和工业界都将注意力转向了基站。在图 5.1 中[138],基站大约占据了一个蜂窝网络总功耗的 60%,移动交换设备占 20%,核心基础设施大约占 15%,数据中心和零售中心/办公室消耗了剩余的功率。基站消耗的功率由固定部分(与流量无关)和可变部分(与流量相关)组成。图 5.2 分析了覆盖层中基站的不同部分耗能占总功率消耗的比例[140]。固定部分,包括控制信号和电源,约占总消耗功率的 1/4。在非峰值业务时间内没有有效地使用这部分功率,更糟糕的情况是:当在基站的覆盖区域内没有激活用户设备时(在农村地区经常发生),该部分功耗完全被浪费了。工作状态的功率放大器(PA)的功率消耗占有最大的比例。令人震惊的是,功率放大器功率消耗的 80% ~95% 作为热量散失了,原因是:目前部署的功率放大器的总效率通常在 5% ~20% 的范围内(取决于通信标准和设备的条件)。这是由于当前的通信标准(例如 LTE)中所使用的调制方案是以强烈变化的信号包络作为特征的,其中信号的峰均功率比超过了 10dB。为了避免传输信号的失真,功率放大器必须在非饱和状态下工作。

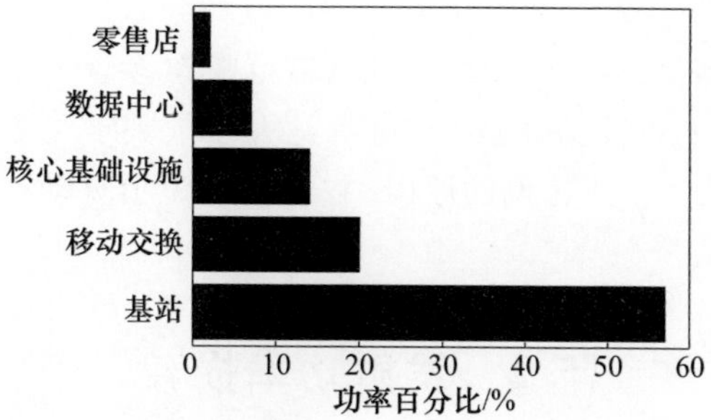

图 5.1　蜂窝网络中各部分功耗占总功耗的比例[138]

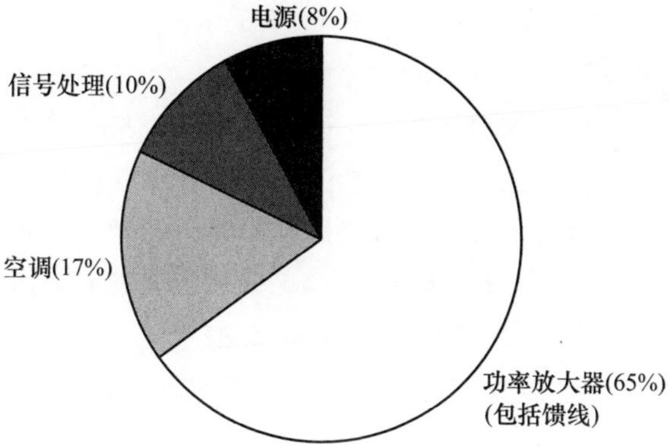

图 5.2　覆盖层基站的不同部分消耗的功率[140]

大规模 MIMO 通过使用具有 100 根或者更多根天线的阵列来促进覆盖层基站的演变,每根天线上的发射功率相对较低。这实现了多用户 MIMO 传输,也就是说,通过空间多路复用,使得每个小区的上行链路和下行链路中包含了数十个用户设备。多路复用增益改善了区域吞吐量,然而,大规模 MIMO 提供的吞吐量增益来源于部署了更多的硬件(即每个基站的多条射频链)和数字信号处理(SDMA 合并/预编码),这些硬件和数字信号处理又增加了每个基站的电路功率。因此,只有在收益和成本达到了适当的平衡状态时,才能优化整个网络的能量效率(后面将其定义为“完成一些工作所需要消耗的能量”)。第 5 章的目的是研究大规模 MIMO 改善整个网络能量效率的潜力,在 5.2 节中解释了可以利用阵列增益来降低发射功率。

评述 5.1(简单回顾热点层) 热点层基站能够为覆盖层基站覆盖的小区域提供额外的容量。由于热点层基站不仅可以通过缩短用户设备与为其提供服务的基站之间的距离来增加区域吞吐量,还可以降低发射功率,因此这种基站在未来几年将发挥重要的作用(参见 1.1.1 节)。然而,这是以部署大量的硬件和网络基础设施作为代价的,并且会大大增加网络的功率消耗。一种可能的解决方案是:给热点层基站设计一种机制,可以监测流量负荷,并且通过决定打开或者关闭某个组件来节省功率[24,351]。这些技术有希望在不牺牲区域吞吐量的条件下降低热点层消耗的功率,但是由于它们将不可避免地降低覆盖范围和移动性支持,因此它们不适用于覆盖层(这是本章的主要关注点)。这就是大多数关于覆盖层的研究都认为消耗的功率与网络负荷完全成比例的原因,它可以避免出现动态地打开或关闭任何组件的需求。

5.2 发射功率损耗

用区域发射功率(ATP)来度量一个无线网络消耗的发射功率,其中区域发射功率定义为在单位区域内用于数据传输的网络平均发射功率。区域发射功率(ATP)(单位:W/km^2)为

$$\text{ATP} = \text{发射功率}(\text{W/cell}) \cdot D(\text{cell/km}^2) \tag{5.1}$$

其中,D 是平均小区密度,与式(1.1)定义的相同。考虑一个包含 L 个小区的大规模 MIMO 网络的下行链路,基站 j 与 K_j 个用户设备进行通信。正如 4.3 节所描述的,在小区 j 中,基站 j 使用预编码向量 $\mathbf{w}_{jk} \in \mathbb{C}^{M_j}$来传输第 k 个用户设备的数据信号$\varsigma_{jk} \sim \mathcal{N}_{\mathbb{C}}(0,\rho_{jk})$。因为预编码向量被归一化为$\mathbb{E}\{\|\mathbf{w}_{jk}\|^2\}=1$,所以分配给这个用户设备的发射功率等于信号方差 ρ_{jk}。相应的基站 j 的 ATP 为

$$\text{ATP}_j^{\text{DL}} = D\sum_{k=1}^{K_j}\rho_{jk} \tag{5.2}$$

如果用 p_{jk}代替 ρ_{jk},那么式(5.2)成为相应的上行链路表达式。

为了定量地估计ATP_j^{DL},这里考虑 4.1.3 节中定义的运行实例,在此实例中,导频复用因子 $f=1$,在每个小区内有 $K=10$ 个用户设备,每个用户设备的下行链路发射功率为 20dBm,这等价于对于任意的 j 和 k,$\rho_{jk}=100\text{mW}$。另外,每个基站的总下行链路发射功率为 30dBm。每个基站覆盖了一个 0.25km × 0.25km 的方形区域,每个基站有 M 根天线。基站 j 的区域发射功率为$\text{ATP}_j^{\text{DL}}=16\text{W/km}^2$,是目前的

LTE 网络(参见评述 4.1)1/15。然而,为了使区域发射功率更有意义,需要为它补充一个性能度量,例如,区域吞吐量。在使用 20MHz 信道的前提下,表 5.1 对每个小区的平均下行链路吞吐量之和进行了总结,它来自图 4.18 的频谱效率值。在 $M=100$的情况下,发现下行链路吞吐量如下:采用最大比预编码的为 482Mbit/(s·cell),采用多小区最小均方误差预编码的为 1053Mbit/(s·cell),这是 LTE 的 8~16 倍(参见评述 4.1)。这些单小区吞吐量也分别对应于 7.72 Gbit/(s·km^2)和 16.8 Gbit/(s·km^2)的区域吞吐量。

表 5.1 $K=10$,20MHz 带宽下,采用多小区最小均方误差、正则化迫零和最大比预编码三种方案下的每小区平均下行链路吞吐量。结果来自图 4.18,并且是在下行链路区域发射功率为 16 W/km^2 时得到的

方案	$M=10$	$M=50$	$M=100$
多小区最小均方误差	243Mbit/s	795Mbit/s	1053Mbit/s
正则化迫零	217Mbit/s	648Mbit/s	832Mbit/s
最大化	118Mbit/s	345Mbit/s	482Mbit/s

总之,上述分析表明,在上述考虑的场景和相当多的基站天线条件下,与现有网络相比,大规模 MIMO 能够实现的区域吞吐量高出一个数量级,同时也可以节省一个数量级的区域发射功率。值得注意的是,将总发射功率分摊到 M 根天线上使得每根天线上的发射功率都很低。选择 $M=100$ 和 1W 的总下行链路发射功率,在上述场景中,每根天线的发射功率只有 10mW。这表明,可以使用成百上千个低成本、低功耗、输出功率在毫瓦范围内的功率放大器来替代目前蜂窝网络中使用的昂贵的高功率功率放大器(功率放大器消耗了基站的大部分功率)。当每根天线上的功率足够低时,甚至不需要使用功率放大器来放大信号,而是将电路直接连接到天线上,这对于功率消耗具有非常积极的意义。值得注意的是,功耗的节省是以每个基站部署多条射频链并使用合并/预编码方案作为代价获得的,合并/预编码方案的计算复杂度取决于基站天线和用户设备的数量(参见表 4.1)。反过来,这也会增加网络的电路功率,在 5.4 节中将对其进行量化分析。因此,ATP 度量不能正确解释由于大规模 MIMO 的引入所导致的网络功耗的减少。这就是提倡使用能量效率度量的原因,在 5.3 节中将对能量效率进行定义,并在本章的其余部分对能量效率进行研究,另外能量效率不仅考虑了发射功率和吞吐量,还考虑了电路功率。

5.2.1 发射功率的渐近分析

在分析能量效率和电路功率之前,这里简要地描述一下功率缩放的结果:随着天线数量的增加,频谱效率和发射功率二者之间是如何相互作用的。正如 4.4 节所示,要在每个小区内用户设备的数量保持恒定和空间相关矩阵满足假设 1 的条

件下，分析 $M_j \to \infty$ 的渐近状态。目的是随着天线数量的增加，能够牺牲掉一部分阵列增益来减小发射功率。特别地，当接近于一个非零的频谱效率极限时，发射功率能够渐近地趋向于 0。这个结果为大规模 MIMO 能够在非常低的发射功率下运行提供了证据。

简单地讲，我们专注于下行链路和最大比预编码，其中 $\boldsymbol{w}_{jk} = \hat{\boldsymbol{h}}_{jk}^{j} / \sqrt{\mathbb{E}\{\|\hat{\boldsymbol{h}}_{jk}^{j}\|^{2}\}}$，$\mathbb{E}\{\|\boldsymbol{w}_{jk}\|^{2}\} = 1$。因为与最大比相比，其他的预编码方案一般能够提供更高的频谱效率，如果能够计算出最大比下频谱效率的非零渐近极限值，那么期望其他的预编码方案也有相同的结果。正如推论 4.4 所示，在采用最大比预编码的条件下，第 j 个小区中第 k 个用户设备的下行链路信道容量下限 $\underline{\mathrm{SE}}_{jk}^{\mathrm{DL}}$ (bit/(s·Hz)) 为

$$\underline{\mathrm{SE}}_{jk}^{\mathrm{DL}} = \frac{\tau_d}{\tau_c} \log_2 (1 + \underline{\mathrm{SINR}}_{jk}^{\mathrm{DL}}) \tag{5.3}$$

其中

$$\underline{\mathrm{SINR}}_{jk}^{\mathrm{DL}} = \frac{\rho_{jk} p_{jk} \tau_p \operatorname{tr}(\boldsymbol{R}_{jk}^{j} \boldsymbol{\Psi}_{jk}^{j} \boldsymbol{R}_{jk}^{j})}{\sum\limits_{l=1}^{L} \sum\limits_{i=1}^{K_l} \rho_{li} \frac{\operatorname{tr}(\boldsymbol{R}_{jk}^{l} \boldsymbol{R}_{li}^{l} \boldsymbol{\Psi}_{li}^{l} \boldsymbol{R}_{li}^{l})}{\operatorname{tr}(\boldsymbol{R}_{li}^{l} \boldsymbol{\Psi}_{li}^{l} \boldsymbol{R}_{li}^{l})} + \sum\limits_{(l,i) \in \mathcal{P}_{jk} \setminus (j,k)} \rho_{li} \frac{p_{jk} \tau_p |\operatorname{tr}(\boldsymbol{R}_{jk}^{l} \boldsymbol{\Psi}_{li}^{l} \boldsymbol{R}_{li}^{l})|^2}{\operatorname{tr}(\boldsymbol{R}_{li}^{l} \boldsymbol{\Psi}_{li}^{l} \boldsymbol{R}_{li}^{l})} + \sigma_{\mathrm{DL}}^{2}} \tag{5.4}$$

$\boldsymbol{\Psi}_{li}^{j}$ 由式(3.10)定义，为方便起见，重写如下：

$$\boldsymbol{\Psi}_{li}^{j} = \left(\sum_{(l',i') \in \mathcal{P}_{li}} p_{l'i'} \tau_p \boldsymbol{R}_{l'i'}^{j} + \sigma_{\mathrm{UL}}^{2} \boldsymbol{I}_{M_j} \right)^{-1} \tag{5.5}$$

如前所述，p_{jk} 表示在上行链路中传输长度为 τ_p 的导频序列所用的功率，ρ_{jk} 表示下行链路信号功率。利用上述表达式，可以获得以下结果。

引理 5.1 考虑 $M = M_1 = \cdots = M_L$，$p_{jk} = \bar{P} / M^{\varepsilon_1}$ 和 $\rho_{jk} = \underline{P} / M^{\varepsilon_2}$，其中 $\bar{P}$，$\underline{P}$，ε_1，$\varepsilon_2 > 0$，且为常数。假设使用 $\boldsymbol{w}_{jk} = \hat{\boldsymbol{h}}_{jk}^{j} / \sqrt{\mathbb{E}\{\|\hat{\boldsymbol{h}}_{jk}^{j}\|^{2}\}}$ 的最大比预编码和假设 1 成立，如果 $\varepsilon_1 + \varepsilon_2 < 1$，那么当 $M \to \infty$ 时

$$\underline{\mathrm{SINR}}_{jk}^{\mathrm{DL}} - \frac{\frac{1}{M} \operatorname{tr}(\boldsymbol{R}_{jk}^{j} \boldsymbol{R}_{jk}^{j})}{\sum\limits_{(l,i) \in \mathcal{P}_{jk} \setminus (j,k)} \frac{\left(\frac{1}{M} \operatorname{tr}(\boldsymbol{R}_{jk}^{l} \boldsymbol{R}_{li}^{l}) \right)^2}{\frac{1}{M} \operatorname{tr}(\boldsymbol{R}_{li}^{l} \boldsymbol{R}_{li}^{l})}} \to 0 \tag{5.6}$$

如果 $\varepsilon_1 + \varepsilon_2 > 1$，那么当 $M \to \infty$ 时，$\underline{\mathrm{SINR}}_{jk}^{\mathrm{DL}} \to 0$。

证明：证明见附录 C.4.1。

引理 5.1 提供了一个用于大规模 MIMO 网络的发射功率伸缩定律。条件 ε_1 +

$\varepsilon_2 < 1$ 表明:只要 p_{jk} 和 ρ_{jk} 二者之积 $p_{jk}\rho_{jk}$ 的减少速率不快于 $1/M$,就可以通过选择 ε_1 和 ε_2,使 p_{jk} 和 ρ_{jk} 同时以 $1/\sqrt{M}$ 的速率减少,或者通过选择 ε_1 和 ε_2,使某一个比另外一个减少得快。在这些条件下,下行链路的频谱效率有一个非零的渐近极限值,此值为

$$\frac{\tau_d}{\tau_c}\log_2\left(1+\frac{\frac{1}{M}\mathrm{tr}(\boldsymbol{R}_{jk}^{j}\boldsymbol{R}_{jk}^{j})}{\sum\limits_{(l,i)\in\mathcal{P}_{jk}\setminus(j,k)}\frac{\left(\frac{1}{M}\mathrm{tr}(\boldsymbol{R}_{jk}^{l}\boldsymbol{R}_{li}^{l})\right)^2}{\frac{1}{M}\mathrm{tr}(\boldsymbol{R}_{li}^{l}\boldsymbol{R}_{li}^{l})}}\right) \tag{5.7}$$

在下行链路中,p_{jk} 和 ρ_{jk} 起到相似的作用,其原因为:$p_{jk}\rho_{jk}$ 出现在式(5.4)的分子中。因为 $\mathrm{tr}(\boldsymbol{R}_{jk}^{j}\boldsymbol{\Psi}_{jk}^{j}\boldsymbol{R}_{jk}^{j})$ 与 $p_{jk}\rho_{jk}$ 的乘积随 M 成比例地增长,所以只要 $p_{jk}\rho_{jk}M$ 是发散的,随着 $M\to\infty$,分子就会无限制地增长。这会产生一种“平方效应”,它将两个发射功率共同下降的最快速率限制在 $1/\sqrt{M}$。在上行链路导频功率固定的情况下,不存在“平方效应”,因此 ρ_{jk} 的最快下降速率为 $1/M$,而不是 $1/\sqrt{M}$。如果发射功率的减小速率比功率伸缩定律允许的速率快,那么分子趋于 0,这导致频谱效率渐近地趋于 0。

图 5.3 以 4.1.3 节描述的运行实例为例子对引理 5.1 中的渐近结果进行了说明,此时,每个用户设备的上行链路发射功率为 $\bar{P}=20\mathrm{dBm}$,总下行链路发射功率为 $K\underline{P}=30\mathrm{dBm}$,考虑不相关的瑞利衰落。这里假设 $\varepsilon=\varepsilon_1=\varepsilon_2$,并考虑两种不同的发射功率伸缩,即 $\varepsilon=1/2$ 和 $\varepsilon=1$。另外,也给出了固定功率(此时固定功率为 $\underline{P}$ 和 $\bar{P}$,$\varepsilon=0$)的渐近极限。如引理 5.1 所述,如果 p_{jk} 和 ρ_{jk} 都以 $1/\sqrt{M}$ 速率下降(也就是,$\varepsilon=1/2$),那么达到了一个非零的渐近极限值。这个极限值几乎与固定功率情况下的极限值相同,但它的收敛速度较慢。特别地,当 $M=10^3$ 时,达到了渐近极限值的 55%;当 $M=10^6$ 时,达到了渐近极限值的 95%,这与引理 5.1 是一致的。当 $\varepsilon=1$ 时,下行链路的平均频谱效率之和渐近地消失了。

综上所述,上述分析为大规模 MIMO 在非常低的发射功率下运行提供了理论证据。事实上,图 5.3 表明,当 $M=100$ 时,每个基站的总发射功率能够从 $K\underline{P}=1\mathrm{W}$ 下降到 $K\underline{P}/\sqrt{M}=0.1\mathrm{W}$,同时实现几乎相同的频谱效率。将 0.1W 分配给 100 根天线意味着每根天线的功率仅为 $K\underline{P}/M^{3/2}=1\mathrm{mW}$。这里强调,上述发射功率的降低是以使用大量的基站天线作为代价的,增加天线也增加了电路功率。

评述 5.2(上行链路情况) 根据引理 5.1 中的下行链路功率伸缩可以很容易地导出上行链路的结果(从推论 4.3 开始),并为用户设备带来潜在的好处。事实上,虽然具有先进功能的用户设备发展迅速,但电池容量每两年仅增加了 10%[113,186]。由于每台设备的无线数据流量增长速度快于电池容量的增长速度[109],导致了功率需求与实际设备所能提供的电池容量之间的差距越来越大。

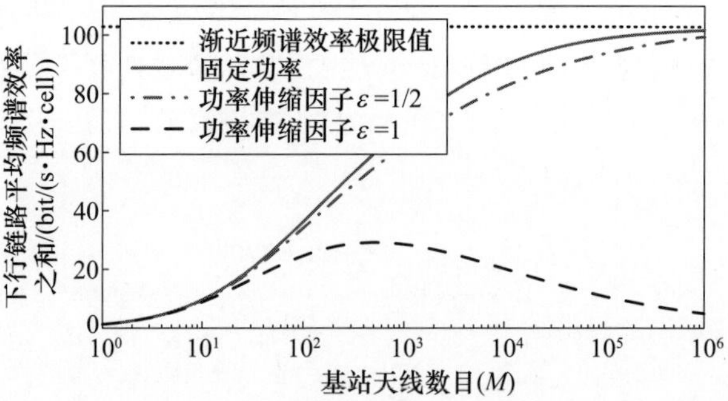

图 5.3 采用平均归一化的最大比预编码，$\underline{P} = \overline{P} = 20\text{dBm}, \varepsilon = 1/2, \varepsilon = 1$，固定功率（也就是说 $\varepsilon = 0$）条件下，每个小区的下行链路平均频谱效率之和随基站天线数目的变化。此时考虑的是不相关的瑞利衰落。当数据和导频信号的功率同时以 $1/\sqrt{M}$（$\varepsilon = 1/2$）的速率下降时，所实现的下行链路渐近频谱效率几乎与固定功率情况下的渐近频谱效率相同

因此，虽然用户设备的功率消耗在蜂窝网络的功率消耗中只占有很小的一部分，但是大规模 MIMO 在节省运营商和用户设备的功率方面提供了潜在的收益。在部署传感器和其他设备时，节省功率更为重要，因为它们都希望电池能提供长时间的供电。

5.3 能量效率的定义

从广义上讲，能量效率（EE）指的是完成一定量工作所需的能量。这个一般定义适用于所有科学领域，从物理学到经济学，无线通信也不例外[371]。与许多领域中简单的“工作”的定义不同，在蜂窝网络中，定义“工作”并不容易。网络提供了特定区域内的连接，并且它与用户设备之间互相传输比特。用户不但要为传输的比特付费，还要为能够随时随地接入网络的能力付费。此外，对蜂窝网络的性能进行评级变得越来越具有挑战性，原因是：可以通过各种不同的指标测量网络的性能，每种性能指标都会以不同的方式影响能量效率指标（更多细节参见 5.4 节和文献[371]）。在不同的蜂窝网络的能量效率定义中，最流行的定义之一是从频谱效率的定义中获得灵感的，即“无线通信系统的频谱效率是指每个复数值样本可以可靠传输的比特数”（频谱效率的正式定义参见定义 1.2）。通过将“频谱效率”替换为“能量效率”，“复数值样本”替换为“能量单位”，获得以下定义[371,157]。

定义 5.1（能量效率） 蜂窝网络的能量效率是每单位能量能够可靠传输的比特数。根据这个定义，可将能量效率写为

$$\text{能量效率(EE)} = \frac{\text{吞吐量(bit/(s}\cdot\text{cell))}}{\text{功率消耗(W/cell)}} \tag{5.8}$$

它的单位是 bit/J,可以看成是效益成本比,也就是服务质量(吞吐量)与相关成本(功耗)的比值。因此,它反映了网络的比特传递效率[①]。可以使用第 4 章中提供的任何上行链路和下行链路的频谱效率的表达式来计算吞吐量,吞吐量表征了大通信带宽下运行的大规模 MIMO 网络的性能(参见评述 2.3)。

与区域发射功率不同,能量效率的度量受分子和分母变化的影响,因为两者都是可变的。这意味着分析这个度量时需要谨慎一些,以避免出现不完整且具有误导性的结论。对网络中功率消耗的准确建模应给予高度的重视,例如,假设功率消耗仅包括发射功率。引理 5.1 表明,当 $M\to\infty$时,发射功率以 $1/\sqrt{M}$的速度趋近于 0,同时,频谱效率接近于一个非零的渐近的下行链路频谱效率极限。这表明能量效率将随着 $M\to\infty$无限制地增长。很明显,这是一种误导,因为发射功率仅占整个功率消耗的一部分,这一点可从图 5.2 中看出来。此外,这里注意到发射功率并不代表发射所需的有效发射功率(ETP),因为它没有考虑功率放大器的效率。功率放大器的效率定义为输出功率与输入功率之比。当效率较低时,大部分功率以热的形式散失了(参见 5.1 节)。为了正确评估能量效率,必须根据有效发射功率(而不是辐射的发射功率)和运行蜂窝网络所需的电路功率来计算功率消耗:

$$\underbrace{\mathrm{PC}}_{\text{功率消耗}} = \underbrace{\mathrm{ETP}}_{\text{有效发射功率}} + \underbrace{\mathrm{CP}}_{\text{电路功率}} \tag{5.9}$$

一个常见的电路功率模型是 $\mathrm{CP}=P_{\mathrm{FIX}}$,其中 P_{FIX}是一个常量,可以解释为控制信令所需的固定功率以及基带处理器和回程基础设施所需的独立于负荷的功率。但是,当对具有不同硬件设置(例如具有不同数量天线)和不同网络负荷[②]的系统进行对比时,这个电路功率模型不够精确,因为它没有考虑模拟硬件和数字信号处理中的功耗。因此,过于简单的电路功率模型可能会导致错误的结论。需要复杂的电路功率模型来评估实际网络的功耗,并识别不可忽略的组件。显然,这项任务的复杂性使得进行某种程度的理想化是不可避免的。正如将在 5.4 节中展示的,采用比较简单的多项式电路功率模型就能够对大规模 MIMO 下的电路功率进行接近于实际的评估。

评述 5.3(带宽不应被归一化)　大量关于能量效率分析的论文都采用误导读者的 bit/(J·Hz)这个单位,而不是 bit/J。bit/(J·Hz)的单位是通过对带宽进行归一化后获得的,但这是毫无意义的,因为不能使能量效率与带宽相互独立,原因是:传输功率在整个带宽内分布,而噪声功率与带宽成比例。一个以 bit/(J·Hz)为单位的“能量效率”数字只适用于采用准确的带宽计算噪声功率的

---

① bit/J 的倒数,J/bit 是每传输一个信息比特所消耗的能量,称为功率消耗比。

② 为大量的用户设备提供服务需要消耗更多的功率,因为信道估计、编码、解码、预编码/合并方案的复杂度都提高了。

系统。换言之,应按照吞吐量除以消耗的功率来计算能量效率(见式(5.8)),而不是按照频谱效率除以消耗的功率来计算能量效率。一些已发表的论文甚至在对带宽进行了归一化的同时,忘记了更改单位,所导致的错误的“能量效率”值可能只是实际值的一百万分之一。根据经验法则,预计的能量效率值的量级应为 kbit/J 或 Mbit/J。

评述 5.4(其余的能量效率表达式) 在传输大数据包时,只有使用频谱效率作为性能指标才是合理的,因为它能够接近信道容量。对于蜂窝网络的性能,存在众多可供选择的度量。它们中的每一个都说明了特定的目标,并对能量效率产生不同的影响[371]。例如,能量效率的另一个定义使用了有效吞吐量[270],也就是说,通过通信信道成功传递的有限长度数据包的速率。然而,有效吞吐量的计算需要知道误比特率(BER),而用户设备之间的误比特率存在较大的差异,它取决于许多因素,如调制、编码和包大小。解决这个问题的一种方法是将误比特率近似为 $1-e^{-\mathrm{SINR}}$[216]。在慢衰落场景下,中断事件成为主要的信道损伤,中断容量成为测量服务质量的合适度量(参见评述 2.3)。

5.3.1 能量效率和频谱效率之间的折中

1.3 节表明,通过使用更大的发射功率、部署多根基站天线或为每个小区中的多个用户设备同时提供服务,可以提高小区的频谱效率。所有这些方法都不可避免地会增加网络的功率消耗,无论是直接(通过增加发射功率)还是间接(通过使用更多硬件),因此可能会降低能量效率。然而,实际情况并非如此,事实上,存在一些工作条件,在这些条件下,使用上述方法能够同时增加频谱效率和能量效率。为了更详细地探讨这一点,接下来对能量效率-频谱效率之间的折中进行了研究,并研究了不同网络参数和工作条件对能量效率和频谱效率的影响。为了简单起见,这里将重点研究图 1.8 所示两个小区的 Wyner 模型(即 $L=2$)的上行链路(对于下行链路,也可以获得类似的结果),并且仅考虑带宽为 B 的不相关瑞利衰落信道,假设基站配备 M 根天线,具有理想的信道知识,并使用最大比合并。

1. 多根基站天线的影响

假设小区 0 中只有一个激活的用户设备(即 $K=1$),并且没有来自小区 1 的干扰信号。然后,根据引理 1.3,小区 0 中的用户设备可实现的频谱效率为

$$\mathrm{SE}_0=\log_2[1+(M-1)\mathrm{SNR}_0]=\log_2\left(1+(M-1)\frac{p}{\sigma^2}\beta_0^0\right) \tag{5.10}$$

其中,p 是发射功率,σ^2 是噪声功率,β_0^0表示激活用户设备的平均信道增益。这里省略了上标“NLoS(非视距)”,因为在这里不考虑视距情况。为了评估 M 对能量效率的影响,在计算功率消耗时分两种不同的情况:①忽略了由多根基站天线引起的电路功率的增加;②考虑了电路功率的增加。

目前,假设小区 0 的电路功率仅由固定功率 P_{FIX} 组成,即 $\mathrm{CP}_0 = P_{\mathrm{FIX}}$。因此,小区 0 对应的能量效率是

$$\mathrm{EE}_0 = \frac{B \log_2\left[1 + (M-1)\dfrac{p}{\sigma^2}\beta_0^0\right]}{\dfrac{1}{\mu}p + P_{\mathrm{FIX}}} \tag{5.11}$$

其中,B 是带宽,$\frac{1}{\mu}p$ 表示功率放大器的效率为 $\mu(0<\mu\leqslant 1)$ 时的有效发射功率。对于一个给定的频谱效率,将其表示为 SE_0,根据式(5.10)可获得所需的发射功率为①

$$p = \frac{(2^{\mathrm{SE}_0}-1)}{(M-1)}\frac{\sigma^2}{\beta_0^0} \tag{5.12}$$

将式(5.12)代入式(5.11)得到

$$\mathrm{EE}_0 = \frac{B\mathrm{SE}_0}{(2^{\mathrm{SE}_0}-1)\dfrac{\upsilon_0}{M-1} + P_{\mathrm{FIX}}} \tag{5.13}$$

其中

$$\upsilon_0 = \frac{\sigma^2}{\mu\beta_0^0} \tag{5.14}$$

上述表达式为小区 0 中的用户设备建立了能量效率和频谱效率之间的关系。

图 5.4 描述在 $M=10$,$B=100\mathrm{kHz}$,$\sigma^2/\beta_0^0=-6\mathrm{dBm}$,$\mu=0.4$,$P_{\mathrm{FIX}}\in\{0,1,10,20\}\mathrm{W}$ 的条件下,能量效率随频谱效率的变化。正如我们看到的,如果 $P_{\mathrm{FIX}}=0$,那么式(5.13)简化为

$$\mathrm{EE}_0 = \frac{B\mathrm{SE}_0}{(2^{\mathrm{SE}_0}-1)\dfrac{\upsilon_0}{M-1}} \tag{5.15}$$

所以能量效率和频谱效率之间存在单调递减的折中(与香农理论预测的一致[326])。换句话说,如果不考虑电路功率,那么增加的频谱效率总是以降低能量效率作为代价的。但是,如果 $P_{\mathrm{FIX}}>0$(实际就是如此),那么 EE_0 是一个单峰函数②,当 SE_0 满足条件 $(2^{\mathrm{SE}_0}-1)\frac{\upsilon_0}{M-1}<P_{\mathrm{FIX}}$ 时,这个函数随着 SE_0 的增加而增加,并

---

① 在这个没有干扰的场景中,p 是 SE_0 的指数递增函数。这意味着增加 SE_0 等价于增加发射功率 p。

② 对于某个值 m,如果在 $x\leqslant m$ 时,函数 $f(x)$ 是单调增加的,在 $x>m$ 时,函数 $f(x)$ 是单调减少的,那么这个函数 $f(x)$ 就是单峰的。

且当SE_0值很大时，这个函数可近似为$\frac{SE_0}{2^{SE_0}-1}$，它随着SE_0的增加减小到0。从图5.4中还可以看出，随着P_{FIX}值的增加，能量效率－频谱效率曲线变得更平坦，因此实现几乎相同的能量效率的频谱效率值的范围变得更大。

为了更深入地理解能量效率的最大点，将式(5.13)中的EE_0对SE_0进行求导，并令其导数等于0。这里观察到最大能量效率（称为EE^*）及其相应的频谱效率（称为SE^*）满足以下等式：

$$\log_2(EE^*)+SE^*=\log_2\left[(M-1)\frac{B}{\nu_0\ln2}\right] \tag{5.16}$$

其中，SE^*为

$$SE^*[2^{SE^*}\log_2 2]=(2^{SE^*}-1)+\frac{M-1}{\nu_0}P_{FIX} \tag{5.17}$$

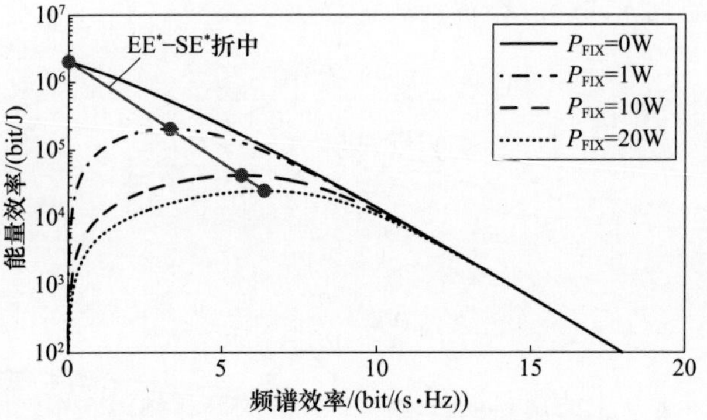

图5.4　在$M=10,B=100\text{kHz},\sigma^2/\beta_0^0=-6\text{dBm},\mu=0.4$的条件下，不同$CP=P_{FIX}$下频谱效率和能量效率之间的关系。黑点表示每条曲线中能量效率的最大值

等式(5.16)显示了$\log_2 EE^*$和SE^*之间的线性相关性。图5.4中的折中线说明了这种相关性。这意味着指数能量效率增益是以线性频谱效率的损失为代价获得的。注意，式(5.17)有一个独特的解，其形式为（见附录C.4.2）

$$SE^*=\frac{W\left[(M-1)\frac{P_{FIX}}{\nu_0 e}-\frac{1}{e}\right]+1}{\ln2} \tag{5.18}$$

其中，$W(\cdot)$是郎伯函数（见附录B.3中的定义），e是欧拉数。在式(5.16)中插入式(5.18)后得到

$$EE^*=\frac{(M-1)Be^{-W\left[(M-1)\frac{P_{FIX}}{\nu_0 e}-\frac{1}{e}\right]-1}}{\nu_0\ln2} \tag{5.19}$$

其中，用到了$2^{-1/\ln2}=e^{-1}$这个等式。等式(5.18)和(5.19)提供了SE^*和EE^*的闭合表达式，因此我们可以深入理解两者如何受系统参数的影响。如图5.4所示，从

式(5.18)开始,考虑到当 $x \geq e$ 时,$W(x)$ 是增函数,结果SE^*随着 P_{FIX}和 M 的增加而增加(如直观预期的那样)。这可以解释如下:在式(5.13)中的$(2^{SE_0}-1)\frac{\nu_0}{M-1}$成为能量效率的限制因素之前,$P_{FIX}$越大,频谱效率越高。另一方面,式(5.19)中的$EE^*$随 P_{FIX}的增加而减小(如图5.4所示),并且随天线数目 M 的增加而无限制地增加。在 $P_{FIX}=10W$,$B=100kHz$,$\sigma^2/\beta_0^0=-6dBm$ 和 $\mu=0.4$ 的条件下,M 的影响如图5.5所示。与分析结果一致,能量效率和频谱效率都随着 M 的增加而增加。

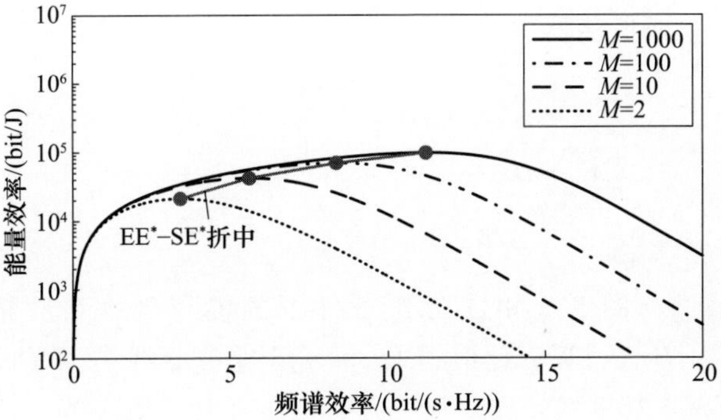

图5.5　在 $P_{FIX}=10W$,$B=100kHz$,$\sigma^2/\beta_0^0=-6dBm$,$\mu=0.4$ 的条件下,式(5.16)中不同 M 值下的能量效率和频谱效率之间的关系。能量效率和频谱效率都是随着 M 的增加而增加的。如果电路功率没有考虑由多根天线引起的附加功率消耗,那么这种错误就会发生。黑点表示每条曲线中最大的能量效率位置

以下推论有助于进一步深入了解SE^*和EE^*的缩放行为(关于 M 和 P_{FIX})。

推论5.1(针对 M 和/或 P_{FIX}的伸缩律)　如果 M 或 P_{FIX}变大,那么

$$SE^* \approx \log_2(MP_{FIX}) \tag{5.20}$$

和

$$EE^* \approx \frac{eB}{(1+e)}\frac{\log_2(MP_{FIX})}{P_{FIX}} \tag{5.21}$$

证明:证明见附录C.4.3。

推论5.1表明SE^*随着 M 和 P_{FIX}的增加按对数规律增加。另一方面,EE^*随着 M 的增加按对数规律增加,同时几乎是 P_{FIX}的线性递减函数①。因此,似乎能够通过添加更多的天线来实现无限增加的EE^*。产生这个结果的原因是:采用了简化模型$CP_0=P_{FIX}$,忽略了实际应用中电路功率随 M 增加的事实。换句话说,在实

① 注意,当 A 是某个大的常数,且 $x \geq A$ 时,$\ln x/x \approx \ln A/x$。

际系统中存在着成本—性能之间的折中。在实际的多天线系统中，这种折中尤为重要，原因是：配备 M 根天线的基站需要 M 条射频链路，每条射频链路包含许多组件。例如，功率放大器、模数转换器（ADC）、数模转换器（DAC）、本地振荡器（LO）、滤波器、同相/正交分量（I/Q）混频器和正交频分复用（OFDM）调制/解调。这种实际系统的电路功率大约比单根天线的收发器的电路功率高 M 倍。在下面的内容中，考虑了如下的电路功率模型：

$$\mathrm{CP}_0 = P_{\mathrm{FIX}} + MP_{\mathrm{BS}} \tag{5.22}$$

其中，P_{BS}是每根基站天线工作时所需要的电路组件（例如，模数转换器、数模转换器、I/Q 混频器、本地振荡器、滤波器和 OFDM 调制/解调）所消耗的功率。然后，式（5.13）变为

$$\mathrm{EE}_0 = B\frac{\mathrm{SE}_0}{(2^{\mathrm{SE}_0}-1)\dfrac{\boldsymbol{v}_0}{M-1}+P_{\mathrm{FIX}}+MP_{\mathrm{BS}}} \tag{5.23}$$

图 5.6 显示了与图 5.5 相同工作条件下的能量效率与频谱效率，但此时 $\mathrm{CP}_0 = P_{\mathrm{FIX}} + MP_{\mathrm{BS}}$，$P_{\mathrm{BS}} = 1\mathrm{W}$。此时，$\mathrm{EE}^* - \mathrm{SE}^*$ 折中曲线是 M 的单峰函数：$M \leqslant 10$ 时单调递增，$M > 10$ 时单调递减。当 $M = 10$ 时取得最大值。这与图 5.5 的结果形成了鲜明对比，在图 5.5 中，$\mathrm{EE}^* - \mathrm{SE}^*$ 折中曲线总是随着 M 的增大而增大的。这表明，在考虑多天线系统的能效设计时，精确的电路功率模型是至关重要的。

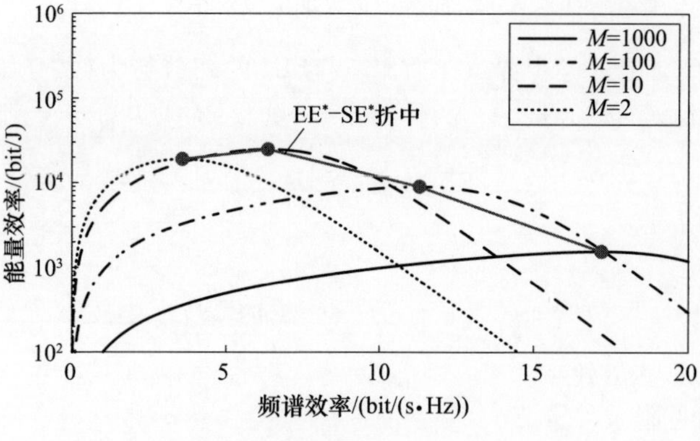

图 5.6 在 $P_{\mathrm{FIX}} = 10\mathrm{W}$，$P_{\mathrm{BS}} = 1\mathrm{W}$，$B = 100\mathrm{kHz}$，$\sigma^2/\beta_0^0 = -6\mathrm{dBm}$，$\mu = 0.4$ 的条件下，式（5.23）中不同 M 值下的频谱效率和能量效率之间的关系。与图 5.5 截然不同，$\mathrm{EE}^* - \mathrm{SE}^*$ 折中曲线（黑点曲线）不会随着天线数目的增加而无限制地增加。原因是：在实际应用中，基站每增加 1 根天线都会增加电路的功率消耗。每条曲线上的黑点表示此时能量效率达到了最大值

推论 5.2(M,P_{FIX}和/或 P_{BS}的伸缩律)　如果 M,P_{FIX}和/或 P_{BS}变大,那么

$$\mathrm{SE}^* \approx \log_2[M(P_{\mathrm{FIX}} + MP_{\mathrm{BS}})] \tag{5.24}$$

和

$$\mathrm{EE}^* \approx \frac{eB}{1+e} \frac{\log_2[M(P_{\mathrm{FIX}} + MP_{\mathrm{BS}})]}{(P_{\mathrm{FIX}} + MP_{\mathrm{BS}})} \tag{5.25}$$

证明:证明见附录 C.4.4。

从式(5.24)可以看到,SE^* 随着 M^2(而不是式(5.20)中的 M)以对数方式伸缩,因为在发射功率对式(5.23)中的能量效率产生不利影响之前,增加发射功率可以提供更高的频谱效率。与式(5.21)截然不同,EE^* 几乎是 MP_{BS}的线性递减函数。总之,天线数目 M 的增加使得SE^*单调递增,当 $M\to\infty$时,SE^*甚至可以无限制地增加,但是随着 M 的增加,它对EE^*所产生的积极影响很快就消失了,原因是:M 的增加导致需要更多的硬件,从而产生更高的电路功耗。

2. 多个用户设备的影响

如 1.3.3 节和 1.3.4 节所述,通过空分多址(SDMA)传输增加同时激活的用户设备数量是提高单小区频谱效率的最有效的方法。接下来,通过考虑图 1.8 中的两小区 Wyner 模型(每个小区中有 K 个单天线用户设备)和小区间干扰的相对强度 $\bar{\beta} = \beta_1^0/\beta_0^0 = \beta_0^1/\beta_1^1$,来研究 SDMA 为能量效率带来的潜在好处。如果在基站处采用具有完美信道信息的最大比合并,那么通过使用引理 1.3,得到每个用户设备的上行链路频谱效率为

$$\mathrm{SE}_0 = \log_2\left[1 + \frac{M-1}{(K-1) + K\bar{\beta} + \dfrac{\sigma^2}{p\beta_0^0}}\right] \tag{5.26}$$

对于一个给定的SE_0,它是通过下式的 p 获得的:

$$p = \left(\frac{M-1}{2^{\mathrm{SE}_0}-1} - K\bar{\beta} + 1 - K\right)^{-1} \frac{\sigma^2}{\beta_0^0} \tag{5.27}$$

相应地,小区 0 的能量效率为

$$\mathrm{EE}_0 = \frac{BK\mathrm{SE}_0}{K\left(\dfrac{M-1}{2^{\mathrm{SE}_0}-1} - K\bar{\beta} + 1 - K\right)^{-1} \nu_0 + \mathrm{CP}_0} \tag{5.28}$$

其中,ν_0 是由式(5.14)定义的,并且这里已经考虑到小区 0 中的频谱效率之和是 $K\mathrm{SE}_0$,总发射功率是$\frac{1}{\mu}Kp$。为了说明所有激活用户设备消耗的额外电路功耗,这里假设:

$$\mathrm{CP}_0 = P_{\mathrm{FIX}} + MP_{\mathrm{BS}} + KP_{\mathrm{UE}} \tag{5.29}$$

其中,P_{UE}为每根单天线的用户设备的所有电路组件(如数模转换器、I/Q 混频器、滤波器等)消耗的功率。

在式(5.28)中,以SE_0为自变量求EE_0对SE_0的导数,并令导数等于0,得到如下表达式:

$$K\left(\frac{M-1}{2^{\mathrm{SE}^*}-1}-K\bar{\beta}+1-K\right)^{-1}\nu_0+P_{\mathrm{FIX}}+MP_{\mathrm{BS}}+KP_{\mathrm{UE}}$$

$$=K\mathrm{SE}^*\left[1-\left(\frac{2^{\mathrm{SE}^*}-1}{M-1}\right)(K\bar{\beta}-1+K)\right]^{-2}\frac{\nu_0\ln 2}{M-1}2^{\mathrm{SE}^*} \tag{5.30}$$

从该表达式可以计算出使能量效率最大的SE^*。将SE^*表达式代入式(5.28)中可得到

$$\mathrm{EE}^*=\frac{B}{\left[1-\left(\frac{2^{\mathrm{SE}^*}-1}{M-1}\right)(K\bar{\beta}-1+K)\right]^{-2}\frac{\nu_0\ln 2}{M-1}2^{\mathrm{SE}^*}} \tag{5.31}$$

或等价地表示为

$$\log_2(\mathrm{EE}^*)+\mathrm{SE}^*-2\log_2\left[1-\left(\frac{2^{\mathrm{SE}^*}-1}{M-1}\right)(K\bar{\beta}-1+K)\right]$$

$$=\log_2\left[(M-1)\frac{B}{\nu_0\ln 2}\right] \tag{5.32}$$

除了由小区内和小区间干扰产生的额外项以外,式(5.32)的表达形式与式(5.16)相似。由于干扰的存在,不同于式(5.17),式(5.30)的解不能以闭合形式表示出来。在下面的内容中,用数值方法评估小区间干扰的相对强度$\bar{\beta}$和用户设备的数量K对能量效率-频谱效率折中的影响。图5.7显示了小区0的能量效率作为频谱效率之和的函数,此时$K\in\{5,10,30\}$,$\bar{\beta}=-15\mathrm{dB}$或$-3\mathrm{dB}$。此外,假设$M=10$,$B=100\mathrm{kHz}$,$\sigma^2/\beta_0^0=-6\mathrm{dBm}$,$\mu=0.4$,$P_{\mathrm{FIX}}=10\mathrm{W}$,$P_{\mathrm{BS}}=1\mathrm{W}$和$P_{\mathrm{UE}}=0.5\mathrm{W}$。因为式(5.26)中的小区间干扰项$K\bar{\beta}$随$\bar{\beta}$线性增加,所以增加$\bar{\beta}$对能量效率和频谱效率都会产生不利的影响。另一方面,$\mathrm{EE}^*-\mathrm{SE}^*$折中曲线是$K$的单峰函数(与$M$一样,参见图5.6)。在图5.7中的条件下,当$K=10$时得到最大值。这是因为在$M=10$的情况下,频谱效率之和是$K$的一个缓慢增加的函数(见图1.16),而当$P_{\mathrm{UE}}=0.5\mathrm{W}$时每个额外的用户设备都增加了功率消耗。因此,对于给定的频谱效率之和,能量效率的减小程度会随着K或$\bar{\beta}$的增大而增加。

前面的数字似乎表明,由于干扰和附加硬件的增加,SDMA 无法改善能量效

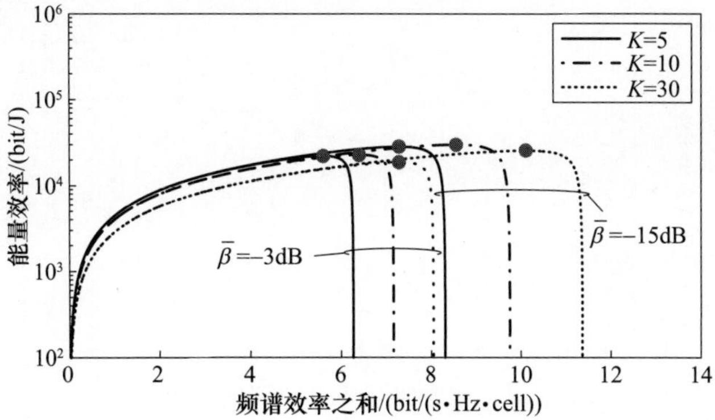

图 5.7 在 $M=10, P_{FIX}=10W, P_{BS}=1W, P_{UE}=0.5W, B=100kHz, \sigma^2/\beta_0^0=-6dBm, \mu=0.4$ 条件下，不同的小区间干扰 $\bar{\beta}$ 和不同的用户设备 K 下的式(5.32)中的频谱效率之和与能量效率之间的关系。增加小区间干扰强度 $\bar{\beta}$ 会对能量效率和频谱效率产生负面的影响。与 M 的情况相似，由于每增加一台用户设备都会导致电路功耗增加 P_{UE}，所以SE*－EE*折中点不会随着 K 的增加而无限制地增加下去

率。然而，在只研究 K 个频谱效率之和的影响时(参见图 1.17)，观察到如果通过增加一定比例的天线来抵消增加的干扰，基站可以同时为多个用户设备提供服务，而不会降低每个用户设备的频谱效率。这进入了天线－用户设备比率$M/K \geqslant c$的工作区间，对于某个合适的较大的常数 c，可以在此区间内通过 SDMA 来提供 K 倍的频谱效率之和。由于增加更多的天线不仅增加了频谱效率，而且通过 MP_{BS}增加了功率消耗，因此能量效率无法获得与频谱效率相同的结果。直观地说，这意味着存在一对最优值(M,K)使得能量效率达到最大值。为了举例说明这个结论，图 5.8 显示了在 $K=10$ 条件下，小区 0 在不同的天线－用户设备比率 M/K 下的能量效率。与图 1.17 中的频谱效率之和不同的是(图 1.17 中的频谱效率之和随天线－用户设备比率 M/K 单调增长)，EE*是 M/K 的单峰函数。对于所考虑的条件，它会先增加到 $M/K=2$，然后随着 M/K 的增大而缓慢减小。总之，只有在适当地平衡部署更多射频硬件带来的好处和所花费的成本的情况下，才能通过增加激活用户设备的数量和基站天线数量(以补偿更高的干扰)来提高网络的能量效率。5.6 节将讨论获得最优能量效率的基站天线数量和用户设备数量的配置。

5.4 电路功耗模型

在前一节中，采用简单的两小区 Wyner 网络模型证明了在分析能量效率时，为了避免产生误导性的结论，非常有必要建立一个同时考虑发射功率和收/发信机硬件消耗的功率消耗(PC)模型。这里将表明：评估大规模 MIMO 的上行链路和下

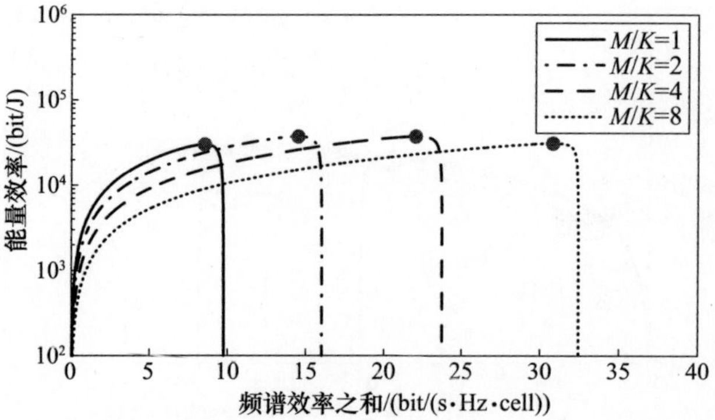

图 5.8　在 $K=10$，$\bar{\beta}=-10\text{dB}$，$P_{\text{FIX}}=10\text{W}$，$P_{\text{BS}}=1\text{W}$，$P_{\text{UE}}=0.1\text{W}$，$B=100\text{kHz}$，$\sigma^2/\beta_0^0=-6\text{dBm}$，$\mu=0.4$ 条件下，不同天线－用户设备比率 M/K 下的频谱效率之和与能量效率之间的关系

行链路的功率消耗时，不仅要考虑上述因素，还要考虑数字信号处理、回程信号、编码、解码[26]。在文献[312,26,358,95,219,185]的基础上，大规模 MIMO 网络中任何一个基站 j 的电路功率模型为

$$\text{CP}_j = \underbrace{P_{\text{FIX},j}}_{\text{固定功率}} + \underbrace{P_{\text{TC},j}}_{\text{收/发信机链路功率}} + \underbrace{P_{\text{CE},j}}_{\text{信道估计}} + \underbrace{P_{\text{C/D},j}}_{\text{编码/解码}} + \underbrace{P_{\text{BH},j}}_{\text{取决于负荷的回程功率}} + \underbrace{P_{\text{SP},j}}_{\text{信号处理}} \tag{5.33}$$

其中，$P_{\text{FIX},j}$之前被定义为一个常量，它表示控制信号，与负荷无关的回程基础设施和基带处理器需要的固定功率。进一步讲，$P_{\text{TC},j}$表示收/发信机链路消耗的功率，$P_{\text{CE},j}$表示信道估计过程中消耗的功率（每个相关块执行一次），$P_{\text{C/D},j}$表示信道编码和解码单元消耗的功率，$P_{\text{BH},j}$表示与负荷有关的回程链路信号消耗的功率，$P_{\text{SP},j}$表示基站信号处理消耗的功率。注意，在以往分析多用户 MIMO 的功率消耗时，都忽略收/发信机链路、信道估计、预编码和合并所消耗的功率。更准确地说，在引入大规模 MIMO 之前，少量的天线和用户设备使得这些操作消耗的功率与固定功率相比可以忽略不计。文献[358,58－59]在单小区中为这些操作相关的功率消耗建立了模型，而文献[60]考虑了多小区系统中的模型。受这些研究工作的启发，这里为式(5.33)中的每一项提供了一个易于理解和符合实际的模型，它是主要系统参数 M_j 和 K_j 的函数。建模过程是通过使用各种固定的硬件系数来描述硬件设置实现的，在分析过程中，这些系数具有通用性。稍后将给出这些系数的典型值，它们主要依赖于实际的硬件设备和最先进的电路实现。

评述 5.5（经济效率）　在本书中，主要关注的是功率消耗，而不是部署成本、场地租用等经济费用。但是，这里强调经济费用可以加入到下面开发的电路功率模型中。例如，将网络的成本率（以美元/s 为单位）除以能源价格（以美元/J 为单位），得到一个以瓦特为单位的数字，即一个等效的功率消耗。主要经济费用可能与基站数量成比例，因此会增加式(5.33)中的与负荷无关的项 $P_{\mathrm{FIX},j}$。

5.4.1 收/发信机链路

如文献[95]和文献[185]所述，小区 j 的 $P_{\mathrm{TC},j}$ 可以量化为

$$P_{\mathrm{TC},j} = \underbrace{M_j P_{\mathrm{BS},j} + P_{\mathrm{LO},j}}_{\text{基站电路组件}} + \underbrace{K_j P_{\mathrm{UE},j}}_{\text{用户设备电路组件}} \tag{5.34}$$

其中，$P_{\mathrm{BS},j}$ 是连接到基站 j 的每根天线的电路组件（如模数转换器、数模转换器、I/Q 混频器、滤波器和 OFDM 调制/解调）所需要的功率（必须乘以天线数 M_j），$P_{\mathrm{LO},j}$ 是本振消耗的功率①。术语 $P_{\mathrm{UE},j}$ 表示每个具有单根天线的用户设备的所有电路组件所需要的功率（例如模数转换器、数模转换器、I/Q 混频器、本振、滤波器和 OFDM 调制/解调）。

5.4.2 编码和解码

在下行链路中，基站 j 将信道编码和调制技术应用于 K_j 个信息符号序列，每个用户设备都采用一些实用的固定复杂度算法对接收到的数据序列进行解码。上行链路的过程与此正好相反。因此，认为这些过程中涉及的 $P_{\mathrm{C/D},j}$（编解码消耗的功率）与传送的信息比特数目成比例，可以定量地表示为

$$P_{\mathrm{C/D},j} = (P_{\mathrm{COD}} + P_{\mathrm{DEC}})\mathrm{TR}_j \tag{5.35}$$

其中，TR_j 表示小区 j 的吞吐量（bit/s），P_{COD} 和 P_{DEC} 分别表示编码和解码功耗（W/(bit · s)）。为了简单起见，这里假设网络中所有用户设备在上行链路和下行链路中的 P_{COD} 和 P_{DEC} 是相同的，但是为 P_{COD} 和 P_{DEC} 分配不同的值也是容易理解的。注意，P_{COD} 和 P_{DEC} 高度依赖于所采用的信道编码技术，例如，在文献[219,181]中，作者考虑了低密度奇偶校验码，并将 P_{COD} 和 P_{DEC} 表示为编码参数的函数。吞吐量 TR_j 表示小区 j 中所有用户设备的上行链路和下行链路的吞吐量，可以使用第 4 章中提供的频谱效率表达式来获得它（示例见式(5.43)）。

5.4.3 回程

回程用于在基站和核心网络之间传输上行链路和下行链路数据，根据网络部署，它可以是有线的，也可以是无线的。回程消耗的功率通常被建模为两部分的总

---

① 一般来讲，基站中的全部天线采用一个本振，因此本振独立于 M_j。如果采用多个本振（如采用分布式天线阵列的基站），那么可以设 $P_{\mathrm{LO},j}=0$，将本振消耗的功率包含在 $P_{\mathrm{BS},j}$ 中。

和[312]:一个独立于负荷;另一个依赖于负荷。第一部分包含在 $P_{\mathrm{FIX},j}$ 中,它通常是回程消耗功率中最重要的部分(约占总功耗的80%),而每个基站 j 的依赖于负荷部分的功耗与基站提供服务的用户设备的总吞吐量成比例。同时考虑上行链路和下行链路,小区 j 中依赖于负荷的回程项 $P_{\mathrm{BH},j}$ 可通过下式计算:

$$P_{\mathrm{BH},j} = P_{\mathrm{BT}}\mathrm{TR}_j \tag{5.36}$$

其中,P_{BT} 是回程流量功率(W/(bit · s)),为简单起见,假设网络中所有小区的 P_{BT} 都相同。

5.4.4 信道估计

正如3.1节所讨论的,为了有效地使用大量的天线,上行链路信道估计在大规模MIMO中发挥着重要作用。在每个相关块中,所有的上行链路信道估计都是在基站本地完成的,并且有计算代价,这些代价转换成消耗的功率。使用3.2节中开发的最小均方误差估计子或3.4.1节中定义的替代技术(即逐元素最小均方误差和最小二乘估计子)进行上行链路信道估计。根据每个用户设备中包含的复数乘法次数,表3.1总结了上述估计子的计算复杂度。为了将这些数字转换成消耗的功率,令 L_{BS} 表示以flop/W为单位的基站效率①,回想一下,1次复数乘法需要3次实数的浮点乘法②。由于每秒有 B/τ_c 个相关块(定义2.2),从表3.1可以看出,各种信道估计的估计子所消耗的功率为

$$P_{\mathrm{CE},j} = \frac{3B}{\tau_c L_{\mathrm{BS}}} K_j \cdot \begin{cases} M_j\tau_p + M_j^2, & \text{最小均方误差} \\ M_j\tau_p + M_j, & \text{逐元素最小均方误差} \\ M_j\tau_p, & \text{最小二乘} \end{cases} \tag{5.37}$$

其中,K_j 是小区 j 中的用户设备数,τ_p 是导频序列的长度,通常选择 $\tau_p \geq \max_l K_l$。在大规模MIMO中,τ_p 采用10作为数量级,因此逐元素最小均方误差估计和最小二乘估计的功耗大致相同。这里忽略了预先计算统计矩阵的复杂性,因为只有在信道统计特性发生变化时才需要重新计算统计矩阵。还要注意:式(5.37)只量化了小区内信道估计所消耗的功率,除非使用多小区最小均方误差估计,否则这种估计就足够了。5.4.5节将定量分析小区间信道估计产生的额外代价。

从式(5.37)中注意到,随 M_j 线性变化的功率模型(其他文献中经常如此假设)只适用于逐元素最小均方误差信道估计和最小二乘信道估计。最小均方误差

---

① 按字面意思,它表示每消耗1W的功率,在每秒钟内可以执行的运算次数。

② 令 $x = a + \mathrm{j}b$ 和 $y = c + \mathrm{j}d$,然后 $xy = (ac - bd) + \mathrm{j}[(a+b)(c+d) - ac - bd]$,这个运算需要3次实数乘法:$ac$,$bd$ 和 $(a+b)(c+d)$。

估计消耗的功率与 M_j^2 成比例，这是为了提高信道估计精度而付出的代价（参见图3.7），在对比不同估计方案的能量效率时，为了比较的公平性，不能忽略这种代价①。对用户设备数量的依赖性不仅取决于 K_j，还取决于 τ_p，τ_p 随 $\max_l K_l$（或者换句话说，与最大用户设备负荷）线性伸缩。由此可知，基站 j 的信道估计所需的功率与 $K_j \max_l K_l$ 成比例增加。因此，不能认为一个仅随 K_j 线性变化的功耗模型是足够精确的，特别是在 K_j 较大的大规模 MIMO 中。

注意，这里忽略了下行链路信道估计的复杂性，因为它的复杂性大大低于上行链路信道估计的复杂性，原因是：在下行链路中，每个用户设备只需要从接收到的数据信号中估计预编码后的标量信道（参见 4.3.3 节）。

5.4.5 接收合并和发射预编码

使用 4.1.2 节和 4.3.2 节中的计算复杂度分析方法来计算基站 j 用于接收合并和发射预编码所消耗的功率 $P_{\mathrm{SP},j}$。它可以量化为

$$P_{\mathrm{SP},j} = \underbrace{P_{\mathrm{SP-R/T},j}}_{\text{接收/发射}} + \underbrace{P_{\mathrm{SP-C},j}^{\mathrm{UL}}}_{\text{计算合并向量}} + \underbrace{P_{\mathrm{SP-C},j}^{\mathrm{DL}}}_{\text{计算预编码向量}} \tag{5.38}$$

其中，$P_{\mathrm{SP-R/T},j}$ 代表数据信号（对于给定的合并和预编码向量）的上行链路接收和下行链路传输所消耗的总功率，而 $P_{\mathrm{SP-C},j}^{\mathrm{UL}}$ 和 $P_{\mathrm{SP-C},j}^{\mathrm{DL}}$ 分别是计算基站 j 的合并和预编码向量所需的功率。

1. 上行链路接收和下行链路发射

在给定 $\boldsymbol{v}_{jk}$ 的上行链路中，计算单个用户设备的 $\boldsymbol{v}_{jk}^{\mathrm{H}}\boldsymbol{y}_j$ 的复杂度、计算单个用户设备的 τ_u 个接收到的上行链路信号 $\boldsymbol{y}_j$ 的复杂度、计算一个小区内全部用户设备的复杂度，合在一起为每个相关块内执行 $\tau_u M_j K_j$ 次复数乘法。在给定 $\boldsymbol{w}_{jk}$ 的下行链路中，$\boldsymbol{x}_j = \sum_{k=1}^{K_j} \boldsymbol{w}_{jk} \varsigma_{jk}$ 的计算需要在每个相关块内执行 $\tau_d M_j K_j$ 次复数乘法。因此，可以得到

$$P_{\mathrm{SP-R/T},j} = \frac{3B}{\tau_c L_{\mathrm{BS}}} M_j K_j (\tau_u + \tau_d) \tag{5.39}$$

注意，无论选择哪种合并和预编码方案，用于接收和发射的功率消耗都是相同的。

2. 合并/预编码向量的计算

由于上行链路 - 下行链路对偶性（见 4.3.2 节），自然选择的预编码向量是 $\boldsymbol{w}_{jk} = \boldsymbol{v}_{jk} / \| \boldsymbol{v}_{jk} \|$（除非上行链路和下行链路的设计之间存在较大的差异）。如果给定了 $\boldsymbol{v}_{jk}$，那么计算 $\boldsymbol{w}_{jk}$ 的复杂度将降低到先计算 $\| \boldsymbol{v}_{jk} \|$，再计算 $\boldsymbol{v}_{jk} / \| \boldsymbol{v}_{jk} \|$，所消耗的功率为

---

① 注意，在所有的空间相关矩阵都为对角阵的特殊情况下（因此单独估计每个信道元素是最优的），最小均方误差估计子的运算复杂度与逐元素最小均方误差估计子的运算复杂度相同（细节参看 3.4.1 节）。

$$P_{\mathrm{SP-C},j}^{\mathrm{DL}}=\frac{4B}{\tau_c L_{\mathrm{BS}}}M_j K_j \tag{5.40}$$

如表 4.1 所列,计算 $\boldsymbol{v}_{jk}$ 的复杂度在很大程度上取决于接收合并方案。如果使用最大比合并,那么直接从信道估计中获得 $\boldsymbol{v}_{jk}$,除了解码单元对归一化的要求外,没有额外的复杂度。这个归一化花费每个基站的 K_j 次除法,总成本为

$$P_{\mathrm{SP-C},j}^{\mathrm{UL}}=\frac{7B}{\tau_c L_{\mathrm{BS}}}K_j \tag{5.41}$$

其中,已经考虑到 1 次复数的除法需要 7 次实数的乘法/除法运算①。类似地,正则化迫零消耗的功率是

$$P_{\mathrm{SP-C},j}^{\mathrm{UL}}=\frac{3B}{\tau_c L_{\mathrm{BS}}}\left(\frac{3K_j^2 M_j}{2}+\frac{3K_j M_j}{2}+\frac{K_j^3-K_j}{3}+\frac{7}{3}K_j\right) \tag{5.42}$$

其中,最后一个量表示除法,其他量表示乘法。表 5.2 提供了本书中考虑的所有合并和预编码方案所消耗的功率。注意,在采用多小区最小均方误差合并的情况下,还包括估算小区间信道以及将接收到的导频信号与仅在其他小区中使用的 (τ_p-K_j) 个导频序列进行相关运算的成本。

5.4.6 比较不同处理方案下的电路功率

这里将继续利用 4.1.3 节中定义的运行实例来比较不同合并/预编码方案所消耗的电路功率。每个基站有 M 根天线,每个小区有 K 个用户设备。在每幅图中将对 M 和 K 的值进行更改和指定。导频复用系数 $f=1$,因此每个导频序列由 $\tau_p=K$ 个样本组成。每个相关块内用于数据的样本数为 $\tau_c-\tau_p=190-K$,其中 1/3 用于上行链路,2/3 用于下行链路,这就得到了 $\tau_u=\frac{1}{3}(\tau_c-\tau_p)$ 和 $\tau_d=\frac{2}{3}(\tau_c-\tau_p)$。假设上行链路和下行链路中每个用户设备的发射功率为 20dBm(即 $p_{jk}=\rho_{jk}=$ 100mW)。采用 ASD$\sigma_\varphi=10^0$ 的高斯局部散射信道模型,利用第 4 章中上行链路和下行链路的频谱效率表达式,能够计算出小区 j 的吞吐量,同时计算出回程、编码和解码所消耗的功率。对于每种方案和天线数量,使用定理 4.1 中关于上行链路的容量限,以及定理 4.3 和定理 4.5 二者中最大的下行链路频谱效率,得到

$$\mathrm{TR}_j=B\sum_{k=1}^{K_j}\left[\mathrm{SE}_{jk}^{\mathrm{UL}}+\max\left(\underline{\mathrm{SE}}_{jk}^{\mathrm{DL}},\mathrm{SE}_{jk}^{\mathrm{DL}}\right)\right] \tag{5.43}$$

① 令 $x=a+\mathrm{j}b, y=c+\mathrm{j}d$,然后 $x/y=xy^*/|y|^2$,xy^* 需要 3 次实数操作,$|y|^2=c^2+d^2$ 需要 2 次实数乘法,计算比值需要 2 次实数除法。

表 5.2　在带宽 B 的条件下,每个基站采用不同的合并/预编码方案(信号处理)所消耗的功率。假设条件是:通过对接收合并向量进行归一化得到预编码向量。根据 4.1.1 节对复数乘法和除法复杂度的分析(每次复数乘法对应 3 次实数运算,每次复数除法对应 7 次实数运算),得到表中的结果

方案	$P_{\mathrm{SP-R/T},j}$	$P_{\mathrm{SP-C},j}^{\mathrm{UL}}$	$P_{\mathrm{SP-C},j}^{\mathrm{DL}}$
多小区最小均方误差(信道估计采用最小均方误差)	$\frac{3B}{\tau_c L_{\mathrm{BS}}}K_j M_j(\tau_u+\tau_d)$	$\frac{3B}{\tau_c L_{\mathrm{BS}}}\left(\sum_{l=1}^{L}\frac{(3M_j^2+M_j)K_l}{2}+\frac{M_j^3}{3}+2M_j+M_j\tau_p(\tau_p-K_j)\right)$	$\frac{3B}{\tau_c L_{BS}}M_jK_j$
多小区最小均方误差(信道估计采用逐元素最小均方误差)	$\frac{3B}{\tau_c L_{\mathrm{BS}}}K_j M_j(\tau_u+\tau_d)$	$\frac{3B}{\tau_c L_{\mathrm{BS}}}\left(\sum_{l=1}^{L}\frac{(M_j^2+3M_j)K_l}{2}+(M_j^2-M_j)K_j+\frac{M_j^3}{3}+2M_j+M_j\tau_p(\tau_p-K_j)\right)$	$\frac{3B}{\tau_c L_{BS}}M_jK_j$
单小区最小均方误差	$\frac{3B}{\tau_c L_{\mathrm{BS}}}K_j M_j(\tau_u+\tau_d)$	$\frac{3B}{\tau_c L_{\mathrm{BS}}}\left(\frac{3M_j^2K_j}{2}+\frac{M_jK_j}{2}+\frac{M_j^3-M_j}{3}+\frac{7}{3}M_j\right)$	$\frac{3B}{\tau_c L_{BS}}M_jK_j$
正则化迫零	$\frac{3B}{\tau_c L_{\mathrm{BS}}}K_j M_j(\tau_u+\tau_d)$	$\frac{3B}{\tau_c L_{\mathrm{BS}}}\left(\frac{3K_j^2M_j}{2}+\frac{3M_jK_j}{2}+\frac{K_j^3-K_j}{3}+\frac{7}{3}K_j\right)$	$\frac{3B}{\tau_c L_{BS}}M_jK_j$
迫零	$\frac{3B}{\tau_c L_{\mathrm{BS}}}K_j M_j(\tau_u+\tau_d)$	$\frac{3B}{\tau_c L_{\mathrm{BS}}}\left(\frac{3K_j^2M_j}{2}+\frac{K_jM_j}{2}+\frac{K_j^3-K_j}{3}+\frac{7}{3}K_j\right)$	$\frac{3B}{\tau_c L_{BS}}M_jK_j$
最大比	$\frac{3B}{\tau_c L_{\mathrm{BS}}}K_j M_j(\tau_u+\tau_d)$	$\frac{7B}{\tau_c L_{\mathrm{BS}}}K_j$	$\frac{3B}{\tau_c L_{BS}}M_jK_j$

表 5.3 给出了两组电路功率参数值。第一组来自对最近各项研究的总结:来自文献[174,185]的基带功率模型,根据文献[311]的回程功率模型,以及根据文献[358]的计算效率。在未来,这些参数将采用不同的数值,但在撰写本专著时无法对这些值进行预测。为了便于分析,这里考虑如下的一种设置,也就是说,收/发信机的硬件的功率消耗减少了 1/2,而计算效率(得益于摩尔定律)增加了 10 倍,这导致表 5.3 中的第二组数值。这里强调,这些参数与硬件密切相关,因此不同的硬件对应的数值差异较大①。脚注 1 提供的在线 matlab 代码可以测试其他值。

① IMEC 已经开发了一种功率模型,用来预测当代和未来蜂窝网络基站的功率消耗,它适用于广泛的工作条件和基站类型,以及对硬件技术做出的预测。作为一种在线网络工具,可在如下网址获得此模型:https://www.imec-int.com/en/powermodel。

表 5.3 电路功率模型中的参数,以两组不同的参数值为例

参数	值集 1	值集 2
固定功率 P_{FIX}	10W	5W
基站本振功率 P_{LO}	0.2W	0.1W
基站每根天线功率 P_{BS}	0.4W	0.2W
每个用户设备功率 P_{UE}	0.2W	0.1W
数据编码功率 P_{COD}	0.1W/(Gbit/s)	0.01W/(Gbit/s)
数据解码功率 P_{DEC}	0.8W/(Gbit/s)	0.08W/(Gbit/s)
基站的计算效率 L_{BS}	75Gflop/W	750Gflop/W
回程流量所需功率 P_{BT}	0.25W/(Gbit/s)	0.025W/(Gbit/s)

图 5.9 说明了不同合并/预编码方案组合时上行链路和下行链路场景下的每个小区的总电路功率。采用最小均方误差估计进行信道估计,以便充分利用空间信道相关性。注意,纵轴以 dBm 为单位。在图 5.9(a)中,考虑 $K=10$,让 M 在 10~200 之间变化。对于所有方案和两个参数值集合,电路功率都随 M 的增加而增加。多小区最小均方误差需要最高的电路功率,其次是单小区最小均方误差。对于参数值集 1,单小区最小均方误差的电路功率降低了 0.5%~25%,因为它不进行小区间的信道估计。然而,多小区最小均方误差的频谱效率高于单小区最小均方误差的频谱效率。从数量上进行分析,$M=100$ 和 $K=10$ 时多小区最小均方误差所需电路功率为 48.16dBm(65.48W),而单小区最小均方误差所需电路功率为 47.5dBm(56.35W),大约减少了 14%。在第 4 章中,不论是在上行链路还是在下行链路中,多小区最小均方误差引起的电路功率的增加通过高出单小区最小均方误差的 10% 的频谱效率得到了补偿(分别参见表 4.3 和 4.5)。对于参数值集 2,多小区最小均方误差所需的电路功率仅比单小区最小均方误差高 0.1%~7%,原因是计算效率提高了。正则化迫零和迫零消耗较少的电路功率,因为所需求逆矩阵的维度为 $K\times K$,而不是 $M\times M$。与多小区最小均方误差相比,当 $M=100$ 时,参数值集 1 下正则化迫零和迫零的电路功率降低了 17%,参数值集 2 下正则化迫零和迫零的电路功率降低了 4%。由于不需要对矩阵求逆,因此最大比具有最低的电路功率。然而,在这两个参数值集下,与正则化迫零和迫零相比,最大比的电路功率减少量是微乎其微的。只有当用户设备的数量非常大时,与正则化迫零和迫零相比,最大比才会大幅降低计算复杂度,见图 4.3(a)。在图 5.9(b)中,考虑 $M=100$,让 K 在 10~100 之间变化。电路功率随用户设备数量的增加而增加,但比随 M 变化的曲线的斜率小(尤其是参数值集 2)。尽管这两组参数值集的总体趋势相同(例如,多小区最小均方误差需要最高的电路功率和最大比需要最低的电路功率),但发现,对于参数值集 1,多小区最小均方误差需要的电路功率比单小区最小均方误差高 8%~100%。对于参数值集 2,多小区最小均方误差需要的电路

功率的增量降低到 2% ~25% 。

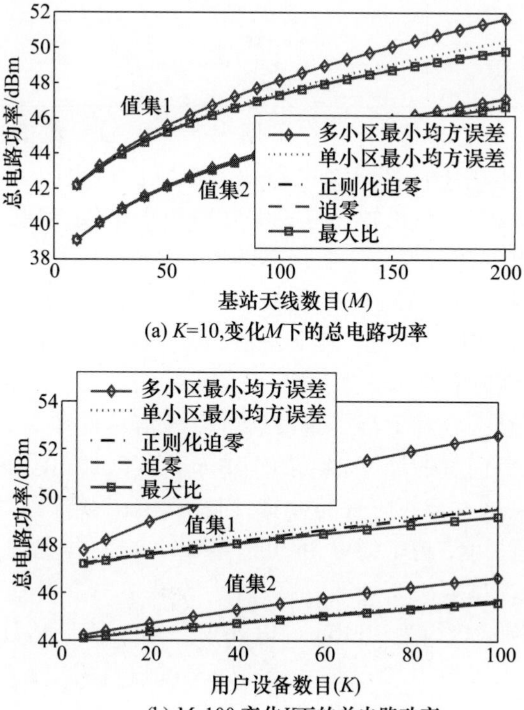

(a) K=10,变化M下的总电路功率

(b) M=100,变化K下的总电路功率

图 5.9 运行实例的上行/下行链路中每小区中的总电路功率。考虑的 2 组电路功率参数值来自表 5.3

针对 $M=100$ 和 $K=10$ 下的两组不同参数值,表 5.4 对全部方案的电路功率进行了总结。我们看到,在这个选定的设置中,不同方案所需的电路功率略有不同。这是因为收/发信机硬件的电路功率超过了信号处理的电路功率。此外,本章是在给定的(M,K)配置下进行的比较,这些配置不一定能最大化网络的能量效率,在后面的 5.6 节将看到这种情况。

表 5.4 在 $M=100$ 和 $K=10$ 的条件下,表 5.3 中两个参数值集下不同方案的每小区电路功率。这个结果是通过对图 5.9 进行总结获得的。在所考虑的场景下,虽然不同方案具有不同的计算复杂度,但不同方案之间的差异较小。原因是电路功率中的硬件所占比例超过了信号处理所占的比例

方案	值集 1	值集 2
多小区最小均方误差	65.48W	27.42W
单小区最小均方误差	56.35W	26.51W
正则化迫零	54.43W	26.32W

（续）

方案	值集 1	值集 2
迫零	54.43W	26.32W
最大比	53.96W	26.27W

图 5.10 显示了一个条形图，它在采用表 5.3 中的参数值集 1，在 $M = 100$ 和 $K = 10$的条件下，显示了不同部分在电路功率中所占的比例。由于单小区最小均方误差和迫零的电路功率与正则化迫零的电路功率相似，因此只考虑多小区最小均方误差、正则化迫零和最大比。注意，纵轴以 dBm 为单位。对于所有方案来说，固定功率、收/发信机链路、上行链路接收信号处理、下行链路发射和预编码计算所需要的电路功率都是相同的。这四个量所占比例如图 5.10(a) 所示，总共需要 47.23dBm，占总电路功率的大部分。收/发信机链路需要最大的电路功率，其次是固定功率。上行链路接收和下行链路发射所需的信号处理大约消耗 28.8dBm，而最小的部分是预编码向量的计算，大约为 7dBm。图 5.10(b) 分别给出了不同处理方案下的信道估计、接收合并向量的计算、回程和编码/解码所需的电路功率。小区内信道估计消耗的电路功率约为 26dBm(440mW)，它与处理方案无关。计算接收合并向量的电路功率取决于处理方案，多小区最小均方误差下计算接收合并向量需要最高的电路功率，约为 40dBm(10.96W)，加上信道估计消耗的功率，它们占图 5.10(b) 中多小区最小均方误差全部处理过程所需电路功率的 91%。采用逐元素最小均方误差信道估计的多小区最小均方误差方案所需的电路功率非常低，由于不利用天线单元之间的相关性，因此可将计算复杂度降低 45% ~90%（参见图 3.8）。但是，这会影响所考虑的信道模型的估计精度（参见图 3.7）。如果使用正则化迫零方案，那么计算合并向量所需的电路功率约为 18.28dBm(67mW)；与多小区最小均方误差相比，这相当于减少了 99%。采用最大比方案，其接收合并计算消耗的功率进一步降低到 0.09mW，与最大比方案的其他部分相比，这部分消耗的功率可以忽略。

图 5.11 显示了表 5.3 中参数值集 2 的电路功率量。与图 5.10(a) 相比，所有方案共用的电路功率（包括固定功率、收/发信机链路和信号处理）减少了 50%。在图 5.11(b) 中，多小区最小均方误差方案下计算接收合并向量仍然是最耗电的操作，尽管在这种情况下，它只需要 30dBm 而不是图 5.10(b) 中的 40dBm，这相当于减少了 90%。从数量上讲，图 5.11(b) 中各种方案的总电路功率分别为：多小区最小均方误差约为 31dBm，正则化迫零约为 21.6dBm，最大比约为 20dBm。

综上所述，本章开发的电路功率模型高度依赖于硬件设置（即基站天线数量和用户设备的数量）和表 5.3 中模型参数的选择。然而，无论具体的参数值如何，都可以得到一些一般性的结论。对于所有的处理方案，电路功率随 M 的增加速度要比随 K 的增加速度快。由于估计小区间信道所花费的额外成本，多小区最小均方误差需要最高的电路功率，其次是单小区最小均方误差。正则化迫零和迫零需

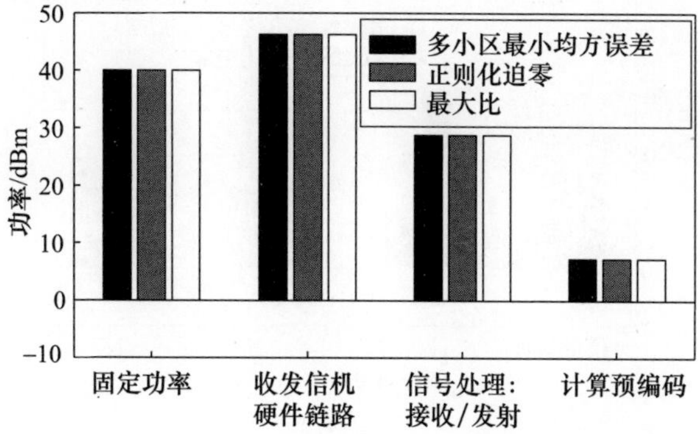

(a)

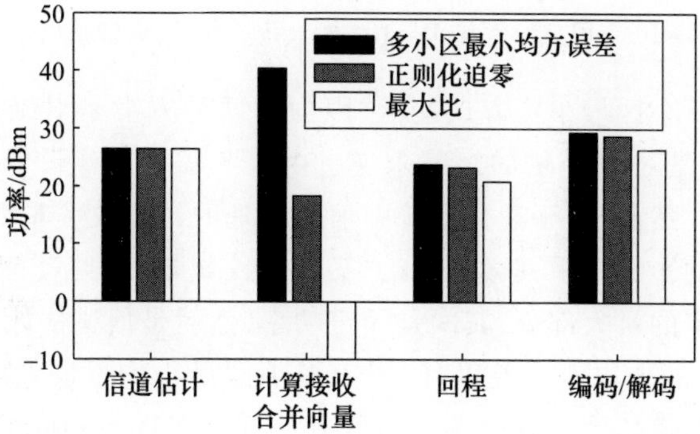

(b)

图 5.10　每个小区电路功率的组成,此图采用表 5.3 中的第一个参数值集。考虑每个小区中有 $K=10$ 个用户设备和 $M=100$ 根天线。注意,纵轴是以 dBm 为单位的

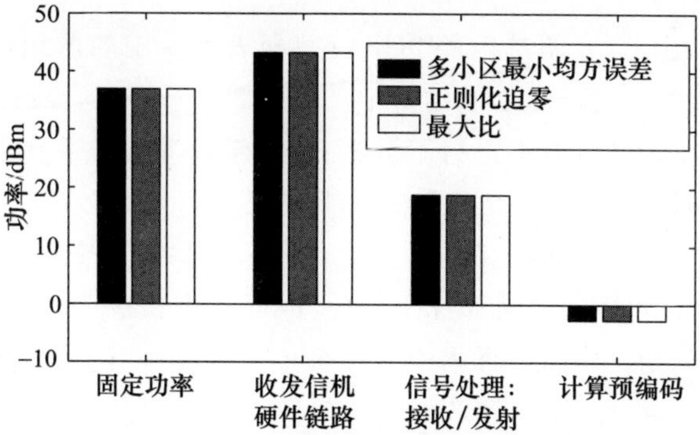

(a)

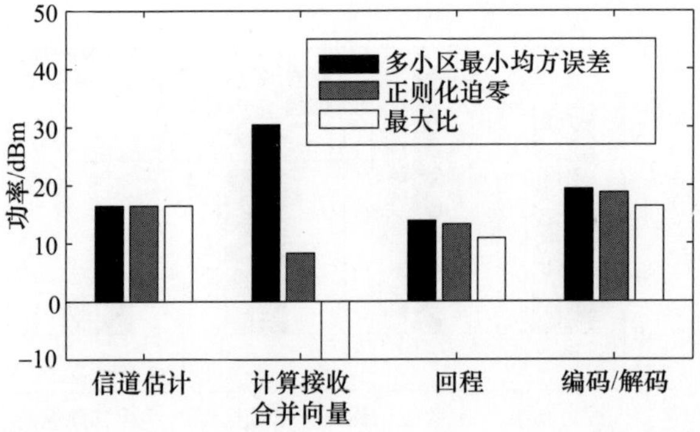

(b)

图 5.11 每个小区电路功率的组成，此图采用表 5.3 中的第二个参数值集合。考虑每个小区中有 $K=10$ 个用户设备和 $M=100$ 根天线。注意，纵轴是以 dBm 为单位的

要的电路功率比单小区最小均方误差低，因为这两种方案是对维度为 $K\times K$ 的矩阵进行求逆，而不是对 $M\times M$ 的矩阵求逆。由于不需要对矩阵求逆，因此最大比的电路功率最小。然而，由于现代系统中信号处理的计算效率非常高，因此这些差异对总电路功率的影响微乎其微，所有方案都大致如此(参见表 5.3)。收/发信机链路占总电路功率的最大部分，其次是固定功率，然后是信道估计和计算接收合并向量(除了多小区最小均方误差以外，因为多小区最小均方误差的接收合并向量所需计算量高于信道估计)，这个顺序对所有处理方案都是相同的。此外，在大规模 MIMO(基站天线的数量相对较大)中，回程、编码和解码所消耗的功率仅占整个电路功率的一小部分。

5.5 能量效率和吞吐量之间的权衡

现在将使用上一节介绍的电路功率模型和表 5.3 中的两组电路功率参数值集，来分析能量效率和吞吐量之间的折中。在 5.3.1 节中，已经通过案例研究对能量效率—频谱效率之间的折中进行了分析，但本节将重点放在大规模 MIMO 网络的吞吐量上，以强调在不指定带宽的情况下无法进行能量效率的分析(参见评述 5.3)。这里使用 4.1.3 节中定义的运行实例，每个基站有 M 根天线，每个小区有 K 个用户设备，将在每幅图中对 M 和 K 的值进行更改和指定，导频复用系数 $f=1$，因此每个导频序列由 $\tau_p=K$ 个样本组成。每个相干块内用于上行链路和下行链路的样本数分别为 $\tau_u=\frac{1}{3}(\tau_c-\tau_p)$ 和 $\tau_d=\frac{2}{3}(\tau_c-\tau_p)$。这里认为上行链路和下行链路的发射功率为每个用户设备 20dBm(即 $p_{jk}=\rho_{jk}=100\text{mW}$)，采用 ASD$\sigma_{\varphi}=10^{0}$ 的高斯局部散射信道模型。通过使用第 4 章中上行链路和下行链路的频谱效率表达

式,得到的吞吐量如式(5.43)所示。

第 j 个小区的能量效率可通过下式计算:

$$\mathrm{EE}_j = \frac{\mathrm{TR}_j}{\mathrm{ETP}_j + \mathrm{CP}_j} \tag{5.44}$$

其中,ETP_j 表示第 j 个小区的有效发射功率。该量反映了导频序列以及上/下行链路信号发射所消耗的功率:

$$\mathrm{ETP}_j = \underbrace{\frac{\tau_p}{\tau_c}\sum_{k=1}^{K_j}\frac{1}{\mu_{\mathrm{UE},jk}}p_{jk}}_{\text{用于导频的有效发射功率}} + \underbrace{\frac{\tau_u}{\tau_c}\sum_{k=1}^{K_j}\frac{1}{\mu_{\mathrm{UE},jk}}p_{jk}}_{\text{上行链路中的有效发射功率}} + \underbrace{\frac{1}{\mu_{\mathrm{BS},j}}\frac{\tau_d}{\tau_c}\sum_{k=1}^{K_j}\rho_{jk}}_{\text{下行链路中的有效发射功率}} \tag{5.45}$$

其中,$\mu_{\mathrm{UE},jk}(0<\mu_{\mathrm{UE},jk}<1)$ 表示第 j 个小区中第 k 个用户设备的功率放大器效率,$\mu_{\mathrm{BS},j}(0<\mu_{\mathrm{BS},j}<1)$ 表示第 j 个小区中基站的功率放大器效率。在额外添加了 $\mu_{\mathrm{UE},jk}=0.4$ 和 $\mu_{\mathrm{BS},j}=0.5$ 的条件后,继续沿用图 5.9 中的实例,比较不同方案下能量效率和吞吐量之间的折中。注意,这里故意选择了高于 25% 的功率放大器效率(即高于当代的功率放大器)。这是由于在大规模 MIMO 中,每根天线的低功率水平(在 mW 范围内,参见 5.2 节)使得功率放大器能够更高效地工作。

针对各种处理方案,图 5.12 给出能量效率随每个小区平均吞吐量变化的函数曲线。$K=10$,基站天线数目从 $M=10$ 变到 $M=200$(步长为 10),选用表 5.3 中的两组参数值集可得到不同的吞吐量。注意,在两种电路功率参数值集下,在所有的方案中,能量效率都是吞吐量的单峰函数。这意味着,可以同时提高吞吐量和能量效率,直到能量效率增加到最大点。此时,进一步增加吞吐量只能造成能量效率的损失。最大能量效率点周围的曲线相当平滑,因此,有多种吞吐量值(或等效为多种基站天线数目)能够接近能量效率的最大点。在任何吞吐量下,多小区最小均方误差提供最高的能量效率,其次是单小区最小均方误差,最大比的表现最差。这表明:在所考虑的条件下,多小区最小均方误差所花费的额外的计算复杂度在频谱效率和能量效率方面得到了回报。

从图 5.12(a)可以看出,多小区最小均方误差的最大能量效率为21.26Mbit/J,它是在 $M=30$,吞吐量为 600Mbit/(s·cell)的情况下获得的,相当于 9.6Gbit/(s·km^2)的区域吞吐量。当 $M=40$ 时,能量效率几乎与 $M=30$ 情况相同,等于 20.73Mbit/J,而区域吞吐量增加到 11Gbit/(s·km^2)。对于单小区最小均方误差,其最大能量效率也是在 $M=30$ 的情况下获得的,但是与多小区最小均方误差相比,能量效率减少了 3.2%,吞吐量低 6%。正则化迫零和迫零具有相似的性能,在 $M=30$ 的情况下,二者的最大能量效率约为 19Mbit/J,相应的区域吞吐量为 8.38Gbit/(s·km^2)。有趣的是,当吞吐量增加时,正则化迫零和迫零的性能趋向于多小区最小均方误差和单小区最小均方误差的性能。原因是:由于包含大量的天线,吞吐量越高,电路功率也越高,与正则化迫零和迫零相比,多小区最小均方误差和单小区最小均方误差的电路功率增长的更快,它抵消了使用多小区最小均方误差和单小区最小均方误差所带来的频谱效率增益(参见图 4.5 的上行链路)。注意,当吞吐量小于 380Mbit/(s · cell)时,迫零的能量效率会迅速恶化,它对应于 $M \approx K$ 的情况,此时的迫零较差是众所周知的。当 $M = 40$ 时,最大比提供了 10.18Mbit/J 的最大能量效率,区域吞吐量为 5.07Gbit/(s · km^2)。

根据表 5.3 中的第二个参数值集得到图 5.12(b)。与图 5.12(a)相比,所有方案的能量效率大约翻了一番(因为大部分电路功率系数都减少了 1/2),但总体趋势是相同的。在 $M = 30$ 的条件下,多小区最小均方误差和单小区最小均方误差分别获得 41.52Mbit/J 和 39.2Mbit/J 的能量效率。表 5.5 列出了 $K = 10$,$M = 40$ 条件下,多小区最小均方误差、正则化迫零和最大比的能量效率和区域吞吐量。综上所述,上述分析过程表明:不同方案的能量效率略有不同。然而,在实例所考虑的通信场景下,所有方案的能量效率都是吞吐量的单峰函数,无论怎么选取电路功率参数值,能量效率都是在 $M = 30$ 或 40 附近达到最大值。注意,这些 M 值与大规模 MIMO 的预期天线数值相差甚远,但达到最大能量效率时的天线—用户设备比率为 $M/K = 3$ 或 4 却和预期的一致。在下面的内容中,将表明:如果 K 增加,M 的值会更大,特别是在采用更节能的硬件条件下。

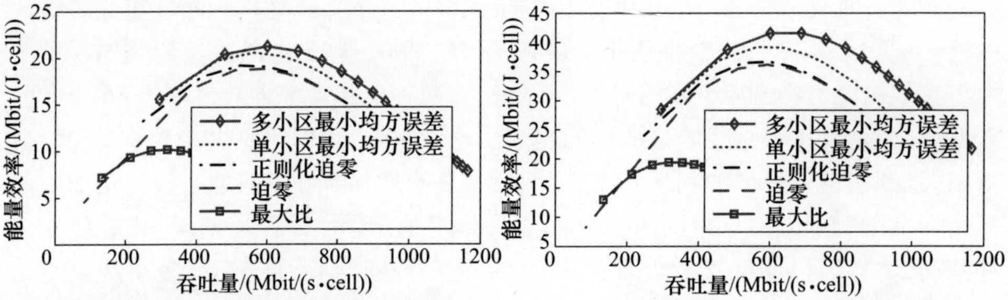

(a) K=10和采用表5.3中第一组参数值集的情况 (b) K=10和采用表5.3中第二组参数值集的情况

图 5.12 4.1.3 节中运行实例下能量效率与吞吐量之间的关系。硬件参数如表 5.3 所列。通过将 M 以 10 为步长从 10 变到 200,得到不同的吞吐量值。注意,所有的方案都能同时提高能量效率和吞吐量,在任何吞吐量下多小区最小均方误差都提供了最高的能量效率

在图 5.13 的各项条件中,除了 $K = 20$ 以外,其他条件与图 5.12 的相同。M 以 10 为步长从 10 变化到 200(对于迫零,M 以 10 为步长从 20 变化到 200,因为 M 必须大于 K),得到所有方案的吞吐量。与图 5.12 相比,可以看到:增加每个小区的用户设备数量可能对能量效率产生或不产生积极的影响。不同于图 5.12(a),图 5.13显示:当 $K = 20$ 和采用第一组电路功率参数值集时,最高能量效率不是由多小区最小均方误差实现的,而是由单小区最小均方误差实现的。从数量上讲,当 $M = 50$ 时,单小区最小均方误差提供的最大能量效率为 22.86Mbit/J,区域吞吐量为 15.05Gbit/(s · km^2)。另一方面,对于多小区最小均方误差,其最大能量效率

值是在 $M=40$ 时获得的，能量效率值比单小区最小均方误差的能量效率值低 1.75%。有趣的是，对于第一组电路功率参数值集，当吞吐量增加时，多小区最小均方误差的性能甚至比正则化迫零和迫零还要差。这是因为多小区最小均方误差的电路功率比单小区最小均方误差、正则化迫零和迫零的电路功率高得多（见图 5.9(b)），从而抵消了使用多小区最小均方误差带来的频谱效率增益。第二组电路功率参数值集下的结果如图 5.13(b)所示，在这种情况下，整体趋势与图 5.12相同，其中，多小区最小均方误差提供最高的能量效率和吞吐量。此外，增加每个小区的用户设备数目对所有方案的能量效率都产生积极的影响，在任何吞吐量值下，能量效率都大于图 5.12 中的对应值。不同于图 5.12(b)中 $K=10$ 的情况（在 $M=30$ 或 40 的条件下获得最大能量效率），在图 5.13 中 $K=20$ 的情况下，$M=50$ 或 60 时能够获得最大的能量效率。表 5.5 在 $M=60$ 的条件下，对图 5.13 中多小区最小均方误差、正则化迫零和最大比方案的结果进行了总结。

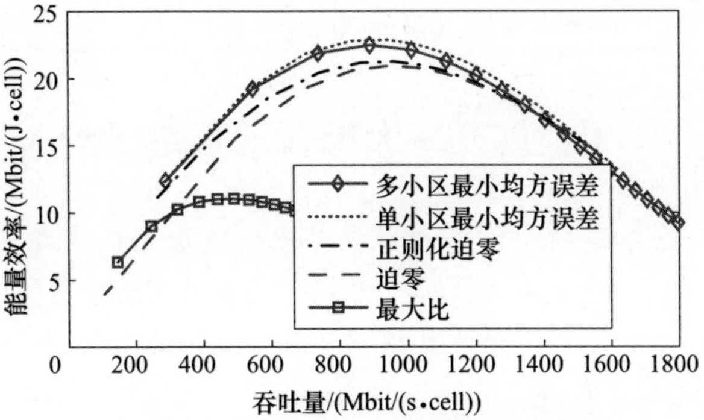

(a) K=20和采用表5.3中第一组参数值集的情况

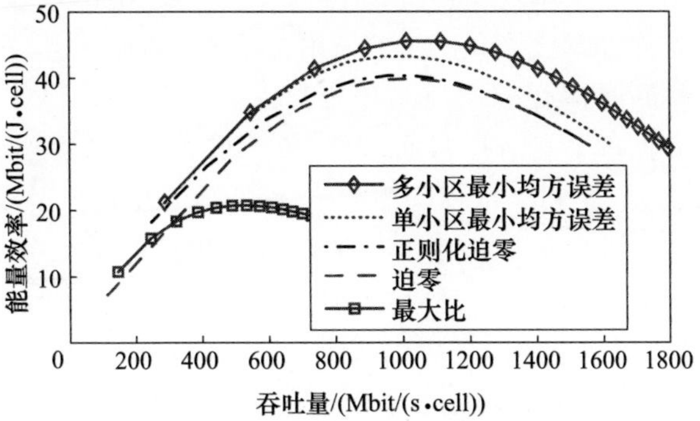

(b) K=20和采用表5.3中第二组参数值集的情况

图 5.13 第 4.1.3 节中运行实例下能量效率与吞吐量之间的关系。硬件参数如表 5.3所列。通过将 M 以 10 为步长从 20 变到 200，得到不同的吞吐量。与图 5.12 的结果相比，可以看到提高 K 能够提高所有方案的能量效率

表 5.5 在表 5.3 中的两种参数值集下,在每个小区中,对多小区最小均方误差、正则化迫零和最大比方案下的最大能量效率进行总结,也给出各方案对应的区域吞吐量

方案	能量效率,值集 1	能量效率,值集 2	区域吞吐量
多小区最小均方误差	20.73Mbit/J	41.53Mbit/J	11Gbit/(s · km^2)
正则化迫零	19.07Mbit/J	36.63Mbit/J	9.6Gbit/(s · km^2)
最大比	10.18Mbit/J	19.38Mbit/J	5.07Gbit/(s · km^2)
注:$K=10$,$M=40$ 的条件(结果来自对图 5.12 的总结)			
方案	能量效率,值集 1	能量效率,值集 2	区域吞吐量
多小区最小均方误差	21.27Mbit/J	45.5Mbit/J	17.82Gbit/(s · km^2)
正则化迫零	21.24Mbit/J	40.35Mbit/J	15.33Gbit/(s · km^2)
最大比	11.04Mbit/J	20.7Mbit/J	7.84Gbit/(s · km^2)
注:$K=20$,$M=60$ 的条件(结果来自对图 5.13 的总结)			

5.6 具有最大能效的网络设计

在 5.5 节中,在给定用户设备数目和基站天线数目的变化范围(或者,等效地,给定每个小区的吞吐量值)条件下,研究了大规模 MIMO 网络的能量效率。下面,将从一个不同的角度来看能量效率:不预先假定天线或用户设备的数量,而是从头开始设计网络以实现最大的能量效率。这里提出以下问题:

(1) 基站天线的最佳数量是多少?

(2) 应该提供多少个用户设备?

(3) 不同的处理方案应该在何时被采用?

为了回答这些问题,考虑 4.1.3 节中定义的运行实例,以保证具有与 5.5 节相同的通信场景,此时,每个基站有 M 根天线,每个小区有 K 个用户设备。

图 5.14 说明了在 M 和 K 的不同组合下,多小区最小均方误差、正则化迫零和最大比可实现的能量效率值。这里考虑 $K\in\{10,20,\cdots,100\}$ 和 $M\in\{20,30,\cdots,200\}$。考虑表 5.3 中的第一组电路功率参数值集,可以注意到能量效率曲面是凹的,并且每种方案都存在全局能量效率最优点。对于多小区最小均方误差,当$(M,K)=(40,20)$时,可获得 20.73Mbit/J 的最大能量效率,13.71Gbit/(s · km^2)的区域吞吐量,41.35W 的每小区总功率消耗。正则化迫零的能量效率表面比多小区最小均方误差的能量效率表面更平滑,因此,有多种(M,K)组合都能获得近似最佳的能量效率,能量效率的全局最大值为 20.25Mbit/J,仅比多小区最小均方误差低 2.3%,它是通过$(M,K)=(90,30)$实现的,此时的区域吞吐量为 20.97Gbit/(s · km^2),比多小区最小均方误差高 53%,此时的每个小区的电路

功率为 64.76W,也比多小区最小均方误差高出 56%。这个结果给人的直觉是:对于任何给定的(M,K),从吞吐量的角度看,虽然多小区最小均方误差是最好的,但是与正则化迫零相比,多小区最小均方误差较高的计算复杂度使得多小区最小均方误差的电路功率随着 M 和 K 的增加而增加的速度比正则化迫零快。因此在较大的 M 和 K 值下,不鼓励使用多小区最小均方误差方案,因为与正则化迫零相比,多小区最小均方误差轻微的吞吐量提升与电路功率的增加不成比例,导致了能量效率的降低。因此,多小区最小均方误差在较低的吞吐量下实现了其能量效率的优化。正则化迫零付出的代价是每个小区消耗了更高的功率,因此一个能量效率高的网络不意味着低功耗。最大比的能量效率最优值是 10.63Mbit/J,它比多小区最小均方误差和正则化迫零大约低了 47%,是在(M,K)=(60,20)下实现的,此时的区域吞吐量为 7.64Gbit/(s·km^2),每个小区的功率消耗为 44.9W。上述结果汇总在表 5.6 中。

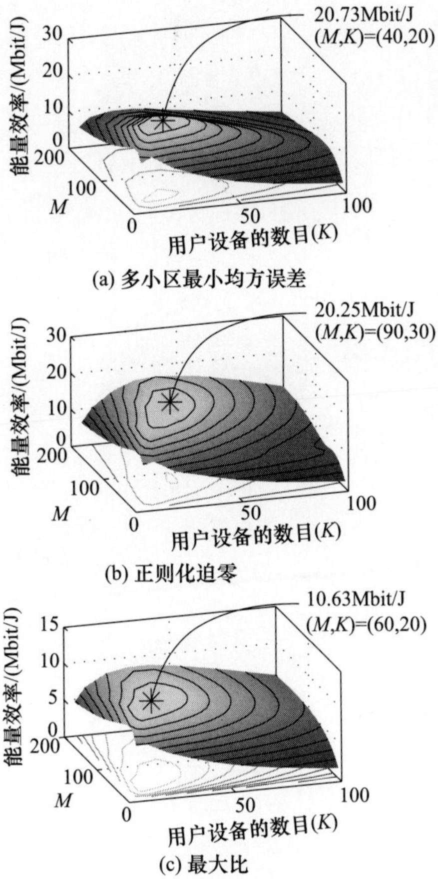

(a) 多小区最小均方误差

(b) 正则化迫零

(c) 最大比

图 5.14　在多小区最小均方误差、正则化迫零和最大比方案下,每个小区中能量效率作为 M 和 K 的函数,此时采用表 5.3 中的第一组参数值集

图 5.15 考虑了表 5.3 中的第二组电路功率参数值集。正则化迫零和最大比的能量效率表面与图 5.14 中二者的能量效率表面相似。然而,多小区最小均方误差的能量效率表面比图 5.14 中的能量效率表面光滑。表 5.6 对所有方案的能量效率最佳点对应的能量效率、区域吞吐量和功率消耗值进行了总结。由于电路功率参数的减小,能量效率最佳点对应的 M 和 K 值均增大了。特别地,更高的计算效率鼓励使用能容纳更多网络基础设施和更多用户设备的空间复用。注意,在每个小区内,多小区最小均方误差的吞吐量仍然比正则化迫零低 17%,能量效率比正则化迫零高 12%,并且节省了 26% 的功率消耗。因此,与图 5.14 的结果相比,当使用能量效率更高的硬件时,多小区最小均方误差成为高能量效率和低功率消耗的潜在解决方案。

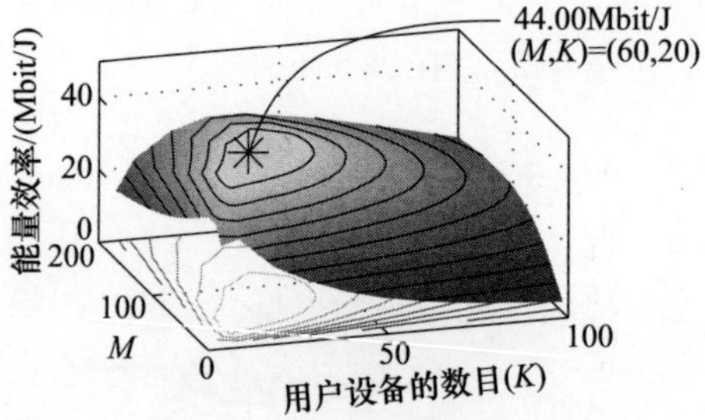

(a) 多小区最小均方误差

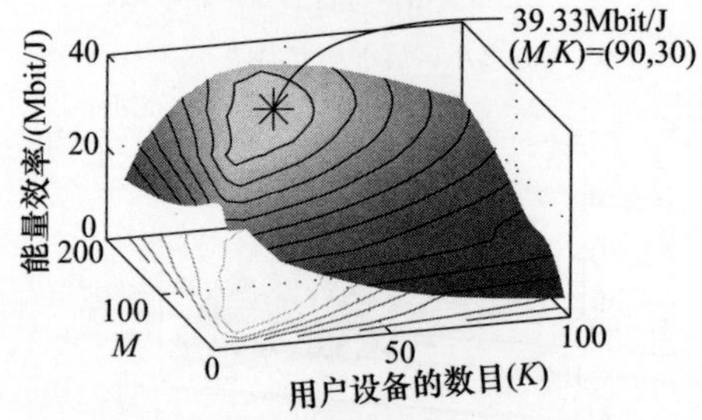

(b) 正则化迫零

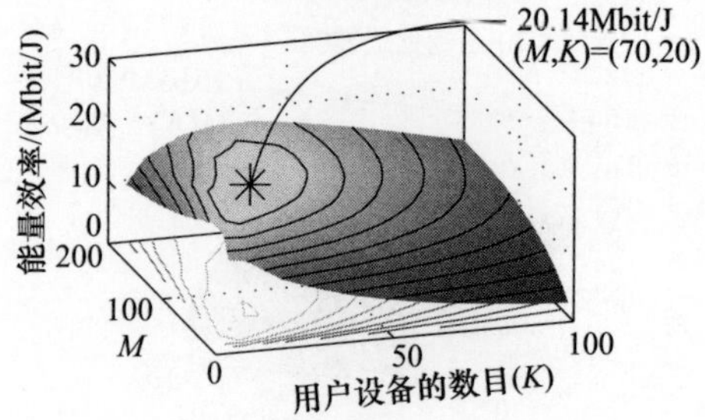

(c) 最大比

图 5.15 多小区最小均方误差、正则化迫零和最大比方案下,每个小区中能量效率作为 M 和 K 的函数,此时采用表 5.3 中的第二组参数值集

表 5.6　采用表 5.3 中两个电路功率参数值集条件下，每个小区中多小区最小均方误差、正则化迫零和最大比方案下的最大能量效率，也对每个小区中相应的区域吞吐量和功率消耗进行了总结。表中结果是根据图 5.14 和图 5.15 获得的

方案	(M,K)	最大能量效率	区域吞吐量	功率消耗
多小区最小均方误差	(40,20)	20.73Mbit/J	13.71Gbit/(s·km^2)	41.35W
正则化迫零	(90,30)	20.25Mbit/J	20.97Gbit/(s·km^2)	64.76W
最大比	(60,20)	10.63Mbit/J	7.64Gbit/(s·km^2)	44.9W
注：采用表 5.3 中的第一组参数值集，结果来自图 5.14				
方案	(M,K)	最大能量效率	区域吞吐量	功率消耗
多小区最小均方误差	(60,20)	44.00Mbit/J	17.33Gbit/(s·km^2)	24.62W
正则化迫零	(90,30)	39.33Mbit/J	20.97Gbit/(s·km^2)	33.34W
最大比	(70,20)	20.14Mbit/J	8.3Gbit/(s·km^2)	25.75W
注：采用表 5.3 中的第二组参数值集，结果来自图 5.15				

有趣的是，可以观察到，所有的能量效率优化配置(M,K)都属于大规模 MIMO 网络的范畴，在不同的能量效率优化配置下，天线的个数在数十个范围内，天线—用户设备比率 M/K 在 2～3.5 之间变化。值得注意的是，以上结果是基于数值搜索的，在搜索过程中对系统的尺寸（或者规模）没加任何限制。还请注意，在采用任何方案时，功率消耗都在实际能够实现的硬件的工作范围内。

评述 5.6（从数值分析到解析分析）　在本节中，将利用数值计算结果，找出在运行实例中联合实现高能量效率的基站天线的数目和用户设备的数目。然而，我们强调，在一些简单的场景下可以通过解析的方法求解关于 M 和 K 的能量效率最大化问题，其他系统参数（例如，发射功率）也可以被优化。文献[58,59,224]在空间不相关信道下的上/下行链路中、在采用迫零的单小区大规模 MIMO 中使用了这种方法，推导出了最优(M,K)和发射功率的闭合表达式，根据这些表达式可以加深对优化变量、硬件特性、传播环境之间的相互作用的理解。文献[60,266]考虑了上行链路多小区情况下，如何确定最佳的 M、K、发射功率、小区密度和导频复用因子。分析结果表明：减小小区覆盖范围毫无疑问是实现高能量效率的途径，但是当电路功率超过了发射功率时，增加小区密度的积极影响就结束了。然后，通过在每个小区中添加更多的基站天线来对用户设备进行空间复用，可以进一步提升能量效率。相应的能量效率增益来自：通过多根基站天线抑制小区内干扰和多个用户设备共同分担每个小区的电路功率成本。此外，分析结果表明：较大的导频复用因子可以防止小区间干扰，并可以通过定制导频复用因子来保证得到指定的频谱效率。

5.7 小　　结

• 一方面要提高区域吞吐量，另一方面要降低功耗，这两个方面似乎是对未来网络提出了两个相互矛盾的要求。

• 与当前网络相比，大规模 MIMO 可以实现更高的区域吞吐量，同时节省大量的区域发射功率。随着天线数目的增加，发射功率逐渐减小，同时系统的频谱效率接近于一个非零的渐近的极限值。因此，对于给定的频谱效率来说，大规模 MIMO 网络降低了达到此效率所需的发射功率。

• 蜂窝网络的能量效率，定义为每单位能量能够可靠传输的比特数（以 bit/J 为单位），是平衡吞吐量和功耗的较好的性能指标。

• 虽然增加天线的数量总会对频谱效率产生积极的影响，但对能量效率来说，并非如此。能量效率首先随 M 的增加而增加，原因是：频谱效率随着 M 的增加而增加了。在 M 超过了一定值后，由于附加的硬件导致了电路功率的增加，使得能量效率随 M 的增加而减少。

• 如果采用一定数量的天线 M 来抵消增加的用户设备之间的干扰，那么可通过在每个小区内复用 K 个用户设备来大幅提高频谱效率。但是对于能量效率，无法得到类似的结果，原因是：添加更多天线虽然会增加频谱效率，但也会增加网络的电路功率，这意味着当天线－用户设备比率为某个有限值时，能量效率达到最大值。

• 需要采用符合实际的电路功率模型来评估不同基站天线数目和不同用户设备数目下的功率消耗。建模的复杂性使得不可避免地对模型进行了一定程度的理想化处理，但本章开发了一个相当准确的多项式电路功率模型来模拟硬件、数字信号处理、回程信号和信道估计中消耗的功率。该模型取决于在分析过程中采用的各种通用的固定参数，表 5.3 给出了典型值。最大比方案具有最低的电路功率，而干扰抑制方案（例如正则化迫零和多小区最小均方误差）需要更高的电路功率。

• 与具有少量天线的系统相比，大规模 MIMO 能够同时增加能量效率和吞吐量。在运行实例中，仅当使用高能效的硬件时，多小区最小均方误差才能为任何吞吐量值提供最高的能量效率。最大比实现最低的能量效率。正则化迫零在能量效率和吞吐量之间提供了良好的折中。

• 数值例子用于演示怎样设计蜂窝网络以达到最大的能量效率。结果表明：采用大量天线（几百根）为几十个用户设备提供服务的大规模 MIMO 网络是获得最佳能量效率的方案，在采用现代电路技术的条件下，此方案仍然有效。

第6章　硬件效率

在本章中，将分析使用非理想的收/发信机硬件对频谱效率产生的影响。目标是：证明大规模 MIMO 能够提高硬件效率（HE）。从这个意义上讲，大规模 MIMO 可以使用质量低于传统系统的硬件组件，可以忽略这些硬件造成的频谱效率损失。例如，这里将展示通过添加额外的基站天线可以补偿增加的硬件失真。6.1 节简要概述实际收/发信机中的硬件情况，并开发了一个模型，该模型捕获了影响频谱效率的硬件缺陷，这个分析过程不局限于特定的硬件设置。然后，采用该模型对前面章节中使用的大规模 MIMO 系统模型进行推广。在 6.2 节中考虑具有硬件缺陷的上行链路信道估计，在 6.3 节中分析可实现的频谱效率。然后，在 6.4 节中，根据硬件质量伸缩律建立一个改进的硬件效率模型，它证明了在保证频谱效率损失很小的条件下，怎样通过增加天线数目来快速地降低对硬件质量的要求。6.5 节对本章关键点进行了总结。

6.1　收/发信机硬件缺陷

无线通信信道通常被建模为线性滤波器，它从发射机接收模拟输入信号并产生失真的输出信号，接收机对叠加了噪声的输出信号进行检测，这一经典设置如图 6.1(a) 所示。2.3 节中描述的离散时间复基带模型是此类模拟信道在特定条件下的等效表示。为了保证这种等效成立，发射机需要从复基带样本中产生正确的调制后的带通信号，接收机需要正确地对接收到的信号进行解调和采样，发射机和接收机需要在时间和频率上保持同步。在实际应用中，这些条件中的每一项都不可能完全得到满足，因为硬件组件越接近理想状态，实现它就越具有挑战性，硬件组件将变得更庞大、更昂贵，并且消耗更多的功率。换句话说，在实际系统中存在着成本—质量之间的折中。如第 5 章所示，在实施大规模 MIMO 系统时，这种折中尤为重要，因为：如果基站 j 配备 M_j 根天线，那么它需要许多组件的 M_j 个复制体，如功率放大器、模数转换器、滤波器、I/Q 混频器和数模转换器。除非能够通过降低单个组件的质量来进行补偿，否则这种实现的成本大约比单根天线收/发信机的成本高出 M_j 倍。

为了研究硬件组件的质量如何影响通信性能，这里需要建立一个模型，该模型反映了硬件对发射信号、接收信号、频谱效率（重点关注）的影响。不同于线性信道滤波器，许多硬件组件担负非线性滤波器的作用。例如，对于较强的输入信号，发射机中的功率放大器通常不会进行线性放大，只是提供微小的增益，换句话说，输出功率饱和了。接收机中的有限分辨率量化是另一种非线性操作，它是破坏性的，不能被恢复。本专著中称这些不理想为硬件缺陷。有很多关于不同类型硬件缺陷建模的文献，包括功率放大器非线性、I/Q 混频器的振幅/相位不平衡、本振中的相位噪声、采样抖动和模数转换器中的有限分辨率量化。这些模型通常用于设计模拟或数字补偿算法，以减轻硬件缺陷，从而大大降低其对通信的影响。由于模型不准确和某些缺陷的破坏性，剩余缺陷仍然存在。这里，不再详细介绍硬件缺陷的建模和补偿，但参考了文献[147、290、322、344]及其参考文献。相反地，通过将非理想硬件建模为发射机和接收机处的非线性无记忆滤波器来关注（剩余）硬件缺陷对频谱效率的影响[42]，该设置如图 6.1(b)所示。注意，接收机的许多组件中都存在加性噪声，这些噪声与期望信号一起被滤波和放大。热噪声是通信中加性噪声的一个主要来源，这里将其称为接收机噪声，因为它也可解释为由硬件缺陷导致的噪声。为了简单起见，这里用一个等效接收机噪声项来表示接收机中产生的所有噪声，该噪声项被添加到接收机硬件的输出中。

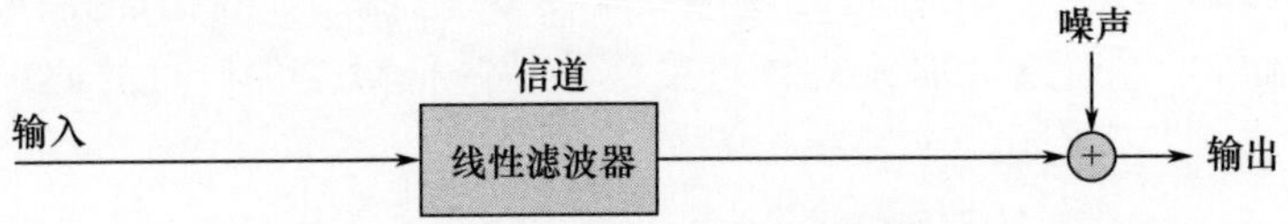

(a) 没有硬件缺陷的理想的收/发信机硬件

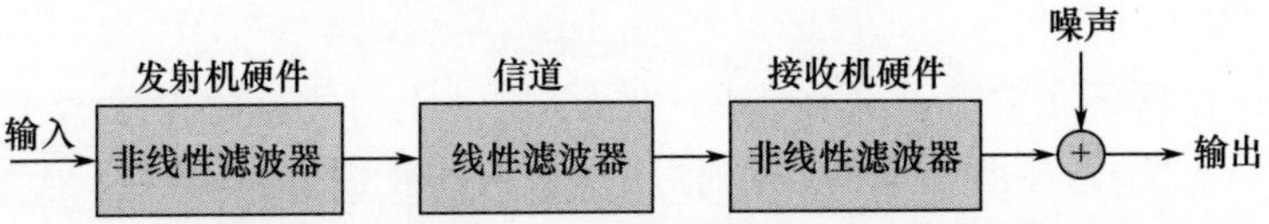

(b) 带有缺陷的收/发信机硬件，其中硬件缺陷等效为非线性滤波器

图 6.1　根据是否考虑硬件缺陷，可以为通信系统建立不同的模型，假定此图中的所有滤波器都是无记忆的

6.1.1　剩余硬件缺陷的基本模型

为了考察硬件缺陷的基本影响，这里考虑一个信息信号 $x \sim \mathcal{N}_{\mathbb{C}}(0,p)$，该信号输入到非线性无记忆函数 $g(\cdot)$。这个函数产生的输出 $y=g(x)$ 也是一个随机变量，但它的分布通常是非高斯的，输出 y 与输入 x 相关[69]。特别地，可以将输出信号表示为

$$y=\frac{\mathbb{E}\{yx^*\}}{p}x+\eta \tag{6.1}$$

其中，定义了失真项：

$$\eta = y - \frac{\mathbb{E}\{yx^*\}}{p}x \tag{6.2}$$

并且利用了假设条件$\mathbb{E}\{|x|^2\} = p$。注意,式(6.1)中的表达式没有考虑接收机的噪声,稍后再将噪声添加到输出中。对于任何给定的$g(\cdot)$,都可以对期望值$\mathbb{E}\{yx^*\} = \mathbb{E}\{g(x)x^*\}$进行分析或数值计算。失真项$\eta$与$x$不相关,因为

$$\mathbb{E}\{\eta x^*\} = \mathbb{E}\{yx^*\} - \frac{\mathbb{E}\{yx^*\}}{p}\underbrace{\mathbb{E}\{|x|^2\}}_{=p} = 0 \tag{6.3}$$

然而,输入和失真项通常不独立。例如,对于某些标量$a,b \neq 0$,假设$g(x) = a|x|^2 x + bx$。然后,根据失真项的定义可以得出$\eta = a|x|^2 x - 2apx$,η显然取决于x。

利用失真项与输入的不相关性可以求出x和y之间的非线性无记忆信道的容量C的界限[377]。特别地,通过设置$h = \mathbb{E}\{yx^*\}/p$,$p_v = \mathbb{E}\{|\eta|^2\} = \mathbb{E}\{|y|^2\} - |\mathbb{E}\{yx^*\}|^2/p$和$\sigma^2 = 0$,可以利用推论1.2中确定性信道的下界,推导出

$$C \geqslant \log_2\left(1 + \frac{p|h|^2}{p_v}\right) = \log_2\left(1 + \frac{|\mathbb{E}\{yx^*\}|^2/p}{\mathbb{E}\{|y|^2\} - |\mathbb{E}\{yx^*\}|^2/p}\right) \tag{6.4}$$

这个容量下界是一个可实现的频谱效率,它表明:从输出的总功率$\mathbb{E}\{|y|^2\}$角度看,输出与输入相关的部分(具有功率$|\mathbb{E}\{yx^*\}|^2/p$)对于通信来说总是有用的。失真项η也可以携带有用的信息,但在最坏的情况下,它是一个独立的复高斯变量,平均值为0,功率为$\mathbb{E}\{|y|^2\} - |\mathbb{E}\{yx^*\}|^2/p$。这是最不利的条件,此时式(6.4)达到下界。这里强调:尽管x和y之间的非线性信道关系中不包含噪声,但式(6.4)中的频谱效率通常是有限的,

在下面的内容中,将利用上面的观察结果为通信中(剩余的)硬件缺陷的影响定义一个可解析处理的模型。如上所述,关键的模型特征是:期望信号缩放确定性的倍数,并且添加了一个不相关的无记忆失真项,这个失真项在最坏的情况下是服从高斯分布的。假设通过对补偿算法(用于减轻硬件缺陷的影响)进行校准,使输入和输出的平均功率相等:$\mathbb{E}\{|y|^2\} = \mathbb{E}\{|x|^2\} = p$。如果定义参数

$$\kappa = \frac{|\mathbb{E}\{yx^*\}|^2}{\mathbb{E}\{|x|^2\}} = \frac{|\mathbb{E}\{yx^*\}|^2}{p} \tag{6.5}$$

那么,非线性硬件的输出就可以建模为

$$y = \sqrt{\kappa}x + \eta \tag{6.6}$$

其中,$x \sim \mathcal{N}_{\mathbb{C}}(0,p)$为输入,失真项$\eta$在最坏情况下被建模为$\eta \sim \mathcal{N}_{\mathbb{C}}(0,(1-\kappa)p)$,独立于$x$。因此,失真功率与输入功率$p$成正比,比例常数为$(1-\kappa)$。这使得加性失真项不同于传统的接收机噪声,因为后者独立于输入功率。当通信系统在噪声可忽略不计的高信噪比条件下运行时,失真成为制约频谱效率的主要因素[56]。这里将$\kappa \in (0,1]$称为“硬件质量因子”,其中$\kappa = 1$表示$y = x$的理想硬件。

相反地,$\kappa=0$是病态情况,此时的输出信号与输入信号不相关。注意,根据定义对于任意 κ,$\mathbb{E}\{|y|^2\}=\kappa p+(1-\kappa)p=p$。

式(6.6)中的"输入—输出模型"绝不是收/发信机硬件特性的完整描述,但它反映了硬件缺陷对频谱效率造成的有害影响。例如,当使用式(6.5)中定义的符号时,式(6.4)中的容量下限变成$\log_2[1+\kappa/(1-\kappa)]$。该表达式仅通过 κ 进行描述,是 $\kappa\in(0,1]$的一个递增函数。实际容量可能更高,但下限表示在不进行任何复杂的硬件自适应信号处理(尝试从 η 中提取信息)的情况下可以实现的频谱效率。

6.1.2 一种实用的硬件质量的测量方法

误差向量幅度(EVM)是测量实际收/发信机硬件失真度的常用指标,定义为经过基本均衡后的平均失真幅度和信号幅度之间的比率。对于式(6.6)中的模型,输入信号是 x,输出信号是 y,使均方误差最小的均衡输出是 $y\sqrt{\kappa}$①。然后,误差向量幅度的定义可写为

$$\mathrm{EVM}=\sqrt{\frac{\mathbb{E}\{|y\sqrt{\kappa}-x|^2\}}{\mathbb{E}\{|x|^2\}}}=\sqrt{\frac{(1-\kappa)p}{p}}=\sqrt{1-\kappa} \tag{6.7}$$

误差向量幅度是射频收/发信机数据列表中规定的关键指标之一。如果采用 64-QAM,那么 LTE 标准要求发射机硬件中的 $\mathrm{EVM}\leqslant 0.08$[144]。这相当于 $\kappa=1-\mathrm{EVM}^2\geqslant 0.994$。如果发射机采用 4-PSK,那么 LTE 标准要求 $\mathrm{EVM}\leqslant 0.175$,这相当于 $\kappa\geqslant 0.97$。虽然实际的 LTE 收/发信机通常支持 64-QAM,但在大规模 MIMO 中,采用大于 0.08 的误差向量幅度的目的在于放松对硬件设计的限制。本章中的分析适用于 0~1 之间的任何 κ 值。

6.1.3 扩展到经典的大规模 MIMO 模型

在前面的章节中,采用理想的硬件对大规模 MIMO 系统进行建模分析,现在将把硬件缺陷引入到这个系统模型中。考虑如图 6.1(b)所示的发射机和接收机硬件缺陷。这些缺陷会对通过信道传输的模拟信号产生影响,但这里针对信号的复基带表示对硬件缺陷进行建模。6.1.1 节中的缺陷模型将用于上行链路与下行链路中发射机失真和接收机失真的建模。假设样本之间的失真是独立的,这是一个最不利的假设,因为相关性可用于减小失真。这一假设的结果是:端到端信道(包括硬件)的相关块维度与传播信道的维度相同。下面描述的模型类似于文献[42]中的模型,只是符号不同。

---

① 输入 x 与均衡后的输出 ya 之间的均方误差为$\mathbb{E}\{|ya-x|^2\}$,当 $a=\sqrt{\kappa}$时,得到最小均方误差值$(1-\kappa)p$。

1. 上行链路传输

采用2.3.1节的定义,在上行链路中,第j个小区中第k个用户设备的数据信号为$s_{jk}\sim\mathcal{N}_{\mathbb{C}}(0,p_{jk})$。发射机硬件对这个复高斯信号造成失真,应用式(6.6)中的模型,可得到此时送入信道的是$\sqrt{\kappa_t^{\mathrm{UE}}}s_{jk}+\eta_{jk}^{\mathrm{UE}}$而不是$s_{jk}$,其中的$\eta_{jk}^{\mathrm{UE}}\sim\mathcal{N}_{\mathbb{C}}(0,(1-\kappa_t^{\mathrm{UE}})p_{jk})$是硬件失真项。因子$\kappa_t^{\mathrm{UE}}\in(0,1]$决定了用户设备的发射机硬件的质量。为了便于表示,假设所有用户设备的硬件质量相同。根据式(2.5),到达基站j的M_j根接收天线的信号$\breve{\boldsymbol{y}}_j\in\mathbb{C}^{M_j}$(在添加噪声之前)是

$$\breve{\boldsymbol{y}}_j=\sum_{l=1}^{L}\sum_{i=1}^{K_l}\boldsymbol{h}_{li}^{j}\left(\sqrt{\kappa_t^{\mathrm{UE}}}s_{li}+\eta_{li}^{\mathrm{UE}}\right)\tag{6.8}$$

在信道实现集合为$\{\boldsymbol{h}_{li}^{j}\}$的给定相关块中,信号$\breve{\boldsymbol{y}}_j$是条件复高斯分布,它具有零均值和如下的相关矩阵:

$$\mathbb{E}\{\breve{\boldsymbol{y}}_j\breve{\boldsymbol{y}}_j^{\mathrm{H}}\mid\{\boldsymbol{h}_{li}^{j}\}\}=\sum_{l=1}^{L}\sum_{i=1}^{K_l}p_{li}\boldsymbol{h}_{li}^{j}(\boldsymbol{h}_{li}^{j})^{\mathrm{H}}\tag{6.9}$$

其中利用了$\mathbb{E}\{|\sqrt{\kappa_t^{\mathrm{UE}}}s_{li}+\eta_{li}^{\mathrm{UE}}|^2\}=p_{li}$。所以,可以再次应用式(6.6)为接收机硬件缺陷建模。假设连接到不同基站天线的收/发信机硬件是去耦的,因此它们各自的失真项是独立的①。接收机中的硬件失真用$\sqrt{\kappa_r^{\mathrm{BS}}}\breve{\boldsymbol{y}}_j+\boldsymbol{\eta}_j^{\mathrm{BS}}$代替$\breve{\boldsymbol{y}}_j$,其中失真项$\boldsymbol{\eta}_j^{\mathrm{BS}}\in\mathbb{C}^{M_j}$具有如下条件分布:

$$\boldsymbol{\eta}_j^{\mathrm{BS}}\sim\mathcal{N}_{\mathbb{C}}(\boldsymbol{0}_{M_j},\boldsymbol{D}_{j,\{\boldsymbol{h}\}})\tag{6.10}$$

对于给定的信道实现集$\{\boldsymbol{h}_{li}^{j}\}$,条件相关矩阵$\boldsymbol{D}_{j,\{\boldsymbol{h}\}}\in\mathbb{C}^{M_j\times M_j}$由下式给出:

$$\boldsymbol{D}_{j,\{\boldsymbol{h}\}}=(1-\kappa_r^{\mathrm{BS}})\sum_{l=1}^{L}\sum_{i=1}^{K_l}p_{li}\mathrm{diag}\left(|[\boldsymbol{h}_{li}^{j}]_1|^2,\cdots,|[\boldsymbol{h}_{li}^{j}]_{M_j}|^2\right)\tag{6.11}$$

其中,$[\boldsymbol{h}_{li}^{j}]_m$表示$\boldsymbol{h}_{li}^{j}$的第$m$个元素。因子$\kappa_r^{\mathrm{BS}}\in(0,1]$决定了基站接收机硬件的质量,为了便于表示,令所有基站都采用相同的因子。注意,除了伸缩因子$(1-\kappa_r^{\mathrm{BS}})$不同以外,$\boldsymbol{D}_{j,\{\boldsymbol{h}\}}$的对角线元素与式(6.9)中矩阵的对角线元素相同,这意味着每根接收天线上的接收机失真项与该天线接收到的信号功率成比例(天线之间的接收功率通常是不同的)。$\boldsymbol{D}_{j,\{\boldsymbol{h}\}}$中的非对角元素为0,这是因为假定阵列上的失真项之间是相互独立的。接收机失真的边缘(无条件)分布可以表示为

$$\boldsymbol{\eta}_j^{\mathrm{BS}}=\sqrt{1-\kappa_r^{\mathrm{BS}}}\sum_{l=1}^{L}\sum_{i=1}^{K_l}\sqrt{p_{li}}\boldsymbol{h}_{li}^{j}\odot\bar{\boldsymbol{\eta}}_{jli}^{\mathrm{BS}}\tag{6.12}$$

---

① 即使连接到不同天线上的收/发信机硬件之间是去耦的,各天线上的接收信号之间也是相关的。原因是:所有天线都对相同的发射信号进行观测。这个事实使得失真项之间也相关。简单地讲,硬件对相关的输入信号产生相似的反应。文献[223]中记载的测量结果确认了这种相关性确实存在,并且相关性很小。所以失真项的相关矩阵的特征结构不同于式(6.9)中的信号相关矩阵的特征结构。这些结论来自我们建立的模型,失真项之间相互独立的这个假设只是为了便于对模型进行解析分析。

其中，$\bar{\boldsymbol{\eta}}_{jli}^{\mathrm{BS}} \sim \mathcal{N}_{\mathbb{C}}(\mathbf{0}_{M_j}, \boldsymbol{I}_{M_j})$是一个独立的随机向量，$\odot$表示 Hadamard 积。注意，式(6.12)中的接收机失真项是两个独立的复高斯向量的一对一元素的乘积，因此它不是高斯分布的。

综上所述，通过将接收机噪声 $\boldsymbol{n}_j$ 加到 $\sqrt{\kappa_r^{\mathrm{BS}}}\breve{\boldsymbol{y}}_j + \boldsymbol{\eta}_j^{\mathrm{BS}}$ 上，在基站 j 处接收到的上行链路信号 $\boldsymbol{y}_j \in \mathbb{C}^{M_j}$被建模为

$$\boldsymbol{y}_j = \sqrt{\kappa_r^{\mathrm{BS}}} \sum_{l=1}^{L} \sum_{i=1}^{K_l} \boldsymbol{h}_{li}^j \left(\sqrt{\kappa_t^{\mathrm{UE}}} s_{li} + \eta_{li}^{\mathrm{UE}} \right) + \boldsymbol{\eta}_j^{\mathrm{BS}} + \boldsymbol{n}_j \tag{6.13}$$

它表示接收到的数字基带信号，它用于信号处理和数据检测。

2. 下行链路传输

在下行链路中，采用2.3.2节中的定义，基站 l 发射的信号为 $\boldsymbol{x}_l = \sum_{i=1}^{K_l} \boldsymbol{w}_{li} \varsigma_{li}$，其中$\varsigma_{li} \sim \mathcal{N}_{\mathbb{C}}(0, \rho_{li})$是小区 l 中用户设备 i 需要的数据信号。预编码向量取决于当前信道实现（或更确切地说取决于信道估计）。因此，在具有信道实现集$\{\boldsymbol{h}_{lk}^j\}$的给定相关块中，预编码向量是固定的。信号 $\boldsymbol{x}_l$ 是有条件的复高斯分布，具有零均值和相关矩阵：

$$\mathbb{E}\{\boldsymbol{x}_l \boldsymbol{x}_l^{\mathrm{H}} \mid \{\boldsymbol{h}_{lk}^j\}\} = \sum_{i=1}^{K_l} \rho_{li} \boldsymbol{w}_{li} \boldsymbol{w}_{li}^{\mathrm{H}} \tag{6.14}$$

现在可以应用式(6.6)中的缺陷模型来描述连接到基站 l 的每根发射天线的硬件中的缺陷。再一次假设不同基站天线的收/发信机硬件是去耦的，因此各自的失真项是独立的。接下来，信号 $\breve{\boldsymbol{x}}_l = \sqrt{\kappa_t^{\mathrm{BS}}}\boldsymbol{x}_l + \boldsymbol{\mu}_l^{\mathrm{BS}}$ 代替 $\boldsymbol{x}_l$ 通过信道进行传输，其中硬件失真项 $\boldsymbol{\mu}_l^{\mathrm{BS}} \in \mathbb{C}^{M_l}$具有如下的条件分布：

$$\boldsymbol{\mu}_l^{\mathrm{BS}} \sim \mathcal{N}_{\mathbb{C}}(\mathbf{0}_{M_l}, \boldsymbol{D}_{l,\{w\}}) \tag{6.15}$$

对于给定的预编码向量集$\{\boldsymbol{w}_{li}\}$。条件相关矩阵 $\boldsymbol{D}_{l,\{w\}} \in \mathbb{C}^{M_l \times M_l}$由下式给出：

$$\boldsymbol{D}_{l,\{w\}} = (1 - \kappa_t^{\mathrm{BS}}) \sum_{i=1}^{K_l} \rho_{li} \mathrm{diag}\left(|[\boldsymbol{w}_{li}]_1|^2, \cdots, |[\boldsymbol{w}_{li}]_{M_l}|^2 \right) \tag{6.16}$$

其中，$[\boldsymbol{w}_{li}]_m$ 为 $\boldsymbol{w}_{li}$的第 m 个元素。因子 $\kappa_t^{\mathrm{BS}} \in (0,1]$决定了基站的发射机硬件的质量，并且为了便于表示，令所有基站都采用相同的因子。发射机失真的边缘分布可以表示为

$$\boldsymbol{\mu}_l^{\mathrm{BS}} = \sqrt{1 - \kappa_t^{\mathrm{BS}}} \sum_{i=1}^{K_l} \sqrt{\rho_{li}} \boldsymbol{w}_{li} \odot \bar{\boldsymbol{\mu}}_{li}^{\mathrm{BS}} \tag{6.17}$$

其中，$\bar{\boldsymbol{\mu}}_{li}^{\mathrm{BS}} \sim \mathcal{N}_{\mathbb{C}}(\mathbf{0}_{M_l}, \boldsymbol{I}_{M_l})$是一个独立的随机向量。注意，该发射机失真项是两个独立的复高斯向量对应元素之间的乘积，因此它不是高斯分布的。

到达小区 j 中用户设备 k 的信号(加入接收机噪声前)是 $\sum_{l=1}^{L}(\boldsymbol{h}_{jk}^{l})^{\mathrm{H}}\breve{\boldsymbol{x}}_{l}$,在给定的相关块中,它是具有零均值和如下条件方差的复高斯分布:

$$\begin{aligned}\varsigma_{jk,\{w\}} &= \mathbb{E}\left\{\left|\sum_{l=1}^{L}(\boldsymbol{h}_{jk}^{l})^{\mathrm{H}}\breve{\boldsymbol{x}}_{l}\right|^{2}\Big|\{\boldsymbol{h}_{lk}^{j}\}\right\}\\ &= \sum_{l=1}^{L}(\boldsymbol{h}_{jk}^{l})^{\mathrm{H}}\left(\sum_{i=1}^{K_l}\rho_{li}\kappa_{t}^{\mathrm{BS}}\boldsymbol{w}_{li}\boldsymbol{w}_{li}^{\mathrm{H}}+\boldsymbol{D}_{l,\{w\}}\right)\boldsymbol{h}_{jk}^{l}\\ &= \sum_{l=1}^{L}\sum_{i=1}^{K_l}\rho_{li}\left(\kappa_{t}^{\mathrm{BS}}\left|(\boldsymbol{h}_{jk}^{l})^{\mathrm{H}}\boldsymbol{w}_{li}\right|^{2}+(1-\kappa_{t}^{\mathrm{BS}})\left\|\boldsymbol{w}_{li}\odot\boldsymbol{h}_{jk}^{l}\right\|^{2}\right)\end{aligned}\tag{6.18}$$

其中,第二个等式来自式(6.16)。再次利用式(6.6)为小区 j 中用户设备 k 的接收机硬件缺陷建模,将接收到的信号更改为 $\sqrt{\kappa_{r}^{\mathrm{UE}}}\sum_{l=1}^{L}(\boldsymbol{h}_{jk}^{l})^{\mathrm{H}}\breve{\boldsymbol{x}}_{l}+\mu_{jk}^{\mathrm{UE}}$,其中 μ_{jk}^{UE} 是具有条件分布 $\mu_{jk}^{\mathrm{UE}}\sim\mathcal{N}_{\mathbb{C}}(0,(1-\kappa_{r}^{\mathrm{UE}})\varsigma_{jk,\{w\}})$ 的硬件失真项。边缘分布为

$$\mu_{jk}^{\mathrm{UE}}=\sqrt{(1-\kappa_{r}^{\mathrm{UE}})\varsigma_{jk,\{w\}}}\,\bar{\mu}_{jk}^{\mathrm{UE}}\tag{6.19}$$

其中,$\bar{\mu}_{jk}^{\mathrm{UE}}\sim\mathcal{N}_{\mathbb{C}}(0,1)$ 是一个独立的随机变量。因子 $\kappa_{r}^{\mathrm{UE}}\in(0,1]$ 决定了用户设备接收机硬件的质量,为了便于记录,令所有用户设备的因子都相同。最后,将独立的接收机噪声 $n_{jk}\sim\mathcal{N}_{\mathbb{C}}(0,\sigma_{\mathrm{DL}}^{2})$ 添加到信号中。

综上所述,考虑到收/发信机的硬件缺陷,小区 j 中用户设备 k 接收到的下行链路样本 $y_{jk}\in\mathbb{C}$ 被建模为

$$y_{jk}=\sqrt{\kappa_{r}^{\mathrm{UE}}}\sum_{l=1}^{L}(\boldsymbol{h}_{jk}^{l})^{\mathrm{H}}\left(\sqrt{\kappa_{t}^{\mathrm{BS}}}\sum_{i=1}^{K_l}\boldsymbol{w}_{li}\varsigma_{li}+\boldsymbol{\mu}_{l}^{\mathrm{BS}}\right)+\mu_{jk}^{\mathrm{UE}}+n_{jk}\tag{6.20}$$

它表示接收到的数字基带信号,用于信号处理和数据检测。

6.2 硬件缺陷下的信道估计

按照 3.1 节所述执行上行链路信道估计,唯一的区别是:基站 j 接收到的信号 $\boldsymbol{Y}_{j}^{p}\in\mathbb{C}^{M_j\times\tau_p}$ 现在包含来自硬件缺陷的失真。回想一下,$\boldsymbol{\phi}_{li}\in\mathbb{C}^{\tau_p}$ 是小区 l 中的用户设备 i 使用的导频序列。当它通过式(6.13)中的上行链路模型传输 τ_p 个样本后,得到①

$$\boldsymbol{Y}_{j}^{p}=\sqrt{\kappa_{r}^{\mathrm{BS}}}\sum_{l=1}^{L}\sum_{i=1}^{K_l}\boldsymbol{h}_{li}^{j}\left(\sqrt{p_{li}\kappa_{t}^{\mathrm{UE}}}\boldsymbol{\phi}_{li}^{\mathrm{T}}+(\boldsymbol{\eta}_{li}^{\mathrm{UE}})^{\mathrm{T}}\right)+\boldsymbol{G}_{j}^{\mathrm{BS}}+\boldsymbol{N}_{j}^{p}\tag{6.21}$$

---

① 式(6.13)中的系统模型假定发射信号服从高斯分布,然而,这里却将这个模型用于确定的导频序列的传输。可以通过 Haar 分布矩阵对导频序列码书进行旋转来解决这个问题,这个旋转操作将每个导频序列转变成了一个伸缩的独立同分布高斯向量。因为旋转不会影响信道估计性能(与本章分析的简化模型具有相同的信道估计性能),所以为了简单起见,这里忽略了旋转矩阵。

其中，$\boldsymbol{N}_j^p \in \mathbb{C}^{M_j \times \tau_p}$是接收机噪声，其元素服从独立同分布(i. i. d)的 $\mathcal{N}_{\mathbb{C}}(0,\sigma_{\mathrm{UL}}^2)$。发射机失真$\boldsymbol{\eta}_{li}^{\mathrm{UE}} \in \mathbb{C}^{\tau_p}$包含式(6.13)中 τ_p 个 η_{li}^{UE} 的独立实现，因此$\boldsymbol{\eta}_{li}^{\mathrm{UE}} \sim \mathcal{N}_{\mathbb{C}}(\mathbf{0}_{\tau_p},(1-\kappa_t^{\mathrm{UE}})p_{li}\boldsymbol{I}_{\tau_p})$。接收机失真矩阵$\boldsymbol{G}_j^{\mathrm{BS}} \in \mathbb{C}^{M_j \times \tau_p}$的每列与式(6.13)中的$\boldsymbol{\eta}_j^{\mathrm{BS}}$ 具有相同的分布。更准确地说，对于一组给定的信道实现$\{\boldsymbol{h}\}$，每列是独立同分布的，并且服从 $\mathcal{N}_{\mathbb{C}}(\mathbf{0}_{M_j},\boldsymbol{D}_{j,\{\boldsymbol{h}\}})$。

当基站 j 估计小区 l 中用户设备 i 的信道 $\boldsymbol{h}_{li}^j$时，它首先使 $\boldsymbol{Y}_j^p$ 与该用户设备使用的导频序列 $\boldsymbol{\phi}_{li}$相关，从而得到$\boldsymbol{y}_{jli}^p = \boldsymbol{Y}_j^p \boldsymbol{\phi}_{li}^*$。例如，对于小区 j 中第 k 个用户设备，可以得到

$$\boldsymbol{y}_{jjk}^p = \boldsymbol{Y}_j^p \boldsymbol{\phi}_{jk}^* = \underbrace{\sqrt{p_{jk}\kappa_t^{\mathrm{UE}}\kappa_r^{\mathrm{BS}}}\tau_p \boldsymbol{h}_{jk}^j}_{\text{期望导频}} + \underbrace{\sum_{(l,i)\in\mathcal{P}_{jk}\setminus(j,k)} \sqrt{p_{li}\kappa_t^{\mathrm{UE}}\kappa_r^{\mathrm{BS}}}\tau_p \boldsymbol{h}_{li}^j}_{\text{干扰导频}}$$

$$+ \underbrace{\sum_{l=1}^{L}\sum_{i=1}^{K_l}\sqrt{\kappa_r^{\mathrm{BS}}}\boldsymbol{h}_{li}^j(\boldsymbol{\eta}_{li}^{\mathrm{UE}})^{\mathrm{T}}\boldsymbol{\phi}_{jk}^*}_{\text{发射机失真}} + \underbrace{\boldsymbol{G}_j^{\mathrm{BS}}\boldsymbol{\phi}_{jk}^*}_{\text{接收机失真}} + \underbrace{\boldsymbol{N}_j^p\boldsymbol{\phi}_{jk}^*}_{\text{噪声}} \tag{6.22}$$

因为导频序列是确定的，并且$\|\boldsymbol{\phi}_{jk}\|^2 = \tau_p$，所以可以得到$(\boldsymbol{\eta}_{li}^{\mathrm{UE}})^{\mathrm{T}}\boldsymbol{\phi}_{jk}^* \sim \mathcal{N}_{\mathbb{C}}(0,\tau_p(1-\kappa_t^{\mathrm{UE}})p_{li})$，$\boldsymbol{N}_j^p\boldsymbol{\phi}_{jk}^* \sim \mathcal{N}_{\mathbb{C}}(\mathbf{0}_{M_j},\sigma_{\mathrm{UL}}^2\tau_p\boldsymbol{I}_{M_j})$和给定$\{\boldsymbol{h}\}$的条件分布$\boldsymbol{G}_j^{\mathrm{BS}}\boldsymbol{\phi}_{jk}^* \sim \mathcal{N}_{\mathbb{C}}(\mathbf{0}_{M_j},\tau_p\boldsymbol{D}_{j,\{\boldsymbol{h}\}})$。

式(6.22)中处理后的信号 $\boldsymbol{y}_{jjk}^p$将用于估计 $\boldsymbol{h}_{jk}^j$。正如所料，对于所有与小区 j 中用户设备 k 使用相同导频的用户设备$(l,i)\in\mathcal{P}_{jk}$来说，$\boldsymbol{y}_{jjk}^p$依赖于从小区 l 中的用户设备 i 到基站 j 之间的信道。实际上，对于$(l,i)\in\mathcal{P}_{jk}$，$\boldsymbol{y}_{jli}^p = \boldsymbol{y}_{jjk}^p$，因此经过相同处理后的信号可用于估计 $\boldsymbol{h}_{li}^j$。此外，由于随机失真项与导频序列(几乎可以肯定)不正交，因此 $\boldsymbol{y}_{jjk}^p$受到整个网络中所有用户设备的发射机失真的影响。接收机失真也取决于来自所有用户设备的数据传输。这意味着，在存在硬件缺陷的情况下，每对用户设备之间都存在导频污染。

从理论上讲，硬件缺陷条件下的信道估计更具有挑战性，原因是：在式(6.22)中，不但期望的导频项取决于信道实现，而且失真项也取决于信道实现。特别地，接收到的信号 $\boldsymbol{y}_{jli}^p$不是高斯分布的，因为有些项是两个高斯随机变量的乘积。因此，不能直接应用高斯分布信道(在独立的高斯噪声中观测这些信道)下的标准最小均方误差的估计结果。从理论上讲，可以为现有场景计算另一个最小均方误差估计表达式，但由于在 4.2.3 节和 4.3.5 节中已经观察到，次优估计子引起的性能损失非常小，因此这里采用更实用的线性最小均方误差估计。将均方误差$\mathbb{E}\{\|\boldsymbol{h}_{li}^j - \hat{\boldsymbol{h}}_{li}^j\|^2\}$最小化的线性估计子$\hat{\boldsymbol{h}}_{li}^j$采用以下形式。

定理 6.1 存在硬件缺陷的情况下，基于 $\boldsymbol{y}_{jli}^p = \boldsymbol{Y}_j^p\boldsymbol{\phi}_{li}^*$ 的 $\boldsymbol{h}_{li}^j$的线性最小均方误差估计是

$$\hat{\boldsymbol{h}}_{li}^j = \sqrt{p_{li}\kappa_t^{\mathrm{UE}}\kappa_r^{\mathrm{BS}}}\boldsymbol{R}_{li}^j\boldsymbol{\Psi}_{li}^j\boldsymbol{y}_{jli}^p \tag{6.23}$$

其中

$$\boldsymbol{\Psi}_{li}^{j}=\left(\sum_{(l',i')\in\mathcal{P}_{li}}p_{l'i'}\kappa_{t}^{\mathrm{UE}}\kappa_{r}^{\mathrm{BS}}\tau_{P}\boldsymbol{R}_{l'i'}^{j}+\sigma_{\mathrm{UL}}^{2}\boldsymbol{I}_{M_j}\right.$$
$$\left.+\sum_{l'=1}^{L}\sum_{i'=1}^{K_{l'}}p_{l'i'}(1-\kappa_{t}^{\mathrm{UE}})\kappa_{r}^{\mathrm{BS}}\boldsymbol{R}_{l'i'}^{j}+\sum_{l'=1}^{L}\sum_{i'=1}^{K_{l'}}p_{l'i'}(1-\kappa_{r}^{\mathrm{BS}})\boldsymbol{D}_{\boldsymbol{R}_{l'i'}^{j}}\right)^{-1}\tag{6.24}$$

和

$$\boldsymbol{D}_{\boldsymbol{R}_{l'i'}^{j}}=\mathrm{diag}([\boldsymbol{R}_{l'i'}^{j}]_{11},\cdots,[\boldsymbol{R}_{l'i'}^{j}]_{M_jM_j})\tag{6.25}$$

是一个 $M_j\times M_j$ 的对角矩阵,其中对角线元素来自 $\boldsymbol{R}_{l'i'}^{j}$。

估计误差 $\tilde{\boldsymbol{h}}_{li}^{j}=\boldsymbol{h}_{li}^{j}-\hat{\boldsymbol{h}}_{li}^{j}$的相关矩阵为 $\boldsymbol{C}_{li}^{j}=\mathbb{E}\{\tilde{\boldsymbol{h}}_{li}^{j}(\tilde{\boldsymbol{h}}_{li}^{j})^{\mathrm{H}}\}$,展开后得到

$$\boldsymbol{C}_{li}^{j}=\boldsymbol{R}_{li}^{j}-p_{li}\kappa_{t}^{\mathrm{UE}}\kappa_{r}^{\mathrm{BS}}\tau_{p}\boldsymbol{R}_{li}^{j}\boldsymbol{\Psi}_{li}^{j}\boldsymbol{R}_{li}^{j}\tag{6.26}$$

此时的线性最小均方误差估计满足

$$\mathbb{E}\{\hat{\boldsymbol{h}}_{li}^{j}(\hat{\boldsymbol{h}}_{li}^{j})^{\mathrm{H}}\}=\boldsymbol{R}_{li}^{j}-\boldsymbol{C}_{li}^{j}=p_{li}\kappa_{t}^{\mathrm{UE}}\kappa_{r}^{\mathrm{BS}}\tau_{p}\boldsymbol{R}_{li}^{j}\boldsymbol{\Psi}_{li}^{j}\boldsymbol{R}_{li}^{j}\tag{6.27}$$

证明:证明见附录 C.5.1。

式(6.23)中考虑的存在硬件缺陷情况下的线性最小均方误差估计子的结构类似于定理 3.1 中理想硬件下的最小均方误差估计子。一个重要的区别是:用户设备的发射功率 p_{li}减少到 $p_{li}\kappa_{t}^{\mathrm{UE}}\kappa_{r}^{\mathrm{BS}}$,因为在接收到的功率中,只有一小部分 $\kappa_{t}^{\mathrm{UE}}\kappa_{r}^{\mathrm{BS}}\leqslant 1$ 没有失真。此外,矩阵 $\boldsymbol{\Psi}_{li}^{j}$不仅包含了接收机噪声和来自复用相同导频序列的用户设备的干扰,还包含了来自整个网络中所有用户设备的信号造成的硬件失真。

通过将观测值 $\boldsymbol{y}_{jli}^{p}$与确定矩阵 $\sqrt{p_{li}\kappa_{t}^{\mathrm{UE}}\kappa_{r}^{\mathrm{BS}}}\boldsymbol{R}_{li}^{j}\boldsymbol{\Psi}_{li}^{j}$相乘来计算式(6.23)中的线性最小均方误差估计$\hat{\boldsymbol{h}}_{li}^{j}$。由于 $\boldsymbol{y}_{jli}^{p}$不是高斯分布的,估计子也不是高斯分布的。根据线性最小均方误差估计的定义,估计 $\hat{\boldsymbol{h}}_{li}^{j}$ 和估计误差 $\tilde{\boldsymbol{h}}_{li}^{j}$ 是不相关的,即 $\mathbb{E}\{\hat{\boldsymbol{h}}_{li}^{j}(\tilde{\boldsymbol{h}}_{li}^{j})^{\mathrm{H}}\}=\boldsymbol{0}_{M_j\times M_j}$,但它们不是相互独立的。这不同于在理想硬件条件下计算的最小均方误差估计子,该估计子服从高斯分布,并且估计子和估计误差不相关这一事实意味着它们也是独立的。硬件缺陷引起的分析过程差异没有对实际情况产生太大的影响,但它会对 6.3 节中频谱效率的理论分析产生较大的影响。

用 $\kappa_{t}^{\mathrm{UE}}=\kappa_{r}^{\mathrm{BS}}=1$ 表示理想硬件的特殊情况。在这种情况下,式(6.23)中的线性最小均方误差估计子与定理 3.1 中理想硬件下的最小均方误差估计子是一致的。

6.2.1 硬件缺陷对信道估计的影响

现在通过考虑一个单小区、单用户设备的通信场景来说明硬件缺陷对信道估计产生的基本影响,其中信道由 $\boldsymbol{h}\sim\mathcal{N}_{\mathbb{C}}(\boldsymbol{0}_M,\boldsymbol{R})$ 表示,并且具有相关矩阵 $\boldsymbol{R}\in$

$\mathbb{C}^{M\times M}$。式(6.26)中的估计误差相关矩阵变成

$$\boldsymbol{C}=\boldsymbol{R}-p\kappa_t^{\mathrm{UE}}\kappa_r^{\mathrm{BS}}\tau_p\boldsymbol{R\Psi R} \tag{6.28}$$

其中

$$\boldsymbol{\Psi}=\{p[1+\kappa_t^{\mathrm{UE}}(\tau_p-1)]\kappa_r^{\mathrm{BS}}\boldsymbol{R}+p(1-\kappa_r^{\mathrm{BS}})\boldsymbol{D}_{\boldsymbol{R}}+\sigma_{\mathrm{UL}}^2\boldsymbol{I}_M\}^{-1} \tag{6.29}$$

式(6.28)的表达形式不同于理想的硬件(即 $\kappa_t^{\mathrm{UE}}=\kappa_r^{\mathrm{BS}}=1$)下得到的 $\boldsymbol{R}-\boldsymbol{R}\left(\boldsymbol{R}+\frac{\sigma_{\mathrm{UL}}^2}{p\tau_p}\boldsymbol{I}_M\right)^{-1}\boldsymbol{R}$。在高信噪比下,当 $p\to\infty$时,差异尤其明显,这是由于式(6.28)中的误差相关矩阵接近:

$$\boldsymbol{C}=\boldsymbol{R}-\boldsymbol{R}\left(\frac{1+\kappa_t^{\mathrm{UE}}(\tau_p-1)}{\kappa_t^{\mathrm{UE}}\tau_p}\boldsymbol{R}+\frac{(1-\kappa_r^{\mathrm{BS}})}{\kappa_t^{\mathrm{UE}}\kappa_r^{\mathrm{BS}}\tau_p}\boldsymbol{D}_{\boldsymbol{R}}\right)^{-1}\boldsymbol{R} \tag{6.30}$$

当 $\kappa_t^{\mathrm{UE}}=\kappa_r^{\mathrm{BS}}=1$ 时,它等于$\boldsymbol{R}-\boldsymbol{R}\boldsymbol{R}^{-1}\boldsymbol{R}=\boldsymbol{0}_{M\times M}$,否则是非零的。换言之,在高信噪比条件下,理想硬件实现了渐近无误差的信道估计,而在存在硬件缺陷的情况下,存在一个非零估计误差平层。

如果进一步假设 $\boldsymbol{R}=\beta\boldsymbol{I}_M$,式(6.30)中的误差相关矩阵可简化为

$$\begin{aligned}\boldsymbol{C}&=\beta\boldsymbol{I}_M-\frac{\beta^2}{\frac{1+\kappa_t^{\mathrm{UE}}(\tau_p-1)}{\kappa_t^{\mathrm{UE}}\tau_p}\beta+\frac{(1-\kappa_r^{\mathrm{BS}})}{\kappa_t^{\mathrm{UE}}\kappa_r^{\mathrm{BS}}\tau_p}\beta}\boldsymbol{I}_M\\&=\frac{\beta(1-\kappa_t^{\mathrm{UE}}\kappa_r^{\mathrm{BS}})}{1+\kappa_t^{\mathrm{UE}}\kappa_r^{\mathrm{BS}}(\tau_p-1)}\boldsymbol{I}_M\end{aligned} \tag{6.31}$$

单位矩阵前面的表达式是估计误差平层,由硬件质量(κ_t^{UE} 和 κ_r^{BS})、导频序列长度 τ_p 和平均信道增益 β 决定。降低估计误差平层的一个简单方法是增加 τ_p。注意,在这种情况($\boldsymbol{R}=\beta\boldsymbol{I}_M$)下,发射机和接收机失真对 $\boldsymbol{C}$ 产生相同的影响。当存在空间信道相关性时,情况并非如此。

图 6.2 显示了由式(2.23)中定义的局部散射模型生成的相关矩阵的平均归一化均方误差(等于 $\mathrm{tr}(\boldsymbol{C})/\mathrm{tr}(\boldsymbol{R})$),这个散射模型的参数为高斯角域分布、ASD$\sigma_\phi=10^0$,以及均匀分布的标称角度。该图显示了 $\tau_p=10$ 和不同硬件质量下,作为有效信噪比 $p\tau_p/\sigma_{\mathrm{UL}}^2$的函数的归一化均方误差的曲线。上方曲线 $\kappa_t^{\mathrm{UE}}=\kappa_r^{\mathrm{BS}}=0.95$,中间曲线 $\kappa_t^{\mathrm{UE}}=\kappa_r^{\mathrm{BS}}=0.99$,下方曲线代表理想硬件(即 $\kappa_t^{\mathrm{UE}}=\kappa_r^{\mathrm{BS}}=1$)。图 6.2给出了定理 6.1 中的线性最小均方误差估计子和忽略了硬件缺陷的失配估计子的归一化均方误差(即,我们使用定理 3.1 中的估计子,它是没有考虑硬件缺陷的最小均方误差估计子)。

图 6.2 证实了高信噪比下的信道估计中存在估计误差平层,并且误差平层随着硬件质量的降低而增加。在低信噪比下,硬件缺陷的影响很小,但在高信噪比下,影响很大。当有效信噪比为 20dB 时,存在硬件缺陷情况下的归一化均方

误差已经接近误差平层,因此进一步提高信噪比只会带来轻微的改善。当有效信噪比为 20~30dB 时,获得了存在硬件缺陷情况下的最高估计质量。另一个重要的观察结果是:失配估计子(估计器)的归一化均方误差几乎与线性最小均方误差估计子(估计器)的归一化均方误差相同。这表明:虽然硬件缺陷对估计质量有很大影响,但是使用忽略硬件缺陷的简单估计子(估计器)引起的性能损失却很小。

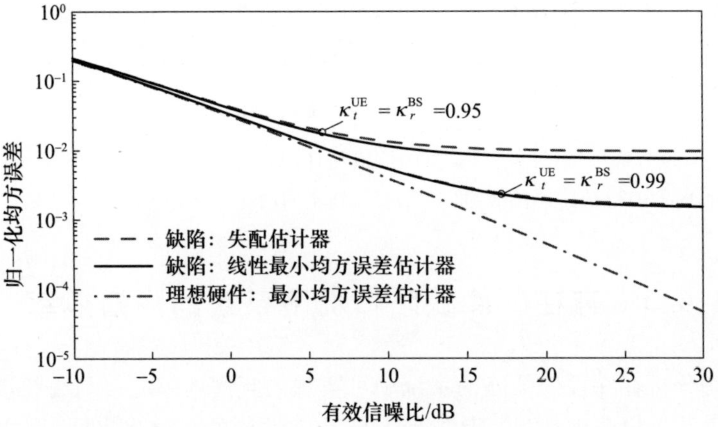

图 6.2 在服从高斯角域分布和 ASD$\sigma_{\varphi}=10°$的局部散射模型中,存在硬件缺陷情况下的空间相关信道的归一化均方误差。对不同标称角度下的结果取均值得到图中的曲线

6.2.2 干扰和硬件缺陷对信道估计的影响

为了展示硬件缺陷和小区间干扰的联合影响,这里继续采用 4.1.3 节定义的运行实例,其中 $M=100$、$K=10$、每个用户设备的上行链路发射功率为 20dBm。考虑从任意的基站 j 到其小区中任意的用户设备 k 的信道的归一化均方误差 $\mathrm{tr}(\boldsymbol{C}_{jk}^{j})/\mathrm{tr}(\boldsymbol{R}_{jk}^{j})$。用 CDF 曲线表示结果,其中的随机性包括用户设备的位置和阴影衰落的实现。这里考虑的是 ASD$\sigma_{\varphi}=10°$的高斯局部散射模型。

图 6.3 显示了理想硬件和具有 $\kappa_t^{UE}=\kappa_r^{BS}=0.95$ 的硬件缺陷的 CDF 曲线。在这两种情况下,随着导频复用因子 f 的增加,归一化均方误差大幅降低。很容易解释这个结果,原因是:导频处理增益 τ_p 增加了,小区间干扰减少了。由于发射机硬件缺陷破坏了导频序列的正交性,引起了来自所有用户设备(包括自身)的干扰,因此硬件缺陷引起的失真导致了归一化均方误差的增加。结论是:硬件缺陷大大降低了蜂窝网络中的信道估计质量,是比传统导频污染更重要的导致系统性能下降的因素。

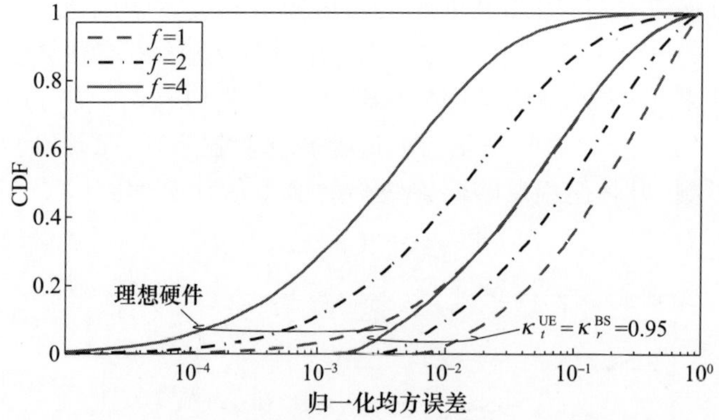

图 6.3　运行实例中任意用户设备的信道估计的归一化均方误差的 CDF 曲线，给出了不同的上行链路硬件缺陷（κ_t^{UE}，κ_r^{BS}）和不同的导频复用因子下的结果

6.3　存在硬件缺陷情况下系统的频谱效率

现在将分析存在硬件缺陷的系统中可实现的频谱效率。将利用频谱效率的表达式和数值结果说明硬件失真是如何影响系统性能的。这将表明，用户设备硬件的质量和基站硬件的质量对频谱效率产生的影响差别较大。

6.3.1　上行链路频谱效率表达式

在上行链路中，类似于 4.1 节的做法，基站 j 为其第 k 个用户设备选择接收合并向量 $\boldsymbol{v}_{jk} \in \mathbb{C}^{M_j}$。将该向量应用于式（6.13）中的接收信号 $\boldsymbol{y}_j \in \mathbb{C}^{M_j}$，基站得到

$$
\begin{aligned}
\boldsymbol{v}_{jk}^{\mathrm{H}} \boldsymbol{y}_j &= \sqrt{\kappa_r^{\mathrm{BS}}} \sum_{l=1}^{L} \sum_{i=1}^{K_l} \boldsymbol{v}_{jk}^{\mathrm{H}} \boldsymbol{h}_{li}^{j} \left(\sqrt{\kappa_t^{\mathrm{UE}}} s_{li} + \eta_{li}^{\mathrm{UE}} \right) + \boldsymbol{v}_{jk}^{\mathrm{H}} \boldsymbol{\eta}_j^{\mathrm{BS}} + \boldsymbol{v}_{jk}^{\mathrm{H}} \boldsymbol{n}_j \\
&= \underbrace{\sqrt{\kappa_t^{\mathrm{UE}} \kappa_r^{\mathrm{BS}}}\, \mathbb{E}\{ \boldsymbol{v}_{jk}^{\mathrm{H}} \boldsymbol{h}_{jk}^{j} \} s_{jk}}_{\text{平均有效信道上接收到的期望信号}} \\
&\quad + \underbrace{\sqrt{\kappa_t^{\mathrm{UE}} \kappa_r^{\mathrm{BS}}} \left(\boldsymbol{v}_{jk}^{\mathrm{H}} \boldsymbol{h}_{jk}^{j} - \mathbb{E}\{ \boldsymbol{v}_{jk}^{\mathrm{H}} \boldsymbol{h}_{jk}^{j} \} \right) s_{jk}}_{\text{自干扰}} + \underbrace{\sqrt{\kappa_r^{\mathrm{BS}}}\, \boldsymbol{v}_{jk}^{\mathrm{H}} \boldsymbol{h}_{jk}^{j} \eta_{jk}^{\mathrm{UE}}}_{\text{自失真}} \\
&\quad + \underbrace{\sqrt{\kappa_r^{\mathrm{BS}}} \sum_{l=1}^{L} \sum_{\substack{i=1 \\ (l,i) \neq (j,k)}}^{K_l} \boldsymbol{v}_{jk}^{\mathrm{H}} \boldsymbol{h}_{li}^{j} \left(\sqrt{\kappa_t^{\mathrm{UE}}} s_{li} + \eta_{li}^{\mathrm{UE}} \right)}_{\text{用户间干扰和发射机失真}} + \underbrace{\boldsymbol{v}_{jk}^{\mathrm{H}} \boldsymbol{\eta}_j^{\mathrm{BS}}}_{\text{接收机失真}} + \underbrace{\boldsymbol{v}_{jk}^{\mathrm{H}} \boldsymbol{n}_j}_{\text{噪声}}
\end{aligned}
\tag{6.32}
$$

如式（6.32）所示，整个信号由期望信号、自干扰、自失真、干扰、发射机/接收机失真和噪声组成。第二个等式是对平均有效信道 $\sqrt{\kappa_t^{\mathrm{UE}} \kappa_r^{\mathrm{BS}}}\, \mathbb{E}\{ \boldsymbol{v}_{jk}^{\mathrm{H}} \boldsymbol{h}_{jk}^{j} \}$ 上接收到的期望信号进行加、减后得到的。利用这个公式，可以将未在平均有效信道（$\sqrt{\kappa_t^{\mathrm{UE}} \kappa_r^{\mathrm{BS}}}\, \mathbb{E}\{ \boldsymbol{v}_{jk}^{\mathrm{H}} \boldsymbol{h}_{jk}^{j} \}$）上接收到的所有量视为最坏情况下的噪声，计算出用户设备

信道容量的 UatF 界。采用 UatF 界的原因是：没有比定理 4.1 中的上行链路界更简单、更紧的界。这个界限要求在每个给定信道实现下估计误差的条件均值为 0，而当估计和估计误差在统计上不独立时，得不出这样的结论（定理 4.1 提供最简单和最紧的界）。

定理 6.2 在存在硬件缺陷的情况下，小区 j 中用户设备 k 的上行链路遍历信道容量的下界为

$$\overline{\mathrm{SE}}_{jk}^{\mathrm{UL-imp}} = \frac{\tau_u}{\tau_c}\log_2\left(1 + \overline{\mathrm{SINR}}_{jk}^{\mathrm{UL-imp}}\right) \tag{6.33}$$

其中

$$\overline{\mathrm{SINR}}_{jk}^{\mathrm{UL-imp}} = \frac{p_{jk}\dfrac{\left|\mathbb{E}\{\boldsymbol{v}_{jk}^{\mathrm{H}}\boldsymbol{h}_{jk}^{j}\}\right|^2}{\mathbb{E}\{\|\boldsymbol{v}_{jk}\|^2\}}}{\sum\limits_{l,i} p_{li}\left(\dfrac{\kappa_r^{\mathrm{BS}}\,\mathbb{E}\{|\boldsymbol{v}_{jk}^{\mathrm{H}}\boldsymbol{h}_{li}^{j}|^2\} + (1-\kappa_r^{\mathrm{BS}})\,\mathbb{E}\{\|\boldsymbol{v}_{jk}\odot\boldsymbol{h}_{li}^{j}\|^2\}}{\kappa_t^{\mathrm{UE}}\kappa_r^{\mathrm{BS}}\,\mathbb{E}\{\|\boldsymbol{v}_{jk}\|^2\}}\right) - p_{jk}\dfrac{\left|\mathbb{E}\{\boldsymbol{v}_{jk}^{\mathrm{H}}\boldsymbol{h}_{jk}^{j}\}\right|^2}{\mathbb{E}\{\|\boldsymbol{v}_{jk}\|^2\}} + \dfrac{\sigma_{\mathrm{UL}}^2}{\kappa_t^{\mathrm{UE}}\kappa_r^{\mathrm{BS}}}} \tag{6.34}$$

其中的期望是关于信道实现的。

证明：证明见附录 C.5.2。

这个定理为存在硬件缺陷的系统提供了一个可实现的上行链路的频谱效率。如前几节所述，频谱效率的测量单位为 bit/(s · Hz)，隐含了：在存在硬件缺陷的情况下，信号的带宽保持不变。由于硬件缺陷通常会导致“寄生频谱”，在实际中，可能需要减少带宽以符合带外辐射规则，具体的减少量取决于如何定义这些规则，进一步的讨论参见 6.4.3 节。在任何接收合并方案和任何空间相关矩阵下可对该表达式进行数值计算。4.1.1 节所述的用于理想硬件的方案（例如多小区最小均方误差、正则化迫零和最大比）也可用于存在硬件缺陷的情况，后面将对其进行说明。

式(6.34)与式(4.14)中理想硬件下的有效信干噪比表达式之间有许多相似之处。分子包含用于检测的信号功率，而分母包含接收到的总功率减去分子的表达式。一个关键的区别是：期望信号功率减少到原来的 $\kappa_t^{\mathrm{UE}}\kappa_r^{\mathrm{BS}} \in (0,1]$，它是在式(6.34)中通过用干扰项和噪声项乘以 $1/(\kappa_t^{\mathrm{UE}}\kappa_r^{\mathrm{BS}}) \geqslant 1$ 来表示的。这个因子描述了期望信号被转化为失真项所引起的信噪比损失。另一个关键区别是：传统干扰项 $\mathbb{E}\{|\boldsymbol{v}_{jk}^{\mathrm{H}}\boldsymbol{h}_{li}^{j}|^2\}$ 被 $\mathbb{E}\{\|\boldsymbol{v}_{jk}\odot\boldsymbol{h}_{li}^{j}\|^2\}$ 替换了，原来的内积运算变为逐个元素的乘法运算。后者可能远小于前者，例如，假设 $\boldsymbol{v}_{jk} = \boldsymbol{h}_{li}^{j} = \boldsymbol{1}_{M_j}$，然后 $|\boldsymbol{v}_{jk}^{\mathrm{H}}\boldsymbol{h}_{li}^{j}|^2 = |M_j|^2 = M_j^2$，同时 $\|\boldsymbol{v}_{jk}\odot\boldsymbol{h}_{li}^{j}\|^2 = \|\boldsymbol{1}_{M_j}\|^2 = M_j$。直觉上，前者在幅度域中对信号进行相干叠加，而后者仅对每根天线的平均功率进行求和。这表明：接收基站中存在的硬件缺陷也可以降低干扰水平。

硬件缺陷除了改变信干噪比的结构外，也会影响合并向量，因为合并向量通常依赖于已经被硬件失真降级的信道估计。在采用最大比合并的情况下，有时可以通过闭合表达式计算式(6.34)中的期望值。文献[53,376]考虑了对角空间相关矩阵的情况，而文献[42]考虑了任意的相关矩阵。第4章已经分析了空间信道相关性的一般影响，因此，本章重点介绍空间不相关的信道，以简要说明硬件缺陷对频谱效率产生的影响。

推论 6.1 如果使用 $\boldsymbol{v}_{jk}=\hat{\boldsymbol{h}}_{jk}^{j}$ 的最大比合并，采用定理 6.1 中的线性最小均方误差估计子，并且信道在空间上是不相关的(即对于 $l=1,\cdots,L$ 和 $i=1,\cdots,K_l$，$\boldsymbol{R}_{li}^{j}=\beta_{li}^{j}\boldsymbol{I}_{M_j}$)，那么

$$\frac{|\mathbb{E}\{\boldsymbol{v}_{jk}^{\mathrm{H}}\boldsymbol{h}_{jk}^{j}\}|^2}{\mathbb{E}\{\|\boldsymbol{v}_{jk}\|^2\}}=p_{jk}\kappa_t^{\mathrm{UE}}\kappa_r^{\mathrm{BS}}(\beta_{jk}^{j})^2\tau_p\psi_{jk}M_j \tag{6.35}$$

$$\begin{aligned}\frac{\mathbb{E}\{|\boldsymbol{v}_{jk}^{\mathrm{H}}\boldsymbol{h}_{li}^{j}|^2\}}{\mathbb{E}\{\|\boldsymbol{v}_{jk}\|^2\}}=&\beta_{li}^{j}+p_{li}(\beta_{li}^{j})^2\psi_{jk}[1-\kappa_r^{\mathrm{BS}}+(1-\kappa_t^{\mathrm{UE}})\kappa_r^{\mathrm{BS}}M_j]\\&+\begin{cases}p_{li}\kappa_t^{\mathrm{UE}}\kappa_r^{\mathrm{BS}}(\beta_{li}^{j})^2\tau_p\psi_{jk}M_j, & (l,i)\in\mathcal{P}_{jk}\\0, & (l,i)\notin\mathcal{P}_{jk}\end{cases}\end{aligned} \tag{6.36}$$

$$\begin{aligned}\frac{\mathbb{E}\{\|\boldsymbol{v}_{jk}\odot\boldsymbol{h}_{li}^{j}\|^2\}}{\mathbb{E}\{\|\boldsymbol{v}_{jk}\|^2\}}=&\beta_{li}^{j}+p_{li}(\beta_{li}^{j})^2\psi_{jk}(1-\kappa_t^{\mathrm{UE}}\kappa_r^{\mathrm{BS}})\\&+\begin{cases}p_{li}\kappa_t^{\mathrm{UE}}\kappa_r^{\mathrm{BS}}(\beta_{li}^{j})^2\tau_p\psi_{jk}, & (l,i)\in\mathcal{P}_{jk}\\0, & (l,i)\notin\mathcal{P}_{jk}\end{cases}\end{aligned} \tag{6.37}$$

其中

$$\psi_{jk}=\frac{1}{\sum_{(l',i')\in\mathcal{P}_{jk}}p_{l'i'}\kappa_t^{\mathrm{UE}}\kappa_r^{\mathrm{BS}}\tau_p\beta_{l'i'}^{j}+\sum_{l',i'}p_{l'i'}(1-\kappa_t^{\mathrm{UE}}\kappa_r^{\mathrm{BS}})\beta_{l'i'}^{j}+\sigma_{\mathrm{UL}}^2} \tag{6.38}$$

定理 6.2 中的频谱效率变为 $\overline{\mathrm{SE}}_{jk}^{\mathrm{UL-imp}}=\frac{\tau_u}{\tau_c}\log_2(1+\overline{\mathrm{SINR}}_{jk}^{\mathrm{UL-imp}})$，其中

$$\overline{\mathrm{SINR}}_{jk}^{\mathrm{UL-imp}}=$$

$$\frac{(p_{jk}\beta_{jk}^{j})^2\tau_p\psi_{jk}M_j}{\sum_{l,i}p_{li}\beta_{li}^{j}\bar{F}_{li}^{jk}+\sum_{(l,i)\in\mathcal{P}_{jk}}(p_{li}\beta_{li}^{j})^2\tau_p\psi_{jk}M_j\bar{G}_j-(p_{jk}\beta_{jk}^{j})^2\tau_p\psi_{jk}M_j+\frac{\sigma_{\mathrm{UL}}^2}{(\kappa_t^{\mathrm{UE}}\kappa_r^{\mathrm{BS}})^2}} \tag{6.39}$$

其中

$$\bar{F}_{li}^{jk}=\frac{1+p_{li}\beta_{li}^{j}\psi_{jk}[1-\kappa_t^{\mathrm{UE}}\kappa_r^{\mathrm{BS}}+(1-\kappa_t^{\mathrm{UE}})(\kappa_r^{\mathrm{BS}})^2(M_j-1)]}{(\kappa_t^{\mathrm{UE}}\kappa_r^{\mathrm{BS}})^2} \tag{6.40}$$

$$\bar{G}_j=\frac{1+\kappa_r^{\mathrm{BS}}(M_j-1)}{M_j\kappa_t^{\mathrm{UE}}\kappa_r^{\mathrm{BS}}} \tag{6.41}$$

证明:证明见附录 C. 5. 3。

推论 6.1 中的频谱效率表达式是对推论 4.3 中的表达式的推广,它包括了硬件缺陷的影响。二者整体结构是相同的,信干噪比分子中的信号项是相同的,分母包含噪声、非相干和相干干扰项,相干干扰项是指随 M_j 的增加而增长的项。噪声项等效地增加到了原来的 $1/(\kappa_t^{\mathrm{UE}}\kappa_r^{\mathrm{BS}})^2 \geqslant 1$ 倍,这并不意味着噪声本身已经增加了,只是表明信号功率已经减少到原来的$(\kappa_t^{\mathrm{UE}}\kappa_r^{\mathrm{BS}})^2$。这种类型的"平方效应"也出现在 5.2.1 节的发射功率伸缩律中。在本章中,它是信道估计和数据传输过程中损失掉的$(1-\kappa_t^{\mathrm{UE}}\kappa_r^{\mathrm{BS}})$倍信号功率的组合效应。

传统的非相干干扰项 $\sum_{l,i} p_{li}\beta_{li}^j$ 被 $\sum_{l,i} p_{li}\beta_{li}^j \bar{F}_{li}^{jk}$ 替换了,其中因子 $\bar{F}_{li}^{jk}$是 M_j 的仿射递增函数。这意味着,所有的用户设备,无论其导频序列如何,彼此之间都会造成一些相干干扰,其原因是失真破坏了导频序列之间的正交性。$\sum_{(l,i)\in \mathcal{P}_{jk}} (p_{li}\beta_{li}^j)^2\tau_p\psi_{jk}M_j\bar{G}_j$ 表示来自与小区 j 中的用户设备 k 使用相同导频的用户设备产生的附加干扰。这个量既包含由常规导频污染引起的相干干扰,也包含一小部分非相干干扰($\bar{G}_j$ 中的第一个量不随 M_j 的增加而增长),因为发射的导频信号存在失真,所以导频污染减少了。

当存在硬件缺陷时,期望用户设备会对自身产生相干干扰,这里称之为"自失真"。例如,在式(6.39)的分母中,有两个源自用户设备本身的项随 M_j 的增长而增长:第二个求和项中的$(p_{jk}\beta_{jk}^j)^2\tau_p\psi_{jk}M_j\bar{G}_j$ 和 $-(p_{jk}\beta_{jk}^j)^2\tau_p\psi_{jk}M_j$。当 $\bar{G}_j=1$ 时,这些项消失了,但由于硬件缺陷,使得 $\bar{G}_j>1$。相干自失真源于这样一个事实:在上行链路的数据传输过程中,基站将用户设备的期望信号与用户设备的发射机失真进行了相关合并。

综上所述,硬件缺陷降低了有效信号功率,减少了采用相同导频的用户设备产生的相干干扰,增加了来自所有其他用户设备(采用不相同的导频)的相干干扰。为了进一步研究"相干干扰"的特性,这里考虑具有大量基站天线的渐近状态。

推论 6.2 在与推论 6.1 相同的条件下,随着 $M_j\to\infty$,采用最大比合并的 $\overline{\mathrm{SINR}}_{jk}^{\mathrm{UL-imp}}$具有渐近极限:

$$\frac{(p_{jk}\beta_{jk}^j)^2}{\sum\limits_{l,i}(p_{li}\beta_{li}^j)^2\dfrac{1-\kappa_t^{\mathrm{UE}}}{(\kappa_t^{\mathrm{UE}})^2\tau_p}+\sum\limits_{(l,i)\in\mathcal{P}_{jk}\backslash(j,k)}(p_{li}\beta_{li}^j)^2\dfrac{1}{\kappa_t^{\mathrm{UE}}}+(p_{jk}\beta_{jk}^j)^2\dfrac{1-\kappa_t^{\mathrm{UE}}}{\kappa_t^{\mathrm{UE}}}} \tag{6.42}$$

证明,这一结果源自对式(6.39)取极限,并注意到 $\bar{F}_{li}^{jk}/M_j\to p_{jk}\beta_{li}^j\psi_{jk}\dfrac{1-\kappa_t^{\mathrm{UE}}}{(\kappa_t^{\mathrm{UE}})^2}$

和 $\bar{G}_j \to 1/\kappa_t^{\mathrm{UE}}$。

这个推论表明:当基站具有大量的天线时,噪声和非相干干扰渐近地消失了,这种情况与理想硬件结构下的情况是一样的。有趣的是,从式(6.42)中的极限不依赖于 κ_r^{BS} 这一事实来看,基站接收机中硬件缺陷的影响也消失了。最大比对接收机的失真进行非相干合并的原因是:失真向量所指方向与信道是渐近正交的,这与渐近有利传播的概念是相似的(2.5.2 节)。式(6.42)分母中的第一个干扰项是由失真引起的非理想的导频正交性引起的,该项与 $1/\tau_p$ 成正比,这表明采用长导频序列的系统受此类硬件失真的影响较小。

分母中的第二项是由导频复用而产生的相干干扰,它是理想硬件的 $1/\kappa_t^{\mathrm{UE}}$ 倍。实际上并不是干扰增加了,而是期望信号减少了。注意,在数据传输过程中,发射机失真不会改变干扰信号的功率,只会改变干扰信号的内容,这对于将干扰视为噪声的接收机来说并不重要。最后一项是相干自失真。即使其他所有的用户设备都不发射信号,该项也保持不变,因此式(6.42)中渐近极限的上界为

$$\overline{\mathrm{SINR}}_{jk}^{\mathrm{UL-imp}} \leqslant \frac{(p_{jk}\beta_{jk}^{j})^2}{(p_{jk}\beta_{jk}^{j})^2 \dfrac{1-\kappa_t^{\mathrm{UE}}}{\kappa_t^{\mathrm{UE}}}} = \frac{\kappa_t^{\mathrm{UE}}}{1-\kappa_t^{\mathrm{UE}}} \tag{6.43}$$

在采用本章中所考虑的模型、采用最大比合并、存在硬件缺陷的情况下,无法获得超过这个上界的有效信干噪比。对于 $\kappa_t^{\mathrm{UE}}=0.99$ 的高质量收/发信机,信干噪比极限为 166,对应于 7.4bit/(s · Hz)的频谱效率,实际应用中可以采用高码率的 256 - QAM调制信号来实现这个频谱效率。对于一个 $\kappa_t^{\mathrm{UE}}=0.9$ 的较低质量的收/发信机,信干噪比的极限为 9,对应的频谱效率为 3.3bit/(s · Hz),这可以通过采用高码率的 16 - QAM 调制来实现。这些调制数字表示实际应用中可用的最大调制阶数。

6.3.2 硬件缺陷对上行链路的频谱效率的影响

为了量化具有实际天线数量的系统中硬件失真对系统频谱效率的影响,这里继续使用 4.1.3 节中定义的运行实例。考虑 $M=100$ 和 ASD$\sigma_\varphi=10^0$ 的高斯局部散射模型。利用定理 6.2,在多小区最小均方误差、正则化迫零和最大比方案下分别计算频谱效率。如 4.2.1 节所示,最大比方案归一化为 $\boldsymbol{v}_{jk}=\hat{\boldsymbol{h}}_{jk}^{j}/\|\hat{\boldsymbol{h}}_{jk}^{j}\|^2$,以提供最紧的 UatF 界。除了导频,每个相关块中的所有样本都用做上行链路数据。考虑使频谱效率最大化的导频复用因子。

图 6.4 显示了作为硬件质量因子 $\kappa_t^{\mathrm{UE}}=\kappa_r^{\mathrm{BS}}=(0.9,1]$ 函数的平均频谱效率之和的曲线,为简单起见,假定用户设备和基站的硬件质量因子相等。考虑 $K=10$ 个和 $K=20$ 个用户设备的情况。回想 6.1.2 节,0.97 ~ 1 之间的硬件质量是目前硬件的典型值。在这个区间内,频谱效率的损失很严重,其中损失曲线斜率最大的

区间为 0.99 ~ 1。多小区最小均方误差和正则化迫零对由硬件质量降低所引起的失真特别敏感,而最大比方案受其影响较小,原因是:多小区最小均方误差和正则化迫零抑制了干扰,使得没有被抑制的失真比干扰更强,相比之下,最大比却受限于强干扰。实现更高频谱效率的系统需要更好的硬件这一事实与 LTE 的要求完全一致(见 6.1.2 节)。$K=10$ 时频谱效率的相对损耗比 $K=20$ 时高,因为后者面临更多的干扰,换言之,硬件缺陷对一个为多个用户设备提供低频谱效率的系统产生的影响要比对一个为少数用户设备提供高频谱效率的系统产生的影响小。注意,在整个硬件质量范围内,与最大比相比,多小区最小均方误差和正则化迫零继续提供较高的频谱效率。

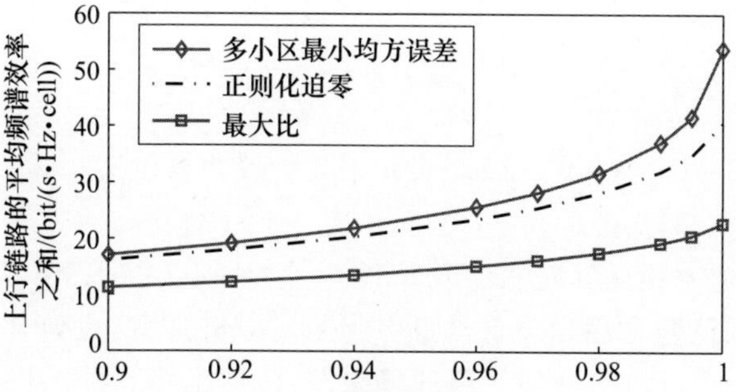

(a) K=10个用户设备

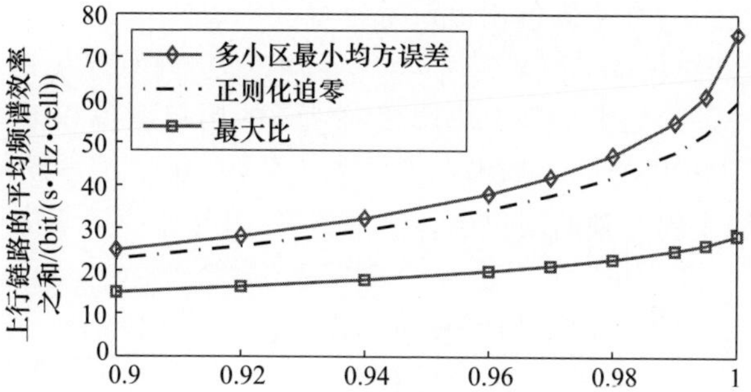

(b) K=20个用户设备

图 6.4　在采用高斯角域分布的局部散射模型下,上行链路的平均频谱效率之和作为硬件质量 $\kappa_t^{\mathrm{UE}}=\kappa_r^{\mathrm{BS}}$ 的函数。此时 $M=100, K\in\{10,20\}$,曲线上的每一点都采用能够最大化频谱效率的导频复用因子

6.3.3　干扰源和失真源的比较

式(6.34)中,上行链路有效信干噪比表达式中的量可以分解为六个组件:

(1) 期望信号：$\frac{p_{jk}\kappa_t^{\mathrm{UE}}\kappa_r^{\mathrm{BS}}}{\sigma_{\mathrm{UL}}^2}\frac{|\mathbb{E}\{\boldsymbol{v}_{jk}^{\mathrm{H}}\boldsymbol{h}_{jk}^{j}\}|^2}{\mathbb{E}\{\|\boldsymbol{v}_{jk}\|^2\}}$。

(2) 来自具有相同导频的用户设备的干扰：$\sum_{(l,i)\in\mathcal{P}_{jk}\setminus(j,k)}\frac{p_{li}\kappa_t^{\mathrm{UE}}\kappa_r^{\mathrm{BS}}}{\sigma_{\mathrm{UL}}^2}\frac{\mathbb{E}\{|\boldsymbol{v}_{jk}^{\mathrm{H}}\boldsymbol{h}_{li}^{j}|^2\}}{\mathbb{E}\{\|\boldsymbol{v}_{jk}\|^2\}}$。

(3) 来自具有不同导频的用户设备的干扰：$\sum_{(l,i)\notin\mathcal{P}_{jk}}\frac{p_{li}\kappa_t^{\mathrm{UE}}\kappa_r^{\mathrm{BS}}}{\sigma_{\mathrm{UL}}^2}\frac{\mathbb{E}\{|\boldsymbol{v}_{jk}^{\mathrm{H}}\boldsymbol{h}_{li}^{j}|^2\}}{\mathbb{E}\{\|\boldsymbol{v}_{jk}\|^2\}}$。

(4) 发射机失真：$\sum_{(l,i)\neq(j,k)}\frac{p_{li}(1-\kappa_t^{\mathrm{UE}})\kappa_r^{\mathrm{BS}}}{\sigma_{\mathrm{UL}}^2}\frac{\mathbb{E}\{|\boldsymbol{v}_{jk}^{\mathrm{H}}\boldsymbol{h}_{li}^{j}|^2\}}{\mathbb{E}\{\|\boldsymbol{v}_{jk}\|^2\}}$。

(5) 接收机失真：$\sum_{l,i}\frac{p_{li}(1-\kappa_r^{\mathrm{BS}})}{\sigma_{\mathrm{UL}}^2}\frac{\mathbb{E}\{\|\boldsymbol{v}_{jk}\odot\boldsymbol{h}_{li}^{j}\|^2\}}{\mathbb{E}\{\|\boldsymbol{v}_{jk}\|^2\}}$。

(6) 自失真/干扰：$\frac{p_{jk}\kappa_r^{\mathrm{BS}}}{\sigma_{\mathrm{UL}}^2}\frac{(\mathbb{E}\{|\boldsymbol{v}_{jk}^{\mathrm{H}}\boldsymbol{h}_{jk}^{j}|^2\}-\kappa_t^{\mathrm{UE}}|\mathbb{E}\{\boldsymbol{v}_{jk}^{\mathrm{H}}\boldsymbol{h}_{jk}^{j}\}|^2)}{\mathbb{E}\{\|\boldsymbol{v}_{jk}\|^2\}}$。

注意，这些功率项已针对噪声功率进行了归一化，并以 dB 为单位。称为"自失真/干扰"的项既包含用户设备自身引起的发射机失真，也包含基站的不完美信道估计产生的干扰，因此，即使使用理想硬件，该项也将是非零的。这里选择 $M=100$ 和 $K=10$，继续沿用之前的例子分析这些组件中每个组件的平均功率。

图 6.5 分别给出了六个组件在最大比、正则化迫零和多小区最小均方误差合并方案下的平均功率（在不同的用户设备位置和信道实现下）。对于每种方案，考虑三种不同的硬件质量：$\kappa_t^{\mathrm{UE}}=\kappa_r^{\mathrm{BS}}\in\{0.95,0.99,1\}$。导频复用因子 $f=2$，这意味着，每个用户设备都受到来自 7 个使用相同导频的用户设备和 152 个使用不同导频的用户设备的干扰的影响。如果在这两类干扰中，每个用户设备造成的平均干扰相同，由于使用不同导频的用户设备数量更多，因此后一类干扰将比前一类干扰强 $10\lg(152/7)\approx13.4$dB。

这三种合并方案提供的平均信号功率水平约为 40dB，其中最大比方案最高，多小区最小均方误差方案最低，因为后者会牺牲一些阵列增益来抑制干扰。在理想硬件的情况下，来自不同导频的用户设备的干扰（非相干）占主导地位，而来自共享导频的用户设备的干扰（部分相关）占次要地位。在最大比方案中，这两种干扰的功率差高达 24～27dB，这意味着自身所在小区和相邻小区中用户设备造成的干扰（平均干扰）要比使用相同导频的较远小区中的用户设备造成的干扰大得多。使用正则化迫零和多小区最小均方误差时，每个使用相同导频的用户设备实际上产生的干扰会稍大一些，但由于此类用户设备的数量很少，因此它们的总干扰功率仍然可以忽略不计。定量分析结果为：最大比方案下的总干扰功率为 34～36dB，正则化迫零方案下的总干扰功率为 18～19dB，多小区最小均方误差方案下的总干扰功率为 11～16dB。

在存在硬件缺陷的情况下，传统的干扰项几乎不受硬件缺陷的影响，额外增加了三种新的干扰成分：发射机失真、接收机失真和自失真。其中自失真指的是用户设备自身的发射机造成的失真，它与由不完美信道状态信息导致的常规自干扰混在一起。图 6.5 表明：不同合并方案的发射机失真功率可能存在很大差异。发射机失真与传统干扰具有相同的空间方向性，但只是传统干扰的$(1-\kappa_t^{\mathrm{UE}})/\kappa_t^{\mathrm{UE}}$。因此，多小区最小均方误差和正则化迫零能够在接收机合并过程中抑制来自其他用户设备的发射机失真，而最大比则不能。当 $\kappa_t^{\mathrm{UE}}=0.95$ 时，传统干扰是发射机失真的 $\kappa_t^{\mathrm{UE}}/(1-\kappa_t^{\mathrm{UE}})=19$ 倍，因此可以忽略发射机失真对频谱效率的影响。

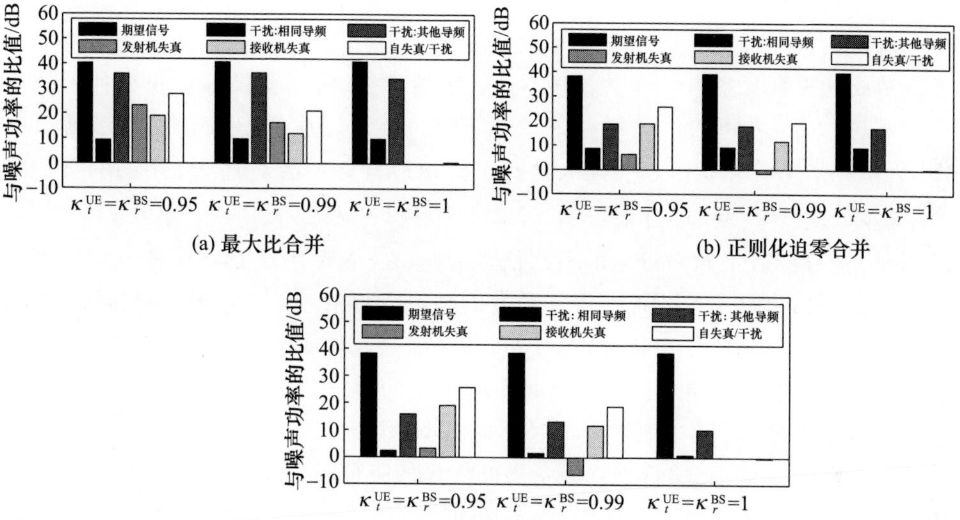

(a) 最大比合并

(b) 正则化迫零合并

(c) 多小区最小均方误差合并

图 6.5　上行链路下的各种信号和干扰的平均功率，包括期望信号、相同导频序列及不同导频序列用户设备产生的干扰、发射机失真、接收机失真、自失真/干扰

接收机失真取决于总接收功率，而总接收功率中的期望信号功率占主导地位。自失真/干扰也大致与信号功率成正比。因此，对于所有方案来说，这些项几乎是相同的，但它们随硬件质量的变化而改变。在 $\kappa_t^{\mathrm{UE}}=\kappa_r^{\mathrm{BS}}=0.95$ 的情况下，自失真/干扰为 26～27dB，接收机失真约为 19dB。尽管对所有方案来说，这些数字几乎是相同的，但它们对频谱效率的影响却截然不同。最大比方案下的传统干扰功率是总失真和自失真/干扰（在 $\kappa_t^{\mathrm{UE}}=\kappa_r^{\mathrm{BS}}=0.95$ 条件下）功率的两倍，而多小区最小均方误差方案下的总失真和自失真/干扰功率比传统干扰功率强得多（11 倍）。多小区最小均方误差的干扰和失真组成比例是造成图 6.4 中此方案下的频谱效率（存在硬件缺陷的情况下）大幅降低的原因。

总之，当存在硬件缺陷时，自失真/干扰通常比来自其他用户设备的发射机失真和接收机失真都强。所有合并方案的收/发失真和自失真/干扰的总功率大致相同,但多小区最小均方误差和正则化迫零方案对自失真/干扰更敏感,原因是,这些方案可以大大抑制常规类型的干扰,但不能抑制自失真或接收机失真。此外,从渐近分析可知,非相干干扰和接收机失真渐近地消失了,从而使自失真成为限制系统性能的主要因素。

6.3.4 干扰的可见范围

如图 6.5 所示,在实际应用中自失真可能是一个重要的性能限制因素,因为它与期望信号具有相同的空间特性,不能通过接收合并去除。回想一下,自失真产生了式(6.43)中信干噪比的上界,即使在单个用户设备的系统中,也能产生这个上界,原因是:自失真始终是期望信号的$(1-\kappa_t^{\mathrm{UE}})/\kappa_t^{\mathrm{UE}}$倍。任何比自失真弱得多的干扰源或者失真源基本上可以忽略不计。定性分析,对于基站j,如果任何干扰用户设备与基站j之间的信道增益比基站j中的小区边缘用户设备的信道增益弱$10\lg[(1-\kappa_t^{\mathrm{UE}})/\kappa_t^{\mathrm{UE}}]$dB 以上,那么这些干扰用户设备不会对基站$j$中的上行链路产生实际的影响。例如,当$\kappa_t^{\mathrm{UE}}=0.97$时,可得$(1-\kappa_t^{\mathrm{UE}})/\kappa_t^{\mathrm{UE}}\approx-15\mathrm{dB}$。令$\bar{\beta}_j^j$表示小区$j$边缘的一个用户设备的平均信道增益,$\bar{\beta}_l^j$表示小区$l\neq j$中任意用户设备与基站$j$之间的平均信道增益。如果$\bar{\beta}_l^j/\bar{\beta}_j^j\ll-15\mathrm{dB}$,那么该用户设备对小区$j$的任何干扰(相干或非相干)都可以被忽略。如图 6.6 所示,这被称为干扰可见范围。只有此范围内的用户设备才会对中心小区的频谱效率产生影响,这是在资源分配中需要考虑的一个细节(例如,在中心小区的干扰可见范围之外,可以任意复用中心小区的导频)。随着用户设备硬件质量的降低,可见范围缩小,从而减少了跨小区的干扰管理需求。相反地,考虑到频谱效率受限于硬件质量,如果提高用户设备的硬件质量,那么干扰可见范围就会增大,这种情况下每个基站应该与更多的相邻小区协调其资源分配。

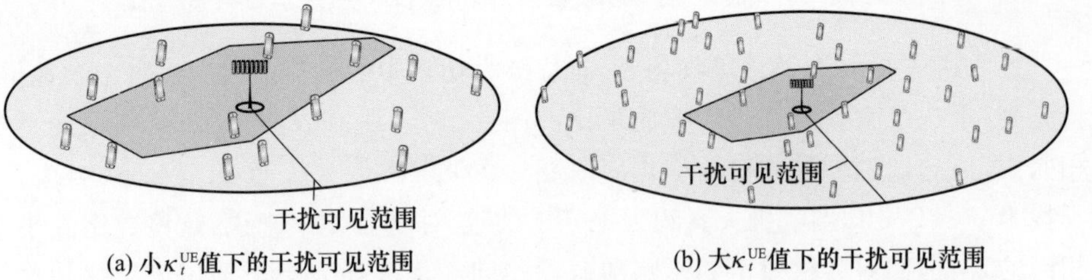

图 6.6 自失真产生的受限制的干扰可见范围的说明。只有来自此范围内的用户设备的上行链路干扰才会对中心小区产生影响,更远处的用户设备的影响可以忽略。原因是,这些远处的用户设备产生的干扰远远小于中心小区中产生的自失真

6.3.5 下行链路的频谱效率表达式

在下行链路中，考虑硬化边界技术，它将提供存在硬件缺陷的系统的基准性能。与式(6.32)类似，式(6.20)中接收到的下行链路信号 y_{jk} 可以表示为

$$
\begin{aligned}
y_{jk} = & \underbrace{\sqrt{\kappa_t^{\mathrm{BS}}\kappa_r^{\mathrm{UE}}}\,\mathbb{E}\{(\boldsymbol{h}_{jk}^{j})^{\mathrm{H}}\boldsymbol{w}_{jk}\}\varsigma_{jk}}_{\text{平均有效信道上接收到的期望信号}} + \underbrace{\mu_{jk}^{\mathrm{UE}}}_{\text{自失真}} \\
& + \underbrace{\sqrt{\kappa_t^{\mathrm{BS}}\kappa_r^{\mathrm{UE}}}\left[(\boldsymbol{h}_{jk}^{j})^{\mathrm{H}}\boldsymbol{w}_{jk} - \mathbb{E}\{(\boldsymbol{h}_{jk}^{j})^{\mathrm{H}}\boldsymbol{w}_{jk}\}\right]\varsigma_{jk}}_{\text{未知信道上接收到的期望信号}} + \underbrace{\sqrt{\kappa_r^{\mathrm{UE}}}\sum_{l=1}^{L}(\boldsymbol{h}_{jk}^{l})^{\mathrm{H}}\boldsymbol{\mu}_l^{\mathrm{BS}}}_{\text{发射机失真}} \\
& + \underbrace{\sqrt{\kappa_t^{\mathrm{BS}}\kappa_r^{\mathrm{UE}}}\sum_{\substack{i=1\\ i\neq k}}^{K_j}(\boldsymbol{h}_{jk}^{j})^{\mathrm{H}}\boldsymbol{w}_{ji}\varsigma_{ji}}_{\text{小区内干扰}} + \underbrace{\sqrt{\kappa_t^{\mathrm{BS}}\kappa_r^{\mathrm{UE}}}\sum_{\substack{l=1\\ l\neq j}}^{L}\sum_{i=1}^{K_l}(\boldsymbol{h}_{jk}^{l})^{\mathrm{H}}\boldsymbol{w}_{li}\varsigma_{li}}_{\text{小区间干扰}} + \underbrace{\eta_{jk}}_{\text{噪声}}
\end{aligned}
\tag{6.44}
$$

其中，第一项是在确定的平均有效信道 $\sqrt{\kappa_t^{\mathrm{BS}}\kappa_r^{\mathrm{UE}}}\,\mathbb{E}\{(\boldsymbol{h}_{jk}^{j})^{\mathrm{H}}\boldsymbol{w}_{jk}\}$ 上接收到的期望信号，而其余项是随机变量，用户设备不知道这些随机变量的实现。在信号检测过程中，通过将这些项视为噪声，得到一个如下面的定理所示的可达到的频谱效率。

定理 6.3 在存在硬件缺陷的情况下，小区 j 中用户设备 k 的下行链路遍历信道容量的下界为

$$
\underline{\mathrm{SE}}_{jk}^{\mathrm{DL-imp}} = \frac{\tau_d}{\tau_c}\log_2\left(1 + \underline{\mathrm{SINR}}_{jk}^{\mathrm{DL-imp}}\right) \tag{6.45}
$$

和

$$
\underline{\mathrm{SINR}}_{jk}^{\mathrm{DL-imp}} = \frac{\rho_{jk}\left|\mathbb{E}\{\boldsymbol{w}_{jk}^{\mathrm{H}}\boldsymbol{h}_{jk}^{j}\}\right|^2}{\displaystyle\sum_{l,i}\rho_{li}\frac{\kappa_t^{\mathrm{BS}}\mathbb{E}\{|\boldsymbol{w}_{li}^{\mathrm{H}}\boldsymbol{h}_{jk}^{l}|^2\} + (1-\kappa_t^{\mathrm{BS}})\mathbb{E}\{\|\boldsymbol{w}_{li}\odot\boldsymbol{h}_{jk}^{l}\|^2\}}{\kappa_t^{\mathrm{BS}}\kappa_r^{\mathrm{UE}}} - \rho_{jk}\left|\mathbb{E}\{\boldsymbol{w}_{jk}^{\mathrm{H}}\boldsymbol{h}_{jk}^{j}\}\right|^2 + \frac{\sigma_{\mathrm{DL}}^2}{\kappa_t^{\mathrm{BS}}\kappa_r^{\mathrm{UE}}}} \tag{6.46}
$$

其中，期望是针对信道实现进行计算的，该定理的证明过程参见附录 C.5.4。

定理 6.3 中下行链路的频谱效率将定理 4.3 推广到存在硬件缺陷的情况。对于任何预编码方案和空间相关矩阵，都可以用数值方法计算出新的表达式。下行链路的频谱效率与定理 6.2 中的上行链路表达式之间存在着密切的联系，如果选择 $\boldsymbol{w}_{jk} = \boldsymbol{v}_{jk}/\sqrt{E\{\|\boldsymbol{v}_{jk}\|^2\}}$，那么上行链路和下行链路中会出现相同的期望值。两个表达式的主要区别在于干扰项中的索引 (l,i) 和 (j,k) 进行了互换。原因在于上行链路中的干扰来自用户设备，下行链路中的干扰来自基站。在附加条件 $\kappa_t^{\mathrm{UE}} = \kappa_r^{\mathrm{UE}}$ 和 $\kappa_t^{\mathrm{BS}} = \kappa_r^{\mathrm{BS}}$（存在硬件缺陷的情况）下，可以得到一个类似于定理 4.4 的上行链路—下行链路对偶的结论。由于设备中的发射机硬件和接收机硬件在本质上是不同

的，因此在实际应用中，这些等式未必成立，所以这里将不考虑准确的对偶性的细节。然而，对偶性表明：即使在存在硬件缺陷的情况下，根据合并向量来选择每个预编码向量仍然是明智的做法。

从式(6.46)中可以清楚地看出硬件缺陷的主要影响。期望信号功率的损失因子为 $\kappa_t^{\mathrm{BS}}\kappa_r^{\mathrm{UE}}$，它是通过将干扰和噪声功率放大 $1/(\kappa_t^{\mathrm{BS}}\kappa_r^{\mathrm{UE}})$ 倍来表示的。发射的干扰功率的 $(1-\kappa_t^{\mathrm{BS}})$ 也转化为发射机失真，它在信道上没有进行相关合并，也就是说，对于这种失真，$\mathbb{E}\{|\boldsymbol{w}_{li}^H\boldsymbol{h}_{jk}^l|^2\}$ 被 $\mathbb{E}\{\|\boldsymbol{w}_{li}\odot\boldsymbol{h}_{jk}^l\|^2\}$ 替换了。定理6.3中另一个不太容易看出来的重要因素是上行链路信道估计中失真的影响，它会影响预编码向量的选择。

为了进一步了解硬件缺陷的影响，这里考虑使用 $\boldsymbol{w}_{jk}=\hat{\boldsymbol{h}}_{jk}^j/\sqrt{\mathbb{E}\{\|\hat{\boldsymbol{h}}_{jk}^j\|^2\}}$ 的最大比预编码的情况，其中平均归一化的目的是便于对闭合表达式进行求导。这里将在空间不相关信道下计算频谱效率的闭合表达式。文献[54]考虑了对角的空间相关矩阵（与不相关相比，是更一般的情况），而文献[42]考虑了任意的相关矩阵。

推论6.3 在存在硬件缺陷的情况下，根据定理6.1中线性最小均方误差估计子，如果使用 $\boldsymbol{w}_{jk}=\hat{\boldsymbol{h}}_{jk}^j/\sqrt{E\{\|\hat{\boldsymbol{h}}_{jk}^j\|^2\}}$ 的平均归一化最大比预编码，并且信道在空间上是不相关的（即对于 $l=1,\cdots,L$ 和 $i=1,\cdots,K_l$，$\boldsymbol{R}_{li}^j=\beta_{li}^j\boldsymbol{I}_{M_j}$），则定理6.3中的频谱效率表达式将变为 $\underline{\mathrm{SE}}_{jk}^{\mathrm{DL-imp}}=\frac{\tau_d}{\tau_c}\log_2(1+\underline{\mathrm{SINR}}_{jk}^{\mathrm{DL-imp}})$ 和

$$\underline{\mathrm{SINR}}_{jk}^{\mathrm{DL-imp}}=$$

$$\frac{\rho_{jk}p_{jk}(\beta_{jk}^j)^2\tau_p\psi_{jk}M_j}{\sum\limits_{l,i}\rho_{li}\beta_{jk}^l\underline{F}_{jk}^{li}+\sum\limits_{(l,i)\in\mathcal{P}_{jk}}\rho_{li}p_{jk}(\beta_{jk}^l)^2\tau_p\psi_{li}M_l\underline{G}_l-\rho_{jk}p_{jk}(\beta_{jk}^j)^2\tau_p\psi_{jk}M_j+\breve{\sigma}_{\mathrm{DL}}^2} \tag{6.47}$$

其中 ψ_{jk} 和 ψ_{li} 由式(6.38)给出，并且

$$\breve{\sigma}_{\mathrm{DL}}^2=\frac{\sigma_{\mathrm{DL}}^2}{\kappa_t^{\mathrm{BS}}\kappa_r^{\mathrm{UE}}\kappa_t^{\mathrm{UE}}\kappa_r^{\mathrm{BS}}} \tag{6.48}$$

$$\underline{F}_{jk}^{li}=\frac{1+p_{jk}\beta_{jk}^l\psi_{li}[1-\kappa_t^{\mathrm{UE}}\kappa_r^{\mathrm{BS}}+(1-\kappa_t^{\mathrm{UE}})\kappa_t^{\mathrm{BS}}\kappa_r^{\mathrm{BS}}(M_l-1)]}{\kappa_t^{\mathrm{BS}}\kappa_r^{\mathrm{UE}}\kappa_t^{\mathrm{UE}}\kappa_r^{\mathrm{BS}}} \tag{6.49}$$

$$\underline{G}_l=\frac{1+\kappa_t^{\mathrm{BS}}(M_l-1)}{M_l\kappa_t^{\mathrm{BS}}\kappa_r^{\mathrm{UE}}} \tag{6.50}$$

证明：证明过程见附录C.5.5。

式(6.47)中的下行链路有效信干噪比表达式具有典型的信干噪比结构，分母中的第一项是来自所有用户设备的干扰，第二项是来自使用相同导频的用户设备的附加干扰，第三项减去出现在分子中的期望信号功率，最后一项表示噪声功率。

硬件缺陷以多种方式影响信干噪比。首先，信号功率损失，它是通过将有效噪声功率 $\breve{\sigma}_{\mathrm{DL}}^{2}$ 增加了 $1/\kappa_t^{\mathrm{BS}}\kappa_r^{\mathrm{UE}}\kappa_t^{\mathrm{UE}}\kappa_r^{\mathrm{BS}}$ 倍来表示的。这是“平方效应”的另一个例子，其中信道估计导致 $1/\kappa_t^{\mathrm{UE}}\kappa_r^{\mathrm{BS}}$，数据传输导致 $1/\kappa_t^{\mathrm{BS}}\kappa_r^{\mathrm{UE}}$。其次，失真的导频序列使采用相同导频的用户设备产生的相干干扰降低了，同时也会使网络中所有其他用户设备（除了采用相同导频的用户设备以外）都产生新的相干干扰。一般来说，失真对频谱效率产生的影响与上行链路中的情况相似，但存在一个重要的区别：上行链路表达式仅受上行链路硬件质量的影响，而式(6.47)中下行链路的频谱效率则受两个方向（即 $\kappa_t^{\mathrm{BS}},\kappa_r^{\mathrm{UE}},\kappa_t^{\mathrm{UE}},\kappa_r^{\mathrm{BS}}$）上的硬件质量的影响，因为信道是在上行链路中进行估计的。

为了进一步研究相干干扰特性，这里考虑了具有大量基站天线的渐近状态。

推论 6.4 在与推论 6.3 相同的条件下，当 $M_1=\cdots=M_L\to\infty$ 时，最大比预编码的 $\underline{\mathrm{SINR}}_{jk}^{\mathrm{DL-imp}}$ 具有如下渐近极限：

$$\frac{\rho_{jk}\left(\beta_{jk}^{j}\right)^{2}}{\sum\limits_{l,i}\rho_{li}\left(\beta_{jk}^{l}\right)^{2}\frac{\psi_{li}}{\psi_{jk}}\frac{1-\kappa_t^{\mathrm{UE}}}{\kappa_t^{\mathrm{UE}}\kappa_r^{\mathrm{UE}}\tau_p}+\sum\limits_{(l,i)\in\mathcal{P}_{jk}\backslash(j,k)}\rho_{li}\left(\beta_{jk}^{l}\right)^{2}\frac{\psi_{li}}{\psi_{jk}}\frac{1}{\kappa_r^{\mathrm{UE}}}+\rho_{jk}\left(\beta_{jk}^{j}\right)^{2}\frac{1-\kappa_r^{\mathrm{UE}}}{\kappa_r^{\mathrm{UE}}}} \tag{6.51}$$

证明：这一结果源于对式(6.47)取极限，并注意到 $\underline{F}_{jk}^{li}/M_j\to p_{jk}\beta_{jk}^{l}\psi_{li}\frac{1-\kappa_t^{\mathrm{UE}}}{\kappa_t^{\mathrm{UE}}\kappa_r^{\mathrm{UE}}}$ 和 $\underline{G}_l\to1/\kappa_r^{\mathrm{UE}}$。

正如所料，当所有的基站都有大量的天线时，噪声和非相干干扰会逐渐消失，渐近信干噪比是相干信号增益与相干干扰项之比。由于失真破坏了导频正交性，第一个干扰项涉及所有的用户设备，而第二个干扰项仅涉及那些使用相同导频序列的用户设备。表面上看，式(6.51)似乎独立于 κ_t^{BS} 和 κ_r^{BS}，这两个量是基站的硬件特性。但事实并非如此，因为实际上 ψ_{li}/ψ_{jk} 是 κ_r^{BS} 的函数，它表明基站引起的失真被非相干地合并了。

6.3.6 硬件缺陷对下行链路的频谱效率的影响

在量化硬件缺陷对下行链路的频谱效率产生的影响时，需要同时考虑上行链路中的硬件质量（κ_t^{UE} 和 κ_r^{BS}）和下行链路中的硬件质量（κ_t^{BS} 和 κ_r^{UE}）。现在研究哪些参数对频谱效率的影响较大。为此继续采用 4.1.3 节中定义的运行实例。这里考虑 $M=100, K=10$，以及 ASD$\sigma_\varphi=10^{0}$ 的高斯局部散射模型。利用定理 6.3 分别计算多小区最小均方误差、正则化迫零和最大比下的频谱效率，对于最大比方案，采用归一化处理 $\boldsymbol{w}_{jk}=\hat{\boldsymbol{h}}_{jk}^{j}/\|\hat{\boldsymbol{h}}_{jk}^{j}\|$。除了导频外，每个相关块中的所有样本都用于下行链路数据，采用最大化频谱效率的导频复用因子。

平均下行链路的频谱效率之和如图 6.7 所示。在图 6.7(a)中，上行链路硬件

质量固定为 $\kappa_t^{UE}=\kappa_r^{BS}=0.99$，而下行链路硬件质量在 $\kappa_t^{BS}=\kappa_r^{UE}\in(0.95,1]$ 区间变化。图 6.7(b) 考虑了相反的情况，此时固定下行链路的硬件质量为 $\kappa_t^{BS}=\kappa_r^{UE}=0.99$，而上行链路的硬件质量在 $\kappa_t^{UE}=\kappa_r^{BS}\in(0.95,1]$ 区间变化。对于所有三种预编码方案，注意到，与上行链路硬件相比，下行链路硬件对下行链路的频谱效率的影响更大，特别是在使用正则化迫零方案或多小区最小均方误差方案的情况下。这意味着数据传输造成的失真占主导地位，而信道估计中的失真占从属地位。除此之外，预编码方案的结论与上行链路中的结论相似，即多小区最小均方误差的频谱效率比最大比的频谱效率大得多，但它对硬件缺陷更为敏感。正则化迫零的性能接近于多小区最小均方误差。

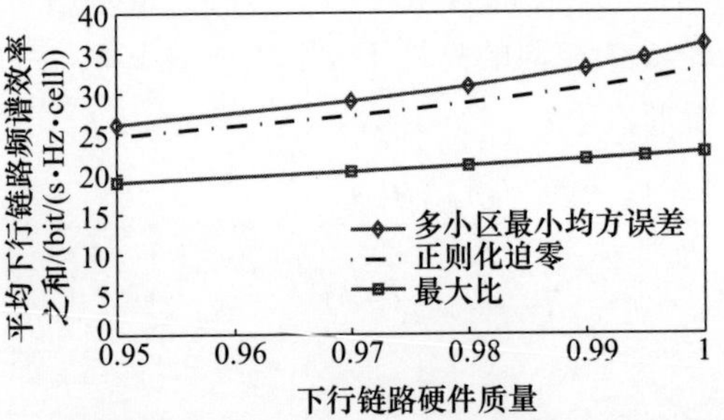

(a) 固定 $\kappa_r^{BS}=\kappa_t^{UE}=0.99$，改变下行链路硬件质量（$\kappa_t^{BS}$ 和 κ_r^{UE}）

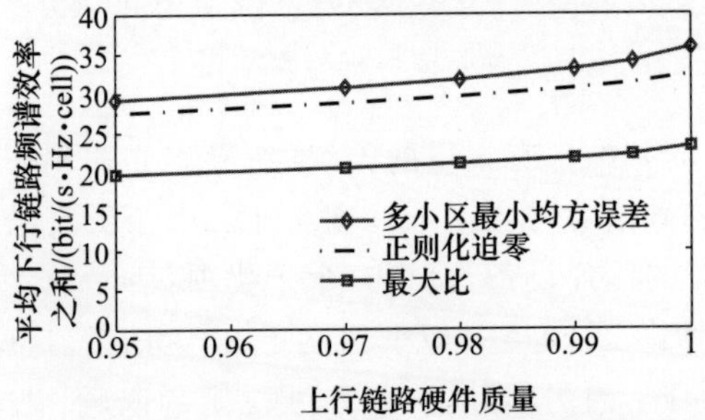

(b) 固定 $\kappa_t^{BS}=\kappa_r^{UE}=0.99$，改变上行链路硬件质量（$\kappa_t^{UE}$ 和 κ_r^{BS}）

图 6.7　平均下行链路的频谱效率之和是硬件质量的函数，固定一个方向的硬件质量，另一个方向的硬件质量可变。包含 $M=100$ 根天线，$K=10$ 个用户设备，曲线上的每一点都采用使频谱效率最大的导频复用因子

6.3.7　多天线下的最大比预编码

现在讨论在所有小区中的天线数目无限制地增加的情况下，收敛到推论 6.4 中渐近极限值的速度。即 $M=M_1=\cdots=M_L\to\infty$。为此，重新研究 4.1.3 节中定义的运行实例，但这次采用不相关的瑞利衰落模型。考虑 $K=10$，$f=2$，平均归一化最大比预编码。除了导频外，每个相关块中的所有样本都用于下行链路数据。

为简单起见,假设所有硬件质量因子都等于 κ,即 $\kappa=\kappa_t^{\mathrm{UE}}=\kappa_r^{\mathrm{BS}}=\kappa_t^{\mathrm{BS}}=\kappa_r^{\mathrm{UE}}$。图 6.8显示了不同硬件质量下的平均下行链路的频谱效率之和:$\kappa \in \{0.9,0.95,0.99,1\}$,并给出了所有情况下的渐近极限值。

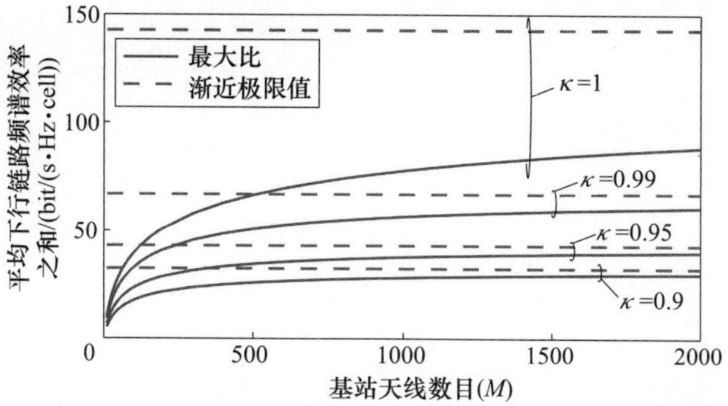

图 6.8 在不同的硬件质量 $\kappa=\kappa_t^{\mathrm{UE}}=\kappa_r^{\mathrm{BS}}=\kappa_t^{\mathrm{BS}}=\kappa_r^{\mathrm{UE}}$ 条件下,平均下行链路的频谱效率之和作为基站天线数目的函数,此时采用平均归一化的最大比合并

注意,在理想硬件(即 $\kappa=1$)情况下,收敛到渐近极限值的速度很慢。例如,对于 $M=2000$ 根天线,只达到了渐近极限值的 61%。大约需要 $M=10^5$ 根天线才能达到极限值。当降低硬件质量时,频谱效率大幅降低,但达到渐近极限值的收敛速度也变得更快。当 $\kappa=0.9$ 时,在 $M=500$ 的条件下,得到渐近频谱效率的 79%,在 $M=2000$ 的条件下,得到渐近频谱效率的 92%。为了解释这一现象,回忆之前学过的知识,为了达到渐近极限值,要求非相干干扰和噪声与相干干扰相比,小到可以忽略不计的程度。在理想硬件情况下,为了达到极限值,需要非常大的 M,因为来自自身小区的非相干干扰的信道增益要比来自其他小区相干干扰的信道增益高得多(图 6.5(a)在上行链路中对这种原因进行了说明)。随着硬件缺陷引起的相干自失真的增加,使非相干干扰弱于自失真所需的天线数目大幅减少(几千根天线足以接近渐近极限值)。这个例子表明:实际应用中部署的天线数量是有限制的。

图 6.9 考虑了 $\kappa_t^{\mathrm{UE}}=\kappa_r^{\mathrm{UE}}=0.99$ 的固定的用户设备硬件质量和基站处不同硬件质量下的情况:$\kappa_r^{\mathrm{BS}}=\kappa_t^{\mathrm{BS}} \in \{0.9,0.95,0.99,1\}$。当基站的硬件质量相对较高时,可以获得稍高的频谱效率,但差异微乎其微。此图给出了不同条件下的渐近极限值,虽然它们不完全一样,但差别很小。因此,图 6.8 中观察到的差异主要是由用户设备硬件质量的变化导致的。

总之,上述分析表明:在实际应用中,存在硬件缺陷下的渐近结果的应用价值要比理想硬件下的渐近结果的应用价值大,因为前者收敛到极限值的速度更快。频谱效率主要由用户设备的硬件质量决定,这个结论很有意义,它允许降低基站的硬件质量。

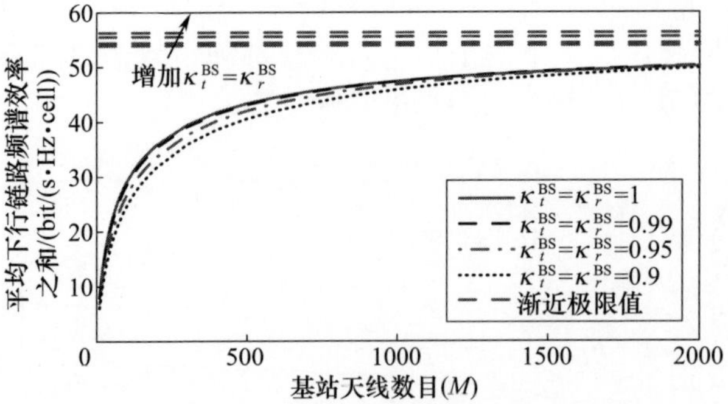

图 6.9 $\kappa_t^{UE}=\kappa_r^{UE}=0.99$ 和基站的不同硬件质量 $\kappa_t^{BS}=\kappa_r^{BS}\in\{0.9,0.95,0.99,1\}$ 条件下,平均下行链路的频谱效率之和作为基站天线数目的函数,此时采用平均归一化的最大比预编码

6.4 硬件质量伸缩律

6.3 节中的渐近的上行链路和下行链路的频谱效率表达式表明:随着基站天线数量的增加,硬件缺陷对基站的影响几乎完全消失。因此,使用低质量的基站硬件只会引起较小的频谱效率损失,这意味着大规模 MIMO 非常有效地使用了硬件。换句话说,它实现了较高的硬件效率。对于任何固定的硬件质量因子 κ_t^{BS} 和 κ_r^{BS} 来说,渐近分析都适用。下面证明:即使随着天线数目的增加不断减少 κ_t^{BS} 和 κ_r^{BS},仍然能使硬件质量的影响渐近地消失。首先分析上行链路。

推论 6.5 考虑 $\kappa_r^{BS}=\bar{\kappa}/M_j^{\varepsilon}$,其中 $\bar{\kappa}\in(0,1]$ 和 $\varepsilon>0$ 是常数。在与推论 6.1 相同的条件下,随着 $M_j\to\infty$,采用最大比合并的$\overline{\mathrm{SINR}}_{jk}^{\mathrm{UL-imp}}$具有渐近极限值:

$$\begin{cases}\dfrac{(p_{jk}\beta_{jk}^{j})^2}{\sum\limits_{l,i}(p_{li}\beta_{li}^{j})^2\dfrac{1-\kappa_t^{UE}}{(\kappa_t^{UE})^2\tau_p}+\sum\limits_{(l,i)\in\mathcal{P}_{jk}\setminus(j,k)}\dfrac{(p_{li}\beta_{li}^{j})^2}{\kappa_t^{UE}}+(p_{jk}\beta_{jk}^{j})^2\dfrac{1-\kappa_t^{UE}}{\kappa_t^{UE}}}, & \varepsilon<\dfrac{1}{2}\\ 0, & \varepsilon>\dfrac{1}{2}\end{cases} \tag{6.52}$$

证明:这个结果是通过将 $\kappa_r^{BS}=\bar{\kappa}/M_j^{\varepsilon}$ 代入式(6.39),然后取其极限得到的。特别地,注意到,如果 $\varepsilon<\frac{1}{2}$,则 $\bar{F}_{li}^{jk}/M_j\to p_{li}\beta_{li}^{j}\psi_{jk}\frac{1-\kappa_t^{UE}}{(\kappa_t^{UE})^2}$和$\frac{\sigma_{UL}^2}{(\kappa_t^{UE}\kappa_r^{BS})^2M_j}\to 0$,而这些量在 $\varepsilon>\frac{1}{2}$下却是发散的。此外,如果 $\varepsilon<1$,那么 $\bar{G}_j\to 1/\kappa_t^{UE}$。

这一推论表明:随着天线数目的增加,可以逐渐容忍较低的基站硬件质量。假

设 $M=M_1=\cdots=M_L$，推论 6.5 证明了将 κ_r^{BS} 降低到原来的 $1/\sqrt{M}$ 时，仍然可以得到一个渐近上行链路的频谱效率极限值，这个值与推论 6.2 中固定硬件质量条件下得到的极限值相同。但是，如果逐渐降低硬件质量，那么能想象到收敛到这个极限值的收敛速度会变慢。

将推论 6.5 称为硬件质量伸缩律。可在式(6.39)中看到这个结果背后的直接含义，在式(6.39)中，期望信号功率随 M_j 成比例地增长，而有效噪声项与 $1/(\kappa_r^{\mathrm{BS}})^2$ 成比例(或者使用推论中的符号后与 $M_j^{2\varepsilon}/\bar{\kappa}^2$ 成比例)。当满足伸缩律时，信号功率比有效噪声项增长得更快，足以达到非零极限值。在下行链路中也可以得到类似的结果。

推论 6.6 考虑 $M=M_1=\cdots=M_L$，$\kappa_t^{\mathrm{BS}}=\underline{\kappa}/M^{\varepsilon_1}$ 和 $\kappa_r^{\mathrm{BS}}=\bar{\kappa}/M^{\varepsilon_2}$，其中 $\underline{\kappa},\bar{\kappa}\in(0,1]$ 和 $\varepsilon_1,\varepsilon_2>0$ 是常数。在与推论 6.3 相同的条件下，随着 $M\to\infty$，采用平均归一化最大比预编码的 $\underline{\mathrm{SINR}}_{jk}^{\mathrm{DL-imp}}$ 具有渐近极限值：

$$\begin{cases}\dfrac{\rho_{jk}(\beta_{jk}^j)^2}{\sum\limits_{l,i}\rho_{li}(\beta_{jk}^l)^2\dfrac{\psi_l^\infty}{\psi_j^\infty}\dfrac{(1-\kappa_t^{\mathrm{UE}})}{\kappa_r^{\mathrm{UE}}\kappa_t^{\mathrm{UE}}\tau_p}+\sum\limits_{(l,i)\in\mathcal{P}_{jk}\setminus(j,k)}\dfrac{\rho_{li}(\beta_{li}^l)^2}{\kappa_r^{\mathrm{UE}}}\dfrac{\psi_l^\infty}{\psi_j^\infty}+\rho_{jk}(\beta_{jk}^j)^2\dfrac{1-\kappa_r^{\mathrm{UE}}}{\kappa_r^{\mathrm{UE}}}} \\ \varepsilon_1+\varepsilon_2<1 \\ 0,\varepsilon_1+\varepsilon_2>1\end{cases} \tag{6.53}$$

其中

$$\psi_j^\infty=\frac{1}{\sum\limits_{l',i'}p_{l'i'}\beta_{l'i'}^j+\sigma_{\mathrm{UL}}^2},\psi_l^\infty=\frac{1}{\sum\limits_{l',i'}p_{l'i'}\beta_{l'i'}^l+\sigma_{\mathrm{UL}}^2} \tag{6.54}$$

证明：将 $\kappa_t^{\mathrm{BS}}=\underline{\kappa}/M^{\varepsilon_1}$ 和 $\kappa_r^{\mathrm{BS}}=\bar{\kappa}/M^{\varepsilon_2}$ 代入式(6.47)，然后取极限获得此结果。特别地，注意到，当 $\varepsilon_1+\varepsilon_2<1$ 时，$\breve{\sigma}_{\mathrm{DL}}^2/M\to0$ 和 $\underline{F}_{jk}^{li}/M=p_{jk}\beta_{jk}^l\psi_{li}^\infty(1-\kappa_t^{\mathrm{UE}})/(\kappa_r^{\mathrm{UE}}\kappa_t^{\mathrm{UE}})$，而当 $\varepsilon_1+\varepsilon_2>1$ 时，这些项是发散的。此外，如果 $\varepsilon_1<1$，$\psi_{jk}\to\psi_j^\infty$ 和 $\psi_{li}\to\psi_l^\infty$，那么 $\bar{G}_l\to1/\kappa_r^{\mathrm{UE}}$。

这个推论提供了一个与推论 6.5 中的上行链路伸缩律类似的下行链路硬件质量伸缩律，但是发射机硬件和接收机硬件在下行链路中都发挥了作用。只要乘积 $\kappa_t^{\mathrm{BS}}\kappa_r^{\mathrm{BS}}$ 的衰减速度不超过 $1/M$，就可以将 κ_t^{BS} 和 κ_r^{BS} 同时按 $1/\sqrt{M}$ 的速率减小，也可以使一个衰减的速度比另一个快。

上行链路和下行链路的硬件质量伸缩律进一步证明了大规模 MIMO 网络比传统的蜂窝网络具有更高的硬件效率。更准确地说，使用比传统网络基站硬件质量低的基站硬件，网络就可以很好地运行，并且随着天线数量的增加，硬件质量可以逐渐降低。这一事实对于大规模 MIMO 的实际应用可能非常重要,因为这意味着该技术的硬件成本不随 M 的增加而线性增加。与此相似,随着加入更多的天线,如果降低硬件的质量,那么与现代通信系统相比,硬件组件的物理尺寸及其功耗可能也不会增加。精确的结果很难量化,但精心设计的实际的大规模 MIMO 系统在成本、体积、和/或电路功耗方面有可能等于或者低于传统网络[102,153]。下面,简要讨论一些硬件设计中面临的挑战和机遇。

6.4.1 低分辨率模数转换器

研究者特别关注的一个缺陷来源是由有限分辨率模数转换器引起的量化噪声。在不同的无线场景中,每个 I/Q 组件的分辨率为 4 ~ 20bit[90]。在 LTE 中,需要至少 10 位的模数转换器分辨率来满足误差向量幅度的要求[144],但通常具有较大的设计裕度(例如 15 位模数转换器),以容纳其他组件中的缺陷。由于 I/Q 分量是分开量化的,一个带有 M 根天线的大规模 MIMO 基站需要 $2M$ 个模数转换器。这些模数转换器的功耗随着系统带宽的增加而增加,这使得宽带系统最好能在较低的模数转换器分辨率下运行。幸运的是,上行链路硬件质量伸缩律表明,随着 M 的增加,每个模数转换器的分辨率都会降低[53]。有很多论文专门研究了低分辨率模数转换器对各种性能指标的影响[103,306,343,327]。一般的结论是:在 $M=100$ 根天线的情况下,采用 3 ~ 4bit 模数转换器的系统性能足以接近具有无限分辨率模数转换器的系统性能。在上行链路中采用功率控制使得基站接收到的用户设备信号强度都相等的条件下,可以得到上面的结论。如果基站接收到强弱信号的叠加,那么需要更大的动态范围,以避免较弱的信号淹没在量化噪声中。也可以在基站上使用 1 位模数转换器,这可以大大简化硬件设计,因为只需要测量接收信号的符号,不需要测量接收信号的功率。信道估计和检测更具挑战性,但在这个系统中仍然是可行的[218,99]。与 3 ~ 4bit 模数转换器相比,由于很难准确地估计信道,1bit 模数转换器引起的性能损失相当大,但随着天线数量的增加,损失会减小[220,226]。从理论上讲,也可以降低数模转换器的分辨率[136,158,356],但这是不可取的,因为它会增加下行链路中的带外辐射,详见 6.4.3 节。

6.4.2 相位噪声

本书假定硬件特性是平稳的,这使得失真项是平稳随机过程(在一个相关块内)。本振中的相位噪声是一个非平稳缺陷源的例子,它产生随时间累积的随机相位漂移。另外,在文献[310,101,92,188,258,213,107]等中已经考虑了相位噪声的建模和影响。最近,在有关大规模 MIMO 的文献中,这些模型已经用于计算和分析容量界[53,54,179,265,262]。由于在每个相关块中对每个信道估计一次,若一个相关块内的累积漂移很小,则相位噪声会被吸收到信道衰落中。因此,主要是在长信道相干时间(或硬件质量较低)的场景下,相位噪声才会产生较大的影响。在这些场景下,可以通过更频繁地发送导频信号[53]或使用解码数据跟踪相位偏移[215]。分析和建模细节取决于调制形式(如 OFDM 或单载波),但所得到的定性结论基本相同。如果每个基站和每个用户设备各有一个本振,那么相位噪声对大规模 MIMO 中频谱效率的影响与对单个天线系统的影响相似,与期望信号一样,相位噪声引起的自失真也是被相干合并的。但是,如果每根基站天线都有一个单独的本振,那么天线之间的相位噪声的实现是相互独立的。由此产生的失真在阵列上被不相干地合并了,这意味着随着天线数量的增加,相位噪声的影响在减小。根据文献[53]中建立的相位噪声的硬件质量伸缩律,可以使用低质量的本振。

6.4.3 带外辐射

本章的分析表明:与传统的 MIMO 网络相比,由硬件缺陷引起的带内失真对大规模 MIMO 网络的影响较小。这为使用更简单的硬件铺平了道路,但前提是较高的失真水平不会损害其他通信系统。需要重点考虑的是干扰信号的总功率,而不是其中的失真项。

本节所考虑的复基带模型没有涉及带外辐射这个重要因素。一些硬件缺陷导致模拟发射信号的频谱再生,引起了相邻频段信号的严重失真。这是由功率放大器非线性和低分辨率数模转换器造成的。对无线网络的最大带外辐射水平有严格的要求,既可以是带外辐射的最大绝对功率,也可以是最大相对功率,如相邻信道泄漏比(ACLR)。文献[136,227,228,62]对大规模 MIMO 中带外辐射进行了初步研究,得到两条重要结论:①在相同的硬件质量的条件下,平均带外辐射与单天线系统相同。为了控制带外辐射的绝对功率,当降低硬件质量时,要么需要降低发射功率,要么发送一个减小带宽的信号(按比例地降低了频谱效率)。②下行链路带外辐射是非各向同性的。如果大规模 MIMO 的基站只为下行链路中的一个用户设备提供服务,那么产生的带外辐射具有很强的空间方向性,它类似于预编码后的带内信号。当多个用户设备进行空间多路复用时,会抹去这种效果。

6.4.4 互易校准

在本书中描述的下行链路传输依赖于信道互易性,也就是说,如果 $\boldsymbol{h}_{li}^{j}$ 是上行链路信道,那么 $(\boldsymbol{h}_{li}^{j})^{\mathrm{T}}$ 对应下行链路信道。为了简化符号,用 $(\boldsymbol{h}_{li}^{j})^{\mathrm{H}}$ 表示下行链路信道,这种表示不失一般性。然而,互易性还存在另一个问题:从本质上讲,射频传播信道是互易的,但是端到端的信道也受收/发信机硬件的影响,由于基站和用户设备使用不同的硬件组件进行发射和接收,因此不存在硬件组件的互易。实际的下行链路信道通常被建模为 $c_{li}(\boldsymbol{h}_{li}^{j})^{\mathrm{T}}\boldsymbol{D}^{j}$[374],其中 $c_{li}\in\mathbb{C}$ 是为小区 l 中用户设备 i 处的互易失配所建模型,对角矩阵 $\boldsymbol{D}^{j}\in\mathbb{C}^{M_j\times M_j}$ 表示基站 j 的 M_j 根天线的失配。这些参数描述了上行链路和下行链路之间的缩放和相位不匹配(振幅值和相位值的失配),并且可以视为确定性的参数,因为在实践中,这些参数在持续了数小时(或至少数分钟)之后才会变化[329]。这使得估计和校准系统是可行的,这么做可以保持信道的互易性,花费的开销似乎可以忽略不计。有许多互易性校准算法,其中一些是为通用 TDD 系统开发的[248,133,374],一些是为大规模 MIMO 开发的[300,331,279,330]。这些方案中的任何一个都不可能实现完美的互易性校准,但如果天线之间的估计误差是相互独立的,那么剩余的互易性失配造成的失真将在阵列上被非相关地合并,这一点类似于其他类型的硬件缺陷。

6.4.5 硬件质量伸缩律的例子

通过使用 4.1.3 节中定义的运行实例,这里将举例说明推论 6.5 中上行链路的硬件质量伸缩律。考虑平均归一化最大比合并,$K=10$,$f=2$,$\kappa_t^{\mathrm{UE}}=0.997$ 和 $\kappa_t^{\mathrm{BS}}=\bar{\kappa}/M^{\varepsilon}$。进一步假设 $\bar{\kappa}=0.997$,并考虑不同的伸缩指数 $\varepsilon\in\{0,1/243,1/81,1/27,1/9,1/3,1\}$。注意,$\varepsilon=0$ 表示固定的基站硬件质量。除了导频以外,每个相关块中的所有样本都用于上行链路数据。

平均上行链路的频谱效率之和如图 6.10(a)所示,它是基站天线数目的函数(注意水平坐标采用对数刻度)。所有曲线均随 M 的增加而增加,其中 $\varepsilon=1$ 在图中被描述为“比伸缩律快”。这符合伸缩律,该定律指出,当 $\varepsilon<1/2$ 时,频谱效率仅接近于非零极限值,图中给出了这个渐近极限值。曲线 $\varepsilon\in\{0,1/243,1/81,1/27\}$ 提供了类似的频谱效率,并在 $M=10^4$ 附近接近渐近极限值。因此,可以通过这些方式降低基站硬件质量,并且只遭受有限的频谱效率损失。相比之下,$\varepsilon=1/9$ 和 $\varepsilon=1/3$ 给出了更大的性能损失,但当 $M\to\infty$ 时,具有相同的渐近极限值。

为了理解这些伸缩律的实际含义,在图 6.10(b)中给出了根据式(6.7)计算的相应的误差向量幅度值。误差向量幅度值介于 0(理想硬件)和 1(所有信号都被失真替换)之间。对于任何 $\varepsilon>0$,随着 $M\to\infty$,误差向量幅度将接近 1。然而,如果使用 $\varepsilon<1/2$,可以得到一个很高的渐近频谱效率。实际收/发信机的误差向量幅度值通常低于 0.1,因此 0.3 的误差向量幅度表示特别低的硬件质量。通过查看图 6.10 的两个部分,可以得到,$\varepsilon=1/243$,$\varepsilon=1/81$ 和 $\varepsilon=1/27$ 导致了很小的频谱效率损失和最多为 0.5(对于 $M<10^4$)的误差向量幅度。因此,这些伸缩指数在高频谱效率和低分辨率硬件的使用之间实现了很好的平衡。

利用图 6.10 的另一种方法是首先选择一个目标频谱效率之和,然后确定实现这一性能的 M 和 ε 的不同组合。注意,当 ε 增加时需要更多的天线,但是每根天线的硬件质量也降低了。换句话说,可以通过添加天线来补偿降低的硬件质量。

总之,硬件质量伸缩律使得在硬件质量快速下降的同时,能够实现与固定硬件质量相同的渐近极限值。小的伸缩指数(例如,$\varepsilon=1/27$ 或 $\varepsilon=1/81$)足以同时满足实际情况下低质量的基站硬件和较小频谱效率损失的要求。注意,这些结果是采用最大比合并方案得到的,而正则化迫零和多小区最小均方误差方案可能会因硬件质量的降低而损失更多的频谱效率。

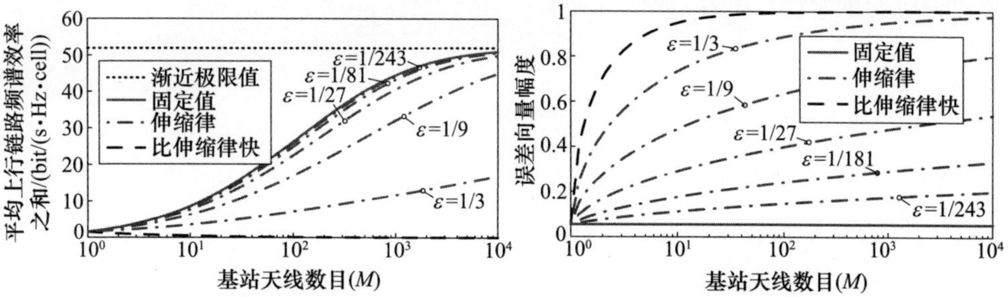

(a) 采用不同指数的硬件伸缩率下的平均上行链路频谱效率之和

(b) 采用不同指数的硬件伸缩率下的误差向量幅度

图 6.10　应用推论 6.5 中的硬件质量伸缩定律,得到作为基站天线数目的函数的平均上行链路频谱效率之和以及误差向量幅度

6.5　小　　结

• 实际的收/发信机会受到硬件缺陷的影响,可以通过补偿算法减轻这种影响,但不能完全消除它。

• 为了量化硬件缺陷对频谱效率产生的最坏影响,采用在用户设备处添加独立失真标量和基站处添加独立失真向量的模型就足够了。

• 来自基站的失真是非相干合并的,而由用户设备引起的自失真是相干合并的(这一点与期望信号相似),这使得用户设备的硬件质量更加重要。

• 与抑制用户间干扰相似,可以通过预编码和合并方案(例如正则化迫零或多小区最小均方误差)抑制来自其他用户设备的失真。

• 对于所有预编码和合并方案,由基站引起的失真和自失真大致相同。

• 当使用最大比合并时,自失真可能会淹没在干扰中,而正则化迫零和多小区最小均方误差等干扰抑制处理方案对自失真更为敏感。这产生了一个有限的干扰可见范围,在该范围之外,与自失真相比,干扰可以忽略不计。

• 大规模 MIMO 网络具有较高的硬件效率,因为与传统网络相比,它更有效地利用了基站硬件。例如,对于任何固定的基站硬件质量,大规模 MIMO 的失真所造成的影响随着天线数量的增加而逐渐消失了。失真越小,小区同时服务的用户设备越多。

• 高的硬件效率意味着:当接近非零的渐近频谱效率极限值时,随着天线数目的增加,基站硬件质量可以逐渐降低。硬件质量伸缩律描述了硬件质量可以下降的速度。因此,大规模 MIMO 的硬件成本不会随着天线数量的增加而线性增加。

- 当降低硬件质量时,频谱再生引起的带外辐射增加是一个重要的实际问题。可以通过降低发射功率和/或带宽来解决它,代价是降低了频谱效率。

第 7 章　实际部署时需考虑的问题

在实际的网络中设计、优化、部署大规模 MIMO 时需要考虑一些重要的折中，这部分将对它们进行介绍。尽管之前章节描述的基本理论已经很成熟了，但本章中所研究的内容直到写本书时还处于发展过程中。7.1 节描述最大化网络效用函数的功率分配方案。7.2 节介绍空间资源分配的关键内容。7.3 节对信道模型进行研究，主要关注大规模阵列具有的空间特征。7.4 节给出天线阵列的配置和部署。7.5 节在毫米波频段下，描述热点层的大规模 MIMO。7.6 节描述异构网络下的大规模 MIMO 的作用。7.7 节在考虑实际应用的情况下，通过研究一个案例给出了结论。7.8 节对本章的关键点进行总结。

7.1　功率分配

虽然之前各章对频谱效率采用的分析过程适用于任意的发射功率，但仿真结果是基于各用户设备在上行链路和下行链路中均采用相等的发射功率这一假设条件的。如果想要最大化某种效用函数，这个假设一般不是最优的策略。首先，通过非等功率分配，利用各用户设备不同的传播条件，能够提高频谱效率之和。其次，频谱效率之和只反映了网络的聚合吞吐量，忽视了不同用户设备之间的不公平分配的问题，这可能导致极大的不公平性。除了频谱效率之和这个效用函数以外，还有一些能够平衡聚合吞吐量和公平性的效用函数[46]。在本章，将描述几种不同的网络效用函数，并提供最大化它们的功率分配方案。信道硬化使得大规模 MIMO 下的功率分配不同于单天线系统下的功率分配。在大规模 MIMO 下，没有必要使发射功率适应小尺度衰落变量，只适应大尺度衰落特征即可。大规模 MIMO 的这一独特的特征使得以往过于复杂的高级的功率分配方案在实际应用中易于实现。

在具有 $\sum_{l=1}^{L} K_l$ 个用户设备的网络中，考虑上行链路和下行链路具有相同数目的频谱效率表达式。因为干扰，这些频谱效率表达式之间存在联系。例如，通过定理 4.3 中下行链路的频谱效率表达式就可看出这一点，对于小区 j 中的用户设备 k，这个表达式为

$$\underline{\mathrm{SE}}_{jk}^{\mathrm{DL}} = \frac{\tau_d}{\tau_c} \log_2\left(1 + \frac{\rho_{jk} a_{jk}}{\sum_{l=1}^{L} \sum_{i=1}^{K_l} \rho_{li} b_{lijk} + \sigma_{\mathrm{DL}}^2}\right) \tag{7.1}$$

$$a_{jk} = \left| \mathbb{E}\{ \boldsymbol{w}_{jk}^{\mathrm{H}} \boldsymbol{h}_{jk}^{j} \} \right|^2 \tag{7.2}$$

$$b_{lijk} = \begin{cases} \mathbb{E}\{ |\boldsymbol{w}_{li}^{\mathrm{H}} \boldsymbol{h}_{jk}^{l}|^2 \}, & (l,i) \neq (j,k) \\ \mathbb{E}\{ |\boldsymbol{w}_{jk}^{\mathrm{H}} \boldsymbol{h}_{jk}^{j}|^2 \} - \left| \mathbb{E}\{ \boldsymbol{w}_{jk}^{\mathrm{H}} \boldsymbol{h}_{jk}^{j} \} \right|^2, & (l,i) = (j,k) \end{cases} \tag{7.3}$$

注意，式(7.1)中的$\underline{\mathrm{SE}}_{jk}^{\mathrm{DL}}$是关于$\rho_{jk}$的递增函数，$\rho_{jk}$是下行链路中分配给用户设备的发射功率，$\underline{\mathrm{SE}}_{jk}^{\mathrm{DL}}$是分配给其他用户设备的发射功率$\rho_{li}$的递减函数。因此，两个用户设备的频谱效率之间存在冲突关系，冲突不但来自用户设备相互之间的干扰，而且来自每个基站只有有限的功率用于各用户设备之间的分配。

通过$\sum_{l=1}^{L} K_l$维的频谱效率域可以说明上述冲突关系，它包括了可同时实现的频谱效率的组合。图7.1给出了一个例子，对应的通信场景为下行链路的$L=1$和$K_1=2$。阴影区域包括了用户设备之间不同的功率分配下所能达到的($\underline{\mathrm{SE}}_{11}^{\mathrm{DL}}$,$\underline{\mathrm{SE}}_{12}^{\mathrm{DL}}$)点。在这个例子中，假定用户设备1的信道比用户设备2好，这使得频谱效率区域中用户设备1具有更大的频谱效率。在频谱效率区域内的任何点都是严格次最优的，因为通过改变功率分配可以同时增加$\underline{\mathrm{SE}}_{11}^{\mathrm{DL}}$和$\underline{\mathrm{SE}}_{12}^{\mathrm{DL}}$。因此，一个有效的网络必须工作在频谱效率区域的外边界上，这称为帕累托边界。对于帕累托边界上的任何点，不能在不减少其他用户设备的频谱效率的条件下增加一个用户设备的频谱效率。帕累托边界点的形状表述了上述冲突关系[47]。

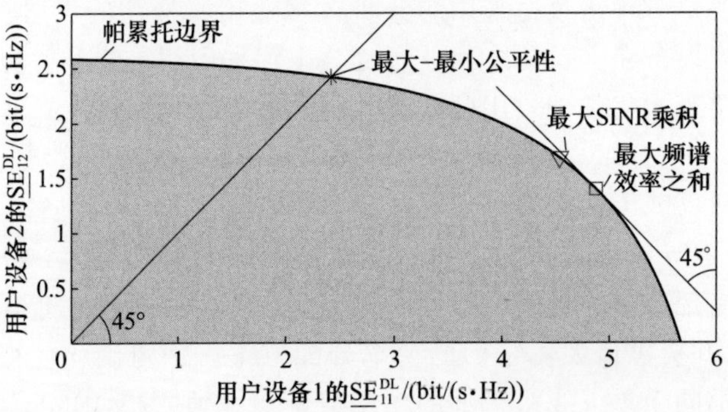

图7.1　通过不同的功率分配可以实现的($\underline{\mathrm{SE}}_{11}^{\mathrm{DL}}$,$\underline{\mathrm{SE}}_{12}^{\mathrm{DL}}$)的不同组合(阴影区域)。图中给出了三个获得式(7.4)中效用函数的最大值的工作点

在帕累托边界上有无数个点，应该选择哪个点？对于这个问题来说，不存在客观的答案，因为每个用户设备的典型目标是要最大化自己的频谱效率[47]，从理论上讲，这将会牺牲其他用户设备的频谱效率。作为一个网络的设计者，需要在各用户设备的目标之间找到一个主观的平衡。达到这个平衡的结构化的方法是定义一个网络效用函数$U(\mathrm{SE}_{11},\cdots,\mathrm{SE}_{LK_L})$，它将所有用户设备的频谱效率作为输入，得到一个用于测量效用的标量作为输出[250]，也就是说，这个值越大越好。为了便于表示，小区j中用户设备k的SE_{jk}表示为上行链路的频谱效率$\underline{\mathrm{SE}}_{jk}^{\mathrm{UL}}$，或者表示为下行

链路的频谱效率$\underline{\mathrm{SE}}_{jk}^{\mathrm{DL}}$。效用函数将被最大化，选择效用函数的原则是：对输入越偏爱，输出值越大。以下是一些效用函数的典型实例：

$$U(\mathrm{SE}_{11},\cdots,\mathrm{SE}_{LK_L}) = \begin{cases} \sum_{j=1}^{L}\sum_{k=1}^{K_j}\mathrm{SE}_{jk} & \text{最大频谱效率之和} \\ \min_{j,k}\mathrm{SE}_{jk} & \text{最大 - 最小公平性} \\ \prod_{j=1}^{L}\prod_{k=1}^{K_j}\mathrm{SINR}_{jk} & \text{最大 SINR 乘积} \end{cases} \tag{7.4}$$

这里的SINR_{jk}是指SE_{jk}的有效 SINR（信号干扰噪声比）。注意，“最大”表示想得到这些效用函数的最大值，它们分别是频谱效率之和、最小频谱效率（即最小公平性）、SINR 乘积。

通过定义，最大化频谱效率之和的效用导致了最大的聚合频谱效率，但是没有得到任何公平性的保证——在最大化的过程中，一些具有较差信道条件的用户设备的频谱效率可能会趋于 0。通过利用用户设备的数目对频谱效率之和进行归一化，也能将这个效用解释为算术平均频谱效率。另一个极端是最大 - 最小公平性，它通过只计算网络中最弱的用户设备的频谱效率来提供完全的公平性。很容易相信最大化这个效用函数会使得每个用户设备的频谱效率都相同，这样具有优良信道条件的用户设备不会得益。在这些极端的效用函数（或者通过给式(7.4)中不同用户设备的频谱效率进行加权，或者通过可替换的函数，例如，频谱效率的几何均值或者谐波均值[46,176,221]）之间，有各种各样的折中。书籍[210]提出了一种启发式的方法来最大化各个小区中的最小频谱效率，同时考虑了不同小区中不同的频谱效率水平。该文献通过忽视相干干扰、假定每个基站和每个小区中至少有一个用户设备进行全功率发射实现了上述的优化目标。

式(7.4)中也定义了最大 SINR 乘积效用函数。为了理解建立这个效用函数的动机，先考虑下行链路，注意：

$$\begin{aligned}\sum_{j=1}^{L}\sum_{k=1}^{K_j}\underline{\mathrm{SE}}_{jk}^{\mathrm{DL}} &= \sum_{j=1}^{L}\sum_{k=1}^{K_j}\frac{\tau_d}{\tau_c}\log_2(1+\underline{\mathrm{SINR}}_{jk}^{\mathrm{DL}}) \\ &\geqslant \sum_{j=1}^{L}\sum_{k=1}^{K_j}\frac{\tau_d}{\tau_c}\log_2(\underline{\mathrm{SINR}}_{jk}^{\mathrm{DL}}) = \frac{\tau_d}{\tau_c}\log_2\left(\prod_{j=1}^{L}\prod_{k=1}^{K_j}\underline{\mathrm{SINR}}_{jk}^{\mathrm{DL}}\right)\end{aligned} \tag{7.5}$$

式(7.5)表明：这个效用函数寻找频谱效率之和下限的最大值，忽略了每个对数项中的“1 +”项。这种忽略对高信干噪比的用户设备的影响非常小，但是过低估计了最弱用户设备的频谱效率。因此，与最大频谱效率之和相比，SINR 乘积的最大化使得最弱用户设备具有更高的频谱效率。SINR 乘积最大化也确保每个用户设备都有非零的频谱效率，因此与频谱效率之和相比，SINR 乘积这个效用函数具有更好的公平性。回忆定理 4.9，在采用多小区最小均方误差预编码条件下，当天线数目增加时，每个用户设备的信干噪比会无限制地增加。因而，对数中的“1 +”项被忽略了，最大 SINR 乘积与最大频谱效率之和具有相同的渐近性能。当存在非常多的天线时，对于上述两种效用函数来说，等功率分配几乎是最优的。原因是：当每个用户设备都具有非常高的信干噪比时，功率分配引起的信噪比差异对频谱效率的影响很小。

使式(7.4)中三种效用函数最大化的频谱效率区域中的点如图 7.1 所示。最大 - 最小公平性点位于帕累托边界和始于原点倾斜角度为 45°的直线的交点上。这条直线包括了所有具有相同频谱效率的用户设备的点。最大频谱效率之和的点位于另一条倾斜 45°角的直线上，这条直线是通过等式$\underline{\mathrm{SE}}_{11}^{\mathrm{DL}} + \underline{\mathrm{SE}}_{12}^{\mathrm{DL}} = v$ 定义的，其中 v 表示频谱效率之和的最大值，这条线上的每一点都给出一个频谱效率之和，但与最大频谱效率之和对应的点位于与频谱效率区域的交点上。注意，与最大 - 最小公平性效用函数相比，这个点所对应的用户设备 1 具有非常高的频谱效率，其代价是用户设备 2 的频谱效率降低了。最后，最大 SINR 乘积的点所对应的较弱的用户设备 2 的频谱效率有轻微的提高，但是在这个例子中，这个点仍然与最大频谱效率之和的点比较接近。

7.1.1 下行链路功率分配

现在采用上述的效用函数来优化下行链路的功率分配，此时采用定理 4.3 中的硬化界。在实际应用中，基站的发射功率受限于规则和硬件限制，这里将其建模为每个基站的最大总发射功率 $P_{\max}^{\mathrm{DL}} \geqslant 0$，得到如下的效用最大化问题：

$$\begin{cases} \underset{\rho_{11} \geqslant 0, \cdots, \rho_{LK_L} \geqslant 0}{\text{maximize}} & U(\underline{\mathrm{SE}}_{11}^{\mathrm{DL}}, \cdots, \underline{\mathrm{SE}}_{LK_L}^{\mathrm{DL}}) \\ \text{s. t.} & \sum_{k=1}^{K_j} \rho_{jk} \leqslant P_{\max}^{\mathrm{DL}}, j = 1, \cdots, L \end{cases} \tag{7.6}$$

这里的下行链路发射功率 $\rho_{11}, \cdots, \rho_{LK_L}$ 是 $\sum_{l=1}^{L} K_l$ 个优化变量。基站 j 的实际发射功率为 $\sum_{k=1}^{K_j} \rho_{jk}$。可以将任意的预编码方案添加到这个问题描述中，此时，固定预编码向量，优化发射功率。式(7.6)中功率分配问题的数学模型已经得到了几十年的研究[81,341,46]，找到一个解的运算复杂度很大程度上依赖于所选择的效用函数 U。最大频谱效率之和的问题是非凸的，难于求得全局最优解[201]，但是存在一系列的近似算法能够在多项式时间内找到局部最优解[341]，找到全局最优解的全局优化算法的复杂度随着用户设备的数目成指数增加[269]。这些方法可用于比较基准，但是仅有有限的实用价值。附录 B.6 给出了实际的优化算法，以及线性规划、凸规划、几何规划等定义（在本章中，这三类规划都是非常重要的）。

式(7.6)中功率分配问题的解取决于式(7.2)中的 a_{jk} 和式(7.3)中的 b_{lijk}，它们分别是平均信道增益和平均干扰增益。平均是针对小尺度衰落的实现进行计算的，因此被优化的功率分配只是信道估计和预编码方案的函数。相同的功率分配解可用于多个时域和频域的相关块中(见图2.1)，用户设备的宏观移动性确定了信道统计特性保持不变的时间间隔，详情可查看评述2.3。这也是与含有少量天线的系统相比，大规模MIMO具有的一项主要特征，配置少量天线的系统没有信道硬化，因此需要功率分配能适应非常大的功率变化范围，这种变化情况发生在时频域的相关块之间。基本结论是：大规模MIMO下可以采用更复杂的功率分配方案，原因是同一个解可以用于很多个相关块。

当采用最大－最小公平性或者最大SINR乘积作为效用函数时，可以利用下面的定理高效地求得式(7.6)的全局最优解。

定理7.1 在给定 a_{jk} 和 b_{lijk} 的条件下，最大－最小公平性问题可以表示为

$$\begin{cases} \underset{\rho_{11}\geqslant 0,\cdots,\rho_{LK_L}\geqslant 0,\gamma\geqslant 0}{\text{maximize}} \quad \gamma \\ \text{s.t.} \quad \dfrac{\rho_{jk}a_{jk}}{\sum\limits_{l=1}^{L}\sum\limits_{i=1}^{K_l}\rho_{li}b_{lijk}+\sigma_{\text{DL}}^2} \geqslant \gamma, j=1,\cdots,L, k=1,\cdots,K_j \\ \quad\quad \sum\limits_{k=1}^{K_j}\rho_{jk} \leqslant P_{\max}^{\text{DL}}, j=1,\cdots,L \end{cases} \tag{7.7}$$

利用算法1，得到误差为 $\varepsilon>0$ 的全局最优解。

证明：首先，注意到最大化 $\min_{j,k}\underline{\text{SE}}_{jk}^{\text{DL}}$ 等价于最大化 $\min_{j,k}\underline{\text{SINR}}_{jk}^{\text{DL}}$。利用后一个效用函数及式(7.6)的上方图形式[67]，得到式(7.7)。也就是说，引入满足约束 $\underline{\text{SINR}}_{jk}^{\text{DL}}\geqslant\gamma, \forall j,k$ 的辅助变量 γ，对其进行最大化来替换原优化问题。而且，注意到式(7.7)的约束条件关于功率参数是线性的。对于任意固定的 γ，信干噪比约束条件也可以写成如下线性形式：$\rho_{jk}a_{jk}\geqslant\gamma\left(\sum_{l=1}^{L}\sum_{i=1}^{K_l}\rho_{li}b_{lijk}+\sigma_{\text{DL}}^2\right)$。然后，当 γ 为固定值时，式(7.7)作为一个线性可行性问题可被求解。在求解这个子问题时，为了保证对于任何给定的 γ 值，都能满足信干噪比约束 $\underline{\text{SINR}}_{jk}^{\text{DL}}\geqslant\gamma$，就要求随着 γ 的增加，不断提高发射功率。因此，在求解这个可行性问题时，可以利用关于 γ 的线性搜索来找到满足全部功率约束条件的最大值。算法1利用二分法在搜索区间 $[\gamma=0,\gamma=\min_{j,k}P_{\max}^{\text{DL}}a_{jk}/\sigma_{\text{DL}}^2]$ 上找到了误差为 ε 的最大值，此时 $\gamma=\min_{j,k}P_{\max}^{\text{DL}}a_{jk}/\sigma_{\text{DL}}^2$ 是忽略了全部干扰之后的最弱的用户设备的有效SINR。

这个定理表明：可利用算法1求得最大－最小公平性问题的全局最优解。每个子问题都与经典的功率优化问题相似[64,370,360]，这些问题在给定信干噪比约束的条件下寻找最小的功率。附录B.6描述了如何利用通用算法来求解这些子问题。算法的外环中执行针对最优信干噪比值的二分法搜索，这意味着在每次迭代过程中，最大－最小信干噪比的搜索空间都会减半，此算法的收敛速度非常快。

定理7.2 给定 a_{jk} 和 b_{lijk} 条件下的最大SINR乘积问题可以表示为

$$\begin{cases} \underset{\rho_{11}\geqslant 0,\cdots,\rho_{LK_L}\geqslant 0,c_{11}\geqslant 0,\cdots,c_{LK_L}\geqslant 0}{\text{maximize}} & \prod_{j=1}^{L}\prod_{k=1}^{K_j} c_{jk} \\ \text{s. t.} & \sum_{l=1}^{L}\sum_{i=1}^{K_l} \frac{c_{jk}\rho_{li}b_{lijk}}{\rho_{jk}a_{jk}} + \frac{c_{jk}\sigma_{\text{DL}}^2}{\rho_{jk}a_{jk}} \leqslant 1, j=1,\cdots,L, k=1,\cdots,K_j \\ & \sum_{k=1}^{K_j}\rho_{jk} \leqslant P_{\max}^{\text{DL}}, j=1,\cdots,L \end{cases} \tag{7.8}$$

算法 1:用于求解式(7.7)中最大化-最小公平性问题的二分法

输入:$\{a_{jk}\}$,$\{b_{lijk}\}$,$P_{\max}^{\text{DL}}$,ϵ

输出:γ^{lower},$\{\rho_{jk}^{\text{opt}}\}$

/* 初始化 */

$\gamma^{\text{lower}} \leftarrow 0$

$\gamma^{\text{upper}} \leftarrow \min_{j,k} P_{\max}^{\text{DL}} a_{jk} / \sigma_{\text{DL}}^2$

$\rho_{jk}^{\text{opt}} \leftarrow 0$ for all j,k

/* 有潜力的信干噪比值上的二分法 */

do

$\gamma^{\text{candidate}} \leftarrow \frac{\gamma^{\text{lower}} + \gamma^{\text{upper}}}{2}$

求解线性可行问题

找到 $\rho_{11} \geqslant 0,\cdots,\rho_{LK_L} \geqslant 0$

满足约束条件 $\gamma^{\text{candidate}}\left(\sum_{l=1}^{L}\sum_{i=1}^{K_l}\rho_{li}b_{lijk} + \sigma_{\text{DL}}^2\right) - \rho_{jk}a_{jk} \leqslant 0,$

$j=1,\cdots,L \quad k=1,\cdots,K_j$

$\sum_{k=1}^{K_j}\rho_{jk} \leqslant P_{\max}^{\text{DL}}, \quad j=1,\cdots,L$

if 可行 then

$\gamma^{\text{lower}} \leftarrow \gamma^{\text{candidate}}$

$\rho_{jk}^{\text{opt}} \leftarrow \rho_{jk}$ for all j,k,

基于可行问题的解

else

$\gamma^{\text{upper}} \leftarrow \gamma^{\text{candidate}}$

while $\gamma^{\text{upper}} - \gamma^{\text{lower}} > \epsilon$

这是一个几何规划。

证明:将最大化 SINR 乘积这个效用函数代入到式(7.6),得到

$$\begin{cases} \underset{\rho_{11}\geqslant 0,\cdots,\rho_{LK_L}\geqslant 0}{\text{maximize}} & \prod_{j=1}^{L}\prod_{k=1}^{K_j} \frac{\rho_{jk}a_{jk}}{\sum_{l=1}^{L}\sum_{i=1}^{K_l}\rho_{li}b_{lijk} + \sigma_{\text{DL}}^2} \\ \text{s. t.} & \sum_{k=1}^{K_j}\rho_{jk} \leqslant P_{\max}^{\text{DL}}, j=1,\cdots,L \end{cases} \tag{7.9}$$

引入如下的辅助变量 c_{jk}

$$c_{jk}\left(\sum_{l=1}^{L}\sum_{i=1}^{K_l}\rho_{li}b_{lijk}+\sigma_{\mathrm{DL}}^{2}\right)\leqslant\rho_{jk}a_{jk}\tag{7.10}$$

并且用最大化 $\prod_{j=1}^{L}\prod_{k=1}^{K_j}c_{jk}$ 替代最大 SINR 乘积后可得到式(7.8)。最后,注意到式(7.8)中的目标函数和约束函数是正多项式,因此这是一个几何规划问题。

这个定理表明:最大 SINR 乘积问题也可以被高效地求解,但是它是一个几何规划问题。附录 B.6 给出了几何规划的解释,几何规划也可以通过变量替换转化为凸规划,这方面的细节参见文献[66,81]或者附录 B.6。

可以采用线性/几何规划的通用求解器或者精心设计的执行过程得到定理 7.1 和 7.2 的最优功率分配解。另外,也可采用文献[250]中的分解法开发分布式算法。在所考虑的效用最大化问题中,每个基站都受到总功率的约束,但也可以包括其他类型的约束,例如,限制每个用户设备的最小分配功率、最大分配功率,或者限制对网络中某个特殊用户设备造成的平均干扰。只要附加的约束条件是线性的或者是几何的,那么定理 7.1 和 7.2 提供的算法仍然适用。

评述 7.1(每根天线上的功率约束)　上面的框架不能处理的一类附加约束条件是每根天线(峰值)上的功率约束,在实际应用中,需要这个功率约束来处理每个功率放大器的有限的动态范围。对于一个用户设备,如果所有基站天线都表现出近似相同的大尺度衰落值(空间相关矩阵中的对角线元素几乎相同),那么预编码将把发射功率几乎等分到各根天线上。小尺度衰落导致了一个相关块内的信道变化,但是这些变化被平均掉了,因为很多频域上相互隔离的不同的信号(信号在不同的相干带宽内)是被同时发射出去的。发送给不同用户设备的信号是空间复用的也起到了平均掉变化的作用。在上述情况下,忽略每根天线上的约束条件是合理的,否则需要寻找其他的解决办法。一种方法是先求得上述某个优化问题的解,然后启发式地降低每个基站的总发射功率以便满足每根天线上的约束条件。也可以按照文献[346,367,46]中的做法同时优化预编码向量和功率分配,但是优化变量的数目与天线数目成比例,这将导致大规模 MIMO 中出现大量的优化变量。

下面举例说明具有不同效用函数的下行链路的频谱效率。

为了说明不同的功率分配方案对各用户设备的频谱效率的影响,这里继续采用 4.1.3 节定义的运行实例。考虑 $M=100$, $K=10$, $f=2$,基于 ASD$\sigma_{\varphi}=10°$的高斯局部散射模型的空间相关信道。假定每个基站的下行链路总功率 $P_{\max}^{\mathrm{DL}}=30\mathrm{dBm}$。除了导频以外,每个相关块中的全部样本用于下行链路数据传输。

图 7.2 给出了下行链路中各用户设备的频谱效率的 CDF 曲线,这里的随机性是由用户设备的位置和阴影衰落实现引起的。考虑最大比、正则化迫零、多小区最小均方误差预编码,并且对如下三种功率分配方案进行比较:i)每个用户设备采用 20dBm 的等功率分配;ii)最大 - 最小公平性;iii)最大 SINR 乘积。后两者按照定理 7.1 和 7.2 执行。

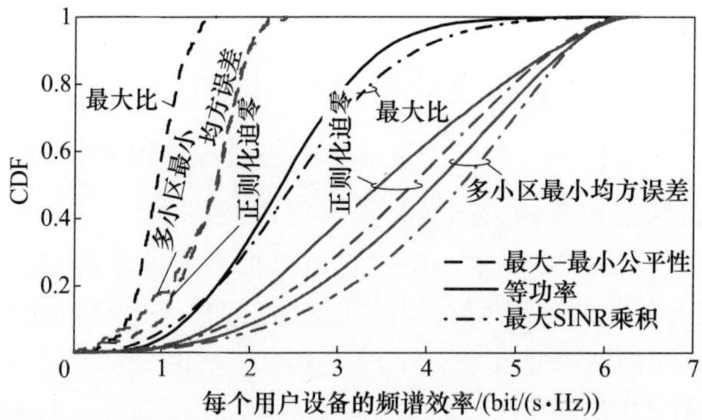

图 7.2　下行链路中，采用 $M=100$，$K=10$，$f=2$ 和 ASD$\sigma_{\varphi}=10°$的高斯局部散射模型下的运行实例中每个用户设备的频谱效率。在最大比、正则化迫零和多小区最小均方误差三种预编码方案下对三种功率分配方案进行对比

观察图 7.2 发现，不管采用哪种预编码方案，最大 SINR 乘积的 CDF 曲线始终在等功率分配曲线的右侧，等功率分配曲线一直在最大 - 最小公平性曲线的右侧。这基本表明：从统计上讲，最大 SINR 乘积的功率分配方案的性能优于其他两种功率分配方案。

如果观察 CDF 曲线的拖尾，会发现上述的结论不完全准确。在等功率分配方案中，10% 最强信道的用户设备能实现略高的频谱效率。类似地，在最大 - 最小公平性方案中，一小部分用户设备的性能较好。对于给定位置的用户设备，仿真数据表明：在最大 - 最小公平性方案中，这个用户设备有 5% 的机会实现其最高频谱效率。但是，对于随机放置且需要满足一定频谱效率要求的用户设备来讲，它在最大 SINR 乘积方案下实现最高频谱效率的机会要比最大 - 最小公平性方案大，因为除了在频谱效率非常接近于 0 的状态下以外，图 7.2 中最大化 SINR 乘积对应的 CDF 曲线始终位于最大 - 最小公平性曲线的右侧，表 7.1 给出了确保 95% 的用户设备都能达到的频谱效率值。注意：最大 - 最小公平性方案提供了最低的频谱效率。可通过如下事实解释这个结果：最大 - 最小公平性分配方案使每个用户设备的频谱效率与整个网络中最弱（信道最弱）用户设备的频谱效率接近。从统计上讲，在最大 SINR 乘积分配方案中，每个用户设备都能获得更高的频谱效率。

三种预编码方案的性能正如所料，多小区最小均方误差具有最高的频谱效率，最大比具有最低的频谱效率。但是在最大 - 最小公平性功率分配方案下，正则化迫零的实际性能比多小区最小均方误差略好，这一点可通过 CDF 曲线和表 7.1 中的数据看出来。原因是：在这个例子中，信道估计是基于等功率分配这个假设完成的。预编码向量取决于上行链路功率，所以多小区最小均方误差过于强调下行链路中的干扰抑制了。如果这里也采用下面 7.1.2 节描述的方法优化上行链路功率，情况有所变化。

表 7.1 在随机放置用户设备，$M=100$，$K=10$，$f=2$ 的条件下，确保 95% 的用户设备都能实现的频谱效率(bit/(s·Hz))，结果与图 7.2 中的 5% 相对应。用黑体数值表示每种预编码方案下的最大值

方案	最大-最小公平性	等功率	最大 SINR 乘积
多小区最小均方误差	0.40	1.67	**1.83**
正则化迫零	0.67	1.38	**1.44**
最大比	0.49	**1.05**	0.91

总之，下行链路下的功率分配对各用户设备之间的频谱效率分布产生了极大的影响。最大 SINR 乘积在频谱效率之和和公平性之间提供了一个很好的平衡。在这个仿真中，它的频谱效率大概是最大-最小公平性的 2.5 倍，同时，统计上最弱的用户设备的频谱效率损失几乎可以被忽略。在 7.7 节的例子中，将继续对这些功率分配方案进行对比，结果是相似的，但存在一个主要的差别，那就是最大-最小公平性效用函数给最弱的用户设备带来一定的好处。

7.1.2 上行链路功率控制

因为上行链路功率不仅影响了上行链路数据的传输，还影响了信道估计，以及间接地影响了合并向量，所以上行链路下的发射功率优化要比下行链路的情况复杂。这使得实际系统中(采用不完美的 CSI)采用的功率控制方案不同于文献[369,360,81]中的经典的功率控制算法(它们假定信道是完美已知的)。对于利用凸优化寻找最优发射功率来讲，定理 4.1 和定理 4.2 中上行链路下的频谱效率表达式似乎过于复杂了。但是在独立同分布的瑞利衰落这种特殊情况下，可以得到最大比和迫零下的频谱效率闭合表达式，它们可用于实现功率优化[178,359,80]。

考虑具有任意空间相关矩阵和合并方案的一般情况，假定每个用户设备具有 $P_{\max}^{\mathrm{UL}}>0$ 的上行链路发射功率。为了便于在基站处采用低分辨率的模数转换器，对基站接收到的小区内的信号的功率差异进行限制。回想 $\beta_{jk}^{j}=(1/M_j)\mathrm{tr}(\boldsymbol{R}_{jk}^{j})$ 表示小区 j 中的用户设备 k 到基站 j 的任意一根天线的平均信道增益。在蜂窝网络中，同一小区内的用户设备之间的信道增益差异经常高达 50dB，如果采用低分辨率的模数转换器，那么能够大幅降低这种差异，以避免弱信号淹没在强信号的量化失真中。

在 LTE 系统中，可以通过让小区边缘处的用户设备以最大功率发射和逐渐接近基站的用户设备以逐渐降低的功率发射来解决上述问题[288]。受这个原理的启发，这里定义最大接收功率比 $\Delta\geqslant 0$，考虑一种启发式的功率控制策略。

$$p_{jk}=\begin{cases}P_{\max}^{\mathrm{UL}}, & \Delta>\dfrac{\beta_{jk}^{j}}{\beta_{j,\min}^{j}}\\ P_{\max}^{\mathrm{UL}}\Delta\dfrac{\beta_{j,\min}^{j}}{\beta_{jk}^{j}}, & \Delta\leqslant\dfrac{\beta_{jk}^{j}}{\beta_{j,\min}^{j}}\end{cases}\tag{7.11}$$

对于小区 j 来说，$k=1,\cdots,K_j$，这里 $\beta_{j,\min}^{j}=\min_{i=1,\cdots,K_j}\beta_{ji}^{j}$ 是小区 j 中最弱的用户设备的平均信道增益。称式(7.11)为功率控制而不是功率分配，是因为在上行链路中，用户设备之间无法重新分配功率。

采用式(7.11)的功率控制策略，小区中具有最小信道增益的用户设备采用最大发射功率 $P_{\max}^{\mathrm{UL}}$。具有稍微大一点信道增益且满足 $\beta_{jk}^{j}<\beta_{j,\min}^{j}\Delta$ 的用户设备也将采用最大发射功率，而具有更好信道条件的用户设备将使用更小的功率，这使得基站接收到的这些用户设备的信号最多比最弱用户设备的接收信号强 Δ 倍。在每个小区中独立应用这种启发式的策略，并且不考虑用户设备的空间信道特征，因此仍存在一些改善系统性能的空间。下一个例子表明 Δ 的选择是如何影响用户设备的频谱效率的。

评述 7.2(不相等的导频和数据功率)　我们一直假定用于导频和用于数据的上行链路发射功率是相等的，原因是：由于硬件的约束，除了一些调制方案以外，上行链路中连续样本之间的巨大功率差异一般来讲是不可能实现的。通过放松这个约束条件，能为上行链路的数据和导频分配不等的功率。这给功率控制提供了更大的灵活性。可以固定导频功率，只优化数据功率，这种情况下的优化问题与式(7.6)中下行链路效用函数最大化问题具有相似的结构。文献[193,210]采用了这种方法，得到的功率控制解是基于理想 CSI 下的效用函数最大化的[81]。另外一种方法是将导频功率和数据功率看成是独立的变量，同时进行优化，具体过程与文献[135,247,80]中针对不同效用函数的执行过程相同。特别地，在独立同分布的瑞利衰落假设和采用最大比或迫零的合并方案下，效用函数最大化可能是几何规划问题，可以找到它的全局最优解。导频和数据二者功率不同为弱信道条件的用户设备带来了很大的好处，因为它可以分配更多的功率用于信道估计，从而获得更好的接收合并(例如，获得更大的阵列增益和更好的干扰抑制)。

采用启发式功率控制的上行链路下的频谱效率实例

现在将举例展示在最大比、正则化迫零、多小区最小均方误差三种合并方式下式(7.11)中的启发式功率控制方案所能实现的频谱效率分布。继续采用 4.1.3 节中定义的运行实例。考虑 $M=100$，$K=10$，$f=2$，ASD$\sigma_{\varphi}=10°$的高斯局部散射模型，每个用户设备的最大上行链路发射功率为 $P_{\max}^{\mathrm{UL}}=20\mathrm{dBm}$。除了导频以外，每个相关块内的所有样本都用于上行链路数据传输。

图 7.3 显示了各用户设备的频谱效率的累积分布函数(CDF)曲线，其中的随机性是由用户设备的位置和阴影衰落的实现造成的。对于每种方案，考虑 $\Delta\in\{0,10,20\}$ dB。

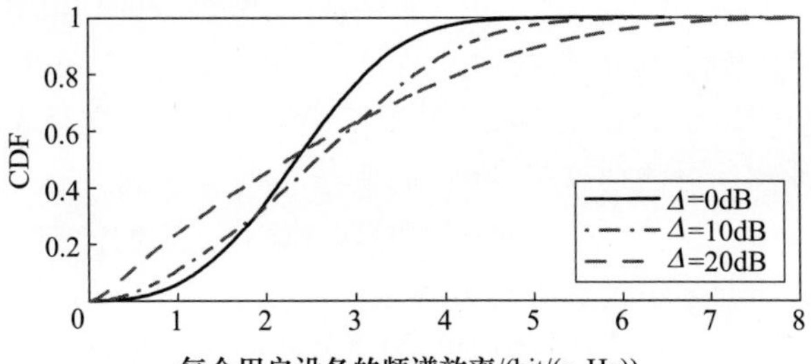

(a)式(7.11)中采用启发式功率控制策略的最大比合并

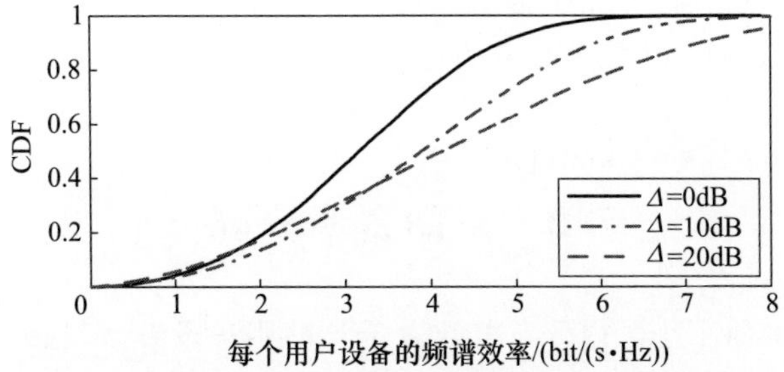

(b)式(7.11)中采用启发式功率控制策略的正则化迫零合并

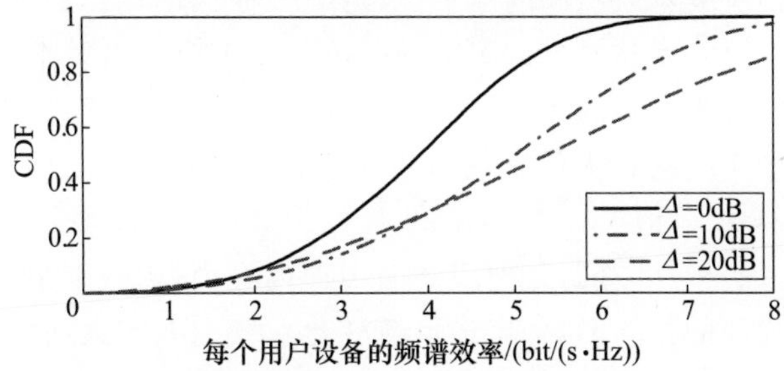

(c)式(7.11)中采用启发式功率控制策略的多小区最小均方误差合并

图 7.3 $M=100, K=10, f=2$ 和采用 ASD$\sigma_{\varphi}=10°$的高斯角域分布的局部散射模型下的上行链路频谱效率的 CDF

首先看到：即使在 $\Delta=0$dB 情况下，一个小区中的所有用户设备调整它们各自的发射功率使得到达基站的接收功率都相等，在频谱效率方面仍存在较大的变化。造成这种现象的原因有几个方面。第一，一个小区中具有最差信道条件的用户设备决定了小区中全部用户设备的频谱效率水平，这个用户设备的位置和阴影衰落实现的变化非常大。第二，来自其他小区的干扰也会发生变化，这种变化取决于这些小区中的用户设备的分布和功率控制。第三，空间信道相关性导致了进一步的变化，原因是，具有最小信道增益的用户设备可能具有与一个产生干扰的用户设备相似的空间特征，同时具有最好信道增益的用户设备所具有的空间特征可能不同于全部产生干扰的用户设备的空间特征。当在不相关衰落下执行相同的仿真时，从 CDF 曲线高端和低端的拖尾很小的角度看,CDF 曲线被压缩到各自的均值附近。

接收合并方案影响了 CDF 曲线的形状,对于最大比合并,最弱的用户设备在很大程度上得益于使用小的 Δ,原因是,如果不采用功率控制策略减少同小区内信道条件好的用户设备发射的功率,那么它们所产生的小区内干扰是很大的。具有较好的信道条件的用户设备希望使用更大的 Δ,原因是:它们能获得更高的频谱效率。对于正则化迫零和多小区最小均方误差两种合并方案来讲,小区内干扰被抑制到了一定程度,以至于允许具有较好的信道条件的用户设备通过发射信号得到较大的接收信号功率,同时几乎可以忽略对最弱用户设备产生的不利影响。这表明:通过较高的接收信号功率,信道估计质量有所提升,这在一定程度上提高了接收合并方案的性能,以至于接收合并方案几乎可以完全抵消掉由较高的接收信号功率引起的较强的干扰。

7.2 空间资源分配

在蜂窝网络的每个小区内分布着数以千计的用户设备,但在一个给定的相关块内,只有一小部分用户设备处于激活状态。间歇激活既是由用户设备引起的,也是由包传输业务的突发本质引起的。实际应用中,激活的用户设备的数目可能快速变化,但导频 τ_p 的数目基本上是固定的——当一个基站需要全部的导频时,另一个基站不能决定减少导频的数目。在一天的时间内,可以通过改变导频的数目以适应实际应用中出现的较大的平均流量负荷的长期变化[26],但是使 τ_p 适应短期的流量变化是不切实际的。

在本节中,将列出空间资源分配涉及的关键内容,它们分别是导频分配、空间复用和时频调度之间的相互影响、流量负荷变化对频谱效率之和的影响。导频序列的数目以及如何在用户设备之间分配导频将起到关键的作用。

7.2.1 导频分配

在蜂窝网络中,每个打算连接到基站的用户设备必须经过一个网络接入的过程。指的是一个用户设备在建立与基站之间的通信链路用于数据发送和接收之前必须要完成的各项功能。在 LTE 标准中,这个过程称为随机接入(RA),它依赖于基于竞争的协议。针对大规模 MIMO 系统的随机接入过程的研发仍然处于起步阶段,因此本书没有详细介绍这方面的内容。但是之后的评述 7.4 将给出这方面的一些简单介绍。接下来,假定随机接入过程已经成功地完成了,这里仅解决导频分配问题。一旦一个用户设备连接到一个基站,基站将为这个用户设备分配此小区内一个可用的导频序列,导频分配隐式地确定了网络中哪个用户设备将会对此用户设备产生导频污染。因此导频分配影响了这个用户设备可能达到的频谱效率。跨小区的导频分配联合优化是一种为最弱的用户设备赋能的方法[192,363,378],这个最弱的用户设备最容易受到低质量的信道估计和导频污染引起的相干干扰的影响。导频分配是一个组合问题,在这个问题中,基站 j 应当从 τ_p 个导频构成的集合中选择 K_j 个导频,并且把它们恰当地分配给 K_j 个用户设备。随着用户设备数目的增加,分配导频所需要的运算复杂度迅速增加,受到了实际应用的限制。

针对这个组合问题,目前的文献中有两类启发式解法。第一类包括贪婪算法[192,363,378],它们通过一种迭代的方式分配和重新分配导频以提高效用函数。例如,如果小区边缘处的用户设备受导频污染的影响较大,它就切换自己的导频与小区中心处的用户设备的导频相同,这种做法的依据是:具有强信道条件的用户设备受导频污染的影响小。第二类由预先定义的导频复用模式组成[154,358,49],这里,τ_p 个导频被分成 f 组,每一组含有 τ_p/f 个导频。整数 f 称为导频复用因子。根据预先定义的模式,每个小区采用一个导频组。运行实例中引入了这种方法,图 4.4(b)表示在一个对称的网络中三种不同的导频复用模式。图 7.4 给出了非对称蜂窝网络中 $f=3$ 的例子,其中的每个颜色/模式代表一个导频组。经典的 4 色理论证明了 $f=4$ 足以保证每个小区和它的邻居小区都位于不同的导频组中[130]。注意,导频复用模式类似于 GSM 中的频率复用模式,但是与传统 GSM 系统形成鲜明对比的是:复用模式仅限于导频传输,所有小区中的有效数据同时在所有带宽上并行传输(通用频率复用)。设计复用模式时,应该确保采用相同导频的用户设备之间具有较大的空间隔离度,以便减少不同小区之间进一步调度的需求。注意,可通过采用导频复用模式和在每一个导频组内采用贪婪算法进行导频分配来同时使用上述两类启发式解法。

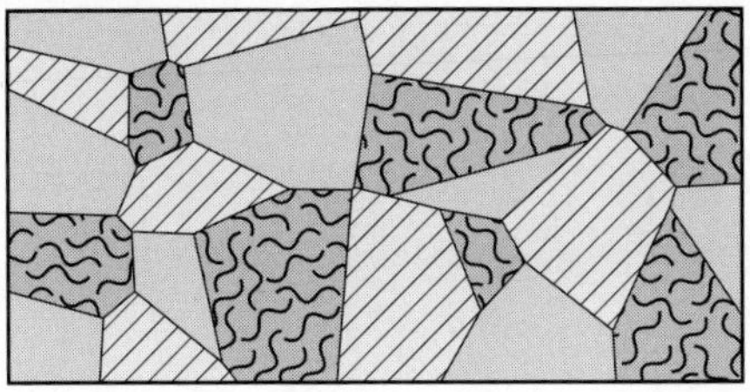

图 7.4　将不对称的蜂窝网络划为 $f=3$ 个不相邻的导频组,其中 f 称为导频复用因子,用不同的颜色和形状区分各组

从减少相关干扰的角度看,适用于上行链路中用户设备的导频分配不一定适用于下行链路中用户设备的导频分配。例如,如图 4.16 所示,不同用户发射的信号会产生较大差异的空间信道相关性。信道增益差异性也会导致上/下行链路的不对称,原因是上行链路下的干扰来自其他小区中的用户设备,而下行链路中的干扰来自其他小区中的基站。

为了研究导频分配对频谱效率产生的影响,重新使用 4.1.3 节定义的运行实例。为通信场景产生一个快拍,此时每个小区内有 10 个固定位置的用户设备。这里关注上行链路，此时基站配置 $M=100$ 根天线，每个用户设备采用 20dBm 的发射功率，采用 ASD$\sigma_{\varphi}=10°$的高斯局部散射模型。除了导频，相关块内的所有样本都用于上行链路数据传输。

为了演示不同类型的导频分配对频谱效率的影响，采用如图 4.4(b)所示的导频复用因子 $f=1$ 和 $f=2$。在每个小区和每个导频组内随机均匀地分配导频，并且画出了反映频谱效率变化的 CDF 曲线。图 7.5(a)表示对所有小区平均后的频谱效率之和，图 7.5(b)表示在任意选择的小区中，具有最弱信道(最小的平均信道增益)的用户设备的频谱效率。分别给出了最大比、正则化迫零和多小区最小均方误差三种合并方式下的结果。

图 7.5(a)中的频谱效率之和受到了合并方案的严重影响，轻微地受到了导频复用因子的影响。更重要的是，所有的 CDF 曲线几乎都是垂直的。最大值仅比最小值高 3% ~9%，多小区最小均方误差获得了最大的收益。然后，优化导频分配对频谱效率之和几乎没有改善(例如，使用贪婪算法)。

反之，如果看图 7.5(b)中一个随机选取的小区中最弱信道下的用户设备的频谱效率，观察到它的波动很大。因为导频分配问题是组合问题，所以曲线不是平滑的。特别地，可以注意到有一个干扰用户设备产生了特别高的导频污染，它导致了 0.1 概率的不连续性(当随机均匀分配 10 个导频时，它是两个特殊的用户设备采用相同导频的概率)。采用最大比合并时，频谱效率的绝对变化量很小，原因是：最大比合并的性能主要受限于非相干的小区内干扰，同时，当使用正则化迫零和多小区最小均方误差合并时，最弱的用户设备从导频分配优化中获益最大。

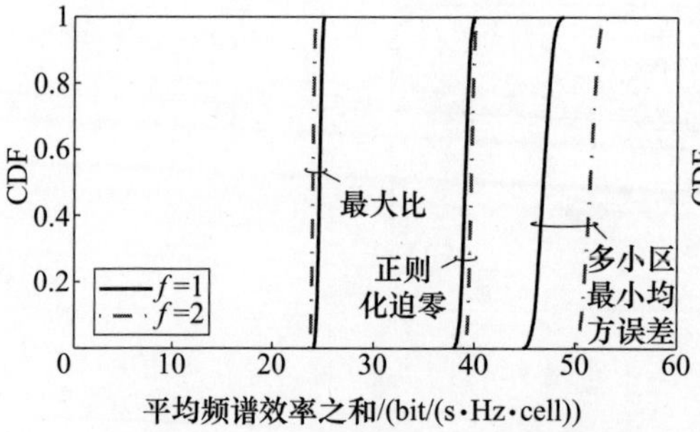

(a) 导频分配对平均频谱效率之和的影响

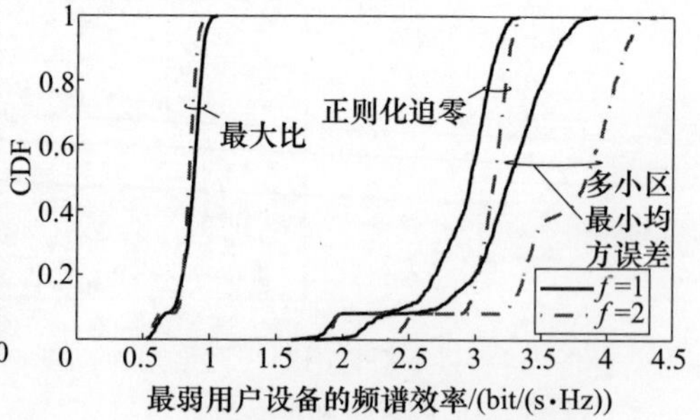

(b) 在随机的小区里，导频分配对最弱的用户设备的频谱效率的影响

图 7.5　小区间上行链路平均频谱效率之和的 CDF 和不同导频分配方案下任意小区中最弱用户设备的频谱效率。运行实例考虑了不同的导频复用因子 f，$M=100$，$K=10$，ASD$\sigma_{\varphi}=10°$的高斯局部散射模型

总之，通过选择适当的导频复用因子，频谱效率之和可以得到优化。一个小区内的导频分配对频谱效率之和几乎没有影响，但是对频谱效率之和在各用户设备之间的分配会产生很大的影响。导频分配的一个合理目标是：通过给具有较差信

道条件的用户设备分配受到极少导频污染的导频来提高公平性。

评述 7.3(联合空分和空间多路)　在一个小区内,一个有趣的允许导频重用的传输方案是联合空分和空间多路(JSDM)[7,235]。JSDM 背后的主要思想是:充分利用大规模天线阵列的空间信道相关性。这允许我们将一个小区分成几个地理小区,各地理小区中的空间相关矩阵几乎是空间正交的(定义 4.2)。假定能把一个小区中的 K 个用户设备分成 G 组,每一组包括 K_g 个用户设备,$g=1,\cdots,G$,并将第 g 组的第 k 个用户设备的信道记为$\boldsymbol{h}_{gk}\sim\mathcal{N}_{\mathbb{C}}(\mathbf{0},\boldsymbol{R}_{gk})$。通过这种分组,每一组内的用户设备的相关矩阵都是非常相似的,也就是说对于所有的 g,k,l,都有$\frac{1}{\mathrm{tr}(\boldsymbol{R}_{gk})}\boldsymbol{R}_{gk}\approx\frac{1}{\mathrm{tr}(\boldsymbol{R}_{gl})}\boldsymbol{R}_{gl}$,但是每一组内用户设备的相关矩阵都与其他组内用户设备的相关矩阵近似正交,也就是说对于所有的 $k,l,g\neq h$,都有 $\mathrm{tr}(\boldsymbol{R}_{gk}\boldsymbol{R}_{hl})\approx 0$。由于各组之间几乎没有干扰,因此每组都可以重用相同的导频序列,不会引起过量的导频污染。由于小区内的导频复用,在每个小区内有大量的用户设备可以采用同一个 τ_p。虽然从理论上讲,JSDM 是一个非常有吸引力的概念,但在写本书的时候,还不清楚实际应用中的信道是否具有必要的正交特性。

评述 7.4(大规模 MIMO 中的随机接入)　随机接入是一个基于竞争的过程,在这个过程中,一个用户设备能够连接到网络中的一个小区,作为初始连接或者切换连接。LTE 就采用这样的接入过程,基本操作如下:每个待接入的用户设备获得基站的基本同步信息(确定了 LTE 的参数、频率同步、帧定时),并且利用所谓的随机接入信道(RACH)①来发射一个随机选择的类似于导频的序列。由于待接入的用户设备之间没有协调各自的序列,有可能发生碰撞。在检测到选定的序列(解决碰撞问题)并且识别采用此序列的用户设备过程中,基站广播一个响应信息,通知识别出的用户设备这次随机接入已经成功了,并提供物理参数(例如,定时调整)。被识别出的用户设备发送连接请求以便进一步确定用于数据传输所需的资源。另一方面,没被识别出的用户设备经过一段随机的等待时间后重新发起随机接入过程,直到被基站成功地识别出来。通过本书中的实例,大规模 MIMO 在频谱效率、能量效率和硬件效率等方面的优势目前已经被很好地理解了。另一方面,到目前为止,大规模 MIMO 对网络接入功能的潜在影响还没有引起足够的关注。最新的文献[76,41,286,305]试图在这方面做些尝试。在文献[41]中,作者利用大规模 MIMO 的信道硬化和空间分辨率来分布式地解决碰撞问题。这个方法也可用作传统解决碰撞机制的一个附加项。文献[305]提出了一种考虑了大规模 MIMO 信道硬化特性影响的编码的随机接入协议。在文献[286]中,采用大量的天线来获得待接入用户设备的定时偏移的准确估计,它用于设计一种能够以较大的概率解决碰撞问题的随机接入过程。

---

① 典型的 RACH 是由连续的 OFDM 符号和相邻的子载波构成的一个集合。

7.2.2 调度

基站管理小区内干扰的传统做法是在不同的相关时间块内调度激活的用户设备,大规模 MIMO 极大地缓解了这种调度压力,因为它采用接收合并和发射预编码可以在空间上移除干扰。在一个相关块内,小区能服务的用户设备数量没有上限,在实际应用中,可服务的用户设备数目甚至可以高于基站天线的数目①,并且可以将一个导频序列分配给一个小区内的多个用户设备(参看评述 7.3)。对于固定的基站天线数目,当提高用户设备的数目时,频谱效率之和首先增加,然后达到一个最大值,接下来逐渐下降。只要增加的多路增益(参加求和的频谱效率的数目)超过了更大的导频开销和额外的干扰(或者各频谱效率的减少量),频谱效率之和就会增加。文献[49]已经证明:在一个相关块内,当 $M\to\infty$时,不要将一半以上的样本用于导频,但是在实际应用中,可以根据预期的用户设备的数目对导频的数目进行优化。

图 7.6 说明了上述结论。横轴表示单天线用户设备的数目,或者基站发射或接收的数据流数目。纵轴表示上行链路或者下行链路下的频谱效率之和。图中标识了三个工作区域,第一个区域是多路区域,在此区域内频谱效率之和几乎随服务的用户设备数目线性增长,这是因为增加的多路增益强于引起的附加干扰。在饱和区域,增长速度放慢,最终达到具有最大的频谱效率之和对应的用户设备的数目。过了最大点,再增加用户设备,频谱效率之和减少。具有最佳网络规模的网络工作于饱和区域,偶尔在多路区域(当数据业务量较低时)。用户设备的调度将变得不再重要,因为所有的时频资源都将尽可能地用于全部激活的用户设备,以获得最大的网络吞吐量。

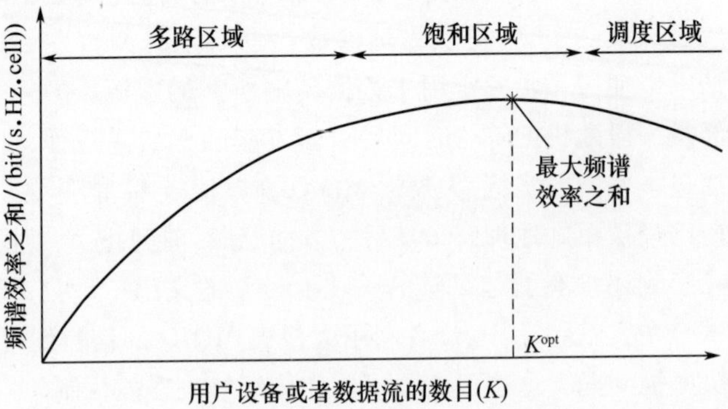

图 7.6 上行链路或者下行链路中,用户设备的数目对频谱效率之和产生的影响。为了最大化区域吞吐量,当 $K\leqslant K^{\mathrm{opt}}$时,网络应当为全部的 K 个用户设备提供服务,当 $K>K^{\mathrm{opt}}$时,应当采用调度方案为有效数目的用户设备(最多 K^{opt}个)提供服务

① 除了 ZF 方案以外,第 4 章中所有接收合并和发射预编码方案都可以用于任意数目的用户设备。

超过了最大点之后的区域称为调度区域。在这个区域中，由于空间多路无法并行地增加全部数据流的频谱效率，因此频谱效率之和减少了。此时可采用时频调度来降低每个相关块内的有效用户设备的数目，以便工作在最大的频谱效率之和附近。在传统的蜂窝网络中，只要小区中的激活用户设备数目超过一定值后，具有 1 ~8 根天线的基站管辖的小区就进入调度区域。下一个例子将说明在进入调度区域之前，配置了大规模 MIMO 的蜂窝网络能处理数十个用户设备。

由于一天中的业务量随时间发生变化，从早晚的峰值到深夜的谷底，因此经常按照预期的最高数据业务量来设计蜂窝网络的规模。结果，在一天中的非峰值时间段，没有足够多的激活的用户设备（每个用户设备发送一条数据流）；所以无法实现最大的频谱效率之和。此处有必要用到本书中关于用户设备的限定条件：在本书中专注于研究配置了单天线的用户设备，它只能发送或接收一条数据流，评述 1.4 也只是简短地介绍了配置了多根天线的用户设备。给用户设备配置多根天线的好处是：可以通过空间复用同时发射或者接收几条数据流，例如，在信号处理中将每根天线看成是一个独立的用户设备。在实际应用中，一些用户设备配置了多根天线，调度算法决定了每个用户设备使用几条数据流。回想图 7.6 中横轴表示基站利用空间多路同时传送的数据流的数目，它不一定等于用户设备的数目。当一个小区中有少量的激活用户设备时，如果仅为每个用户设备分配一条数据流无法使网络进入饱和区域，那么可以通过为一些用户设备增加数据流来提高频谱效率之和。相反地，如果小区中有足够多的用户设备，那么每个用户设备分配一条数据流就能使网络进入饱和区域，这是希望看到的情况[194,52]。从理论上讲，可以仅激活部分用户设备，同时给每个激活用户设备分配多条数据流来达到“足够多的用户设备，每个用户设备分配一条数据流”的效果。但是由于一个用户设备的不同天线的信道之间存在较强的空间相关性，与调度大量的分配单条数据流的用户设备相比，后者的频谱效率之和会更大。

现在通过重新采用 4.1.3 节中定义的运行实例来说明多路区域、饱和区域和调度区域。考虑 $M=100$ 根天线，每个用户设备的上行链路和下行链路的发射功率均为 20dBm，采用 $\mathrm{ASD}\sigma_{\varphi}=10°$的高斯局部散射模型。在 $\tau_c=200$ 和 $\tau_c=400$ 两种不同的信道相关块长度下，图 7.7 给出了下行链路的频谱效率之和作为激活用户设备数目的函数。在每种情况下，$\tau_p=fK$ 个样本用于导频，剩余的样本用于下行链路的数据传输。对于各种天线的数目，各种相关块的长度，分别采用最大比、正则化迫零和多小区最小均方误差预编码，利用导频复用因子 $f\in\{1,2\}$ 和边界技术来最大化频谱效率之和。

图 7.7 中的仿真结果与图 7.6 中的简略图非常匹配。对于前 20 个用户设备，频谱效率之和随 K 增加很快，当继续增加用户设备的数目时，频谱效率之和随 K 线性增加，此时斜率较小。然后随着频谱效率之和的增加，每个用户设备的频谱效率减小。当 K 较小时，导频复用因子 $f=2$ 比较有利，随着 K 的增加，$f=1$ 的导频复

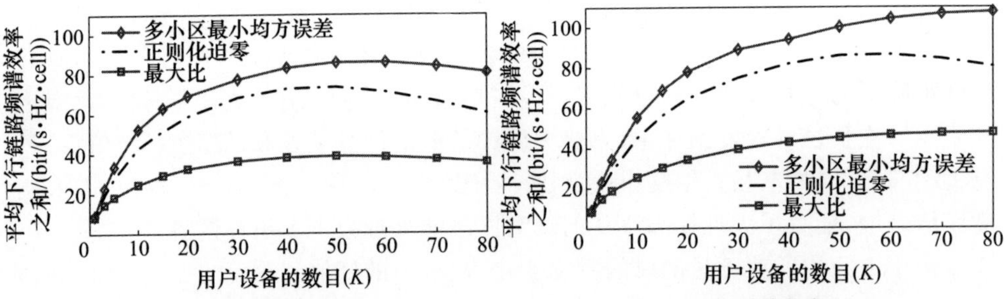

(a) 相关块长度 $\tau_c=200$　　(b) 相关块长度 $\tau_c=400$

图 7.7　在 $M=100$ 和不同的预编码方案下，作为用户设备数目的函数的平均下行链路频谱效率之和。考虑 $ASD\sigma_\varphi=10°$ 的高斯角域分布下的局部散射模型。在曲线上的每一点处都对导频复用因子进行了优化

用因子给出最大频谱效率之和（因为此时减少导频开销变得重要）。最大值的位置取决于信道相关块的长度和预编码的方案。对于所有的预编码方案，当 $\tau_c=200$，$K=50$ 左右达到频谱效率之和的最大值。当 $\tau_c=400$ 时，由于导频开销的相对大小减少了，因此所有的频谱效率值都增加了。此时，当 $K=60$ 时，正则化迫零达到最大的频谱效率之和，而最大比和多小区最小均方误差能处理 80 个用户设备，但没有达到最大点。

4.3 节中不同预编码方案下的数值比较仅限于 $K=10$ 的情况。图 7.7 表示：随着加入更多的用户设备，不同的预编码方案之间的差距加大。多小区最小均方误差和正则化迫零的频谱效率能够增加到最大比的频谱效率的 2 倍。当 $K\leqslant 40$ 时，与多小区最小均方误差相比，正则化迫零是有竞争力的，但是对于更大的 K 值，二者的性能差异非常大。

总之，当在大规模 MIMO 中采用调度方案时，会产生新的局面，此时大规模 MIMO 代替传统网络中以资源分配为主的方法，成为解决峰值业务负荷的最后手段。在这个例子中，当调度几十个用户设备且天线－用户设备比率为 $M/K=100/50=2$ 时，达到最大频谱效率之和。在每个频谱效率之和的最大点处，每个用户设备的频谱效率不是特别大。当 $K=50$ 时，多小区最小均方误差方案下每个用户设备的平均频谱效率是 1.7～2.0bit/(s·Hz)，最大比方案下每个用户设备的平均频谱效率是 0.8～0.9bit/(s·Hz)。在实际应用中可通过采用 4－QAM 调制和不同的信道编码来实现上述频谱效率。每个用户设备的平均吞吐量仍然很大，原因是没有了时间/频率的资源调度，每个用户设备都享有最大的带宽。回想起在运行实例中，考虑 20MHz 的带宽，在多小区最小均方误差方案下，50 个用户设备中的每一个都能获得 34～40Mbit/s 的吞吐量和总的 1.7～2.0Gbit/(s·cell) 的吞吐量。而当代 LTE 系统的总吞吐量为 64Mbit/(s·cell)（评述 4.1）。因此，采用大规模 MIMO 技术的蜂窝网络的仿真吞吐量要比 LTE 系统高出一个数量级。

7.2.3 业务负荷变化的影响

如7.2节开头所述，在实际应用中，导频 τ_p 的数目一般是个常数，而要发送/接收数据的用户设备的数目却是快速变化的，这种变化是由用户的行为和数据报传输的突发本质决定的。可将任意相关块内的激活用户设备的数目看作一个随机变量，通常采用泊松分布对这种业务变化进行建模。例如，$K^{\text{active}} \sim \text{Po}(K)$ 是一个均值为 K、标准差为 $\sqrt{K}$ 的随机整数。当 $K^{\text{active}} > \tau_p$ 时，如果采用时间/频率调度仅为 τ_p 个用户设备提供服务，那么在任意一个相关块内，可以用 $\min(K^{\text{active}}, \tau_p)$ 作为约束条件来随机产生激活用户设备的数目。图7.8给出了 $K \in \{1,10,20,40\}$ 和 $\tau_p = 40$ 条件下的分布。这张图表明：负荷分布呈现高斯分布的形状，随着 K 的增加，变化增大，因此在一个拥有更多的用户设备的小区中，将会产生更大的业务变化。注意，当 $K = \tau_p$ 时，$K^{\text{active}} > \tau_p$ 频繁发生，因此经常需要采用调度来处理业务负荷的变化。

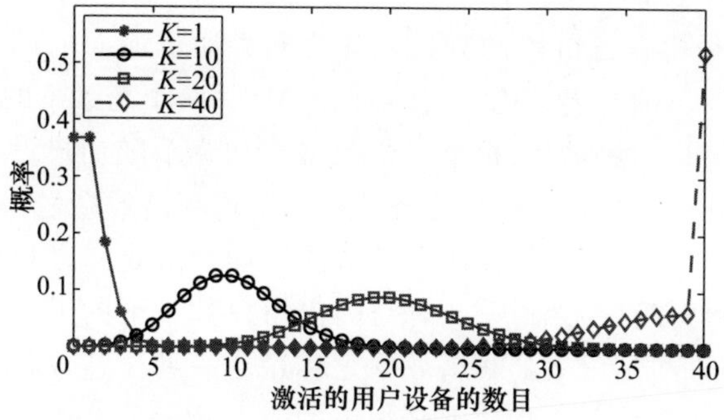

图7.8 小区中激活用户设备数目的分布，建模为 $\min(K^{\text{active}}, \tau_p)$，其中 $K^{\text{active}} \sim \text{Po}(K)$ 和 $\tau_p = 40$。注意，在 $K = 40$ 时，$K^{\text{active}} > \tau_p$ 的概率很大，使得在这种情况下有较大的概率获得40个激活的用户设备

在实际应用中，当规划导频的数目时，图7.6中说明的负荷变化、多路区域/饱和区域的概念都是很重要的。当业务负荷较高时，可以根据是否能达到最大的频谱效率之和来选择 τ_p；当业务负荷较低时，可以根据图7.8中的分布来选择 τ_p，以便在低概率的导频短缺（当 $K^{\text{active}} > \tau_p$ 时）和保持较低的导频开销二者之间达成平衡。

只要有足够多的导频，每个用户设备应当连接到能提供最好信道条件的基站[82]，可以通过最大的空间相关矩阵的迹来找到最好的信道。但是，当一个小区中导频短缺时，就会引起时频调度，使得一些用户设备通过连接到周围具有更低业务量的小区来获得更高的频谱效率。在传统的网络中，这种负荷平衡是重要的，它主要取决于“时间—频率调度”，但是在大规模 MIMO 中，这种负荷平衡并不重要。

例如，如果 $K^{\text{active}} > \tau_p$，那么能够调度每个用户设备的时间占全部相关块的 $\tau_p / K^{\text{active}}$。如果用户设备的数目比导频的数目多 10 个，在 $\tau_p = 1$ 的传统网络中，能够调度每个用户设备的时间占全部相关块时间的 0.09，而在 $\tau_p = 20$ 的大规模 MIMO 网络中，这个比例变为 0.67。

现在说明在一个小区中，用户设备数目的变化是怎样影响频谱效率之和的。为了分析这种影响，这里继续采用定义在 4.1.3 节中的运行实例。考虑基站具有 $M = 100$ 根天线，上行链路和下行链路中每个用户设备的发射功率均为 20dBm，采用 ASD$\sigma_\varphi = 10°$的高斯局部散射模型下的空间相关信道。用 K 表示每个小区中的平均用户设备数目，考虑下述两个场景。在第一个场景中，每个相关块内的用户设备数目为 K。在第二个场景中，每个小区中的用户设备数目是通过 $\min(K^{\text{active}}, \tau_p)$ 独立随机获取的，其中 $K^{\text{active}} \sim \text{Po}(K)$。导频序列的数目 $\tau_p = 40$，并且每个基站独立地选择一个随机的导频子集以使得自己的用户设备采用正交的导频，但是小区之间的导频污染是随机的。

图 7.9 中显示了多小区最小均方误差、正则化迫零、最大比三种预编码方案下不同 K 值对应的平均下行链路的频谱效率之和。通过前面的例子能预测这些方案的性能。此图给出的主要结论是：在各种情况下，两个场景下的频谱效率之和基本相同。对这个结论的解释是：根据频谱效率之和几乎随用户设备数目线性增加的这个事实，为 10 个用户设备提供服务获得的平均频谱效率之和几乎与等概率地为 8 个和 12 个用户设备切换提供服务获得的平均频谱效率之和相等。当 K 接近于 τ_p 时，曲线之间出现最大偏差，此时与固定用户数目下的平均频谱效率之和相比，用户设备数目随机情况下的频谱效率之和稍小一些。造成这种损失的原因是调度，因为尽管 $\mathbb{E}\{K^{\text{active}}\} = K$，但这些情况下的 $\mathbb{E}\{\min(K^{\text{active}}, \tau_p)\} < K$。

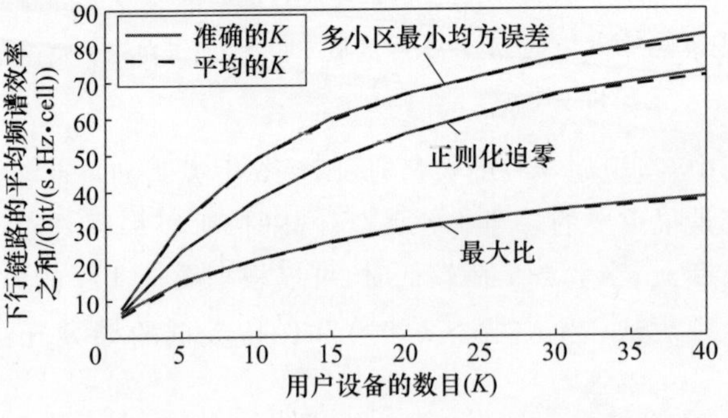

图 7.9　在 $M = 100$，$\tau_p = 40$，不同的预编码方案下，下行链路中的平均频谱效率之和作为平均用户设备数目的函数。在每个相关块内，一个小区中的用户设备数目或者等于 K，或者通过 $\min(K^{\text{active}}, \tau_p)$ 计算出来，其中的 $K^{\text{active}} \sim \text{Po}(K)$。此时采用的是 ASD$\sigma_\varphi = 10°$的高斯局部散射模型

总之，在实际应用中，由于突发的业务需求，两个相关块中的激活用户设备的数目会发生变化。在数十个相干时间内，激活用户设备的数目可能会发生很大的变化，但是需要选择固定的导频长度来容纳小区中不同时刻的不同负荷。当为网络规划量化频谱效率之和时，没有必要随机化每个小区中的用户设备数目，因为只要每个小区中固定的用户设备数目等于随机化的每个小区中的平均的用户设备数目，所得结果与随机化情况下的结果几乎相同。

7.3 信道模型

需要使用能够反映大规模天线阵列的主要特性的信道模型来对实际的大规模MIMO系统进行性能评估。这样的模型至少要考虑阵列的几何形状、不同天线信道响应之间的相关性、基站和用户设备的物理位置。本书的目标不是介绍MIMO系统的信道模型，而是通过这个研究领域中经常使用的、简单的、可解析分析的模型，来表达一些看法。至于进一步的细节，感兴趣的读者可参看与MIMO系统信道建模有关的经典的教材和综述论文，例如文献[255,225,12,88]。

图7.10给出了无线通信中信道模型的分类，信道模型或者是确定的，或者是随机的。确定模型的分类取决于具有固定的发射机位置、接收机位置、散射体位置、反射体位置等的特定的环境。这种模型包括基于3D建筑模型的射线追踪法和记录的信道测量数据。另外，前面介绍过的用于式(1.23)中水平均匀线阵的视距模型也是一种非常简单的确定性信道模型。在7.3.1节将把这种模型扩展到三维空间和任意的阵列形状。确定性模型的一个缺点是：它们只适用于特定的场景，无法得出更普适的结论。而且，其他人不容易复现结果，原因是：与信道测量和3D建筑模型相关的且可开放获取的数据库非常少。但是，确定性信道模型能为特定的通信场景提供准确的性能预测。

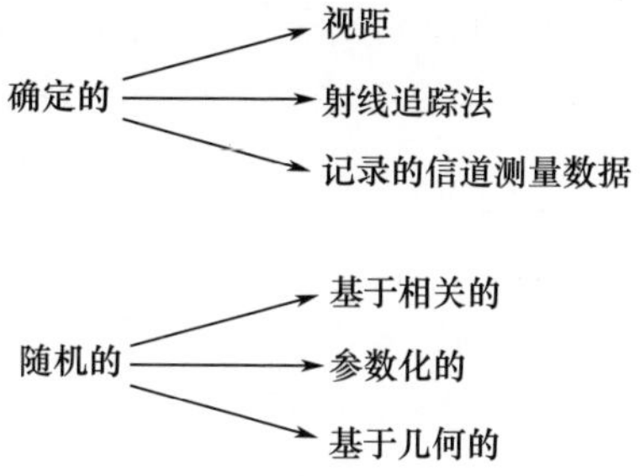

图7.10　无线信道模型的分类

随机信道模型独立于特定的环境，能产生无数的满足期望的统计要求的信道实现。这些模型可大致分为：基于相关的、参数化的、基于几何的。式(2.1)中介绍的相关瑞利衰落信道模型就是一个基于相关的信道模型的例子。信道响应都是具有零均值的高斯分布,通过相关矩阵被完全描述。但是,由于假定所有的多径分量都在相同的延迟时间到达(或者系统的采样频率无法区分这些分量),这是一个频率平坦衰落信道模型。对于本书中的大部分分析而言,这个频率平坦衰落信道模型就足够了,因为只关心一个相关块内的通信,此块内的信道系数是常数(定义2.2)。相反地,参数化的信道模型定义多径簇的数目,每个多径分量的延迟、功率、到达角(AoA)、离开角(AoD)为随机分布。例子包括 Saleh – Valenzuela 模型[283]和它的扩展[338,85]。由于参数化模型独立于传播环境的几何形状,它们一般不能用于因发射机或者接收机的移动而引起的时变信道的系统级仿真。最后,基于几何的随机模型定义了发射机和接收机附近散射体的物理位置所服从的分布。一旦选定了散射体的位置,通过准确定性的方式为每条传播路径进行建模。3GPP或者 IEEE 之类的标准化组织经常采用这种基于几何的随机模型,原因是:它们易于仿真,与测量数据吻合度高,考虑了时间演进。基于几何的模型可看成是在纯随机和纯确定性两种极端信道模型之间实现了一种平衡。在 7.3.3 节中将讨论 3GPP 中的 3D MIMO 信道模型[1]。

在式(1.23)中,为二维水平均匀线阵引入了一种确定性的视距信道模型。这个模型的参数是入射波的方位角和信道增益。要记住这个模型是基于平面波假设的,也就是说,只有用户设备位于天线阵列的远场区中①,这种假设才是正确的。现在将这种模型扩展到三维和任意形状的天线阵列。

天线阵列的形状和尺寸取决于应用场景、载波频率、要覆盖的区域。在蜂窝网络中使用最广泛的阵列是线阵或者面阵,但是陆基军事通信中也会采用圆柱阵列。图 7.11 给出了一些常用的天线阵列结构,包括水平/垂直均匀线阵、矩形平面阵列和圆柱阵列。其中,水平(垂直)均匀线阵仅能在方位(俯仰)面内区分用户设备,平面或者圆柱阵列能同时在方位和俯仰面内区分用户设备。在具有高建筑物的大城市中,同时在方位和俯仰面内区分用户设备显得尤为重要,因为用户设备可能位于不同的楼层。出于这种原因,非常有必要为大规模 MIMO 建立一种信道模型来捕获传播环境的 3D 特征。在 7.4 节中将详细讨论阵列几何形状的影响。

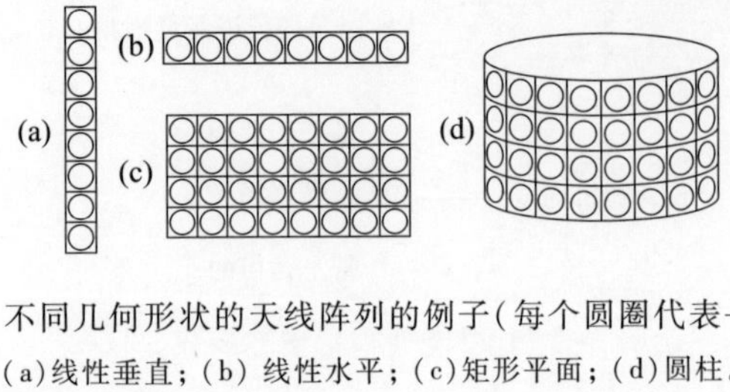

图 7.11　不同几何形状的天线阵列的例子(每个圆圈代表一根天线)
(a)线性垂直;(b)线性水平;(c)矩形平面;(d)圆柱。

① 在自由空间的天线的远场区域,电磁波的功率密度与平方距离成反比。通常,远场区域从距天线若干个波长的距离开始,但阵列的远场区域的起始距离随阵列孔径的平方增长。

7.3.1 任意阵列形状下的3D视距模型

在继续讨论之前,需要定义一个波长为 λ 的平面波在方位角 $\varphi\in[-\pi,\pi)$ 和俯仰角 $\theta\in[-\pi/2,\pi/2)$ 内入射到天线阵列上产生的波向量 $\boldsymbol{k}(\varphi,\theta)\in\mathbb{R}^3$:

$$\boldsymbol{k}(\varphi,\theta)=\frac{2\pi}{\lambda}\begin{bmatrix}\cos\theta\cos\varphi\\ \cos\theta\sin\varphi\\ \sin\theta\end{bmatrix} \tag{7.12}$$

波向量 $\boldsymbol{k}(\varphi,\theta)$ 在三维笛卡儿坐标系中描述了平面波的相位变化(图7.12)。这样,在位置 $\boldsymbol{u}\in\mathbb{R}^3$ 处观测到的波相对于原点经历的相移为 $\boldsymbol{k}(\varphi,\theta)^{\mathrm{T}}\boldsymbol{u}$。结果,分别放置在 $\boldsymbol{u}_m\in\mathbb{R}^3,m=1,\cdots,M$ 的 M 根天线形成的天线阵列的视距信道响应 $\boldsymbol{h}\in\mathbb{C}^M$ 的表达式为

$$\boldsymbol{h}=\sqrt{\beta}\underbrace{\left[\mathrm{e}^{\mathrm{j}\boldsymbol{k}(\varphi,\theta)^{\mathrm{T}}\boldsymbol{u}_1},\cdots,\mathrm{e}^{\mathrm{j}\boldsymbol{k}(\varphi,\theta)^{\mathrm{T}}\boldsymbol{u}_M}\right]^{\mathrm{T}}}_{\triangleq\boldsymbol{a}(\varphi,\theta)} \tag{7.13}$$

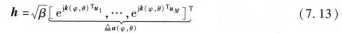

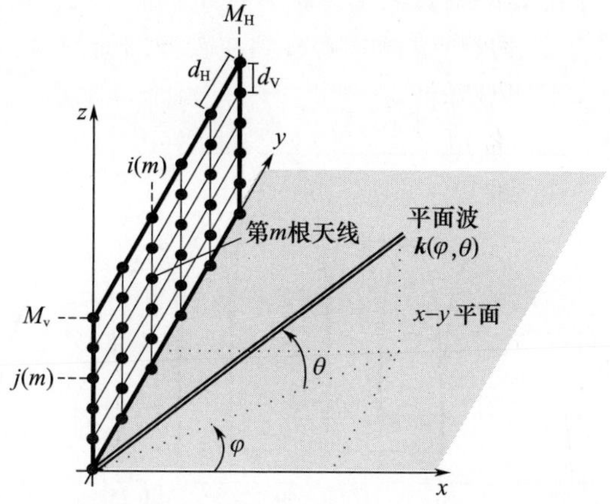

图7.12 平面输入波以俯仰角 θ 和方位角 φ 入射到平面矩形天线阵列。$M=M_{\mathrm{V}}M_{\mathrm{H}}$ 根天线在水平方向和垂直方向等间距放置,其中,水平间距为 d_{H},垂直间距为 d_{V}。第 m 根天线具有水平序号 $i(m)$ 和垂直序号 $j(m)$

这里的 β 描述了宏观的大尺度衰落,假定对于所有的天线都是相同的(或者,与传播距离相比,阵列孔径很小)。向量 $\boldsymbol{a}(\varphi,\theta)\in\mathbb{C}^M$ 称为阵列响应或者波束向量(steering vector)。对于天线间距为 d_{H}(波长的几倍)且沿 y 轴水平放置的均匀线阵来说,平面波只能从 $x-y$ 平面(或者 $\theta=0$ 和 $\boldsymbol{u}_m=[0,\lambda(m-1)d_{\mathrm{H}},0]^{\mathrm{T}}$)到达阵列,容易看出式(7.13)与式(1.23)是一致的。

图7.12表示一个位于 $y-z$ 平面内由 M_{V} 个水平行(每行有 M_{H} 根天线)构成的平面天线。在水平和垂直方向上,天线都是等间隔地放置的,水平间距为 d_{H},垂直间距为 d_{V},间距都为波长的若干倍,天线的索引号是按照逐行命名的 $m\in[1,$

$M]$，$M=M_{\mathrm{V}}M_{\mathrm{H}}$，因此第 m 根天线的位置可以描述为

$$\boldsymbol{u}_m=\begin{bmatrix}0\\ i(m)d_{\mathrm{H}}\lambda\\ j(m)d_{\mathrm{V}}\lambda\end{bmatrix} \tag{7.14}$$

其中

$$i(m)=\mathrm{mod}(m-1,M_{\mathrm{H}}) \tag{7.15}$$

$$j(m)=\lfloor(m-1)/M_{\mathrm{H}}\rfloor \tag{7.16}$$

分别是天线 m 的水平序号和垂直序号。图 7.13 给出了式(7.14)定义的平面天线的归一化阵列响应 $\left|\frac{1}{M}\boldsymbol{a}(0,0)^{\mathrm{T}}\boldsymbol{a}(\varphi,\theta)\right|$，此时 $M_{\mathrm{V}}=4$，$M_{\mathrm{H}}=8$ 和 $d_{\mathrm{V}}=d_{\mathrm{H}}=0.5$，对于不同的俯仰角 θ，归一化阵列响应是方位角 φ 的函数。这幅图表示当接收来自 $\varphi=\theta=0$ 方向的信号时，来自方位角 φ 的干扰信号被衰减的程度。当阵列的主瓣较窄时，阵列的分辨率更高，原因是：期望信号与干扰信号之间的足够小的角度差异都能对干扰信号产生一定程度的衰减。观察到在较低的俯仰角（例如 $\theta=-\pi/3$）情况下，阵列的水平分辨率明显降低。

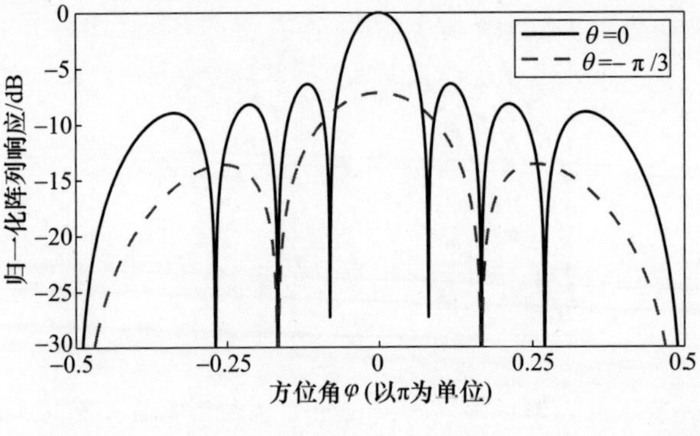

图 7.13 归一化的阵列响应 $\left|\frac{1}{M}\boldsymbol{a}(0,0)^{\mathrm{T}}\boldsymbol{a}(\varphi,\theta)\right|$ 作为方位角 φ 的函数。阵列的几何尺寸为：$M_{\mathrm{V}}=4$，$M_{\mathrm{H}}=8$，$d_{\mathrm{V}}=d_{\mathrm{H}}=0.5$

7.3.2 具有任意几何形状的阵列的三维局部散射模型

2.2 节为二维场景下的水平均匀线阵引入了“局部散射模型”。它提供了一种简单的方式来计算信道向量 $\boldsymbol{h}\sim\mathcal{N}_{\mathbb{C}}(\boldsymbol{0}_M,\boldsymbol{R})$ 的相关矩阵 $\boldsymbol{R}\in\mathbb{C}^{M\times M}$，此时，相关矩阵是入射波到达角分布的函数。借助于式(7.13)中阵列响应的定义，现在可把式(2.23)中的局部散射模型扩展到三维的具有任意几何形状的阵列。如果重新定义式(2.20)为 $\boldsymbol{a}_n=g_n\boldsymbol{a}(\varphi_n,\theta_n)$，沿用 2.2 节后续的步骤，$\boldsymbol{R}$ 中的元素会得到一个新的表达式：

$$[\boldsymbol{R}]_{m,l}=\beta\iint \mathrm{e}^{\mathrm{j}\boldsymbol{k}(\varphi,\theta)^{\mathrm{T}}(\boldsymbol{u}_m-\boldsymbol{u}_l)}f(\varphi,\theta)\,\mathrm{d}\varphi\mathrm{d}\theta \tag{7.17}$$

其中，$f(\varphi,\theta)$是方位角和俯仰角的联合概率密度函数，并且在全部角度上计算积分。对于图7.12中所示的平面天线，这个表达式简化为

$$[\boldsymbol{R}]_{m,l}=\beta\iint \underbrace{\mathrm{e}^{\mathrm{j}2\pi d_{\mathrm{V}}[j(m)-j(l)]\sin\theta}}_{\text{垂直相关}}\underbrace{\mathrm{e}^{\mathrm{j}2\pi d_{\mathrm{H}}[i(m)-i(l)]\cos\theta\sin\varphi}}_{\text{水平相关}}f(\varphi,\theta)\,\mathrm{d}\varphi\mathrm{d}\theta \tag{7.18}$$

其中，$d_{\mathrm{V}}[j(m)-j(l)]$和$d_{\mathrm{H}}[i(m)-i(l)]$分别代表天线$m$和$l$之间的垂直距离和水平距离。这样，式(7.18)中两个复的指数项表示阵列的垂直相关和水平相关系数。考虑天线对(m,l)的集合，其中$i(l)=i(m)$或者$j(l)=j(m)$，也就是天线阵列的列与行。这些天线对的相关矩阵元素为

$$[\boldsymbol{R}]_{m,l}=\begin{cases}\beta\int \mathrm{e}^{\mathrm{j}2\pi d_{\mathrm{V}}[j(m)-j(l)]\sin\theta}f(\theta)\,\mathrm{d}\theta, & i(l)=i(m)\\ \beta\iint \mathrm{e}^{\mathrm{j}2\pi d_{\mathrm{H}}[i(m)-i(l)]\cos\theta\sin\varphi}f(\varphi,\theta)\,\mathrm{d}\varphi\mathrm{d}\theta, & j(l)=j(m)\end{cases} \tag{7.19}$$

有趣的是，垂直列的相关系数与式(2.23)中均匀线阵的一致，但是水平相关系数却不一致。俯仰角θ的绝对值越大，阵列的有效水平天线间距$d_{\mathrm{H}}[i(m)-i(l)]\cos\theta$越小。因此，位于同一水平行的两根天线之间的相关系数取决于俯仰角。在图7.13的纯视距场景下，也能观察到相同的结果。

利用θ和φ的联合概率密度函数可以完全定义平面阵列的局部散射模型。现在提供一种为稍微贴近实际的系统定义这种分布的方法，这个系统考虑了天线阵列的安装高度和用户设备与阵列之间的距离[7]。如图7.14所示，以平面天线阵列为参考，考虑用户设备位于方位角φ，用户设备与阵列之间的水平距离为d，用户设备与阵列之间的高度差$z=-h$。假定用户设备被水平方向的半径为r的局部散射体构成的圆圈包围①。如图7.14(a)所示，半径r定义了水平角度扩展$\Delta\varphi=\tan^{-1}(r/d)$。这些散射体也会引起垂直角度扩展，它们的计算方法如下：通过图7.14(b)能够看出，利用与用户设备相距$(d-r)$的散射体可以算出最大的俯仰角$\theta_{\max}=\tan^{-1}[h/(d-r)]$。类似地，利用与用户设备相距$(d+r)$的散射体可以算出最小的俯仰角$\theta_{\min}=\tan^{-1}[h/(d+r)]$。假设俯仰角在$[\theta_{\min},\theta_{\max}]$内服从均匀分布，俯仰角的均值$\theta=(\theta_{\max}+\theta_{\min})/2$，垂直扩展$\Delta\theta=(\theta_{\max}-\theta_{\min})/2$。② 因此，空间相关矩阵最终可表示为

$$[\boldsymbol{R}]_{m,l}=\frac{\beta}{4\Delta\varphi\Delta\theta}\int_{\theta-\Delta\theta}^{\theta+\Delta\theta}\int_{\varphi-\Delta\varphi}^{\varphi+\Delta\varphi}\mathrm{e}^{\mathrm{j}\boldsymbol{k}(\varphi,\theta)^{\mathrm{T}}(\boldsymbol{u}_m-\boldsymbol{u}_l)}\,\mathrm{d}\varphi\mathrm{d}\theta \tag{7.20}$$

注意，这个模型的角度扩展非常小。例如，当基站的高度$h=25\mathrm{m}$，用户设备与基站

① 散射圆圈只是用于定义合理的角度扩展值，没有其他物理含义。

② 这是一个粗略的近似，因为均匀分布的散射体圆圈不会产生均匀分布的方位角和俯仰角。

相距 $d=200\mathrm{m}$,用户设备周围的散射体半径 $r=50\mathrm{m}$ 时,水平扩展 $\Delta\varphi=14°$,垂直扩展 $\Delta\theta=2°$。为了避免小的有限支撑的角度分布,可以采用高斯分布[4,373,313,363]或者拉普拉斯分布(文献[225]的 7.4.2 节,文献[161]),来替换式(7.20)中的均匀分布(2.6 节)。回想起以前章节中的运行实例采用的是高斯分布。上面推导出来的平均角度和角度扩展可作为这些分布的均值和 ASD。在本书接下来的内容中,有时会将式(7.20)中的模型称为 3D 单圈模型或者单圈模型。

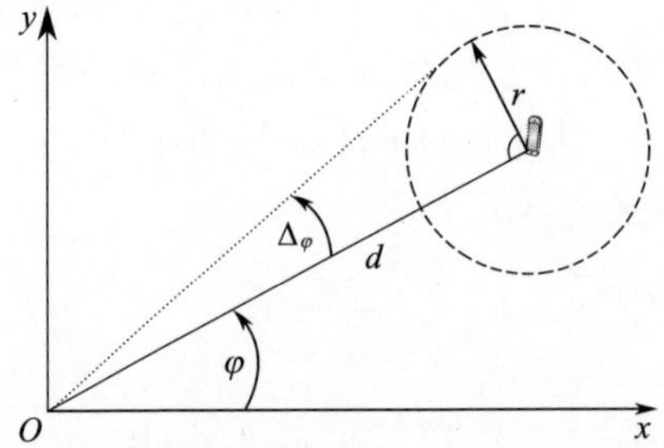

(a) 一个用户设备与原点处的天线阵列之间的距离为d,方位角为φ。围绕用户设备的半径为r的局部散射体构成的圈产生了水平角度扩展

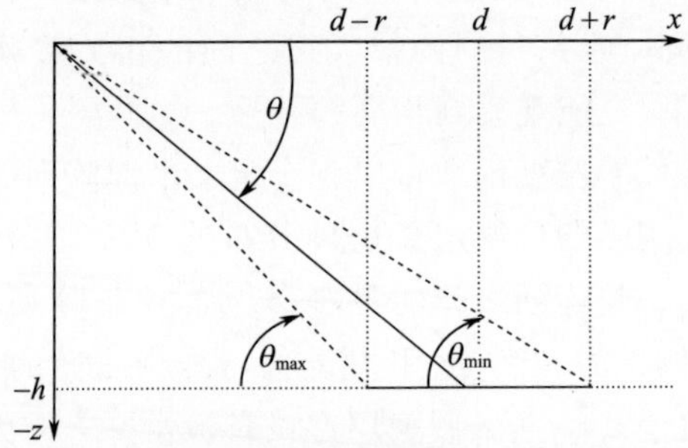

(b) 水平面内局部散射体构成的圈也对输入波产生了$\Delta\theta=(\theta_{max}-\theta_{min})/2$的垂直角度扩展,平均俯仰角$\theta=(\theta_{max}+\theta_{min})/2$

图 7.14　3D 单圈模型下的角度扩展

下面介绍主要的特征空间和弦距离。

正如 2.6 节局部散射模型所预料的一样,相关矩阵一般由多个弱的和少数强的特征方向构成。为了举例说明这个结论,图 7.15 给出了式(7.20)中三维单圈模型下 8×8 天线阵列和不同散射体半径下的降序排列的特征值。能清楚地看出,散射半径越小,越多的能量聚集在少数强的信道特征方向上;当 $r=50\mathrm{m}$ 时,在全部 64 个特征值中,99% 的能量包含在 5 个特征值中;当 $r=200\mathrm{m}$ 时,在全部 64 个特征值中,99% 的能量包含在 20 个特征值中。严格地讲,相关矩阵仍然是满秩的,但是这里定义下述的 p - 重要特征空间的概念来捕获包含大部分能量的特征空间。

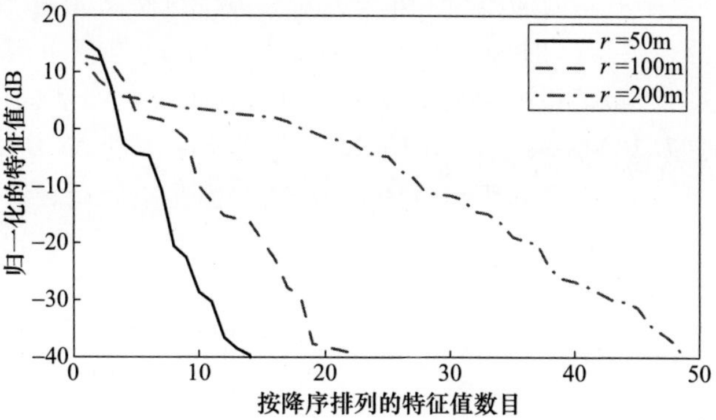

图 7.15　在 8×8 天线阵列和不同的散射半径 r 下，使用式(7.20)中的三维单圈模型得到的空间相关矩阵 $\boldsymbol{R}$ 的特征值。其他模型参数为 $d=200\text{m}$，$\varphi=23.5°$，$h=23.5\text{m}$

定义 7.1（p－重要特征空间）　令 $\boldsymbol{X}\in\mathbb{C}^{M\times M}$ 是一个具有特征值分解 $\boldsymbol{X}=\boldsymbol{UDU}^{\text{H}}$ 的厄米特矩阵，其中 $\boldsymbol{U}=[\boldsymbol{u}_1,\cdots,\boldsymbol{u}_M]\in\mathbb{C}^{M\times M}$ 是酉矩阵，$\boldsymbol{D}=\text{diag}(\lambda_1,\cdots,\lambda_M)\in\mathbb{R}^{M\times M}$ 由 $\boldsymbol{X}$ 的非负特征值按照非递增的顺序排列而成（也就是说 $\lambda_1\geqslant\lambda_2\geqslant\cdots\lambda_M\geqslant 0$）。$p$－重要特征空间 $\text{eig}_p(\boldsymbol{X})\in\mathbb{C}^{M\times p}$ 定义为 $\text{eig}_p(\boldsymbol{X})=[\boldsymbol{u}_1\cdots\boldsymbol{u}_p]$。

厄米特矩阵的 p－重要特征空间是一个（瘦高）酉矩阵，它由其最大的 p 个特征值对应的 p 个特征向量构成。为了定义测量两个特征空间之间正交性的度量，这里考虑弦距离（参见文献[180,235]），任意矩阵的弦距离的定义如下①：

定义 7.2（弦距离）　两个矩阵 $\boldsymbol{X}$ 与 $\boldsymbol{Y}$ 之间的弦距离 $d_{\text{C}}(\boldsymbol{X},\boldsymbol{Y})$ 定义为

$$d_{\text{C}}(\boldsymbol{X},\boldsymbol{Y})=\|\boldsymbol{XX}^{\text{H}}-\boldsymbol{YY}^{\text{H}}\|_F^2 \tag{7.21}$$

对于两个（瘦高的）酉矩阵 $\boldsymbol{U}_1,\boldsymbol{U}_2\in\mathbb{C}^{M\times p}$ 来说，弦距离的形式为

$$\begin{aligned}
d_{\text{C}}(\boldsymbol{U}_1,\boldsymbol{U}_2) &= \|\boldsymbol{U}_1\boldsymbol{U}_1^{\text{H}}-\boldsymbol{U}_2\boldsymbol{U}_2^{\text{H}}\|_F^2\\
&= \text{tr}[(\boldsymbol{U}_1\boldsymbol{U}_1^{\text{H}}-\boldsymbol{U}_2\boldsymbol{U}_2^{\text{H}})(\boldsymbol{U}_1\boldsymbol{U}_1^{\text{H}}-\boldsymbol{U}_2\boldsymbol{U}_2^{\text{H}})^{\text{H}}]\\
&= \text{tr}(\boldsymbol{U}_1\boldsymbol{U}_1^{\text{H}}+\boldsymbol{U}_2\boldsymbol{U}_2^{\text{H}}-2\boldsymbol{U}_1\boldsymbol{U}_1^{\text{H}}\boldsymbol{U}_2\boldsymbol{U}_2^{\text{H}})\\
&= 2p-2\sum_{i=1}^{p}\sum_{j=1}^{p}|\boldsymbol{u}_{1i}^{\text{H}}\boldsymbol{u}_{2j}|^2
\end{aligned}\tag{7.22}$$

式中，$\boldsymbol{u}_{ki}$ 为矩阵 $\boldsymbol{U}_k$，$k=1,2$ 的第 i 列对应的列向量。弦距离可以看成是仅由两个矩阵中一个矩阵的列向量的线性组合所构成的子空间所能达到的维度。例如，如果 $\boldsymbol{U}_1=\boldsymbol{U}_2$，就有 $d_{\text{C}}(\boldsymbol{U}_1,\boldsymbol{U}_2)=0$。尽管每个矩阵独自可张成 p 维子空间，但这些子空间可以通过 $\boldsymbol{U}_1$ 或者 $\boldsymbol{U}_2$ 各列的线性组合获得。另一方面，对于 $\boldsymbol{U}_1^{\text{H}}\boldsymbol{U}_2=0_{p\times p}$，有 $d_{\text{C}}(\boldsymbol{U}_1,\boldsymbol{U}_2)=2p$，因为每个矩阵张成的 p 维子空间不能通过另一个矩阵的列向量的线性组合获得。

---

①　对于相关矩阵，也可以定义其他距离或者正交度量，有兴趣的读者参阅文献[88]的 3.1.1 节。

图 7.16 表示在不同的 M 值下,位于方位角 0°、与基站相距 200m、具有 6 - 重要特征空间的相关矩阵的用户设备与位于方位角 φ、与基站相距 200m、具有 6 - 重要特征空间的相关矩阵的用户设备之间的弦距离。在散射体半径 $r=50\mathrm{m}$ 条件下,采用式(7.20)中的三维单圈模型。看到弦距离随 M 增长,原因是阵列的空间分辨率增加了,看到弦距离也随 φ 增长,原因是空间相关矩阵之间的差异增大了。

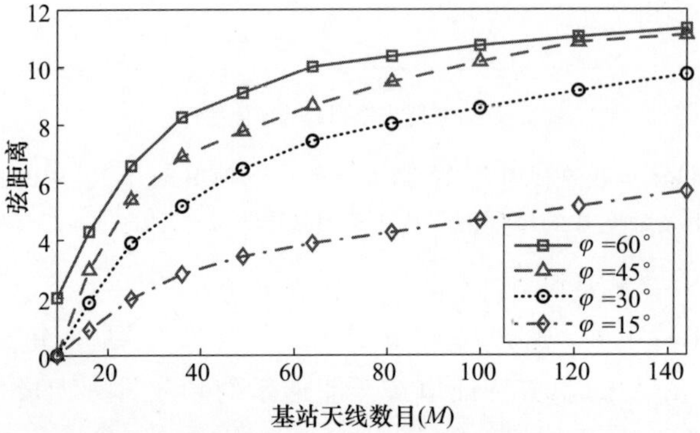

图 7.16 2 个用户设备的相关矩阵的 6 - 重要特征空间之间的弦距离,一个用户设备的距离 $d=200\mathrm{m}$,方位角为 0°,另一个用户设备的距离 $d=200\mathrm{m}$,方位角为 φ。假设天线阵列是 $d_{\mathrm{H}}=d_{\mathrm{V}}=0.5$ 的正方形平面天线,并且安装高度 $h=23.5\mathrm{m}$。相关矩阵由式(7.20)中的三维单圈模型产生(散射体半径为 $r=50\mathrm{m}$)

7.3.3 3GPP 下的 3D MIMO 信道模型

前面提到的视距和局部散射信道模型在数学上易于描述,也非常易于仿真,但仍然能够捕获配置大规模天线阵列的基站与配置单天线的用户设备之间无线信道的基本特征。特别地,可以看到信道(相关)矩阵不但取决于天线阵列的几何形状,也取决于基站和用户设备的物理方位。这两种信道模型是空间一致的,也就是说,一个给定位置的信道统计信息总是相同的,与仿真次数无关。但是,这些模型也有几个缺点,使得它们不适于以定量分析实际 MIMO 系统性能为目标的大规模系统级仿真。特别地,假定纯视距条件或者假定用户设备周围只存在单一的散射簇都是不符合实际的。出于这个原因,3GPP 为 MIMO 系统定义了 3D 随机的基于几何的信道模型[1],它考虑了散射体构成的多个空间簇和非视距与视距混合传播路径的影响。这就是所谓的 3GPP 中的 3D MIMO 信道模型,它是以前标准的信道模型的扩展,例如 WinnerII[347],它假定所有散射体、所有反射体、用户设备和基站都位于二维平面内。上述扩展是必要的,因为 WinnerII 模型无法利用俯仰维度来仿真 MIMO 系统。

3GPP 中的 3D MIMO 信道模型是通过确定性系统布置(基站和用户设备的位

置、天线的方向、场的模式①和载波频率)和一系列的随机参数(延迟扩展、延迟值、角度扩展、阴影衰落、簇功率)刻画的,其中的随机参数来自扩展信道测量得出的统计分布。这个模型只适用于 2～6GHz 的载波频率,带宽最多为 100MHz。

建模方法如下:对于每对用户设备和基站,产生具有随机性的到达角、离开角、延迟和功率水平的 C 个散射体簇。根据与场景相关②的概率,也提供一条视距路径,这个过程见图 7.17 中的示意图。C 的值取决于场景,它的范围为 12～20。假设每个簇有 20 个在角度域可分辨的多径分量,它们在角度域随机分布在簇的到达角/离开角的附近。每个簇多径分量的角度扩展相当小,在 1°～6°范围内;而簇本身的角度扩展相当大,在20°～90°范围内。假设每个簇的多径分量在时域是不可分辨的(也就是说,它们都经过相同的簇延迟后到达)。3GPP 的 3D MIMO 信道模型考虑了众多具有不同基站和用户设备高度以及任意天线特性的不同场景。特别地,高耸的建筑(其中多层上都有用户设备)既可用来模拟测量俯仰预编码的增益,也可以考虑双极化天线(7.4.4 节),以及由用户设备的移动引起的时间演变信道。这个信道模型的关键点之一是它不是空间一致性的,也就是说,散射簇的位置是随机的,并且用户设备之间是不相关的。换句话说,几乎位于相同位置的两个用户设备不会共享任何散射体。因此,它不能用于要求空间一致性的仿真。在这种情况下,必须求助于射线追踪法、已记录的信道测量或者之前提到的更简单的信道

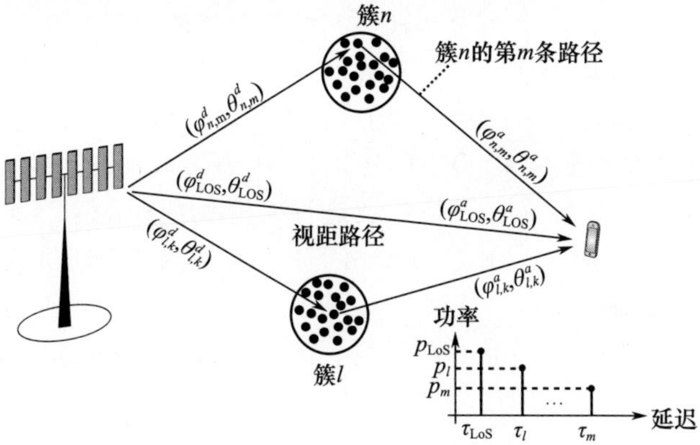

图 7.17 3GPP 的 3D MIMO 信道模型[1]是一个基于随机几何的模型。对于每条基站－用户设备链路,产生具有随机到达/离开角度的 C 个散射簇。每个簇延时为 τ_l,功率为 $p_l, l=1,\cdots,C$。角度分布、延迟分布、功率分布取决于所选的场景。每个簇产生 20 条多径分量,假定这些多径分量在角度域内是可分辨的,但是在时间域是不可分辨的

① 天线的场或者辐射方向图描述了发射或者接收电磁波强度的角度依赖性。

② 3GPP 的 3D MIMO 信道模型可用于仿真不同的传播场景(如覆盖层、热点层、视距、非视距、室内、室外、室外到室内、城市、郊区),文献[1]对此进行了详细描述。

模型。也有以散射体为中心的信道模型,例如在 COST2100 中(也就是文献[88]的 4.4.5 节),所有用户设备共享一个全局的散射体集合。虽然这种类型的信道模型是空间一致的,但是目前还没有能被广泛接受的大规模天线阵列下的信道模型(参看文献[123,160])。目前可以得到两个开源的 3GPP 下 3D MIMO 模型,一个是由弗劳恩霍夫·海因里希·赫兹研究所开发的独立的 QuaDRiGa 信道模型[159],另一个是由维也纳理工大学开发的 LTE 先进系统仿真器[5]。将在 7.7 节中采用 QuaDRiGa 模型进行案例研究。

7.3.4 来自信道测量的观察

在过去几年里,进行了几次与大规模天线阵列相关的信道测量活动。在第一次活动中[120,150],对有利传播(定义 2.5)进行了实际验证①。在文献[120]中,包含 128 根天线的圆柱阵列用于室内到室外的测量,而文献[150]的作者利用包含 112 根天线的虚拟平面阵列进行了室外测量。这两篇文章都通过计算相关度量对有利传播(2.5.2 节)的等级进行量化。在两个随机选择的测量位置上的信道的相关度为

$$\delta_{\text{corr}} = \mathbb{E}\left\{\frac{|\boldsymbol{h}_1^{\text{H}}\boldsymbol{h}_2|^2}{\|\boldsymbol{h}_1\|^2\ \|\boldsymbol{h}_2\|^2}\right\} \tag{7.23}$$

这个度量与式(2.19)相似,基本上描述了归一化信道的内积的变化。这两篇文章所得出的结论是:实际应用结果与理论结果(也就是说,在独立同分布的瑞利衰落信道下,平均相关度 $\delta_{\text{corr}}=1/M$)接近。但是,天线的数目越多,观察到的理论结果与实际结果之间的差别就越大,得出的结论是:出现了某种饱和效应,增加的天线带来的边际效益迅速较少。文献[124]也进行了相似的测量,对不同天线结构(水平、平面、垂直)进行了对比。图 7.18 给出了一个小区扇区内随机放置的用户设备的平均相关度。文献[124]②对测量结果进行了复现,基于利用 QuaDRiGa 软件[159]执行的 3GPP 3D MIMO 信道模型得到仿真结果。能清楚地看出水平阵列具有与独立同分布的信道相似的去相关作用,它暗示了用户设备信道将会是近似正交的。相反地,由于用户设备之间的垂直角度扩展很低,平面阵列和垂直阵列将会导致更高的相关度 δ_{corr}。也就是说,与俯仰面相比,在方位面内更容易区分用户设备。如果考虑用户设备位于高层建筑不同楼层的场景,那么结果将对平面(垂直)阵列更加有利,因为此时俯仰角度扩展比较大。仿真的信道结果和测量的信道结果二者之间的差异部分归因于测量位置数目的减少和 3GPP 3D MIMO 信道模型缺少空间一致性。

---

① 文献[300]的作者建立了第一个包含 64 根天线的大规模 MIMO 系统原型,并且对预期的极好的性能进行了确认。但是,它们的文献没有专门报道信道测量。

② 感谢 Marc Gauger 重新计算了一些结果。

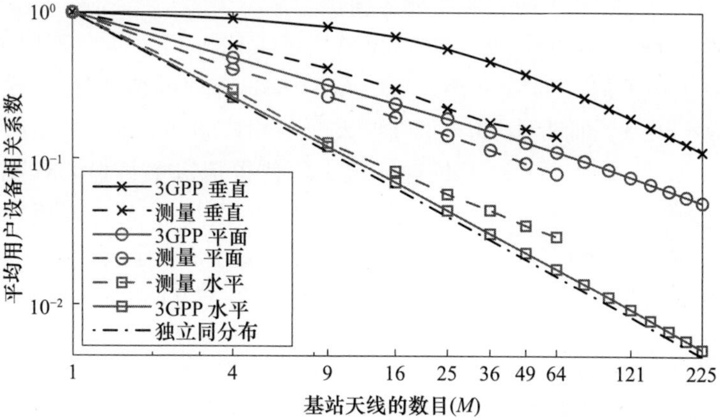

图 7.18 在一个小区扇区中随机选择两个用户设备,二者的信道向量之间的平均用户设备相关系数 δ_{corr}(在式(7.23)中),这个系数是天线数量的函数。考虑了水平、垂直和正方形平面三种几何结构。测量曲线是对文献[124]结果的复现,在 3GPP 的 3D MIMO 信道模型的城市宏视距场景下给出了仿真结果

在视距条件下,有几篇文章研究了相距较近的用户设备之间的可分辨问题。通过接下来的解析模型能够看出:小角度间隔对大规模 MIMO 不利。文献[207,115]中的结果表明:具有较大孔径的阵列能够分辨相距很近的用户设备。文献[207]在室内信道下对这个结果进行了验证,文献[115]在室外信道下对这个结果进行了验证。

随后,文献[121,122]采用具有 128 根天线的 7.4m 长的实际的均匀线阵和更紧凑的圆柱阵列对室外信道进行了更精细的测量。这些工作表明:虽然测量信道和独立同分布的瑞利衰落信道之间的很多特征都不相同,但是在测量信道下得到的频谱效率与独立同分布的瑞利衰落信道下采用闭合表达式计算的频谱效率非常接近。而且,作者观察到一个很有趣的现象:阵列中各根天线接收到的信号功率存在很大的差异,即具有大孔径的天线阵列将经历与天线有关的阴影衰落。我们曾在 4.4.1 节中讲过这种现象导致了线性独立的相关矩阵,它是渐近性能分析过程中的一个主要特性。在均匀线阵和紧凑的圆柱阵列中都可以观察到这种依赖于天线的阴影衰落。但是,在这些情况下,对这种现象的解释是不同的。均匀线阵的不同部分"看到"了传播环境的不同部分,以至于障碍物可能仅仅阻挡了阵列的一部分。在分布式天线系统中也会有相似的结果,在这个系统中,大部分天线与用户设备之间的传播路径都是相互独立的。另一方面,圆柱阵列的各根天线指向不同的方向,这些方向上的不同散射簇或者障碍物是相关的。文献[122]的作者也观察到:阵列阴影将导致一些天线对信道的影响更大一些。因此,可以动态打开/关闭一些天线来节省能量和/或处理功率。在下面的例子中将更深入地讨论这个现象。

下面介绍天线阵列中的大尺度衰落变化。

考虑图 7.19 中的场景,两个障碍物阻挡了天线阵列的两个不同的部分,这两部分对应于小区的 A 区域和 B 区域。在区域 A,阵列的前 M'根天线表现出较强的衰落 $\beta \in [0,1]$,而其余$(M-M')$根天线与用户设备之间的路径没有遮挡,衰减为$(M-\beta M')/(M-M')$,通过选择这个值使得信道中每根天线上的平均能量独立于β,等于 1。在区域 B,情况正相反,此时后 M'根天线被挡住了。在这个例子中,忽略其他类型的空间信道相关性,专门关注依赖于天线的衰落。区域 A 和区域 B 中用户设备的信道向量的分布分别为 $\boldsymbol{h}_A \sim \mathcal{N}_{\mathbb{C}}(\boldsymbol{0}_M, \boldsymbol{R}_A)$ 和 $\boldsymbol{h}_B \sim \mathcal{N}_{\mathbb{C}}(\boldsymbol{0}_M, \boldsymbol{R}_B)$,其中①

$$\boldsymbol{R}_A = \begin{bmatrix} \beta \boldsymbol{I}_{M'} & \boldsymbol{0} \\ \boldsymbol{0} & \dfrac{M-\beta M'}{M-M'}\boldsymbol{I}_{M-M'} \end{bmatrix} \tag{7.24}$$

$$\boldsymbol{R}_B = \begin{bmatrix} \dfrac{M-\beta M'}{M-M'}\boldsymbol{I}_{M-M'} & \boldsymbol{0} \\ \boldsymbol{0} & \beta \boldsymbol{I}_{M'} \end{bmatrix} \tag{7.25}$$

在这个例子中,阴影的影响如下。在同一区域的两个用户设备看到天线数目明显减少的信道。例如,对于 $\beta=0$,只能看到$(M-M')$根天线,图 7.20 说明了 $M=64$,$M'=30$ 和不同 β 值下的影响。通过图 7.20 可以看出,阴影增加了位于同一区域的用户设备信道之间的平均相关度(式(7.23))。另一方面,对于不同区域的两个用户设备,阴影减少了它们之间的相关度,原因是:天线阵列的两部分接收到一个用户设备的能量高于接收到另一个用户设备的能量。因此,依赖于天线的阴影既可起到积极的作用,也可起到消极的作用,这取决于小区中同时被调度的用户设备。

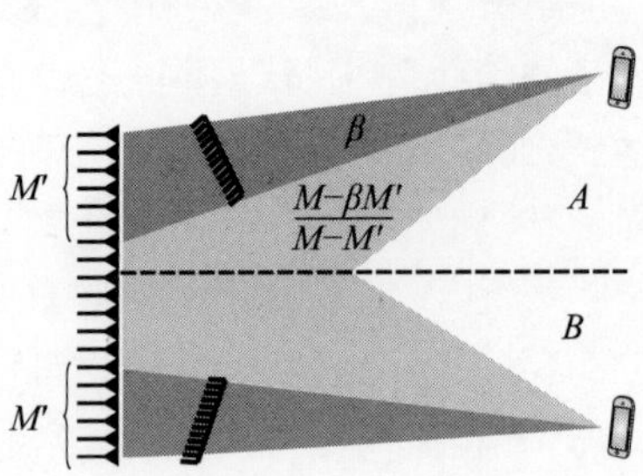

图 7.19　只部分阻挡一个用户设备传播路径的障碍物能够导致天线阵列上的大尺度衰落变化

① 为了简化,没有写出全零矩阵的维度。

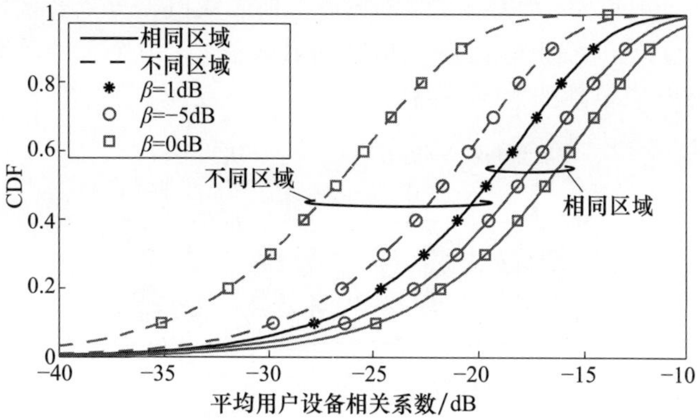

图 7.20　在图 7.19 的相同的区域($A-A$)或者不同的区域($A-B$)中的两个用户设备的信道的平均用户设备相关系数 δ_{corr}(式(7.23))。取决于场景,依赖于天线的阴影或者增加相关性或者减少相关性

也可以把天线阵列上存在的阴影看成是空间信道相关性的一种特殊形式,可以采用与评述 7.3 中的联合空分和空间多路(JSDM)相似的方式来利用它。在这种情况下,每一组的主要特征空间将是接收到大部分能量的阵列天线的子集。在图 7.19 的例子中,区域 A 和 B 中的用户设备将分别由天线阵列中的上部分和下部分提供服务,因此场景中的障碍物自然地降低了组间的干扰。

7.4 阵列的部署

到目前为止,只是间接地通过天线阵列的空间信道相关性来刻画它。现在将目光转移到单根天线上,即阵列的几何形状。在本节将研究不同天线阵列几何形状的影响,并且深入探讨天线间距和极化的影响。有关蜂窝通信基站天线和天线阵列的设计,这里参考了文献[79]。

天线阵列最重要的因素是天线间距和阵列的总尺寸(相对于波长),这个总尺寸就是孔径。尺寸决定了阵列的方向性,也就是说,阵列将辐射的能量聚焦到特定方向上的能力,同时天线的数目决定了辐射(接收)的能量。在 7.4.2 节中将详细讨论这些内容中的一部分。每根单独的天线由一个或多个具有固定尺寸的辐射单元构成①,这个固定尺寸取决于载波频率的波长 λ。例如,半波振子在本质上是一段长为 $\lambda/2$ 的线。对于 2.6GHz 的载波频率,这个振子的长度是 5.8cm。由于不能简单地加大振子的尺寸,因此为了让天线捕获到更多的能量,需要采用多个振子或者采用其他辐射单元。下面的定义清楚地建立了辐射单元、天线、天线阵列之间的关系,图 7.21 也以图形的方式反映了这种关系。

---

① 当然,一个辐射单元也可以接收能量。

定义 7.3(辐射单元、天线、天线阵列) 1根天线由1个或者多个辐射单元组成(例如偶极子),这些辐射单元馈入相同的射频信号。1个天线阵列由多根天线构成,每根天线都有单独的射频链路。

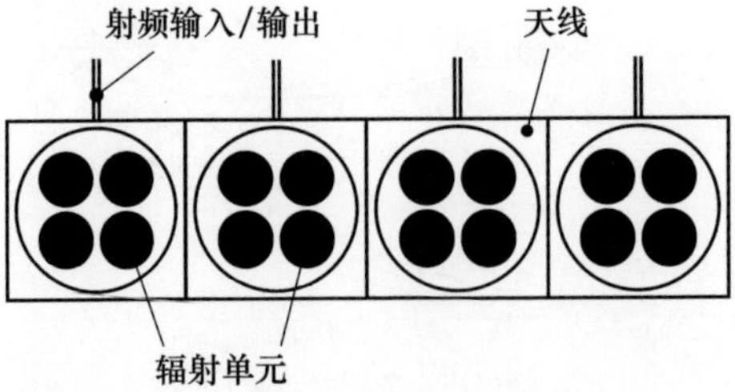

图 7.21 天线阵列由4根天线组成,每根天线由4个辐射单元组成。每根天线的辐射单元共用相同的射频输入和输出

在传统的移动通信系统(如 GSM、UMTS)中,基站的每根天线和每条射频链路需要覆盖一个完整的小区扇区,此扇区的水平宽度为120°,半径可达几千米。同时,基站不能把能量辐射到其他小区的扇区。这种基站天线典型的方位波瓣宽度是65°,俯仰波瓣宽度是3°~15°[文献79的2.2节][①]。65°扇区之间的覆盖缝隙通常由邻居基站填充。在后面将会看到,在俯仰面内,为了聚集辐射能量,天线必须由多个垂直堆叠的辐射单元构成。一般地,天线高度是8~16个波长[文献79的2.2.1.3节]。典型的辐射单元间距为0.8λ,一个单独的基站天线由10~20个辐射单元组成。在实际应用中,这个数目被加倍了,原因是:蜂窝通信中经常采用驻扎在同一地点的双极化天线(7.4.4节)。这样,一个覆盖3个小区扇区的传统的基站配置了60~120个辐射单元,但是仅有3条射频链路,每条用于一个扇区。相反地,一个大规模 MIMO 系统具有相似数目的辐射单元,但是每个辐射单元都有一条射频链路。因此大规模 MIMO 的实际挑战不在于包含更多的辐射单元,而在于处理每个辐射单元的射频信号。

7.4.1 物理阵列尺寸的预备知识

考虑图7.12所示的平面天线阵列。这个阵列的水平宽度和垂直高度分别为 $M_H d_H \lambda$ 和 $M_V d_V \lambda$,其中 d_H 和 d_V 是水平和垂直天线间距(波长的倍数)。在图7.22中,在 $M_V = 16$ 和不同的 d_V 值下,对作为载波频率的函数的阵列高度进行了举例说明。很明显,载波频率越高,阵列尺寸越小。这使得在毫米波频段采用具有大量天线的阵列具有特别大的吸引力。在7.5节中将详细讨论这方面内容。如图7.22所示,在低于5GHz的频率下,天线阵列很庞大。例如,在2.5GHz载频下,

① 波束宽度定义为天线辐射方向图主瓣中两个半功率点之间的角度距离。它也称为半功率宽度或者3dB宽度。方位和俯仰方向的波束宽度通常是不同的。

一个天线间距为 $\lambda/2$ 的 16×16 的平面阵列的物理尺寸为 1m × 1m。因此,为了优化大规模天线阵列的设计,理解天线间距,阵列高度和宽度的作用是重要的。

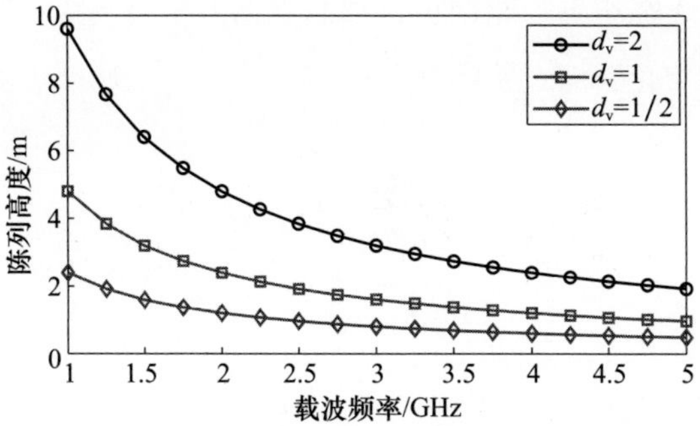

图 7.22 平面天线阵列的高度是载波频率的函数,在此场景下,每个垂直列包括 $M_V=16$根天线,采用不同的垂直天线间距 $d_V=[0.5,1,2]$

7.4.2 物理阵列尺寸和天线间距

为了初步理解阵列的设计问题,将在三维场景及平面阵列下重新对式(1.23)中两个用户设备的视距上行信道进行分析。为了这个目的,这里聚焦于式(7.13)中的视距信道模型,并且假定两个用户设备分别位于方位角和俯仰角(φ_1,θ_1)和(φ_2,θ_2)处。目标是研究阵列响应$\left|\frac{1}{M}\boldsymbol{a}(\varphi_2,\theta_2)^{\mathrm{H}}\boldsymbol{a}(\varphi_1,\theta_1)\right|$的相关性,它是阵列几何形状和用户设备之间角度差的函数①。为了简化描述,引入下面的量:

$$\Omega=\sin\theta_1-\sin\theta_2 \tag{7.26}$$

$$\Psi=\cos\theta_1\sin\varphi_1-\cos\theta_2\sin\varphi_2 \tag{7.27}$$

因为方位角和俯仰角都局限于$[-\pi/2,\pi/2]$范围内,因此 $\Omega,\Psi\in[-2,2]$。这些量的分布通常都是不均匀的,因为它们取决于小区扇区中用户设备的分布和天线阵列安装的高度。这对 Ω 和 Ψ 的范围产生了影响,而这两个参数在实际应用中才是重要的。使用式(7.13)和式(7.14)中定义的 $\boldsymbol{a}(\varphi,\theta)$,很容易得到

$$\begin{aligned}\left|\frac{1}{M}\boldsymbol{a}(\varphi_2,\theta_2)^{\mathrm{H}}\boldsymbol{a}(\varphi_1,\theta_1)\right| &= \left|\frac{1}{M}\sum_{m=1}^{M}\mathrm{e}^{\mathrm{j}2\pi(d_{\mathrm{V}}j(m)\Omega+d_{\mathrm{H}}i(m)\Psi)}\right| \\ &= \underbrace{\left|\frac{1}{M_{\mathrm{V}}}\sum_{k=0}^{M_{\mathrm{V}}-1}\mathrm{e}^{\mathrm{j}2\pi d_{\mathrm{V}}k\Omega}\right|}_{\triangleq S(\Omega)}\underbrace{\left|\frac{1}{M_{\mathrm{H}}}\sum_{l=0}^{M_{\mathrm{H}}-1}\mathrm{e}^{\mathrm{j}2\pi d_{\mathrm{H}}l\Psi}\right|}_{\triangleq T(\Psi)}\end{aligned} \tag{7.28}$$

---

① 关于均匀线阵,更详细的内容请参见文献[314]的 7.2.4 节。

这样，相关度可解释为两个函数 $S(\Omega)$ 与 $T(\Psi)$ 的乘积。注意，$S(\Omega)$ 仅取决于用户设备在俯仰面内的角度，而 $T(\Psi)$ 既取决于方位角也取决于俯仰角。与附录 C.1.4 中的引理 1.2 证明过程相同，可以利用等式 $\sum_{n=0}^{N-1} q^n = (1-q^N)/(1-q)$，$q \neq 1$ 对 $S(\Omega)$ 进行简化：

$$
\begin{aligned}
S(\Omega) &= \left| \frac{1}{M_{\mathrm{V}}} \frac{1-\mathrm{e}^{\mathrm{j}2\pi d_{\mathrm{V}} M_{\mathrm{V}} \Omega}}{1-\mathrm{e}^{\mathrm{j}2\pi d_{\mathrm{V}} \Omega}} \right| \\
&= \left| \frac{\mathrm{e}^{\mathrm{j}\pi d_{\mathrm{V}}(M_{\mathrm{V}}-1)\Omega}}{M_{\mathrm{V}}} \frac{\mathrm{e}^{-\mathrm{j}\pi d_{\mathrm{V}} M_{\mathrm{V}} \Omega} - \mathrm{e}^{\mathrm{j}\pi d_{\mathrm{V}} M_{\mathrm{V}} \Omega}}{\mathrm{e}^{-\mathrm{j}\pi d_{\mathrm{V}} \Omega} - \mathrm{e}^{\mathrm{j}\pi d_{\mathrm{V}} \Omega}} \right| \\
&= \left| \frac{\sin(\pi L_{\mathrm{V}} \Omega)}{M_{\mathrm{V}} \sin(\pi d_{\mathrm{V}} \Omega)} \right|
\end{aligned} \tag{7.29}
$$

式中，$L_{\mathrm{V}} = M_{\mathrm{V}} d_{\mathrm{V}}$ 是归一化的阵列高度。很容易验证 $S(\Omega) = \sqrt{g(\theta_1, \theta_2)/M_{\mathrm{V}}}$，其中 $g(\theta_1, \theta_2)$ 是引理 1.2 中定义的（利用 $d_{\mathrm{H}} = d_{\mathrm{V}}$ 和 $M = M_{\mathrm{V}}$）。采用相同的步骤，定义归一化的阵列宽度 $L_{\mathrm{H}} = M_{\mathrm{H}} d_{\mathrm{H}}$，可将 $T(\Psi)$ 写作

$$
T(\Psi) = \left| \frac{\sin(\pi L_{\mathrm{H}} \Psi)}{M_{\mathrm{H}} \sin(\pi d_{\mathrm{H}} \Psi)} \right| \tag{7.30}
$$

观察式（7.29）和式（7.30），得到：

（1）$S(\Omega)$ 和 $T(\Psi)$ 分别以 $1/d_{\mathrm{V}}$ 和 $1/d_{\mathrm{H}}$ 为周期；

（2）$S(k/L_{\mathrm{V}}) = 0, k = 1, \cdots, M_{\mathrm{V}} - 1$，并且 $T(k/L_{\mathrm{H}}) = 0, k = 1, \cdots, M_{\mathrm{H}} - 1$；

（3）两个函数的峰值都出现在 $\Omega = \Psi = 0$，此时 $S(0) = T(0) = 1$①。

图 7.23 给出了不同 M_{V} 和 d_{V} 下的函数 $S(\Omega)$。不同参数下，$T(\Psi)$ 的行为是相同的。两个函数的主瓣位于原点附近，且宽度分别为 $2/L_{\mathrm{V}}$ 和 $2/L_{\mathrm{H}}$②。其他瓣的最大值都非常小。这表明对于某些整数 k 和 l 来说，阵列不能区分开两个用户设备，此时的 k 和 l 满足

$$
\left| \Omega - \frac{k}{d_{\mathrm{V}}} \right| \ll \frac{1}{L_{\mathrm{V}}} \text{和} \left| \Psi - \frac{l}{d_{\mathrm{H}}} \right| \ll \frac{1}{L_{\mathrm{H}}} \tag{7.31}
$$

这些条件简单地说明：无论何时，只要两个用户设备的方位到达角和俯仰到达角相似，它们之间就存在强干扰。为了对式（7.31）中的“$\ll$”有个感官的认识，这里可以仿照式（1.31）中的 $\sin(\pi z) \approx \pi z$（当 $|z| < 0.2$ 时），来理解 $S(\Omega) \approx 1$（当 $|\Omega - k/d_{\mathrm{V}}| < 0.2/L_{\mathrm{V}}$ 时）和 $T(\Psi) \approx 1$（当 $|\Psi - l/d_{\mathrm{H}}| < 0.2/L_{\mathrm{H}}$）。上述条件中出现 k, l 的原因是：$S(\Omega)$ 和 $T(\Psi)$ 是关于天线间距的周期函数，在两个函数的定义区间

① 通过式（7.28）中 $S(\Omega)$ 和 $T(\Psi)$ 的定义很容易看出这一点。

② 由于两个函数都是周期的，它们也具有分布在 $1/d_{\mathrm{V}}$ 和 $1/d_{\mathrm{H}}$ 整数倍附近的瓣，这些瓣也叫作主瓣，主瓣之间更小的瓣称为旁瓣。

[-2,2]内,包含一个以上的周期。式(7.31)的条件也揭示了:阵列在俯仰和方位维度的角度分辨率分别是通过阵列的归一化高度 L_V 和归一化宽度 L_H 定义的。注意,只要天线分布在相同的区域内,上述的分辨率不受天线数目的影响。例如,使天线的数量加倍,同时将天线间距减半,不会增加阵列的空间分辨率(尽管阵列的增益增加了)。类似地,主瓣宽度仅仅取决于天线阵列的物理尺寸,而不是天线的数目。由于这个原因,这里采用物理尺寸较大的天线阵列来实现高的方向性(也就是窄主瓣)。

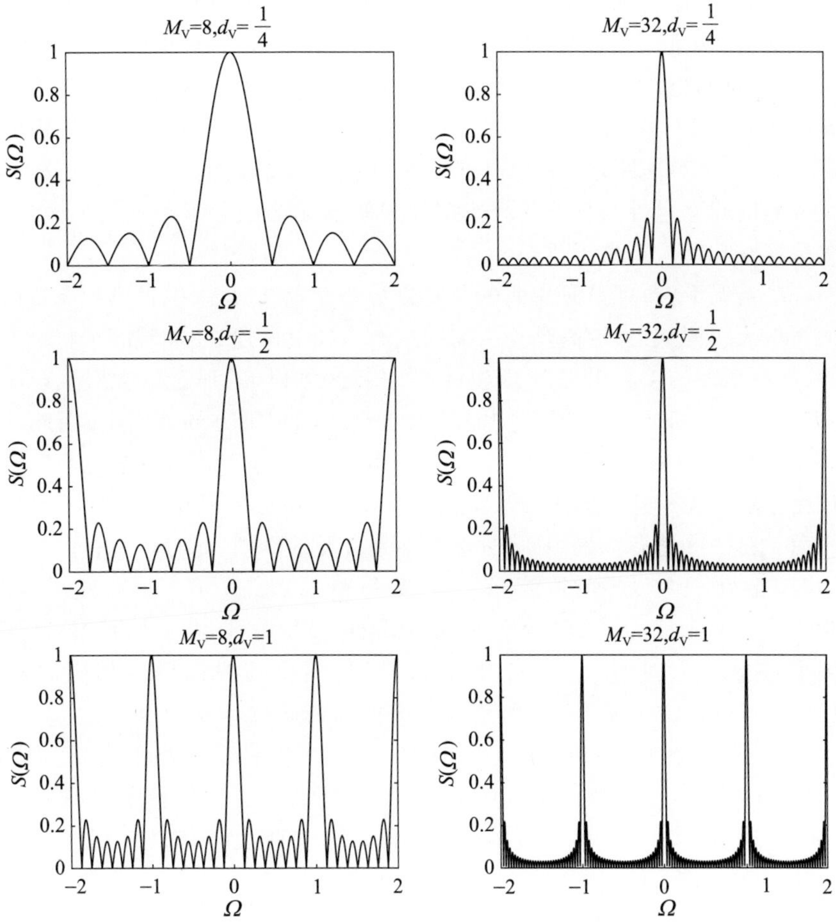

图 7.23 不同 M_V 和 d_V 值下的式(7.29)中的 $S(\Omega)$ 函数

评述 7.5(与带限信号的时间采样的关系) 在带限信号的时间采样和通过天线阵列对电磁场进行的空间采样[268](也可参阅文献[314]的 7.3.3 节)之间存在一种有趣的类比。只有当接收机收到的两个多径信号之间的到达时间相差 1/B 以上时,接收机才能分辨出带宽为 B 的带通信号的两个多径信号。与观察到的"固定阵列尺寸条件下,增加天线数目不能提高空间分辨率一样"的道理相似,提高接收机的采样率无助于分辨更多的多径信号(或者提高时间分辨率)。另一个类比与 OFDM 相关。一个 T_s 的符号时间产生了间隔为 $1/T_s$ 的子载波,因此,频率分辨率是由符号时间长度而不是每个符号包含的样本数决定的。增加采样率能增加系统的带宽,但是不能提高频率分辨率。

即使波束宽度和角度分辨率都独立于天线间距(或者等价于天线的数目),这个参数仍然对天线阵列的特性产生了重要的影响。注意,$S(\Omega)$ 和 $T(\Psi)$ 是定义在 $[-2,2]$ 区间上的,它们分别以 $1/d_V$ 和 $1/d_H$ 为周期,其主瓣都在原点附近。因此,只要 $d_V \geqslant 1/2$ 或者 $d_H \geqslant 1/2$,一个或多个额外的主瓣就会出现在感兴趣的区间里。这意味着:两个用户设备以方位角 $\Omega = k/d_V$ 或者俯仰角 $\Psi = k/d_H$ 到达阵列,对于某个特定的整数 k,阵列无法区分两个用户设备。出于这个原因,经常考虑具有关键间距 $d_V = 1/2$ 和 $d_H = 1/2$ 的天线阵列①。具有更大/更小天线间距的天线阵列称为超/次关键间距。与时域中的欠采样信号会产生重叠相似(也就是说,无法区分较高的频率组件与较低的频率组件),阵列无法区分多个不同的方向,因此空间欠采样在角度域产生了重叠。

在一些情况下,希望具有更高的角度分辨率或者方向性,但付不起布置由关键间距的大量天线构成的长/高阵列所需的成本。如上所述,超关键间距将会产生多个主瓣,如果增加的主瓣出现在 Ω 和 Ψ 的可行区域以外,那么不会产生影响。例如,在典型的小区扇区中,室外用户设备位于天线阵列下方的地面上,因此 θ 位于 $[-\pi/2,0]$ 的区间内。结果 Ω 位于 $[-1,1]$ 区间内,$d_V = 1$ 就足以避免产生多个主瓣的负面影响。由于这个原因,蜂窝通信的天线阵列经常采用超关键间距的垂直天线间距。在一些通信场景中,可分离性不是重要的准则,此时希望有多个主瓣能改善小区扇区中一些区域的覆盖。

在 7.3.1 节中已经看到,阵列的方位角度分辨率取决于俯仰角。利用式(7.30)可在数学上对这个结果进行解释,考虑两个用户设备以相同的俯仰角 $\theta_1 = \theta_2 = \theta$、不同方位角 $\varphi_1 \neq \varphi_2$ 到达阵列。这意味着 $\Omega = 0$ 和 $\Psi = \cos\theta(\sin\varphi_1 - \sin\varphi_2) = \Psi'\cos\theta$。函数 $T'(\Psi') = T(\cos\theta\Psi')$ 是以 $1/(d_H\cos\theta)$ 为周期的周期函数,零点位于 $\Psi' = k/(d_H M_H \cos\theta)$。这与具有相同数目天线但更小水平天线间距 $|\cos\theta| d_H$($|\cos\theta| d_H \leqslant d_H$)的阵列的行为相同。换句话说,随着俯仰角的增加,方位面内的空间分辨率降低。对于具有相同俯仰角的两个用户设备,阵列的行为与天线间距为 $d_H\cos\theta$ 的均匀线阵的行为相同。从图 7.24 中可看出这种结果,此图反映出不同 θ 值下的 $T'(\Psi')$ 函数曲线。θ 值越小,主瓣的宽度越小,分辨率越高。

虽然上述讨论完全是基于视距信道模型的,但它也为非视距信道的表示提供

① 对于关键间距来说,第二个主瓣只出现在病态情况:$\theta_1 = \pi/2, \theta_2 = -\pi/2$ 或者 $\theta_1 = \theta_2 = 0, \varphi_1 = \pi/2, \varphi_2 = -\pi/2$。

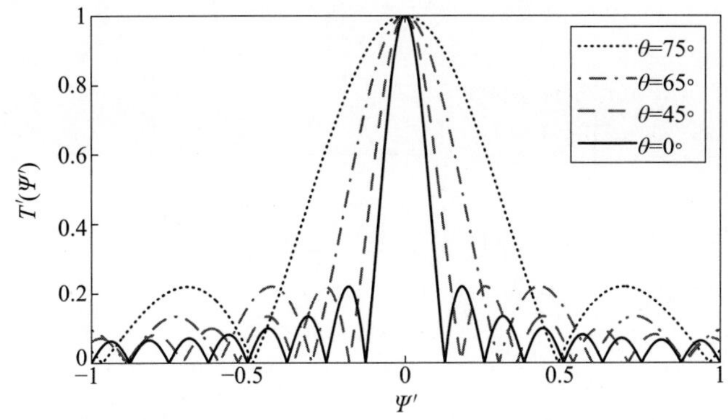

图 7.24　$M_H=16,d_H=1/2$ 和不同 θ 值下的 $T'(\Psi')$ 函数

了重要启示。如 7.3.3 节内容所述,非视距信道的信道响应由来自不同散射体簇的反射波组成,这些反射波从不同角度以不同的延迟到达阵列。但是在时间域中,这些多径分量的分辨率取决于信道的带宽,角度的分辨率取决于阵列的几何形状。可以把信道响应分解为空间可分辨的成分,它们基本上决定了无线信道的自由度。例如,一个水平均匀线阵能够以 $1/L_H$ 分辨率在角度域进行采样。因此非空的"角度箱"的数目决定了可得到的信道自由度。在纯视距信道中,来自相同方向的全部信号落在同一个"角度箱"内。文献[289]对无线信道的角度域表示进行了研究,具体的细节参见文献[314]的 7.3.3 节至 7.3.7 节。

7.4.3　无小区系统

一种完全不同于大规模天线阵列,甚至于蜂窝网络的方法是在大的地理区域内通过光纤连接分布式的子阵列,整个结构如图 7.25 所示。这个思想有时称为无小区大规模 MIMO[240,236],尽管它在概念上非常接近于协同多点传输(CoMP)或者网络 MIMO[126,325,156,46],与网络 MIMO 的差别体现在:在网络 MIMO 中,假定每个用户设备部署了非常多的天线(这一点与大规模 MIMO 相似)。采用定义 2.1 中的经典系统模型中的参数,有一个单独的小区(或者 $L=1$),它的基站包含 S 个分布式天线阵列,每个阵列分别包含 M_s 根天线,$s=1,\cdots,S$,为 K 个用户设备提供服务,全部天线数目为 $M=\sum_{s=1}^{S}M_s$。从用户设备 k 到子阵列 s 的信道为 $\boldsymbol{h}_k^s\in\mathbb{C}^{M_s\times 1}$,空间相关矩阵为 $\boldsymbol{R}_k^s\in\mathbb{C}^{M_s\times M_s}$,因此用户设备 k 的完整信道 $\boldsymbol{h}_k\in\mathbb{C}^{M\times 1}$ 被建模为 $\boldsymbol{h}_k\sim\mathcal{N}_{\mathbb{C}}(\boldsymbol{0}_M,\boldsymbol{R}_k)$,其中的块对角相关矩阵为

$$\boldsymbol{R}_k=\mathrm{diag}(\boldsymbol{R}_k^1,\cdots,\boldsymbol{R}_k^S) \tag{7.32}$$

第 4 章给出了此系统的频谱效率,但是同一个小区内的功率控制和导频分配不适合于此处的无小区大规模 MIMO。因此,7.1 节和 7.2 节描述的算法通常不再适用。

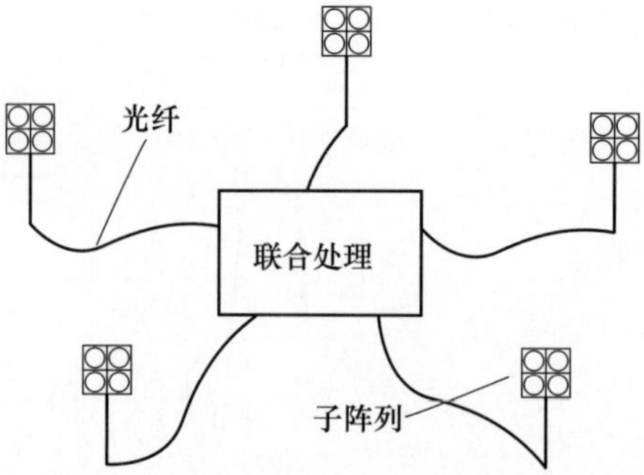

图 7.25　由 5 个空间分布的子阵列构成的无小区大规模 MIMO 系统,每个阵列包含 4 根天线

无小区大规模 MIMO 背后的主要动机是在信道硬化(2.5.1 节定义)和宏分集二者之间达到一个折中①。因为一个用户设备可能拥有一部分较强的子阵列信道,它的整个信道向量是由这些强信道支配的[78]。也就是说,一些 $\boldsymbol{R}_k^s$ 矩阵的特征值比其他 $\boldsymbol{R}_k^s$ 矩阵大。这种强空间信道相关性导致的结果是:信道硬化的效果明显减弱了,依赖于硬化的频谱效率表达式在很大程度上低估了可达到的系统性能[78]。但是,定理 4.1 中的上行链路表达式和定理 4.5 中的下行链路表达式仍然可用。无小区系统中增加的宏分集产生了非常大的功率增益,并使接收到的信号功率更加接近于均匀分布,特别是在具有强阴影衰落的城市场景下。

无小区系统通过采用 TDD 来利用信道的互易性,采用仅依赖于每个子阵列的可得到 CSI 的信号处理,来避免代价较高的 CSI 和预编码/合并向量的交换。最大比所具有的分布性的本质使其成为合适的方案,但是具有多天线的子阵列也能在阵列范围内联合处理信号[61]。文献[241,237]已经证明了在全部子阵列上实施联合功率控制是有利的。无小区大规模 MIMO 系统付出的代价是:光纤连接中承载了高业务负荷,因为所有用户设备的有效负荷数据必须要送到全部的子阵列。无小区大规模 MIMO 需要高额的光纤铺设费用,在对大量的分布式天线阵列进行同步和校准等技术方面存在很大的挑战。在写作本书时,还不清楚无小区系统是否将会投入使用。一种减少回程业务量的方法是仅利用一些具有最强平均信道增益的子阵列来为用户设备提供服务[45]。一种不激进的替代方法是在多小区的每个小区中布置分布式子阵列[53]。

下面将演示在无小区大规模 MIMO 系统中,信道硬化的效果是如何减弱的。

① 由于子阵列之间的距离足够远,它们到一个随机位置处用户设备的平均信道增益系数可看成是不相关的随机变量(取决于子阵列的空间分布)。这种效果称为"宏分集",而不是"微分集",微分集与不相关的小尺度衰落系数相关(同一个阵列中间距足够远的天线产生了这种衰落)。

为了这个目的，考虑一个唯一的用户设备位于小区中央，小区具有固定的半径，在小区内随机地均匀分布着分别具有 M_s 根天线的 S 个子阵列，$s \in \{1,\cdots,S\}$。改变 S 和 M_s 的值，但要保证总天线数 $M=256$ 为一个常数，忽略子阵列的空间信道相关性，只考虑大尺度衰落。因此用户设备的信道 $\boldsymbol{h} \sim \mathcal{N}_{\mathbb{C}}(\boldsymbol{0}_M,\boldsymbol{R})$ 具有相关矩阵：

$$\boldsymbol{R} = \mathrm{diag}(\beta_1 \boldsymbol{I}_{M/S},\cdots,\beta_S \boldsymbol{I}_{M/S}) \tag{7.33}$$

其中，β_s 是子阵列 s 的平均信道增益。根据式(2.3)对信道增益系数建模为 $\beta_s = -148.1 - 37.6\lg(d_s/1\mathrm{km}) + F_s$，其中 d_s 是用户设备和子阵列 s 之间的距离，$F_s \sim \mathcal{N}(0,8)$ 表示阴影衰落。回想起式(2.17)中 $\|\boldsymbol{h}\|^2/\mathrm{tr}(\boldsymbol{R})$ 的方差适用于测量信道的硬化，方差越小，信道硬化程度越高。图 7.26 给出小区半径为 100m 或 350m 情况下方差作为 S 的函数。假定子阵列均匀分布在 100m 或者 350m 的圆盘内，用户设备在小区中央，子阵列和用户设备之间的最小距离为 10m。计算 1000 次随机布置的子阵列的结果。能清楚地看出，方差随子阵列数目的增加而增加，这意味着信道硬化的程度在下降。子阵列的密度越小（或者小区半径越大），这种效应越明显，因为有更少的子阵列链路占主导地位。

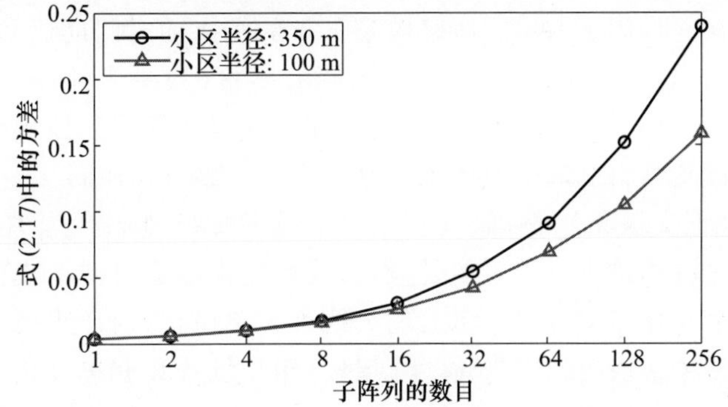

图 7.26　式(2.17)中 $\|\boldsymbol{h}\|^2/\mathrm{tr}(\boldsymbol{R})$ 的方差，它度量了接近信道硬化的程度，在小区半径分别为 100m 和 350m 的情况下，它是子阵列数目 S 的函数。方差是针对随机的子阵列位置和小尺度衰落实现进行计算的

尽管 S 的增加导致了信道硬化程度（这里希望它越高越好）的下降，但是它也导致了宏分集的增加。从图 7.27 可以看出这一点，此图反映了不同子阵列数目下的平均信道增益 $\beta = \frac{1}{M}\mathrm{tr}(\boldsymbol{R})$ 的 CDF。有趣的是，由于每个子阵列的大尺度衰落系数是独立同分布的，因此平均信道增益 $\mathbb{E}\{\beta\}$ 独立于 S（均值是针对子阵列位置和阴影衰落实现进行计算的）。但是，从 $S=1$ 到 $S=16$，β 的均值提高了大约 9dB，到 $S=256$，β 的均值又增加了 5dB。因此，无小区系统大幅降低了用户设备之间平均信道增益的波动，当目标是要确保均匀分布在基站覆盖区域内的用户设备获得某

种服务质量时,减小这种波动是重要的。

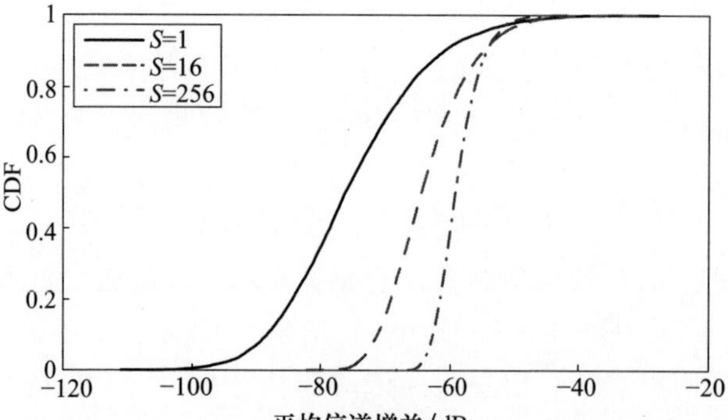

图 7.27 在无小区系统中,在不同的子阵列数目 $S \in \{1,16,256\}$ 的条件下,平均信道增益 $\beta = \frac{1}{M}\mathrm{tr}(\boldsymbol{R})$ 的 CDF

7.4.4 极化

一个与天线设计相关但之前没有讨论的内容是用户设备或者基站辐射电磁波的极化。如果在一个固定的位置跟踪电场矢量的端点随时间的运动轨迹,可以得到称为极化椭圆的曲线。可以根据这个椭圆的形状(如线形、圆形、椭圆形)对电磁波的极化进行分类。在蜂窝通信中,经常使用线极化天线。线极化的方向定义为极化椭圆的倾斜角,例如,90°(垂直),0°(水平),±45°(倾斜)。线极化经常伴随两个正交对(正交极化),例如,垂直和水平或者±45°倾斜角。图 7.28 给出了垂直和水平极化波的例子。重要的是,任何线极化都能通过两个正交极化的叠加获得。只沿一个极化方向辐射电磁波的天线称为单极化,而产生两个正交极化方向的辐射电磁波的天线称为双极化。一般地,用户设备具有单极化天线或者某一个方向占主导地位的双极化[①]。但是需要记住的是,有效极化取决于用户设备的物理方向,这个方向通常是随机的(取决于手机的摆放)。例如,具有垂直极化天线的用户设备旋转一定角度后,它就能够产生带有垂直和水平极化分量的电磁波。为了避免失去某一个极化方向上的分量,基站基本上都装配双极化天线。

从理论上讲,水平极化的电磁波不能被垂直极化的天线接收到,反之亦然。但是由于天线的不完美的交叉极化隔离度(XPI)和信道的不完美的交叉极化区分度(XPD),两种极化之间经常会发生串扰。交叉极化隔离度是天线自身的性质,描述了线极化天线对交叉极化电磁波分量的响应,或者,正交极化方向上的电磁波分量。交叉极化区分度描述了一种现象:电磁波穿过散射媒质时会改变极化方向。这个现象也称为(信道)去极化。一般来说,每种极化的反射系数是不同的,每经

① 我们使用的“极化”和“极化方向”两个概念可以互换。

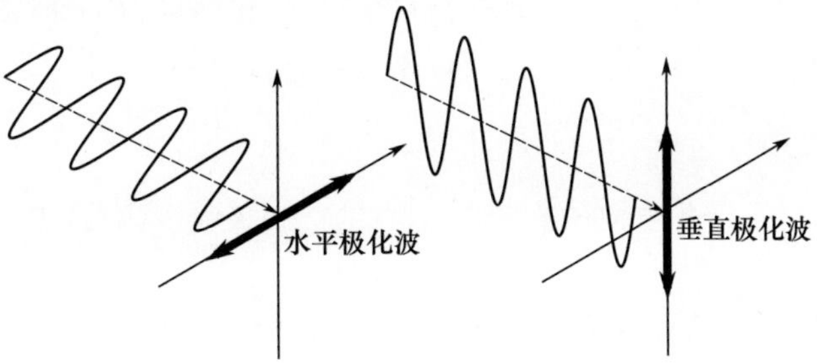

图 7.28　水平和垂直极化波的极化椭圆

历一次反射，两个正交分量的相位就会发生不同的变化。因此，在含有丰富散射体的传播环境中，接收到的极化将独立于发射时的极化。但是在实际应用中，没有足够多的散射体来产生彻底的去极化，因此接收极化和发射极化之间存在某种相关性[323]。

评述 7.6（双极化天线阵列）　当在本书中提到配置 M 根天线的双极化天线阵列时，考虑的是一个天线阵列的每个极化方向由 $M/2$ 根单极化天线构成。由于空间限制，两个极化方向上的天线一般都是布置在相同的位置上。这意味着具有双极化、同位置的天线的天线阵列所包含的天线数目是相同物理尺寸的单极化阵列天线数目的两倍。

下面介绍双极化天线下的信道模型。

如图 7.29 所示，考虑由双极化同位置天线构成的基站天线阵列和具有单极化随机朝向天线的用户设备之间的通用信道模型①。这个模型受到了文献[89,171]的启发。感兴趣的读者也可以参阅文献[88]的 3.3 节和文献[249,293]了解更多的关于 MIMO 系统的极化模型的细节。用 $h_{i,\mathrm{V}}$ 和 $h_{i,\mathrm{H}}$ 分别表示用户设备到第 i 根垂直极化天线和水平极化天线的信道系数。然后，对于 $i=1,\cdots,\frac{M}{2}$，有

$$\boldsymbol{h}_i \triangleq \begin{bmatrix} h_{i,\mathrm{V}} \\ h_{i,\mathrm{H}} \end{bmatrix} = \boldsymbol{F}_{\mathrm{BS}} \boldsymbol{Z}_i \boldsymbol{m}_{\mathrm{UE}}(\theta_r) \tag{7.34}$$

式中：$\boldsymbol{F}_{\mathrm{BS}} \in \mathbb{C}^{2\times 2}$ 是基站的确定性的极化矩阵，它具有正交的列，可被建模为

$$\boldsymbol{F}_{\mathrm{BS}} = \frac{1}{\sqrt{1+\chi_a}} \begin{bmatrix} 1 & \sqrt{\chi_a}\,\mathrm{e}^{\mathrm{j}\phi_a} \\ -\sqrt{\chi_a}\,\mathrm{e}^{\mathrm{j}\phi_a} & 1 \end{bmatrix} \tag{7.35}$$

其中，χ_a^{-1} 是交叉极化隔离度，ϕ_a 是一个取决于天线特性的相位偏移。

① 假定辐射单元是各向同性的，因此，旋转只会影响极化，不会影响辐射方向图。

$\boldsymbol{m}_{\mathrm{UE}}(\theta_r)\in\mathbb{C}^{2\times1}$是用户设备天线的单位范数极化向量，它可被建模为[①]

$$\boldsymbol{m}_{\mathrm{UE}}(\theta_r)=\frac{1}{\sqrt{1+\chi_b}}\begin{bmatrix}\cos\theta_r & -\sin\theta_r\\ \sin\theta_r & \cos\theta_r\end{bmatrix}\begin{bmatrix}1\\ \sqrt{\chi_b}\,\mathrm{e}^{\mathrm{j}\phi_b}\end{bmatrix}\tag{7.36}$$

其中，$\theta_r\in[0,2\pi)$是极化方向的旋转角，χ_b^{-1} 是交叉极化隔离度，ϕ_b 是取决于天线特性的相位偏移。

$\boldsymbol{Z}_i\in\mathbb{C}^{2\times2}$是一个随机信道矩阵，它描述了垂直和水平电磁波分量的传播，它定义为

$$\boldsymbol{Z}_i=\begin{bmatrix}z_{i,\mathrm{VV}} & z_{i,\mathrm{VH}}\\ z_{i,\mathrm{HV}} & z_{i,\mathrm{HH}}\end{bmatrix}\tag{7.37}$$

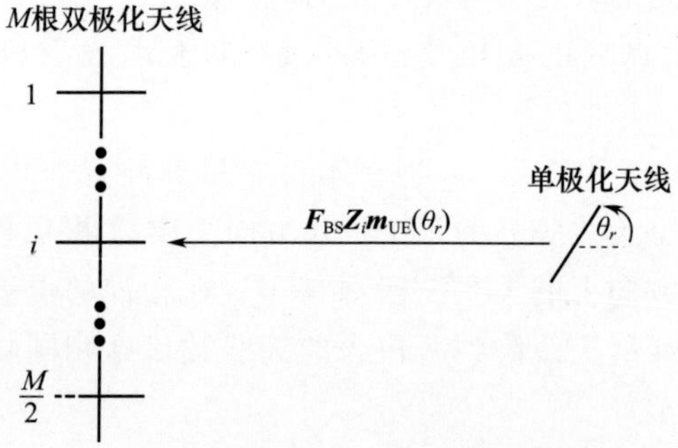

图 7.29　一个具有 M 根双极化同位置天线的基站天线阵列和一个具有单极化但随机朝向的天线的用户设备。从用户设备到第 i 根天线位置的 2×1 信道记为 $\boldsymbol{F}_{\mathrm{BS}}\boldsymbol{Z}_i\boldsymbol{m}_{\mathrm{UE}}(\theta_r)$

有点出人意料的是，从用户设备到两个同位置双极化天线的 2×1 信道 $\boldsymbol{h}_i$ 取决于 $\boldsymbol{Z}_i$ 中的 4 个复随机数，接下来将描述它们。交叉极化区分度描述了信道分离垂直和水平极化的能力，定义为如下的一个比值（独立于 i）。

$$\mathrm{XPD}=\frac{\mathbb{E}\{|z_{i,\mathrm{VV}}|^2\}}{\mathbb{E}\{|z_{i,\mathrm{HV}}|^2\}}=\frac{\mathbb{E}\{|z_{i,\mathrm{HH}}|^2\}}{\mathbb{E}\{|z_{i,\mathrm{VH}}|^2\}}=\frac{1-q_{\mathrm{XPD}}}{q_{\mathrm{XPD}}}\tag{7.38}$$

交叉极化区分度取决于参数 $q_{\mathrm{XPD}}=1/(1+\mathrm{XPD})$，满足 $0<q_{\mathrm{XPD}}\leqslant1$。在这个定义中，已经采用了如下的假设：

$$\begin{cases}\mathbb{E}\{|z_{i,\mathrm{VV}}|^2\}=\mathbb{E}\{|z_{i,\mathrm{HH}}|^2\}=1-q_{\mathrm{XPD}}\\ \mathbb{E}\{|z_{i,\mathrm{HV}}|^2\}=\mathbb{E}\{|z_{i,\mathrm{VH}}|^2\}=q_{\mathrm{XPD}}\end{cases}\tag{7.39}$$

这个表达式也暗示$\mathbb{E}\{\mathrm{tr}(\boldsymbol{Z}_i\boldsymbol{Z}_i^{\mathrm{H}})\}=2$。这意味着不管交叉极化区分度为何值，全部的辐射功率毫无损失地穿过了信道。交叉极化区分度值越高（或者 q_{XPD}越小），从

① 式(7.36)中的矩阵是一个旋转矩阵。

一个极化泄漏到另一个极化的功率越小。由于没有足够的散射，有理由假定 $\boldsymbol{Z}_i$ 的组件是相关的。这里采用可分离的相关模型：

$$\boldsymbol{Z}_i = (\boldsymbol{C}_{r_p}^{\frac{1}{2}} \boldsymbol{G}_i \boldsymbol{C}_{t_p}^{\frac{1}{2}}) \odot \boldsymbol{\Sigma} \tag{7.40}$$

其中，$\odot$ 是 Hadamard 乘积（或者对应元素的乘积），且

$$\boldsymbol{\Sigma} = \begin{bmatrix} \sqrt{1-q_{\text{XPD}}} & \sqrt{q_{\text{XPD}}} \\ \sqrt{q_{\text{XPD}}} & \sqrt{1-q_{\text{XPD}}} \end{bmatrix} \tag{7.41}$$

是交叉极化区分度矩阵。

$$\boldsymbol{C}_{r_p} = \begin{bmatrix} 1 & r_p \\ r_p^* & 1 \end{bmatrix}, \quad \boldsymbol{C}_{t_p} = \begin{bmatrix} 1 & t_p \\ t_p^* & 1 \end{bmatrix} \tag{7.42}$$

分别是接收极化和发射极化相关矩阵，并且

$$\boldsymbol{G}_i = \begin{bmatrix} g_{i,\text{VV}} & g_{i,\text{VH}} \\ g_{i,\text{HV}} & g_{i,\text{HH}} \end{bmatrix} \tag{7.43}$$

包含了小尺度衰落信道系数（它的分布也解释了式（2.2）中定义的平均信道增益 β）。由于水平和垂直极化天线是同位置的（位于相同位置），因此 $\boldsymbol{G}_i$ 的元素之间的极化相关性中不包括额外的空间相关性。但是，由 $M/2$ 个信道矩阵 $\boldsymbol{G}_i$ 中每个矩阵的 xy 分量构成的向量 $\boldsymbol{g}_{xy} = [g_{1,xy}, \cdots, g_{M/2,xy}]^{\text{T}}, x, y \in \{\text{V}, \text{H}\}$ 是空间相关的，并且具有相同的相关矩阵 $\boldsymbol{R} \in \mathbb{C}^{\frac{M}{2} \times \frac{M}{2}}$，也就是说，$\boldsymbol{g}_{xy} \sim \mathcal{N}_{\mathbb{C}}(\boldsymbol{0}_{M/2}, \boldsymbol{R}), x, y \in \{\text{V}, \text{H}\}$。经过简单的算术运算后，完整的信道矩阵 $\boldsymbol{Z} = [\boldsymbol{Z}_1^{\text{H}}, \cdots, \boldsymbol{Z}_{M/2}^{\text{H}}]^{\text{H}} \in \mathbb{C}^{M \times 2}$ 可以建模为

$$\boldsymbol{Z} = \left((\boldsymbol{R} \otimes \boldsymbol{C}_{r_p})^{\frac{1}{2}} \boldsymbol{W} \boldsymbol{C}_{t_p}^{\frac{1}{2}} \right) \odot \left(\boldsymbol{1}_{\frac{M}{2}} \otimes \boldsymbol{\Sigma} \right) \tag{7.44}$$

其中，$\boldsymbol{W} \in \mathbb{C}^{M \times 2}$ 中的元素服从独立同分布的 $\mathcal{N}_{\mathbb{C}}(0,1)$，$\otimes$ 为 Kronecker 乘积。最终的信道向量 $\boldsymbol{h} = [\boldsymbol{h}_1^{\text{H}}, \cdots, \boldsymbol{h}_{M/2}^{\text{H}}]^{\text{H}} \in \mathbb{C}^{M \times 1}$ 通过下式给出：

$$\boldsymbol{h} = (\boldsymbol{I}_{\frac{M}{2}} \otimes \boldsymbol{F}_{\text{BS}}) \boldsymbol{Z} \boldsymbol{m}_{\text{UE}}(\theta_r) \tag{7.45}$$

测量结果表明：发射极化相关系数和接收极化相关系数的绝对值都非常小（也就是说 $|t_p|, |r_p| < 0.2$，参见文献[108]），有时可被完全忽略[25]。在蜂窝系统中，发现交叉极化区分度是相当强的，位于 5～15dB 之间[25]。在仿真中，可以额外假定用户设备的极化是服从随机均匀分布的：$\theta_r \sim U[0, 2\pi)$。

双极化天线除了可以构成更紧凑的阵列以外，很难确定它是否有利于大规模 MIMO 系统。为了举例说明这个问题，考虑一个配置了由 M 根关键间距的单极化天线或者双极化天线构成的水平均匀线阵的基站，如图 7.30 所示，这些天线不是同位置的（也就是说相邻天线是正交极化的）。在单极化和双极化两种情况下，阵列具有相同的天线数目，因此具有相同的角度分辨率（式（7.31））。假定有 3 个用

户设备，它们的方位角分别为 $\varphi_1 = 30°$，$\varphi_2 = 25°$，$\varphi_3 = -10°$。图 7.31 给出了用户设备 1 和用户设备 2 之间、用户设备 1 与用户设备 3 之间的平均相关系数 $\mathbb{E}\{|\boldsymbol{h}_1^{\mathrm{H}}\boldsymbol{h}_i|^2/(\|\boldsymbol{h}_1\|\|\boldsymbol{h}_i\|)^2\}$，$i = 2,3$。采用 ASD = 5°的高斯角度分布的局部散射模型。极化参数 $r_p = t_p = 0.2$，交叉极化区分度 XPD = 7dB，基站和用户设备的天线都具有理想的交叉极化隔离度（即 $\chi_a = \chi_b = 0$）。用户设备的极化方向服从随机均匀分布。

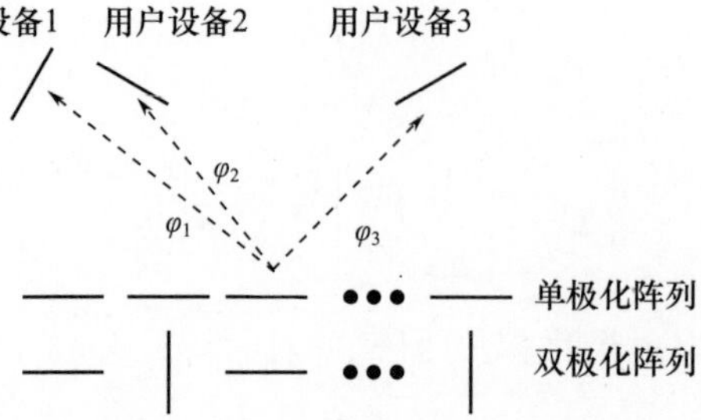

图 7.30　一个配置了 M 根关键间距的天线的均匀线阵与 3 个用户设备之间的通信，其中均匀线阵中的天线为水平单极化或者双极化（但不是同位置的）

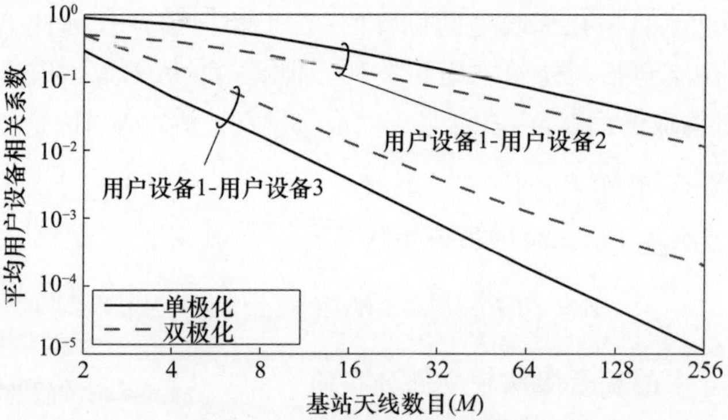

图 7.31　用户设备 1 和用户设备 2 之间以及用户设备 1 和用户设备 3 之间的平均相关系数，它是 M 的函数（对数刻度），图中给出了单极化和双极化天线阵列两种情况下的曲线

观察到与单极化阵列相比，双极化阵列能更好地分离用户设备 1 和用户设备 2。而对于用户设备 1 和用户设备 3，却得到相反的结论。原因在于，用户设备 1 和用户设备 2 相距很近，它们的信道具有相似的相关矩阵。已经在图 7.15 中看到，在空间信道相关的条件下，主要特征空间（几乎包含了全部的能量）的维度 p 可能远远小于 M。由于两个用户设备基本上共享了同一个 p 维子空间的自由度，因此信道之间的平均相关度是以 $1/p$ 速率减小的，而不是 $1/M$。现在，由于正交极化分量几乎是不相关的，与单极化天线阵列相比，双极化天线阵列几乎获得一倍的自由度。因此，无论何时，只要系统受限于空间信道相关性，那么采用双极化天线

就可获得极化分集。图 7.32(a)在单极化阵列和双极化阵列下，给出了用户设备 1 的空间相关矩阵的秩作为 M 的函数的曲线。这表示采用双极化阵列几乎获得了一倍的空间自由度。也可以利用式(7.45)来解释这个结果，因为对于具有合适维度的两个矩阵 $\boldsymbol{A},\boldsymbol{B}$，$\mathrm{rank}(\boldsymbol{A}\otimes\boldsymbol{B})=\mathrm{rank}(\boldsymbol{A})\mathrm{rank}(\boldsymbol{B})$，于是得到

$$\mathrm{rank}(\boldsymbol{R}\otimes\boldsymbol{C}_{r_p})=\mathrm{rank}(\boldsymbol{R})\mathrm{rank}(\boldsymbol{C}_{r_p})=2\mathrm{rank}(\boldsymbol{R}) \tag{7.46}$$

另一方面，用户设备 1 和用户设备 3 各自的相关矩阵的特征空间差别较大。这样，即使每个用户设备的空间相关矩阵的秩为 1，它们的平均相关度也是很小的，因为相关—特征空间几乎是正交的。在这种情况下，双极化阵列是不利的，因为它们将子空间的维度增加到信道向量被限定的程度，这一点可从图 7.32(b)中看出。在单极化阵列和双极化阵列条件下，此图给出了用户设备 1 和用户设备 3 的相关矩阵的特征空间的弦距离(式(7.21)定义的)随 M 变化的函数曲线。单极化阵列的弦距离远远大于双极化阵列的弦距离，表明单极化阵列对用户设备信道实施了更好的去相关处理。

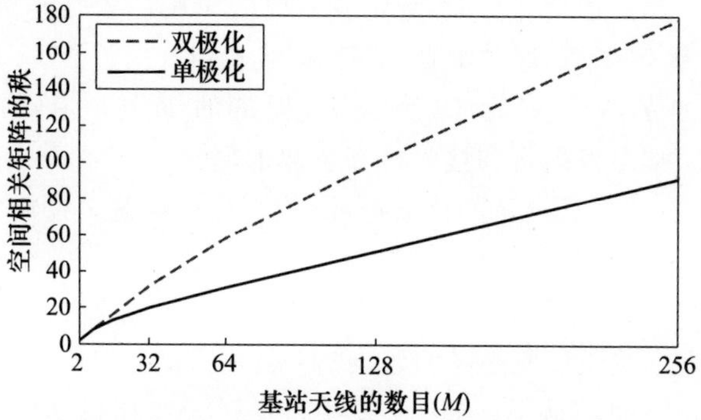

(a)用户设备1的空间相关矩阵的秩，它是基站天线数目M的函数

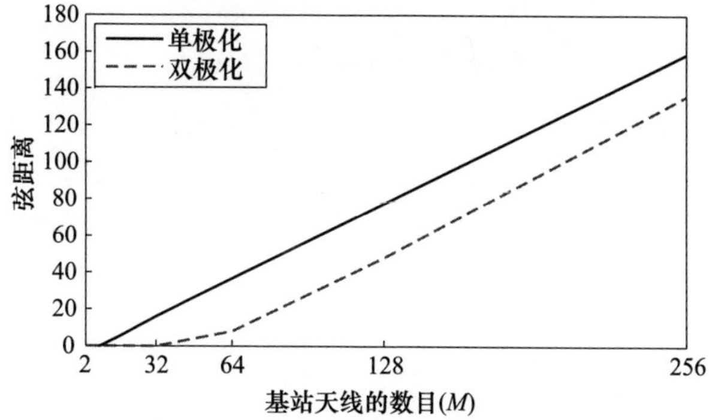

(b)用户设备1和用户设备3的空间相关矩阵的特征空间之间的弦距离，它是基站天线数目M的函数

图 7.32　单极化天线和双极化天线下空间相关矩阵的对比

由于在双极化天线情况下，式(7.45)中 $\boldsymbol{h}$ 的分布涉及更多的量，因此，在本书

的分析过程中避免考虑极化的影响。但是，我们已经在大部分章节中考虑了任意的相关矩阵，所得结论也适用于采用双极化天线的相关瑞利衰落信道。感兴趣的读者可以参阅相当少的关于双极化大规模 MIMO 系统的文献，例如文献[252,253,354]。3GPP 的 3D MIMO 模型[1]和它的开源代码[159,5]支持双极化天线阵列的仿真，它将用于 7.7 节案例的研究。

7.5 毫米波通信

目前，大多数的无线通信系统都采用 300MHz ~ 6GHz 的频段，其中 6 ~ 300GHz 的频段相对空闲。主要原因是低频段具有优良的传播特性，它能让无线电波穿透建筑物、反射多次、拐角处弯曲。毫米波频段指的是 30 ~ 30GHz 的频段，波长为 1 ~ 10mm。毫米波经历严重的大气吸收、雨衰和植物枝叶的衰落、严重的穿透和反射损耗、轻微的折射，这些特性使得毫米波局限于视距的室外 - 室外通信和室内 - 室内的较短距离的通信。目前，毫米波主要的应用场景是非授权 60GHz 频段的无线回程，作为有线解决方案的一种高性价比替代方案，以及一种基于 IEEE802.11ad 标准的 WLAN(无线局域网)。但是，最近的理论研究和测量活动已经证明了：在室外，如果发射机和接收机都装配了足够"大"的天线阵列(下面将定义阵列的规模)来补偿极其严重的传播损耗[259,275]，在覆盖半径最大为 200m 的小蜂窝(SC)内应用毫米波通信是可行的。

为了理解为什么说大天线阵列，或者更准确讲，由大量辐射单元构成的天线(看定义 7.3)是毫米波通信所必需的，让我们看一下菲涅尔传输公式[118]，它描述了理想条件和自由空间传播下，当接收天线和发射天线相距 d 时，接收信号功率 P_r 和发射信号功率 P_t 之间的关系。

$$\frac{P_r}{P_t} = G_r G_t \left(\frac{\lambda}{4\pi d}\right)^2 = \frac{A_r A_t}{(d\lambda)^2} \tag{7.47}$$

其中，λ 是波长，G_t、G_r 分别是发射天线和接收天线的增益①，A_t、A_r 分别是发射天线和接收天线的有效面积②。注意，式(7.47)假定发射天线和接收天线是完美对齐的，忽略了 G_t、G_r 通常依赖于角度这一事实。等式的第一部分表明固定 G_t、G_r，路径损失 P_t/P_r 与 λ^{-2} 成比例，第二部分表明固定 A_t、A_r，路径损失与 λ^2 成比例。一旦理解了偶极子(或者任何其他的辐射单元)具有独立于频率的增益和随载波频率的增加而下降的有效面积，就能理解上述两个看似矛盾的结论。例如，半波振子具有近似为 $0.125\lambda^2$ 的有效面积，其增益比(假设的)全向天线高 0.5π，而全向

---

① 天线增益是一个比值，它是天线的最大辐射功率密度(在某一个方向上)与理想全向天线在该方向上的辐射功率密度的比值。它包括了天线效率(全部辐射功率和输入功率之间的比值)。

② 天线的有效面积等于与输入波垂直方向的面积，它收集到的功率就是天线实际接收到的功率。

天线的有效面积为 $\lambda^2/(4\pi)$。随着 λ 的减少，只有越来越多的辐射单元连接到一起，才能保持一根天线的有效面积固定不变，属于一个特定区域的辐射单元的数目与 λ^{-2} 成比例，因此天线增益也与 λ^{-2} 成比例。上述讨论暗示了：只要构成发射机和接收机天线的大量辐射单元的数目与 λ^{-2} 成比例，在接收信号功率方面就能获得与 λ^{-2} 成比例的净增益。但是，为了保持一个恒定的路径损失（使式（7.47）中第二个等号后面的项为常数），伸缩辐射单元的数目使得（$A_r A_t \sim \lambda^2$）就足够了。例如，接收天线只有一个辐射单元，而发射天线的辐射单元的数目随 λ^{-2} 伸缩，反之亦然。另一种方案是，接收天线和发射天线的辐射单元都伸缩，使得它们各自的有效面积与 λ 成线性关系。对于蜂窝通信，用户设备含有相对较少的辐射单元，而基站包含大量的辐射单元以补偿绝大部分的传播损耗。

为了找到计算毫米波频段所需辐射单元数目的方法，将半波振子的有效面积指定为 $A(\lambda)=0.125\lambda^2$。现在考虑载波频率为 f_{c_0}（波长为 λ_0）、收/发天线各包括 1 根（或者多根）半波振子的通信信道。根据式（7.47），为了使得在载波频率 $f_c > f_{c_0}$（波长为 λ）下的路径损失与 f_{c_0} 的路径损失相同，发射机和接收机的天线一定包括

$$N(f_c,f_{c_0})=\frac{\lambda}{\lambda_0}\frac{A(\lambda_0)}{A(\lambda)}=\frac{f_c}{f_{c_0}} \tag{7.48}$$

倍的半波阵子。一般地，载波频率加倍需要发射机和接收机的辐射单元数目也加倍，以维持相同的接收信号强度。图 7.33 在 $f_{c_0}=2\text{GHz}$ 的条件下给出了 $N(f_c,f_{c_0})$ 作为 f_c 的函数的曲线。但是，不要忘记启用更高频段的目的是为了大幅增加可用带宽，但是由于一般情况下的总发射功率是固定的（由于硬件和监管的限制），信噪比和带宽成反比。因此，工作在 $f_c=60\text{GHz}$、100MHz 的通信系统要求发射天线和接收天线包含 $\sqrt{10}\times 30\approx 95$ 倍的辐射单元，以保持与工作在 $f_{c_0}=2\text{GHz}$、10MHz 的通信系统相同的 SNR①。在蜂窝系统中，这种局面可能有所变化，原因是：毫米波频段基本上属于隔离的通信信道（同频干扰较少），与 2GHz 上实现相同的信噪比相比，在这种更高的频段上可能比较容易实现与 2GHz 频段相同的信干噪比。定量的比较已经超出了本书的研究范围。

在上面的讨论中，根据定义 7.3，考虑的是 1 根天线具有多个辐射单元。但是不要忘记，尽管具有多个辐射单元的天线具有非常高的增益，基本上能克服毫米波频段的路径损耗，但是它的方向图是固定的，不能仅由 1 条射频链路的输入进行控制。由于这个原因，需要为辐射单元的子集提供单独的射频链路的输入以便形成可动态控制阵列响应的天线阵列。

---

① 需要 30 这个因子来抵抗传播损耗（见图 7.33），通过需要额外的 $\sqrt{10}$ 这个因子来补偿由于增加了 10 倍带宽引起的噪声增加。

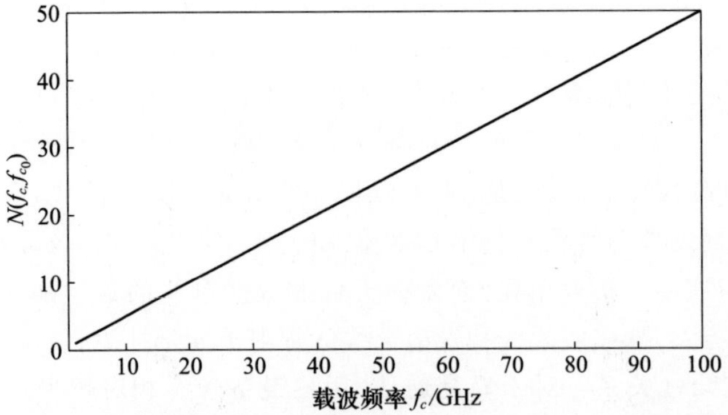

图 7.33　在固定的参考载波频率 $f_{c0}=2\text{GHz}$ 的条件下，$N(f_c,f_{c0})$ 是以载波频率 f_c 为自变量的函数。$N(f_c,f_{c0})$ 告诉我们：为了维持与频率 f_{c0} 相同的路径损失，在载波频率 f_c 下，发射天线和接收天线需要额外添加多少倍的半波振子

尽管借助于大规模天线阵列，毫米波蜂窝通信可能会成为一件鼓舞人心的事情，但是必须记住如下的告诫。

首先，在 7.4.2 节中已经讲过：天线阵列的波束宽度在俯仰（方位）面内与它的归一化垂直高度 L_V（方位宽度 L_H）成反比，这里的归一化垂直高度和方位宽度都是相对于波长的。对于固定的有效面积，L_V 和 L_H 都是随 λ 线性伸缩的，所以波束宽度与 λ^{-1} 成正比。这意味着：尽管大天线阵列拥有的高增益使得毫米波通信成为可能，但只有在较窄的发射波束和较窄的接收波束严格对齐的情况下，才会获得高增益。相应的副作用是：由于视距路径以外的大部分路径的离开角（或到达角）在阵列的波束方向上无法对齐，因此毫米波通信的性能主要取决于最强的视距路径是否受到遮挡。由于这些原因，在毫米波频段覆盖大区域和支持高速移动的用户设备是一件富有挑战性的任务。研究波束训练和波束改进的文献在迅速增加（参见文献[141,355]及它们的参考文献）。

其次，以目前的技术看，在毫米波频段尺寸、价格、功耗限制了毫米波硬件在用户设备中的使用[274,141,355]，因此为大规模天线的每个辐射单元配置一条独立的射频链路是不现实的。特别地，毫米波频段（如果增加带宽）的功率放大器和数模转换器（或模数转换器）消耗的功率较大，每秒钟上亿次样本的大量数据流的并行处理也消耗较大的功率。出于这个原因，可选的替代方案（模拟和模数混合波束成形[11]①）和低分辨率数模转换器（或模数转换器）[222]是目前的研究热点。

再次，正如评述 2.1 所讨论的，λ 对 τ_c 有很大的影响，τ_c 是无线信道相关块的

① 模拟波束成形引入移相器将信号从同一条射频链路输送到各独立的辐射单元。模数混合波束成形是指一个天线阵列中的每根天线都由多个辐射单元组成，可在模拟波束成形中单独控制每个辐射单元的相位。

大小。由于信道相干时间 T_c 正比于 λ，相干带宽 B_c 与延迟扩展 T_d 成反比，相关块 $\tau_c = T_c B_c$ 满足下述的比例条件：

$$\tau_c \sim \frac{\lambda}{T_d} \tag{7.49}$$

这个等式暗示：与低于 6GHz 的频段相比，毫米波频段需要更加频繁的发送导频信号。但是，由于毫米波通信系统具有相当小的小区半径，且仅支持低速移动的用户设备，传播延迟减少了，相关时间增加了，在某种程度上抵消了与 λ 成比例的线性伸缩。例如，假定采用 60GHz 的载波频率（或者 $\lambda = 5\text{mm}$），150m 的距离差对应的延迟扩展 $T_d = 500\text{ns}$，移动速度 $v = 3\text{km/h}$，借助于评述 2.1，得到 $B_c = 1\text{MHz}$，$T_c = 1.5\text{ms}$ 的信道，它产生的相关块为 $\tau_c = 1500$ 个样本。

根据上面列出的约束条件和挑战，很明显，毫米波通信适用于小蜂窝的热点覆盖，其目标是为低速移动的用户设备提供较高的吞吐量。由于与辐射单元相比，射频链路的数目较少，且每个小蜂窝中有相对较少的用户设备（在相同的时频资源下，可能不能同时为这些用户设备提供服务），这里不能把毫米波通信看成是定义 2.1 描述的大规模 MIMO 系统。感兴趣的读者可参阅文献[274]和大量综述文章（例如，文献[272,141]）中的任意一篇来了解更多的细节。

7.6 异构网络

已经在 1.3 节中讨论过，为了满足下一代蜂窝网络的区域吞吐量的需求，缩小小区的尺寸（或者，增加更多的基站）和增加空间复用（或者，每个基站配置更多的天线以便同时为更多的用户设备提供服务）是必要的。采用这两项技术的网络是稠密的，意味着单位面积内的天线数目增加了。大规模 MIMO 可看成是网络稠密化的浓缩形式，每个基站覆盖较小的区域且配置少量的天线，称为“小蜂窝基站（SBS）”，它是网络稠密化的分布式形式。单纯从容量的角度看，有理论依据表明：应该分散地放置尽可能多的天线[104]。这意味着：如果可以任意地将 M 根天线分布在 L 个基站内，应当选择 $L = M$，并且尽可能分散地布置基站以使其位于整个覆盖区域内。但是，这样的网络密集程度很快就达到了其在实际中应用的界限，原因是：位于屋顶外部的天线和小于 50m 的小区半径，在支持高速移动的用户设备和在大区域内提供无缝覆盖方面变得愈加困难，回程供给的代价也变得难以承受。7.4.3 节描述的无小区大规模 MIMO 是解决这些挑战问题的一种方法，但是在实际条件下效果怎样仍有待进一步研究。另一方面，传统的大规模 MIMO 特别适合于提供区域覆盖和支持高速移动性。因此，一种兼具大规模 MIMO 和小蜂窝基站优点的网络结构由大规模 MIMO 构成的覆盖层与小蜂窝基站构成的热点层叠加而成。在这个结构中，大规模 MIMO 的基站用于覆盖，为高速移动的用户设备提供服务，而小蜂窝基站为室内和室外的热点区域提供高容量。这种结构面临两个主要的挑战。

(1) 如果基站和小蜂窝基站使用相同的频谱,怎样避免跨层干扰?

(2) 怎样为大量的小蜂窝基站提供回程链路?

结果是:在大规模 MIMO 的基站处采用极其多的天线①来解决这两个挑战问题。在接下来的内容中将对其进行讨论。

7.6.1 采用大规模 MIMO 减少跨层干扰

考虑一个由经典的大规模 MIMO 系统(根据定义 2.1)和小蜂窝基站构成的热点层组成的两层网络。图 7.34 给出了一个此类网络的例子,小蜂窝基站和基站之间的唯一差别是:前者有少量的天线,为少量的用户设备提供服务,具有较小的发射功率(因此较小的覆盖区域),通常部署在较低的位置上。因此,可以根据定义 2.1 为这样的双层网络进行建模,具体做法是:以第 j 个小蜂窝基站为例,为其选择适当的(小的)M_j 和 K_j 值。这样,第 4 章中得出的所有关于频谱效率的结论可直接用于小蜂窝基站。但是值得注意的是,相当少的天线使得几乎不存在信道硬化效应,因此上行链路的频谱效率的 UatF 界(定理 4.2)和下行链路的频谱效率的硬化界(定理 4.3)一点都不紧。在本节中,分别安排基站为宏用户设备(MUE)和小蜂窝基站为小蜂窝用户设备(SUE)提供服务。

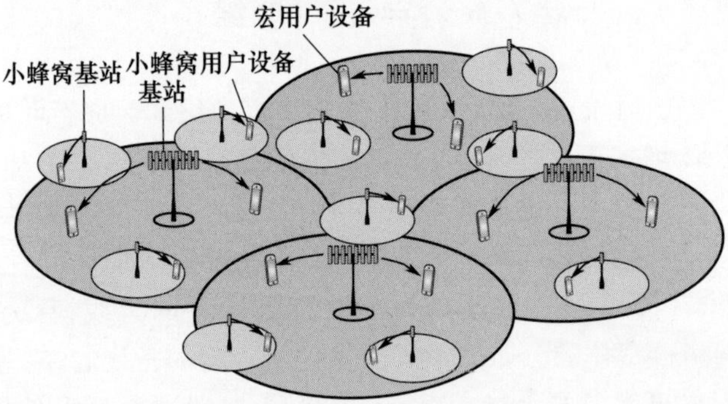

图 7.34　两层部署的异构网络,覆盖层的基站采用大规模 MIMO,热点层采用小蜂窝基站。基站同时为多个用户设备提供服务,而小蜂窝基站只为一个用户设备提供服务

利用定义 2.1,假定基站和小蜂窝基站都采用同步的时分双工(TDD)协议,因此共享相同的频谱。这种情况称为共信道 TDD。但是,在可得到的带宽上还有几种可用的双工模式:TDD 和频分双工(FDD),共信道时间反转时分双工(RTDD)。图 7.35 给出了这些不同双工模式的原理。在 FDD 和 TDD 方案中,基站层和小蜂窝基站层工作在非重叠的频段上,而上行链路和下行链路传输采用 FDD 或者

---

① 具有 M 根天线且为 K 个用户设备提供服务的基站有 $(M-K)$ 根额外的天线。

TDD。因此,层间传输不存在干扰。不同于前面提到的方案,共信道 TDD 和共信道 RTDD 中的两层共享完整的带宽,在共信道 TDD 中,两层中的上行链路和下行链路传输都是同步的,在共信道 RTDD 中,两层中的上行链路和下行链路是颠倒顺序的,也就是说,基站采用下行链路模式,而小蜂窝基站采用上行链路模式,反之亦然。双工模式决定了哪些设备之间存在干扰。例如,在共信道 TDD 的上行链路中,小蜂窝用户设备与宏用户设备之间存在干扰,而在下行链路中,基站和小蜂窝基站之间存在干扰。图 7.36 给出了干扰示意图。

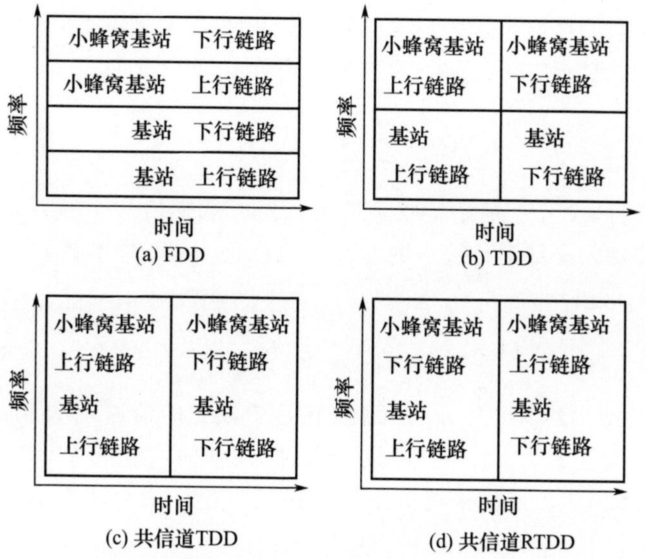

图 7.35 异构网络中不同双工方案的工作原理

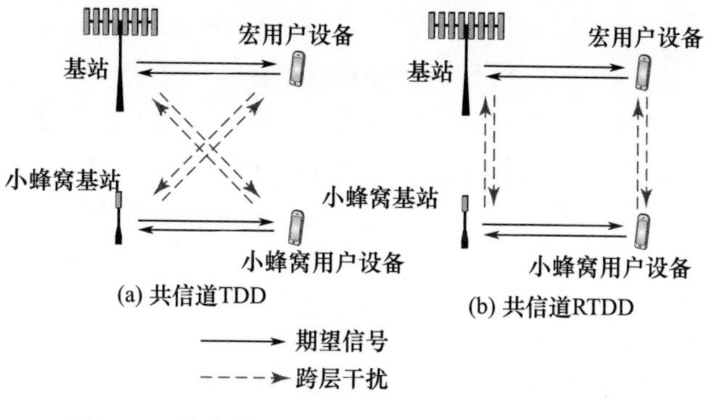

图 7.36 共信道 TDD 和共信道 RTDD 的干扰链路

一个网络中的同步 TDD 协议(也就是说,共信道 TDD 或者共信道 RTDD),与其伴随的信道互易性具有两个重要优点。第一,如 3.1 节中解释的,基站和小蜂窝基站可根据宏用户设备和小蜂窝用户设备的上行链路导频来估计下行链路信道。

第二，它们能估计接收信号的相关矩阵，这个矩阵不但用于信号检测，还能用于具有干扰意识的预编码/合并器的设计，这种设计不再显示地需要干扰信道的知识。为了弄清楚这一点，回想式(4.4)中的多小区最小均方误差合并向量：

$$\boldsymbol{v}_{jk} = p_{jk}\left\{\sum_{l=1}^{L}\sum_{i=1}^{K_l} p_{li}\left[\hat{\boldsymbol{h}}_{li}^{j}(\hat{\boldsymbol{h}}_{li}^{j})^{\mathrm{H}} + \boldsymbol{C}_{li}^{j}\right] + \sigma_{\mathrm{UL}}^{2}\boldsymbol{I}_{M_j}\right\}^{-1}\hat{\boldsymbol{h}}_{jk}^{j} \tag{7.50}$$

这个表达式中的逆矩阵是$\mathbb{E}\{\boldsymbol{y}_j\boldsymbol{y}_j^{\mathrm{H}} \mid \{\hat{\boldsymbol{h}}_{li}^{j}\}\}$，它实际上是对式(2.5)中第 j 个基站接收到的信号 $\boldsymbol{y}_j$ 的条件相关矩阵$\mathbb{E}\{\boldsymbol{y}_j\boldsymbol{y}_j^{\mathrm{H}} \mid \{\boldsymbol{h}_{li}^{j}\}\}$的估计。但是，不是基于全部用户设备的信道估计来计算这个矩阵(根据 3.1 节的内容，需要导频序列和空间相关矩阵的知识)，而是根据如下定义的样本相关矩阵 $\hat{\boldsymbol{Q}}_j$ 进行估计：

$$\hat{\boldsymbol{Q}}_j = \frac{1}{\tau_u}\sum_{n=1}^{\tau_u}\boldsymbol{y}_j[n]\boldsymbol{y}_j^{\mathrm{H}}[n] \tag{7.51}$$

这里，$\boldsymbol{y}_j[n]$指的是第 j 个基站接收到的上行链路数据信号中的第 n 个样本，τ_u 指的是当前相关块内全部上行链路数据符号的总数。基于样本相关矩阵的近似的接收合并向量 $\hat{\boldsymbol{v}}_{jk}$可表示为

$$\hat{\boldsymbol{v}}_{jk} = p_{jk}\hat{\boldsymbol{Q}}_j^{-1}\hat{\boldsymbol{h}}_{jk}^{j} \tag{7.52}$$

注意，第 j 个基站仍然需要估计其所服务的用户设备的信道 $\hat{\boldsymbol{h}}_{jk}^{j}$，而且，$\hat{\boldsymbol{Q}}_j$ 的质量强依赖于 τ_u。已经在 3.3.3 节中从不同角度讨论过相关矩阵的估计。借助于信道的互易性，式(7.52)也可以用来近似下行链路的多小区最小均方误差预编码(根据式(4.37))。

由于接收到的上行链路信号的相关矩阵完整地描述了接收到的干扰的子空间，基站和小蜂窝基站能够简单地对发射信号实施预编码，以使得沿干扰方向辐射的能量很小。可以这样理解：每个节点牺牲自己的一部分自由度(天线)来减少自身产生的干扰，对于基站来说，采用这种做法具有较大的吸引力，原因是基站配置了大量的天线。令人惊奇的是，配置了一定数量天线的小蜂窝基站采用这种预编码方案也会获得较大的频谱效率收益，这方面的细节内容可参阅文献[151,51]。另外一种借助于大天线阵列减少层间干扰的方法是小区中某些区域的空间(角度)留白[9,361]。与时域中几乎空白的子帧概念(LTE 的 R10 中引入的，参见文献[14])相似，这项技术为小蜂窝通信提供了无干扰的空间区域。

7.6.2 用于无线回程链路的大规模 MIMO

恰当地使用大规模 MIMO，能够提供点到多点(从基站到一部分小蜂窝基站，采用相同的或者不同的频段)的无线回程链路。图 7.37 给出了一个例子，它不同于常见的实际情况(实际情况下的回程链路常采用毫米波频段。)，它的回程链路信号采用蜂窝频率(≤6GHz)，而小蜂窝基站的数据通信采用更高的频段(毫米

波)。这么做的好处是:不必采用视距的回程链路,毫米波频段(看 7.5 节)的严重的路径损耗减少了小蜂窝基站之间的小区间干扰。这种解决方法还会获得如下额外的好处:

(1) 对于回程链路来讲,既不需要考虑标准化,也不需要考虑后向兼容性,因此制造者可采用专有的解决方案和快速的集成技术创新。

(2) 由于固定的配置,基站 - 小蜂窝基站之间的信道随时间变化很慢。因此,在基站 - 用户设备的通信中,受信道相关、延迟和复杂性等实际约束而无法采用的复杂的(协作)的发射/检测方案可用于基站 - 小蜂窝基站之间的通信。例如,多个基站联合能够以网络 MIMO 的形式为大量的小蜂窝基站提供无线回程链路。另外,FDD 双工方式也是可行的,因为与基站 - 用户设备在快衰落信道上的通信相比,基站 - 小蜂窝基站之间的 CSI 的反馈速度是非常低的。

(3) 回程链路是动态按需配置的,例如,可以关闭连接到空闲小蜂窝基站的回程链路,以便为业务负荷更重的小区分配更多的资源。这可以避免回程链路容量的过度供应,与传统的光纤链路相比,可节省能量,因为光纤链路的能耗与业务量无关。

(4) 借助于无线回程链路,只需要为小蜂窝基站提供必要的电源。因此,无论何时,无论何地,只需要少量的手动配置(也就是说天线调整和电源)就能为小蜂窝基站安装无线回程链路。这进一步降低了与无线回程链路部署相关的资金和运转消耗。

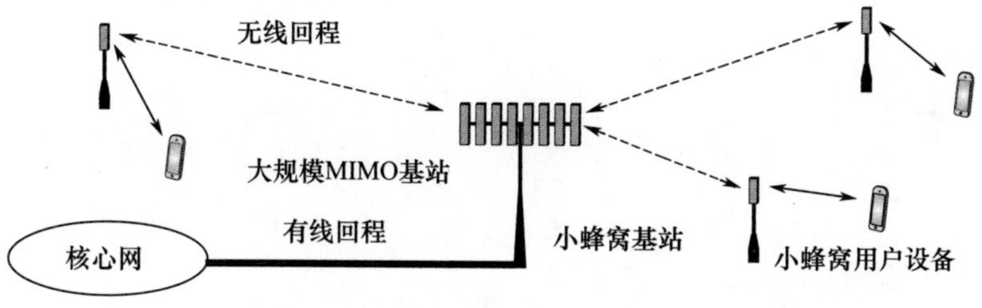

图 7.37　一个为多个小蜂窝基站提供无线回程链路的大规模 MIMO 的基站

在本节中,一个与回程链路相关的问题是:在给定的发射功率预算下,需要多少根天线才能满足回程链路速率的要求(单位是 bit/s)。由于无线回程链路的信道可视为准静态的(慢衰落),因此"基站获得全部邻居小蜂窝基站信道的 CSI,并且在某种程度上协调这些小蜂窝基站的传输"的假设是合理的。在基站之间完整共享用户设备的数据也是不可行的,因为这会给有线的回程网络添加极其大的业务负荷。因此,依赖于多个小区 CSI 和有限的额外数据交换的协作方案是更可取的。

考虑定义 2.1 给出的经典的大规模 MIMO 系统,将用户设备看成是小蜂窝基站。这里进行额外的简单的假设:所有的基站都具有 M 根天线,每个基站都为 S 个小蜂窝基站提供服务。而且忽略信道估计,假定可得到的信道状态信息(CSI)是完美的。这里选择一个来自文献[100]的功率最小化算法作为实例,它为每个小区中的每条回程链路设置了固定的期望信干噪比 γ_{js}，然后寻找能实现最小发射功率的预编码向量 $\boldsymbol{w}_{js}$ 和发射功率 ρ_{js}。换句话说，我们的目标就是要解下述的优化问题：

$$\begin{cases} \underset{\{\rho_{js}, w_{js}\}}{\text{minimize}} \sum_{j=1}^{L} \sum_{s=1}^{S} \rho_{js} \\ \text{s. t. } \ \text{SINR}_{js}^{\text{DL}} \geqslant \gamma_{js}, \ j = 1, \cdots, L, s = 1, \cdots, S \\ \| \boldsymbol{w}_{js} \| = 1, \ j = 1, \cdots, L, s = 1, \cdots, S \end{cases} \tag{7.53}$$

式中，$\{\rho_{js}, \boldsymbol{w}_{js}\}$ 是发射功率和预编码向量的集合，并且

$$\text{SINR}_{js}^{\text{DL}} = \frac{\rho_{js} \left| \boldsymbol{w}_{js}^{\text{H}} \boldsymbol{h}_{js}^{j} \right|^2}{\sum_{l=1}^{L} \sum_{\substack{i=1 \\ (l,i) \neq (j,s)}}^{S} \rho_{li} \left| \boldsymbol{w}_{li}^{\text{H}} \boldsymbol{h}_{js}^{l} \right|^2 + \sigma_{\text{DL}}^2} \tag{7.54}$$

是小区 j 中第 s 个小蜂窝基站的瞬时 SINR。下面的定理给出了式(7.53)的解。

定理 7.3(文献[100]) 如果式(7.53)的解存在，并用 ρ_{js}^{*} 和 $\boldsymbol{w}_{js}^{*} = \boldsymbol{v}_{js}^{*} / \| \boldsymbol{v}_{js}^{*} \|$，$j=1,\cdots,L, s=1,\cdots,S$ 表示它，其中

$$\boldsymbol{v}_{js}^{*} = \left[\sum_{l=1}^{L} \sum_{i=1}^{S} \lambda_{li}^{*} \boldsymbol{h}_{li}^{j} (\boldsymbol{h}_{li}^{j})^{\text{H}} + \boldsymbol{I}_M \right]^{-1} \boldsymbol{h}_{js}^{j} \tag{7.55}$$

其中，λ_{js}^{*} 是下面不动点方程的唯一解。

$$\lambda_{js}^{*} = \frac{\left(1 + \frac{1}{\gamma_{js}}\right)^{-1}}{(\boldsymbol{h}_{js}^{j})^{\text{H}} \left[\sum_{l=1}^{L} \sum_{i=1}^{S} \lambda_{li}^{*} \boldsymbol{h}_{li}^{j} (\boldsymbol{h}_{li}^{j})^{\text{H}} + \boldsymbol{I}_M \right]^{-1} \boldsymbol{h}_{js}^{j}} \tag{7.56}$$

其中，$j=1,\cdots,L, s=1,\cdots,S$，$\rho_{js}^{*}$ 是下述等式集合的唯一解。

$$\frac{\rho_{js}^{*}}{\gamma_{js}} \left| (\boldsymbol{w}_{js}^{*})^{\text{H}} \boldsymbol{h}_{js}^{j} \right|^2 - \sum_{\substack{i=1 \\ i \neq s}}^{S} \rho_{ji}^{*} \left| (\boldsymbol{w}_{ji}^{*})^{\text{H}} \boldsymbol{h}_{js}^{j} \right|^2 - \sum_{\substack{l=1 \\ l \neq j}}^{L} \sum_{i=1}^{S} \rho_{li}^{*} \left| (\boldsymbol{w}_{li}^{*})^{\text{H}} \boldsymbol{h}_{js}^{l} \right|^2 = \sigma_{\text{DL}}^2 \tag{7.57}$$

可借助于标准的不动点算法来计算式(7.56)的解，在这个算法中，随机选择初始值，然后迭代更新 λ_{js}^{*}。等式(7.57)可写成矩阵的形式，并通过矩阵求逆进行求解。注意，如果式(7.53)是不可行的，式(7.56)无解(或者，不动点算法不收敛)。

为了举例说明回程链路，对 4.1.3 节描述的运行实例进行扩展，让 $S=81$ 个小蜂窝基站分布在每个小区的规则格点上。按照用户设备信道的模型来为基站到小蜂窝基站之间的信道进行建模，也就是说，使用 20MHz 的带宽，不相关的瑞利衰落，$\sigma_{\text{sf}}=10$ 的阴影衰落。首先固定每个基站的最大发射功率和每条回程链路的下行链路目标信干噪比。然后利用定理 7.3，从 $M=1$ 开始，寻找实现全部信干噪比

目标的最小的必要的发射功率。如果目标信干噪比是不可行的或者最小的必要的发射功率太高,那么增加天线的数目 M 直到问题变得可行,并且发射功率符合要求。由于式(7.56)中的算法在较高的目标信干噪比下收敛较慢,且在大系统下具有较高的复杂度,因此这里采用这种算法的渐近近似形式(假定 M 和 S 值都非常大)[187,285]。它只利用所有信道的平均信道增益,其复杂度独立于天线的数目。对于中等或者大型系统(或者 $M,S>20$),精确算法和近似算法之间的差异一般很小。

在图 7.38 中,每个小区随机选择全部、40、20 个小蜂窝基站作为下行链路的回程链路,每个基站的最大功率预算是 46dBm,计算实现给定的下行链路的回程链路速率(目标速率)所需的最小基站天线数目。根据经典的上行链路－下行链路对偶性[370,63,335,163],采用与预编码向量 $\boldsymbol{w}_{js}^{*}$ 相同的接收合并向量就可能获得相同的上行链路下的信干噪比(虽然需要重新计算功率分配)。通过固定上行链路－下行链路传输比例 $\tau_u/\tau_d=2/3$,上行链路速率比下行链路速率低 50%。要记住,上行链路－下行链路对偶性仅保证基站的发射功率之和等于小蜂窝基站的发射功率之和,不考虑任何独立的基站或者小蜂窝基站的功率限制。从图中能够看出,每个基站的天线数目随着目标速率和同时服务的小蜂窝基站的数目近似线性地增加。为 20 个小蜂窝基站提供 100Mbit/s 的速率需要为每个基站配置 $M=122$ 根天线。如果小蜂窝基站的数目(或者聚合速率)加倍,需要 244 根天线;如果同时为 81 个小蜂窝基站提供回程链路服务,需要 493 根天线。相同的场景,为了达到一定的回程链路速率,在采用图 7.38 中提供的最小可能的天线数目的条件下,图 7.39给出了每个基站必须具备的平均发射功率。正如所料,小蜂窝基站的数目越小(或者每个基站的聚合速率越小),必须具备的发射功率越低。对于较高的目标速率,需要考虑全局的功率预算,它是独立于小蜂窝基站数目的。由于曲线上的每个点都采用不同的天线数目,因此曲线不是完全光滑的。

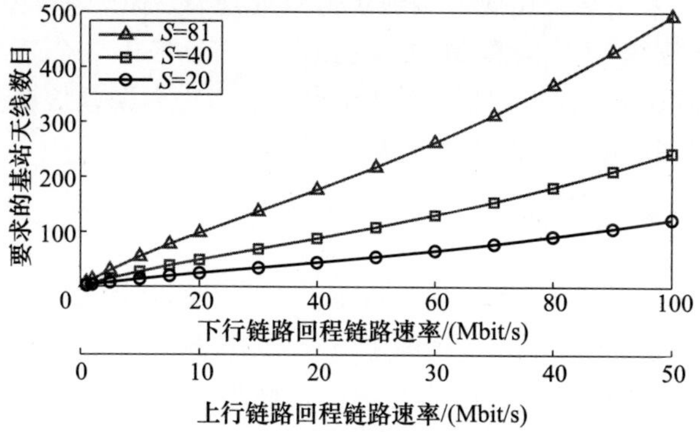

图 7.38　针对不同数目的随机选择的小蜂窝基站($S\in\{20,40,81\}$),下行链路/上行链路的回程链路速率要求的基站天线数目 M,此时每个基站具有 46dBm 的最大平均发射功率

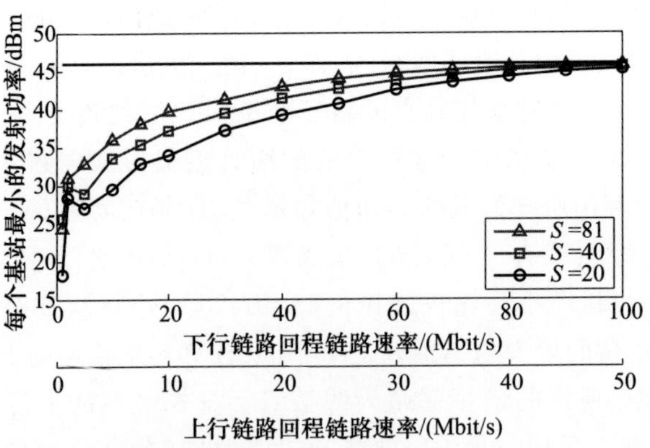

图 7.39　针对不同数目的随机选择的小蜂窝基站（$S \in \{20,40,81\}$），满足下行链路/上行链路的回程链路速率要求的每个基站最小的发射功率。对于每个目标速率，根据图 7.38 选择可能最小的天线数目，直线表示最大平均发射功率为 46dBm

总之，图 7.38 和图 7.39 提供了一些证据，证明了采用大规模 MIMO 的基站可为每个小区中包含的大量小蜂窝基站提供高速的回程链路。在这里提供的例子中，在每个小区中包含 81 个小蜂窝基站、信道带宽为 20MHz 的条件下，为了提供 100Mbit/s 的下行链路的回程链路和 50Mbit/s 的上行链路的回程链路（相当于 8.1Gbit/s/km^{2}的聚合区域吞吐量），至少要为每个基站提供 500 根天线和 46dBm 的发射功率。

7.7　案例研究

本书通过一个案例研究来结束本书，此案例对实际配置和之前章节内容进行了折中。目的是：采用最大比或者正则化迫零处理、最小二乘信道估计、一些以前描述的资源分配方案，为大规模 MIMO 的预期吞吐量提供一个基准。值得注意的是，通过优化阵列配置（根据传播环境）和利用最小均方误差信道估计及多小区最小均方误差处理能够得到更高的吞吐量。

7.7.1　网络配置和参数

考虑如图 7.40 所示的网络设置，与 4.1.3 节所描述的运行实例相似，案例考虑 $L=16$ 个小区，它们分布在 4×4 的平方格点上，相邻基站之间的距离为 250m。根据文献[1]中的 3GPP 3D UMi 非视距信道模型，利用 Fraunhofer Heinrich Hertz Institute 开发的开源 QuaDRiGa 软件[159]产生信道①。在最接近于每个基站的 250m × 250m 地理区域内，均匀地随机分布了 10 个用户设备（与基站之间的距离

① 利用版本号为 1.4.8 – 571 的 QuaDRiGa 软件得到仿真结果。

超过 35m)。将用户设备放置在室外高于地面 1.5m 的非视距位置上,每个用户设备都归属于能提供最强平均信道增益的基站,由于信道模型的阴影衰落特征,每个小区中的用户设备数目并不相同。注意,如果在用户设备 - 基站的归属问题中考虑空间信道相关性,可能会得到更好的系统性能。

每个基站都放置在高于地面 25m 的位置上。考虑覆盖完整小区(或者 360°)的圆柱形阵列,不考虑小区的扇区化。基站工作在 2GHz 的载波频率,假定水平方向和垂直方向的天线间距都为 $\lambda/2$。将天线的配置描述为“水平 × 垂直 × 极化”,它们分别是指每个圆圈中的天线数目、垂直方向上的圆圈数目和极化的数目(评述 7.6)。考虑 3 种配置:10 ×5 ×2,20 ×5 ×1 和 20 ×5 ×2。第一种和第二种配置需要 $M = 100$ 条射频链路,而第三种配置需要 $M = 200$ 条射频链路。在所有配置下,阵列高都是 37.5cm,第一种配置中的阵列直径是 23.9cm,第二种和第三种配置中的阵列直径是 47.7cm。注意,在不增加天线阵列尺寸的情况下,与单极化天线相比,采用双极化同位置天线可使天线数目加倍(射频链路也加倍),详细内容参阅 7.4 节。

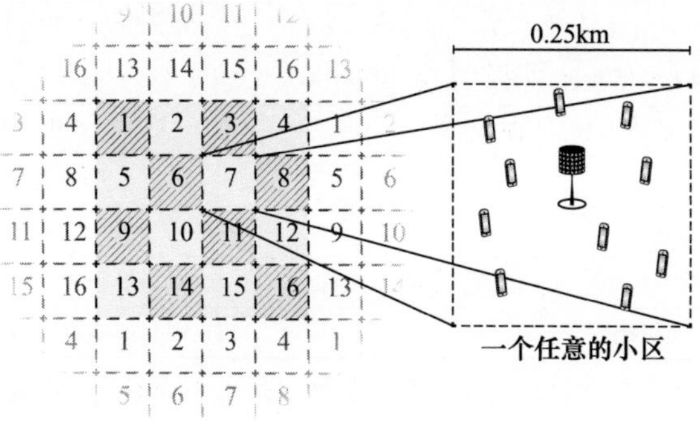

图 7.40 案例考虑了一个采用环绕拓扑,分布在正方形格点上的 16 个基站。注意,由于大尺度衰落,每个基站的覆盖区域将不再是围绕基站的正方形区域

表 7.2 案例研究中的网络参数

参数	值
网络布置	正方形(环绕)
小区数目	$L = 16$
基站间距	250m
用户设备布置	$K = 10$ 个用户设备在每个基站附近 250m × 250m 的区域内,用户设备最小间距为 35m
信道模型	3GPP 3D 城市微蜂窝(UMi)

（续）

参数	值
基站阵列配置	圆柱阵列： $10\times5\times2(M=100)$， $20\times5\times1(M=100)$， $20\times5\times2(M=200)$
基站高度	25m
用户设备高度	1.5m
载波频率	2GHz
带宽	$B=20$MHz
子载波的数目	2000
子载波的带宽	10kHz
用户设备最大发射功率	20dBm
基站最大发射功率	30dBm
接收机噪声功率	-94dBm
循环前缀开销	5%
帧尺寸(大小)	$B_c=50$kHz，$T_c=4$ms
每一帧中的子载波数目	5
每一帧中有用的样本数目	$\tau_c=B_cT_c/1.05\approx190$
导频复用因子	$f=2$
导频序列的数目	$\tau_p=30$
信道估计	最小二乘
合并和预编码	正则化迫零或者最大比

考虑带宽 $B=20$MHz 的 OFDM 系统，包含 2000 个子载波，每个子载波占 10kHz。根据时频资源形成 $B_c=50$kHz，$T_c=4$ms 的帧。假定所有用户设备的信道相关块大于或者等于每帧的大小，然后，每一帧中的信道响应是固定的，5 个相邻子载波的信道响应是相同的。循环前缀(用于克服符号间干扰)占 OFDM 符号持续时间的 5%，因此每一帧中包含 $\tau_c=B_cT_c/1.05\approx190$ 个有用的样本。在每一帧中，$\tau_p=30$ 个样本用于导频，导频复用因子 $f=2$，每个基站包含 $\tau_p/f=15$ 个导频。这些导频随机均匀地分配给小区内的用户设备，当小区中的用户设备数目达不到 15 时，一些导频未被使用。在少见的多于 15 个用户设备连接到基站的情况下，将对随机选择的包含 15 个用户设备的子集实施调度。每帧中其余的 160 个样本将用于有效载荷数据，其中的 1/3 用于上行链路，2/3 用于下行链路。在所有的子载波上调度所有激活的用户设备，最大上行链路发射功率为 20dBm，每个基站的最大下行链路发射功率为 30dBm。注意，这两个数值至少比目前的 LTE 系统低一个数量级(参见评述 4.1)，但是借助于大规模 MIMO 下的阵列增益和空间多路，却可以实现更高的吞吐量。接收机噪声系数为 -94dBm。

为了展现不需要信道统计信息下可实现的基本吞吐量，考虑最小二乘信道估计。由于多小区最小均方误差合并/预编码在最小二乘信道估计下不能很好地工作(参看图 4.14 和图 4.20)，仅考虑最大比和正则化迫零合并/预编码。

7.7.2 仿真结果

在不同的随机的用户位置上，考虑不同功率分配/控制方案下用户设备的下行链路和上行链路吞吐量。图 7.41(a)和图 7.41(b)分别给出了采用最大化 SINR 乘积和最大－最小公平性功率分配下的下行链路吞吐量的 CDF①。根据 7.1.1 节描述的优化算法得到这些功率分配方案。首先观察到，天线配置的选择对吞吐量具有很大的影响。对于每个用户设备，与 $M=100$ 的单极化配置 20×5×1 相比，$M=200$的双极化配置 20×5×2 提供了更高的吞吐量，但是，$M=100$ 的单极化配置 20×5×1 优于 $M=100$ 的双极化配置 10×5×2。结论：对于具有固定物理尺寸的阵列来讲，由于双极化阵列具有两倍的天线数量，因此它具有较好的性能。如果在实际应用中，射频链路数目成为限制因素，那么具有单极化(或者双极化非同位置天线)的更大物理尺寸的阵列具有更高的空间分辨率，是较好的选择。

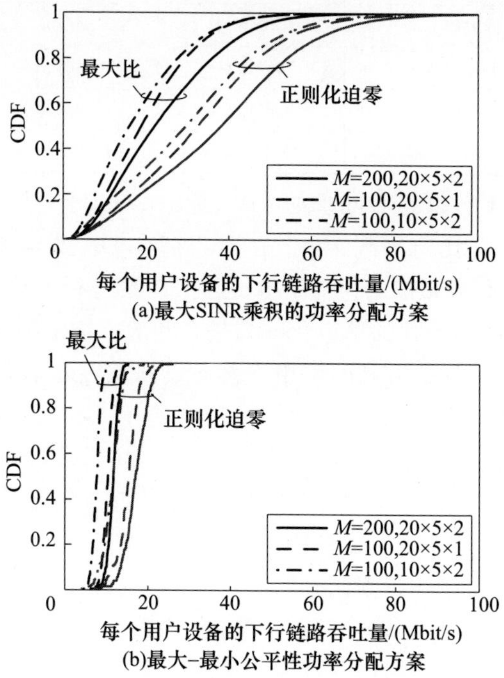

图 7.41　在案例研究中，每个用户设备的下行链路吞吐量的 CDF。对不同的阵列配置、不同的发射预编码方案、不同的功率分配方案进行对比

① 当评价下行链路时，假定上行导频传输都使用最大上行链路功率。

现在集中精力研究性能较好的 20×5×2 天线配置，并且对不同的功率分配和预编码方案进行比较。在最大 SINR 乘积功率分配方案中，采用最大比方案的平均用户设备吞吐量为 24.1Mbit/s，采用正则化迫零方案的平均用户设备吞吐量为 37.7Mbit/s，各用户设备的吞吐量仍存在较大差异。在最大－最小公平性功率分配方案中，采用最大比的平均吞吐量为 11.6Mbit/s，采用正则化迫零的平均吞吐量为 17.1Mbit/s，但是，对于具有最弱信道条件的用户设备来说，从更小的变化和更高的吞吐量角度看，最大－最小公平性功率分配方案的结果更加公平。表 7.3 继续对上述观察进行总结，它给出了 95% 的用户设备所能达到的吞吐量、中间值吞吐量、5% 的用户设备所能达到的吞吐量。与最大 SINR 乘积方案相比，最大－最小公平性方案中 95% 的用户设备所能达到的吞吐量要高 70%。与最大－最小公平性方案相比，最大 SINR 乘积方案的中间值吞吐量高 85%～105%，拥有 5% 最好信道的用户设备也具有更高的吞吐量。

表 7.3 在案例研究中，考虑 20×5×2 的天线配置。在不同的功率分配方案和不同的预编码方案条件下，每个用户设备的下行链路吞吐量

方案	95% 可能性	中值	5% 可能性
最大 SINR 乘积（最大比）	6.0Mbit/s	22.1Mbit/s	48.7Mbit/s
最大 SINR 乘积（正则化迫零）	7.5Mbit/s	38.1Mbit/s	70.1Mbit/s
最大－最小公平性（最大比）	9.3Mbit/s	11.7Mbit/s	13.7Mbit/s
最大－最小公平性（正则化迫零）	12.6Mbit/s	17.0Mbit/s	21.7Mbit/s

图 7.42 给出了上行链路吞吐量的 CDF，考虑 7.1.2 节描述的功率控制框架，小区中的最大接收功率比值局限于 Δ。在图 7.42(a)中，$\Delta = 20\text{dB}$，在图 7.42(b)中，$\Delta = 0\text{dB}$。上行链路得到的结论对下行链路的观察进行了证实。给定射频链路数，选择具有较大的物理尺寸的单极化阵列是有利的。给定物理阵列尺寸，选择拥有更多天线的双极化阵列是有利的。用户设备之间在吞吐量方面存在较大差异，特别是在 $\Delta = 20\text{dB}$ 时，在 $\Delta = 0\text{dB}$ 时也存在较大差异，原因是：在每个小区内都独立地执行启发式上行链路功率控制——与下行链路功率分配相反（最大－最小公平性功率分配方案试图为整个网络中的每个用户设备分配相同的吞吐量）。

聚焦于较好的 20×5×2 天线配置和 $\Delta = 20\text{dB}$，采用最大比方案的平均用户设备吞吐量为 11.6Mbit/s，采用正则化迫零方案的平均用户设备吞吐量为 21.1Mbit/s。在 $\Delta = 0\text{dB}$ 的情况下，采用最大比方案的平均用户设备吞吐量减少为 10.6Mbit/s，采用正则化迫零方案的平均用户设备吞吐量减少为 15.3Mbit/s，但是 95% 的用户设备所能达到的吞吐量高于 $\Delta = 20\text{dB}$ 的情况。表 7.4 给出了 95% 的用户设备所能达到的吞吐量、中间值吞吐量、5% 的用户设备所能达到的吞吐量。较小的 Δ 值以降低中间值吞吐量和具有最强信道的用户设备的吞吐量为代价，提高了 95% 的用户设备所能达到的吞吐量。一般地，由于功率控制方案的作用，上行链路的吞吐

量差异要大于下行链路的吞吐量差异。

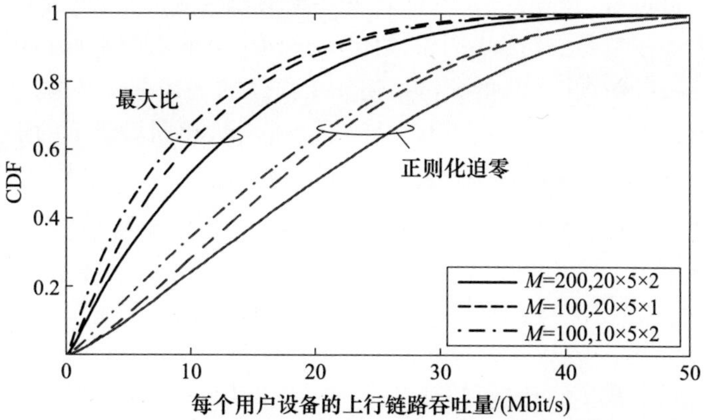

(a) Δ=20dB条件下，式(7.11)中的启发式功率控制策略

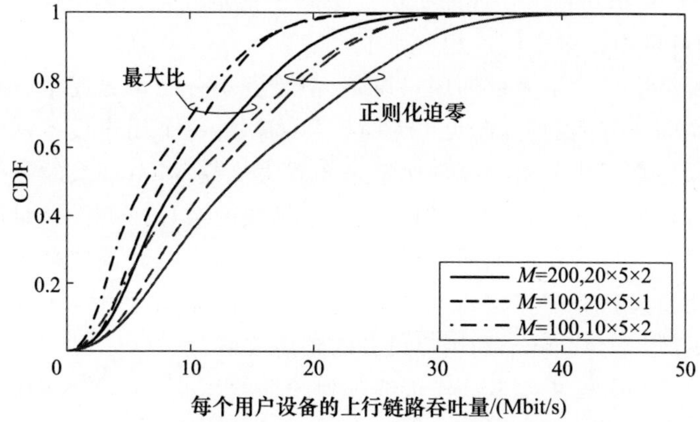

(b) Δ =0dB条件下，式(7.11)中的启发式功率控制策略

图 7.42　在案例研究中,每个用户设备的上行链路吞吐量的 CDF。对不同阵列配置、不同接收合并方案、不同功率控制方案进行了对比

表 7.4　在案例研究中,考虑 20 ×5 ×2 的天线配置。在不同的接收合并方案和不同的最大接收功率比 Δ(用于功率控制)条件下,每个用户设备的上行链路吞吐量

方案	95% 可能性	中值	5% 可能性
Δ = 20dB 最大比	0. 9Mbit/s	9. 2Mbit/s	30. 8Mbit/s
Δ = 20dB 正则化迫零	2. 8Mbit/s	19. 7Mbit/s	44. 6Mbit/s
Δ = 0dB 最大比	2. 7Mbit/s	9. 1Mbit/s	22. 3Mbit/s
Δ = 0dB 正则化迫零	3. 4Mbit/s	13. 6Mbit/s	31. 0Mbit/s

总之,在 20MHz 的信道带宽下,每个小区的平均下行链路吞吐量之和可达到 373Mbit/s,它对应于 6. 0Gbit/(s · km^2)的区域吞吐量。每个小区的上行链路吞吐

量之和可达到209Mbit/s,它对应于3.3Gbit/(s·km^2)的区域吞吐量。注意,导致下行链路和上行链路之间的巨大的吞吐量差异的原因是:下行链路的每一帧中用于数据传输的样本数是上行链路中的两倍——两个方向上的平均频谱效率近似相同。接下来,从区域吞吐量的角度与评述4.1描述的现代LTE系统进行对比。这个系统的下行链路区域吞吐量为263Mbit/(s·km^2),相同场景下的上行链路区域吞吐量为115Mbit/(s·km^2)。在这个案例研究中,可以得出结论:大规模MIMO能增加20~30倍的区域吞吐量。

7.8 小结

• 由于干扰和共享的功率预算,蜂窝网络中的用户设备具有相互冲突的性能指标。可采用功率分配方案在聚合吞吐量和用户设备的公平性之间实现折中。最大化有效SINR乘积导致了合理的折中。借助于信道硬化,SINR仅取决于大尺度衰落,相同的解可用在多个信道相关块中。

• 尽管网络中包含了大量的用户设备,但是资源分配十分简单,原因是:各个用户设备在空间是分离的,因此无论何时,只要需要,每个用户设备就能使用全部的带宽。当采用高天线-用户设备比率来布置大规模MIMO时,时频资源调度仅用于处理业务峰值,此时用户设备的数目多于导频的数目或者没有足够的空间分辨率。这种调度思想来自传统网络,传统网络始终依靠时频调度来为用户设备提供服务。给用户设备分配导频的方法和业务负荷的变化几乎不会对平均频谱效率之和产生影响,但是会影响个别用户设备的频谱效率。

• 空间信道相关性主要取决于天线阵列的形状(如孔径、天线间距)和角度扩展,必须针对任何具体的信道模型讨论空间信道相关性。信道测量已经证实:在实际应用中存在有利的传播条件。

• 天线阵列的角度分辨率取决于它的孔径而不是天线的数目。在角度域,采用关键天线间距来避免重叠。双极化同位置天线能大幅地减小阵列的尺寸,但是有关极化的理论性能分析是困难的。现代基于几何的信道模型支持极化,可用于仿真。

• 毫米波频段遭受较高的路径损耗——可通过大天线阵列进行克服,它适用于热点和低移动的场景。由于每个基站采用比辐射单元数目少的射频链路和每个小区内少量的用户设备,毫米波通信系统从本质上不同于定义2.1对大规模MIMO的定义。

• 大规模MIMO在异构网络中发挥了重大作用,它能确保网络覆盖更大的面积和支持快速移动的用户设备。一种双层的异构网络由配置了大规模MIMO的基站、小蜂窝基站以及同步TDD协议组成。在这个网络中,基站采用额外的天线来减少层内的干扰。无需视距链路,大规模MIMO也能为大量的小蜂窝基站提供无线回程链路。

- 本节也提供了基于最新信道模型、最优资源分配、保守的信号处理方案的案例研究。它表明：在配置大规模 MIMO 的网络中，在 20MHz 的带宽中，在上行链路和下行链路中，每个用户设备都能获得数十 Mbit/s 的吞吐量。当每个小区中放置 10 个左右的用户设备时，可获得几 Gbit/(s · km^2) 的区域吞吐量。

附录A　符号和缩略语

1. 数学符号

大写的黑体斜体字母用于表示矩阵(如 $\boldsymbol{X},\boldsymbol{Y}$),而列向量用小写的黑体斜体字母表示(如 $\boldsymbol{x},\boldsymbol{y}$)。标量用小写/大写的斜体字母表示(如 x,y,X,Y),集合用花体字母表示(如 $\mathcal{X},\mathcal{Y}$)。

本书采用下述的数学符号:

$\mathbb{C}^{N\times M}$	$N\times M$ 的复数值矩阵的集合
$\mathbb{R}^{N\times M}$	$N\times M$ 的实数值矩阵的集合
$\mathbb{C}^{N},\mathbb{R}^{N}$	向量$\mathbb{C}^{N\times 1}$和$\mathbb{R}^{N\times 1}$的简写
$\mathbb{R}^{N}_{+}$	$\mathbb{R}^{N}$ 的非负元素构成的集合
$x\in\mathcal{S}$	x 是集合 $\mathcal{S}$ 中的一个元素
$x\notin\mathcal{S}$	x 不是集合 $\mathcal{S}$ 中的元素
$\{x\in\mathcal{S}:P\}$	$\mathcal{S}$ 的一个子集,子集中全部元素都满足性质 P
$a_n\simeq b_n$	表示 $a_n-b_n\to_{n\to\infty}0$ 几乎必然成立,其中 a_n、b_n 是两个无限长的随机变量序列
$[\boldsymbol{x}]_i$	表示向量 $\boldsymbol{x}$ 的第 i 个元素
$[\boldsymbol{X}]_{ij}$	表示矩阵 $\boldsymbol{X}$ 的第(i,j)个元素
$\mathrm{diag}(\cdot)$	$\mathrm{diag}(x_1,\cdots,x_N)$是一个对角矩阵,标量 $x_1,\cdots,x_N$ 位于其对角线上,$\mathrm{diag}(\boldsymbol{X}_1,\cdots,\boldsymbol{X}_N)$是一个块对角矩阵,矩阵 $\boldsymbol{X}_1,\cdots,\boldsymbol{X}_N$ 位于其对角线上
$\boldsymbol{X}^*$	矩阵 $\boldsymbol{X}$ 的复共轭
$\boldsymbol{X}^{\mathrm{T}}$	矩阵 $\boldsymbol{X}$ 的转置
$\boldsymbol{X}^{\mathrm{H}}$	矩阵 $\boldsymbol{X}$ 的共轭转置
$\boldsymbol{X}^{-1}$	方阵 $\boldsymbol{X}$ 的逆

$\boldsymbol{X}^{\frac{1}{2}}$	方阵 $\boldsymbol{X}$ 的平方根
$\Re(x)$	x 的实部
$\Im(x)$	x 的虚部
j	虚数单位
$\lvert x \rvert$	标量变量 x 的绝对值(或者幅度)
$\lfloor x \rfloor$	最接近于 x 且小于或等于 x 的整数
$\lceil x \rceil$	最接近于 x 且大于或等于 x 的整数
e	欧拉数(e≈2.718281828)
$\max(x,y)$	x 和 y 中的最大者
$\mathrm{mod}(x,y)$	模操作,x 被 y 欧几里得除后所得的余数
$\log_a(x)$	以 $a \in \mathbb{R}$ 为底的 x 的对数
$E_1(x)$	指数积分函数,定义为 $E_1(x) = \int_1^{\infty} \frac{\mathrm{e}^{-xu}}{u} \mathrm{d}u$
$\sin x$	x 的正弦函数
$\cos x$	x 的余弦函数
$\arctan x$	x 的反正切函数
$W(x)$	郎伯函数,见附录中的定义 B.2
$x!$	正整数 x 的阶乘函数,定义为 $x! = x(x-1) \cdot \cdots \cdot 1$
$\mathrm{tr}(\boldsymbol{X})$	方阵 $\boldsymbol{X}$ 的迹
$\det(\boldsymbol{X})$	方阵 $\boldsymbol{X}$ 的行列式
$\boldsymbol{X} \odot \boldsymbol{Y}$	$\boldsymbol{X}$ 和 $\boldsymbol{Y}$ 的 Hadamard(逐元素)乘积
$\boldsymbol{X} \otimes \boldsymbol{Y}$	$\boldsymbol{X}$ 和 $\boldsymbol{Y}$ 的 Kronecker 乘积
$\mathrm{rank}(\boldsymbol{X})$	$\boldsymbol{X}$ 的秩(矩阵非零奇异值的数目)
$\mathcal{N}(\boldsymbol{x},\boldsymbol{R})$	均值为 $\boldsymbol{x}$,协方差矩阵为 $\boldsymbol{R}$ 的实高斯分布
$\mathcal{N}_{\mathbb{C}}(\boldsymbol{0},\boldsymbol{R})$	均值为 $\boldsymbol{0}$,相关矩阵为 $\boldsymbol{R}$ 的循环对称复高斯分布,循环对称指的是:如果 $\boldsymbol{y} \sim \mathcal{N}_{\mathbb{C}}(\boldsymbol{0},\boldsymbol{R})$,那么对于任何给定的 ϕ,$\mathrm{e}^{\mathrm{j}\phi}\boldsymbol{y} \sim \mathcal{N}_{\mathbb{C}}(\boldsymbol{0},\boldsymbol{R})$

$\mathcal{N}_{\mathbb{C}}(\boldsymbol{x},\boldsymbol{R})$　循环对称复高斯分布的一般形式,其中均值为非零的 $\boldsymbol{x}$,如果均值被减掉,那么循环对称成立

$\text{Exp}(x)$　速率 $x>0$ 的指数分布

$\chi^2(x)$　自由度为 x 的卡方分布

$\text{Lap}(\mu,\sigma)$　均值为 μ、标准差为 σ 的拉普拉斯分布,PDF 为 $f(x)=\frac{1}{\sqrt{2}\sigma}\mathrm{e}^{-\frac{\sqrt{2}|x-\mu|}{\sigma}}$

$U[a,b]$　a 与 b 之间的均匀分布

$\text{Po}(\lambda)$　均值和方差为 λ 的泊松分布

$\mathbb{E}\{x\}$　随机变量 x 的期望

$\mathbb{V}\{x\}$　随机变量 x 的方差

$\|\boldsymbol{x}\|$　向量 $\boldsymbol{x}$ 的 L_2 范数 $\|\boldsymbol{x}\|=\sqrt{\sum_i|[\boldsymbol{x}]_i|^2}$

$\|\boldsymbol{X}\|_F$　$\boldsymbol{X}$ 的 Frobenius 范数 $\|\boldsymbol{X}\|_F=\sqrt{\sum_{i,j}|[\boldsymbol{X}]_{ij}|^2}$

$\|\boldsymbol{X}\|_2$　$\boldsymbol{X}$ 的谱范数(最大的奇异值)

$\text{eig}_p(\boldsymbol{X})$　厄米特矩阵 $\boldsymbol{X}$ 的 p 重要特征空间,见定义 7.1

$\boldsymbol{I}_M$　$M\times M$ 的单位阵

$\boldsymbol{1}_N$　$N\times 1$ 的全 1 矩阵(或者向量)

$\boldsymbol{1}_{N\times M}$　$N\times M$ 的全 1 矩阵

$\boldsymbol{0}_M$　$M\times 1$ 的全零矩阵(或者向量)

$\boldsymbol{0}_{N\times M}$　$N\times M$ 的全零矩阵

2. 系统模型符号

本书的系统模型中经常采用下面这些符号

$\boldsymbol{a}(\varphi,\theta)$　天线阵列的空间签名

$\boldsymbol{A}_{li}^{j}$　在 $\boldsymbol{h}_{li}^{j}$ 的任意一种线性估计子中,用于 $\boldsymbol{A}_{li}^{j}\boldsymbol{y}_{jli}^{p}$ 的矩阵

α　式(2.3)模型的大尺度衰落中的路径损耗指数

B　用于通信的总带宽,单位为 Hz

B_c　信道相关带宽,单位为 Hz

β_{li}^{j}　第 l 个小区中第 i 个用户设备与第 j 个基站每根天线之间的平均信道增益,等于 $\text{tr}(\boldsymbol{R}_{li}^{j})/M_j$,其中 $\boldsymbol{h}_{li}^{j}\sim\mathcal{N}_{\mathbb{C}}(\boldsymbol{0}_{M_j},\boldsymbol{R}_{li}^{j})$

$\boldsymbol{C}_{li}^{j}$	第 l 个小区中第 i 个用户设备与第 j 个基站之间的信道估计误差的相关矩阵
D	平均小区密度,单位为 cell/km^2
$d_{\mathrm{H}}, d_{\mathrm{V}}$	相对于波长 λ 的均匀平面阵列的水平和垂直天线间距
d_{li}^{j}	第 j 个基站与第 l 个小区中第 i 个用户设备之间的距离,单位为 km
$\boldsymbol{\Delta}$	式(7.11)的功率控制策略中的最大接收功率差异
f_c	载波频率,单位为 Hz
g_{jk}	第 j 个小区中第 k 个用户设备的预编码信道$(\boldsymbol{h}_{jk}^{j})^{\mathrm{H}}\boldsymbol{w}_{jk}$
$\boldsymbol{h}_{li}^{j}$	第 j 个基站和第 l 个小区中第 i 个用户设备之间的信道响应
$\hat{\boldsymbol{h}}_{li}^{j}$	对第 j 个基站与第 l 个小区中第 i 个用户设备之间的信道 $\boldsymbol{h}_{li}^{j}$ 的估计
$\tilde{\boldsymbol{h}}_{li}^{j}$	估计误差,定义为 $\tilde{\boldsymbol{h}}_{li}^{j}=\boldsymbol{h}_{li}^{j}-\hat{\boldsymbol{h}}_{li}^{j}$
$\hat{\boldsymbol{H}}_{l}^{j}$	式(3.12)定义的矩阵,用于表示第 j 个基站与第 l 个小区中全部用户设备之间的信道响应的估计
j, l, l'	用于小区的序号
k, i, i'	用于用户设备的序号
$\boldsymbol{k}(\varphi, \theta)$	平面波的波向量
K	每个小区中的用户设备数目(如果每个小区中的用户设备数目都相同)
K_j	第 j 个小区中的用户设备数目
$\boldsymbol{\kappa}_t^{\mathrm{BS}}$	基站的发射机的硬件质量因子
$\boldsymbol{\kappa}_r^{\mathrm{BS}}$	基站的接收机的硬件质量因子
$\boldsymbol{\kappa}_t^{\mathrm{UE}}$	用户设备的发射机的硬件质量因子
$\boldsymbol{\kappa}_r^{\mathrm{UE}}$	用户设备的接收机的硬件质量因子
$\boldsymbol{\lambda}$	波长,单位为 m
L	小区的数目
L_{BS}	基站的计算效率,单位为 flop/W

M	基站天线的数量(如果每个小区中的基站天线数目都相等)
M_j	小区 j 中基站的天线数目
$\mathcal{P}_{jk}$	与小区 j 中的第 k 个用户设备采用相同导频的用户设备构成的集合
$P_{\max}^{\mathrm{DL}}$	每个基站的最大下行链路发射功率
$P_{\max}^{\mathrm{UL}}$	每个用户设备的最大上行链路发射功率
p_{jk}	小区 j 中第 k 个用户设备的上行链路发射功率
ρ_{jk}	分配给小区 j 中第 k 个用户设备的下行链路发射功率
φ	方位角
ϕ_{jk}	分配给小区 j 中第 k 个用户设备的导频序列
$\boldsymbol{\Phi}$	具有 τ_p 个相互正交导频序列的导频码书
$\boldsymbol{\Psi}_{li}^{j}$	第 j 个基站与第 l 个小区中第 i 个用户设备之间信道估计中涉及的相关矩阵的逆,理想硬件下的定义见式(3.10),硬件缺陷下的定义见式(6.24)
P_{BS}	基站收/发信机硬件中每根天线的功率
P_{BT}	回程链路业务中 1bit/s 下的功率
P_{COD}	数据编码中 1bit/s 下的功率
P_{DEC}	数据解码中 1bit/s 下的功率
P_{FIX}	基站的固定功率,它独立于业务负荷、基站天线数目、用户设备数目
P_{LO}	每个本振的功率
P_{UE}	每个用户设备的收/发信机硬件的功率
$\boldsymbol{R}_{li}^{j}$	第 j 个基站与小区 l 中第 i 个用户设备之间的信道的相关矩阵
SNR_{jk}^{p}	小区 j 中第 k 个用户设备的导频传输中的有效 SNR,见式(3.13)
σ_{DL}^{2}	下行链路中的噪声方差
σ_{UL}^{2}	上行链路中的噪声方差
σ_{φ}	局部散射模型中的 ASD,参见 2.6 节

σ_{sf}	在式(2.3)中定义的大尺度衰落模型中的阴影衰落的标准差
θ	俯仰角
T_c	信道的相干时间,单位为 s
T_d	延迟扩展,单位为 s
τ_c	每个相关块内的样本数目(等于 B_cT_c)
τ_d	每个相关块中的下行链路数据样本数目
τ_p	每个相关块中用于导频的样本数目
τ_u	每个相关块中上行链路数据的样本数目
$U(\cdot)$	功率分配优化中的效用函数
γ	在式(2.3)的大尺度衰落模型中,在 1km 的参考距离处的平均信道增益
$\mathbf{v}_{jk}$	小区 j 中第 k 个用户设备的接收合并向量
$\mathbf{w}_{jk}$	小区 j 中第 k 个用户设备的发射预编码
$\mathbf{y}_{jli}^{p}$	式(3.2)中定义的处理后的接收导频信号

3. 缩略语

3GPP	3rd Generation Partnership Project	第三代移动通信伙伴项目
ACLR	Adjacent – Channel Leakage Ratio	邻信道泄漏比
ADC	Analog – to – Digital Converter	模数转换器
AoA	Angle of Arrival	到达角
AoD	Angle of Departure	离开角
ASD	Angular Standard Deviation	角度标准偏差
ATP	Area Transmit Power	区域发射功率
AWGN	Additive White Gaussian Noise	加性高斯白噪声
BER	Bit Error Rate	误比特率
BPSK	Binary Phase – Shift Keying	二相移相键控
BS	Base Station	基站
CDF	Cumulative distribution function	累积分布函数

CDMA	Code - Division Multiple Access	码分多址
CoMP	Coordinated Multipoint	协同多点传输
CP	Circuit Power	电路功率
CSI	Channel State Information	信道状态信息
DAB	Digital Audio Broadcast	数字音频广播
DAC	Digital - to - Analog Converter	数模转换器
DFT	Discrete Fourier Transform	离散傅里叶变换
DL	Downlink	下行链路
EE	Energy Efficiency	能量效率
EM	Electromagnetic	电磁
ETP	Effective Transmit Power	有效发射功率
EVM	Error Vector Magnitude	误差向量幅度
EW - MMSE	Element - Wise MMSE	逐元素最小均方误差
FBMC	Filter Bank Multi - Carrier	滤波器组多载波
FDD	Frequency - Division Duplex	频分双工
GSM	Global System for Mobile Communications	全球移动通信系统
HE	Hardware Efficiency	硬件效率
i. i. d	Independent and Identically Distributed	独立同分布
I/Q	In - Phase/Quadrature	同相/正交分量
IEEE	Institute of Electrical and Electronics Engineers	电气与电子工程师学会
JSDM	Joint Spatial - Division and Multiplexing	联合空分和空间多路
LMMSE	Linear MMSE	线性最小均方误差
LO	Local Oscillator	本地振荡器
LoS	Line - of - Sight	视距
LS	Least - Squares	最小二乘

LTE	Long Term Evolution	长期演进
MISO	Multiple - Input Single - Output	多输入单输出
M - MMSE	Multicell Minimum Mean - Squared Error	多小区最小均方误差
MIMO	Multiple - Input Multiple - Output	多输入多输出
MMSE	Minimum Mean - Squared Error	最小均方误差
mmWave	Millimeter Wavelength	毫米波
MR	Maximum Ratio	最大比
MSE	Mean - Squared Error	均方误差
MUE	Macro User Equipment	宏用户设备
NLoS	Non - Line - of - Sight	非视距
NMSE	Normalized MSE	归一化均方误差
OFDM	Orthogonal Frequency - Division Multiplexing	正交频分复用
PA	Power Amplifier	功率放大器
PC	Power Consumption	功率消耗
PDF	Probability Density Function	概率密度函数
PSK	Phase - Shift Keying	相移键控
QAM	Quadrature Amplitude Modulation	正交幅度调制
RA	Random Access	随机接入
RACH	Random Access Channel	随机接入信道
RF	Radio Frequency	射频
RTDD	Reverse Time - Division Duplex	时间反转时分双工
RZF	Regularized Zero - Forcing	正则化迫零
SBS	Small - Cell Base Station	小蜂窝基站
S - MMSE	Single - Cell Minimum Mean - Squared Error	单小区最小均方误差
SC	Small Cell	小蜂窝

SDMA	Space – Division Multiple Access	空分多址
SE	Spectral Efficiency	频谱效率
SIMO	Single – Input Multiple – Output	单输入多输出
SINR	Signal – to – Interference – and – Noise Ratio	信号与干扰噪声比,简称信干噪比
SISO	Single – Input Single – Output	单输入单输出
SNR	Signal – to – Noise Ratio	信噪比
SUE	Small – Cell User Equipment	小蜂窝用户设备
TDD	Time – Division Duplex	时分双工
UatF	Use – and – then – Forget	用后即忘
UE	User Equipment	用户设备
UL	Uplink	上行链路
ULA	Uniform Linear Array	均匀线阵
UMi	Urban Microcell	城市微蜂窝
UMTS	Universal Mobile Telecommunications System	通用移动通信系统
WLAN	Wireless Local Area Network	无线局域网
XPD	Cross – Polar Discrimination	交叉极化区分度
XPI	Cross – Polar Isolation	交叉极化隔离度
ZF	Zero – Forcing	迫零

附录B 标准结果

本附录对本书中用到的基础理论结果和方法进行了总结。包括矩阵分析、随机向量、估计理论、信息论和优化。

B.1 矩阵分析

B.1.1 矩阵运算的复杂度

基本的线性代数运算,例如,矩阵之间的乘法,矩阵的求逆,都具有规整的结构,因此可以在硬件上高效地计算。但是,对于每毫秒内计算大维度矩阵来讲,运算复杂度成为瓶颈。矩阵操作的准确的复杂度主要取决于硬件的执行,包括位宽度(即表示一个数字所需的二进制数的个数)和数据类型(例如,浮点或者定点)。在这一部分内容中,这里忽略加法/减法的复杂度,通过计算必要的复数乘法和除法可以给出运算复杂度的一阶近似,原因是,与乘法/除法相比,加法/减法在硬件上易于执行。

引理 B.1 考虑矩阵 $\boldsymbol{A} \in \mathbb{C}^{N_1 \times N_2}$和 $\boldsymbol{B} \in \mathbb{C}^{N_2 \times N_3}$,矩阵相乘 $\boldsymbol{AB}$ 需要 $N_1 N_2 N_3$ 次复数乘法。利用厄米特对称性,矩阵相乘$\boldsymbol{AA}^{\mathrm{H}}$仅需要$\dfrac{N_1^2 + N_1}{2}N_2$ 次复数乘法。

证明:$\boldsymbol{AB}$ 中有 $N_1 N_3$ 个元素,每个元素的计算涉及 N_2 次乘法(矩阵 $\boldsymbol{A}$ 一行的元素与矩阵 $\boldsymbol{B}$ 一列的元素相乘)。在 $\boldsymbol{B} = \boldsymbol{A}^{\mathrm{H}}$的情况下,厄米特对称性使得只需要计算$\dfrac{N_1^2 + N_1}{2}$个元素,包括主对角线元素和一半的非对角线元素。

当一个矩阵的逆与另一个矩阵相乘时,采用$\boldsymbol{LDL}^{\mathrm{H}}$分解,在计算和存储方面,都可以有效地利用硬件资源[183]。矩阵 $\boldsymbol{L}$ 是主对角元素全为 1 的下三角矩阵,$\boldsymbol{D}$ 是对角矩阵。

引理 B.2 考虑半正定的厄米特矩阵 $\boldsymbol{A} \in \mathbb{C}^{N_1 \times N_1}$ 和矩阵 $\boldsymbol{B} \in \mathbb{C}^{N_1 \times N_2}$。通过$\dfrac{N_1^3 - N_1}{3}$次复数乘法可计算 $\boldsymbol{A}$ 的$\boldsymbol{LDL}^{\mathrm{H}}$分解,如果已知 $\boldsymbol{A}$ 的$\boldsymbol{LDL}^{\mathrm{H}}$分解,通过 $N_1^2 N_2$ 次复数乘法和 N_1 次复数除法可计算 $\boldsymbol{A}^{-1}\boldsymbol{B}$。

证明:文献[155,183]介绍了计算$\boldsymbol{LDL}^{\mathrm{H}}$分解的高效算法,在文献[155]表 I 中可找到所需的乘法次数。注意,可通过解 N_2 个线性方程组来计算 $\boldsymbol{A}^{-1}\boldsymbol{B}$。如果已知$\boldsymbol{LDL}^{\mathrm{H}}$分解，可利用它通过前向—后向替换法求解这个线性方程组，每个方程组需要 N_1^2 次乘法运算，文献[67]的附录 C.2 对整个过程进行了描述。需要 N_1 次额外的除法来计算 $\boldsymbol{D}^{-1}$。

B.1.2 矩阵等式

下面的等式是计算矩阵逆的关键。

引理 B.3(矩阵求逆引理) 考虑矩阵 $\boldsymbol{A} \in \mathbb{C}^{N_1 \times N_1}$，$\boldsymbol{B} \in \mathbb{C}^{N_1 \times N_2}$，$\boldsymbol{C} \in \mathbb{C}^{N_2 \times N_2}$ 和 $\boldsymbol{D} \in \mathbb{C}^{N_2 \times N_1}$。如果涉及的逆矩阵都存在，那么下面的等式成立。

$$(\boldsymbol{A} + \boldsymbol{BCD})^{-1} = \boldsymbol{A}^{-1} - \boldsymbol{A}^{-1}\boldsymbol{B}(\boldsymbol{DA}^{-1}\boldsymbol{B} + \boldsymbol{C}^{-1})^{-1}\boldsymbol{DA}^{-1} \tag{B.1}$$

利用引理 B.3，能得到下面秩 1 扰动后求逆的等式。

引理 B.4 考虑可逆的厄米特矩阵 $\boldsymbol{A} \in \mathbb{C}^{N \times N}$ 和某个向量 $\boldsymbol{x} \in \mathbb{C}^{N}$，下式成立。

$$(\boldsymbol{A} + \boldsymbol{xx}^{\mathrm{H}})^{-1} = \boldsymbol{A}^{-1} - \frac{1}{1 + \boldsymbol{x}^{\mathrm{H}}\boldsymbol{A}^{-1}\boldsymbol{x}}\boldsymbol{A}^{-1}\boldsymbol{xx}^{\mathrm{H}}\boldsymbol{A}^{-1} \tag{B.2}$$

$$(\boldsymbol{A} + \boldsymbol{xx}^{\mathrm{H}})^{-1}\boldsymbol{x} = \frac{1}{1 + \boldsymbol{x}^{\mathrm{H}}\boldsymbol{A}^{-1}\boldsymbol{x}}\boldsymbol{A}^{-1}\boldsymbol{x} \tag{B.3}$$

证明：利用引理 B.3，令 $\boldsymbol{B} = \boldsymbol{x}$，$\boldsymbol{C} = 1$，$\boldsymbol{D} = \boldsymbol{x}^{\mathrm{H}}$，得到式(B.2)中的等式。在式(B.2)的右端乘以 $\boldsymbol{x}$，对表达式进行简化得到式(B.3)。

下面的等式经常用于矩阵运算。

引理 B.5 矩阵 $\boldsymbol{A} \in \mathbb{C}^{N_1 \times N_2}$ 和 $\boldsymbol{B} \in \mathbb{C}^{N_2 \times N_1}$，下式成立。

$$(\boldsymbol{I}_{N_1} + \boldsymbol{AB})^{-1}\boldsymbol{A} = \boldsymbol{A}(\boldsymbol{I}_{N_2} + \boldsymbol{BA})^{-1} \tag{B.4}$$

$$\mathrm{tr}(\boldsymbol{AB}) = \mathrm{tr}(\boldsymbol{BA}) \tag{B.5}$$

第一个等式用于证明下面的结论。

引理 B.6 令 $\boldsymbol{A} \in \mathbb{C}^{N \times N}$ 和 $\boldsymbol{B} \in \mathbb{C}^{N \times N}$ 是两个半正定的厄米特矩阵，满足 $\boldsymbol{BA} = \boldsymbol{0}_{N \times N}$。然后下式成立。

$$(\boldsymbol{I}_N + \boldsymbol{A} + \boldsymbol{B})^{-1}\boldsymbol{A} = (\boldsymbol{I}_N + \boldsymbol{A})^{-1}\boldsymbol{A} \tag{B.6}$$

证明：式(B.6)的左边可重写为

$$\begin{aligned}
(\boldsymbol{I}_N + \boldsymbol{A} + \boldsymbol{B})^{-1}\boldsymbol{A} &= (\boldsymbol{I}_N + \boldsymbol{A} + \boldsymbol{B})^{-1}\boldsymbol{A}(\boldsymbol{I}_N + \boldsymbol{A})(\boldsymbol{I}_N + \boldsymbol{A})^{-1} \\
&\overset{(a)}{=} (\boldsymbol{I}_N + \boldsymbol{A} + \boldsymbol{B})^{-1}(\boldsymbol{I}_N + \boldsymbol{A})\boldsymbol{A}(\boldsymbol{I}_N + \boldsymbol{A})^{-1} \\
&\overset{(b)}{=} (\boldsymbol{I}_N + \boldsymbol{A} + \boldsymbol{B})^{-1}(\boldsymbol{I}_N + \boldsymbol{A} + \boldsymbol{B})\boldsymbol{A}(\boldsymbol{I}_N + \boldsymbol{A})^{-1} \\
&= \boldsymbol{A}(\boldsymbol{I}_N + \boldsymbol{A})^{-1} \\
&\overset{(c)}{=} (\boldsymbol{I}_N + \boldsymbol{A})^{-1}\boldsymbol{A}
\end{aligned} \tag{B.7}$$

其中,(a)表示矩阵$(\boldsymbol{I}_N+\boldsymbol{A})$和$\boldsymbol{A}$可以互换位置,$(b)$利用了假设条件$\boldsymbol{BA}=\boldsymbol{0}_{N\times N}$,在括号里添加了$\boldsymbol{BA}$这一项,最后$(c)$利用了式(B.4)中的矩阵等式。

下面的矩阵不等式经常用于矩阵表达式的下/上界。

引理 B.7 考虑任意的矩阵$\boldsymbol{A}\in\mathbb{C}^{N\times N}$和半正定矩阵$\boldsymbol{B}\in\mathbb{C}^{N\times N}$,下式成立。

$$|\mathrm{tr}(\boldsymbol{AB})|\leqslant\|\boldsymbol{A}\|_2\mathrm{tr}(\boldsymbol{B}) \tag{B.8}$$

如果$\boldsymbol{A}$是一个半正定矩阵,可得到下式:

$$\mathrm{tr}(\boldsymbol{AB})\leqslant\|\boldsymbol{A}\|_2\mathrm{tr}(\boldsymbol{B}) \tag{B.9}$$

证明:令$\sigma_i(\cdot)$表示一个矩阵的按降序排列的第i个奇异值。$|\mathrm{tr}(\boldsymbol{AB})|\leqslant\sum_{i=1}^{N}\sigma_i(\boldsymbol{A})\sigma_i(\boldsymbol{B})$总是成立的。因为$\sigma_i(\boldsymbol{A})\leqslant\sigma_1(\boldsymbol{A})=\|\boldsymbol{A}\|_2$和$\boldsymbol{B}$是半正定矩阵(特征值等于奇异值),得到$|\mathrm{tr}(\boldsymbol{AB})|\leqslant\|\boldsymbol{A}\|_2\sum_{i=1}^{N}\sigma_i(\boldsymbol{B})=\|\boldsymbol{A}\|_2\mathrm{tr}(\boldsymbol{B})$。当$\boldsymbol{A}$是半正定矩阵时,根据$|\mathrm{tr}(\boldsymbol{AB})|=\mathrm{tr}(\boldsymbol{AB})$,从式(B.8)得到式(B.9)。

引理 B.8 考虑正定矩阵$\boldsymbol{A}\in\mathbb{C}^{N\times N}$和半正定矩阵$\boldsymbol{B}\in\mathbb{C}^{N\times N}$,下式成立。

$$\mathrm{tr}(\boldsymbol{A}^{-1}\boldsymbol{B})\geqslant\frac{1}{\|\boldsymbol{A}\|_2}\mathrm{tr}(\boldsymbol{B}) \tag{B.10}$$

证明:令$\boldsymbol{C}=\boldsymbol{A}^{-1}$,它是特征值为正的正定矩阵,式(B.10)的左边可写为

$$\begin{aligned}\mathrm{tr}(\boldsymbol{CB})&=\mathrm{tr}(\lambda_{\min}(\boldsymbol{C})\boldsymbol{I}_N\boldsymbol{B})+\mathrm{tr}((\boldsymbol{C}-\lambda_{\min}(\boldsymbol{C})\boldsymbol{I}_N)\boldsymbol{B})\\&\geqslant\lambda_{\min}(\boldsymbol{C})\mathrm{tr}(\boldsymbol{B})=\frac{1}{\|\boldsymbol{C}^{-1}\|_2}\mathrm{tr}(\boldsymbol{B})\end{aligned} \tag{B.11}$$

其中,$\lambda_{\min}(\boldsymbol{C})>0$表示矩阵$\boldsymbol{C}$的最小特征值。不等式成立的原因是,$(\boldsymbol{C}-\lambda_{\min}(\boldsymbol{C})\boldsymbol{I}_N)$和$\boldsymbol{B}$是半正定矩阵,因此$\mathrm{tr}((\boldsymbol{C}-\lambda_{\min}(\boldsymbol{C})\boldsymbol{I}_N)\boldsymbol{B})\geqslant0$。最后注意,$\boldsymbol{C}$的最小特征值等于$\boldsymbol{C}^{-1}=\boldsymbol{A}$的最大特征值的倒数,这个最大特征值等于$\|\boldsymbol{A}\|_2$。

引理 B.9(柯西-许瓦兹不等式) 考虑向量$\boldsymbol{a}\in\mathbb{C}^N$和$\boldsymbol{b}\in\mathbb{C}^N$,下式成立。

$$|\boldsymbol{a}^{\mathrm{H}}\boldsymbol{b}|^2\leqslant\|\boldsymbol{a}\|^2\ \|\boldsymbol{b}\|^2 \tag{B.12}$$

只有当$\boldsymbol{a}$和$\boldsymbol{b}$线性相关时,等式才会成立。

引理 B.10(一般化的瑞利商) 考虑固定的向量$\boldsymbol{a}\in\mathbb{C}^N$和厄米特正定矩阵$\boldsymbol{B}\in\mathbb{C}^{N\times N}$。下式成立。

$$\max_{\boldsymbol{v}\in\mathbb{C}^N}\frac{|\boldsymbol{v}^{\mathrm{H}}\boldsymbol{a}|^2}{\boldsymbol{v}^{\mathrm{H}}\boldsymbol{Bv}}=\boldsymbol{a}^{\mathrm{H}}\boldsymbol{B}^{-1}\boldsymbol{a} \tag{B.13}$$

其中,当$\boldsymbol{v}=\boldsymbol{B}^{-1}\boldsymbol{a}$时取得最大值。

证明:因为$\boldsymbol{B}$是正定的,所以矩阵$\boldsymbol{B}$的平方根$\boldsymbol{C}=\boldsymbol{B}^{\frac{1}{2}}$存在。从变量变换$\bar{\boldsymbol{v}}=\boldsymbol{Cv}$开始,导致了等价的优化问题:

$$\max_{\bar{\boldsymbol{v}}\in\mathbb{C}^N}\frac{|\bar{\boldsymbol{v}}^{\mathrm{H}}(\boldsymbol{C}^{-1})^{\mathrm{H}}\boldsymbol{a}|^2}{\|\bar{\boldsymbol{v}}\|^2} \tag{B.14}$$

接下来,注意:根据柯西-许瓦兹不等式(引理 B.9),$|\bar{\boldsymbol{v}}^{\mathrm{H}}(\boldsymbol{C}^{-1})^{\mathrm{H}}\boldsymbol{a}|^2 \leqslant \|\bar{\boldsymbol{v}}\|^2 \|(\boldsymbol{C}^{-1})^{\mathrm{H}}\boldsymbol{a}\|^2$,只有当 $\bar{\boldsymbol{v}}$ 和$(\boldsymbol{C}^{-1})^{\mathrm{H}}\boldsymbol{a}$ 相等或者相差一个标量乘积因子的时候,等式才能成立。通过在式(B.14)中插入上界,得到最大值 $\|(\boldsymbol{C}^{-1})^{\mathrm{H}}\boldsymbol{a}\|^2 = \boldsymbol{a}^{\mathrm{H}}\boldsymbol{B}^{-1}\boldsymbol{a}$。注意,$\bar{\boldsymbol{v}}$ 的伸缩不会影响结果,因此通过设置 $\bar{\boldsymbol{v}} = (\boldsymbol{C}^{-1})^{\mathrm{H}}\boldsymbol{a}$ 可以导出 $\boldsymbol{v} = \boldsymbol{C}^{-1}(\boldsymbol{C}^{-1})^{\mathrm{H}}\boldsymbol{a} = \boldsymbol{B}^{-1}\boldsymbol{a}$。

B.2 随机向量和矩阵

这一部分提供一些与随机标量、随机向量和随机矩阵相关的标准结论。

定义 B.1(复高斯随机变量) 一个具有均值 $\boldsymbol{\mu} \in \mathbb{C}^N$ 和正定协方差矩阵 $\boldsymbol{R} \in \mathbb{C}^{N \times N}$ 的 N 维循环对称复高斯随机向量 $\boldsymbol{x}$ 具有如下的 PDF:

$$f(\boldsymbol{x}) = \frac{\mathrm{e}^{-(\boldsymbol{x}-\boldsymbol{\mu})^{\mathrm{H}}\boldsymbol{R}^{-1}(\boldsymbol{x}-\boldsymbol{\mu})}}{\pi^N \det(\boldsymbol{R})} \tag{B.15}$$

表示为 $\boldsymbol{x} \sim \mathcal{N}_{\mathbb{C}}(\boldsymbol{\mu}, \boldsymbol{R})$,循环对称暗示着:对于任意给定的 ϕ,$(\boldsymbol{x}-\boldsymbol{\mu})$ 与 $\mathrm{e}^{\mathrm{j}\phi}(\boldsymbol{x}-\boldsymbol{\mu})$ 具有相同的分布①。

如果协方差矩阵 $\boldsymbol{R}$ 的秩 $r < N$,那么 $\boldsymbol{x} \sim \mathcal{N}_{\mathbb{C}}(\boldsymbol{\mu}, \boldsymbol{R})$ 意味着:

$$\boldsymbol{x} = \boldsymbol{\mu} + \boldsymbol{U}\boldsymbol{D}^{\frac{1}{2}}\begin{bmatrix} \boldsymbol{g} \\ \boldsymbol{0}_{N-r} \end{bmatrix} \tag{B.16}$$

其中,$\boldsymbol{g} \sim \mathcal{N}_{\mathbb{C}}(\boldsymbol{0}_r, \boldsymbol{I}_r)$ 具有 PDF $\frac{\mathrm{e}^{-\|\boldsymbol{g}\|^2}}{\pi^r}$ 和 $\boldsymbol{R} = \boldsymbol{U}\boldsymbol{D}\boldsymbol{U}^{\mathrm{H}}$ 是特征值分解,对角阵 $\boldsymbol{D}$ 包含了降序排列的特征值。

如果 $N=1$,均值为 0,然后 $x \sim \mathcal{N}_{\mathbb{C}}(0, q)$ 具有下列的 PDF:

$$f(x) = \frac{\mathrm{e}^{-|x|^2/q}}{\pi q} \tag{B.17}$$

引理 B.11(杰森不等式) 考虑一个标量实值可积②的随机变量 x 和标量函数 $g(\cdot)$。如果函数是凸函数,那么:

$$g(\mathbb{E}\{x\}) \leqslant \mathbb{E}\{g(x)\} \tag{B.18}$$

如果函数是凹函数,则有

$$g(\mathbb{E}\{x\}) \geqslant \mathbb{E}\{g(x)\} \tag{B.19}$$

只有当 x 是确定性的或者 $g(\cdot)$ 是线性函数时,式(B.18)和式(B.19)中的等号才成立。

---

① 严格地说,只有 0 均值的随机变量才可能是循环对称的,这里对这个概念进行了扩展。

② 更准确地说,期望 $\mathbb{E}\{g(x)\}$ 必须是有限的。

下面是强大数定律的特殊情况。

引理 B.12 令 $x_1,\cdots,x_M$ 表示均值为$\mathbb{E}\{x_m\}=a$ 和$\mathbb{E}\{x_m^4\}<\infty$的非负独立同分布的随机标量，然后随着 $M\to\infty$，下式几乎必然成立。

$$\frac{1}{M}\sum_{m=1}^{M}x_m \to a \tag{B.20}$$

证明：这是文献[93]中的定理 3.4 的特例。

下面的迹引理也是强大数定律的一个重要结果。

引理 B.13 令 $\boldsymbol{R}_1,\boldsymbol{R}_2,\cdots$是矩阵序列，$\boldsymbol{R}_M\in\mathbb{C}^{M\times M}$，它满足 $\lim\sup_M \|\boldsymbol{R}_M\|_2<\infty$。令 $\boldsymbol{x}_1,\boldsymbol{x}_2,\cdots$是服从 $\boldsymbol{x}_M\sim\mathcal{N}_{\mathbb{C}}(\boldsymbol{0}_M,\boldsymbol{I}_M)$分布的随机向量序列。随着 $M\to\infty$，下式几乎必然成立。

$$\frac{1}{M}\boldsymbol{x}_M^{\mathrm{H}}\boldsymbol{R}_M\boldsymbol{x}_M-\frac{1}{M}\mathrm{tr}(\boldsymbol{R}_M)\to 0 \tag{B.21}$$

证明：这是文献[93]中的定理 3.4 的特例，当时将它限制为复高斯向量。

引理 B.14 考虑一个向量 $\boldsymbol{a}\sim\mathcal{N}_{\mathbb{C}}(\boldsymbol{0}_N,\boldsymbol{A})$，协方差矩阵为 $\boldsymbol{A}\in\mathbb{C}^{N\times N}$，任意的可对角化的矩阵 $\boldsymbol{B}\in\mathbb{C}^{N\times N}$。下式成立。

$$\mathbb{E}\{|\boldsymbol{a}^{\mathrm{H}}\boldsymbol{B}\boldsymbol{a}|^2\}=|\mathrm{tr}(\boldsymbol{B}\boldsymbol{A})|^2+\mathrm{tr}(\boldsymbol{B}\boldsymbol{A}\boldsymbol{B}^{\mathrm{H}}\boldsymbol{A}) \tag{B.22}$$

证明：注意到$\boldsymbol{a}=\boldsymbol{A}^{\frac{1}{2}}\boldsymbol{w}$，其中 $\boldsymbol{w}\sim\mathcal{N}_{\mathbb{C}}(\boldsymbol{0}_N,\boldsymbol{I}_N)$，于是，得到

$$\mathbb{E}\{|\boldsymbol{a}^{\mathrm{H}}\boldsymbol{B}\boldsymbol{a}|^2\}=\mathbb{E}\{|\boldsymbol{w}^{\mathrm{H}}(\boldsymbol{A}^{\mathrm{H}})^{\frac{1}{2}}\boldsymbol{B}\boldsymbol{A}^{\frac{1}{2}}\boldsymbol{w}|^2\} \tag{B.23}$$

接下来，令$\boldsymbol{U}\boldsymbol{\Lambda}\boldsymbol{U}^{\mathrm{H}}=(\boldsymbol{A}^{\mathrm{H}})^{\frac{1}{2}}\boldsymbol{B}\boldsymbol{A}^{\frac{1}{2}}$表示特征值分解，其中 $\boldsymbol{\Lambda}=\mathrm{diag}(\lambda_1,\cdots,\lambda_N)$，定义 $\bar{\boldsymbol{w}}=[\bar{w}_1\cdots\bar{w}_N]^{\mathrm{T}}=\boldsymbol{U}^{\mathrm{H}}\boldsymbol{w}\sim\mathcal{N}_{\mathbb{C}}(\boldsymbol{0}_N,\boldsymbol{I}_N)$，可得出下式：

$$\begin{aligned}
&\mathbb{E}\{|\boldsymbol{w}^{\mathrm{H}}(\boldsymbol{A}^{\mathrm{H}})^{\frac{1}{2}}\boldsymbol{B}\boldsymbol{A}^{\frac{1}{2}}\boldsymbol{w}|^2\}=\mathbb{E}\{|\bar{\boldsymbol{w}}^{\mathrm{H}}\boldsymbol{\Lambda}\bar{\boldsymbol{w}}|^2\}\\
&=\mathbb{E}\Big\{\Big|\sum_{n=1}^{N}|\bar{w}_n|^2\lambda_n\Big|^2\Big\}=\sum_{n_1=1}^{N}\sum_{n_2=1}^{N}\mathbb{E}\{|\bar{w}_{n_1}|^2|\bar{w}_{n_2}|^2\}\lambda_{n_1}\lambda_{n_2}^*\\
&\overset{(a)}{=}\sum_{n_1=1}^{N}\sum_{\substack{n_2=1\\n_2\neq n_1}}^{N}\lambda_{n_1}\lambda_{n_2}^*+\sum_{n_1=1}^{N}2|\lambda_{n_1}|^2\\
&=\sum_{n_1=1}^{N}\lambda_{n_1}\sum_{n_2=1}^{N}\lambda_{n_2}^*+\sum_{n_1=1}^{N}|\lambda_{n_1}|^2\\
&\overset{(b)}{=}|\mathrm{tr}(\boldsymbol{\Lambda})|^2+\mathrm{tr}(\boldsymbol{\Lambda}\boldsymbol{\Lambda}^{\mathrm{H}})\\
&=|\mathrm{tr}((\boldsymbol{A}^{\mathrm{H}})^{\frac{1}{2}}\boldsymbol{B}\boldsymbol{A}^{\frac{1}{2}})|^2+\mathrm{tr}((\boldsymbol{A}^{\mathrm{H}})^{\frac{1}{2}}\boldsymbol{B}\boldsymbol{A}^{\frac{1}{2}}(\boldsymbol{A}^{\mathrm{H}})^{\frac{1}{2}}\boldsymbol{B}^{\mathrm{H}}\boldsymbol{A}^{\frac{1}{2}})\\
&=|\mathrm{tr}(\boldsymbol{B}\boldsymbol{A})|^2+\mathrm{tr}(\boldsymbol{B}\boldsymbol{A}\boldsymbol{B}^{\mathrm{H}}\boldsymbol{A})
\end{aligned} \tag{B.24}$$

这里(a)是利用 $\bar{\boldsymbol{w}}$ 的各元素之间的独立性和$\mathbb{E}\{|\bar{w}_n|^2\}=1$，$\mathbb{E}\{|\bar{w}_n|^4\}=2$。在(b)中，将特征值之和表示为矩阵的迹，然后从特征值分解中重新引入酉矩阵。最

终的等式来自：只要 $\boldsymbol{C}_1$ 和 $\boldsymbol{C}_2^{\mathrm{T}}$ 具有相同的维度，$\mathrm{tr}(\boldsymbol{C}_1\boldsymbol{C}_2)=\mathrm{tr}(\boldsymbol{C}_2\boldsymbol{C}_1)$。

引理 B.15 考虑随机向量 $\boldsymbol{a}\sim\mathcal{N}_{\mathbb{C}}(\boldsymbol{0}_{N_a},\mu_a\boldsymbol{I}_{N_a})$ 和 $\boldsymbol{b}\sim\mathcal{N}_{\mathbb{C}}(\boldsymbol{0}_{N_b},\mu_b\boldsymbol{I}_{N_b})$，$\mu_a\neq\mu_b$，标量

$$y=\|\boldsymbol{a}\|^2+\|\boldsymbol{b}\|^2 \tag{B.25}$$

具有如下的 PDF：

$$f(x)=\sum_{m=1}^{N_a}\frac{x^{N_a-m}\mathrm{e}^{-\frac{x}{\mu_a}}(-1)^{m+1}\begin{pmatrix}N_b+m-2\\m-1\end{pmatrix}}{\mu_a^{N_a}\mu_b^{N_b}(N_a-m)!\left(\frac{1}{\mu_b}-\frac{1}{\mu_a}\right)^{N_b+m-1}}+\sum_{m=1}^{N_b}\frac{x^{N_b-m}\mathrm{e}^{-\frac{x}{\mu_b}}(-1)^{m+1}\begin{pmatrix}N_a+m-2\\m-1\end{pmatrix}}{\mu_a^{N_a}\mu_b^{N_b}(N_b-m)!\left(\frac{1}{\mu_a}-\frac{1}{\mu_b}\right)^{N_a+m-1}},\ x\geqslant 0 \tag{B.26}$$

当 $x<0$ 时 $f(x)=0$，而且，下式成立：

$$\mathbb{E}\{\log_2(1+\|\boldsymbol{a}\|^2+\|\boldsymbol{b}\|^2)\}$$

$$=\sum_{m=1}^{N_a}\sum_{l=0}^{N_a-m}\frac{\begin{pmatrix}N_b+m-2\\m-1\end{pmatrix}(-1)^{N_a-l+1}\left[\mathrm{e}^{\frac{1}{\mu_a}}E_1\left(\frac{1}{\mu_a}\right)+\sum_{n=1}^{l}\frac{1}{n}\sum_{j=0}^{n-1}\frac{1}{j!\mu_a^j}\right]}{\left(\frac{1}{\mu_b}-\frac{1}{\mu_a}\right)^{N_b+m-1}(N_a-m-l)!\mu_a^{N_a-l-1}\mu_b^{N_b}\ln 2}+\sum_{m=1}^{N_b}\sum_{l=0}^{N_b-m}\frac{\begin{pmatrix}N_a+m-2\\m-1\end{pmatrix}(-1)^{N_b-l+1}\left[\mathrm{e}^{\frac{1}{\mu_b}}E_1\left(\frac{1}{\mu_b}\right)+\sum_{n=1}^{l}\frac{1}{n}\sum_{j=0}^{n-1}\frac{1}{j!\mu_b^j}\right]}{\left(\frac{1}{\mu_a}-\frac{1}{\mu_b}\right)^{N_a+m-1}(N_b-m-l)!\mu_a^{N_a}\mu_b^{N_b-l-1}\ln 2} \tag{B.27}$$

证明：$\mathcal{N}_{\mathbb{C}}(0,v)$ 的绝对值的平方是一个服从指数分布 $\mathrm{Exp}(1/v)$ 的随机变量，因此 $\|\boldsymbol{a}\|^2$ 是 N_a 个独立的指数分布随机变量 $\mathrm{Exp}(1/\mu_a)$ 的和。类似地，$\|\boldsymbol{b}\|^2$ 是 N_b 个独立的指数分布随机变量 $\mathrm{Exp}(1/\mu_b)$ 的和。当 $\mu_a\neq\mu_b$ 时，式(B.26)中的 PDF 来自文献[13]中通用的 PDF 公式。

通过如下的展开过程计算式(B.27)中的期望。

$$\mathbb{E}\{\log_2(1+\|\boldsymbol{a}\|^2+\|\boldsymbol{b}\|^2)\}=\int_0^\infty\log_2(1+x)f(x)\,\mathrm{d}x$$

$$= \sum_{m=1}^{N_a} \frac{\int_0^{\infty} \log_2(1+x) x^{N_a-m} e^{-\frac{x}{\mu_a}} dx \, (-1)^{m+1} \begin{pmatrix} N_b + m - 2 \\ m-1 \end{pmatrix}}{\mu_a^{N_a} \mu_b^{N_b} (N_a - m)! \left(\frac{1}{\mu_b} - \frac{1}{\mu_a}\right)^{N_b+m-1}}$$

$$+ \sum_{m=1}^{N_b} \frac{\int_0^{\infty} \log_2(1+x) x^{N_b-m} e^{-\frac{x}{\mu_b}} dx \, (-1)^{m+1} \begin{pmatrix} N_a + m - 2 \\ m-1 \end{pmatrix}}{\mu_a^{N_a} \mu_b^{N_b} (N_b - m)! \left(\frac{1}{\mu_a} - \frac{1}{\mu_b}\right)^{N_a+m-1}} \tag{B.28}$$

采用下面的积分等式(来自[55]中的定理2)计算其余的期望得到最终的表达式。

$$\int_0^{\infty} \log_2(1+x) x^{N-m} e^{-\frac{x}{\mu}} dx$$

$$= \sum_{l=0}^{N-m} \frac{(N-m)!}{(N-m-l)!} \frac{\mu^{l+1}(-1)^{N-m-l}}{\ln 2} \left[e^{\frac{1}{\mu}} E_1\left(\frac{1}{\mu}\right) + \sum_{n=1}^{l} \frac{1}{n} \sum_{j=0}^{n-1} \frac{1}{j!\mu^j} \right] \tag{B.29}$$

B.3 郎伯函数 W 的性质

郎伯 W 函数经常出现在能量效率的分析中,它的定义如下:

定义 B.2 用 $W(x)$ 表示郎伯 W 函数,它是通过等式 $x = W(x)e^{W(x)}$ 定义的,其中 $x \in \mathbb{R}$,e 是欧拉数。

函数具有如下的下界和上界。

引理 B.16 郎伯 W 函数 $W(x)$ 在 $x \geqslant 0$ 时是一个递增的函数,并且满足如下的不等式:

$$e\frac{x}{\ln x} \leqslant e^{W(x)+1} \leqslant (1+e)\frac{x}{\ln x}, \quad x \geqslant e \tag{B.30}$$

这里的 e 是欧拉数。

这条引理来自文献[146]中的结论和不等式,它表示:对于较小的 x(或者,当 $\ln x \approx x$ 时),$e^{W(x)+1}$ 近似等于 e,但是,当 x 很大时(或者,当 $\ln x$ 几乎是个常数时),$e^{W(x)+1}$ 几乎随 x 线性增长。

B.4 基本的估计理论

这部分提供了一些本书中使用的关于未知变量的估计方面的结论。进一步的阅读可参阅文献[175]。

估计的目的是根据测量得到一个未知变量的近似值。这里特别关注于贝叶斯估计,其中的未知变量是一个统计分布已知的或者统计分布部分已知的随机变量的实现。具有下面基本定义。

定义 B.3(贝叶斯估计子 $\hat{x}(y)$) 考虑一个位于支撑集 $\mathcal{X}$ 中的随机变量 $\boldsymbol{x} \in \mathbb{C}^N$,令 $\hat{\boldsymbol{x}}(\boldsymbol{y})$ 表示基于观察 $\boldsymbol{y} \in \mathbb{C}^T$ 的 $\boldsymbol{x}$ 的任意估计子。对于一个给定的损失函数 $l(\cdot,\cdot)$,最小化如下期望损失的估计子称为贝叶斯估计子。

$$\mathbb{E}\{l(\boldsymbol{x},\hat{\boldsymbol{x}}(\boldsymbol{y})\} \tag{B.31}$$

有许多损失函数可供选择,但本书重点关注平方差函数,因为它的期望对应于估计误差的方差。

定义 B.4(最小均方误差估计子) 最小均方误差估计子是通过损失函数 $l(\boldsymbol{x},\hat{\boldsymbol{x}}(\boldsymbol{y})) = \|\boldsymbol{x}-\hat{\boldsymbol{x}}(\boldsymbol{y})\|^2$给出的,它最小化如下的均方估计误差:

$$\mathbb{E}\{\|\boldsymbol{x}-\hat{\boldsymbol{x}}(\boldsymbol{y})\|^2\} \tag{B.32}$$

可以通过下式对其进行计算:

$$\hat{\boldsymbol{x}}_{\text{MMSE}}(\boldsymbol{y}) = \mathbb{E}\{\boldsymbol{x} \mid \boldsymbol{y}\} = \int_{\mathcal{X}} \boldsymbol{x} f(\boldsymbol{x} \mid \boldsymbol{y}) \mathrm{d}\boldsymbol{x} \tag{B.33}$$

其中,$f(\boldsymbol{x}|\boldsymbol{y})$是给定观测量 $\boldsymbol{y}$ 条件下的 $\boldsymbol{x}$ 的条件 PDF。

本书中特别关注从观测量中得到的复高斯随机变量的最小均方误差估计子,它含有独立的加性复高斯噪声(和干扰)。

引理 B.17 考虑根据观测量 $\boldsymbol{y}=\boldsymbol{A}\boldsymbol{x}+\boldsymbol{n} \in \mathbb{C}^L$ 得出的对 N 维向量 $\boldsymbol{x} \sim \mathcal{N}_{\mathbb{C}}(\bar{\boldsymbol{x}},\boldsymbol{R})$的估计。协方差矩阵 $\boldsymbol{R}$ 是正定的,$\boldsymbol{A} \in \mathbb{C}^{L\times N}$是一个已知的矩阵,$\boldsymbol{n} \sim \mathcal{N}_{\mathbb{C}}(\bar{\boldsymbol{n}},\boldsymbol{S})$是一个 L 维的独立的噪声/干扰向量,它具有正定的协方差矩阵。

基于 $\boldsymbol{y}$ 的 $\boldsymbol{x}$ 的最小均方误差估计子为

$$\hat{\boldsymbol{x}}_{\text{MMSE}}(\boldsymbol{y}) = \bar{\boldsymbol{x}} + \boldsymbol{R}\boldsymbol{A}^{\mathrm{H}}(\boldsymbol{A}\boldsymbol{R}\boldsymbol{A}^{\mathrm{H}}+\boldsymbol{S})^{-1}(\boldsymbol{y}-\boldsymbol{A}\bar{\boldsymbol{x}}-\bar{\boldsymbol{n}}) \tag{B.34}$$

误差协方差矩阵 $\boldsymbol{C}_{\text{MMSE}} = \mathbb{E}\{(\boldsymbol{x}-\hat{\boldsymbol{x}}_{\text{MMSE}})(\boldsymbol{x}-\hat{\boldsymbol{x}}_{\text{MMSE}})^{\mathrm{H}}\}$,且

$$\boldsymbol{C}_{\text{MMSE}} = \boldsymbol{R}-\boldsymbol{R}\boldsymbol{A}^{\mathrm{H}}(\boldsymbol{A}\boldsymbol{R}\boldsymbol{A}^{\mathrm{H}}+\boldsymbol{S})^{-1}\boldsymbol{A}\boldsymbol{R} \tag{B.35}$$

均方误差 $\text{MSE} = \mathbb{E}\{\|\boldsymbol{x}-\hat{\boldsymbol{x}}_{\text{MMSE}}\|^2\}$,且

$$\text{MSE} = \text{tr}(\boldsymbol{R}-\boldsymbol{R}\boldsymbol{A}^{\mathrm{H}}(\boldsymbol{A}\boldsymbol{R}\boldsymbol{A}^{\mathrm{H}}+\boldsymbol{S})^{-1}\boldsymbol{A}\boldsymbol{R}) \tag{B.36}$$

证明:从计算条件 PDF$f(\boldsymbol{x}|\boldsymbol{y})$开始,为了这个目的,注意到下面三个表示式分别是 $\boldsymbol{x}$ 的 PDF,$\boldsymbol{y}$ 的 PDF,给定 $\boldsymbol{x}$ 下 $\boldsymbol{y}$ 的条件 PDF。

$$f(\boldsymbol{x}) = \frac{\mathrm{e}^{-(\boldsymbol{x}-\bar{\boldsymbol{x}})^{\mathrm{H}}\boldsymbol{R}^{-1}(\boldsymbol{x}-\bar{\boldsymbol{x}})}}{\pi^N \det(\boldsymbol{R})} \tag{B.37}$$

$$f(\boldsymbol{y})=\frac{\mathrm{e}^{-(\boldsymbol{y}-\boldsymbol{A}\bar{\boldsymbol{x}}-\bar{\boldsymbol{n}})^{\mathrm{H}}(\boldsymbol{ARA}^{\mathrm{H}}+\boldsymbol{S})^{-1}(\boldsymbol{y}-\boldsymbol{A}\bar{\boldsymbol{x}}-\bar{\boldsymbol{n}})}}{\pi^{L}\det(\boldsymbol{ARA}^{\mathrm{H}}+\boldsymbol{S})} \tag{B.38}$$

$$f(\boldsymbol{y}|\boldsymbol{x})=\frac{\mathrm{e}^{-(\boldsymbol{y}-\boldsymbol{Ax}-\bar{\boldsymbol{n}})^{\mathrm{H}}\boldsymbol{S}^{-1}(\boldsymbol{y}-\boldsymbol{Ax}-\bar{\boldsymbol{n}})}}{\pi^{L}\det(\boldsymbol{S})} \tag{B.39}$$

利用贝叶斯公式,能够计算出$f(\boldsymbol{x}|\boldsymbol{y})$为

$$f(\boldsymbol{x}|\boldsymbol{y})=\frac{f(\boldsymbol{y}|\boldsymbol{x})f(\boldsymbol{x})}{f(\boldsymbol{y})}=\frac{\dfrac{\mathrm{e}^{-(\boldsymbol{y}-\boldsymbol{Ax}-\bar{\boldsymbol{n}})^{\mathrm{H}}\boldsymbol{S}^{-1}(\boldsymbol{y}-\boldsymbol{Ax}-\bar{\boldsymbol{n}})}}{\pi^{L}\det(\boldsymbol{S})}\dfrac{\mathrm{e}^{-(\boldsymbol{x}-\bar{\boldsymbol{x}})^{\mathrm{H}}\boldsymbol{R}^{-1}(\boldsymbol{x}-\bar{\boldsymbol{x}})}}{\pi^{N}\det(\boldsymbol{R})}}{\dfrac{\mathrm{e}^{-(\boldsymbol{y}-\boldsymbol{A}\bar{\boldsymbol{x}}-\bar{\boldsymbol{n}})^{\mathrm{H}}(\boldsymbol{ARA}^{\mathrm{H}}+\boldsymbol{S})^{-1}(\boldsymbol{y}-\boldsymbol{A}\bar{\boldsymbol{x}}-\bar{\boldsymbol{n}})}}{\pi^{L}\det(\boldsymbol{ARA}^{\mathrm{H}}+\boldsymbol{S})}}$$

$$=\frac{\mathrm{e}^{-(\boldsymbol{x}-\boldsymbol{m})^{\mathrm{H}}(\boldsymbol{R}^{-1}+\boldsymbol{A}^{\mathrm{H}}\boldsymbol{S}^{-1}\boldsymbol{A})(\boldsymbol{x}-\boldsymbol{m})}}{\pi^{N}\det((\boldsymbol{R}^{-1}+\boldsymbol{A}^{\mathrm{H}}\boldsymbol{S}^{-1}\boldsymbol{A})^{-1})}$$

其中

$$\begin{aligned}\boldsymbol{m}&=\bar{\boldsymbol{x}}+(\boldsymbol{R}^{-1}+\boldsymbol{A}^{\mathrm{H}}\boldsymbol{S}^{-1}\boldsymbol{A})^{-1}\boldsymbol{A}^{\mathrm{H}}\boldsymbol{S}^{-1}(\boldsymbol{y}-\boldsymbol{A}\bar{\boldsymbol{x}}-\bar{\boldsymbol{n}})\\&=\bar{\boldsymbol{x}}+\boldsymbol{RA}^{\mathrm{H}}(\boldsymbol{ARA}^{\mathrm{H}}+\boldsymbol{S})^{-1}(\boldsymbol{y}-\boldsymbol{A}\bar{\boldsymbol{x}}-\bar{\boldsymbol{n}})\end{aligned} \tag{B.40}$$

经过一些简单的代数运算(包括使用引理 B.3),能够看出$f(\boldsymbol{x}|\boldsymbol{y})$是一个均值为$\boldsymbol{m}$、协方差矩阵为$(\boldsymbol{R}^{-1}+\boldsymbol{A}^{\mathrm{H}}\boldsymbol{S}^{-1}\boldsymbol{A})^{-1}$的循环对称复高斯分布。利用定义,最小均方误差估计子为$\hat{\boldsymbol{x}}_{\mathrm{MMSE}}(\boldsymbol{y})=\mathbb{E}\{\boldsymbol{x}|\boldsymbol{y}\}=\boldsymbol{m}$,估计误差协方差矩阵为

$$\boldsymbol{C}_{\mathrm{MMSE}}=(\boldsymbol{R}^{-1}+\boldsymbol{A}^{\mathrm{H}}\boldsymbol{S}^{-1}\boldsymbol{A})^{-1}=\boldsymbol{R}-\boldsymbol{RA}^{\mathrm{H}}(\boldsymbol{ARA}^{\mathrm{H}}+\boldsymbol{S})^{-1}\boldsymbol{AR} \tag{B.41}$$

其中,第二个等式来自引理 B.3。最后,注意均方误差是$\mathrm{tr}(\boldsymbol{C}_{\mathrm{MMSE}})$。

正如下一个推论所述,即使当未知变量的协方差矩阵是秩亏缺的,也能应用最小均方误差估计子。为了简单起见,只考虑0均值变量,它是本书研究的焦点。

推论 B.1 考虑利用观察$\boldsymbol{y}=\boldsymbol{x}q+\boldsymbol{n}\in\mathbb{C}^{N}$对$N$维向量$\boldsymbol{x}\sim\mathcal{N}_{\mathbb{C}}(\boldsymbol{0}_N,\boldsymbol{R})$的估计,其中$\boldsymbol{R}$是半正定的协方差/相关矩阵。已知导频信号$q\in\mathbb{C}$,$\boldsymbol{n}\sim\mathcal{N}_{\mathbb{C}}(\boldsymbol{0}_N,\boldsymbol{S})$是具有正定的协方差/相关矩阵的独立噪声/干扰向量。

$\boldsymbol{x}$的最小均方误差估计子为

$$\hat{\boldsymbol{x}}_{\mathrm{MMSE}}(\boldsymbol{y})=q^{*}\boldsymbol{R}(|q|^{2}\boldsymbol{R}+\boldsymbol{S})^{-1}\boldsymbol{y} \tag{B.42}$$

估计误差相关矩阵为

$$\boldsymbol{C}_{\mathrm{MMSE}}=\boldsymbol{R}-|q|^{2}\boldsymbol{R}(|q|^{2}\boldsymbol{R}+\boldsymbol{S})^{-1}\boldsymbol{R} \tag{B.43}$$

均方误差为

$$\mathrm{MSE}=\mathrm{tr}(\boldsymbol{R}-|q|^{2}\boldsymbol{R}(|q|^{2}\boldsymbol{R}+\boldsymbol{S})^{-1}\boldsymbol{R}) \tag{B.44}$$

证明:与评述 2.2 类似,令$\boldsymbol{R}=\boldsymbol{UDU}^{\mathrm{H}}$,其中$\boldsymbol{D}\in\mathbb{R}^{r\times r}$是对角矩阵,对角矩阵包括$\boldsymbol{R}$的$r=\mathrm{rank}(\boldsymbol{R})$个正的非零的特征值,$\boldsymbol{U}\in\mathbb{C}^{N\times r}$由伴随的特征向量构成。利用

矩阵 $\boldsymbol{U}$，能得到 $\boldsymbol{x}=\boldsymbol{U}\boldsymbol{g}$，其中 $\boldsymbol{g}\sim\mathcal{N}_{\mathbb{C}}(\boldsymbol{0}_r,\boldsymbol{D})$，注意 $\boldsymbol{y}=\boldsymbol{U}\boldsymbol{g}q+\boldsymbol{n}$。由于 $\boldsymbol{g}$ 是具有满秩的相关/协方差矩阵 $\boldsymbol{D}$ 的待估计变量，因此可将 $\boldsymbol{g}$ 看作未知变量，$\boldsymbol{U}q$ 看作已知矩阵 $\boldsymbol{A}$，$\boldsymbol{n}$ 看作噪声/干扰向量，应用引理 B.17，得到

$$\begin{aligned}\mathbb{E}\{\boldsymbol{x}\mid\boldsymbol{y}\}&=\boldsymbol{U}\,\mathbb{E}\{\boldsymbol{g}\mid\boldsymbol{y}\}\\&=q^{*}\boldsymbol{U}\boldsymbol{D}\boldsymbol{U}^{\mathrm{H}}(|q|^{2}\boldsymbol{U}\boldsymbol{D}\boldsymbol{U}^{\mathrm{H}}+\boldsymbol{S})^{-1}\boldsymbol{y}\\&=q^{*}\boldsymbol{R}(|q|^{2}\boldsymbol{R}+\boldsymbol{S})^{-1}\boldsymbol{y}\end{aligned}\tag{B.45}$$

因此得到式(B.42)中的估计子。相应地可计算出估计误差相关矩阵和均方误差。

在很多关于非高斯未知变量的情况下，难于计算最小均方误差估计子，原因是：缺乏闭合表达式或者实际中无法得到未知变量的全部统计特征。此时，可应用线性贝叶斯估计子，因为这种估计子只需要变量的均值和协方差矩阵。

定义 B.5（线性最小均方误差估计子（LMMSE）） 线性最小均方误差估计子是在估计子为观测值的线性（或者仿射）函数的限制条件下的贝叶斯估计子，它最小化如下的方差：

$$\mathbb{E}\{\|\boldsymbol{x}-\hat{\boldsymbol{x}}(\boldsymbol{y})\|^{2}\}\tag{B.46}$$

其中

$$\hat{\boldsymbol{x}}_{\mathrm{LMMSE}}(\boldsymbol{y})=\boldsymbol{A}\boldsymbol{y}+\boldsymbol{b}\tag{B.47}$$

同时选择 $\boldsymbol{A}$ 和 $\boldsymbol{b}$ 使得 MSE 最小化。能够得到线性最小均方误差估计子的闭合表达式。

引理 B.18 考虑基于观测量 $\boldsymbol{y}$ 对向量 $\boldsymbol{x}$ 的估计，如果 $\boldsymbol{C}_{yy}$ 是可逆的，线性最小均方误差估计子为

$$\hat{\boldsymbol{x}}_{\mathrm{LMMSE}}(\boldsymbol{y})=\mathbb{E}\{\boldsymbol{x}\}+\boldsymbol{C}_{xy}\boldsymbol{C}_{yy}^{-1}(\boldsymbol{y}-\mathbb{E}\{\boldsymbol{y}\})\tag{B.48}$$

它实现的均方误差值为 $\mathrm{tr}(\boldsymbol{C}_{\mathrm{LMMSE}})$，这里的估计误差协方差矩阵 $\boldsymbol{C}_{\mathrm{LMMSE}}$ 为

$$\boldsymbol{C}_{\mathrm{LMMSE}}=\boldsymbol{C}_{xx}-\boldsymbol{C}_{xy}\boldsymbol{C}_{yy}^{-1}\boldsymbol{C}_{xy}^{\mathrm{H}}\tag{B.49}$$

其中

$$\boldsymbol{C}_{xy}=\mathbb{E}\{(\boldsymbol{x}-\mathbb{E}\{\boldsymbol{x}\})(\boldsymbol{y}-\mathbb{E}\{\boldsymbol{y}\})^{\mathrm{H}}\}\tag{B.50}$$

$$\boldsymbol{C}_{xx}=\mathbb{E}\{(\boldsymbol{x}-\mathbb{E}\{\boldsymbol{x}\})(\boldsymbol{x}-\mathbb{E}\{\boldsymbol{x}\})^{\mathrm{H}}\}\tag{B.51}$$

$$\boldsymbol{C}_{yy}=\mathbb{E}\{(\boldsymbol{y}-\mathbb{E}\{\boldsymbol{y}\})(\boldsymbol{y}-\mathbb{E}\{\boldsymbol{y}\})^{\mathrm{H}}\}\tag{B.52}$$

证明：根据定义，线性最小均方误差估计子具有形式 $\hat{\boldsymbol{x}}_{\mathrm{LMMSE}}(\boldsymbol{y})=\boldsymbol{A}\boldsymbol{y}+\boldsymbol{b}$，它最小化下式：

$$\begin{aligned}\mathbb{E}\{\|\boldsymbol{x}-\boldsymbol{A}\boldsymbol{y}-\boldsymbol{b}\|^{2}\}&=\mathrm{tr}(\mathbb{E}\{(\boldsymbol{x}-\boldsymbol{A}\boldsymbol{y}-\boldsymbol{b})(\boldsymbol{x}^{\mathrm{H}}-\boldsymbol{y}^{\mathrm{H}}\boldsymbol{A}^{\mathrm{H}}-\boldsymbol{b}^{\mathrm{H}})\})\\&=\mathrm{tr}(\mathbb{E}\{(\boldsymbol{x}-\boldsymbol{A}\boldsymbol{y})(\boldsymbol{x}^{\mathrm{H}}-\boldsymbol{y}^{\mathrm{H}}\boldsymbol{A}^{\mathrm{H}})\})\\&\quad+\mathrm{tr}(\boldsymbol{b}\boldsymbol{b}^{\mathrm{H}}-\mathbb{E}\{\boldsymbol{x}\}\boldsymbol{b}^{\mathrm{H}}-\boldsymbol{b}\,\mathbb{E}\{\boldsymbol{x}^{\mathrm{H}}\}+\boldsymbol{A}\,\mathbb{E}\{\boldsymbol{y}\}\boldsymbol{b}^{\mathrm{H}}+\boldsymbol{b}\,\mathbb{E}\{\boldsymbol{y}^{\mathrm{H}}\}\boldsymbol{A}^{\mathrm{H}})\end{aligned}$$

$$
\begin{aligned}
&= \mathbb{E}\{\|(\boldsymbol{x}-\mathbb{E}\{\boldsymbol{x}\})-\boldsymbol{A}(\boldsymbol{y}-\mathbb{E}\{\boldsymbol{y}\})\|^2\} \\
&+ \|\boldsymbol{b}-\mathbb{E}\{\boldsymbol{x}\}+\boldsymbol{A}\,\mathbb{E}\{\boldsymbol{y}\}\|^2
\end{aligned} \tag{B.53}
$$

这里的最后一个等式来自平方计算和一些代数运算。注意，$\boldsymbol{b}$ 仅以 $\|\boldsymbol{b}-\mathbb{E}\{\boldsymbol{x}\}+\boldsymbol{A}\,\mathbb{E}\{\boldsymbol{y}\}\|^2$ 的形式出现在式(B.53)中，这表明通过令 $\boldsymbol{b}_{\min}=\mathbb{E}\{\boldsymbol{x}\}-\boldsymbol{A}\,\mathbb{E}\{\boldsymbol{y}\}$，式(B.53)就能得到最小值。将这个值代回到式(B.53)，得到

$$
\begin{aligned}
&\mathbb{E}\{\|(\boldsymbol{x}-\mathbb{E}\{\boldsymbol{x}\})-\boldsymbol{A}(\boldsymbol{y}-\mathbb{E}\{\boldsymbol{y}\})\|^2\} \\
&= \operatorname{tr}(\boldsymbol{C}_{xx}-\boldsymbol{A}\boldsymbol{C}_{yx}-\boldsymbol{C}_{xy}\boldsymbol{A}^{\mathrm{H}}+\boldsymbol{A}\boldsymbol{C}_{yy}\boldsymbol{A}^{\mathrm{H}}) \\
&= \operatorname{tr}((\boldsymbol{A}\boldsymbol{C}_{yy}-\boldsymbol{C}_{xy})\boldsymbol{C}_{yy}^{-1}(\boldsymbol{A}\boldsymbol{C}_{yy}-\boldsymbol{C}_{xy})^{\mathrm{H}}) \\
&+ \operatorname{tr}(\boldsymbol{C}_{xx})-\operatorname{tr}(\boldsymbol{C}_{xy}\boldsymbol{C}_{yy}^{-1}\boldsymbol{C}_{xy}^{\mathrm{H}})
\end{aligned} \tag{B.54}
$$

这里的最后等式来自平方计算和利用 $\boldsymbol{C}_{yx}=\boldsymbol{C}_{xy}^{\mathrm{H}}$。利用 $\boldsymbol{A}_{\min}=\boldsymbol{C}_{xy}\boldsymbol{C}_{yy}^{-1}$，式(B.54)中的表达式取得最小值。通过利用 $\boldsymbol{A}_{\min}$ 和 $\boldsymbol{b}_{\min}$，得到式(B.48)中最终的估计子表达式。将 $\boldsymbol{A}_{\min}$ 代回到式(B.54)，得到均方误差和误差协方差矩阵。

注意，引理 B.18 中的线性最小均方误差估计子取决于未知变量 $\boldsymbol{x}$ 和观测量 $\boldsymbol{y}$ 的一阶矩($\mathbb{E}\{\boldsymbol{x}\}$，$\mathbb{E}\{\boldsymbol{y}\}$)和二阶矩($\boldsymbol{C}_{xx}$，$\boldsymbol{C}_{yy}$，$\boldsymbol{C}_{xy}$)。因此不需要知道这些随机变量的准确分布。在实际应用中，变量可能不服从任何已知的分布，此时很难获得变量完整的 PDF，如果这些矩相对容易估计的话，那么采用线性最小均方误差估计子是最合适的。注意：引理 B.17 中考虑的高斯随机变量的最小均方误差估计子是在独立的噪声中被观测的，因此它是线性最小均方误差估计子。换句话说，在这种特殊的情况下，不存在更好的非线性贝叶斯估计子。

B.5 基本的信息论知识

这部分提供一些本书中用到的基本的信息论的定义和结论。至于更详细的内容，可参阅文献[94]等教材。

定理 1.1 中经典的信道容量结论考虑了一个离散的无记忆信道，每次发送一个输入符号，每次的输出符号仅取决于当前的输入。下面是这些概念的定义。

定义 B.6(离散信道) 一个离散信道是指发送一个输入信号 x，接收一个输出符号 y。通过输入符号集合 $\mathcal{X}$，输出符号集合 $\mathcal{Y}$，转移 PDF$f(y|x)$ ($y\in\mathcal{Y}, x\in\mathcal{X}$) 来描述信道。

现在将无记忆信道定义为独立的离散信道的集合。

定义 B.7(离散无记忆信道) 一个离散的无记忆信道是 N 个离散信道的集合，具有输入 x_n 和输出 y_n，$n=1,\cdots,N$，联合转移 PDF$f(y_1,\cdots y_N|x_1,\cdots x_N)$满足

$$
f(y_1,\cdots,y_N \mid x_1,\cdots x_N) = \prod_{n=1}^{N} f(y_n \mid x_n) \tag{B.55}
$$

如果对于所有 n,$f(y_n|x_n)$相同,为了简洁,去掉序号 n,采用符号 $x,y,f(y|x)$表示任意的信道实例。

接下来,定义一个连续随机变量的熵。

定义 B.8(差分熵)　位于 $\mathcal{Y}$ 内的连续随机变量 y 和 PDF$f(y)$的差分熵为

$$\mathcal{H}(y) = -\int_{\mathcal{Y}} \log_2[f(y)]f(y)\,\mathrm{d}y \tag{B.56}$$

如果给定随机变量 y 和条件 PDF$f(y|x)$,那么条件差分熵为

$$\mathcal{H}(y|x) = -\int_{\mathcal{Y}} \log_2[f(y|x)]f(y|x)\,\mathrm{d}y \tag{B.57}$$

当观察一个随机变量 y 的实现时,差分熵 $\mathcal{H}(y)$测量了稀奇程度,可以解释为变量传递的信息的数量。差分熵可取 $-\infty$到 $+\infty$之间的任何值,值越大表示稀奇程度越大。类似地,$\mathcal{H}(y|x)$表示已知 x,通过观察 y 所能得到的额外的信息的数量。因为已知 x 观察 y 获得的关于 y 的稀奇程度不会超过直接观察 y 获得的稀奇程度,所以 $\mathcal{H}(y) \geqslant \mathcal{H}(y|x)$。差值 $\mathcal{I}(x;y) = \mathcal{H}(x) - \mathcal{H}(x|y)$量化了 x 和 y 之间的互信息。在本书中,零均值循环对称复高斯随机变量的差分熵是特别重要的。

引理 B.19　$x \sim \mathcal{N}_{\mathbb{C}}(0,q)$的差分熵为

$$\mathcal{H}(x) = \log_2(\mathrm{e}\pi q) \tag{B.58}$$

证明:式(B.17)给出了 x 的 PDF$f(x)$,x 的支撑集为$\mathbb{C}$。根据差分熵的定义,得到

$$\begin{aligned}\mathcal{H}(x) &= -\int_{\mathbb{C}} \log_2\left(\frac{\mathrm{e}^{-|x|^2/q}}{\pi q}\right)\frac{\mathrm{e}^{-|x|^2/q}}{\pi q}\mathrm{d}x \\ &= \frac{\log_2(\mathrm{e})}{q}\underbrace{\int_{\mathbb{C}} |x|^2\,\frac{\mathrm{e}^{-|x|^2/q}}{\pi q}\mathrm{d}x}_{=q} + \log_2(\pi q)\underbrace{\int_{\mathbb{C}} \frac{\mathrm{e}^{-|x|^2/q}}{\pi q}\mathrm{d}x}_{=1} \\ &= \log_2(\mathrm{e}\pi q)\end{aligned} \tag{B.59}$$

第二行中第一个积分为变量 $x \sim \mathcal{N}_{\mathbb{C}}(0,q)$的方差的定义,第二个积分为全概率。

一个确定性变量的差分熵为 $-\infty$,下一个引理证明了给定功率的条件下,在所有变量中,高斯随机变量具有最高的差分熵。

引理 B.20　考虑任意的满足$\mathbb{E}\{|z|^2\} = q$ 的连续随机变量 $z \in \mathbb{C}$,z 的差分熵的上界为

$$\mathcal{H}(z) \leqslant \log_2(\mathrm{e}\pi q) \tag{B.60}$$

只有当 $z \sim \mathcal{N}_{\mathbb{C}}(0,q)$时,等号才会成立。

证明:用 $g(z)$表示 z 的 PDF,考虑具有 PDF$f(x)$的 $x \sim \mathcal{N}_{\mathbb{C}}(0,q)$,注意到

$$
\begin{aligned}
\mathcal{H}(z)-\mathcal{H}(x) &= \int_{\mathbb{C}} \log_2(f(x))f(x)\,\mathrm{d}x - \int_{\mathbb{C}} \log_2(g(z))g(z)\,\mathrm{d}z \\
&\overset{(a)}{=} \int_{\mathbb{C}} \log_2(f(x))g(x)\,\mathrm{d}x - \int_{\mathbb{C}} \log_2(g(z))g(z)\,\mathrm{d}z \\
&\overset{(b)}{=} \int_{\mathbb{C}} \log_2\left(\frac{f(z)}{g(z)}\right)g(z)\,\mathrm{d}z \\
&\overset{(c)}{\leqslant} \log_2\left(\int_{\mathbb{C}} \frac{f(z)}{g(z)}g(z)\,\mathrm{d}z\right) = \log_2(1) = 0
\end{aligned} \tag{B.61}
$$

这里(a)是根据

$$
\log_2(f(x)) = -\log_2(\pi q) + \frac{\log_2(\mathrm{e})}{q}|x|^2 \tag{B.62}
$$

这样,对于任何满足$\mathbb{E}\{|x|^2\}=q$条件的随机变量x,不管它具有何种分布(当然包括给定的分布$g(x)$),$\mathbb{E}\{\log_2(f(x))\}$都具有相同值。在第一个积分中,通过将积分变量$x$的名字改为$z$,得到($b$)。接下来,将引理B.11中的杰森不等式用于凹的对数函数得到(c),它只有在$f(x)=g(x)$时才取等号。最后,根据引理B.19中的$\mathcal{H}(x)$表达式得到式(B.60)。

这个引理表明:在通信中考虑高斯分布的随机变量,在给定的功率约束下,这个随机变量能够传递最大的信息量。

B.6 基本的优化理论

这部分提供关于优化问题的基本术语、定义和分类。具体内容可参阅文献[34,66,67]。

优化的主要目的是分析问题的可行解集合,并通过最大化一个给定效用函数来确定哪个解是最合适的。指定效用函数为$f_0:\mathbb{R}^V\to\mathbb{R}$,然后可将优化问题描述为

$$
\begin{cases}
\underset{\boldsymbol{x}}{\text{maximize}}\, f_0(\boldsymbol{x}) \\
\text{s.t. } \boldsymbol{x}\in\mathcal{X}
\end{cases} \tag{B.63}
$$

这里的V维向量$\boldsymbol{x}=[x_1x_2\cdots x_V]^{\mathrm{T}}\in\mathbb{R}^V$称为优化变量。从可行解的可行集$\mathcal{X}$中选取这个变量。经常假设$\mathcal{X}$是一个紧集,效用函数在这个集合上连续可微。如果在所有的可行解中,有一个可行解$\boldsymbol{x}^{\mathrm{opt}}\in\mathcal{X}$提供了最大的效用函数,那么称它为最优解。也就是说,对于所有的$\boldsymbol{x}\in\mathcal{X}$,$f_0(\boldsymbol{x}^{\mathrm{opt}})\geqslant f_0(\boldsymbol{x})$。如果可行集合是非空的,那么式(B.63)的优化问题是可行的,否则称它为不可行的。

为了能够进行结构化的分析和算法的开发,将优化问题写成标准形式能够获得便利。

$$
\begin{cases}\underset{x}{\text{maximize}}\, f_0(\boldsymbol{x}) \\ \text{s. t.}\, f_n(\boldsymbol{x}) \leqslant 0 \quad n=1,\cdots,N\end{cases} \tag{B.64}
$$

这里的 N 个函数 $f_n: \mathbb{R}^V \to \mathbb{R}$ 称为“约束函数”。任何(约束)优化问题都可转化成这个标准形式[67],但是在转化过程中,$\boldsymbol{x}$ 的维度可能发生改变。例如,在满足下式的条件下,式(B.64)与式(B.63)等价。

$$
\mathcal{X}=\{\boldsymbol{x}\in\mathbb{R}^V: f_n(\boldsymbol{x})\leqslant 0 \qquad n=1,\cdots,N\} \tag{B.65}
$$

效用函数和约束函数完整地刻画了一个标准形式的优化问题。可能没有必要从头开始解式(B.64),对于几类重要的问题,存在一般目的的算法来求解这些问题的任何实例。下面是无线通信领域中经常遇到的三类问题。

(1) 线性规划:f_0 和 $f_1,\cdots,f_N$ 是线性的或者仿射的函数。注意到一个满足下述条件的函数 $f_n: \mathbb{R}^V\to\mathbb{R}$ 是仿射的:对于任意的 $\boldsymbol{x}_1,\boldsymbol{x}_2\in\mathbb{R}^V$ 和 $t\in[0,1]$,$f_n(t\boldsymbol{x}_1+(1-t)\boldsymbol{x}_2)=tf_n(\boldsymbol{x}_1)+(1-t)f_n(\boldsymbol{x}_2)$。

(2) 几何规划:$-f_0$ 和$(f_1-1),\cdots,(f_N-1)$是正多项式函数。注意到一个满足下述条件的函数 $f_n: \mathbb{R}_+^V\to\mathbb{R}$ 是正多项式函数:如果对于某一个正整数 B,常数 $c_b>0$,指数 $e_{1,b},\cdots e_{V,b}\in\mathbb{R}$,$b=1,\cdots,B$,$\boldsymbol{x}=[x_1x_2\cdots x_V]^{\mathrm{T}}$具有非负的元素,函数 $f_n(\boldsymbol{x})=\sum_{b=1}^{B}c_bx_1^{e_{1,b}}x_2^{e_{2,b}}\cdots x_V^{e_{V,b}}$。

(3) 凸规划:$-f_0$ 和 $f_1,\cdots,f_N$ 是凸函数。如果一个函数 $f_n: \mathbb{R}^V\to\mathbb{R}$ 满足下述条件,称其为凸函数:如果对于任意的 $\boldsymbol{x}_1,\boldsymbol{x}_2\in\mathbb{R}^V$ 和 $t\in[0,1]$,$f_n(t\boldsymbol{x}_1+(1-t)\boldsymbol{x}_2)\leqslant tf_n(\boldsymbol{x}_1)+(1-t)f_n(\boldsymbol{x}_2)$。

这三类问题依次为更一般条件的优化问题:每个线性规划也是凸规划,每个几何规划可通过标准的变量替换转化为凸规划。更准确地讲,对于优化变量 $\boldsymbol{x}=[x_1x_2\cdots x_V]^{\mathrm{T}}$,可以通过变量替换 $x_v=e^{\bar{x}_v}$,$v=1,\cdots,V$,将任何正多项式约束 $\sum_{b=1}^{B}c_bx_1^{e_{1,b}}x_2^{e_{2,b}}\cdots x_V^{e_{V,b}}\leqslant 1$ 转化为

$$
\sum_{b=1}^{B}c_b\mathrm{e}^{\bar{x}_1e_{1,b}+\bar{x}_2e_{2,b}+\cdots+\bar{x}_Ve_{V,b}}\leqslant 1
$$

$$
\ln\left(\sum_{b=1}^{B}c_b\mathrm{e}^{\bar{x}_1e_{1,b}+\bar{x}_2e_{2,b}+\cdots+\bar{x}_Ve_{V,b}}\right)\leqslant 0 \tag{B.66}
$$

可以看出后者是一个凸约束。

如果效用函数是常数,或者等价地,根本没有效用函数,则优化问题称为可行问题。求解一个可行问题的目的是:从可行集 $\mathcal{X}$ 中寻找任意一个对要解决的任务具有重要价值的点。

实际的优化问题可能难于分类,因此有时需要转换技巧来揭示一个给定的优化问题属于上述三类问题中的哪一个。没有系统性的方法来识别和提取隐含的结

构,它更像一门包括好的变量替换和松弛的艺术[251]。文献[46]对与无线通信中资源分配相关的转换技巧进行了综述。

大部分的优化问题没有闭合形式的最优解,但是在与最优值$f_0(\boldsymbol{x}^{\text{opt}})$相差任何准确度$\varepsilon>0$的条件下,都可以通过数值的方式进行求解。对优化问题进行分类有利于为某类问题开发数值算法。例如,内点法可用于线性规划、几何规划和凸规划,内点法在最差的情况下具有多项式形式的复杂度(在某种不太强的条件下[67])。SeDuMi[307],SDPT3[316],MOSEK[22]提供了可用于执行一般目的的内点法的执行程序。通过使用高级的建模框架 CVX[132]和 Yalmip[196],可以简化使用上述执行程序的过程。因此,本书中仅仅将优化问题分成上述的某一个类别,然后认为就可得到问题的解(不具体执行求解过程)。在写作本书的过程中,我们采用 CVX 和 MOSEK。

区分全局最优点和局部最优点是非常重要的,前者在可行集内最大化效用函数,后者在其周围的邻域中最大化效用函数。正规的局部最优点的定义是:如果一个点$\bar{\boldsymbol{x}}$满足下述条件,它就是局部最优的。“如果存在$\varepsilon>0$,对于所有的满足$\|\bar{\boldsymbol{x}}-\boldsymbol{x}\|_2<\varepsilon$的$\boldsymbol{x}\in\mathcal{X}$,都有$f_0(\bar{\boldsymbol{x}})\geqslant f_0(\boldsymbol{x})$”。如文献[278]所述,凸规划和非凸规划之间存在巨大的差异。对于凸规划来说,每个局部最优点也是全局最优点。但是对于一般的非凸规划来说,并非如此[67]。因此,在解非凸规划问题时,需要搜索完整的可行集$\mathcal{X}$,其复杂度随优化变量和(或)约束条件的数目成指数增加(或者更快)。在实际应用中,用于非凸规划的算法经常被设计成只搜索局部最优点,通过采用顺序的凸近似[206],可将这些算法的复杂度控制在可行的范围内。对于需要全局最优解的情况,也有算法可以找到它。无线通信领域的很多非凸规划问题属于单调规划[46],可利用组合式外近似算法[317]或者分支定界法[318]进行求解。这些算法能够保证找到全局最优解,但是相对于优化变量的数目来讲,最坏情况下具有指数的运算复杂度,因此这些算法主要用于小规模的优化问题。

附录C 证明过程汇总

C.1 第1章的证明

C.1.1 推论1.1的证明

考虑信道 h 是确定的、输出端已知 h 的情况，在容量表达式(1.2)中，由于输出端只是不知道加性噪声，因此条件熵变为 $\mathcal{H}(y|x)=\mathcal{H}(n)$。根据引理B.19，得到

$$\mathcal{H}(n)=\log_2(\mathrm{e}\pi\sigma^2) \tag{C.1}$$

为了计算 $\mathcal{H}(y)$ 和取上确界，注意输出信号的功率是 $\mathbb{E}\{|y|^2\}=|h|^2\mathbb{E}\{|x|^2\}+\mathbb{E}\{|n|^2\}\leqslant|h|^2p+\sigma^2$，在输入分布满足 $\mathbb{E}\{|x|^2\}=p$ 的条件下等号成立。根据引理B.20，知道一个给定功率的随机变量的熵在随机变量服从方差尽可能大的循环对称复高斯分布时取得最大值。通过选择 $x\sim\mathcal{N}_{\mathbb{C}}(0,p)$，$y$ 获得最大熵，此时：

$$\mathcal{H}(y)=\log_2(\mathrm{e}\pi\,\mathbb{E}\{|y|^2\})=\log_2(\mathrm{e}\pi(|h|^2p+\sigma^2)) \tag{C.2}$$

根据信道容量的定义可得

$$C=\log_2(\mathrm{e}\pi(|h|^2p+\sigma^2))-\log_2(\mathrm{e}\pi\sigma^2)=\log_2\left(1+\frac{p|h|^2}{\sigma^2}\right) \tag{C.3}$$

这对应于式(1.4)，完成了当 h 为确定值时的证明。在 h 为独立的随机变量 $\mathbb{H}$ 实现的情况下，信道的输出为 $(y,\mathbb{H})$，式(1.2)中的通用信道容量表达式变为

$$\sup_{f(x)}(\mathcal{H}(y,\mathbb{H})-\mathcal{H}(y,\mathbb{H}|x))=\sup_{f(x)}(\mathbb{E}\{\mathcal{H}(y,\mathbb{H}=h)-\mathcal{H}(y,\mathbb{H}=h|x)\}) \tag{C.4}$$

这里的等式是根据以 $\mathbb{H}$ 的任意实现 h 为条件并对此实现取期望得出的。期望中的表达式考虑的是 h 的一个确定值，因此能被计算出来，并且能针对 x 取得最大值，这个过程同本证明之前关于 h 为确定值情况下的证明过程相同。因为不管 h 具有什么样的实现，输入分布 $x\sim\mathcal{N}_{\mathbb{C}}(0,p)$ 都是最优的，因此式(C.4)中的信道容量表达式变为式(1.5)。

C.1.2 推论1.2的证明

为了证明这个推论，考虑下面的描述信道容量的等价方式[297]：

$$C=\sup_{f(x)}(\mathcal{H}(x)-\mathcal{H}(x|y)) \tag{C.5}$$

首先考虑 h 和 p_v（干扰 v 的功率）都是确定的，通过三个次优的假设可计算出式(C.5)中信道容量的下界。第一个假设是 $x\sim\mathcal{N}_{\mathbb{C}}(0,p)$，它可能不是最优的输入分布，给出了下界：

$$C\geqslant\mathcal{H}(x)-\mathcal{H}(x|y) \tag{C.6}$$

在 $x\sim\mathcal{N}_{\mathbb{C}}(0,p)$ 分布下，$\mathcal{H}(x)=\log_2(\mathrm{e}\pi p)$（看引理 B.19）。接下来计算条件差分熵 $\mathcal{H}(x|y)$。第二个次优假设是：根据引理 B.18，采用线性最小均方误差估计子通过 y 来估计输入 x。

$$\hat{x}=\frac{\mathbb{E}\{xy^*\}}{\mathbb{E}\{|y|^2\}}y \tag{C.7}$$

其中

$$\mathbb{E}\{xy^*\}=\mathbb{E}\{xx^*h^*\}+\mathbb{E}\{xv^*\}+\mathbb{E}\{xn^*\}=ph^* \tag{C.8}$$

因为噪声和输入是独立的（具有零均值），根据假设可得$\mathbb{E}\{xv^*\}=0$，而且利用噪声和干扰之间的独立性和假设$\mathbb{E}\{v\}=0$，可以得到

$$\mathbb{E}\{|y|^2\}=p|h|^2+p_v+\sigma^2 \tag{C.9}$$

注意，所有的期望都是针对 x,v,n 进行计算的。线性最小均方误差估计子的均方误差为

$$\mathrm{MSE}_x=\mathbb{E}\{|x|^2\}-\frac{|\mathbb{E}\{xy^*\}|^2}{\mathbb{E}\{|y|^2\}}=p-\frac{p^2|h|^2}{p|h|^2+p_v+\sigma^2} \tag{C.10}$$

利用这个公式得到如下的条件差分熵的上界：

$$\mathcal{H}(x|y)\overset{(a)}{=}\mathcal{H}(x-\hat{x}|y)\overset{(b)}{\leqslant}\mathcal{H}(x-\hat{x})\overset{(c)}{\leqslant}\log_2(\mathrm{e}\pi\mathrm{MSE}_x) \tag{C.11}$$

其中，(a)表示减去已知的线性最小均方误差估计（根据文献[94]，当 y 已知时，线性最小均方误差估计 $\hat{x}$ 是一个常数，因此不改变熵），(b)表示去除 y 中的固有信息（不会减少熵）。随机变量($x-\hat{x}$)具有零均值和方差 MSE_x，因此(c)来自引理 B.20，表明：当随机变量服从复高斯分布时，可获得最大熵，这是第三个次优的假设条件。

综上所述，得到下面的下界：

$$\begin{aligned}C&\geqslant\log_2(\mathrm{e}\pi p)-\log_2(\mathrm{e}\pi\mathrm{MSE}_x)=-\log_2\left(1-\frac{p|h|^2}{p|h|^2+p_v+\sigma^2}\right)\\&=\log_2\left(\frac{p|h|^2+p_v+\sigma^2}{p_v+\sigma^2}\right)=\log_2\left(1+\frac{p|h|^2}{p_v+\sigma^2}\right)\end{aligned} \tag{C.12}$$

这就是式(1.9)中的表达式。

假定 h 是随机变量$\mathbb{H}$ 的一个实现，条件干扰方差 $p_v(h,u)$ 取决于随机变量$\mathbb{U}$的实现 u。假定输出端已知$\mathbb{H}$ 和$\mathbb{U}$，这表示$(y,\mathbb{H},\mathbb{U})$是信道的输出。然后，信道容量 C 的下界为

$$
\begin{aligned}
C &\geqslant \mathcal{H}(x)-\mathcal{H}(x \mid y,\mathbb{H},\mathbb{U}) \\
&=\log_2(\mathrm{e}\pi p)-\mathbb{E}\{\mathcal{H}(x \mid y,\mathbb{H}=h,\mathbb{U}=u)\}
\end{aligned} \tag{C.13}
$$

上式表示：输入分布为 $x \sim \mathcal{N}_{\mathbb{C}}(0,p)$，以$\mathbb{H}$ 和$\mathbb{U}$的特殊实现为条件。式(C.13)中的期望是针对实现 h 和 u 进行计算的。期望中的条件表达式分别考虑给定的实现 h 和 u，因此让所有的期望都以 h、u 为条件，然后应用与式(C.7)~式(C.9)相同的边界技术。接下来需要利用条件独立噪声的假设，$\mathbb{E}\{v \mid h,u\}=0$，$\mathbb{E}\{x^* v \mid h,u\}=0$。利用条件方差的记号 $p_v(h,u)=\mathbb{E}\{|v|^2 \mid h,u\}$，得出最终的式(1.10)中的表达式。

C.1.3 引理1.1的证明

这个引理考虑了推论1.2中信道的特殊情况，此时 $h=h_0^0$，$v=\sqrt{p}h_1^0$。由于视距信道是确定性的，可直接根据式(1.9)得出频谱效率：

$$
\mathrm{SE}_0^{\mathrm{LoS}}=\log_2\left(1+\frac{p\beta_0^0}{p\beta_1^0+\sigma^2}\right) \tag{C.14}
$$

利用式(1.13)中 SNR_0 的定义和式(1.12)中 $\bar{\beta}$ 的定义，上式转变成式(1.17)中的频谱效率表达式。

非视距信道是随机的，在$\mathbb{H}=h_0^0$，$\mathbb{U}=h_1^0$，$p_v=p|h_i^0|^2$ 条件下，根据式(1.10)可得到如下的频谱效率：

$$
\mathbb{E}\left\{\log_2\left(1+\frac{p|h_0^0|^2}{p|h_1^0|^2+\sigma^2}\right)\right\} \tag{C.15}
$$

这个期望可进一步被分解为

$$
\mathbb{E}\left\{\log_2\left(1+\sum_{i=0}^{1}\frac{p|h_i^0|^2}{\sigma^2}\right)\right\}-\mathbb{E}\left\{\log_2\left(1+\frac{p|h_1^0|^2}{\sigma^2}\right)\right\} \tag{C.16}
$$

需要针对随机信道响应计算上式中的两个期望，接下来，根据文献[61]中的引理3所描述的如下等式：

$$
\mathbb{E}\left\{\log_2\left(1+\sum_{i=1}^{L}|b_i|^2\right)\right\}=\sum_{i=1}^{L}\frac{\mathrm{e}^{\frac{1}{\mu_i}}E_1\left(\frac{1}{\mu_i}\right)}{\ln 2\prod\limits_{\substack{l=1\\l\neq i}}^{L}\left(1-\frac{\mu_l}{\mu_i}\right)} \tag{C.17}
$$

其中，独立的变量 $b_i \sim \mathcal{N}_{\mathbb{C}}(0,\mu_i)$，$\mu_i$ 取不同的值，$i=1,\cdots,L$。通过设置 $\mu_1=$

$\mathrm{SNR}_0\bar{\beta}$ 和 $\mu_2=\mathrm{SNR}_0$，计算（C.16）中的两个量，得到

$$\mathbb{E}\left\{\log_2\left(1+\sum_{i=0}^{1}\frac{p\,|h_i^0|^2}{\sigma^2}\right)\right\}=\frac{\mathrm{e}^{\frac{1}{\mathrm{SNR}_0\bar{\beta}}}E_1\left(\frac{1}{\mathrm{SNR}_0\bar{\beta}}\right)}{\ln 2(1-\bar{\beta}^{-1})}+\frac{\mathrm{e}^{\frac{1}{\mathrm{SNR}_0}}E_1\left(\frac{1}{\mathrm{SNR}_0}\right)}{\ln 2(1-\bar{\beta})}\tag{C.18}$$

$$\mathbb{E}\left\{\log_2\left(1+\frac{p\,|h_1^0|^2}{\sigma^2}\right)\right\}=\frac{\mathrm{e}^{\frac{1}{\mathrm{SNR}_0\bar{\beta}}}E_1\left(\frac{1}{\mathrm{SNR}_0\bar{\beta}}\right)}{\ln 2}\tag{C.19}$$

将式（C.18）和式（C.19）代入到式（C.16）中，得到式（1.18）中的频谱效率表达式。由于文献［61］中引理 3 的等式只在 $\mu_1\neq\mu_2$ 条件下成立，因此根据这个引理，需要排除 $\bar{\beta}=1$ 的情况。

C.1.4 引理 1.2 的证明

式(1.25)中经过最大比处理后的接收信号 $\boldsymbol{v}_0^{\mathrm{H}}\boldsymbol{y}_0$ 是一个标量信道，它与式(1.14)中的信道具有相同的类型，因此可以采用引理 1.1 中的方法来计算频谱效率的表达式，细节如下：

在确定性的视距情况下，根据推论 1.2 得到的频谱效率表达式为

$$\log_2\left(1+\frac{p\,\|\boldsymbol{h}_0^0\|^4}{p\,|(\boldsymbol{h}_0^0)^{\mathrm{H}}\boldsymbol{h}_1^0|^2+\sigma^2\,\|\boldsymbol{h}_0^0\|^2}\right)=\log_2\left(1+\frac{p\,\|\boldsymbol{h}_0^0\|^2}{p\,\frac{|(\boldsymbol{h}_0^0)^{\mathrm{H}}\boldsymbol{h}_1^0|^2}{\|\boldsymbol{h}_0^0\|^2}+\sigma^2}\right)\tag{C.20}$$

由于式(1.23)中信道响应的每个元素都具有平方幅度 β_0^0，因此得到 $\|\boldsymbol{h}_0^0\|^2=\beta_0^0M$，而且，注意：

$$\begin{aligned}(\boldsymbol{h}_0^0)^{\mathrm{H}}\boldsymbol{h}_1^0&=\sqrt{\beta_0^0\beta_1^0}\sum_{m=0}^{M-1}\left(\mathrm{e}^{2\pi\mathrm{j}d_{\mathrm{H}}(\sin(\varphi_1^0)-\sin(\varphi_0^0))}\right)^m\\&=\begin{cases}\sqrt{\beta_0^0\beta_1^0}\dfrac{1-\mathrm{e}^{2\pi\mathrm{j}d_{\mathrm{H}}M(\sin(\varphi_1^0)-\sin(\varphi_0^0))}}{1-\mathrm{e}^{2\pi\mathrm{j}d_{\mathrm{H}}(\sin(\varphi_1^0)-\sin(\varphi_0^0))}}, & \sin(\varphi_0^0)\neq\sin(\varphi_1^0)\\ \sqrt{\beta_0^0\beta_1^0}M, & \sin(\varphi_0^0)=\sin(\varphi_1^0)\end{cases}\end{aligned}\tag{C.21}$$

其中，第一个等式是根据式（1.23）中视距的定义，第二个等式是根据几何级数公式 $\sum_{m=0}^{M-1}x^m=\frac{1-x^M}{1-x},x\neq 1$ 和 $\sum_{m=0}^{M-1}x^m=M,x=1$ 。进一步利用欧拉公式，得到

$$\begin{aligned}&\left|\frac{1-\mathrm{e}^{2\pi\mathrm{j}d_{\mathrm{H}}M(\sin(\varphi_1^0)-\sin(\varphi_0^0))}}{1-\mathrm{e}^{2\pi\mathrm{j}d_{\mathrm{H}}(\sin(\varphi_1^0)-\sin(\varphi_0^0))}}\right|^2\\&=\left|\frac{\mathrm{e}^{\pi\mathrm{j}d_{\mathrm{H}}M(\sin(\varphi_1^0)-\sin(\varphi_0^0))}}{\mathrm{e}^{\pi\mathrm{j}d_{\mathrm{H}}(\sin(\varphi_1^0)-\sin(\varphi_0^0))}}\frac{\sin(\pi d_{\mathrm{H}}M(\sin(\varphi_1^0)-\sin(\varphi_0^0)))}{\sin(\pi d_{\mathrm{H}}(\sin(\varphi_1^0)-\sin(\varphi_0^0)))}\right|^2\end{aligned}$$

$$= \frac{\sin^2(\pi d_{\mathrm{H}} M(\sin(\varphi_1^0) - \sin(\varphi_0^0)))}{\sin^2(\pi d_{\mathrm{H}}(\sin(\varphi_1^0) - \sin(\varphi_0^0)))} \tag{C.22}$$

注意

$$\frac{|(\boldsymbol{h}_0^0)^{\mathrm{H}} \boldsymbol{h}_1^0|^2}{\|\boldsymbol{h}_0^0\|^2} = \beta_1^0 g(\varphi_0^0, \varphi_1^0) \tag{C.23}$$

其中,函数 $g(\cdot,\cdot)$是在式(1.28)中定义的,$\|\boldsymbol{h}_0^0\|^2 = \beta_0^0 M$。将这个表达式代入到式(C.20)中,并且将信干噪比中全部的量除以 $p\beta_0^0$,就得到了式(1.27)中的频谱效率表达式。

对于随机的非视距信道,推论 1.2 给出了频谱效率表达式:

$$\mathbb{E}\left\{\log_2\left(1 + \frac{p\|\boldsymbol{h}_0^0\|^4}{p|(\boldsymbol{h}_0^0)^{\mathrm{H}}\boldsymbol{h}_1^0|^2 + \sigma^2\|\boldsymbol{h}_0^0\|^2}\right)\right\}$$

$$= \mathbb{E}\left\{\log_2\left(1 + \frac{p\|\boldsymbol{h}_0^0\|^2}{p\frac{|(\boldsymbol{h}_0^0)^{\mathrm{H}}\boldsymbol{h}_1^0|^2}{\|\boldsymbol{h}_0^0\|^2} + \sigma^2}\right)\right\} \tag{C.24}$$

这个表达式进一步分解为两个期望:

$$\mathbb{E}\left\{\log_2\left(1 + \frac{p}{\sigma^2}\|\boldsymbol{h}_0^0\|^2 + \frac{p}{\sigma^2}\left|\frac{(\boldsymbol{h}_0^0)^{\mathrm{H}}}{\|\boldsymbol{h}_0^0\|}\boldsymbol{h}_1^0\right|^2\right)\right\}$$

$$- \mathbb{E}\left\{\log_2\left(1 + \frac{p}{\sigma^2}\left|\frac{(\boldsymbol{h}_0^0)^{\mathrm{H}}}{\|\boldsymbol{h}_0^0\|}\boldsymbol{h}_1^0\right|^2\right)\right\} \tag{C.25}$$

接下来,注意到

$$\sqrt{\frac{p}{\sigma^2}}\frac{(\boldsymbol{h}_0^0)^{\mathrm{H}}}{\|\boldsymbol{h}_0^0\|}\boldsymbol{h}_1^0 \sim \mathcal{N}_{\mathbb{C}}(0, \mathrm{SNR}_0\bar{\beta}) \tag{C.26}$$

此式的含义是:$\boldsymbol{h}_0^0/\|\boldsymbol{h}_0^0\|$ 在$\mathbb{C}^M$ 的单位球上是均匀分布的,并且将 M 维随机变量 $\sqrt{p/\sigma^2}\boldsymbol{h}_1^0 \sim \mathcal{N}_{\mathbb{C}}(\boldsymbol{0}_M, \mathrm{SNR}_0\bar{\beta}\boldsymbol{I}_M)$ 投影到具有相同方差和分布的一维随机变量上。因此利用式(C.17)中的等式(来自文献[61]中的引理 3)可以计算式(C.25)中的第二个期望:

$$\mathbb{E}\left\{\log_2\left(1 + \frac{p}{\sigma^2}\left|\frac{(\boldsymbol{h}_0^0)^{\mathrm{H}}}{\|\boldsymbol{h}_0^0\|}\boldsymbol{h}_1^0\right|^2\right)\right\} = \frac{e^{\frac{1}{\mathrm{SNR}_0\bar{\beta}}}E_1\left(\frac{1}{\mathrm{SNR}_0\bar{\beta}}\right)}{\ln 2} \tag{C.27}$$

接下来,利用 $y = \frac{p}{\sigma^2}\|\boldsymbol{h}_0^0\|^2 + \frac{p}{\sigma^2}\left|\frac{(\boldsymbol{h}_0^0)^{\mathrm{H}}}{\|\boldsymbol{h}_0^0\|}\boldsymbol{h}_1^0\right|^2$ 是独立指数分布随机变量的和(和式中第一项中含有 M 个方差为 SNR_0 的随机变量,第二项中含有一个方差为 $\mathrm{SNR}_0\bar{\beta}$ 的随机变量。),在 $N_a = M, \mu_a = \mathrm{SNR}_0, N_b = 1$ 和 $\mu_b = \mathrm{SNR}_0\bar{\beta}$ 的情况下,利用引理

B. 15 得到式(C. 25)中的第一个期望：

$$\mathbb{E}\left\{\log_2\left(1+\frac{p}{\sigma^2}\|\boldsymbol{h}_0^0\|^2+\frac{p}{\sigma^2}\left|\frac{(\boldsymbol{h}_0^0)^{\mathrm{H}}}{\|\boldsymbol{h}_0^0\|}\boldsymbol{h}_1^0\right|^2\right)\right\}$$

$$=\sum_{m=1}^{M}\sum_{l=0}^{M-m}\frac{(-1)^{M-l+1}}{\left(\frac{1}{\mathrm{SNR}_0\bar{\beta}}-\frac{1}{\mathrm{SNR}_0}\right)^m}\frac{\mathrm{e}^{\frac{1}{\mathrm{SNR}_0}}E_1\left(\frac{1}{\mathrm{SNR}_0}\right)+\sum_{n=1}^{l}\frac{1}{n}\sum_{j=0}^{n-1}\frac{1}{j!\mathrm{SNR}_0^j}}{(M-m-l)!\mathrm{SNR}_0^{M-l}\bar{\beta}\ln 2}$$

$$+\frac{1}{\left(\frac{1}{\mathrm{SNR}_0}-\frac{1}{\mathrm{SNR}_0\bar{\beta}}\right)^M}\frac{\mathrm{e}^{\frac{1}{\mathrm{SNR}_0\bar{\beta}}}E_1\left(\frac{1}{\mathrm{SNR}_0\bar{\beta}}\right)}{\mathrm{SNR}_0^M\ln 2}$$

$$=\sum_{m=1}^{M}\sum_{l=0}^{M-m}\frac{(-1)^{M-m-l+1}}{\left(1-\frac{1}{\bar{\beta}}\right)^m}\frac{\mathrm{e}^{\frac{1}{\mathrm{SNR}_0}}E_1\left(\frac{1}{\mathrm{SNR}_0}\right)+\sum_{n=1}^{l}\frac{1}{n}\sum_{j=0}^{n-1}\frac{1}{j!\mathrm{SNR}_0^j}}{(M-m-l)!\mathrm{SNR}_0^{M-m-l}\bar{\beta}\ln 2}$$

$$+\frac{1}{\left(1-\frac{1}{\bar{\beta}}\right)^M}\frac{\mathrm{e}^{\frac{1}{\mathrm{SNR}_0\bar{\beta}}}E_1\left(\frac{1}{\mathrm{SNR}_0\bar{\beta}}\right)}{\ln 2}\tag{C. 28}$$

将式(C. 27)和式(C. 28)代入到式(C. 25)中，得到式(1. 29)中的频谱效率表达式。

C. 1. 5 推论 1. 3 的证明

将杰森不等式(看引理 B. 11)用于凸函数$\log_2(1+1/x)$得到式(1. 32)中的下界：

$$\mathbb{E}\left\{\log_2\left(1+\frac{p\|\boldsymbol{h}_0^0\|^4}{p|(\boldsymbol{h}_0^0)^{\mathrm{H}}\boldsymbol{h}_1^0|^2+\sigma^2\|\boldsymbol{h}_0^0\|^2}\right)\right\}$$

$$=\mathbb{E}\left\{\log_2\left(1+\frac{p\|\boldsymbol{h}_0^0\|^2}{p\frac{|(\boldsymbol{h}_0^0)^{\mathrm{H}}\boldsymbol{h}_1^0|^2}{\|\boldsymbol{h}_0^0\|^2}+\sigma^2}\right)\right\}$$

$$\geqslant\log_2\left(1+\left(\mathbb{E}\left\{\frac{p\frac{|(\boldsymbol{h}_0^0)^{\mathrm{H}}\boldsymbol{h}_1^0|^2}{\|\boldsymbol{h}_0^0\|^2}+\sigma^2}{p\|\boldsymbol{h}_0^0\|^2}\right\}\right)^{-1}\right)$$

$$= \log_2\left(1 + \left(\frac{p\beta_1^0 + \sigma^2}{p(M-1)\beta_0^0}\right)^{-1}\right) \tag{C.29}$$

其中，$x = \dfrac{p\dfrac{|(\boldsymbol{h}_0^0)^{\mathrm{H}}\boldsymbol{h}_1^0|^2}{\|\boldsymbol{h}_0^0\|^2} + \sigma^2}{p\|\boldsymbol{h}_0^0\|^2}$。最后一个等式根据$\dfrac{|(\boldsymbol{h}_0^0)^{\mathrm{H}}\boldsymbol{h}_1^0|^2}{\|\boldsymbol{h}_0^0\|^2}$独立于 $\boldsymbol{h}_0^0$，均值为 β_1^0，且下式成立：

$$\mathbb{E}\left\{\frac{1}{\|\boldsymbol{h}_0^0\|^2}\right\} = \frac{1}{(M-1)\beta_0^0} \tag{C.30}$$

式(C.30)成立的依据是：因为$\dfrac{2}{\beta_0^0}\|\boldsymbol{h}_0^0\|^2 \sim \chi^2(2M)$，所以根据标准的逆 $-\chi^2$ 分布的结论(看文献[315]的引理2.10)，可以计算式(C.30)中的期望。

C.1.6 引理1.3的证明

式(1.40)中第 k 个用户设备的经过最大比处理后的接收信号 $\boldsymbol{v}_{0k}^{\mathrm{H}}\boldsymbol{y}_0$ 是一个标量信道，其类型同式(1.14)中的类型相同，因此根据推论1.2可以得到这个用户设备的频谱效率表达式(采用与引理1.1证明过程相同的方法)。频谱效率之和是全部 K 个用户设备的频谱效率之和，下面给出证明细节。

在确定性视距信道情况下，对于用户设备 k 来说，通过将信干噪比中的每个量除以 $\|\boldsymbol{h}_{0k}^0\|^2$，推论1.2中的频谱效率表达式变为

$$\log_2\left(1 + \frac{p\|\boldsymbol{h}_{0k}^0\|^2}{\sum\limits_{\substack{i=1\\i\neq k}}^{K} p\dfrac{|(\boldsymbol{h}_{0k}^0)^{\mathrm{H}}\boldsymbol{h}_{0i}^0|^2}{\|\boldsymbol{h}_{0k}^0\|^2} + \sum\limits_{i=1}^{K} p\dfrac{|(\boldsymbol{h}_{0k}^0)^{\mathrm{H}}\boldsymbol{h}_{1i}^0|^2}{\|\boldsymbol{h}_{0k}^0\|^2} + \sigma^2}\right) \tag{C.31}$$

注意，由于式(1.38)中信道响应的每个元素都有平方幅度 β_0^0，因此 $\|\boldsymbol{h}_{0k}^0\|^2 = \beta_0^0 M$。而且，使用与引理1.2的证明过程相同的方法，能够证明：对于 $j=0,1$ 和 $i=1,\cdots,K$，有

$$\frac{|(\boldsymbol{h}_{0k}^0)^{\mathrm{H}}\boldsymbol{h}_{ji}^0|^2}{\|\boldsymbol{h}_{0k}^0\|^2} = \beta_j^0 g(\varphi_{0k}^0, \varphi_{ji}^0) \tag{C.32}$$

通过对小区中全部用户设备的式(C.31)进行求和，可以得到式(1.43)。

在非视距信道情况下，信道是随机的，对于第 k 个用户设备，通过将信干噪比中的每个量都除以 $\|\boldsymbol{h}_{0k}^0\|^2$，推论1.2($\mathbb{H} = \|\boldsymbol{h}_{0k}^0\|^2$，对于所有的 j、i，$\mathbb{U}$包括 $|(\boldsymbol{h}_{0k}^0)^{\mathrm{H}}\boldsymbol{h}_{ji}^0|^2$)给出了可实现的频谱效率：

$$\mathbb{E}\left\{\log_2\left(1 + \frac{p\|\boldsymbol{h}_{0k}^0\|^2}{\sum\limits_{\substack{i=1\\i\neq k}}^{K} p\dfrac{|(\boldsymbol{h}_{0k}^0)^{\mathrm{H}}\boldsymbol{h}_{0i}^0|^2}{\|\boldsymbol{h}_{0k}^0\|^2} + \sum\limits_{i=1}^{K} p\dfrac{|(\boldsymbol{h}_{0k}^0)^{\mathrm{H}}\boldsymbol{h}_{1i}^0|^2}{\|\boldsymbol{h}_{0k}^0\|^2} + \sigma^2}\right)\right\} \tag{C.33}$$

首先，计算式(C.33)中信干噪比的倒数的期望

$$\mathbb{E}\left\{\frac{\sum\limits_{i=1,i\neq k}^{K} p\frac{|(\boldsymbol{h}_{0k}^{0})^{\mathrm{H}}\boldsymbol{h}_{0i}^{0}|^{2}}{\|\boldsymbol{h}_{0k}^{0}\|^{2}}+\sum\limits_{i=1}^{K} p\frac{|(\boldsymbol{h}_{0k}^{0})^{\mathrm{H}}\boldsymbol{h}_{1i}^{0}|^{2}}{\|\boldsymbol{h}_{0k}^{0}\|^{2}}+\sigma^{2}}{p\|\boldsymbol{h}_{0k}^{0}\|^{2}}\right\}$$

$$=\frac{p(K-1)\beta_{0}^{0}+pK\beta_{1}^{0}+\sigma^{2}}{p(M-1)\beta_{0}^{0}}=\frac{(K-1)+K\bar{\beta}+\dfrac{1}{\mathrm{SNR}_{0}}}{M-1} \tag{C.34}$$

式(C.34)中等式成立的依据是：$\frac{|(\boldsymbol{h}_{0k}^{0})^{\mathrm{H}}\boldsymbol{h}_{ji}^{0}|^{2}}{\|\boldsymbol{h}_{0k}^{0}\|^{2}}$独立于$\boldsymbol{h}_{0k}^{0}$，具有均值$\beta_{j}^{0}$(只要$(j,i)\neq(0,k)$)，并且下式成立：

$$\mathbb{E}\left\{\frac{1}{\|\boldsymbol{h}_{0k}^{0}\|^{2}}\right\}=\frac{1}{(M-1)\beta_{0}^{0}} \tag{C.35}$$

式(C.35)成立的依据是：$\frac{2}{\beta_{0}^{0}}\|\boldsymbol{h}_{0k}^{0}\|^{2}\sim\chi^{2}(2M)$，因此可根据文献[315]中的引理2.10提供的关于χ^{2}倒数分布的标准结果来计算式(C.35)中的期望。

现在将杰森不等式(引理B.11)用于式(C.33)，并利用式(C.34)来计算式(1.44)的下界：

$$\sum_{k=1}^{K}\mathbb{E}\left\{\log_{2}\left(1+\frac{p\|\boldsymbol{h}_{0k}^{0}\|^{2}}{\sum\limits_{\substack{i=1\\i\neq k}}^{K} p\frac{|(\boldsymbol{h}_{0k}^{0})^{\mathrm{H}}\boldsymbol{h}_{0i}^{0}|^{2}}{\|\boldsymbol{h}_{0k}^{0}\|^{2}}+\sum\limits_{i=1}^{K} p\frac{|(\boldsymbol{h}_{0k}^{0})^{\mathrm{H}}\boldsymbol{h}_{1i}^{0}|^{2}}{\|\boldsymbol{h}_{0k}^{0}\|^{2}}+\sigma^{2}}\right)\right\}$$

$$\geqslant\sum_{k=1}^{K}\log_{2}\left(1+\left(\frac{(K-1)+K\bar{\beta}+\dfrac{1}{\mathrm{SNR}_{0}}}{M-1}\right)^{-1}\right) \tag{C.36}$$

上式中利用了$\log_{2}(1+1/x)$相对于x(此时，x相当于信干噪比的倒数)的凸性。注意，所有K个用户设备的频谱效率界都相同，因此根据式(C.36)可得出式(1.44)。

C.1.7 引理1.4的证明

发射预编码将MISO信道化简为式(1.45)中的有效标量信道。这个信道与式(1.14)中的类型相同，因此可采用与引理1.1和引理1.3的证明过程相同的方法来获得频谱效率表达式。具体过程如下：

在确定性视距信道情况下，当$h=\|\boldsymbol{h}_{0k}^{0}\|$和$v$是干扰量之和时，根据推论1.2可以求出频谱效率的表达式为

$$\mathrm{SE}_0^{\mathrm{LoS}} = \sum_{k=1}^{K} \log_2\left(1 + \frac{p\left|(\boldsymbol{h}_{0k}^0)^{\mathrm{H}} \dfrac{\boldsymbol{h}_{0k}^0}{\|\boldsymbol{h}_{0k}^0\|}\right|^2}{\sum\limits_{\substack{i=1\\i\neq k}}^{K} p\left|(\boldsymbol{h}_{0k}^0)^{\mathrm{H}} \dfrac{\boldsymbol{h}_{0i}^0}{\|\boldsymbol{h}_{0i}^0\|}\right|^2 + \sum\limits_{i=1}^{K} p\left|(\boldsymbol{h}_{0k}^1)^{\mathrm{H}} \dfrac{\boldsymbol{h}_{1i}^1}{\|\boldsymbol{h}_{1i}^1\|}\right|^2 + \sigma^2}\right) \tag{C.37}$$

利用 $\|\boldsymbol{h}_{0k}^0\|^2 = \beta_0^0 M$ 和 $|(\boldsymbol{h}_{0k}^j)^{\mathrm{H}}\boldsymbol{h}_{ji}^j|^2 / \|\boldsymbol{h}_{ji}^j\|^2 = \beta_0^j g(\varphi_{ji}^j, \varphi_{0k}^j)$, $j = 0, 1$，得到式(1.49)。

非视距信道是随机的，在这种情况下，根据推论 1.2 中的式(1.10)($\mathbb{H} = \|\boldsymbol{h}_{0k}^0\|$，对于所有的 j、i，$\mathbb{U}$包括 $\dfrac{|(\boldsymbol{h}_{0k}^j)^{\mathrm{H}}\boldsymbol{h}_{ji}^j|^2}{\|\boldsymbol{h}_{ji}^j\|^2}$)可得到频谱效率：

$$\mathrm{SE}_0^{\mathrm{NLoS}} = \sum_{k=1}^{K} \mathbb{E}\left\{\log_2\left(1 + \frac{p\left|(\boldsymbol{h}_{0k}^0)^{\mathrm{H}} \dfrac{\boldsymbol{h}_{0k}^0}{\|\boldsymbol{h}_{0k}^0\|}\right|^2}{\sum\limits_{\substack{i=1\\i\neq k}}^{K} p\left|(\boldsymbol{h}_{0k}^0)^{\mathrm{H}} \dfrac{\boldsymbol{h}_{0i}^0}{\|\boldsymbol{h}_{0i}^0\|}\right|^2 + \sum\limits_{i=1}^{K} p\left|(\boldsymbol{h}_{0k}^1)^{\mathrm{H}} \dfrac{\boldsymbol{h}_{1i}^1}{\|\boldsymbol{h}_{1i}^1\|}\right|^2 + \sigma^2}\right)\right\} \tag{C.38}$$

首先，计算式(C.38)中信干噪比的倒数的期望，它等于

$$\begin{aligned}
&\mathbb{E}\left(\frac{\sum_{i=1,i\neq k}^{K} p\left|(\boldsymbol{h}_{0k}^0)^{\mathrm{H}} \dfrac{\boldsymbol{h}_{0i}^0}{\|\boldsymbol{h}_{0i}^0\|}\right|^2 + \sum\limits_{i=1}^{K} p\left|(\boldsymbol{h}_{0k}^1)^{\mathrm{H}} \dfrac{\boldsymbol{h}_{1i}^1}{\|\boldsymbol{h}_{1i}^1\|}\right|^2 + \sigma^2}{p\|\boldsymbol{h}_{0k}^0\|^2}\right) \\
&= \sum_{i=1,i\neq k}^{K} \mathbb{E}\left\{\left|\frac{(\boldsymbol{h}_{0k}^0)^{\mathrm{H}}}{\|\boldsymbol{h}_{0k}^0\|}\frac{\boldsymbol{h}_{0i}^0}{\|\boldsymbol{h}_{0i}^0\|}\right|^2\right\} + \left(\sum_{i=1}^{K} \mathbb{E}\left\{\left|\frac{(\boldsymbol{h}_{0k}^1)^{\mathrm{H}}\boldsymbol{h}_{1i}^1}{\|\boldsymbol{h}_{1i}^1\|}\right|^2\right\} + \frac{\sigma^2}{p}\right)\mathbb{E}\left\{\frac{1}{\|\boldsymbol{h}_{0k}^0\|^2}\right\} \\
&= \frac{K-1}{M} + \frac{K\beta_0^1 + \dfrac{\sigma^2}{p}}{(M-1)\beta_0^0}
\end{aligned} \tag{C.39}$$

其中，第一个期望的计算依据 $|(\boldsymbol{h}_{0k}^0)^{\mathrm{H}}\boldsymbol{h}_{0i}^0|^2 / (\|\boldsymbol{h}_{0k}^0\|^2\|\boldsymbol{h}_{0i}^0\|^2)$ 是参数为 1 和 M 的 β 分布[162]，因此期望值是 $1/M$。第二个期望的计算依据是 $(\boldsymbol{h}_{0k}^1)^{\mathrm{H}}\boldsymbol{h}_{1i}^1 / \|\boldsymbol{h}_{1i}^1\| \sim \mathcal{N}_{\mathbb{C}}(0, \beta_0^1)$。第三个期望来自式(C.35)。

采用与式(C.36)相同的方式应用杰森不等式(引理 B.11)，得到式(C.37)的下界为

$$\sum_{k=1}^{K} \log_2\left(1 + \left(\frac{K-1}{M} + \frac{K\beta_0^1 + \dfrac{\sigma^2}{p}}{(M-1)\beta_0^0}\right)^{-1}\right)$$

$$= K\log_2\left(1+\frac{(M-1)}{(K-1)\frac{M-1}{M}+K\bar{\beta}+\frac{1}{\mathrm{SNR}_0}}\right) \tag{C.40}$$

这就是式(1.50)中的最终表达式。

C.2 第3章的证明

C.2.1 定理3.1和推论3.1的证明

可将式(3.1)中接收到的导频信号分成两项：

$$\boldsymbol{Y}_j^p = \boldsymbol{Y}_j^p\left(\frac{1}{\tau_p}\boldsymbol{\phi}_{li}^*\boldsymbol{\phi}_{li}^{\mathrm{T}}\right)+\boldsymbol{Y}_j^p\left(\boldsymbol{I}_{\tau_p}-\frac{1}{\tau_p}\boldsymbol{\phi}_{li}^*\boldsymbol{\phi}_{li}^{\mathrm{T}}\right) \tag{C.41}$$

第一项是在小区 l 中用户设备 i 的导频张成的子空间上的正交投影,第二项是在正交补空间上的投影。利用导频码书中包含正交序列这个假设条件,式(C.41)中的第一项变为

$$\boldsymbol{Y}_j^p\left(\frac{1}{\tau_p}\boldsymbol{\phi}_{li}^*\boldsymbol{\phi}_{li}^{\mathrm{T}}\right)=\frac{1}{\tau_p}\left(\sum_{(l',i')\in\mathcal{P}_{li}}\sqrt{p_{l'i'}}\,\tau_p\boldsymbol{h}_{l'i'}^j+\boldsymbol{N}_j^p\boldsymbol{\phi}_{li}^*\right)\boldsymbol{\phi}_{li}^{\mathrm{T}}=\frac{1}{\tau_p}y_{jli}^p\boldsymbol{\phi}_{li}^{\mathrm{T}} \tag{C.42}$$

第二项变为

$$\boldsymbol{Y}_j^p\left(I_{\tau_p}-\frac{1}{\tau_p}\boldsymbol{\phi}_{li}^*\boldsymbol{\phi}_{li}^{\mathrm{T}}\right)=\sum_{(l',i')\notin\mathcal{P}_{li}}\sqrt{p_{l',i'}}\,\boldsymbol{h}_{l',i'}^j\boldsymbol{\phi}_{l',i'}^T+\boldsymbol{N}_j^p\left(\boldsymbol{I}_{\tau_p}-\frac{1}{\tau_p}\boldsymbol{\phi}_{li}^*\boldsymbol{\phi}_{li}^{\mathrm{T}}\right) \tag{C.43}$$

由于这些随机变量涉及用户设备信道不相交的子集和噪声矩阵的正交投影,因此,这些随机变量是相互独立的。由于只有第一项取决于 $\boldsymbol{h}_{li}^j$,因此可以用文献[175]中的定理5.1证实 $\frac{1}{\tau_p}\boldsymbol{y}_{jli}^p\boldsymbol{\phi}_{li}^{\mathrm{T}}$ 是估计 $\boldsymbol{h}_{li}^j$ 的充分统计量。进一步讲,$\boldsymbol{y}_{jli}^p$ 和 $\frac{1}{\tau_p}\boldsymbol{y}_{jli}^p\boldsymbol{\phi}_{li}^{\mathrm{T}}$ 之间通过一种确定的无信息损失(对 $\boldsymbol{h}_{li}^j$ 而言)的变换相连,这使得下式也是一个充分统计量。

$$\boldsymbol{y}_{jli}^p=\boldsymbol{Y}_j^p\boldsymbol{\phi}_{li}^*=\underbrace{\sqrt{p_{li}}\,\tau_p\boldsymbol{h}_{li}^j}_{\text{目标(期望)导频}}+\underbrace{\sum_{(l',i')\in\mathcal{P}_{li}\setminus(l,i)}\sqrt{p_{l'i'}}\,\tau_p\boldsymbol{h}_{l'i'}^j}_{\text{干扰导频}}+\underbrace{\boldsymbol{N}_j^p\boldsymbol{\phi}_{li}^*}_{\text{噪声}} \tag{C.44}$$

接下来,注意到在 $q=\sqrt{p_{li}}\tau_p,\boldsymbol{R}=\boldsymbol{R}_{li}^j,\boldsymbol{S}=\sum_{(l',i')\in\mathcal{P}_{li}\setminus(l,i)}p_{l'i'}(\tau_p)^2\boldsymbol{R}_{l'i'}^j+\tau_p\sigma_{\mathrm{UL}}^2\boldsymbol{I}_{M_j}$ 条件下,式(C.44)中 $\boldsymbol{y}=\boldsymbol{y}_{jli}^p$ 与推论B.1中的结构相匹配。然后可直接从推论B.1中得出式(3.9)中的最小均方误差估计子和式(3.11)中的估计误差相关/协方差矩阵。通过在矩阵求逆的里面和前面除以 τ_p,得到定理3.1的最终表达式。

由于 $\boldsymbol{y}_{jli}^p$ 是具有零均值和如下相关矩阵的循环对称复高斯随机变量:

$$\mathbb{E}\{\boldsymbol{y}_{jli}^p(\boldsymbol{y}_{jli}^p)^{\mathrm{H}}\}=\tau_p\left(\sum_{(l',i')\in\mathcal{P}_{li}}p_{l'i'}\tau_p\boldsymbol{R}_{l'i'}^j+\sigma_{\mathrm{UL}}^2\boldsymbol{I}_{M_j}\right) \tag{C.45}$$

因此估计值也是服从零均值的复高斯分布。推论3.1中提到的 $\hat{\boldsymbol{h}}_{li}^j$ 的相关矩阵($\boldsymbol{R}_{li}^j$ −

$\boldsymbol{C}_{li}^{j}$)也是通过利用式(3.9)和式(C.45)直接计算$\mathbb{E}\{\hat{\boldsymbol{h}}_{li}^{j}(\hat{\boldsymbol{h}}_{li}^{j})^{\mathrm{H}}\}$得到的。接下来,根据最小均方误差估计和估计误差之间是联合高斯的,并且是不相关的(根据文献[175]中第12章的正交性原理得出的)这个事实,证实估计和估计误差是独立的,并且服从联合高斯分布。

C.3 第4章的证明

C.3.1 定理4.1的证明

在随机信道响应 $h=\boldsymbol{v}_{jk}^{\mathrm{H}}\hat{\boldsymbol{h}}_{jk}^{j}$,输入 $x=s_{jk}$,输出 $y=\boldsymbol{v}_{jk}^{\mathrm{H}}\boldsymbol{y}_{j}$,$u=\{\hat{\boldsymbol{h}}_{li}^{j}\}$ 作为影响干扰的条件方差的随机实现的情况下,式(4.1)中的接收信号与推论1.2中的离散无记忆信道相匹配。利用推论1.2中的符号,噪声项为0(或者 $\sigma^2=0$),因为 $\boldsymbol{v}_{jk}^{\mathrm{H}}\boldsymbol{n}_{j}$ 不必服从高斯分布,它取决于 $\boldsymbol{v}_{jk}$ 的实现。推论中的干扰项为

$$v=\boldsymbol{v}_{jk}^{\mathrm{H}}\tilde{\boldsymbol{h}}_{jk}^{j}s_{jk}+\sum_{\substack{i=1\\i\neq k}}^{K_j}\boldsymbol{v}_{jk}^{\mathrm{H}}\boldsymbol{h}_{ji}^{j}s_{ji}+\sum_{\substack{l=1\\l\neq j}}^{L}\sum_{i=1}^{K_l}\boldsymbol{v}_{jk}^{\mathrm{H}}\boldsymbol{h}_{li}^{j}s_{li}+\boldsymbol{v}_{jk}^{\mathrm{H}}\boldsymbol{n}_{j} \tag{C.46}$$

在一个相关块内,h 的值和 v 的(条件)方差都是常数,但是在不同的相关块之间它们是波动的。特别地,在一个给定的相关块内,正在接收信号的基站 j 已知当前时刻所有 l 和 i 下的信道估计 $\hat{\boldsymbol{h}}_{li}^{j}$ 的实现:$u=\{\hat{\boldsymbol{h}}_{li}^{j}\}$。注意,基站已知 h,原因是 h 仅取决于 $\hat{\boldsymbol{h}}_{li}^{j}$ 和 $\boldsymbol{v}_{jk}$,其中 $\boldsymbol{v}_{jk}$ 是信道估计的函数,因此也是 u 的函数。零均值干扰信号 v 的条件方差为

$$\begin{aligned}
p_v(h,u)&=\mathbb{E}\{|v|^2|\{\hat{\boldsymbol{h}}_{li}^{j}\}\}\\
&\overset{(a)}{=}\mathbb{E}\{|s_{jk}|^2\}\,\mathbb{E}\{|\boldsymbol{v}_{jk}^{\mathrm{H}}\tilde{\boldsymbol{h}}_{jk}^{j}|^2\mid\{\hat{\boldsymbol{h}}_{li}^{j}\}\}+\sum_{l=1}^{L}\sum_{\substack{i=1\\(l,i)\neq(j,k)}}^{K_l}\\
&\quad\mathbb{E}\{|s_{li}|^2\}\,\mathbb{E}\{|\boldsymbol{v}_{jk}^{\mathrm{H}}\boldsymbol{h}_{li}^{j}|^2\mid\{\hat{\boldsymbol{h}}_{li}^{j}\}\}+\mathbb{E}\{|\boldsymbol{v}_{jk}^{\mathrm{H}}\boldsymbol{n}_{j}|^2\mid\{\hat{\boldsymbol{h}}_{li}^{j}\}\}\\
&\overset{(b)}{=}p_{jk}\boldsymbol{v}_{jk}^{\mathrm{H}}\boldsymbol{C}_{jk}^{j}\boldsymbol{v}_{jk}+\sum_{l=1}^{L}\sum_{\substack{i=1\\(l,i)\neq(j,k)}}^{K_l}p_{li}\boldsymbol{v}_{jk}^{\mathrm{H}}(\hat{\boldsymbol{h}}_{li}^{j}(\hat{\boldsymbol{h}}_{li}^{j})^{\mathrm{H}}+\boldsymbol{C}_{li}^{j})\boldsymbol{v}_{jk}+\sigma_{\mathrm{UL}}^{2}\boldsymbol{v}_{jk}^{\mathrm{H}}\boldsymbol{I}_{M_j}\boldsymbol{v}_{jk}\\
&=\sum_{l=1}^{L}\sum_{\substack{i=1\\(l,i)\neq(j,k)}}^{K_l}p_{li}|\boldsymbol{v}_{jk}^{\mathrm{H}}\hat{\boldsymbol{h}}_{li}^{j}|^2+\boldsymbol{v}_{jk}^{\mathrm{H}}\left(\sum_{l=1}^{L}\sum_{i=1}^{K_l}p_{li}\boldsymbol{C}_{li}^{j}+\sigma_{\mathrm{UL}}^{2}\boldsymbol{I}_{M_j}\right)\boldsymbol{v}_{jk}
\end{aligned} \tag{C.47}$$

其中,(a)根据各零均值信号 s_{li} 之间是相互独立的,信号与信道之间也是相互独立的,(b)根据信号的功率$\mathbb{E}\{|s_{li}|^2\}=p_{li}$和$\mathbb{E}\{|\boldsymbol{v}_{jk}^{\mathrm{H}}\boldsymbol{h}_{li}^{j}|^2|\{\hat{\boldsymbol{h}}_{li}^{j}\}\}=\boldsymbol{v}_{jk}^{\mathrm{H}}[\hat{\boldsymbol{h}}_{li}^{j}(\hat{\boldsymbol{h}}_{li}^{j})^{\mathrm{H}}+\boldsymbol{C}_{li}^{j}]$ $\boldsymbol{v}_{jk}$对于任意的 l 和 i 都成立(因为估计误差独立于信道估计)。

为了利用推论1.2中的信道容量界,这里还需要证明干扰项具有条件零均值,

也就是$\mathbb{E}\{v|h,u\}=0$。这个条件是满足的,因为信号和接收噪声独立于信道估计的实现,并且具有零均值。推论也要求干扰项与输入信号条件不相关,也就是$\mathbb{E}\{x^* v|h,u\}=0$,这个条件是满足的,因为

$$\mathbb{E}\{x^* v|h,u\}=\mathbb{E}\{x^* v|\{\hat{\boldsymbol{h}}_{li}^j\}\}=\mathbb{E}\{\boldsymbol{v}_{jk}^{\mathrm{H}}\tilde{\boldsymbol{h}}_{jk}^j|\{\hat{\boldsymbol{h}}_{li}^j\}\}\mathbb{E}\{|s_{jk}|^2\}=0 \quad (\mathrm{C}.48)$$

其中,第二个等式利用在式(C.46)中,除了第一项以外,$x=s_{jk}$独立于其他所有项。第三个等式利用估计误差 $\tilde{\boldsymbol{h}}_{jk}^j$独立于信道估计,并且具有零均值。

现在已经证明了可以利用推论1.2来得到信道容量的下界。将上面得到的h和$p_v(h,u)$的值代入到式(1.10)中,得到表达式$\mathbb{E}\{\log_2(1+\mathrm{SINR}_{jk}^{\mathrm{UL}})\}$。最后一步,注意总样本数的$\tau_u/\tau_c$用于上行链路数据传输,得到式(4.2)中以bit/(s·Hz)为单位的信道容量的下界。

C.3.2 推论4.1的证明

式(4.3)中的上行链路瞬时信干噪比可以表示为

$$\mathrm{SINR}_{jk}^{\mathrm{UL}}=\frac{|\boldsymbol{v}_{jk}^{\mathrm{H}}\boldsymbol{a}_{jk}|^2}{\boldsymbol{v}_{jk}^{\mathrm{H}}\boldsymbol{B}_{jk}\boldsymbol{v}_{jk}} \quad (\mathrm{C}.49)$$

对于固定向量$\boldsymbol{a}_{jk}=\sqrt{p_{jk}}\hat{\boldsymbol{h}}_{jk}^j$和如下的固定矩阵:

$$\boldsymbol{B}_{jk}=\sum_{l=1}^{L}\sum_{\substack{i=1\\(l,i)\neq(j,k)}}^{K_l}p_{li}\hat{\boldsymbol{h}}_{li}^j(\hat{\boldsymbol{h}}_{li}^j)^{\mathrm{H}}+\sum_{l=1}^{L}\sum_{i=1}^{K_l}p_{li}\boldsymbol{C}_{li}^j+\sigma_{\mathrm{UL}}^2\boldsymbol{I}_{M_j} \quad (\mathrm{C}.50)$$

因此,信干噪比的最大值是一般化的瑞利商,可用引理B.10进行求解。最大信干噪比变为$\boldsymbol{a}_{jk}^{\mathrm{H}}\boldsymbol{B}_{jk}^{-1}\boldsymbol{a}_{jk}$,得到式(4.5)。而且,引理提供了一个可达到最大值的合并向量$\boldsymbol{v}_{jk}=\boldsymbol{B}_{jk}^{-1}\boldsymbol{a}_{jk}$。注意,利用引理B.4中的式(B.3),可得到

$$\boldsymbol{B}_{jk}^{-1}\boldsymbol{a}_{jk}=(1+\boldsymbol{a}_{jk}^{\mathrm{H}}\boldsymbol{B}_{jk}^{-1}\boldsymbol{a}_{jk})(\boldsymbol{B}_{jk}+\boldsymbol{a}_{jk}\boldsymbol{a}_{jk}^{\mathrm{H}})^{-1}\boldsymbol{a}_{jk} \quad (\mathrm{C}.51)$$

除了在求逆之前多了一个标量因子之外,这个向量与式(4.4)等价。由于利用任何非零的标量对$\boldsymbol{v}_{jk}$进行伸缩并不会改变式(4.3)中的信干噪比表达式,因此式(4.4)也能够最大化瞬时信干噪比。

C.3.3 推论4.2的证明

通过直接计算式(4.6)中的条件期望,得到均方误差的表达式:

$$\begin{aligned}\mathbb{E}\{|s_{jk}-\boldsymbol{v}_{jk}^{\mathrm{H}}\boldsymbol{y}_j|^2|\{\hat{\boldsymbol{h}}_{li}^j\}\}&=p_{jk}-p_{jk}\boldsymbol{v}_{jk}^{\mathrm{H}}\hat{\boldsymbol{h}}_{jk}^j-p_{jk}(\hat{\boldsymbol{h}}_{jk}^j)^{\mathrm{H}}\boldsymbol{v}_{jk}\\&\quad+\boldsymbol{v}_{jk}^{\mathrm{H}}\left(\sum_{l=1}^{L}\sum_{i=1}^{K_l}p_{li}(\hat{\boldsymbol{h}}_{li}^j(\hat{\boldsymbol{h}}_{li}^j)^{\mathrm{H}}+\boldsymbol{C}_{li}^j)+\sigma_{\mathrm{UL}}^2\boldsymbol{I}_{M_j}\right)\boldsymbol{v}_{jk}\end{aligned} \quad (\mathrm{C}.52)$$

引入符号

$$\boldsymbol{a}_{jk}=p_{jk}\hat{\boldsymbol{h}}_{jk}^j \quad (\mathrm{C}.53)$$

$$\boldsymbol{B}_{jk}=\sum_{l=1}^{L}\sum_{i=1}^{K_l}p_{li}[\hat{\boldsymbol{h}}_{li}^{j}(\hat{\boldsymbol{h}}_{li}^{j})^{\mathrm{H}}+\boldsymbol{C}_{li}^{j}]+\sigma_{\mathrm{UL}}^{2}\boldsymbol{I}_{M_j} \tag{C.54}$$

可将式(C.52)中的均方误差写为

$$\begin{aligned}&p_{jk}-\boldsymbol{v}_{jk}^{\mathrm{H}}\boldsymbol{a}_{jk}-\boldsymbol{a}_{jk}^{\mathrm{H}}\boldsymbol{v}_{jk}+\boldsymbol{v}_{jk}^{\mathrm{H}}\boldsymbol{B}_{jk}\boldsymbol{v}_{jk}\\&=p_{jk}-\boldsymbol{a}_{jk}^{\mathrm{H}}\boldsymbol{B}_{jk}^{-1}\boldsymbol{a}_{jk}+(\boldsymbol{v}_{jk}-\boldsymbol{B}_{jk}^{-1}\boldsymbol{a}_{jk})^{\mathrm{H}}\boldsymbol{B}_{jk}(\boldsymbol{v}_{jk}-\boldsymbol{B}_{jk}^{-1}\boldsymbol{a}_{jk})\end{aligned} \tag{C.55}$$

由于 $\boldsymbol{B}_{jk}$ 是正定矩阵,因此最后一项是非负的。当最后一项为 0 时,得到相对于 $\boldsymbol{v}_{jk}$ 的最小均方误差,此时 $\boldsymbol{v}_{jk}=\boldsymbol{B}_{jk}^{-1}\boldsymbol{a}_{jk}$。最后,注意这个向量与式(4.4)中的多小区最小均方误差合并向量相同。

C.3.4 定理 4.2 的证明

在确定性信道响应 $h=\mathbb{E}\{\boldsymbol{v}_{jk}^{\mathrm{H}}\boldsymbol{h}_{jk}^{j}\}$,输入 $x=s_{jk}$,输出 $y=\boldsymbol{v}_{jk}^{\mathrm{H}}\boldsymbol{y}_j$ 的条件下,式(4.13)中的接收信号与推论 1.2 中的无记忆信道相匹配。采用推论中的符号,噪声项为0(或者 $\sigma^2=0$),因为经过处理的噪声 $\boldsymbol{v}_{jk}^{\mathrm{H}}\boldsymbol{n}_j$ 可能不是高斯分布的,干扰项为

$$\begin{aligned}v&=[\boldsymbol{v}_{jk}^{\mathrm{H}}\boldsymbol{h}_{jk}^{j}-\mathbb{E}\{\boldsymbol{v}_{jk}^{\mathrm{H}}\boldsymbol{h}_{jk}^{j}\}]s_{jk}+\sum_{\substack{i=1\\i\neq k}}^{K_j}\boldsymbol{v}_{jk}^{\mathrm{H}}\boldsymbol{h}_{ji}^{j}s_{ji}+\sum_{\substack{l=1\\l\neq j}}^{L}\sum_{i=1}^{K_l}\boldsymbol{v}_{jk}^{\mathrm{H}}\boldsymbol{h}_{li}^{j}s_{li}+\boldsymbol{v}_{jk}^{\mathrm{H}}\boldsymbol{n}_j\\&=\sum_{l=1}^{L}\sum_{i=1}^{K_l}\boldsymbol{v}_{jk}^{\mathrm{H}}\boldsymbol{h}_{li}^{j}s_{li}-\mathbb{E}\{\boldsymbol{v}_{jk}^{\mathrm{H}}\boldsymbol{h}_{jk}^{j}\}s_{jk}+\boldsymbol{v}_{jk}^{\mathrm{H}}\boldsymbol{n}_j\end{aligned} \tag{C.56}$$

干扰项具有零均值,即 $\mathbb{E}\{v\}=0$,由于下式成立,干扰和输入是不相关的。

$$\mathbb{E}\{x^{*}v\}=\underbrace{\mathbb{E}\{\boldsymbol{v}_{jk}^{\mathrm{H}}\boldsymbol{h}_{jk}^{j}-\mathbb{E}\{\boldsymbol{v}_{jk}^{\mathrm{H}}\boldsymbol{h}_{jk}^{j}\}\}}_{=0}\mathbb{E}\{|s_{jk}|^2\}=0 \tag{C.57}$$

这两个条件(干扰项具有零均值,干扰和输入是不相关的)满足推论 1.2 中信道容量界的要求。干扰项的方差为

$$\begin{aligned}p_v&=\mathbb{E}\{|v|^2\}\\&=\sum_{l=1}^{L}\sum_{i=1}^{K_l}\mathbb{E}\{|\boldsymbol{v}_{jk}^{\mathrm{H}}\boldsymbol{h}_{li}^{j}|^2\}\mathbb{E}\{|s_{li}|^2\}-|\mathbb{E}\{\boldsymbol{v}_{jk}^{\mathrm{H}}\boldsymbol{h}_{jk}^{j}\}|^2\mathbb{E}\{|s_{jk}|^2\}+\mathbb{E}\{|\boldsymbol{v}_{jk}^{\mathrm{H}}\boldsymbol{n}_j|^2\}\\&=\sum_{l=1}^{L}\sum_{i=1}^{K_l}p_{li}\mathbb{E}\{|\boldsymbol{v}_{jk}^{\mathrm{H}}\boldsymbol{h}_{li}^{j}|^2\}-p_{jk}|\mathbb{E}\{\boldsymbol{v}_{jk}^{\mathrm{H}}\hat{\boldsymbol{h}}_{jk}^{j}\}|^2+\sigma_{\mathrm{UL}}^{2}\mathbb{E}\{\|\boldsymbol{v}_{jk}^{\mathrm{H}}\|^2\}\end{aligned} \tag{C.58}$$

这个公式利用了零均值信号 s_{li} 彼此之间相互独立以及信号和信道之间的独立性。通过向式(1.9)中代入 h 和 p_v 的值,得到式(4.14)中的信道容量下界。最后一步,注意全部样本数的 τ_u/τ_c 用于上行链路数据的传输,使得定理中信道容量的下界是以 bit/(s · Hz)为单位的。

C.3.5 推论 4.3 的证明

利用最小均方误差估计的性质,直接对期望进行计算。式(4.15)中的表达式

可以写为

$$\mathbb{E}\{\boldsymbol{v}_{jk}^{\mathrm{H}}\boldsymbol{h}_{jk}^{j}\}=\mathbb{E}\{(\hat{\boldsymbol{h}}_{jk}^{j})^{\mathrm{H}}\boldsymbol{h}_{jk}^{j}\}\overset{(a)}{=}\mathbb{E}\{(\hat{\boldsymbol{h}}_{jk}^{j})^{\mathrm{H}}\hat{\boldsymbol{h}}_{jk}^{j}\}$$

$$\overset{(b)}{=}\mathrm{tr}(\mathbb{E}\{\hat{\boldsymbol{h}}_{jk}^{j}(\hat{\boldsymbol{h}}_{jk}^{j})^{\mathrm{H}}\})\overset{(c)}{=}p_{jk}\tau_p\mathrm{tr}(\boldsymbol{R}_{jk}^{j}\boldsymbol{\Psi}_{jk}^{j}\boldsymbol{R}_{jk}^{j}) \tag{C.59}$$

其中，(a)的依据是 $\boldsymbol{h}_{jk}^{j}=\hat{\boldsymbol{h}}_{jk}^{j}+\tilde{\boldsymbol{h}}_{jk}^{j}$ 以及$\mathbb{E}\{(\hat{\boldsymbol{h}}_{jk}^{j})^{\mathrm{H}}\tilde{\boldsymbol{h}}_{jk}^{j}\}=0$(由于估计和估计误差是相互独立的并且都具有零均值)。接下来，(b)依据引理 B.5 中的矩阵等式(B.5)。(c)利用式(3.14)和式(3.11)。式(4.16)中的表达式也变为 $p_{jk}\tau_p\mathrm{tr}(\boldsymbol{R}_{jk}^{j}\boldsymbol{\Psi}_{jk}^{j}\boldsymbol{R}_{jk}^{j})$，因为它等于式(C.59)中的最后一个等式。

式(4.17)中的干扰项具有不同的计算过程，这取决于$(l,i)\in\mathcal{P}_{jk}$是否成立(或者，用户设备使用相同的还是不同的导频序列)。在$(l,i)\notin\mathcal{P}_{jk}$的情况下，有

$$\mathbb{E}\{|\boldsymbol{v}_{jk}^{\mathrm{H}}\boldsymbol{h}_{li}^{j}|^2\}=\mathbb{E}\{(\hat{\boldsymbol{h}}_{jk}^{j})^{\mathrm{H}}\boldsymbol{h}_{li}^{j}(\boldsymbol{h}_{li}^{j})^{\mathrm{H}}\hat{\boldsymbol{h}}_{jk}^{j}\}$$

$$\overset{(a)}{=}\mathrm{tr}(\mathbb{E}\{\boldsymbol{h}_{li}^{j}(\boldsymbol{h}_{li}^{j})^{\mathrm{H}}\}\mathbb{E}\{\hat{\boldsymbol{h}}_{jk}^{j}(\hat{\boldsymbol{h}}_{jk}^{j})^{\mathrm{H}}\})$$

$$\overset{(b)}{=}p_{jk}\tau_p\mathrm{tr}(\boldsymbol{R}_{li}^{j}\boldsymbol{R}_{jk}^{j}\boldsymbol{\Psi}_{jk}^{j}\boldsymbol{R}_{jk}^{j}) \tag{C.60}$$

其中，(a)利用式(B.5)中的矩阵等式以及信道与信道估计之间的独立性(由于使用不同的导频)。(b)利用信道的统计特性和式(3.14)、式(3.11)直接计算得出。

在$(l,i)\in\mathcal{P}_{jk}$的情况下，有：

$$\mathbb{E}\{|\boldsymbol{v}_{jk}^{\mathrm{H}}\boldsymbol{h}_{li}^{j}|^2\}=\mathbb{E}\{(\hat{\boldsymbol{h}}_{jk}^{j})^{\mathrm{H}}(\hat{\boldsymbol{h}}_{li}^{j}+\tilde{\boldsymbol{h}}_{li}^{j})(\hat{\boldsymbol{h}}_{li}^{j}+\tilde{\boldsymbol{h}}_{li}^{j})^{\mathrm{H}}\hat{\boldsymbol{h}}_{jk}^{j}\}$$

$$=\mathbb{E}\{(\hat{\boldsymbol{h}}_{jk}^{j})^{\mathrm{H}}\hat{\boldsymbol{h}}_{li}^{j}(\hat{\boldsymbol{h}}_{li}^{j})^{\mathrm{H}}\hat{\boldsymbol{h}}_{jk}^{j}\}+\mathbb{E}\{(\hat{\boldsymbol{h}}_{jk}^{j})^{\mathrm{H}}\tilde{\boldsymbol{h}}_{li}^{j}(\tilde{\boldsymbol{h}}_{li}^{j})^{\mathrm{H}}\hat{\boldsymbol{h}}_{jk}^{j}\} \tag{C.61}$$

其中，最后一个等式来自展开表达式之后，删除两个为 0 的交叉项(因为估计和估计误差之间的独立性和零均值)。当计算式(C.61)中第一项时，注意 $\hat{\boldsymbol{h}}_{li}^{j}=\sqrt{p_{li}}\boldsymbol{R}_{li}^{j}\boldsymbol{\Psi}_{jk}^{j}\boldsymbol{y}_{jjk}^{p}$ 和 $\hat{\boldsymbol{h}}_{jk}^{j}=\sqrt{p_{jk}}\boldsymbol{R}_{jk}^{j}\boldsymbol{\Psi}_{jk}^{j}\boldsymbol{y}_{jjk}^{p}$，处理后的接收信号可以表示为

$$\boldsymbol{y}_{jjk}^{p}\sim\mathcal{N}_{\mathbb{C}}(\boldsymbol{0}_{M_j},\tau_p(\boldsymbol{\Psi}_{jk}^{j})^{-1}) \tag{C.62}$$

然后，式(C.61)中的第一项变为

$$\mathbb{E}\{(\hat{\boldsymbol{h}}_{jk}^{j})^{\mathrm{H}}\hat{\boldsymbol{h}}_{li}^{j}(\hat{\boldsymbol{h}}_{li}^{j})^{\mathrm{H}}\hat{\boldsymbol{h}}_{jk}^{j}\}=p_{li}p_{jk}\mathbb{E}\{|(\boldsymbol{y}_{jjk}^{p})^{\mathrm{H}}\boldsymbol{\Psi}_{jk}^{j}\boldsymbol{R}_{li}^{j}\boldsymbol{R}_{jk}^{j}\boldsymbol{\Psi}_{jk}^{j}\boldsymbol{y}_{jjk}^{p}|^2\}$$

$$\overset{(a)}{=}p_{li}p_{jk}(\tau_p)^2\,|\mathrm{tr}(\boldsymbol{\Psi}_{jk}^{j}\boldsymbol{R}_{li}^{j}\boldsymbol{R}_{jk}^{j}\boldsymbol{\Psi}_{jk}^{j}(\boldsymbol{\Psi}_{jk}^{j})^{-1})|^2$$

$$+p_{li}p_{jk}(\tau_p)^2\mathrm{tr}(\boldsymbol{\Psi}_{jk}^{j}\boldsymbol{R}_{li}^{j}\boldsymbol{R}_{jk}^{j}\boldsymbol{\Psi}_{jk}^{j}(\boldsymbol{\Psi}_{jk}^{j})^{-1}\boldsymbol{\Psi}_{jk}^{j}\boldsymbol{R}_{jk}^{j}\boldsymbol{R}_{li}^{j}\boldsymbol{\Psi}_{jk}^{j}(\boldsymbol{\Psi}_{jk}^{j})^{-1})$$

$$\overset{(b)}{=}p_{li}p_{jk}(\tau_p)^2\,|\mathrm{tr}(\boldsymbol{\Psi}_{jk}^{j}\boldsymbol{R}_{li}^{j}\boldsymbol{R}_{jk}^{j})|^2+p_{li}p_{jk}(\tau_p)^2\mathrm{tr}(\boldsymbol{\Psi}_{jk}^{j}\boldsymbol{R}_{li}^{j}\boldsymbol{R}_{jk}^{j}\boldsymbol{\Psi}_{jk}^{j}\boldsymbol{R}_{jk}^{j}\boldsymbol{R}_{li}^{j})$$

$$\overset{(c)}{=}p_{li}p_{jk}(\tau_p)^2\,|\mathrm{tr}(\boldsymbol{R}_{li}^{j}\boldsymbol{\Psi}_{jk}^{j}\boldsymbol{R}_{jk}^{j})|^2+p_{jk}\tau_p\mathrm{tr}((\boldsymbol{R}_{li}^{j}-\boldsymbol{C}_{li}^{j})\boldsymbol{R}_{jk}^{j}\boldsymbol{\Psi}_{jk}^{j}\boldsymbol{R}_{jk}^{j}) \tag{C.63}$$

其中，(a)利用引理 B.14（$\boldsymbol{B}=\boldsymbol{\Psi}_{jk}^{j}\boldsymbol{R}_{li}^{j}\boldsymbol{R}_{jk}^{j}\boldsymbol{\Psi}_{jk}^{j}$，$\boldsymbol{A}=\tau_p\boldsymbol{\Psi}_{jk}^{j}$）[①]。在$(b)$中利用矩阵的乘法消去矩阵的逆。最后注意到$|\mathrm{tr}(\boldsymbol{\Psi}_{jk}^{j}\boldsymbol{R}_{li}^{j}\boldsymbol{R}_{jk}^{j})|=|\mathrm{tr}(\boldsymbol{R}_{li}^{j}\boldsymbol{\Psi}_{jk}^{j}\boldsymbol{R}_{jk}^{j})|$，利用$\boldsymbol{R}_{li}^{j}-\boldsymbol{C}_{li}^{j}=p_{li}\tau_p\boldsymbol{R}_{li}^{j}\boldsymbol{\Psi}_{jk}^{j}\boldsymbol{R}_{li}^{j}$和式(B.5)中的矩阵等式，得到$(c)$中的等式。

式(C.61)中的第二项变为

$$
\begin{aligned}
\mathbb{E}\{(\hat{\boldsymbol{h}}_{jk}^{j})^{\mathrm{H}}\tilde{\boldsymbol{h}}_{li}^{j}(\tilde{\boldsymbol{h}}_{li}^{j})^{\mathrm{H}}\hat{\boldsymbol{h}}_{jk}^{j}\} &= \mathrm{tr}(\mathbb{E}\{\tilde{\boldsymbol{h}}_{li}^{j}(\tilde{\boldsymbol{h}}_{li}^{j})^{\mathrm{H}}\}\mathbb{E}\{\hat{\boldsymbol{h}}_{jk}^{j}(\hat{\boldsymbol{h}}_{jk}^{j})^{\mathrm{H}}\}) \\
&= p_{jk}\tau_p\mathrm{tr}(\boldsymbol{C}_{li}^{j}\boldsymbol{R}_{jk}^{j}\boldsymbol{\Psi}_{jk}^{j}\boldsymbol{R}_{jk}^{j})
\end{aligned}
\tag{C.64}
$$

其中，第一个等式利用了式(B.5)中的矩阵等式和估计与估计误差之间的独立性，第二个等式直接来自期望的运算。将式(C.63)和式(C.64)代入到(C.61)中，最后得到

$$
\begin{aligned}
&\mathbb{E}\{|\boldsymbol{v}_{jk}^{\mathrm{H}}\boldsymbol{h}_{li}^{j}|^2\} \\
&= p_{li}p_{jk}(\tau_p)^2\,|\mathrm{tr}(\boldsymbol{R}_{li}^{j}\boldsymbol{\Psi}_{jk}^{j}\boldsymbol{R}_{jk}^{j})|^2+p_{jk}\tau_p\mathrm{tr}(\boldsymbol{R}_{li}^{j}\boldsymbol{R}_{jk}^{j}\boldsymbol{\Psi}_{jk}^{j}\boldsymbol{R}_{jk}^{j})
\end{aligned}
\tag{C.65}
$$

通过将上述计算出来的闭合表达式代入到式(4.14)中就可以得到式(4.18)中的频谱效率表达式，然后分子和分布同时除以$p_{jk}\tau_p\mathrm{tr}(\boldsymbol{R}_{jk}^{j}\boldsymbol{\Psi}_{jk}^{j}\boldsymbol{R}_{jk}^{j})$。

在不相关衰落的特殊情况下，有

$$
p_{jk}\tau_p\boldsymbol{\Psi}_{jk}^{j}\boldsymbol{R}_{jk}^{j}=\frac{p_{jk}\tau_p\beta_{jk}^{j}}{\sum_{(l',i')\in\mathcal{P}_{jk}}p_{l'i'}\tau_p\beta_{l'i'}^{j}+\sigma_{\mathrm{UL}}^2}\boldsymbol{I}_{M_j}
\tag{C.66}
$$

然后直接对迹进行运算，得到

$$
p_{jk}^2\tau_p\mathrm{tr}(\boldsymbol{R}_{jk}^{j}\boldsymbol{\Psi}_{jk}^{j}\boldsymbol{R}_{jk}^{j})=p_{jk}\beta_{jk}^{j}M_j\frac{p_{jk}\tau_p\beta_{jk}^{j}}{\sum_{(l',i')\in\mathcal{P}_{jk}}p_{l'i'}\tau_p\beta_{l'i'}^{j}+\sigma_{\mathrm{UL}}^2}
\tag{C.67}
$$

$$
p_{li}\frac{\mathrm{tr}(\boldsymbol{R}_{li}^{j}\boldsymbol{R}_{jk}^{j}\boldsymbol{\Psi}_{jk}^{j}\boldsymbol{R}_{jk}^{j})}{\mathrm{tr}(\boldsymbol{R}_{jk}^{j}\boldsymbol{\Psi}_{jk}^{j}\boldsymbol{R}_{jk}^{j})}=p_{li}\beta_{li}^{j}
\tag{C.68}
$$

$$
\frac{p_{li}^2\tau_p\,|\mathrm{tr}(\boldsymbol{R}_{li}^{j}\boldsymbol{\Psi}_{jk}^{j}\boldsymbol{R}_{jk}^{j})|^2}{\mathrm{tr}(\boldsymbol{R}_{jk}^{j}\boldsymbol{\Psi}_{jk}^{j}\boldsymbol{R}_{jk}^{j})}=p_{li}\beta_{li}^{j}M_j\frac{p_{li}\tau_p\beta_{li}^{j}}{\sum_{(l',i')\in\mathcal{P}_{jk}}p_{l'i'}\tau_p\beta_{l'i'}^{j}+\sigma_{\mathrm{UL}}^2}
\tag{C.69}
$$

通过将式(C.67)~式(C.69)代入式(4.18)，并利用式(4.20)中ψ_{jk}的定义，就得到了式(4.19)中的最终表达式。

C.3.6 定理 4.3 的证明

在确定性信道响应$h=\mathbb{E}\{(\boldsymbol{h}_{jk}^{j})^{\mathrm{H}}\boldsymbol{w}_{jk}\}$，输入$x=\varsigma_{jk}$，输出$y=y_{jk}$的条件下，式(4.25)中的接收信号与推论 1.2 中的离散无记忆信道相匹配。采用推论中的符号，噪声项为$n=n_{jk}\sim\mathcal{N}_{\mathbb{C}}(0,\sigma_{\mathrm{DL}}^2)$，干扰项为

$$
v=[(\boldsymbol{h}_{jk}^{j})^{\mathrm{H}}\boldsymbol{w}_{jk}-\mathbb{E}\{(\boldsymbol{h}_{jk}^{j})^{\mathrm{H}}\boldsymbol{w}_{jk}\}]\varsigma_{jk}
$$

① 引理 B.14 中的绝对值可用普通括号替换，因为所有矩阵都是半正定的，迹是正的实数值。

$$+\sum_{\substack{i=1\\i\neq k}}^{K_j}(\boldsymbol{h}_{jk}^{j})^{\mathrm{H}}\boldsymbol{w}_{ji}\varsigma_{ji}+\sum_{\substack{l=1\\l\neq j}}^{L}\sum_{i=1}^{K_l}(\boldsymbol{h}_{jk}^{l})^{\mathrm{H}}\boldsymbol{w}_{li}\varsigma_{li}$$

$$=\sum_{l=1}^{L}\sum_{i=1}^{K_l}(\boldsymbol{h}_{jk}^{l})^{\mathrm{H}}\boldsymbol{w}_{li}\varsigma_{li}-\mathbb{E}\{(\boldsymbol{h}_{jk}^{j})^{\mathrm{H}}\boldsymbol{w}_{jk}\}\varsigma_{jk} \tag{C.70}$$

注意干扰项具有零均值,并且与输入不相关,不相关的依据是下式:

$$\mathbb{E}\{x^{*}v\}=\underbrace{\mathbb{E}\{(\boldsymbol{h}_{jk}^{j})^{\mathrm{H}}\boldsymbol{w}_{jk}-\mathbb{E}\{(\boldsymbol{h}_{jk}^{j})^{\mathrm{H}}\boldsymbol{w}_{jk}\}\}}_{=0}\mathbb{E}\{|\varsigma_{jk}|^{2}\}=0 \tag{C.71}$$

上述的零均值和不相关是应用推论 1.2 的两个条件,而且干扰项的方差为

$$\begin{aligned}p_{v}&=\mathbb{E}\{|v|^{2}\}\\&=\sum_{l=1}^{L}\sum_{i=1}^{K_l}\mathbb{E}\{|(\boldsymbol{h}_{jk}^{l})^{\mathrm{H}}\boldsymbol{w}_{li}|^{2}\}\mathbb{E}\{|\varsigma_{li}|^{2}\}-|\mathbb{E}\{(\boldsymbol{h}_{jk}^{j})^{\mathrm{H}}\boldsymbol{w}_{jk}\}|^{2}\mathbb{E}\{|\varsigma_{jk}|^{2}\}\\&=\sum_{l=1}^{L}\sum_{i=1}^{K_l}\rho_{li}\mathbb{E}\{|\boldsymbol{w}_{li}^{\mathrm{H}}(\boldsymbol{h}_{jk}^{l})|^{2}\}-\rho_{jk}|\mathbb{E}\{(\boldsymbol{w}_{jk}^{\mathrm{H}}\boldsymbol{h}_{jk}^{j})\}|^{2}\end{aligned} \tag{C.72}$$

上式利用了零均值信号ς_{li}之间的独立性以及信号与信道之间的独立性。

现在,通过将 h 和 p_v 的值代入到式(1.9)中,得到式(4.26)中的有效信干噪比表达式。最后一步,注意到全部样本的 $\tau_{\mathrm{d}}/\tau_{\mathrm{c}}$ 用于下行链路数据的传输,这推导出定理 4.3 中以 bit/(s · Hz)为单位的信道容量的下界。

C.3.7 推论 4.4 的证明

证明过程由在 $\boldsymbol{w}_{jk}=\hat{\boldsymbol{h}}_{jk}^{j}/\sqrt{\mathbb{E}\{\|\hat{\boldsymbol{h}}_{jk}^{j}\|^{2}\}}$ 条件下计算式(4.26)中的各个期望组成。

式(4.26)分子中的信号项为

$$\begin{aligned}|\mathbb{E}\{\boldsymbol{w}_{jk}^{\mathrm{H}}\boldsymbol{h}_{jk}^{j}\}|^{2}&=\frac{|\mathbb{E}\{(\hat{\boldsymbol{h}}_{jk}^{j})^{\mathrm{H}}\boldsymbol{h}_{jk}^{j}\}|^{2}}{\mathbb{E}\{\|\hat{\boldsymbol{h}}_{jk}^{j}\|^{2}\}}\overset{(a)}{=}\frac{|\mathbb{E}\{(\hat{\boldsymbol{h}}_{jk}^{j})^{\mathrm{H}}\hat{\boldsymbol{h}}_{jk}^{j}\}|^{2}}{\mathbb{E}\{\|\hat{\boldsymbol{h}}_{jk}^{j}\|^{2}\}}\\&=\mathbb{E}\{\|\hat{\boldsymbol{h}}_{jk}^{j}\|^{2}\}\overset{(b)}{=}p_{jk}\tau_{p}\mathrm{tr}(\boldsymbol{R}_{jk}^{j}\boldsymbol{\Psi}_{jk}^{j}\boldsymbol{R}_{jk}^{j})\end{aligned} \tag{C.73}$$

其中,(a)依据信道估计和信道估计误差之间的独立性,(b)依据式(C.59)。

式(4.26)的分母中序号满足$(l,i)\notin\mathcal{P}_{jk}$(或者用户设备使用不同的导频)的干扰项的期望的计算如下:

$$\mathbb{E}\{|\boldsymbol{w}_{li}^{\mathrm{H}}\boldsymbol{h}_{jk}^{l}|^{2}\}=\frac{\mathbb{E}\{|(\hat{\boldsymbol{h}}_{li}^{l})^{\mathrm{H}}\boldsymbol{h}_{jk}^{l}|^{2}\}}{\mathbb{E}\{\|\hat{\boldsymbol{h}}_{li}^{l}\|^{2}\}}\overset{(a)}{=}\frac{\mathrm{tr}(\boldsymbol{R}_{jk}^{l}\boldsymbol{R}_{li}^{l}\boldsymbol{\Psi}_{li}^{l}\boldsymbol{R}_{li}^{l})}{\mathrm{tr}(\boldsymbol{R}_{li}^{l}\boldsymbol{\Psi}_{li}^{l}\boldsymbol{R}_{li}^{l})} \tag{C.74}$$

其中,(a)利用式(C.59)和式(C.60)计算期望,然后消除它们共同的标量乘性因子 $p_{li}\tau_p$。注意,需要在式(C.59)和式(C.60)两个等式中交换序号(j,k)和(l,i)才能得到想要的结果。类似地,在$(l,i)\in\mathcal{P}_{jk}$的情况下(或者用户设备使用相同的导

频),干扰项中期望的计算过程如下:

$$\mathbb{E}\{|\boldsymbol{w}_{li}^{\mathrm{H}}\boldsymbol{h}_{jk}^{l}|^{2}\}=\frac{\mathbb{E}\{|(\hat{\boldsymbol{h}}_{li}^{l})^{\mathrm{H}}\boldsymbol{h}_{jk}^{l}|^{2}\}}{\mathbb{E}\{\|\hat{\boldsymbol{h}}_{li}^{l}\|^{2}\}}$$

$$\overset{(a)}{=}\frac{p_{jk}\tau_{p}\,|\mathrm{tr}(\boldsymbol{R}_{jk}^{l}\boldsymbol{\Psi}_{li}^{l}\boldsymbol{R}_{li}^{l})|^{2}+\mathrm{tr}(\boldsymbol{R}_{jk}^{l}\boldsymbol{R}_{li}^{l}\boldsymbol{\Psi}_{li}^{l}\boldsymbol{R}_{li}^{l})}{\mathrm{tr}(\boldsymbol{R}_{li}^{l}\boldsymbol{\Psi}_{li}^{l}\boldsymbol{R}_{li}^{l})}\tag{C.75}$$

其中,利用式(C.59)和式(C.65)并且交换序号(j,k)和(l,i)后得到(a)。

通过将式(C.73)~式(C.75)代入到式(4.26),并且注意到

$$\sum_{(l,i)\in\mathcal{P}_{jk}}\rho_{li}\frac{p_{jk}\tau_{p}\,|\mathrm{tr}(\boldsymbol{R}_{jk}^{l}\boldsymbol{\Psi}_{li}^{l}\boldsymbol{R}_{li}^{l})|^{2}}{\mathrm{tr}(\boldsymbol{R}_{li}^{l}\boldsymbol{\Psi}_{li}^{l}\boldsymbol{R}_{li}^{l})}-\rho_{jk}p_{jk}\tau_{p}\mathrm{tr}(\boldsymbol{R}_{jk}^{j}\boldsymbol{\Psi}_{jk}^{j}\boldsymbol{R}_{jk}^{j})$$

$$=\sum_{(l,i)\in\mathcal{P}_{jk}\backslash(j,k)}\frac{\rho_{jk}p_{jk}\tau_{p}\,|\mathrm{tr}(\boldsymbol{R}_{jk}^{l}\boldsymbol{\Psi}_{li}^{l}\boldsymbol{R}_{li}^{l})|^{2}}{\mathrm{tr}(\boldsymbol{R}_{li}^{l}\boldsymbol{\Psi}_{li}^{l}\boldsymbol{R}_{li}^{l})}\tag{C.76}$$

得到式(4.28)中$\underline{\mathrm{SINR}}_{jk}^{\mathrm{DL}}$的最终表达式。

式(4.29)中不相关衰落下的简化直接来自代入式(C.67)~式(C.69)的简化表达式和利用式(4.20)中ψ_{li}的定义。

C.3.8 定理4.4的证明

用$\gamma_{jk}=\underline{\mathrm{SINR}}_{jk}^{\mathrm{UL}}$表示给定上行链路发射功率向量$\boldsymbol{p}$和接收合并向量$\boldsymbol{v}_{jk}$条件下式(4.14)中有效信干噪比的值,其中$j=1,\cdots,L$和$k=1,\cdots K_{j}$。这个证明的目标是要证实:在采用$\boldsymbol{w}_{jk}=\boldsymbol{v}_{jk}/\sqrt{\mathbb{E}\{\|\boldsymbol{v}_{jk}\|^{2}\}}$(全部$j$和$k$)的情况下,下行链路下可实现$\gamma_{jk}=\underline{\mathrm{SINR}}_{jk}^{\mathrm{DL}}$。将这些预编码向量代入到式(4.26)中,得到信干噪比约束:

$$\gamma_{jk}=\frac{\rho_{jk}\dfrac{|\mathbb{E}\{\boldsymbol{v}_{jk}^{\mathrm{H}}\boldsymbol{h}_{jk}^{j}\}|^{2}}{\mathbb{E}\{\|\boldsymbol{v}_{jk}\|^{2}\}}}{\displaystyle\sum_{l=1}^{L}\sum_{i=1}^{K_{l}}\rho_{li}\frac{\mathbb{E}\{|\boldsymbol{v}_{li}^{\mathrm{H}}\boldsymbol{h}_{jk}^{l}|^{2}\}}{\mathbb{E}\{\|\boldsymbol{v}_{li}\|^{2}\}}-\rho_{jk}\frac{|\mathbb{E}\{\boldsymbol{v}_{jk}^{\mathrm{H}}\boldsymbol{h}_{jk}^{j}\}|^{2}}{\mathbb{E}\{\|\boldsymbol{v}_{jk}\|^{2}\}}+\sigma_{\mathrm{DL}}^{2}}\tag{C.77}$$

式(C.77)对于$j=1,\cdots,L$和$k=1,\cdots K_{j}$都成立,它可被重写为

$$\gamma_{jk}\frac{\mathbb{E}\{\|\boldsymbol{v}_{jk}\|^{2}\}}{|\mathbb{E}\{\boldsymbol{v}_{jk}^{\mathrm{H}}\boldsymbol{h}_{jk}^{j}\}|^{2}}=\frac{\rho_{jk}}{\displaystyle\sum_{l=1}^{L}\sum_{i=1}^{K_{l}}\rho_{li}\frac{\mathbb{E}\{|\boldsymbol{v}_{li}^{\mathrm{H}}\boldsymbol{h}_{jk}^{l}|^{2}\}}{\mathbb{E}\{\|\boldsymbol{v}_{li}\|^{2}\}}-\rho_{jk}\frac{|\mathbb{E}\{\boldsymbol{v}_{jk}^{\mathrm{H}}\boldsymbol{h}_{jk}^{j}\}|^{2}}{\mathbb{E}\{\|\boldsymbol{v}_{jk}\|^{2}\}}+\sigma_{\mathrm{DL}}^{2}}\tag{C.78}$$

利用定理4.4中定义的矩阵$\boldsymbol{B}$和$\boldsymbol{D}$,式(C.78)中的约束可以表示为

$$[\boldsymbol{D}_{j}]_{kk}=\frac{\rho_{jk}}{\displaystyle\sum_{l=1}^{L}\sum_{i=1}^{K_{l}}\rho_{li}[\boldsymbol{B}_{jl}]_{ki}+\sigma_{\mathrm{DL}}^{2}}\tag{C.79}$$

式(C.79)对 $j=1,\cdots,L$ 和 $k=1,\cdots,K_j$ 都成立,根据它能够得到:

$$\sigma_{\mathrm{DL}}^2 = \frac{\rho_{jk}}{[\boldsymbol{D}_j]_{kk}} - \sum_{l=1}^{L}\sum_{i=1}^{K_l}\rho_{li}[\boldsymbol{B}_{jl}]_{ki} \tag{C.80}$$

K_{tot}个约束可以写成如下矩阵的形式:

$$\mathbf{1}_{K_{\mathrm{tot}}}\sigma_{\mathrm{DL}}^2 = \boldsymbol{D}^{-1}\boldsymbol{\rho} - \boldsymbol{B}\boldsymbol{\rho} = (\boldsymbol{D}^{-1} - \boldsymbol{B})\boldsymbol{\rho} \tag{C.81}$$

这是一个线性方程组,因此可得到满足信干噪比约束条件的下行链路发射功率向量 $\boldsymbol{\rho}=\boldsymbol{\rho}_{\mathrm{opt}}$:

$$\boldsymbol{\rho}_{\mathrm{opt}} = (\boldsymbol{D}^{-1} - \boldsymbol{B})^{-1}\mathbf{1}_{K_{\mathrm{tot}}}\sigma_{\mathrm{DL}}^2 \tag{C.82}$$

如果$(\boldsymbol{D}^{-1}-\boldsymbol{B})^{-1}$存在,且$(\boldsymbol{D}^{-1}-\boldsymbol{B})^{-1}$的全部元素为正,那么这是一个各元素都为正值的可行功率向量。为了证明只要 $\boldsymbol{p}$ 是可行的,式(C.82)都成立,研究相应的上行链路下的信干噪比约束 $\gamma_{jk}=\underline{\mathrm{SINR}}_{jk}^{\mathrm{UL}}$。

$$\gamma_{jk} = \frac{p_{jk}\dfrac{|\mathbb{E}\{\boldsymbol{v}_{jk}^{\mathrm{H}}\boldsymbol{h}_{jk}^{j}\}|^2}{\mathbb{E}\{\|\boldsymbol{v}_{jk}\|^2\}}}{\displaystyle\sum_{l=1}^{L}\sum_{i=1}^{K_l}p_{li}\frac{\mathbb{E}\{|\boldsymbol{v}_{jk}^{\mathrm{H}}\boldsymbol{h}_{li}^{j}|^2\}}{\mathbb{E}\{\|\boldsymbol{v}_{jk}\|^2\}} - p_{jk}\frac{|\mathbb{E}\{\boldsymbol{v}_{jk}^{\mathrm{H}}\boldsymbol{h}_{jk}^{j}\}|^2}{\mathbb{E}\{\|\boldsymbol{v}_{jk}\|^2\}} + \sigma_{\mathrm{UL}}^2} \tag{C.83}$$

将式(C.83)重写为

$$[\boldsymbol{D}_j]_{kk} = \frac{p_{jk}}{\displaystyle\sum_{l=1}^{L}\sum_{i=1}^{K_l}p_{li}[\boldsymbol{B}_{lj}]_{ik} + \sigma_{\mathrm{UL}}^2} \tag{C.84}$$

$$\sigma_{\mathrm{UL}}^2 = \frac{p_{jk}}{[\boldsymbol{D}_j]_{kk}} - \sum_{l=1}^{L}\sum_{i=1}^{K_l}p_{li}[\boldsymbol{B}_{lj}]_{ik} \tag{C.85}$$

式(C.84)和式(C.85)对于 $j=1,\cdots,L$ 和 $k=1,\cdots,K_j$ 都成立,可以表示成一个方程组 $\mathbf{1}_{K_{\mathrm{tot}}}\sigma_{\mathrm{UL}}^2=\boldsymbol{D}^{-1}\boldsymbol{p}-\boldsymbol{B}^{\mathrm{T}}\boldsymbol{p}=(\boldsymbol{D}^{-1}-\boldsymbol{B}^{\mathrm{T}})\boldsymbol{p}$,其中涉及 $\boldsymbol{B}$ 的转置,原因是:与式(C.80)相比,式(C.85)中干扰项的序号需要交换。很容易看出,$\boldsymbol{p}=(\boldsymbol{D}^{-1}-\boldsymbol{B}^{\mathrm{T}})^{-1}\mathbf{1}_{K_{\mathrm{tot}}}\sigma_{\mathrm{UL}}^2$,它表明:逆存在,$(\boldsymbol{D}^{-1}-\boldsymbol{B}^{T})^{-1}$的全部元素都是正的①。这也表明$(\boldsymbol{D}^{-1}-\boldsymbol{B})=(\boldsymbol{D}^{-1}-\boldsymbol{B}^{\mathrm{T}})^{\mathrm{T}}$具有严格为正的特征值。因此,如果 $\boldsymbol{p}$ 是上行链路的可行功率向量,那么式(C.82)就是下行链路的可行功率向量。这就完成了定理主体部分的证明,通过将 $\mathbf{1}_{K_{\mathrm{tot}}}=\dfrac{1}{\sigma_{\mathrm{UL}}^2}(\boldsymbol{D}^{-1}-\boldsymbol{B}^{\mathrm{T}})\boldsymbol{p}$ 代入到式(C.82)得到式(4.32)。

---

① 凭直觉(不易懂的方式)能够证明元素都为正。为了证明这个事实,注意 $\boldsymbol{\sigma}=\mathbf{1}_{K_{\mathrm{tot}}}\sigma_{\mathrm{UL}}^2$是一个包括所有用户设备的噪声方差的向量。如果减少一些选定用户设备的噪声方差,能提高相应的 SINR(如果固定发射功率),并且能够找到一个消耗更少的和功率但却能达到相同的 SINR。但是,如果$(\boldsymbol{D}^{-1}-\boldsymbol{B}^{\mathrm{T}})^{-1}$具有负元素,我们能找到一个正的噪声向量 $\boldsymbol{\sigma}$ 使得 $\boldsymbol{p}=(\boldsymbol{D}^{-1}-\boldsymbol{B}^{\mathrm{T}})^{-1}\boldsymbol{\sigma}$ 有负元素,这是不可行的。这也是不合理的,因此$(\boldsymbol{D}^{-1}-\boldsymbol{B}^{\mathrm{T}})^{-1}$一定只包含正元素。更详细的证明过程参见文献[63,260]。

利用 $\mathbf{1}_{K_{\text{tot}}}^{\text{T}}(\boldsymbol{D}^{-1}-\boldsymbol{B})^{-1}\mathbf{1}_{K_{\text{tot}}}=\mathbf{1}_{K_{\text{tot}}}^{\text{T}}(\boldsymbol{D}^{-1}-\boldsymbol{B}^{\text{T}})^{-1}\mathbf{1}_{K_{\text{tot}}}$，可直接计算出式(4.33)中的功率和条件。

C.3.9 定理4.5的证明

用 $\{\varsigma_{jk}\}$ 表示在一个给定的相关块内小区 j 中传递给用户设备 k 的 τ_d 个下行链路数据符号的集合，用 $\{y_{jk}\}$ 表示这个用户设备接收到的信号集合。通过假设 $\varsigma_{jk}\sim\mathcal{N}_{\mathbb{C}}(0,\rho_{jk})$，这个用户设备的下行链路容量下界为

$$\frac{\tau_d}{\tau_c}\frac{1}{\tau_d}\mathcal{I}(\{\varsigma_{jk}\};\{y_{jk}\}) \tag{C.86}$$

其中，τ_d/τ_c 表示相关块中下行链路数据占总数据的比例，$\mathcal{I}(\{\varsigma_{jk}\};\{y_{jk}\})/\tau_d$ 是每个样本的互信息量。接下来使用互信息量链式法则：$\mathcal{I}(X_1,X_2;Y)=\mathcal{I}(X_1;Y)+\mathcal{I}(X_2;Y|X_1)=\mathcal{I}(X_2;Y)+\mathcal{I}(X_1;Y|X_2)$（文献[94]中的定理2.5.2）。令 $X_1=\{\varsigma_{jk}\}$，$Y=\{y_{jk}\}$，用 $X_2=\{(\boldsymbol{h}_{jk}^{j})^{\text{H}}\boldsymbol{w}_{ji}\}$ 表示预编码后的信道集合 $(\boldsymbol{h}_{jk}^{j})^{\text{H}}\boldsymbol{w}_{ji}$，$i=1,\cdots,K_j$。根据链式法则，能够得到

$$\begin{aligned}\mathcal{I}(X_1;Y)&=\mathcal{I}(X_2;Y)+\mathcal{I}(X_1;Y|X_2)-\mathcal{I}(X_2;Y|X_1)\\&\geqslant\mathcal{I}(X_1;Y|X_2)-\mathcal{I}(X_2;Y|X_1)\end{aligned} \tag{C.87}$$

其中，不等式来自忽略了非负量 $\mathcal{I}(X_2;Y)$。式(C.87)中≥表达式中的第一项表示给定小区内信号的预编码信道的条件下发射信号和接收信号之间的条件互信息量：

$$\begin{aligned}\mathcal{I}(X_1;Y|X_2)&=\mathcal{I}(\{\varsigma_{jk}\};\{y_{jk}\}|\{(\boldsymbol{h}_{jk}^{j})^{\text{H}}\boldsymbol{w}_{ji}\})\\&\geqslant\tau_{\text{d}}\mathcal{I}(\varsigma_{jk};y_{jk}|\{(\boldsymbol{h}_{jk}^{j})^{\text{H}}\boldsymbol{w}_{ji}\})\\&\geqslant\tau_{\text{d}}\,\mathbb{E}\{\log_2(1+\text{SINR}_{jk}^{\text{DL}})\}\end{aligned} \tag{C.88}$$

其中，第一个不等式来自忽略不同样本之间的互信息量。第二个不等式来自将输入 $x=\varsigma_{jk}$，输出 $y=y_{jk}$，随机信道响应 $h=(\boldsymbol{h}_{jk}^{j})^{\text{H}}\boldsymbol{w}_{jk}$，$n=n_{jk}$，$u=\{(\boldsymbol{h}_{jk}^{j})^{\text{H}}\boldsymbol{w}_{ji}\}$ 代入推论1.2中。推论中的干扰项为

$$v=\sum_{\substack{i=1\\i\neq k}}^{K_j}(\boldsymbol{h}_{jk}^{j})^{\text{H}}\boldsymbol{w}_{ji}\varsigma_{ji}+\sum_{\substack{l=1\\l\neq j}}^{L}\sum_{i=1}^{K_l}(\boldsymbol{h}_{jk}^{l})^{\text{H}}\boldsymbol{w}_{li}\varsigma_{li} \tag{C.89}$$

这项具有条件零均值(因为数据信号有零均值)和条件方差：

$$\begin{aligned}p_v(h,u)&=\mathbb{E}\{|v|^2|\{(\boldsymbol{h}_{jk}^{j})^{\text{H}}\boldsymbol{w}_{ji}\}\}\\&=\sum_{\substack{i=1\\i\neq k}}^{K_j}\rho_{ji}|\boldsymbol{w}_{ji}^{\text{H}}\boldsymbol{h}_{jk}^{j}|^2+\sum_{\substack{l=1\\l\neq j}}^{K_l}\sum_{i=1}^{K_l}\rho_{li}\,\mathbb{E}\{|\boldsymbol{w}_{li}^{\text{H}}\boldsymbol{h}_{jk}^{l}|^2\}\end{aligned} \tag{C.90}$$

这里假设每个基站只根据它自己的信道估计来计算它的预编码向量，这表明来自其他小区的预编码信道独立于 $\{(\boldsymbol{h}_{jk}^{j})^{\text{H}}\boldsymbol{w}_{ji}\}$。推论也要求干扰项与输入信号是条

件不相关的，也就是$\mathbb{E}\{x^* v | h, u\} = 0$（因为 v 与 x 独立）。

还需要计算式（C.87）中第二项的界：

$$\begin{aligned}\mathcal{I}(X_2; Y | X_1) &= \mathcal{I}(\{(\boldsymbol{h}_{jk}^j)^{\mathrm{H}} \boldsymbol{w}_{ji}\}; \{y_{jk}\} | \{\varsigma_{jk}\}) \\ &= \mathcal{H}(\{(\boldsymbol{h}_{jk}^j)^{\mathrm{H}} \boldsymbol{w}_{ji}\} | \{\varsigma_{jk}\}) - \mathcal{H}(\{(\boldsymbol{h}_{jk}^j)^{\mathrm{H}} \boldsymbol{w}_{ji}\} | \{y_{jk}\}, \{\varsigma_{jk}\}) \\ &\leqslant \mathcal{H}(\{(\boldsymbol{h}_{jk}^j)^{\mathrm{H}} \boldsymbol{w}_{ji}\} | \{\varsigma_{jk}\}, \boldsymbol{\Omega}) - \mathcal{H}(\{(\boldsymbol{h}_{jk}^j)^{\mathrm{H}} \boldsymbol{w}_{ji}\} | \{y_{jk}\}, \{\varsigma_{jk}\}, \boldsymbol{\Omega})\end{aligned} \tag{C.91}$$

其中，不等式成立的原因是：添加了独立于$\{(\boldsymbol{h}_{jk}^j)^{\mathrm{H}} \boldsymbol{w}_{ji}\}$的一些边信息 $\boldsymbol{\Omega}$，使得$\mathcal{H}(\{(\boldsymbol{h}_{jk}^j)^{\mathrm{H}} \boldsymbol{w}_{ji}\} | \{\varsigma_{jk}\}, \boldsymbol{\Omega}) = \mathcal{H}(\{(\boldsymbol{h}_{jk}^j)^{\mathrm{H}} \boldsymbol{w}_{ji}\} | \{\varsigma_{jk}\})$，同时添加的条件（添加 $\boldsymbol{\Omega}$）使得第二个差分熵表达式减小了。特别地，令 $\boldsymbol{\Omega}$ 包含发射的小区内信号$\{\varsigma_{ji}\}$，$i = 1, \cdots, K_j$ 和下行链路数据传输的 τ_d 个样本所遭受的小区外干扰 $\left\{\sum_{l=1, l \neq j}^{L} \sum_{i=1}^{K_l} (\boldsymbol{h}_{jk}^l)^{\mathrm{H}} \boldsymbol{w}_{li} \varsigma_{li}\right\}$ 的实现。因为接收到的信号和小区间干扰是已知的，因此可以计算：

$$\breve{y}_{jk} = y_{jk} - \sum_{l=1, l \neq j}^{L} \sum_{i=1}^{K_l} (\boldsymbol{h}_{jk}^l)^{\mathrm{H}} \boldsymbol{w}_{li} \varsigma_{li} = \sum_{i=1}^{K_j} (\boldsymbol{h}_{jk}^j)^{\mathrm{H}} \boldsymbol{w}_{ji} \varsigma_{ji} + n_{jk} \tag{C.92}$$

它只包括小区内干扰和噪声。利用这个符号，得到

$$\mathcal{H}(\{(\boldsymbol{h}_{jk}^j)^{\mathrm{H}} \boldsymbol{w}_{ji}\} | \{y_{jk}\}, \{\varsigma_{jk}\}, \boldsymbol{\Omega}) = \mathcal{H}(\{(\boldsymbol{h}_{jk}^j)^{\mathrm{H}} \boldsymbol{w}_{ji}\} | \{\breve{y}_{jk}\}, \{\varsigma_{jk}\}, \boldsymbol{\Omega}) \tag{C.93}$$

将式（C.93）代入到式（C.91）中，得到

$$\begin{aligned}\mathcal{I}(X_2; Y | X_1) &\leqslant \mathcal{I}(\{(\boldsymbol{h}_{jk}^j)^{\mathrm{H}} \boldsymbol{w}_{ji}\}; \{\breve{y}_{jk}\} | \{\varsigma_{jk}\}, \boldsymbol{\Omega}) \\ &= \mathcal{I}(\{(\boldsymbol{h}_{jk}^j)^{\mathrm{H}} \boldsymbol{w}_{ji}\}; \{\breve{y}_{jk}\} | \{\varsigma_{j1}\}, \cdots, \{\varsigma_{jK_j}\})\end{aligned} \tag{C.94}$$

其中，等式来自删除了 $\boldsymbol{\Omega}$ 中的小区外干扰这个条件，这些干扰目前独立于表达式中其他的变量。

有趣的是，式（C.94）可解释为多用户 MIMO 信道上行链路的互信息量之和，此时来自 K_j 个用户设备的发射信号为$\{(\boldsymbol{h}_{jk}^j)^{\mathrm{H}} \boldsymbol{w}_{ji}\}$，$\tau_d$ 根天线上的接收信号为$\{\breve{y}_{jk}\}$，已知的“信道系数”$\{\varsigma_{j1}\}, \cdots, \{\varsigma_{jK_j}\}$。在互信息量最大的情况下，用户设备信道是正交的，得到：

$$\begin{aligned}&\mathcal{I}(\{(\boldsymbol{h}_{jk}^j)^{\mathrm{H}} \boldsymbol{w}_{ji}\}; \{\breve{y}_{jk}\} | \{\varsigma_{j1}\}, \cdots, \{\varsigma_{jK_j}\}) \\ &\leqslant \sum_{i=1}^{K_j} \mathbb{E}\left\{\log_2\left(1 + \frac{\sum_{t=1}^{\tau_d} |\varsigma_{jit}|^2 \, \mathbb{V}\{(\boldsymbol{h}_{jk}^j)^{\mathrm{H}} \boldsymbol{w}_{ji}\}}{\sigma_{\mathrm{DL}}^2}\right)\right\}\end{aligned} \tag{C.95}$$

其中，ς_{jit}表示ς_{ji}在第 t 个下行链路样本上的实现，$t = 1, \cdots, \tau_d$。最后，利用引理 B.11 中的杰森不等式得到

$$\sum_{i=1}^{K_j} \mathbb{E}\left\{\log_2\left(1 + \frac{\sum_{t=1}^{\tau_d} |\varsigma_{jit}|^2 \, \mathbb{V}\{(\boldsymbol{h}_{jk}^j)^{\mathrm{H}} \boldsymbol{w}_{ji}\}}{\sigma_{\mathrm{DL}}^2}\right)\right\}$$

$$\leqslant \sum_{i=1}^{K_j} \log_2\left(1+\frac{\rho_{ji}\tau_d \mathbb{V}\{(\boldsymbol{h}_{jk}^j)^{\mathrm{H}}\boldsymbol{w}_{ji}\}}{\sigma_{\mathrm{DL}}^2}\right) \tag{C.96}$$

其中，$\mathbb{E}\{|\varsigma_{jit}|^2\}=\rho_{ji}$，通过将式(C.87)代入到式(C.86)，并且利用上面计算出来的互信息量表达式的闭合界，最终得到式(4.38)。

C.3.10 定理4.6和4.7的证明

式(4.18)给出了$\underline{\mathrm{SINR}}_{jk}^{\mathrm{UL}}$的表达式。首先在这个表达式的分子和分母同时除以$M_j$。信号项变为$\frac{p_{jk}^2\tau_p}{M_j}\mathrm{tr}(\boldsymbol{R}_{jk}^j\boldsymbol{\Psi}_{jk}^j\boldsymbol{R}_{jk}^j)$，由于假设1(位于4.4节的渐近分析中)中的第一个条件，这个信号项随着$M_j\to\infty$严格为正，由于假设1中的第二个条件(位于4.4节的渐近分析中)，这个信号项是有界的。每个非相干干扰项满足

$$\frac{p_{li}}{M_j}\frac{\mathrm{tr}(\boldsymbol{R}_{li}^j\boldsymbol{R}_{jk}^j\boldsymbol{\Psi}_{jk}^j\boldsymbol{R}_{jk}^j)}{\mathrm{tr}(\boldsymbol{R}_{jk}^j\boldsymbol{\Psi}_{jk}^j\boldsymbol{R}_{jk}^j)}\leqslant\frac{p_{li}}{M_j}\frac{\|\boldsymbol{R}_{li}^j\|_2\mathrm{tr}(\boldsymbol{R}_{jk}^j\boldsymbol{\Psi}_{jk}^j\boldsymbol{R}_{jk}^j)}{\mathrm{tr}(\boldsymbol{R}_{jk}^j\boldsymbol{\Psi}_{jk}^j\boldsymbol{R}_{jk}^j)}=\frac{p_{li}}{M_j}\|\boldsymbol{R}_{li}^j\|_2 \tag{C.97}$$

其中，不等号来自引理B.7。当$M_j\to\infty$时，由于假设1中的第二个条件，这些项趋于0。噪声项$\sigma_{\mathrm{UL}}^2/M_j$也渐近地趋于0。在式(4.18)中去除了非相干干扰项和噪声项的剩余表达式中，因为分母的表达式随着M_j伸缩，分子中的迹表达式增长速度不会超过M_j(根据假设1)，所以信号项与相干干扰项的比值是有界的。详细分析过程如下：通过删去虚部，将$\boldsymbol{A}=(\boldsymbol{\Psi}_{jk}^j)^{-1}$和$\boldsymbol{B}=(\boldsymbol{R}_{jk}^j\boldsymbol{R}_{li}^j+\boldsymbol{R}_{li}^j\boldsymbol{R}_{jk}^j)$代入到引理B.8，可以得到

$$\begin{aligned}\frac{1}{M_j}|\mathrm{tr}(\boldsymbol{R}_{li}^j\boldsymbol{\Psi}_{jk}^j\boldsymbol{R}_{jk}^j)|&\geqslant\frac{1}{M_j}\frac{\mathrm{tr}(\boldsymbol{R}_{li}^j\boldsymbol{\Psi}_{jk}^j\boldsymbol{R}_{jk}^j)+\mathrm{tr}(\boldsymbol{R}_{jk}^j\boldsymbol{\Psi}_{jk}^j\boldsymbol{R}_{li}^j)}{2}\\&=\frac{1}{M_j}\frac{\mathrm{tr}(\boldsymbol{\Psi}_{jk}^j(\boldsymbol{R}_{jk}^j\boldsymbol{R}_{li}^j+\boldsymbol{R}_{li}^j\boldsymbol{R}_{jk}^j))}{2}\\&\geqslant\frac{1}{\|(\boldsymbol{\Psi}_{jk}^j)^{-1}\|_2}\frac{1}{M_j}\mathrm{tr}(\boldsymbol{R}_{li}^j\boldsymbol{R}_{jk}^j)\end{aligned} \tag{C.98}$$

注意：由于假设1，$1/\|(\boldsymbol{\Psi}_{jk}^j)^{-1}\|_2\leqslant 1/\sigma_{\mathrm{UL}}^2<\infty$。然后，如果$\frac{1}{M_j}\mathrm{tr}(\boldsymbol{R}_{li}^j\boldsymbol{R}_{jk}^j)$对于某些$(l,i)\in\mathcal{P}_{jk}\backslash(j,k)$具有非零的极限，相干干扰项就趋近于一个有界的非零的极限值。由于非相干干扰项和噪声项消失了，因此式(4.49)中的差值渐近趋向于0。

但是，如果对于所有的$(l,i)\in\mathcal{P}_{jk}\backslash(j,k)$，$\frac{1}{M_j}\mathrm{tr}(\boldsymbol{R}_{li}^j\boldsymbol{R}_{jk}^j)\to 0$，那么可以利用引理B.7证明

$$\frac{1}{M_j}|\mathrm{tr}(\boldsymbol{R}_{li}^j\boldsymbol{\Psi}_{jk}^j\boldsymbol{R}_{jk}^j)|\leqslant\frac{1}{M_j}\|\boldsymbol{\Psi}_{jk}^j\|_2\mathrm{tr}(\boldsymbol{R}_{li}^j\boldsymbol{R}_{jk}^j)\to 0 \tag{C.99}$$

上式中用到了：根据假设1中的第二个条件，$\boldsymbol{\Psi}_{jk}^j$的谱范数是有界的。如果对于所

有的$(l,i) \in \mathcal{P}_{jk} \setminus (j,k)$，$\boldsymbol{R}_{jk}^{j}$在空间渐近地正交于$\boldsymbol{R}_{li}^{j}$，$\frac{1}{M_j}\mathrm{tr}(\boldsymbol{R}_{li}^{j}\boldsymbol{R}_{jk}^{j}) \to 0$就会准确地成立。由于在这种情况下，式(4.18)中分母的全部项都趋于0，而分子趋向于一个非0的极限值，因此$M_j \to \infty$时，$\underline{\mathrm{SINR}}_{jk}^{\mathrm{UL}}$无界地增长。这就完成了上行链路情况下的证明。

在下行链路情况下，除了干扰项中的序号(l,i)与(j,k)互换以外，$\underline{\mathrm{SINR}}_{jk}^{\mathrm{DL}}$包含了与$\underline{\mathrm{SINR}}_{jk}^{\mathrm{UL}}$相同的矩阵表达式。如果将分子和分母同时除以$M$，信号项趋向于一个有界的非0极限值，而噪声和非相干干扰项趋向于0。利用与上行链路中相似的理由，如果至少有一个$(l,i) \in \mathcal{P}_{jk} \setminus (j,k)$能使$\mathrm{tr}(\boldsymbol{R}_{li}^{l}\boldsymbol{R}_{jk}^{l})/M_j$具有非0的极限值，小区$l$中用户设备$k$中的相干干扰项就趋近于一个非零的极限值。这使得式(4.50)中差值渐近趋近于0。如果没有相干干扰项具有非0的极限值，$\underline{\mathrm{SINR}}_{jk}^{\mathrm{DL}}$将无界限地增长。当对于全部的$(l,i) \in \mathcal{P}_{jk} \setminus (j,k)$，$\boldsymbol{R}_{jk}^{l}$和$\boldsymbol{R}_{li}^{l}$都空间正交时，这种情况就会发生。

C.4 第5章的证明

C.4.1 引理5.1的证明

首先将$p_{jk} = \bar{P}/M^{\varepsilon_1}$和$\rho_{jk} = \underline{P}/M^{\varepsilon_2}$代入到式(5.4)$\underline{\mathrm{SINR}}_{jk}^{\mathrm{DL}}$表达式的全部项中。用$M$乘以和除以分子中的信号项，得到

$$\frac{\underline{P}\,\bar{P}\,\tau_p}{M^{\varepsilon_1+\varepsilon_2-1}}\,\frac{1}{M}\mathrm{tr}(\boldsymbol{R}_{jk}^{j}\boldsymbol{\Psi}_{jk}^{j}\boldsymbol{R}_{jk}^{j}) \tag{C.100}$$

其中

$$\boldsymbol{\Psi}_{jk}^{j} = \Big(\sum_{(l',i') \in \mathcal{P}_{jk}} \frac{\bar{P}}{M^{\varepsilon_1}}\tau_p \boldsymbol{R}_{l'i'}^{j} + \sigma_{\mathrm{UL}}^{2}\boldsymbol{I}_M\Big)^{-1} \tag{C.101}$$

当$M \to \infty$时，有$\boldsymbol{\Psi}_{jk}^{j} - 1/\sigma_{\mathrm{UL}}^{2}\boldsymbol{I}_M \to \boldsymbol{0}_{M\times M}$，并且得到

$$\frac{1}{M}\mathrm{tr}(\boldsymbol{R}_{jk}^{j}\boldsymbol{\Psi}_{jk}^{j}\boldsymbol{R}_{jk}^{j}) - \frac{1}{\sigma_{\mathrm{UL}}^{2}}\,\frac{1}{M}\mathrm{tr}(\boldsymbol{R}_{jk}^{j}\boldsymbol{R}_{jk}^{j}) \to 0 \tag{C.102}$$

注意，随着$M \to \infty$，$\frac{1}{M}\mathrm{tr}(\boldsymbol{R}_{jk}^{j}\boldsymbol{R}_{jk}^{j})$是严格正的，原因是：假设1中的第一个条件和引理B.8。随着$M \to \infty$，$\frac{1}{M}\mathrm{tr}(\boldsymbol{R}_{jk}^{j}\boldsymbol{R}_{jk}^{j})$也是有界的，原因：假设1中的第二个条件和引理B.7。因此，随着$M \to \infty$，若$\varepsilon_1 + \varepsilon_2 > 1$，则式(C.100)趋近于0；若$\varepsilon_1 + \varepsilon_2 < 1$，则式(C.100)无界增长。

通过将引理 B.7 用于式(5.4)中每个非相干的干扰项,得到

$$\frac{\underline{P}}{M^{\varepsilon_2}}\frac{\mathrm{tr}(\boldsymbol{R}_{jk}^l\boldsymbol{R}_{li}^l\boldsymbol{\Psi}_{li}^l\boldsymbol{R}_{li}^l)}{\mathrm{tr}(\boldsymbol{R}_{li}^l\boldsymbol{\Psi}_{li}^l\boldsymbol{R}_{li}^l)}\leqslant\frac{\underline{P}}{M^{\varepsilon_2}}\frac{\|\boldsymbol{R}_{jk}^l\|_2\mathrm{tr}(\boldsymbol{R}_{li}^l\boldsymbol{\Psi}_{li}^l\boldsymbol{R}_{li}^l)}{\mathrm{tr}(\boldsymbol{R}_{li}^l\boldsymbol{\Psi}_{li}^l\boldsymbol{R}_{li}^l)}$$
$$=\frac{\underline{P}}{M^{\varepsilon_2}}\|\boldsymbol{R}_{jk}^l\|_2 \tag{C.103}$$

然后,根据假设 1 中的第二个条件,随着 $M\to\infty$,这些项渐近地趋向于 0。相干干扰项可写为

$$\frac{\underline{P}\,\bar{P}\tau_p}{M^{\varepsilon_1+\varepsilon_2-1}}\frac{\left|\frac{1}{M}\mathrm{tr}(\boldsymbol{R}_{jk}^l\boldsymbol{\Psi}_{li}^l\boldsymbol{R}_{li}^l)\right|^2}{\frac{1}{M}\mathrm{tr}(\boldsymbol{R}_{li}^l\boldsymbol{\Psi}_{li}^l\boldsymbol{R}_{li}^l)} \tag{C.104}$$

与式(C.102)相似,随着 $M\to\infty$,有

$$\frac{\left|\frac{1}{M}\mathrm{tr}(\boldsymbol{R}_{jk}^l\boldsymbol{\Psi}_{li}^l\boldsymbol{R}_{li}^l)\right|^2}{\frac{1}{M}\mathrm{tr}(\boldsymbol{R}_{li}^l\boldsymbol{\Psi}_{li}^l\boldsymbol{R}_{li}^l)}-\frac{1}{\sigma_{\mathrm{UL}}^2}\frac{\left[\frac{1}{M}\mathrm{tr}(\boldsymbol{R}_{jk}^l\boldsymbol{R}_{li}^l)\right]^2}{\frac{1}{M}\mathrm{tr}(\boldsymbol{R}_{li}^l\boldsymbol{R}_{li}^l)}\to 0 \tag{C.105}$$

其中,所有项都是有界的,原因:根据假设 1、引理 B.7 和 B.8,随着 $M\to\infty$,$\frac{1}{M}\mathrm{tr}(\boldsymbol{R}_{li}^l\cdot\boldsymbol{R}_{li}^l)$和$\frac{1}{M}\mathrm{tr}(\boldsymbol{R}_{jk}^l\boldsymbol{R}_{li}^l)$是严格正的和有界的。因此,随着 $M\to\infty$:若 $\varepsilon_1+\varepsilon_2>1$,式(C.104)就趋向于 0;若 $\varepsilon_1+\varepsilon_2<1$,式(C.104)就无界增长。将上面的结果放在一起,就得到了引理 5.1。

C.4.2 等式(5.18)的证明

为了得到式(5.18),首先将式(5.17)重写为

$$2^{\mathrm{SE}^*}[\mathrm{SE}^*\ln 2-1]=\frac{M-1}{v_0}P_{\mathrm{FIX}}-1 \tag{C.106}$$

这个式子可以通过将 $x=\mathrm{SE}^*\ln 2-1$ 代入到下式中获得。

$$x\mathrm{e}^x=\frac{(M-1)P_{\mathrm{FIX}}}{v_0\mathrm{e}}-\frac{1}{\mathrm{e}} \tag{C.107}$$

上面方程的解为下面的形式:

$$x^*=W\left[\frac{(M-1)P_{\mathrm{FIX}}}{v_0\mathrm{e}}-\frac{1}{\mathrm{e}}\right] \tag{C.108}$$

根据这个表达式,很容易得到式(5.18),因为 $x^*=\mathrm{SE}^*\ln 2-1$。

C.4.3 推论 5.1 的证明

采用引理 B.16 中提到的关于郎伯 W 函数的不等式，利用 $\mathrm{e}\dfrac{x}{\ln x} \leqslant \mathrm{e}^{W(x)+1}$ 得到 SE^* 的下界为

$$\mathrm{SE}^* \geqslant \frac{1}{\ln 2}\ln\left\{\frac{\dfrac{(M-1)P_{\mathrm{FIX}}}{v_0\mathrm{e}}-\dfrac{1}{\mathrm{e}}}{\ln\left[\dfrac{(M-1)P_{\mathrm{FIX}}}{v_0\mathrm{e}}-\dfrac{1}{\mathrm{e}}\right]}\right\}$$

$$=\log_2\left\{\frac{\dfrac{(M-1)P_{\mathrm{FIX}}}{v_0\mathrm{e}}-\dfrac{1}{\mathrm{e}}}{\ln\left[\dfrac{(M-1)P_{\mathrm{FIX}}}{v_0\mathrm{e}}-\dfrac{1}{\mathrm{e}}\right]}\right\} \tag{C.109}$$

利用 $\mathrm{e}^{W(x)+1} \leqslant (1+\mathrm{e})\dfrac{x}{\ln x}$，得到 EE^* 的下界：

$$\mathrm{EE}^* \geqslant \frac{(M-1)B}{v_0(1+\mathrm{e})\ln 2}\frac{\ln\left[\dfrac{(M-1)P_{\mathrm{FIX}}}{v_0\mathrm{e}}-\dfrac{1}{\mathrm{e}}\right]}{\dfrac{(M-1)P_{\mathrm{FIX}}}{v_0\mathrm{e}}-\dfrac{1}{\mathrm{e}}}$$

$$=\frac{(M-1)B}{v_0(1+\mathrm{e})}\frac{\log_2\left[\dfrac{(M-1)P_{\mathrm{FIX}}}{v_0\mathrm{e}}-\dfrac{1}{\mathrm{e}}\right]}{\dfrac{(M-1)P_{\mathrm{FIX}}}{v_0\mathrm{e}}-\dfrac{1}{\mathrm{e}}} \tag{C.110}$$

利用上面的表达式，在假定 M 和(或) P_{FIX} 很大并且忽略数值较小的项的情况下得到式(5.20)和式(5.21)中的近似表达式。

C.4.4 推论 5.2 的证明

除了用 $P_{\mathrm{FIX}}+MP_{\mathrm{BS}}$ 替换 P_{FIX} 以外，推论的证明与推论 5.1 的证明是相同的。根据式(C.109)可得

$$\mathrm{SE}^* \geqslant \log_2\left\{\frac{\dfrac{(M-1)(P_{\mathrm{FIX}}+MP_{\mathrm{BS}})}{v_0\mathrm{e}}-\dfrac{1}{\mathrm{e}}}{\ln\left[\dfrac{(M-1)(P_{\mathrm{FIX}}+MP_{\mathrm{BS}})}{v_0\mathrm{e}}-\dfrac{1}{\mathrm{e}}\right]}\right\} \tag{C.111}$$

根据式(C.110)可得

$$\mathrm{EE}^* \geqslant \frac{(M-1)B}{v_0(1+\mathrm{e})}\frac{\log_2\left[\dfrac{(M-1)(P_{\mathrm{FIX}}+MP_{\mathrm{BS}})}{v_0\mathrm{e}}-\dfrac{1}{\mathrm{e}}\right]}{\dfrac{(M-1)(P_{\mathrm{FIX}}+MP_{\mathrm{BS}})}{v_0\mathrm{e}}-\dfrac{1}{\mathrm{e}}} \tag{C.112}$$

在假定 M, P_{FIX} 和（或）P_{BS} 很大并且忽略数值较小的项的情况下得到式(5.24)和式(5.25)中的近似表达式。

C.5 第6章的证明

C.5.1 定理6.1的证明

基于下式的观测量，要得到对 $\boldsymbol{h}_{li}^{j}$ 的估计。

$$\boldsymbol{y}_{jli}^{p} = \boldsymbol{Y}_{j}^{p}\boldsymbol{\phi}_{li}^{*} = \sum_{(l',i') \in \mathcal{P}_{li}} \sqrt{p_{l'i'}\kappa_{t}^{\mathrm{UE}}\kappa_{r}^{\mathrm{BS}}}\tau_{p}\boldsymbol{h}_{l'i'}^{j} + \sum_{l'=1}^{L}\sum_{i'=1}^{K_{l'}} \sqrt{\kappa_{r}^{\mathrm{BS}}}\boldsymbol{h}_{l'i'}^{j}(\boldsymbol{\eta}_{l'i'}^{\mathrm{UE}})^{\mathrm{T}}\boldsymbol{\phi}_{li}^{*} + \boldsymbol{G}_{j}^{\mathrm{BS}}\boldsymbol{\phi}_{li}^{*} + \boldsymbol{N}_{j}^{p}\boldsymbol{\phi}_{li}^{*} \tag{C.113}$$

引理B.18提供了一个一般的线性最小均方误差估计子的表达式。在本证明中，令 $\boldsymbol{x} = \boldsymbol{h}_{li}^{j}, \boldsymbol{y} = \boldsymbol{y}_{jli}^{p}$，注意 $\mathbb{E}\{\boldsymbol{x}\} = \mathbb{E}\{\boldsymbol{y}\} = \boldsymbol{0}_{M_j}$。然后，线性最小均方误差估计子变为

$$\hat{\boldsymbol{h}}_{li}^{j} = \mathbb{E}\{\boldsymbol{h}_{li}^{j}(\boldsymbol{y}_{jli}^{p})^{\mathrm{H}}\}(\mathbb{E}\{\boldsymbol{y}_{jli}^{p}(\boldsymbol{y}_{jli}^{p})^{\mathrm{H}}\})^{-1}\boldsymbol{y}_{jli}^{p} \tag{C.114}$$

需要计算式(C.114)中的两个表达式，第一个是

$$\begin{aligned}\mathbb{E}\{\boldsymbol{h}_{li}^{j}(\boldsymbol{y}_{jli}^{p})^{\mathrm{H}}\} &= \sum_{(l',i') \in \mathcal{P}_{li}} \sqrt{p_{l'i'}\kappa_{t}^{\mathrm{UE}}\kappa_{r}^{\mathrm{BS}}}\tau_{p}\,\mathbb{E}\{\boldsymbol{h}_{li}^{j}(\boldsymbol{h}_{l'i'}^{j})^{\mathrm{H}}\} \\ &\quad + \sum_{l'=1}^{L}\sum_{i'=1}^{K_{l'}} \sqrt{\kappa_{r}^{\mathrm{BS}}}\,\mathbb{E}\{\boldsymbol{h}_{li}^{j}(\boldsymbol{h}_{l'i'}^{j})^{\mathrm{H}}\}\underbrace{\mathbb{E}\{\boldsymbol{\phi}_{li}^{\mathrm{T}}(\boldsymbol{\eta}_{l'i'}^{\mathrm{UE}})^{*}\}}_{=0} \\ &\quad + \mathbb{E}\{\boldsymbol{h}_{li}^{j}\boldsymbol{\phi}_{li}^{\mathrm{T}}(\boldsymbol{G}_{j}^{\mathrm{BS}})^{\mathrm{H}}\} + \underbrace{\mathbb{E}\{\boldsymbol{h}_{li}^{j}\}}_{=\boldsymbol{0}_{M_j}}\boldsymbol{\phi}_{li}^{\mathrm{T}}\underbrace{\mathbb{E}\{(\boldsymbol{N}_{j}^{p})^{\mathrm{H}}\}}_{=\boldsymbol{0}_{\tau_p \times M_j}} \\ &= \sqrt{p_{li}\kappa_{t}^{\mathrm{UE}}\kappa_{r}^{\mathrm{BS}}}\tau_{p}\boldsymbol{R}_{li}^{j}\end{aligned} \tag{C.115}$$

其中，最后一个等式的依据是 $\mathbb{E}\{\boldsymbol{h}_{li}^{j}(\boldsymbol{h}_{l'i'}^{j})^{\mathrm{H}}\} = \boldsymbol{0}_{M_j \times M_j}$（如果 $(l,i) \neq (l',i')$）和下式：

$$\mathbb{E}\{\boldsymbol{h}_{li}^{j}\boldsymbol{\phi}_{li}^{\mathrm{T}}(\boldsymbol{G}_{j}^{\mathrm{BS}})^{\mathrm{H}}\} = \mathbb{E}\left\{\underbrace{\mathbb{E}\{\boldsymbol{h}_{li}^{j}\boldsymbol{\phi}_{li}^{\mathrm{T}}(\boldsymbol{G}_{j}^{\mathrm{BS}})^{\mathrm{H}} \mid \{\boldsymbol{h}\}\}}_{=\boldsymbol{0}_{M_j \times M_j}}\right\} = \boldsymbol{0}_{M_j \times M_j} \tag{C.116}$$

注意，式(C.116)是以一系列的信道实现 $\{\boldsymbol{h}\}$ 作为条件才得到的，这么做的目的是：失真项的条件分布具有零均值。采用相同的方法可以证明 $\boldsymbol{h}_{li}^{j}$ 和噪声/干扰之间的全部交叉项的期望都等于0。利用期望为0的条件，计算式(C.114)中的第二个表达式为

$$\begin{aligned}\mathbb{E}\{\boldsymbol{y}_{jli}^{p}(\boldsymbol{y}_{jli}^{p})^{\mathrm{H}}\} &\overset{(a)}{=} \sum_{(l',i') \in \mathcal{P}_{li}} p_{l'i'}\kappa_{t}^{\mathrm{UE}}\kappa_{r}^{\mathrm{BS}}(\tau_{p})^{2}\,\mathbb{E}\{\boldsymbol{h}_{l'i'}^{j}(\boldsymbol{h}_{l'i'}^{j})^{\mathrm{H}}\} \\ &\quad + \sum_{l'=1}^{L}\sum_{i'=1}^{K_{l'}} \kappa_{r}^{\mathrm{BS}}\,\mathbb{E}\{\boldsymbol{h}_{l'i'}^{j}(\boldsymbol{h}_{l'i'}^{j})^{\mathrm{H}}\}\,\mathbb{E}\{|(\boldsymbol{\eta}_{l'i'}^{\mathrm{UE}})^{\mathrm{T}}\boldsymbol{\phi}_{li}^{*}|^{2}\}\end{aligned}$$

$$+\mathbb{E}\{\boldsymbol{G}_j^{BS}\boldsymbol{\phi}_{li}^*\boldsymbol{\phi}_{li}^{\mathrm{T}}(\boldsymbol{G}_j^{\mathrm{BS}})^{\mathrm{H}}\}+\mathbb{E}\{\boldsymbol{N}_j^p\boldsymbol{\phi}_{li}^*\boldsymbol{\phi}_{li}^{\mathrm{T}}(\boldsymbol{N}_j^p)^{\mathrm{H}}\}$$

$$\overset{(b)}{=}\sum_{(l',i')\in\mathcal{P}_{li}}p_{l'i'}\kappa_t^{\mathrm{UE}}\kappa_r^{\mathrm{BS}}(\tau_p)^2\boldsymbol{R}_{l'i'}^j+\sum_{l'=1}^{L}\sum_{i'=1}^{K_{l'}}\kappa_r^{\mathrm{BS}}\boldsymbol{R}_{l'i'}^j\tau_p(1-\kappa_t^{\mathrm{UE}})p_{l'i'}$$

$$+\tau_p(1-\kappa_r^{\mathrm{BS}})\sum_{l'=1}^{L}\sum_{i'=1}^{K_{l'}}p_{l'i'}\boldsymbol{D}_{\boldsymbol{R}_{l'i'}^j}+\sigma_{\mathrm{UL}}^2\tau_p\boldsymbol{I}_{M_j}\qquad(\mathrm{C}.117)$$

其中,(a)来自剔除为0的交叉项,(b)来自期望的计算。唯一复杂的运算是

$$\mathbb{E}\{\boldsymbol{G}_j^{\mathrm{BS}}\boldsymbol{\phi}_{li}^*\boldsymbol{\phi}_{li}^{\mathrm{T}}(\boldsymbol{G}_j^{\mathrm{BS}})^{\mathrm{H}}\}=\mathbb{E}\{\mathbb{E}\{\boldsymbol{G}_j^{\mathrm{BS}}\boldsymbol{\phi}_{li}^*\boldsymbol{\phi}_{li}^{\mathrm{T}}(\boldsymbol{G}_j^{\mathrm{BS}})^{\mathrm{H}}\mid\{\boldsymbol{h}\}\}\}$$

$$=\mathbb{E}\{\tau_p\boldsymbol{D}_{j,\{\boldsymbol{h}\}}\}=\tau_p(1-\kappa_r^{\mathrm{BS}})\sum_{l'=1}^{L}\sum_{i'=1}^{K_{l'}}p_{l'i'}\boldsymbol{D}_{\boldsymbol{R}_{l'i'}^j}\qquad(\mathrm{C}.118)$$

其中,以一系列的信道实现$\{\boldsymbol{h}\}$为条件,以便利用接收到的失真项的条件分布$\boldsymbol{G}_j^{\mathrm{BS}}\boldsymbol{\phi}_{jk}^*\mid\{\boldsymbol{h}\}\sim\mathcal{N}_{\mathbb{C}}(\boldsymbol{0}_{M_j},\tau_p\boldsymbol{D}_{j,\{\boldsymbol{h}\}})$。利用$\boldsymbol{\Psi}_{li}^j=(\mathbb{E}\{\boldsymbol{y}_{jli}^p(\boldsymbol{y}_{jli}^p)^{\mathrm{H}}\})^{-1}\tau_p$,将式(C.115)和式(C.117)代入到式(C.114)中,得到式(6.23)。最后,根据引理B.18得到的估计误差相关矩阵为

$$\boldsymbol{C}_{li}^j=\mathbb{E}\{\boldsymbol{h}_{li}^j(\boldsymbol{h}_{li}^j)^{\mathrm{H}}\}-\mathbb{E}\{\boldsymbol{h}_{li}^j(\boldsymbol{y}_{jli}^p)^{\mathrm{H}}\}(\mathbb{E}\{\boldsymbol{y}_{jli}^p(\boldsymbol{y}_{jli}^p)^{\mathrm{H}}\})^{-1}(\mathbb{E}\{\boldsymbol{h}_{li}^j(\boldsymbol{y}_{jli}^p)^{\mathrm{H}}\})^{\mathrm{H}}$$

$$(\mathrm{C}.119)$$

通过代入式(C.115)~式(C.117)和利用$\mathbb{E}\{\boldsymbol{h}_{li}^j(\boldsymbol{h}_{li}^j)^{\mathrm{H}}\}=\boldsymbol{R}_{li}^j$,式(C.119)变为式(6.26)。

C.5.2 定理6.2的证明

在确定性信道响应$h=\sqrt{\kappa_t^{\mathrm{UE}}\kappa_r^{\mathrm{BS}}}\mathbb{E}\{\boldsymbol{v}_{jk}^{\mathrm{H}}\boldsymbol{h}_{jk}^j\}$,输入$x=s_{jk}$,输出$y=\boldsymbol{v}_{jk}^{\mathrm{H}}\boldsymbol{y}_j$的条件下,式(6.32)中的接收信号与推论1.2中的离散无记忆信道相匹配。使用此推论中的符号,噪声项为0(或者$\sigma^2=0$,处理后的噪声项$\boldsymbol{v}_{jk}^{\mathrm{H}}\boldsymbol{n}_j$可能不是高斯分布的)。干扰项为

$$v=\sqrt{\kappa_t^{\mathrm{UE}}\kappa_r^{\mathrm{BS}}}(\boldsymbol{v}_{jk}^{\mathrm{H}}\boldsymbol{h}_{jk}^j-\mathbb{E}\{\boldsymbol{v}_{jk}^{\mathrm{H}}\boldsymbol{h}_{jk}^j\})s_{jk}+\sqrt{\kappa_r^{\mathrm{BS}}}\boldsymbol{v}_{jk}^{\mathrm{H}}\boldsymbol{h}_{jk}^j\boldsymbol{\eta}_{jk}^{\mathrm{UE}}$$

$$+\sqrt{k_r^{\mathrm{BS}}}\sum_{l=1}^{L}\sum_{\substack{i=1\\(l,i)\neq(j,k)}}^{K_l}\boldsymbol{v}_{jk}^{\mathrm{H}}\boldsymbol{h}_{li}^j(\sqrt{\kappa_t^{\mathrm{UE}}}s_{li}+\eta_{li}^{\mathrm{UE}})+\boldsymbol{v}_{jk}^{\mathrm{H}}\boldsymbol{\eta}_j^{\mathrm{BS}}+\boldsymbol{v}_{jk}^{\mathrm{H}}\boldsymbol{n}_j$$

$$=\sqrt{k_r^{\mathrm{BS}}}\sum_{l=1}^{L}\sum_{i=1}^{K_l}\boldsymbol{v}_{jk}^{\mathrm{H}}\boldsymbol{h}_{li}^j(\sqrt{\kappa_t^{\mathrm{UE}}}s_{li}+\eta_{li}^{\mathrm{UE}})-\sqrt{\kappa_t^{\mathrm{UE}}\kappa_r^{\mathrm{BS}}}\mathbb{E}\{\boldsymbol{v}_{jk}^{\mathrm{H}}\boldsymbol{h}_{jk}^j\}s_{jk}$$

$$+\boldsymbol{v}_{jk}^{\mathrm{H}}\boldsymbol{\eta}_j^{\mathrm{BS}}+\boldsymbol{v}_{jk}^{\mathrm{H}}\boldsymbol{n}_j\qquad(\mathrm{C}.120)$$

注意,干扰项具有零均值。因为下式成立,所以干扰项和输入之间也是不相关的。

$$\mathbb{E}\{x^*v\}=\sqrt{\kappa_t^{\mathrm{UE}}\kappa_r^{\mathrm{BS}}}\underbrace{\mathbb{E}\{\boldsymbol{v}_{jk}^{\mathrm{H}}\boldsymbol{h}_{jk}^j-\mathbb{E}\{\boldsymbol{v}_{jk}^{\mathrm{H}}\boldsymbol{h}_{jk}^j\}\}}_{=0}\mathbb{E}\{|s_{jk}|^2\}=0\qquad(\mathrm{C}.121)$$

以上是应用推论 1.2 中容量界的两个条件(均值为 0,不相关)。利用零均值信号 s_{li}、信道、发射机失真项三者之间相互独立的这个事实,可以得到

$$\begin{aligned} p_v &= \mathbb{E}\{|v|^2\} \\ &= \kappa_r^{\mathrm{BS}} \sum_{l=1}^{L} \sum_{i=1}^{K_l} \mathbb{E}\{|\boldsymbol{v}_{jk}^{\mathrm{H}} \boldsymbol{h}_{li}^{j}|^2\} (\kappa_t^{\mathrm{UE}} \mathbb{E}\{|s_{li}|^2\} + \mathbb{E}\{|\boldsymbol{\eta}_{li}^{\mathrm{UE}}|^2\}) \\ &- \kappa_t^{\mathrm{UE}} \kappa_r^{\mathrm{BS}} |\mathbb{E}\{\boldsymbol{v}_{jk}^{\mathrm{H}} \hat{\boldsymbol{h}}_{jk}^{j}\}|^2 \mathbb{E}\{|s_{jk}|^2\} + \mathbb{E}\{|\boldsymbol{v}_{jk}^{\mathrm{H}} \boldsymbol{\eta}_j^{\mathrm{BS}}|^2\} + \mathbb{E}\{|\boldsymbol{v}_{jk}^{\mathrm{H}} \boldsymbol{n}_j|^2\} \\ &= \kappa_r^{\mathrm{BS}} \sum_{l=1}^{L} \sum_{i=1}^{K_l} p_{li} \mathbb{E}\{|\boldsymbol{v}_{jk}^{\mathrm{H}} \boldsymbol{h}_{li}^{j}|^2\} - \kappa_t^{\mathrm{UE}} \kappa_r^{\mathrm{BS}} p_{jk} |\mathbb{E}\{\boldsymbol{v}_{jk}^{\mathrm{H}} \hat{\boldsymbol{h}}_{jk}^{j}\}|^2 \\ &+ (1 - \kappa_r^{\mathrm{BS}}) \sum_{l=1}^{L} \sum_{i=1}^{K_l} p_{li} \mathbb{E}\{\| \boldsymbol{v}_{jk} \odot \boldsymbol{h}_{li}^{j} \|^2\} + \sigma_{\mathrm{UL}}^2 \mathbb{E}\{\| \boldsymbol{v}_{jk} \|^2\} \end{aligned}$$

而且,接收机的失真项 $\boldsymbol{\eta}_j^{\mathrm{BS}}$ 与其他项都是不相关的(通过计算一个给定信道实现的条件期望可以很容易地得出这个结论)。进一步,利用式(6.12)中的接收机失真项的分布来简化:

$$\begin{aligned} \mathbb{E}\{|\boldsymbol{v}_{jk}^{\mathrm{H}} \boldsymbol{\eta}_j^{\mathrm{BS}}|^2\} &= (1 - \kappa_r^{\mathrm{BS}}) \sum_{l=1}^{L} \sum_{i=1}^{K_l} p_{li} \mathbb{E}\{|\boldsymbol{v}_{jk}^{\mathrm{H}} (\boldsymbol{h}_{li}^{j} \odot \bar{\boldsymbol{\eta}}_{jli}^{\mathrm{BS}})|^2\} \\ &= (1 - \kappa_r^{\mathrm{BS}}) \sum_{l=1}^{L} \sum_{i=1}^{K_l} p_{li} \mathbb{E}\{\| \boldsymbol{v}_{jk} \odot \boldsymbol{h}_{li}^{j} \|^2\} \end{aligned} \tag{C.122}$$

通过将上面计算得到的 h 和 p_v 代入到式(1.9)中,然后将所有的项除以 $\kappa_t^{\mathrm{UE}} \kappa_r^{\mathrm{BS}} \mathbb{E}\{\| \boldsymbol{v}_{jk} \|^2\}$ 就得到了式(6.34)中信道容量的下界。最后一步,由于在全部样本中,只有 τ_u/τ_c 的样本用于上行链路的数据传输,这使得定理中信道容量的下界的单位是 bit/(s · Hz)。

C.5.3 推论 6.1 的证明

利用定理 6.1 中线性最小均方误差估计的统计量来计算期望。特别地,按照下式来计算式(6.35)。

$$\begin{aligned} \frac{|\mathbb{E}\{\boldsymbol{v}_{jk}^{\mathrm{H}} \boldsymbol{h}_{jk}^{j}\}|^2}{\mathbb{E}\{\| \boldsymbol{v}_{jk} \|^2\}} = \frac{|\mathbb{E}\{(\hat{\boldsymbol{h}}_{jk}^{j})^{\mathrm{H}} \boldsymbol{h}_{jk}^{j}\}|^2}{\mathbb{E}\{(\hat{\boldsymbol{h}}_{jk}^{j})^{\mathrm{H}} \hat{\boldsymbol{h}}_{jk}^{j}\}} &\overset{(a)}{=} \mathbb{E}\{(\hat{\boldsymbol{h}}_{jk}^{j})^{\mathrm{H}} \hat{\boldsymbol{h}}_{jk}^{j}\} \\ &\overset{(b)}{=} \mathrm{tr}(\mathbb{E}\{\hat{\boldsymbol{h}}_{jk}^{j} (\hat{\boldsymbol{h}}_{jk}^{j})^{\mathrm{H}}\}) \\ &\overset{(c)}{=} p_{jk} \kappa_t^{\mathrm{UE}} \kappa_r^{\mathrm{BS}} (\beta_{jk}^{j})^2 \tau_p \psi_{jk} M_j \end{aligned} \tag{C.123}$$

其中,(a) 源于 $\boldsymbol{h}_{jk}^{j} = \hat{\boldsymbol{h}}_{jk}^{j} + \tilde{\boldsymbol{h}}_{jk}^{j}$ 和估计与估计误差相互独立的事实(或者说,$\mathbb{E}\{(\hat{\boldsymbol{h}}_{jk}^{j})^{\mathrm{H}} \tilde{\boldsymbol{h}}_{jk}^{j}\} = 0$)。接下来,$(b)$ 源于引理 B.5 中的矩阵等式(B.5)。(c) 源于式(6.27),在空间不相关信道下,它变为 $p_{jk} \kappa_t^{\mathrm{UE}} \kappa_r^{\mathrm{BS}} (\beta_{jk}^{j})^2 \tau_p \psi_{jk} \boldsymbol{I}_{M_j}$。令 $A_{jk} = \sqrt{p_{jk} \kappa_t^{\mathrm{UE}} \kappa_r^{\mathrm{BS}}}$

$\beta^j_{jk}\psi_{jk}$，注意到

$$\mathbb{E}\{\|\boldsymbol{v}_{jk}\|^2\}=p_{jk}\kappa_t^{\mathrm{UE}}\kappa_r^{\mathrm{BS}}(\beta^j_{jk})^2\tau_p\psi_{jk}M_j=\frac{A_{jk}^2\tau_pM_j}{\psi_{jk}} \tag{C.124}$$

利用这些符号和 $\hat{\boldsymbol{h}}^j_{jk}=A_{jk}\boldsymbol{y}^p_{jjk}$，式(6.36)中的干扰项可以表示为

$$\begin{aligned}
\frac{\mathbb{E}\{|\boldsymbol{v}_{jk}^{\mathrm{H}}\boldsymbol{h}^j_{li}|^2\}}{\mathbb{E}\{\|\boldsymbol{v}_{jk}\|^2\}}&=A_{jk}^2\frac{\mathbb{E}\{|(\boldsymbol{y}^p_{jjk})^{\mathrm{H}}\boldsymbol{h}^j_{li}|^2\}}{\mathbb{E}\{\|\boldsymbol{v}_{jk}\|^2\}}=\frac{\psi_{jk}}{\tau_pM_j}\mathbb{E}\{|(\boldsymbol{y}^p_{jjk})^{\mathrm{H}}\boldsymbol{h}^j_{li}|^2\}\\
&\overset{(a)}{=}\sum_{(l',i')\in\mathcal{P}_{jk}}p_{l'i'}\kappa_t^{\mathrm{UE}}\kappa_r^{\mathrm{BS}}\tau_p\frac{\psi_{jk}}{M_j}\mathbb{E}\{|(\boldsymbol{h}^j_{l'i'})^{\mathrm{H}}\boldsymbol{h}^j_{li}|^2\}\\
&\quad+\sum_{l'=1}^{L}\sum_{i'=1}^{K_{l'}}\kappa_r^{\mathrm{BS}}\frac{\psi_{jk}}{\tau_pM_j}\mathbb{E}\{|(\boldsymbol{h}^j_{l'i'})^{\mathrm{H}}\boldsymbol{h}^j_{li}|^2\}\,\mathbb{E}\{|(\boldsymbol{\eta}^{\mathrm{UE}}_{l'i'})^{\mathrm{T}}\boldsymbol{\phi}^*_{jk}|^2\}\\
&\quad+\frac{\psi_{jk}}{\tau_pM_j}(\mathbb{E}\{|(\boldsymbol{G}^{\mathrm{BS}}_j\boldsymbol{\phi}^*_{jk})^{\mathrm{H}}\boldsymbol{h}^j_{li}|^2\}+\mathbb{E}\{|(\boldsymbol{N}^p_j\boldsymbol{\phi}^*_{jk})^{\mathrm{H}}\boldsymbol{h}^j_{li}|^2\})\\
&\overset{(b)}{=}\frac{\psi_{jk}}{M_j}\Bigg(\sum_{(l',i')\in\mathcal{P}_{jk}}p_{l'i'}\kappa_t^{\mathrm{UE}}\kappa_r^{\mathrm{BS}}\tau_p\,\mathbb{E}\{|(\boldsymbol{h}^j_{l'i'})^{\mathrm{H}}\boldsymbol{h}^j_{li}|^2\}\\
&\quad+\sum_{l'=1}^{L}\sum_{i'=1}^{K_{l'}}p_{l'i'}(1-\kappa_t^{\mathrm{UE}})\kappa_r^{\mathrm{BS}}\,\mathbb{E}\{|(\boldsymbol{h}^j_{l'i'})^{\mathrm{H}}\boldsymbol{h}^j_{li}|^2\}\\
&\quad+(1-\kappa_r^{\mathrm{BS}})\sum_{l'=1}^{L}\sum_{i'=1}^{K_{l'}}p_{l'i'}\,\mathbb{E}\{\|\boldsymbol{h}^j_{l'i'}\odot\boldsymbol{h}^j_{li}\|^2\}+\beta^j_{li}M_j\sigma^2_{\mathrm{UL}}\Bigg)
\end{aligned} \tag{C.125}$$

其中，(a)来自式(6.22)，它利用了交叉项为 0 的事实(这是高斯变量循环对称的结果)。以信道实现为条件计算针对失真项和噪声的期望，得到(b)。接下来还要计算针对信道的期望，利用引理 B.14 计算高斯随机变量的 4 阶矩，得到

$$\mathbb{E}\{|(\boldsymbol{h}^j_{l'i'})^{\mathrm{H}}\boldsymbol{h}^j_{li}|^2\}=\begin{cases}(M_j^2+M_j)(\beta^j_{li})^2, & (l',i')=(l,i)\\ M_j\beta^j_{l'i'}\beta^j_{li}, & (l',i')\neq(l,i)\end{cases} \tag{C.126}$$

$$\begin{aligned}
\mathbb{E}\{\|\boldsymbol{h}^j_{l'i'}\odot\boldsymbol{h}^j_{li}\|^2\}&=\sum_{m=1}^{M_j}\mathbb{E}\{|[\boldsymbol{h}^j_{l'i'}]_m|^2\,|[\boldsymbol{h}^j_{li}]_m|^2\}\\
&=\begin{cases}2M_j(\beta^j_{li})^2, & (l',i')=(l,i)\\ M_j\beta^j_{l'i'}\beta^j_{li}, & (l',i')\neq(l,i)\end{cases}
\end{aligned} \tag{C.127}$$

将式(C.126)和式(C.127)代入到式(C.125)，经过一些算术运算(括号内很多项都包含 $\psi_{jk}^{-1}\beta^j_{li}$)得到式(6.36)中的表达式。注意，式(C.125)中的第一项取决于

$(l,i)\in\mathcal{P}_{jk}$或者$(l,i)\notin\mathcal{P}_{jk}$(或者用户设备是否使用相同的导频)。

式(6.37)的推导过程如下(与式(C.125)相似的推导过程):

$$\begin{aligned}\frac{\mathbb{E}\{\|\boldsymbol{v}_{jk}\odot\boldsymbol{h}_{li}^{j}\|^{2}\}}{\mathbb{E}\{\|\boldsymbol{v}_{jk}\|^{2}\}}&=A_{jk}^{2}\frac{\mathbb{E}\{\|\boldsymbol{y}_{jjk}^{p}\odot\boldsymbol{h}_{li}^{j}\|^{2}\}}{\mathbb{E}\{\|\boldsymbol{v}_{jk}\|^{2}\}}=\frac{\psi_{jk}}{\tau_{p}M_{j}}\mathbb{E}\{\|\boldsymbol{y}_{jjk}^{p}\odot\boldsymbol{h}_{li}^{j}\|^{2}\}\\&=\sum_{(l',i')\in\mathcal{P}_{jk}}p_{l'i'}\kappa_{t}^{\mathrm{UE}}\kappa_{r}^{\mathrm{BS}}\tau_{p}\frac{\psi_{jk}}{M_{j}}\mathbb{E}\{\|\boldsymbol{h}_{l'i'}^{j}\odot\boldsymbol{h}_{li}^{j}\|^{2}\}\\&\quad+\sum_{l'=1}^{L}\sum_{i'=1}^{K_{l'}}\kappa_{r}^{\mathrm{BS}}\frac{\psi_{jk}}{\tau_{p}M_{j}}\mathbb{E}\{\|\boldsymbol{h}_{l'i'}^{j}\odot\boldsymbol{h}_{li}^{j}\|^{2}\}\mathbb{E}\{|(\boldsymbol{\eta}_{l'i'}^{\mathrm{UE}})^{\mathrm{T}}\boldsymbol{\phi}_{jk}^{*}|^{2}\}\\&\quad+\frac{\psi_{jk}}{\tau_{p}M_{j}}(\mathbb{E}\{\|(\boldsymbol{G}_{j}^{\mathrm{BS}}\boldsymbol{\phi}_{jk}^{*})^{*}\odot\boldsymbol{h}_{li}^{j}\|^{2}\}+\mathbb{E}\{\|(\boldsymbol{N}_{j}^{p}\boldsymbol{\phi}_{jk}^{*})\odot\boldsymbol{h}_{li}^{j}\|^{2}\})\\&=\frac{\psi_{jk}}{M_{j}}\Bigg(\sum_{(l',i')\in\mathcal{P}_{jk}}p_{l'i'}\kappa_{t}^{\mathrm{UE}}\kappa_{r}^{\mathrm{BS}}\tau_{p}\mathbb{E}\{\|\boldsymbol{h}_{l'i'}^{j}\odot\boldsymbol{h}_{li}^{j}\|^{2}\}\\&\quad+\sum_{l'=1}^{L}\sum_{i'=1}^{K_{l'}}p_{l'i'}(1-\kappa_{t}^{\mathrm{UE}})\kappa_{r}^{\mathrm{BS}}\mathbb{E}\{\|\boldsymbol{h}_{l'i'}^{j}\odot\boldsymbol{h}_{li}^{j}\|^{2}\}\\&\quad+(1-\kappa_{r}^{\mathrm{BS}})\sum_{l'=1}^{L}\sum_{i'=1}^{K_{l'}}p_{l'i'}\mathbb{E}\{\|\boldsymbol{h}_{l'i'}^{j}\odot\boldsymbol{h}_{li}^{j}\|^{2}\}+\beta_{li}^{j}M_{j}\sigma_{\mathrm{UL}}^{2}\Bigg)\end{aligned}\quad(\mathrm{C}.128)$$

利用式(C.127)并经过一些算术运算(括号内很多项都包含$\psi_{jk}^{-1}\beta_{li}^{j}$),上式就变成了式(6.37)。通过在式(6.34)中代入上面计算出来的期望的闭合表达式,并用$\bar{F}_{li}^{jk}$和$\bar{G}_{j}$代表一些表达式,就能得到式(6.39)中的频谱效率表达式。

C.5.4 定理6.3的证明

在确定性信道响应$h=\sqrt{\kappa_{t}^{\mathrm{BS}}\kappa_{r}^{\mathrm{UE}}}\mathbb{E}\{(\boldsymbol{h}_{jk}^{j})^{\mathrm{H}}\boldsymbol{w}_{jk}\}$,输入$x=\varsigma_{jk}$,输出$y=y_{jk}$的条件下,式(6.44)中的接收信号与推论1.2中的离散无记忆信道相符。采用这个推论中的符号,噪声项为$n=n_{jk}\sim\mathcal{N}_{\mathbb{C}}(0,\sigma_{\mathrm{DL}}^{2})$,干扰项为

$$\begin{aligned}v&=\sqrt{\kappa_{t}^{\mathrm{BS}}\kappa_{r}^{\mathrm{UE}}}((\boldsymbol{h}_{jk}^{j})^{\mathrm{H}}\boldsymbol{w}_{jk}-\mathbb{E}\{(\boldsymbol{h}_{jk}^{j})^{\mathrm{H}}\boldsymbol{w}_{jk}\})\varsigma_{jk}+\sqrt{\kappa_{r}^{\mathrm{UE}}}\sum_{l=1}^{L}(\boldsymbol{h}_{jk}^{l})^{\mathrm{H}}\boldsymbol{\mu}_{l}^{\mathrm{BS}}\\&\quad+\sqrt{\kappa_{t}^{\mathrm{BS}}\kappa_{r}^{\mathrm{UE}}}\sum_{\substack{i=1\\i\neq k}}^{K_{j}}(\boldsymbol{h}_{jk}^{j})^{\mathrm{H}}\boldsymbol{w}_{ji}\varsigma_{ji}+\sqrt{\kappa_{t}^{\mathrm{BS}}\kappa_{r}^{\mathrm{UE}}}\sum_{\substack{l=1\\l\neq j}}^{L}\sum_{i=1}^{K_{l}}(\boldsymbol{h}_{jk}^{l})^{\mathrm{H}}\boldsymbol{w}_{li}\varsigma_{li}+\boldsymbol{\mu}_{jk}^{\mathrm{UE}}\\&=\sqrt{\kappa_{t}^{\mathrm{BS}}\kappa_{r}^{\mathrm{UE}}}\left(\sum_{l=1}^{L}\sum_{i=1}^{K_{l}}(\boldsymbol{h}_{jk}^{l})^{\mathrm{H}}\boldsymbol{w}_{li}\varsigma_{li}-\mathbb{E}\{(\boldsymbol{h}_{jk}^{j})^{\mathrm{H}}\boldsymbol{w}_{jk}\}\varsigma_{jk}\right)\\&\quad+\boldsymbol{\mu}_{jk}^{\mathrm{UE}}+\sqrt{\kappa_{r}^{\mathrm{UE}}}\sum_{l=1}^{L}(\boldsymbol{h}_{jk}^{l})^{\mathrm{H}}\boldsymbol{\mu}_{l}^{\mathrm{BS}}\end{aligned}\quad(\mathrm{C}.129)$$

注意,干扰项具有零均值,干扰项与输入不相关,原因如下式所述:

$$\mathbb{E}\{x^{*}v\}=\sqrt{\kappa_{t}^{\mathrm{BS}}\kappa_{r}^{\mathrm{UE}}}\underbrace{\mathbb{E}\{(\boldsymbol{h}_{jk}^{j})^{\mathrm{H}}\boldsymbol{w}_{jk}-\mathbb{E}\{(\boldsymbol{h}_{jk}^{j})^{\mathrm{H}}\boldsymbol{w}_{jk}\}\}}_{=0}\mathbb{E}\{|\varsigma_{jk}|^{2}\}=0\quad(\mathrm{C}.130)$$

这是应用推论1.2的两个条件。进一步,利用信号ς_{li}均值为0、信道之间是相互独

立的、发射机和接收机失真项与其他项都是不相关的(通过计算给定信道实现下的期望即可简单地证明这一点)这些条件,可以得到

$$
\begin{aligned}
p_v &= \mathbb{E}\{|v|^2\} \\
&= \kappa_t^{\mathrm{BS}}\kappa_r^{\mathrm{UE}}\left(\sum_{l=1}^{L}\sum_{i=1}^{K_l}\mathbb{E}\{|(\boldsymbol{h}_{jk}^{l})^{\mathrm{H}}\boldsymbol{w}_{li}|^2\}\mathbb{E}\{|\varsigma_{li}|^2\} - |\mathbb{E}\{(\boldsymbol{h}_{jk}^{j})^{\mathrm{H}}\boldsymbol{w}_{jk}\}|^2\mathbb{E}\{|\varsigma_{jk}|^2\}\right) \\
&\quad + \mathbb{E}\{|\boldsymbol{\mu}_{jk}^{\mathrm{UE}}|^2\} + \kappa_r^{\mathrm{UE}}\sum_{l=1}^{L}\mathbb{E}\{|(\boldsymbol{h}_{jk}^{l})^{\mathrm{H}}\boldsymbol{\mu}_l^{\mathrm{BS}}|^2\} \\
&= \kappa_t^{\mathrm{BS}}\kappa_r^{\mathrm{UE}}\left(\sum_{l=1}^{L}\sum_{i=1}^{K_l}\rho_{li}\,\mathbb{E}\{|\boldsymbol{w}_{li}^{\mathrm{H}}\boldsymbol{h}_{jk}^{l}|^2\} - \rho_{jk}\,|\mathbb{E}\{\boldsymbol{w}_{jk}^{\mathrm{H}}\boldsymbol{h}_{jk}^{j}\}|^2\right) \\
&\quad + (1-\kappa_r^{\mathrm{UE}})\sum_{l=1}^{L}\sum_{i=1}^{K_l}\rho_{li}(\kappa_t^{\mathrm{BS}}\mathbb{E}\{|(\boldsymbol{h}_{jk}^{l})^{\mathrm{H}}\boldsymbol{w}_{li}|^2\} + (1-\kappa_t^{\mathrm{BS}})\mathbb{E}\{\|\boldsymbol{w}_{li}\odot\boldsymbol{h}_{jk}^{l}\|^2\}) \\
&\quad + \kappa_r^{\mathrm{UE}}(1-\kappa_t^{\mathrm{BS}})\sum_{l=1}^{L}\sum_{i=1}^{K_l}\rho_{li}\,\mathbb{E}\{\|\boldsymbol{w}_{li}\odot\boldsymbol{h}_{jk}^{l}\|^2\} \\
&= \sum_{l=1}^{L}\sum_{i=1}^{K_l}\rho_{li}\kappa_t^{\mathrm{BS}}\,\mathbb{E}\{|\boldsymbol{w}_{li}^{\mathrm{H}}\boldsymbol{h}_{jk}^{l}|^2\} - \rho_{jk}\kappa_t^{\mathrm{BS}}\kappa_r^{\mathrm{UE}}\,|\mathbb{E}\{\boldsymbol{w}_{jk}^{\mathrm{H}}\boldsymbol{h}_{jk}^{j}\}|^2 \\
&\quad + \sum_{l=1}^{L}\sum_{i=1}^{K_l}\rho_{li}(1-\kappa_t^{\mathrm{BS}})\,\mathbb{E}\{\|\boldsymbol{w}_{li}\odot\boldsymbol{h}_{jk}^{l}\|^2\}
\end{aligned}
\tag{C.131}
$$

第二个等式来自将式(6.16)和式(6.18)中的条件相关矩阵表达式用于失真项,最后的等式来自注意到具有不同因子的同一项(因子在项之前)出现了多次。

通过将上面确定的 h 和 p_v 值代入到式(1.9)中,并将所有项都除以 $\kappa_t^{\mathrm{BS}}\kappa_r^{\mathrm{UE}}$ 就得到了式(6.46)中的信干噪比表达式。最后一步,注意到全部样本中,只有 τ_d/τ_c 比例的样本用于下行链路数据传输,这使得定理中阐述的信道容量的下界以 bit/(s · Hz)为单位。

C.5.5 推论 6.3 的证明

通过计算定理 6.3 中平均归一化的最大比预编码 $\boldsymbol{w}_{jk} = \hat{\boldsymbol{h}}_{jk}^{j}/\sqrt{\mathbb{E}\{\|\hat{\boldsymbol{h}}_{jk}^{j}\|^2\}}$ 的期望得到这个推论。除了在所有的干扰项中交换序号(l,i)和(k,j)以外,这些期望的计算过程与式(6.35)~式(6.37)相同。特别地,式(6.36)变为

$$
\frac{\mathbb{E}\{|(\hat{\boldsymbol{h}}_{li}^{l})^{\mathrm{H}}\boldsymbol{h}_{jk}^{l}|^2\}}{\mathbb{E}\{\|\hat{\boldsymbol{h}}_{li}^{l}\|^2\}} = \beta_{jk}^{l} + p_{jk}(\beta_{jk}^{l})^2\psi_{li}(1-\kappa_r^{\mathrm{BS}} + (1-\kappa_t^{\mathrm{UE}})\kappa_r^{\mathrm{BS}}M_l)
+ \begin{cases} p_{jk}\kappa_t^{\mathrm{UE}}\kappa_r^{\mathrm{BS}}(\beta_{jk}^{l})^2\tau_p\psi_{li}M_l, & (l,i)\in\mathcal{P}_{jk} \\ 0, & (l,i)\notin\mathcal{P}_{jk} \end{cases}
\tag{C.132}
$$

式(6.37)变为

$$
\frac{\mathbb{E}\{\|\hat{\boldsymbol{h}}_{li}^{l}\odot\boldsymbol{h}_{jk}^{l}\|^2\}}{\mathbb{E}\{\|\hat{\boldsymbol{h}}_{li}^{l}\|^2\}} = \beta_{jk}^{l} + p_{jk}(\beta_{jk}^{l})^2\psi_{li}(1-\kappa_t^{\mathrm{UE}}\kappa_r^{\mathrm{BS}})
$$

$$
+\begin{cases} p_{jk}\kappa_t^{\mathrm{UE}}\kappa_r^{\mathrm{BS}}\left(\beta_{jk}^{l}\right)^2\tau_p\psi_{li}, & (l,i)\in\mathcal{P}_{jk} \\ 0, & (l,i)\notin\mathcal{P}_{jk} \end{cases} \tag{C.133}
$$

在式(C.133)中，也用到了只要$(l,i)\in\mathcal{P}_{jk}$，$\psi_{li}=\psi_{jk}$和$\mathcal{P}_{li}=\mathcal{P}_{jk}$就成立的事实。将式(6.35)，式(C.132)，式(C.133)代入到式(6.46)中，并且用$\underline{F}_{jk}^{li}$和$\underline{G}_l$表示一些表达式，就得到了式(6.47)中的最终表达式。

参考文献

[1] 3GPP TR 36.873.2015. "Study on 3D channel model for LTE". Tech. rep.

[2] 3GPP TS 25.213.2006. "Universal Mobile Telecommunications System (UMTS); Spreading and modulation (FDD)". Tech. rep.

[3] Abramowitz, M. and I. Stegun. 1965. Handbook of mathematical functions. Dover Publications.

[4] Adachi, F., M. T. Feeney, J. D. Parsons, and A. G. Williamson. 1986. "Crosscorrelation between the envelopes of 900 MHz signals received at a mobile radio base station site". IEE Proc. F – Commun., Radar and Signal Process. 133(6):506 – 512.

[5] Ademaj, F., M. Taranetz, and M. Rupp. 2016. "3GPP 3D MIMO channel model: A holistic implementation guideline for open source simulation tools". EURASIP J. Wirel. Commun. Netw. (55):1 – 14.

[6] Adhikary, A., A. Ashikhmin, and T. L. Marzetta. 2017. "Uplink interference reduction in Large Scale Antenna Systems". IEEE Trans. Commun. 65(5):2194 – 2206.

[7] Adhikary, A., J. Nam, J. – Y. Ahn, and G. Caire. 2013. "Joint spatial division and multiplexing – The large – scale array regime". IEEE Trans. Inf. Theory. 59(10):6441 – 6463.

[8] Adhikary, A., E. A. Safadi, M. K. Samimi, R. Wang, G. Caire, T. S. Rappaport, and A. F. Molisch. 2014. "Joint spatial division and multiplexing for mm – wave channels". IEEE J. Sel. Areas Commun. 32(6):1239 – 1255.

[9] Adhikary, A., H. S. Dhillon, and G. Caire. 2015. "Massive – MIMO meets HetNet: Interference coordination through spatial blanking". IEEE J. Sel. Areas Commun. 33(6):1171 – 1186.

[10] Alexanderson, E. F. W. 1919. "Transatlantic radio communication". Trans. American Institute of Electrical Engineers. 38(2):1269 – 1285.

[11] Alkhateeb, A., O. El Ayach, G. Leus, and R. W. Heath. 2013. "Hybrid precoding for millimeter wave cellular systems with partial channel knowledge". In: Proc. IEEE ITA. IEEE. 1 – 5.

[12] Almers, P., E. Bonek, A. Burr, N. Czink, M. Debbah, V. Degli – Esposti, H. Hofstetter, P. Kyösti, D. Laurenson, G. Matz, et al. 2007. "Survey of channel and radio propagation models for wireless MIMO systems". EURASIP J. Wirel. Commun. Netw. (1):1 – 19.

[13] Amari, S. V. and R. B. Misra. 1997. "Closed – from expressions for distribution of sum of exponential random variables". IEEE Trans. Rel. 46(4):519 – 522.

[14] Anderson, N. 2009. "Paired and unpaired spectrum". In: LTE – The UMTS Long Term Evolution: From Theory to Practice. Ed. by S. Sesia, I. Toufik, and M. Baker. Wiley. Chap. 23. 551 – 583.

[15] Anderson, S., U. Forssen, J. Karlsson, T. Witzschel, P. Fischer, and A. Krug. 1996. "Ericsson/Mannesmann GSM field – trials with adaptive antennas". In: Proc. IEE Colloquium on Advanced TDMA Techniques and Applications.

[16] Anderson, S., B. Hagerman, H. Dam, U. Forssen, J. Karlsson, F. Kronestedt, S. Mazur, and K. J. Molnar. 1999. "Adaptive antennas for GSM and TDMA systems". IEEE Personal Commun. 6(3):74 – 86.

[17] Anderson, S., M. Millnert, M. Viberg, and B. Wahlberg. 1991. "An adaptive array for mobile communication systems". IEEE Trans. Veh. Technol. 40(1):230 – 236.

[18] Andrews, J. G., F. Baccelli, and R. K. Ganti. 2011. "A tractable approach to coverage and rate in cellular networks". IEEE Trans. Commun. 59(11):3122 – 3134.

[19] Andrews, J. G., X. Zhang, G. D. Durgin, and A. K. Gupta. 2016. "Are we approaching the fundamental limits of wireless network densification?" IEEE Commun. Mag. 54(10):184 – 190.

[20] Annapureddy, V. S. and V. V. Veeravalli. 2011a. "Gaussian interference networks: Sum capacity in the low – interference regime and new outer bounds on the capacity region". IEEE Trans. Inf. Theory. 55 (7): 3032 – 3050.

[21] Annapureddy, V. S. and V. V. Veeravalli. 2011b. "Sum capacity of MIMO interference channels in the low interference regime". IEEE Trans. Inf. Theory. 57(5):2565 – 2581.

[22] ApS, M. 2016. MOSEK optimization suite release 8. 0. 0. 42. url: http://docs. mosek. com/8. 0/intro. pdf.

[23] Ashikhmin, A. and T. Marzetta. 2012. "Pilot contamination precoding in multi – cell large scale antenna systems". In: IEEE International Symposium on Information Theory Proceedings(ISIT). 1137 – 1141.

[24] Ashraf, I., F. Boccardi, and L. Ho. 2011. "SLEEP mode techniques for small cell deployments". IEEE Commun. Mag. 49(8):72 – 79.

[25] Asplund, H., J. – E. Berg, F. Harrysson, J. Medbo, and M. Riback. 2007. "Propagation characteristics of polarized radio waves in cellular communications". In: Proc. IEEE VTC – Fall. 839 – 843.

[26] Auer, G., O. Blume, V. Giannini, I. Godor, M. Imran, Y. Jading, E. Katranaras, M. Olsson, D. Sabella, P. Skillermark, and W. Wajda. 2012. D2. 3: Energy efficiency analysis of the reference systems, areas of improvements and target breakdown. INFSO – ICT – 247733 EARTH, ver. 2. 0.

[27] Auer, G., V. Giannini, C. Desset, I. Godor, P. Skillermark, M. Olsson, M. A. Imran, D. Sabella, M. J. Gonzalez, O. Blume, and A. Fehske. 2011. "How much energy is needed to run a wireless network?" IEEE Wireless Commun. 18(5):40 – 49.

[28] Baird, C. A. and C. L. Zahm. 1971. "Performance criteria for narrowband array processing". In: Proc. IEEE Conf. Decision and Control. 564 – 565.

[29] Baumert, L. D. and M. Hall. 1965. "Hadamard matrices of the Williamson type". Math. Comp. 19(6):442 – 447.

[30] Bazelon, C. and G. McHenry. 2015. "Mobile broadband spectrum: A vital resource for the U. S. economy". Tech. rep. The Brattle Group.

[31] Bengtsson, E., P. Karlsson, F. Tufvesson, J. Vieira, S. Malkowsky, L. Liu, F. Rusek, and O. Edfors. 2016. "Transmission Schemes for Multiple Antenna Terminals in real Massive MIMO systems". In: Proc. IEEE GLOBECOM.

[32] Bengtsson, E., F. Tufvesson, and O. Edfors. 2015. "UE antenna properties and their influence on massive MIMO system performance". In: Proc. EuCAP.

[33] Bengtsson, M. and B. Ottersten. 2001. "Optimal and suboptimal transmit beamforming". In: Handbook of Antennas in Wireless Communications. Ed. by L. C. Godara. CRC Press.

[34] Bertsekas, D. 1999. Nonlinear programming. 2nd edition. Athena Scientific.

[35] Bethanabhotla, D., O. Y. Bursalioglu, H. C. Papadopoulos, and G. Caire. 2016. "Optimal user – cell association for massive MIMO wireless networks". IEEE Trans. Wireless Commun. 15(3):1835 – 1850.

[36] Biglieri, E., J. Proakis, and S. Shamai. 1998. "Fading channels: Information – theoretic and communications aspects". IEEE Trans. Inf. Theory. 44(6):2619 – 2691.

[37] Biguesh, M. and A. Gershman. 2004. "Downlink channel estimation in cellular systems with antenna arrays at base stations using channel probing with feedback". EURASIP J. Appl. Signal Process. (9):1330 – 1339.

[38] Björnson, E. and B. Ottersten. 2010. "A framework for training – based estimation in arbitrarily correlated Rician MIMO channels with Rician disturbance". IEEE Trans. Signal Process. 58(3):1807 – 1820.

[39] Björnson, E., M. Bengtsson, and B. Ottersten. 2012. "Pareto characterization of the multicell MIMO performance

region with simple receivers". IEEE Trans. Signal Process. 60(8):4464 - 4469.

[40] Björnson, E. , M. Bengtsson, and B. Ottersten. 2014a. "Optimal multiuser transmit beamforming: A difficult problem with a simple solution structure". IEEE Signal Process. Mag. 31(4):142 - 148.

[41] Björnson, E. , E. de Carvalho, J. H. Sørensen, E. G. Larsson, and P. Popovski. 2017a. "A random access protocol for pilot allocation in crowded massive MIMO systems". IEEE Trans. Wireless Commun. 16(4):2220 - 2234.

[42] Björnson, E. , J. Hoydis, M. Kountouris, and M. Debbah. 2014b. "Massive MIMO systems with non - ideal hardware: Energy efficiency, estimation, and capacity limits". IEEE Trans. Inf. Theory. 60(11):7112 - 7139.

[43] Björnson, E. , J. Hoydis, and L. Sanguinetti. 2017b. "Massive MIMO has Unlimited Capacity". CoRR. abs/1705.00538. url: http://arxiv.org/abs/1705.00538.

[44] Björnson, E. , J. Hoydis, and L. Sanguinetti. 2017c. "Pilot contamination is not a fundamental asymptotic limitation in massive MIMO". In: Proc. IEEE ICC.

[45] Björnson, E. , N. Jaldén, M. Bengtsson, and B. Ottersten. 2011. "Optimality properties, distributed strategies, and measurement - based evaluation of coordinated multicell OFDMA transmission". IEEE Trans. Signal Process. 59(12):6086 - 6101.

[46] Björnson, E. and E. Jorswieck. 2013. "Optimal resource allocation in coordinated multi - cell systems". Foundations and Trends in Communications and Information Theory. 9(2 - 3):113 - 381.

[47] Björnson, E. , E. Jorswieck, M. Debbah, and B. Ottersten. 2014c. "Multi - objective signal processing optimization: The way to balance conflicting metrics in 5G systems". IEEE Signal Process. Mag. 31(6):14 - 23.

[48] Björnson, E. and E. G. Larsson. 2015. "Three practical aspects of massive MIMO: Intermittent user activity, pilot synchronism, and asymmetric deployment". In: Proc. IEEE GLOBECOM Workshops.

[49] Björnson, E. , E. G. Larsson, and M. Debbah. 2016a. "Massive MIMO for maximal spectral efficiency: How many users and pilots should be allocated?" IEEE Trans. Wireless Commun. 15(2):1293 - 1308.

[50] Björnson, E. , E. G. Larsson, and T. L. Marzetta. 2016b. "Massive MIMO: Ten myths and one critical question". IEEE Commun. Mag. 54(2):114 - 123.

[51] Björnson, E. , M. Kountouris, and M. Debbah. 2013a. "Massive MIMO and small cells: Improving energy efficiency by optimal soft - cell coordination". In: Proc. IEEE ICT.

[52] Björnson, E. , M. Kountouris, M. Bengtsson, and B. Ottersten. 2013b. "Receive combining vs. multi - stream multiplexing in downlink systems with multi - antenna users". IEEE Trans. Signal Process. 61(13): 3431 - 3446.

[53] Björnson, E. , M. Matthaiou, and M. Debbah. 2015a. "Massive MIMO with non - ideal arbitrary arrays: Hardware scaling laws and circuit - aware design". IEEE Trans. Wireless Commun. 14(8):4353 - 4368.

[54] Björnson, E. , M. Matthaiou, A. Pitarokoilis, and E. G. Lars - son. 2015b. "Distributed massive MIMO in cellular networks: Impact of imperfect hardware and number of oscillators". In: Proc. EUSIPCO.

[55] Björnson, E. and B. Ottersten. 2008. "Post - user - selection quantization and estimation of correlated Frobenius and spectral channel norms". In: Proc. IEEE PIMRC.

[56] Björnson, E. , P. Zetterberg, M. Bengtsson, and B. Ottersten. 2013c. "Capacity limits and multiplexing gains of MIMO channels with transceiver impairments". IEEE Commun. Lett. 17(1):91 - 94.

[57] Björnson, E. , L. Sanguinetti, and M. Debbah. 2016c. "Massive MIMO with imperfect channel covariance information". In: Proc. ASILOMAR.

[58] Björnson, E. , L. Sanguinetti, J. Hoydis, and M. Debbah. 2014d. "Designing multi - user MIMO for energy efficiency: When is massive MIMO the answer?" In: Proc. IEEE WCNC. 242 - 247.

[59] Björnson, E. , L. Sanguinetti, J. Hoydis, and M. Debbah. 2015c. "Optimal design of energy - efficient multi -

user MIMO systems:Is massive MIMO the answer?"IEEE Trans. Wireless Commun. 14(6):3059 -3075.

[60] Björnson,E. ,L. Sanguinetti, and M. Kountouris. 2016d. "Deploying dense networks for maximal energy efficiency:Small cells meet massive MIMO". IEEE J. Sel. Areas Commun. 34(4):832 -847.

[61] Björnson, E. , R. Zakhour, D. Gesbert, and B. Ottersten. 2010. "Cooperative multicell precoding: Rate region characterization and distributed strategies with instantaneous and statistical CSI". IEEE Trans. Signal Process. 58(8):4298 -4310.

[62] Blandino,S. ,C. Desset,A. Bourdoux,L. V. der Perre,and S. Pollin. 2017. "Analysis of out - of - band interference from saturated power amplifiers in Massive MIMO". In:Proc. IEEE EuCNC.

[63] Boche,H. and M. Schubert. 2002. "A general duality theory for uplink and downlink beamforming". In:Proc. IEEE VTC - Fall. 87 -91.

[64] Bock,F. and B. Ebstein. 1964. "Assignment of transmitter powers by linear programming". IEEE Trans. Electromagn. Compat. 6(2):36 -44.

[65] Boström,J. 2015. "Spectrum for mobile - A Swedish perspective for 2020 and beyond". Tech. rep. Swedish Post and Telecom Authority (PTS). URL: http://wireless. kth. se/wp - content/uploads/2015/02/KTH - Frekvenser - f% 5C% 22% 7Bo% 7Dr - 4G - och - 5G. pdf.

[66] Boyd,S. ,S. - J. Kim,L. Vandenberghe,and A. Hassibi. 2007. "A tutorial on geometric programming". Optimization and Engineering. 8:67 -127.

[67] Boyd,S. and L. Vandenberghe. 2004. Convex Optimization. Cambridge University Press.

[68] Brennan,D. G. 1959. "Linear diversity combining techniques". Proc. IRE. 43(6):1975 -1102.

[69] Bussgang, J. J. 1952. "Crosscorrelation functions of amplitude - distorted Gaussian signals". Tech. rep. No. 216. Research Laboratory of Electronics,Massachusetts Institute of Technology.

[70] Cadambe,V. and S. Jafar. 2008. "Interference alignment and degrees of freedom of the K - user interference channel". IEEE Trans. Inf. Theory. 54(8):3425 -3441.

[71] Cai,D. W. H. ,T. Q. S. Quek,C. W. Tan,and S. H. Low. 2012. "Max - min SINR coordinated multipoint downlink transmission - Duality and algorithms". IEEE Trans. Signal Process. 60(10):5384 -5395.

[72] Caire, G. 2017. "On the Ergodic Rate Lower Bounds with Applications to Massive MIMO". CoRR. abs/1705. 03577. URL:http://arxiv. org/abs/1705. 03577.

[73] Caire,G. ,N. Jindal,M. Kobayashi,and N. Ravindran. 2010. "Multiuser MIMO achievable rates with downlink training and channel state feedback". IEEE Trans. Inf. Theory. 56(6):2845 -2866.

[74] Caire,G. and S. Shamai. 2003. "On the achievable throughput of a multiantenna Gaussian broadcast channel". IEEE Trans. Inf. Theory. 49(7):1691 -1706.

[75] Carvalho,E. D. and D. T. M. Slock. 1997. "Cramer - Rao bounds for semi - blind,blind and training sequence based channel estimation". In:Proc. IEEE SPAWC. 129 -132.

[76] Carvalho,E. de,E. Björnson,J. H. Sørensen,P. Popovski,and E. G. Larsson. 2017. "Random access protocols for Massive MIMO". IEEE Commun. Mag. 54(5):216 -222.

[77] Chen,J. and V. Lau. 2014. "Two - Tier Precoding for FDD Multi - Cell Massive MIMO Time - Varying Interference Networks". IEEE J. Sel. Areas Commun. 32(6):1230 -1238.

[78] Chen,Z. and E. Björnson. 2017. "Channel Hardening and Favorable Propagation in Cell - Free Massive MIMO with Stochastic Geometry". CoRR. abs/1710. 00395. URL:http://arxiv. org/abs/ 1710. 00395.

[79] Chen,Z. N. and K. - M. Luk. 2009. Antennas for base stations in wireless communications. McGraw - Hill.

[80] Cheng,H. V. ,E. Björnson,and E. G. Larsson. 2017. "Optimal pilot and payload power control in single - cell massive MIMO systems". IEEE Trans. Signal Process.

[81] Chiang,M. ,P. Hande,T. Lan,and C. Tan. 2008. "Power control in wireless cellular networks". Foundations

and Trends in Networking. 2(4):355 - 580.

[82] Chien,T. V. ,E. Björnson,and E. G. Larsson. 2016. "Joint power allocation and user association optimization for massive MIMO systems". IEEE Trans. Wireless Commun. 15(9):6384 - 6399.

[83] Chizhik,D. ,J. Ling,P. W. Wolniansky,R. A. Valenzuela,N. Costa,and K. Huber. 2003. "Multiple - input - multiple - output measurements and modeling in Manhattan". IEEE J. Sel. Areas Commun. 21(3):321 - 331.

[84] Choi,J. ,D. Love,and P. Bidigare. 2014. "Downlink Training Techniques for FDD Massive MIMO Systems: Open - Loop and Closed - Loop Training with Memory". IEEE J. Sel. Topics Signal Process. 8(5):802 - 814.

[85] Chong,C. - C. ,C. - M. Tan,D. I. Laurenson,S. McLaughlin,M. A. Beach,and A. R. Nix. 2003. "A new statistical wideband spatiotemporal channel model for 5 - GHz band WLAN systems". IEEE J. Sel. Areas Commun. 21(2):139 - 150.

[86] Cisco. 2016. "Visual networking index:Global mobile data traffic forecast update,2015 - 2020". Tech. rep.

[87] Clerckx,B. ,G. Kim,and S. Kim. 2008. "Correlated Fading in Broadcast MIMO Channels:Curse or Blessing?" In:Proc. IEEE GLOBECOM.

[88] Clerckx,B. and C. Oestges. 2013. MIMO wireless networks:Channels,techniques and standards for multi - antenna,multi - user and multi - cell systems. Academic Press.

[89] Coldrey, M. 2008. "Modeling and capacity of polarized MIMO channels". In: Proc. IEEE VTC - Spring. IEEE. 440 - 444.

[90] Common Public Radio Interface(CPRI). 2015. "Interface specification". Tech. rep.

[91] Cooper, M. 2010. "The Myth of Spectrum Scarcity". Tech. rep. DYNA llc. URL: https://ecfsapi.fcc.gov/file/7020396128.pdf.

[92] Costa,E. and S. Pupolin. 2002. "M - QAM - OFDM system performance in the presence of a nonlinear amplifier and phase noise". IEEE Trans. Commun. 50(3):462 - 472.

[93] Couillet,R. and M. Debbah. 2011. Random matrix methods for wireless communications. Cambridge University Press.

[94] Cover,T. M. and J. A. Thomas. 1991. Elements of information theory. Wiley.

[95] Cui,S. ,A. Goldsmith,and A. Bahai. 2004. "Energy - efficiency of MIMO and cooperative MIMO techniques in sensor networks". IEEE J. Sel. Areas Commun. 22(6):1089 - 1098.

[96] Cupo,R. L. ,G. D. Golden,C. C. Martin,K. L. Sherman,N. R. Sollenberger,J. H. Winters,and P. W. Wolniansky. 1997. "A four - element adaptive antenna array for IS - 136 PCS base stations". In:Proc. IEEE VTC. 1577 - 1581.

[97] D. Gesbert,L. Pittman,and M. Kountouris. 2006. "Transmit Correlation - Aided Scheduling in multiuser MIMO networks". In:Proc. IEEE ICASSP. Vol. 4. 249 - 252.

[98] D. Hammarwall,M. Bengtsson,and B. Ottersten. 2008. "Utilizing the Spatial Information Provided by Channel Norm Feedback in SDMA Systems". IEEE Trans. Signal Process. 56(7):3278 - 3293.

[99] Dabeer,O. and U. Madhow. 2010. "Channel estimation with low - precision analog - to - digital conversion". In:Proc. IEEE ICC.

[100] Dahrouj,H. and W. Yu. 2010. "Coordinated beamforming for the multicell multi - antenna wireless system". IEEE Trans. Wireless Commun. 9(5):1748 - 1759.

[101] Demir,A. ,A. Mehrotra,and J. Roychowdhury. 2000. "Phase noise in oscillators:A unifying theory and numerical methods for characterization". IEEE Trans. Circuits Syst. I. 47(5):655 - 674.

[102] Desset, C. and B. Debaillie. 2016. "Massive MIMO for energy - efficient communications". In:Proc. EuMC. 138 - 141.

[103] Desset,C. and L. V. der Perre. 2015. "Validation of low - accuracy quantization in massive MIMO and constel-

lation EVM analysis". In: Proc. IEEE EuCNC.

[104] Dhillon, H. S., M. Kountouris, and J. G. Andrews. 2013. "Downlink MIMO HetNets: Modeling, ordering results and performance analysis". IEEE Trans. Wireless Commun. 12(10): 5208 – 5222.

[105] Doukopoulos, X. G. and G. V. Moustakides. 2008. "Fast and stable subspace tracking". IEEE Trans. Signal Process. 56(4): 4790 – 4807.

[106] Duel – Hallen, A., J. Holtzman, and Z. Zvonar. 1995. "Multiuser Detection for CDMA Systems". IEEE Personal Commun. 2(2): 46 – 58.

[107] Durisi, G., A. Tarable, C. Camarda, R. Devassy, and G. Montorsi. 2014. "Capacity bounds for MIMO microwave backhaul links affected by phase noise". IEEE Trans. Commun. 62(3): 920 – 929.

[108] Erceg, V., P. Soma, D. S. Baum, and S. Catreux. 2004. "Multiple – input multiple – output fixed wireless radio channel measurements and modeling using dual – polarized antennas at 2.5GHz". IEEE Trans. Wireless Commun. 3(6): 2288 – 2298.

[109] Ericsson. 2017. "Ericsson mobility report". Tech. rep. URL: http://www.ericsson.com/mobility – report.

[110] Evolved Universal Terrestrial Radio Access (E – UTRA); Radio frequency (RF) system scenarios (Release 8). 2008. 3GPP TS 36.942.

[111] Farhang, A., N. Marchetti, L. E. Doyle, and B. Farhang – Boroujeny. 2014. "Filter bank multicarrier for massive MIMO". In: Proc. IEEE VTC – Fall.

[112] Feasibility study for further advancements for E – UTRA (Release 12). 2014. 3GPP TS 36.912.

[113] Feng, D., C. Jiang, G. Lim, L. J. Cimini, G. Feng, and G. Y. Li. 2013. "A survey of energy – efficient wireless communications". IEEE Commun. Surveys Tuts. 15(1): 167 – 178.

[114] Fernandes, F., A. Ashikhmin, and T. Marzetta. 2013. "Inter – cell interference in noncooperative TDD large scale antenna systems". IEEE J. Sel. Areas Commun. 31(2): 192 – 201.

[115] Flordelis, J., X. Gao, G. Dahman, F. Rusek, O. Edfors, and F. Tufvesson. 2015. "Spatial separation of closely – spaced users in measured massive multi – user MIMO channels". In: Proc. IEEE ICC. 1441 – 1446.

[116] Frefkiel, R. H. 1970. "A high – capacity mobile radio telephone system model using a coordinated small – zone approach". IEEE Trans. Veh. Technol. 19(2): 173 – 177.

[117] Friis, H. T. and C. B. Feldman. 1937. "A multiple unit steerable antenna for short – wave reception". Proc. IRE. 25(7): 841 – 917.

[118] Friis, H. T. 1946. "A note on a simple transmission formula". Proc. IRE. 34(5): 254 – 256.

[119] Further advancements for E – UTRA physical layer aspects (Release 9). 2010. 3GPP TS 36.814.

[120] Gao, X., O. Edfors, F. Rusek, and F. Tufvesson. 2011. "Linear pre – coding performance in measured very – large MIMO channels". In: Proc. IEEE VTC Fall.

[121] Gao, X., O. Edfors, F. Rusek, and F. Tufvesson. 2015a. "Massive MIMO performance evaluation based on measured propagation data". IEEE Trans. Wireless Commun. 14(7): 3899 – 3911.

[122] Gao, X., O. Edfors, F. Tufvesson, and E. G. Larsson. 2015b. "Massive MIMO in real propagation environments: Do all antennas contribute equally?" IEEE Trans. Commun. 63(11): 3917 – 3928.

[123] Gao, X., F. Tufvesson, and O. Edfors. 2013. "Massive MIMO channels – Measurements and models". In: Proc. ASILOMAR. 280 – 284.

[124] Gauger, M., J. Hoydis, C. Hoek, H. Schlesinger, A. Pascht, and S. t. Brink. 2015. "Channel measurements with different antenna array geometries for massive MIMO systems". In: Proc. of 10th Int. ITG Conf. on Systems, Commun. and Coding. 1 – 6.

[125] Gerlach, D. and A. Paulraj. 1994. "Adaptive transmitting antenna arrays with feedback". IEEE Signal Process. Lett. 1(10): 150 – 152.

[126] Gesbert, D., S. Hanly, H. Huang, S. Shamai, O. Simeone, and W. Yu. 2010. "Multi - cell MIMO cooperative networks: A new look at interference". IEEE J. Sel. Areas Commun. 28(9):1380 - 1408.

[127] Gesbert, D., M. Kountouris, R. W. Heath, C. - B. Chae, and T. Sälzer. 2007. "Shifting the MIMO paradigm". IEEE Signal Process. Mag. 24(5):36 - 46.

[128] Ghosh, A., J. Zhang, J. G. Andrews, and R. Muhamed. 2010. Fundamentals of LTE. Prentice Hall.

[129] Goldsmith, A., S. A. Jafar, N. Jindal, and S. Vishwanath. 2003. "Capacity limits of MIMO channels". IEEE J. Sel. Areas Commun. 21(5):684 - 702.

[130] Gonthier, G. 2008. "Formal proof - The four - color theorem". Notices of the AMS. 55(11):1382 - 1393.

[131] Gopalakrishnan, B. and N. Jindal. 2011. "An analysis of pilot contamination on multi - user MIMO cellular systems with many antennas". In: Proc. IEEE SPAWC.

[132] Grant, M. and S. Boyd. 2011. "CVX: Matlab software for disciplined convex programming". http://cvxr.com/cvx.

[133] Guillaud, M., D. Slock, and R. Knopp. 2005. "A practical method for wireless channel reciprocity exploitation through relative calibration". In: Proc. ISSPA. 403 - 406.

[134] Guo, K. and G. Ascheid. 2013. "Performance analysis of multi - cell MMSE based receivers in MU - MIMO systems with very large antenna arrays". In: Proc. IEEE WCNC.

[135] Guo, K., Y. Guo, G. Fodor, and G. Ascheid. 2014. "Uplink power control with MMSE receiver in multi - cell MU - massive - MIMO systems". In: Proc. IEEE ICC. 5184 - 5190.

[136] Gustavsson, U., C. Sanchéz - Perez, T. Eriksson, F. Athley, G. Durisi, P. Landin, K. Hausmair, C. Fager, and L. Svensson. 2014. "On the impact of hardware impairments on massive MIMO". In: Proc. IEEE GLOBECOM.

[137] Haghighatshoar, S. and G. Caire. 2017. "Massive MIMO Pilot Decontamination and Channel Interpolation via Wideband Sparse Channel Estimation". IEEE Trans. Wireless Commun.

[138] Han, C., T. Harrold, S. Armour, I. Krikidis, S. Videv, P. M. Grant, H. Haas, J. S. Thompson, I. Ku, C. X. Wang, T. A. Le, M. R. Nakhai, J. Zhang, and L. Hanzo. 2011. "Green radio: Radio techniques to enable energy - efficient wireless networks". IEEE Commun. Mag. 49(6):46 - 54.

[139] Harris, P. et al. 2016. "Serving 22 Users in Real - Time with a 128 - Antenna Massive MIMO Testbed". In: Proc. IEEE International Workshop on Signal Processing Systems(SiPS).

[140] Hasan, Z., H. Boostanimehr, and V. K. Bhargava. 2011. "Green cellular networks: a survey, some research issues and challenges". IEEE Commun. Surveys Tuts. 13(4):524 - 540.

[141] Heath, R. W., N. Gonzalez - Prelcic, S. Rangan, W. Roh, and A. M. Sayeed. 2016. "An overview of signal processing techniques for millimeter wave MIMO systems". IEEE J. Sel. Topics Signal Process. 10(3):436 - 453.

[142] Hochwald, B. M., T. L. Marzetta, and V. Tarokh. 2004. "Multiple - antenna channel hardening and its implications for rate feedback and scheduling". IEEE Trans. Inf. Theory. 60(9):1893 - 1909.

[143] Hoeg, W. and T. Lauterbach. 2009. Digital Audio Broadcasting: Principles and Applications of DAB, DAB + and DMB. John Wiley & Sons, Ltd.

[144] Holma, H. and A. Toskala. 2011. LTE for UMTS: Evolution to LTE - Advanced. 2nd edition. Wiley.

[145] Honig, M. L. and W. Xiao. 2001. "Performance of reduced - rank linear interference suppression". IEEE Trans. Inf. Theory. 47(5):1928 - 1946.

[146] Hoorfar, A. and M. Hassani. 2008. "Inequalities on the Lambert W function and hyperpower function". J. Inequalities in Pure and Applied Math. 9(2):1 - 5.

[147] Horlin, F. and A. Bourdoux. 2008. Digital front - end compensation for emerging wireless systems. John Wiley & Sons, Ltd.

[148] Hoydis, J., S. ten Brink, and M. Debbah. 2013a. "Massive MIMO in the UL/DL of cellular networks: How many antennas do we need?" IEEE J. Sel. Areas Commun. 31(2):160 – 171.

[149] Hoydis, J., M. Debbah, and M. Kobayashi. 2011. "Asymptotic moments for interference mitigation in correlated fading channels". In: Proc. IEEE ISIT.

[150] Hoydis, J., C. Hoek, T. Wild, and S. ten Brink. 2012. "Channel measurements for large antenna arrays". In: Proc. IEEE ISWCS.

[151] Hoydis, J., K. Hosseini, S. t. Brink, and M. Debbah. 2013b. "Making smart use of excess antennas: Massive MIMO, small cells, and TDD". Bell Labs Technical Journal. 18(2):5 – 21.

[152] Hu, D., L. He, and X. Wang. 2016. "Semi – blind pilot decontamination for massive MIMO systems". IEEE Trans. Wireless Commun. 15(1):525 – 536.

[153] Huang, Y., C. Desset, A. Bourdoux, W. Dehaene, and L. V. der Perre. 2017. "Massive MIMO processing at the semiconductor edge: Exploiting the system and circuit margins for power savings". In: Proc. IEEE ICASSP. 3474 – 3478.

[154] Huh, H., G. Caire, H. Papadopoulos, and S. Ramprashad. 2012. "Achieving "Massive MIMO" spectral efficiency with a not – so – large number of antennas". IEEE Trans. Wireless Commun. 11(9):3226 – 3239.

[155] Ingemarsson, C. and O. Gustafsson. 2015. "On fixed – point implementation of symmetric matrix inversion". In: Proc. ECCTD. 1 – 4.

[156] Irmer, R., H. Droste, P. Marsch, M. Grieger, G. Fettweis, S. Brueck, H. – P. Mayer, L. Thiele, and V. Jungnickel. 2011. "Coordinated multipoint: Concepts, performance, and field trial results". IEEE Commun. Mag. 49(2):102 – 111.

[157] Isheden, C., Z. Chong, E. Jorswieck, and G. Fettweis. 2012. "Framework for link – level energy efficiency optimization with informed transmitter". IEEE Trans. Wireless Commun. 11(8): 2946 – 2957. DOI: 10.1109/TWC.2012.060412.111829.

[158] Jacobsson, S., G. Durisi, M. Coldrey, T. Goldstein, and C. Studer. 2016. "Quantized precoding for massive MU – MIMO". https://arxiv.org/abs/1610.07564.

[159] Jaeckel, S., L. Raschkowski, K. Börner, L. Thiele, F. Burkhardt, and E. Eberlein. 2016. "QuaDRiGa – Quasi deterministic radio channel generator, user manual and documentation". Tech. rep. v1.4.8 – 571. Fraunhofer Heinrich Hertz Institute.

[160] Jamsa, T., P. Kyosti, and K. Kusume. 2015. D1.4: METIS Channel Models. ICT – 317669 – METIS.

[161] Jiang, Z., A. F. Molisch, G. Caire, and Z. Niu. 2015. "Achievable rates of FDD Massive MIMO systems with spatial channel correlation". IEEE Trans. Wireless Commun. 14(5):2868 – 2882.

[162] Jindal, N. 2006. "MIMO broadcast channels with finite – rate feedback". IEEE Trans. Inf. Theory. 52(11): 5045 – 5060.

[163] Jindal, N., S. Vishwanath, and A. Goldsmith. 2004. "On the Duality of Gaussian Multiple – Access and Broadcast Channels". IEEE Trans. Inf. Theory. 50(5):768 – 783.

[164] Joham, M., W. Utschick, and J. Nossek. 2005. "Linear transmit processing in MIMO communications systems". IEEE Trans. Signal Process. 53(8):2700 – 2712.

[165] Johnson, C. 2012. Long Term Evolution IN BULLETS. CreateSpace Independent Publishing Platform.

[166] Jorswieck, E. and H. Boche. 2007. "Majorization and matrix – monotone functions in wireless communications". Foundations and Trends in Communications and Information Theory. 3(6):553 – 701.

[167] Jorswieck, E. and E. Larsson. 2008. "The MISO interference channel from a game – theoretic perspective: A combination of selfishness and altruism achieves Pareto optimality". In: Proc. IEEE ICASSP. 5364 – 5367.

[168] Jorswieck, E. and H. Boche. 2004. "Optimal transmission strategies and impact of correlation in multiantenna

systems with different types of channel state information". IEEE Trans. Sig - nal Process. 52 (12): 3440 - 3453.

[169] Jose, J., A. Ashikhmin, T. L. Marzetta, and S. Vishwanath. 2011. "Pilot contamination and precoding in multi - cell TDD systems". IEEE Trans. Commun. 10(8): 2640 - 2651.

[170] Josse, N. L., C. Laot, and K. Amis. 2008. "Efficient series expansion for matrix inversion with application to MMSE equalization". IEEE Commun. Lett. 12(1): 35 - 37.

[171] Joung, H., H. - S. Jo, C. Mun, and J. - G. Yook. 2014. "Capacity loss due to polarization - mismatch and space - correlation on MISO channel". IEEE Trans. Wireless Commun. 13(4): 2124 - 2136.

[172] Kahn, L. R. 1954. "Ratio squarer". Proc. IRE. 42(11): 1704.

[173] Kammoun, A., A. Müller, E. Björnson, and M. Debbah. 2014. "Linear precoding based on polynomial expansion: Large - scale multi - cell MIMO systems". IEEE J. Sel. Topics Signal Process. 8(5): 861 - 875.

[174] Kang, D., D. Kim, Y. Cho, J. Kim, B. Park, C. Zhao, and B. Kim. 2011. "1.6 - 2.1GHz broadband Doherty power amplifiers for LTE handset applications". In: Proc. IEEE MTT - S. 1 - 4.

[175] Kay, S. M. 1993. Fundamentals of statistical signal processing: Estimation theory. Prentice Hall.

[176] Kelly, F., A. Maulloo, and D. Tan. 1997. "Rate control for communication networks: Shadow prices, proportional fairness and stability". J. Operational Research Society. 49(3): 237 - 252.

[177] Kermoal, J., L. Schumacher, K. I. Pedersen, P. Mogensen, and F. Frederiksen. 2002. "A stochastic MIMO radio channel model with experimental validation". IEEE J. Sel. Areas Commun. 20(6): 1211 - 1226.

[178] Khansefid, A. and H. Minn. 2014. "Asymptotically optimal power allocation for massive MIMO uplink". In: Proc. IEEE GlobalSIP. 627 - 631.

[179] Khanzadi, M. R., G. Durisi, and T. Eriksson. 2015. "Capacity of SIMO and MISO phase - noise channels with common/separate oscillators". IEEE Trans. Commun. 63(9): 3218 - 3231.

[180] Ko, K. and J. Lee. 2012. "Multiuser MIMO user selection based on chordal distance". IEEE Trans. Commun. 60(3): 649 - 654.

[181] Korb, M. and T. G. Noll. 2010. "LDPC decoder area, timing, and energy models for early quantitative hardware cost estimates". In: Proc. IEEE SOCC. 169 - 172.

[182] Kotecha, J. and A. Sayeed. 2004. "Transmit signal design for optimal estimation of correlated MIMO channels". IEEE Trans. Signal Process. 52(2): 546 - 557.

[183] Krishnamoorthy, A. and D. Menon. 2013. "Matrix inversion using Cholesky decomposition". In: Proc. Alg. Arch. Arrangements Applicat. 70 - 72.

[184] Krishnan, N., R. D. Yates, and N. B. Mandayam. 2014. "Uplink linear receivers for multi - cell multiuser MIMO with pilot contamination: large system analysis". IEEE Trans. Wireless Commun. 13(8): 4360 - 4373.

[185] Kumar, R. and J. Gurugubelli. 2011. "How green the LTE technology can be?" In: Proc. Wireless VITAE.

[186] Lahiri, K., A. Raghunathan, S. Dey, and D. Panigrahi. 2002. "Battery - driven system design: A new frontier in low power design". In: Proc. ASP - DAC/VLSI. 261 - 267.

[187] Lakshminaryana, S., J. Hoydis, M. Debbah, and M. Assaad. 2010. "Asymptotic analysis of distributed multi - cell beamforming". In: Proc. IEEE PIMRC. IEEE. 2105 - 2110.

[188] Lapidoth, A. 2002. "On phase noise channels at high SNR". In: Proc. IEEE ITW.

[189] Ledoit, O. and M. Wolf. 2004. "A well - conditioned estimator for large - dimensional covariance matrices". J. Multivariate Anal. 88(2): 365 - 411.

[190] Lei, Z. and T. Lim. 1998. "Simplified polynomial - expansion linear detectors for DS - CDMA systems". Electronics Lett. 34(16): 1561 - 1563.

[191] Li, L., A. Ashikhmin, and T. Marzetta. 2013a. "Pilot contamination precoding for interference reduction in

large scale antenna systems". In: Allerton. 226 – 232.

[192] Li, M., S. Jin, and X. Gao. 2013b. "Spatial orthogonality – based pilot reuse for multi – cell massive MIMO transmission". In: Proc. WCSP.

[193] Li, X., E. Björnson, E. G. Larsson, S. Zhou, and J. Wang. 2017. "Massive MIMO with multi – cell MMSE processing: Exploiting all pilots for interference suppression". EURASIP J. Wirel. Commun. Netw. (117).

[194] Li, X., E. Björnson, S. Zhou, and J. Wang. 2016. "Massive MIMO with multi – antenna users: When are additional user antennas beneficial?" In: Proc. IEEE ICT.

[195] Liu, Y., T. Wong, and W. Hager. 2007. "Training signal design for estimation of correlated MIMO channels with colored interference". IEEE Trans. Signal Process. 55(4): 1486 – 1497.

[196] Löfberg, J. 2004. "YALMIP: A Toolbox for modeling and optimization in MATLAB". In: Proc. IEEE CACSD. 284 – 289.

[197] Lopez – Perez, D., M. Ding, H. Claussen, and A. H. Jafari. 2015. "Enhanced intercell interference coordination challenges in heterogeneous networks". IEEE Commun. Surveys Tuts. 17(4): 2078 – 2101.

[198] López – Pérez, D., M. Ding, H. Claussen, and A. H. Jafari. 2015. "Towards 1 Gbps/UE in cellular systems: Understanding ultra – dense small cell deployments". IEEE Commun. Surveys Tuts. 17(4): 2078 – 2101.

[199] Love, R. and V. Nangia. 2009. "Uplink physical channel structure". In: LTE – The UMTS Long Term Evolution: From Theory to Practice. Ed. by S. Sesia, I. Toufik, and M. Baker. Wiley. Chap. 17. 377 – 403.

[200] Lu, W. and M. D. Renzo. 2015. "Stochastic Geometry Modeling of Cellular Networks: Analysis, Simulation and Experimental Validation". In: ACM International Conference on Modeling, Analysis and Simulation of Wireless and Mobile Systems.

[201] Luo, Z. – Q. and S. Zhang. 2008. "Dynamic spectrum management: Complexity and duality". IEEE J. Sel. Topics Signal Process. 2(1): 57 – 73.

[202] Lupas, R. and S. Verdu. 1989. "Linear multiuser detectors for synchronous code – division multiple – access channels". IEEE Trans. Inf. Theory. 35(1): 123 – 136.

[203] Ma, J. and L. Ping. 2014. "Data – aided channel estimation in large antenna systems". IEEE Trans. Signal Process. 62(12): 3111 – 3124.

[204] MacDonald, V. H. 1979. "The cellular concept". Bell System Technical Journal. 58(1): 15 – 41.

[205] Madhow, U. and M. L. Honig. 1994. "MMSE interference suppression for direct – sequence spread – spectrum CDMA". IEEE Trans. Commun. 42(12): 3178 – 3188.

[206] Marks, B. R. and G. P. Wright. 1978. "A general inner approximation algorithm for nonconvex mathematical programs". Operations Research. 26(4): 681 – 683.

[207] Martinez, A. O., E. De Carvalho, and J. O. Nielsen. 2014. "Towards very large aperture massive MIMO: A measurement based study". In: Proc. IEEE GLOBECOM Workshops. 281 – 286.

[208] Marzetta, T. L. 2010. "Noncooperative cellular wireless with unlimited numbers of base station antennas". IEEE Trans. Wireless Commun. 9(11): 3590 – 3600.

[209] Marzetta, T. L. 2015. "Massive MIMO: An introduction". Bell Labs Technical Journal. 20: 11 – 22.

[210] Marzetta, T. L., E. G. Larsson, H. Yang, and H. Q. Ngo. 2016. Fundamentals of Massive MIMO. Cambridge University Press.

[211] Marzetta, T. L., G. H. Tucci, and S. H. Simon. 2011. "A random matrix – theoretic approach to handling singular covariance estimates". IEEE Trans. Inf. Theory. 57(9): 6256 – 6271.

[212] Marzetta, T. and A. Ashikhmin. 2011. "MIMO system having a plurality of service antennas for data transmission and reception and method thereof". US Patent. 8594215.

[213] Mathecken, P., T. Riihonen, S. Werner, and R. Wichman. 2011. "Performance analysis of OFDM with Wiener

phase noise and frequency selective fading channel". IEEE Trans. Commun. 59(5):1321 - 1331.

[214] Medard, M. 2000. "The effect upon channel capacity in wireless communications of perfect and imperfect knowledge of the channel". IEEE Trans. Inf. Theory. 46(3):933 - 946.

[215] Mehrpouyan, H., A. Nasir, S. Blostein, T. Eriksson, G. Karagiannidis, and T. Svensson. 2012. "Joint estimation of channel and oscillator phase noise in MIMO systems". IEEE Trans. Signal Process. 60(9):4790 - 4807.

[216] Meshkati, F., H. V. Poor, S. C. Schwartz, and N. B. Mandayam. 2005. "An energy - efficient approach to power control and receiver design in wireless data networks". IEEE Trans. Commun. 53(11):1885 - 1894.

[217] Mestre, X. 2008. "Improved Estimation of Eigenvalues and Eigenvectors of Covariance Matrices Using Their Sample Estimates". IEEE Trans. Inf. Theory. 54(11):5113 - 5129.

[218] Mezghani, A. and J. A. Nossek. 2007. "On ultra - wideband MIMO systems with 1 - bit quantized outputs: Performance analysis and input optimization". In: Proc. IEEE ISIT. 1286 - 1289.

[219] Mezghani, A. and J. A. Nossek. 2011. "Power efficiency in communication systems from a circuit perspective". In: Proc. IEEE ISCAS. 1896 - 1899.

[220] Mo, J. and R. W. Heath. 2015. "Capacity analysis of one - bit quantized MIMO systems with transmitter channel state information". IEEE Trans. Signal Process. 63(20):5498 - 5512.

[221] Mo, J. and J. Walrand. 2000. "Fair end - to - end window - based congestion control". IEEE/ACM Trans. Netw. 8(5):556 - 567.

[222] Mo, J. and R. W. Heath. 2014. "High SNR capacity of millimeter wave MIMO systems with one - bit quantization". In: Proc. IEEE ITA. IEEE. 1 - 5.

[223] Moghadam, N. N., P. Zetterberg, P. Händel, and H. Hjalmarsson. 2012. "Correlation of distortion noise between the branches of MIMO transmit antennas". In: Proc. IEEE PIMRC.

[224] Mohammed, S. 2014. "Impact of transceiver power consumption on the energy efficiency of zero - forcing detector in massive MIMO systems". IEEE Trans. Commun. 62(11):3874 - 3890.

[225] Molisch, A. F. 2007. Wireless communications. John Wiley & Sons.

[226] Mollén, C., J. Choi, E. G. Larsson, and R. W. Heath. 2017. "Uplink performance of wideband Massive MIMO with one - bit ADCs". IEEE Trans. Wireless Commun. 16(1):87 - 100.

[227] Mollén, C., U. Gustavsson, T. Eriksson, and E. G. Larsson. 2016a. "Out - of - band radiation measure for MIMO arrays with beamformed transmission". In: Proc. IEEE ICC.

[228] Mollén, C., E. G. Larsson, and T. Eriksson. 2016b. "Waveforms for the massive MIMO Downlink: Amplifier Efficiency, Distortion and Performance". IEEE Trans. Commun. 64(12):5050 - 5063.

[229] Moshavi, S., E. G. Kanterakis, and D. L. Schilling. 1996. "Multi - stage linear receivers for DS - CDMA systems". Int. J. Wireless Information Networks. 3(1):1 - 17.

[230] Motahari, A. S. and A. K. Khandani. 2009. "Capacity bounds for the Gaussian interference channel". IEEE Trans. Inf. Theory. 55(2):620 - 643.

[231] Müller, A., A. Kammoun, E. Björnson, and M. Debbah. 2016. "Linear precoding based on polynomial expansion: Reducing complexity in massive MIMO". EURASIP J. Wirel. Commun. Netw.

[232] Müller, R., L. Cottatellucci, and M. Vehkaperä. 2014. "Blind pilot decontamination". IEEE J. Sel. Topics Signal Process. 8(5):773 - 786.

[233] Muller, R. and S. Verdú. 2001. "Design and analysis of low - complexity interference mitigation on vector channels". IEEE J. Sel. Areas Commun. 19(8):1429 - 1441.

[234] Al - Naffouri, T. Y., M. Sharif, and B. Hassibi. 2009. "How much does transmit correlation affect the sum - rate scaling of MIMO Gaussian broadcast channels?" IEEE Trans. Commun. 57(2):562 - 572.

[235] Nam, J., A. Adhikary, J. - Y. Ahn, and G. Caire. 2014. "Joint spatial division and multiplexing: Opportunistic

beamforming, user grouping and simplified downlink scheduling". IEEE J. Sel. Topics Signal Process. 8(5): 876 - 890.

[236] Nayebi, E., A. Ashikhmin, T. L. Marzetta, and H. Yang. 2015. "Cell - Free Massive MIMO Systems". In: Proc. Asilomar.

[237] Nayebi, E., A. Ashikhmin, T. L. Marzetta, H. Yang, and B. D. Rao. 2017. "Precoding and Power Optimization in Cell - Free Massive MIMO Systems". IEEE Trans. Wireless Commun. 16(7): 4445 - 4459.

[238] Neumann, D., M. Joham, and W. Utschick. 2014. "Suppression of pilot - contamination in massive MIMO systems". In: Proc. IEEE SPAWC. 11 - 15.

[239] Neumann, D., M. Joham, and W. Utschick. 2017. "On MSE Based Receiver Design for Massive MIMO". In: Proc. SCC.

[240] Ngo, H. Q., A. E. Ashikhmin, H. Yang, E. G. Larsson, and T. L. Marzetta. 2015. "Cell - free massive MIMO: Uniformly great service for everyone". In: Proc. IEEE SPAWC.

[241] Ngo, H. Q., A. Ashikhmin, H. Yang, E. G. Larsson, and T. L. Marzetta. 2017. "Cell - Free Massive MIMO Versus Small Cells". IEEE Trans. Wireless Commun. 16(3): 1834 - 1850.

[242] Ngo, H. Q. and E. Larsson. 2012. "EVD - based channel estimations for multicell multiuser MIMO with very large antenna arrays". In: Proc. IEEE ICASSP.

[243] Ngo, H. Q. and E. G. Larsson. 2017. "No Downlink Pilots Are Needed in TDD Massive MIMO". IEEE Trans. Wireless Commun. 16(5): 2921 - 2935.

[244] Ngo, H. Q., E. G. Larsson, and T. L. Marzetta. 2013. "Energy and spectral efficiency of very large multiuser MIMO systems". IEEE Trans. Commun. 61(4): 1436 - 1449.

[245] Ngo, H. Q., E. G. Larsson, and T. L. Marzetta. 2014a. "Aspects of favorable propagation in massive MIMO". In: Proc. EUSIPCO.

[246] Ngo, H. Q., M. Matthaiou, and E. G. Larsson. 2012. "Performance analysis of large scale MU - MIMO with optimal linear receivers". In: Proc. IEEE Swe - CTW. 59 - 64.

[247] Ngo, H. Q., M. Matthaiou, and E. G. Larsson. 2014b. "Massive MIMO with optimal power and training duration allocation". IEEE Commun. Lett. 3(6): 605 - 608.

[248] Nishimori, K., K. Cho, Y. Takatori, and T. Hori. 2001. "Automatic calibration method using transmitting signals of an adaptive array for TDD systems". IEEE Trans. Veh. Technol. 50(6): 1636 - 1640.

[249] Oestges, C., B. Clerckx, M. Guillaud, and M. Debbah. 2008. "Dual - polarized wireless communications: From propagation models to system performance evaluation". IEEE Trans. Wireless Commun. 7(10): 4019 - 4031.

[250] Palomar, D. and M. Chiang. 2006. "A tutorial on decomposition methods for network utility maximization". IEEE J. Sel. Areas Commun. 24(8): 1439 - 1451.

[251] Palomar, D. and Y. Jiang. 2006. "MIMO transceiver design via majorization theory". Foundations and Trends in Communications and Information Theory. 3(4 - 5): 331 - 551.

[252] Park, J. and B. Clerckx. 2014. "Multi - polarized multi - user massive MIMO: Precoder design and performance analysis". In: Proc. EUSIPCO. IEEE. 326 - 330.

[253] Park, J. and B. Clerckx. 2015. "Multi - user linear precoding for multi - polarized Massive MIMO system under imperfect CSIT". IEEE Trans. Wireless Commun. 14(5): 2532 - 2547.

[254] Paulraj, A. and C. Papadias. 1997. "Space - time processing for wireless communications". IEEE Signal Process. Mag. 14(6): 49 - 83.

[255] Paulraj, A., R. Nabar, and D. Gore. 2003. Introduction to space - time wireless communications. Cambridge University Press.

[256] Pedersen, K. I., P. E. Mogensen, and B. H. Fleury. 1997. "Power azimuth spectrum in outdoor environments".

Electronics Lett. 33(18):1583 - 1584.

[257] Peterson, H. O., H. H. Beverage, and J. B. Moore. 1931. "Diversity telephone receiving system of R. C. A. communications, Inc." Proc. IRE. 19(4):562 - 584.

[258] Petrovic, D., W. Rave, and G. Fettweis. 2007. "Effects of phase noise on OFDM systems with and without PLL: Characterization and compensation". IEEE Trans. Commun. 55(8):1607 - 1616.

[259] Pi, Z. and F. Khan. 2011. "An introduction to millimeter - wave mobile broadband systems". IEEE Commun. Mag. 49(6):101 - 107.

[260] Pillai, S. U., T. Suel, and S. Cha. 2005. "The Perron - Frobenius theorem: Some of its applications". IEEE Signal Process. Mag. 22(2):62 - 75.

[261] Pinsker, M. S., V. V. Prelov, and E. C. van der Meulen. 1998. "Information Transmission over Channels with Additive - Multiplicative Noise". In: Proc. IEEE ISIT. 239.

[262] Pitarokoilis, A., E. Björnson, and E. G. Larsson. 2016. "Performance of the massive MIMO uplink with OFDM and phase noise". IEEE Wireless Commun. Lett. 20(8):1595 - 1598.

[263] Pitarokoilis, A., E. Björnson, and E. G. Larsson. 2017. "On the Effect of Imperfect Timing Synchronization on Pilot Contamination". In: Proc. IEEE ICC.

[264] Pitarokoilis, A., S. K. Mohammed, and E. G. Larsson. 2012. "On the optimality of single - carrier transmission in large - scale antenna systems". IEEE Wireless Commun. Lett. 1(4):276 - 279.

[265] Pitarokoilis, A., S. K. Mohammed, and E. G. Larsson. 2015. "Uplink performance of time - reversal MRC in massive MIMO systems subject to phase noise". IEEE Trans. Wireless Commun. 14(2):711 - 723.

[266] Pizzo, A., D. Verenzuela, L. Sanguinetti, and E. Björnson. 2017. "Network Deployment for Maximal Energy Efficiency in Uplink with Zero - Forcing". In: Proc. IEEE GLOBECOM.

[267] Polyanskiy, Y., H. Poor, and S. Verdú. 2010. "Channel coding rate in the finite blocklength regime". IEEE Trans. Inf. Theory. 56(5):2307 - 2359.

[268] Poon, A. S. Y., R. W. Brodersen, and D. N. C. Tse. 2005. "Degrees of freedom in multiple - antenna channels: A signal space approach". IEEE Trans. Inf. Theory. 51(2):523 - 536.

[269] Qian, L. P., Y. J. Zhang, and J. Huang. 2009. "MAPEL: Achieving global optimality for a non - convex wireless power control problem". IEEE Trans. Wireless Commun. 8(3):1553 - 1563.

[270] Qiao, D., S. Choi, and K. G. Shin. 2002. "Goodput analysis and link adaptation for IEEE 802. 11 a Wireless LANs". IEEE Trans. Mobile Comp. 1(4):278 - 292.

[271] Qualcomm. 2012. "Rising to meet the 1000x mobile data challenge". Tech. rep. Qualcomm Incorporated.

[272] Rangan, S., T. S. Rappaport, and E. Erkip. 2014. "Millimeter - wave cellular wireless networks: Potentials and challenges". Proc. IEEE. 102(3):366 - 385.

[273] Rao, X. and V. Lau. 2014. "Distributed compressive CSIT estimation and feedback for FDD multi - user massive MIMO systems". IEEE J. Sel. Areas Commun. 62(12):3261 - 3271.

[274] Rappaport, T. S., R. W. Heath Jr, R. C. Daniels, and J. N. Mur - dock. 2014. Millimeter wave wireless communications. Pearson Education.

[275] Rappaport, T. S., S. Sun, R. Mayzus, H. Zhao, Y. Azar, K. Wang, G. N. Wong, J. K. Schulz, M. Samimi, and F. Gutierrez. 2013. "Millimeter wave mobile communications for 5G cellular: It will work!" IEEE Access. 1: 335 - 349.

[276] Rashid - Farrokhi, F., L. Tassiulas, and K. J. R. Liu. 1998. "Joint optimal power control and beamforming in wireless networks using antenna arrays". IEEE Trans. Commun. 46(10):1313 - 1324.

[277] Ring, D. H. 1947. "Mobile Telephony - Wide Area Coverage". Bell Laboratories Technical Memorandum.

[278] Rockafellar, R. 1993. "Lagrange multipliers and optimality". SIAM Review. 35(2):183 - 238.

[279] Rogalin, R. , O. Y. Bursalioglu, H. Papadopoulos, G. Caire, A. F. Molisch, A. Michaloliakos, V. Balan, and K. Psounis. 2014. "Scalable synchronization and reciprocity calibration for distributed multiuser MIMO". IEEE Trans. Wireless Commun. 13(4):1815 – 1831.

[280] Roy, R. H. and B. Ottersten. 1991. "Spatial division multiple access wireless communication systems". US Patent. 5515378.

[281] Rusek, F. , D. Persson, B. K. Lau, E. G. Larsson, T. L. Marzetta, O. Edfors, and F. Tufvesson. 2013. "Scaling up MIMO: Opportunities and challenges with very large arrays". IEEE Signal Process. Mag. 30(1):40 – 60.

[282] Sadek, M. , A. Tarighat, and A. Sayed. 2007. "A leakage – based precoding scheme for downlink multi – user MIMO channels". IEEE Trans. Wireless Commun. 6(5):1711 – 1721.

[283] Saleh, A. A. and R. A. Valenzuela. 1987. "A statistical model for indoor multipath propagation". IEEE J. Sel. Areas Commun. 5(2):128 – 137.

[284] Salz, J. and J. H. Winters. 1994. "Effect of fading correlation on adaptive arrays in digital mobile radio". IEEE Trans. Veh. Technol. 43(4):1049 – 1057.

[285] Sanguinetti, L. , R. Couillet, and M. Debbah. 2016a. "Large system analysis of base station cooperation for power minimization". IEEE Trans. Wireless Commun. 15(8):5480 – 5496.

[286] Sanguinetti, L. , A. A. D'Amico, M. Morelli, and M. Debbah. 2016b. "Random access in uplink massive MIMO systems: how to exploit asynchronicity and excess antennas". In: Proc. GLOBE – COM.

[287] Sarkar, T. K. , Z. Ji, K. Kim, A. Medouri, and M. Salazar – Palma. 2003. "A survey of various propagation models for mobile communication". IEEE Antennas Propag. Mag. 45(3):51 – 82.

[288] Saxena, V. , G. Fodor, and E. Karipidis. 2015. "Mitigating pilot contamination by pilot reuse and power control schemes for massive MIMO systems". In: Proc. IEEE VTC – Spring.

[289] Sayeed, A. 2002. "Deconstructing multiantenna fading channels". IEEE Trans. Signal Process. 50(10): 2563 – 2579.

[290] Schenk, T. 2008. RF imperfections in high – rate wireless systems: Impact and digital compensation. Springer.

[291] Schulte, H. J. and W. A. Cornell. 1960. "A high – capacity mobile radiotelephone system model using a coordinated small – zone approach". IEEE Trans. Veh. Technol. 9(1):49 – 53.

[292] Sessler, G. and F. Jondral. 2005. "Low complexity polynomial expansion multiuser detector for CDMA systems". IEEE Trans. Veh. Technol. 54(4):1379 – 1391.

[293] Shafi, M. , M. Zhang, A. L. Moustakas, P. J. Smith, A. F. Molisch, F. Tufvesson, and S. H. Simon. 2006. "Polarized MIMO channels in 3 – D: Models, measurements and mutual information". IEEE J. Sel. Areas Commun. 24(3):514 – 527.

[294] Shamai, S. and B. M. Zaidel. 2001. "Enhancing the cellular downlink capacity via co – processing at the transmitting end". In: Proc. IEEE VTC – Spring. Vol. 3. 1745 – 1749.

[295] Shang, X. , B. Chen, G. Kramer, and H. V. Poor. 2011. "Noisy – interference sum – rate capacity of parallel Gaussian interference channels". IEEE Trans. Inf. Theory. 57(1):210 – 226.

[296] Shang, X. , G. Kramer, B. Chen, and H. V. Poor. 2009. "A new outer bound and the noisy – interference sum – rate capacity for Gaussian interference channels". IEEE Trans. Inf. Theory. 55(2):689 – 699.

[297] Shannon, C. E. 1948. "A mathematical theory of communication". Bell System Technical Journal. 27:379 – 423, 623 – 656.

[298] Shannon, C. E. 1949. "Communication in the presence of noise". Proc. IRE. 37(1):10 – 21.

[299] Shariati, N. , E. Björnson, M. Bengtsson, and M. Debbah. 2014. "Low – complexity polynomial channel estimation in large – scale MIMO with arbitrary statistics". IEEE J. Sel. Topics Signal Process. 8(5):815 – 830.

[300] Shepard, C. , H. Yu, N. Anand, L. Li, T. Marzetta, R. Yang, and L. Zhong. 2012. "Argos: Practical many – an-

tenna base stations". In: Proc. ACM MobiCom.

[301] Shiu, D. , G. Foschini, M. Gans, and J. Kahn. 2000. "Fading correlation and its effect on the capacity of multielement antenna systems". IEEE Trans. Commun. 48(3): 502 – 513.

[302] Sifaou, H. , A. Kammoun, L. Sanguinetti, M. Debbah, and M. S. Alouini. 2017. "Max – min SINR in large – scale single – cell MU – MIMO: Asymptotic analysis and low – complexity transceivers". IEEE Trans. Signal Process. 65(7): 1841 – 1854.

[303] Simeone, O. , N. Levy, A. Sanderovich, O. Somekh, B. M. Zaidel, H. V. Poor, and S. Shamai. 2012. "Cooperative wireless cellular systems: An information – theoretic view". Foundations and Trends in Communications and Information Theory. 8(1 – 2): 1 – 177.

[304] Somekh, O. and S. Shamai. 2000. "Shannon – theoretic approach to a Gaussian cellular multiple – access channel with fading". IEEE Trans. Inf. Theory. 46(4): 1401 – 1425.

[305] Sørensen, J. H. , E. de Carvalho, C. Stefanovic, and P. Popovski. 2016. "Coded pilot access: A random access solution for massive MIMO systems". CoRR. abs/1605. 05862. URL: http://arxiv. org/abs/1605. 05862.

[306] Studer, C. and G. Durisi. 2016. "Quantized massive MU – MIMO – OFDM uplink". IEEE Trans. Commun. 64 (6): 2387 – 2399.

[307] Sturm, J. 1999. "Using SeDuMi 1. 02, a MATLAB toolbox for optimization over symmetric cones". Optimization Methods and Software. 11 – 12: 625 – 653.

[308] Swales, S. C. , M. A. Beach, D. J. Edwards, and J. P. McGeehan. 1990. "The performance enhancement of multibeam adaptive base – station antennas for cellular land mobile radio systems". IEEE Trans. Veh. Technol. 39(1): 56 – 67.

[309] Tomatis, F. and S. Sesia. 2009. "Synchronization and cell search". In: LTE – The UMTS Long Term Evolution: From Theory to Practice. Ed. by S. Sesia, I. Toufik, and M. Baker. Wiley. Chap. 7. 141 – 157.

[310] Tomba, L. 1998. "On the effect of Wiener phase noise in OFDM systems". IEEE Trans. Commun. 46(5): 580 – 583.

[311] Tombaz, S. , K. W. Sung, and J. Zander. 2012. "Impact of densification on energy efficiency in wireless access networks". In: Proc. IEEE GLOBECOM Workshop. 57 – 62.

[312] Tombaz, S. , A. Västberg, and J. Zander. 2011. "Energy – and cost – efficient ultra – high – capacity wireless access". IEEE Wireless Commun. 18(5): 18 – 24.

[313] Trump, T. and B. Ottersten. 1996. "Estimation of nominal direction of arrival and angular spread using an array of sensors". Signal Processing. 50(1 – 2): 57 – 69.

[314] Tse, D. and P. Viswanath. 2005. Fundamentals of wireless communications. Cambridge University Press.

[315] Tulino, A. M. and S. Verdú. 2004. "Random matrix theory and wireless communications". Foundations and Trends in Communications and Information Theory. 1(1): 1 – 182.

[316] Tütüncü, R. , K. Toh, and M. Todd. 2003. "Solving semidefinite – quadratic – linear programs using SDPT3". Mathematical Programming. 95(2): 189 – 217.

[317] Tuy, H. 2000. "Monotonic optimization: Problems and solution approaches". SIAM J. Optim. 11(2): 464 – 494.

[318] Tuy, H. , F. Al – Khayyal, and P. Thach. 2005. "Monotonic optimization: Branch and cut methods". In: Essays and Surveys in Global Optimization. Ed. by C. Audet, P. Hansen, and G. Savard. Springer US.

[319] Upadhya, K. , S. A. Vorobyov, and M. Vehkapera. 2017a. "Downlink Performance of Superimposed Pilots in Massive MIMO systems". CoRR. abs/1606. 04476. URL: http://arxiv. org/abs/ 1606. 04476.

[320] Upadhya, K. , S. A. Vorobyov, and M. Vehkapera. 2017b. "Super – imposed Pilots Are Superior for Mitigating Pilot Contamination in Massive MIMO". IEEE Trans. Signal Process. 65(11): 2917 – 2932.

[321] Va, V. , J. Choi, and R. W. Heath. 2017. "The Impact of Beamwidth on Temporal Channel Variation in Vehic-

ular Channels and its Implications". IEEE Trans. Veh. Technol.

[322] Valkama, M. 2011. "RF impairment compensation for future radio systems". In: Multi – Mode/Multi – Band RF Transceivers for Wireless Communications. Ed. by G. Hueber and R. B. Staszewski. John Wiley & Sons, Inc. 453 – 496.

[323] Vaughan, R. G. 1990. "Polarization diversity in mobile communications". IEEE Trans. Veh. Technol. 39(3): 177 – 186.

[324] Veen, B. D. V. and K. M. Buckley. 1988. "Beamforming: a versatile approach to spatial filtering". IEEE ASSP Mag. 5(2): 4 – 24.

[325] Venkatesan, S., A. Lozano, and R. Valenzuela. 2007. "Network MIMO: Overcoming intercell interference in indoor wireless systems". In: Proc. IEEE ACSSC. 83 – 87.

[326] Verdú, S. 1990. "On channel capacity per unit cost". IEEE Trans. Inf. Theory. 36(5): 1019 – 1030.

[327] Verenzuela, D., E. Björnson, and M. Matthaiou. 2016. "Hardware design and optimal ADC resolution for uplink massive MIMO systems". In: Proc. SAM Workshop.

[328] Verenzuela, D., E. Björnson, and L. Sanguinetti. 2017. "Spectral and Energy Efficiency of Superimposed Pilots in Uplink Massive MIMO". CoRR. abs/1709.07722. URL: http://arxiv.org/abs/1709.07722.

[329] Vieira, J., S. Malkowsky, K. Nieman, Z. Miers, N. Kundargi, L. Liu, I. C. Wong, V. Öwall, O. Edfors, and F. Tufvesson. 2014a. "A flexible 100 – antenna testbed for massive MIMO". In: Proc. IEEE GLOBECOM Workshop. 287 – 293.

[330] Vieira, J., F. Rusek, O. Edfors, S. Malkowsky, L. Liu, and F. Tufvesson. 2017. "Reciprocity Calibration for Massive MIMO: Proposal, Modeling, and Validation". IEEE Trans. Wireless Commun. 16(5): 3042 – 3056.

[331] Vieira, J., R. Rusek, and F. Tufvesson. 2014b. "Reciprocity calibration methods for massive MIMO based on antenna coupling". In: Proc. IEEE GlOBECOM.

[332] Viering, I., H. Hofstetter, and W. Utschick. 2002. "Spatial longterm variations in urban, rural and indoor environments". In: COST273 5th Meeting, Lisbon, Portugal.

[333] Vinogradova, J., E. Björnson, and E. G. Larsson. 2016a. "Detection and mitigation of jamming attacks in massive MIMO systems using random matrix theory". In: Proc. IEEE SPAWC.

[334] Vinogradova, J., E. Björnson, and E. G. Larsson. 2016b. "On the separability of signal and interference – plus – noise subspaces in blind pilot decontamination". In: Proc. IEEE ICASSP.

[335] Viswanath, P. and D. N. C. Tse. 2003. "Sum capacity of the vector Gaussian broadcast channel and uplink – downlink duality". IEEE Trans. Inf. Theory. 49(8): 1912 – 1921.

[336] Wagner, S., R. Couillet, M. Debbah, and D. Slock. 2012. "Large system analysis of linear precoding in MISO broadcast channels with limited feedback". IEEE Trans. Inf. Theory. 58(7): 4509 – 4537.

[337] Wallace, J. W. and M. A. Jensen. 2001. "Measured characteristics of the MIMO wireless channel". In: Proc. IEEE VTC – Fall. Vol. 4. 2038 – 2042.

[338] Wallace, J. W. and M. A. Jensen. 2002. "Modeling the indoor MIMO wireless channel". IEEE Trans. Antennas Propag. 50(5): 591 – 599.

[339] Wallis, J. S. 1976. "On the existence of Hadamard matrices". Journal of Combinatorial Theory. 21(2): 188 – 195.

[340] Wang, H., P. Wang, L. Ping, and X. Lin. 2009. "On the impact of antenna correlation in multi – user MIMO systems with rate constraints". IEEE Commun. Lett. 13(12): 935 – 937.

[341] Weeraddana, P., M. Codreanu, M. Latva – aho, A. Ephremides, and C. Fischione. 2012. "Weighted sum – rate maximization in wireless networks: A review". Foundations and Trends in Networking. 6(1 – 2): 1 – 163.

[342] Weingarten, H., Y. Steinberg, and S. Shamai. 2006. "The capacity region of the Gaussian multiple – input

multiple - output broadcast channel". IEEE Trans. Inf. Theory. 52(9):3936 - 3964.

[343] Wen, C. - K., S. Jin, K. - K. Wong, C. - J. Wang, and G. Wu. 2015. "Joint channel - and - data estimation for large - MIMO systems with low - precision ADCs". In: Proc. IEEE ISIT. 1237 - 1241.

[344] Wenk, M. 2010. MIMO - OFDM testbed: Challenges, implementations, and measurement results. Series in microelectronics. Hartung - Gorre.

[345] Wiesel, A., Y. Eldar, and S. Shamai. 2006. "Linear precoding via conic optimization for fixed MIMO receivers". IEEE Trans. Signal Process. 54(1):161 - 176.

[346] Wiesel, A., Y. Eldar, and S. Shamai. 2008. "Zero - forcing pre - coding and generalized inverses". IEEE Trans. Signal Process. 56(9):4409 - 4418.

[347] WINNER II Channel Models. 2008. "Deliverable 1. 1. 2 v. 1. 2". Tech. rep.

[348] Winters, J. H. 1984. "Optimum combining in digital mobile radio with cochannel interference". IEEE J. Sel. Areas Commun. 2(4):528 - 539.

[349] Winters, J. H. 1987. "Optimum combining for indoor radio systems with multiple users". IEEE Trans. Commun. 35(11):1222 - 1230.

[350] Winters, J. H. 1998. "Smart antennas for wireless systems". IEEE Personal Commun. 5(1):23 - 27.

[351] Wu, J., Y. Zhang, M. Zukerman, and E. K. N. Yung. 2015. "Energy - efficient base - stations sleep - mode techniques in green cellular networks: A survey". IEEE Commun. Surveys Tuts. 17(2):803 - 826.

[352] Wu, M., B. Yin, G. Wang, C. Dick, J. R. Cavallaro, and C. Studer. 2014. "Large - scale MIMO detection for 3GPP LTE: Algorithms and FPGA implementations". IEEE J. Sel. Topics Signal Process. 8(5):916 - 929.

[353] Wyner, A. D. 1994. "Shannon - theoretic approach to a Gaussian cellular multiple - access channel". IEEE Trans. Inf. Theory. 40(6):1713 - 1727.

[354] Xiao, H., Y. Chen, Y. - N. R. Li, and Z. Lu. 2015. "CSI feedback for massive MIMO system with dual - polarized antennas". In: Proc. IEEE PIMRC. IEEE. 2324 - 2328.

[355] Xiao, M., S. Mumtaz, Y. Huang, L. Dai, Y. Li, M. Matthaiou, G. K. Karagiannidis, E. Björnson, K. Yang, C. - L. I, and A. Ghosh. 2017. "Millimeter Wave Communications for Future Mobile Networks". IEEE J. Sel. Areas Commun. 35(9):1909 - 1935.

[356] Xu, J., W. Xu, and F. Gong. 2017. "On Performance of Quantized Transceiver in Multiuser Massive MIMO Downlinks". IEEE Wireless Commun. Lett.

[357] Yang, H. and T. L. Marzetta. 2013a. "Performance of conjugate and zero - forcing beamforming in large - scale antenna systems". IEEE J. Sel. Areas Commun. 31(2):172 - 179.

[358] Yang, H. and T. L. Marzetta. 2013b. "Total energy efficiency of cellular large scale antenna system multiple access mobile networks". In: Proc. IEEE Online GreenComm. 27 - 32.

[359] Yang, H. and T. L. Marzetta. 2014. "A macro cellular wireless network with uniformly high user throughputs". In: Proc. IEEE VTC - Fall.

[360] Yates, R. 1995. "A framework for uplink power control in cellular radio systems". IEEE J. Sel. Areas Commun. 13(7):1341 - 1347.

[361] Ye, Q., O. Y. Bursalioglu, H. C. Papadopoulos, C. Caramanis, and J. G. Andrews. 2016. "User Association and Interference Management in Massive MIMO HetNets". IEEE Trans. Commun. 64(5):2049 - 2064.

[362] Yin, H., L. Cottatellucci, D. Gesbert, R. R. Müller, and G. He. 2016. "Robust Pilot Decontamination Based on Joint Angle and Power Domain Discrimination". IEEE Trans. Signal Process. 64(11):2990 - 3003.

[363] Yin, H., D. Gesbert, M. Filippou, and Y. Liu. 2013. "A coordinated approach to channel estimation in large - scale multiple - antenna systems". IEEE J. Sel. Areas Commun. 31(2):264 - 273.

[364] Young, W. R. 1979. "Advanced mobile phone service: Introduction, background, and objectives". Bell System

Technical Journal. 58(1):1 – 14.

[365] Yu, K., M. Bengtsson, B. Ottersten, D. McNamara, P. Karlsson, and M. Beach. 2004. "Modeling of wide-band MIMO radio channels based on NLoS indoor measurements". IEEE Trans. Veh. Technol. 53 (3): 655 – 665.

[366] Yu, W. 2006. "Uplink – downlink duality via minimax duality". IEEE Trans. Inf. Theory. 52(2):361 – 374.

[367] Yu, W. and T. Lan. 2007. "Transmitter optimization for the multi – antenna downlink with per – antenna power constraints". IEEE Trans. Signal Process. 55(6):2646 – 2660.

[368] Zakhour, R. and D. Gesbert. 2009. "Coordination on the MISO interference channel using the virtual SINR framework". In: Proc. ITG Workshop on Smart Antennas(WSA).

[369] Zander, J. 1992. "Performance of optimum transmitter power control in cellular radio systems". IEEE Trans. Veh. Technol. 41(1):57 – 62.

[370] Zander, J. and M. Frodigh. 1994. "Comment on "Performance of optimum transmitter power control in cellular radio systems"". IEEE Trans. Veh. Technol. 43(3):636.

[371] Zappone, A. and E. Jorswieck. 2015. "Energy Efficiency in Wireless Networks via Fractional Programming Theory". Foundations and Trends in Communications and Information Theory. 11(3 – 4):185 – 396.

[372] Zarei, S., W. Gerstacker, R. R. Müller, and R. Schober. 2013. "Low – complexity linear precoding for downlink large – scale MIMO systems". In: Proc. IEEE PIMRC.

[373] Zetterberg, P. and B. Ottersten. 1995. "The spectrum efficiency of a base station antenna array system for spatially selective transmission". IEEE Trans. Veh. Technol. 44(3):651 – 660.

[374] Zetterberg, P. 2011. "Experimental investigation of TDD reciprocity – based zero – forcing transmit precoding". EURASIP J. Adv. Signal Process. (137541).

[375] Zhang, H., N. Mehta, A. Molisch, J. Zhang, and H. Dai. 2008. "Asynchronous interference mitigation in cooperative base station systems". IEEE Trans. Wireless Commun. 7(1):155 – 165.

[376] Zhang, J., Y. Wei, E. Björnson, Y. Han, and X. Li. 2017. "Spectral and Energy Efficiency of Cell – Free Massive MIMO Systems with Hardware Impairments". In: Proc. WCSP.

[377] Zhang, W. 2012. "A general framework for transmission with transceiver distortion and some applications". IEEE Trans. Commun. 60(2):384 – 399.

[378] Zhu, X., Z. Wang, L. Dai, and C. Qian. 2015. "Smart pilot assignment for Massive MIMO". IEEE Commun. Lett. 19(9):1644 – 1647.